应用密码学

原理、分析与Python实现

刘 卓 赵勇焜 黄领才 编著

人民邮电出版社
北 京

图书在版编目（CIP）数据

应用密码学 : 原理、分析与Python实现 / 刘卓，赵勇焜，黄领才编著. -- 北京 : 人民邮电出版社，2024.10
ISBN 978-7-115-63571-6

Ⅰ. ①应… Ⅱ. ①刘… ②赵… ③黄… Ⅲ. ①密码学 Ⅳ. ①TN918.1

中国国家版本馆CIP数据核字(2024)第018737号

内 容 提 要

本书主要介绍密码学领域的基本概念、理论和应用，让读者对密码学有全面的了解。本书分为四部分，共计 14 章。第一部分是基础背景知识，该部分主要介绍密码学的应用场景、数学基础，以及密码学理论与实践的区别。第二部分讲述对称密码学，该部分主要介绍古典密码学、流密码和分组密码。第三部分讲述非对称密码学，以 RSA、ElGamal、ECC 和格密码为代表的非对称密码也称公钥密码，是现代密码学的重要分支。第四部分讲述数据完整性，现代密码学也非常注重数据完整性，该部分主要介绍哈希函数、消息验证码及数字签名技术。

作者写作本书的目的是让尽可能多的读者了解和学习密码学，因此，任何希望深入了解密码学及其工作原理的读者都可以阅读本书，同时不会被过于深奥的数学原理所难倒。

◆ 编　　著　刘　卓　赵勇焜　黄领才
　责任编辑　佘　洁
　责任印制　王　郁　焦志炜

◆ 人民邮电出版社出版发行　　北京市丰台区成寿寺路 11 号
　邮编　100164　　电子邮件　315@ptpress.com.cn
　网址　https://www.ptpress.com.cn
　保定市中画美凯印刷有限公司印刷

◆ 开本：787×1092　1/16
　印张：28.5　　　　2024 年 10 月第 1 版
　字数：536 千字　　2024 年 10 月河北第 1 次印刷

定价：99.80 元

读者服务热线：(010)81055410　印装质量热线：(010)81055316
反盗版热线：(010)81055315
广告经营许可证：京东市监广登字 20170147 号

前　言

为什么要写这本书

《孙子兵法》中提到，“知彼知己，百战不殆”，意思是在战争中，只有掌握对手的情报，了解对手的动态，才能百战百胜。其实无论是战场还是商场，不管是国家、社会还是团体、个人，在任何较量中，谁能掌握对手的情报，谁就掌握了制胜的关键。在当下，依靠密码学的智慧，以少胜多、以一则情报扭转一场战役的战局已经不再是神话。

进入 21 世纪以来，随着计算机技术的不断发展和互联网的广泛应用，网络信息安全面临着前所未有的危机和挑战。地区冲突和情报战争的不断升级，使得信息安全成为国家安全的重要阵地，不容忽视。

信息安全作为国家安全的重要组成部分，受到国家的高度重视。“没有网络安全就没有国家安全”。2022 年 10 月，中国共产党第二十次全国代表大会更是提出要推进国家安全体系和能力现代化，坚决维护国家安全和社会稳定。当今世界各国之间的网络攻击频仍，在这些看不见硝烟的战争中，信息安全已经成为一把“达摩克利斯之剑”，悬在各国信息安全的战场之上。而密码学作为信息安全技术的支撑，就成了抵御达摩克利斯之剑的坚固盾牌。

本书作者为我国航空工业的从业人员。航空是国防和民生的重要组成部分，航空数据大部分属于敏感机密信息，一旦泄露，就可能给公众权益、企业利益、政令政策乃至国家安全等造成不同程度的损害。而数据泄露可能会发生在数据采集、传输、存储、使用、共享和销毁的任何环节中。为了防止数据泄露给第三方，在各环节中经常需要使用技术手段对其加以保护。其中最高效的技术手段就是加密。通过对数据进行加密，可以保证其完整性、保密性、可用性这三大安全要素。

过去，密码学只被用于特定的领域，应用范围并不广泛。但在网络信息高度发达的今天，数据已经成为关系各行各业生死存亡的高度机密。从国防单位到民营企业，乃至个人，都需要在网络中频繁使用大量数据，这也使得网络攻击频繁出现，手段日新月异。黑客群体也越来越系统化、专业化，有些甚至掌握了非常尖端的网络攻击技术。因此网络安全，特别是对数据的保护变得尤为重要。2022 年，境外针对我国西北工业大学的网络攻击，就是对我国航空工业数据安全发起的一次猛烈冲击，这引起了我国航空工业乃至全社会对数据安全的思考和重视，也让越来越多的人对密码学产生了浓厚的兴趣。

各种新型加密算法层出不穷，使得非密码学专业的初学者理解加密算法变得越来越吃力。为了帮助读者快速了解密码学的工作原理，本书深入浅出地介绍了古典与现代密码学背后的数学原理，包括密码学的底层算法，并对重要的数学知识进行了详细推导和分析，还为读者推荐了相关文献，以加深读者对算法的理解。同时本书提供了大量例题和习题，便于读者进行验证和提高。

与其他密码学图书不同，本书加入了大量的例证和详细推导过程，以帮助读者理解加密算法过程，并着重强调实际使用中需要注意的细节。同时本书也给出了各类密码加密和解密过程的相关 Python/SageMath 代码，以降低读者理解加密算法的难度。还有少部分代码涉及运算技巧，优化了加密算法的速度，提高了效率。读者掌握了相关代码后，就能完全掌握这类密码。

本书介绍的大多数算法只需要读者拥有适当的数学背景，如基础的微积分、线性代数和概率论知识，如果读者有一定的编程经验则更有助于对本书的阅读和理解。对于一些较为专业和晦涩的材料，作者通过详细示例对其进行拆解，并对所涉及的专业数学知识进行简要处理，为读者扫清阅读障碍，将阅读门槛降至无需特殊专业背景即可理解的程度。通过阅读本书，读者将获得对加密算法和密码分析的深刻理解，以及相关的知识、工具和经验，继而自信地探索前沿的密码学主题。

读者对象

- 对密码学感兴趣的读者。作者写作本书的目的是让尽可能多的读者了解和学习密码学，因此，任何希望深入了解密码学及其工作原理的读者都可以阅读本书，而且不会被过于深奥的数学原理所难倒。
- 信息安全/密码学领域的用户和从业人员，包括但不限于关注数据安全的普通用户，在信息的产生、使用、传输过程中接触敏感信息的用户，正在将密码学技术应用于数据保护的信息安全从业人员，以及希望进一步了解数据安全的管理者。
- 高校学生。本书可以作为理科专业的密码学辅助阅读图书，作为对部分细节的补充；也可作为工科专业的密码学阅读图书。读者可以通过书中的示例迅速掌握算法，而无须钻研数学细节。

密码学是一门交叉学科，涉及不同领域的数学知识，包括但不限于数论、抽象代数、线性代数、概率论，同时还与计算机科学有交叉，如优化算法等。推荐大学二年级及以上的学生阅读本书，也非常欢迎对密码学感兴趣的读者将本书作为参考用书。

本书主要内容

本书分为四部分，共 14 章。

第一部分：基础背景知识。该部分主要介绍密码学的应用场景、数学基础以及密码学相关理论与实践。

- 第 1 章　密码学简介，对密码学简史、密码学概念、编码进行介绍。
- 第 2 章　数学基础，主要介绍密码学相关的数学背景知识，以数论和代数为主，以帮助读者理解本书中讨论的一些技术。
- 第 3 章　密码学中的信息理论，主要介绍香农在密码学方面的研究内容，以及信息论在密码学中的应用。

第二部分：对称密码学。该部分主要介绍古典密码学、流密码和分组密码，侧重研究它们的加密过程和分析过程。

- 第 4 章 古典密码学，主要介绍了古典密码学中的一些经典算法，包括凯撒密码、反切码、维吉尼亚密码、仿射密码、希尔密码，以及默克尔-赫尔曼背包密码的加密和解密算法，并详细描述了这些密码的分析方法。
- 第 5 章 流密码，主要介绍了 RC4 加密算法和祖冲之密码的加密和解密过程。
- 第 6 章 分组密码，主要介绍了经典的 DES、AES、SM4 加密算法的加密和解密过程。

第三部分：非对称密码学。非对称密码也称公钥密码，是现代密码学的重要分支。

- 第 7 章 RSA 加密算法，主要介绍了基于大数分解难题的 RSA 加密算法的加密和解密步骤，以及数种针对 RSA 密码系统的分析方法。
- 第 8 章 ElGamal 加密算法，主要介绍了基于离散对数难题的 ElGamal 加密算法的加密和解密步骤，以及数种针对 ElGamal 密码系统的分析方法。
- 第 9 章 椭圆曲线密码，主要介绍了基于离散对数难题的椭圆曲线加密算法，详细描述了它的加密和解密步骤，以及数种针对椭圆曲线密码系统的分析方法。
- 第 10 章 格密码，主要介绍了基于 SVP 和 CVP 的格密码系统，详细描述了它的加密和解密步骤，以及可能的分析方法。
- 第 11 章 全同态加密，全同态加密突破了传统密码算法的限制，让密码学的应用变得更加广泛。本章主要介绍了同态、全同态加密的概念，描述了第二代全同态加密算法的步骤和示例。

第四部分：数据完整性。现代密码学也非常注重数据完整性，该部分主要介绍哈希函数、消息验证码及数字签名技术。

- 第 12 章 哈希函数，主要介绍了 MD2、MD4、SHA 系列哈希函数的加密算法，并简单介绍其发展历史及安全性验证。
- 第 13 章 消息验证码，主要介绍了消息验证码的应用场景与安全性分析。
- 第 14 章 数字签名技术，主要介绍了基于公钥密码学的数字签名应用场景和实例。

对于初学者，建议按照章节顺序阅读本书。对于有一定数学基础的读者，可以跳过介绍数学的有关部分，或者选择感兴趣的章节阅读。

勘误和支持

由于作者水平有限，加之本书内容具有极强的专业性且相关技术发展日新月异，书中难免存在不尽完善之处。如果你对本书有任何宝贵的意见和建议，欢迎通过邮箱 ethanliuzhuo@outlook.com 来信进行交流探讨，作者将不胜感激。

致谢

我要特别感谢我的妻子刘逸云教授和我可爱的女儿们，她们的支持和鼓励促使我完成了本书的写作。特别是我的妻子在写作上给予我许多建议，不仅参与了本书的内容设计和结构安排，还对本书进行了仔细的校对和修改。在此我要向她表示诚挚的谢意。

同时，特别感谢中国航空工业集团有限公司对本书的大力支持。本书的另外两位作者赵勇焜、黄领才在本书的写作过程中做出了巨大的贡献，为本书的顺利完成和最终质量的提高提供了重要的帮助。赵勇焜在本书的初稿阶段就加入了团队，并编写了第 2、3、14 章，使得本书的内容更加系统和严谨。黄领才总师拥有非常丰富的航空从业经验，是本书的技术顾问，为我们提供了大量宝贵的指导和建议，还协助作者团队联系了多位业内专家，为本书提供了不少实用案例和技术支持。在此，我要向两位合作者表示最真挚的感谢和敬意。非常感谢人民邮电出版社的佘洁老师及其他参与本书出版工作的编辑老师所做的努力和付出，他们的专业素养和敬业精神让我深感钦佩和感激。在他们的帮助下本书得以顺利出版，而我也从中收获了非常宝贵的经验和知识。特别感谢买尔哈巴・买买提明、彭瑾、陈云天、刘慧以及一众知乎网友指出本书初稿中出现的错误，并对内容深度提出了非常有用的建议。

谨以此书献给我最亲爱的家人，以及众多热爱密码学的朋友。路漫漫其修远兮，吾将上下而求索！

刘　卓

目录

第一部分 基础背景知识

第二部分 对称密码学

第三部分　非对称密码学

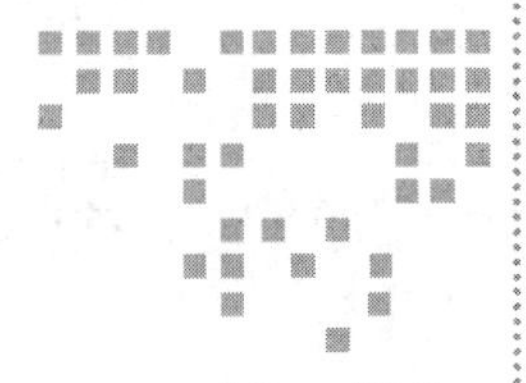

第一部分 *Part 1*

基础背景知识

在漫长的人类历史长河中，密码学作为一门古老而神秘的学科，蕴含了人类对保密通信的渴望和破解谜团的挑战。它的起源可以追溯到古代文明，当时人们已经开始使用简单的替换密码来隐藏信息了。古典密码学阶段是密码学历史的重要篇章。在这个时期，人们开始创造各种方法来保护信息。随着时间的推移，密码学越来越复杂且深奥。在文艺复兴时期，人们开始使用更加复杂的密码系统。然而，真正的密码学革命发生在 20 世纪。随着计算机技术的迅猛发展，密码学迎来了一个新的时代。现代密码学的出现与信息论的诞生有着密切的联系。香农的信息论为密码学提供了新的理论基础。信息论引入了熵的概念，提供了衡量密码系统安全性的工具。基于信息论的密码学方法，如对称加密算法和非对称加密算法，极大地推动了密码学的发展。

随着互联网的兴起，密码学的重要性变得更加突出。安全通信和保护个人隐私成为当今数字时代的迫切需求。现代密码学不仅关注加密算法的设计和破解，亦涵盖密码协议、数字签名、身份认证等方面。它为人们的电子交流提供了坚实的保护，保证了信息的机密性和完整性，并能提供认证和不可否认性。

密码学的历史发展见证了人类对于保密通信的追求。从古代的替换密码到现代的复杂加密算法，密码学在保护隐私和信息安全方面发挥着不可或缺的作用。

第 1 章　密码学简介

密码在英文中对应有两个单词，一个是 password，另一个是 cipher。对于大部分人来说，日常生活中所接触的密码是 password，比如手机解锁密码、计算机解锁密码、保险箱密码、网站登录密码、银行卡密码和网络交易密码等，这些是设备用来证明用户可以访问信息或者授权的秘密字符串。它可以是一串数字或一串字母，也可以由一串数字加字母或者其他特殊符号组合而成，甚至可以是人的指纹或者面部，主要用于确认用户的身份，通常还需要与用户名结合起来使用。而密码学研究的密码，通常指的是 cipher，主要是在保密通信中对所传递的信息进行加密，从而确保信息不被发送方和接收方以外的第三方知晓。cipher 通常是一套复杂的密码系统，通过加密数据来保证数据的安全。

密码学 (Cryptology) 一词源自希腊文 kryptós 及 logos，直译即为“隐藏”及“信息”之意。根据《辞海》的解释，密码主要是指“按特定法则编成，用以对通信双方的信息进行明密变换的符号”。换句话说，密码是通过某种可逆的信息编码的方式，把真实信息转化为一种除通信双方外，第三方无法理解的信息。

密码学是研究以加密形式发送信息的方法，只有掌握此加密技术的特定人群才能破解加密，从而获得有效信息。密码学是一门既古老又年轻的学科，在数千年的发展历史中，经历了古典密码学、近代密码学和现代密码学 3 个阶段。古典密码学主要关注信息的加密过程和传递过程，以及研究对应的破译方法；而近代密码学和现代密码学不只关注信息传输时的保密问题，还涉及信息完整性和信息发布的不可否认性，以及在分布式计算中产生的来源于内部和外部的攻击的所有信息安全问题。

本章将介绍密码学简史，描述密码学最早期的应用场景，以及现代密码学发展的重要节点；同时介绍现代密码学的一些基本概念，并列出密码学的基本要素、基本原则及密码分析方法，帮助读者掌握一定的编码知识，为后续阅读做好充分的准备。

1.1　密码学简史

1.1.1　古代密码学发展

中国古代很早就有使用密码的传统。《孙子兵法》有言：“知彼知己，百战不殆；不知彼而知己，一胜一负；不知彼，不知己，每战必殆。”[1] 知彼就是了解对手的实力强弱、作战计划、战略方针等信息，情报的数量及准确性甚至可以直接决定战争的胜负。战争历来是使用密码最频繁的地方，比如“对口令”就是密码校验的过程。因此中国古代的军队中也拥有不少巧妙、规范和系统的保密通信和身份认证方法。比如作为调遣军队凭证的虎符，就是中国古代非常经典的身份认证方法之一。春秋战国时期，魏国信陵君正是通过窃取魏王的虎符，在通信不发达的当时完成了以密码确认身份信息的过程，从而夺取兵权，率兵大破秦军，解了赵国邯郸之围。

春秋战国时期的兵书《六韬 · 龙韬 · 阴符》[2] 中也介绍了中国古代战争中君王与征战在外的将领是如何进行保密通信的。武王问太公，假如军队深入敌后，遇到紧急情况，该如何保持密切联系？太公回答: 使用阴符进行秘密联络。阴符共有 8 种。

1) 长一尺的符，表示大获全胜，摧毁敌人；

2) 长九寸的符，表示攻破敌军，杀敌主将；

3) 长八寸的符，表示守城的敌人已投降，我军已占领该城；

4) 长七寸的符，表示敌军已败退，远传捷报；

5) 长六寸的符，表示我军将誓死坚守城邑；

6) 长五寸的符，表示请拨运军粮，增派援军；

7) 长四寸的符，表示军队战败，主将阵亡；

8) 长三寸的符，表示战事失利，全军伤亡惨重。

若奉命传递阴符的使者延误传递，则处死；若阴符的秘密被泄露，则无论是无意泄密者还是有意，传告者都将被处死。只有国君和主将知道这 8 种阴符的秘密。这就是不会泄露朝廷与军队之间相互联系的内容的秘密通信语言。敌人再聪明也不能识破它。

正是因为阴符的可靠、有效及保密性，后世继续对阴符进行了传承和改进，才有了“符契”和“阴书”等高阶形式。而“符”在实际使用中，作为凭证，是由竹子做的，并做成两部分，使用时一分为二，验证时合二为一。只有同一“符”的两部分才能完美地合在一起，这就是常用词“符合”的来历。

后世的军事家对情报传输做了更多的改进。宋朝天章阁待制曾公亮和工部侍郎丁度在编著《武经总要》时，对阴符做了改进。《武经总要》是中国古代著名的军事著作 [3]，是中国第一部由官方主持编修的兵书。在该书前集第 15 卷中有“符契”“信牌”和“字验”3 节，专门介绍了军队中秘密通信和身份验证的方法，如图 1-1 所示。“符契”源于秦汉时期的调兵虎符，“符”用于朝廷调遣地方军队，“契”为上下两段鱼形，是军队主将向部属调兵的凭证。“符契”由主将掌握，并且使用“符契”后，必须由专人书面记载使用记录，再由专人押递照验。

a) 虎符

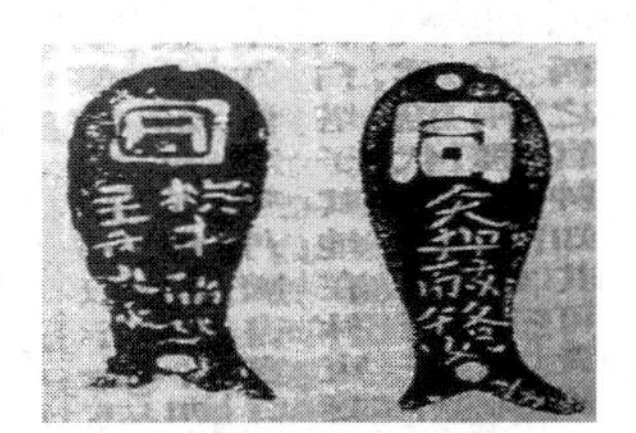
b) 信牌 (金鱼符)

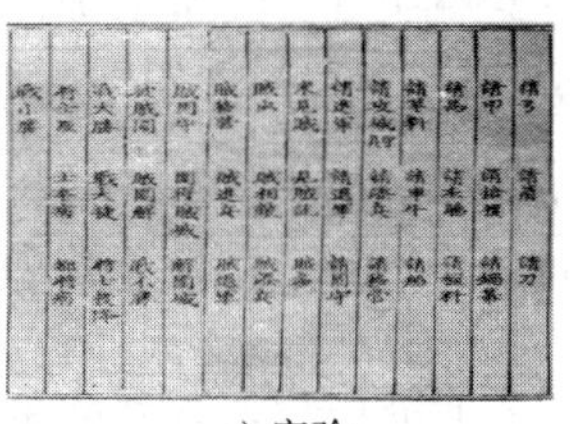
c) 字验

图 1-1 《武经总要》秘密通信方法

“信牌”主要用于两军阵前交战时，传送紧急命令，初期用一分两半的铜钱，后来则用可以写字的木牌。

“字验”是以诗词为载体的军事通信“密码”，类似于现代军队使用密码本进行通信。《武经总要·制度十五·字验》记载了使用方法，即事先将要联络的事项以术语的形式编排好次序，将领们平时均加以熟记，每次作战之前，主将与每个受命出战的副将约定一首无重复的五言律诗为“字验”。若有事报告，就随意写成一封书信，将要报告之事的次序对应该诗中的第几个字，然后在普通书信中的该字旁加一记号即可。

例如，《武经总要·制度十五·字验》记载其规定联络事项的术语及次序是：(1) 请弓；(2) 请箭；(3) 请刀；(4) 请甲；(5) 请枪旗；(6) 请锅幕；(7) 请马；(8) 请衣赐；(9) 请粮料；(10) 请草料；(11) 请车牛；(12) 请船；(13) 请攻城守具；(14) 请添兵；(15) 请移营；(16) 请进军；(17) 请退军；(18) 请固守；(19) 未见贼；(20) 见贼讫；(21) 贼多；(22) 贼少；(23) 贼相敌；(24) 贼添兵；(25) 贼移营；(26) 贼进兵；(27) 贼退军；(28) 贼固守；(29) 围得贼城；(30) 解围城；(31) 被贼围；(32) 贼围解；(33) 战不胜；(34) 战大胜；(35) 战大捷；(36) 将士投降；(37) 将士叛；(38) 士卒病；(39) 都将病；(40) 战小胜。

假设主将与副将规定使用《使至塞上》一诗作为“字验”。《使至塞上》共 40 字，无重复，符合要求。《使至塞上》全文如下：

单车欲问边，属国过居延。
征蓬出汉塞，归雁入胡天。
大漠孤烟直，长河落日圆。
萧关逢候骑，都护在燕然。

假若副将在战争进行中发现敌军增援后，军队被包围了，想把第 24 项和第 31 项军情报告给主将，在报告中就需要设法写进“烟”和“萧”这两个字，并在这两个字旁边做好标记，如点一个黑点或洒一滴水等。主将看到后，想请副将坚守再解围城，那么在回复中，主将也需要设法写进“入”和“圆”这两个字并做好标记。主副将之间就完成了沟通，即使被敌人截获，因为古代诗词无数，信使也不知道这封信使用了哪首诗，因此无法破译。相比阴符，它所能表达的军事状况更多，更加方便主将做出决策。后来李淑又将五言律诗改为七言绝句，使用了传播范围不那么广的民间绝句，进一步加强了军事情报传递的安全性。

明朝抗倭名将戚继光在战场上使用了反切码作为加密手段。反切是一种注音方法，戚继光利用“反切注音方法”，编写了密码本。通过该密码本，只有我方的情报人员和将领知道信息的真实含义，传递人员和普通士兵无从知晓。

明末清初著名的军事理论家揭暄所著的《兵经百言》中也详细介绍了军队中的秘密通信方法。《兵经百言》的《术篇·传》下有论述：军队分开行动后，如相互之间不能通信，就要打败仗；如果能通信但不保密，则也要被敌人暗算。所以除了用锣鼓、旌旗、炮声、骑马送信、传令箭、燃火、烽烟等联系手段，两军相遇，还要对暗号。当军队分开有千里之远时，宜用机密信进行通信。机密信分为 3 种形式，即改变字的通常书写或阅读方式；隐写术；不把书信写在常用的纸上，而是写在特殊的、不引人注意的载体上。使用这些通信方式连送信的使者都不知道信中的内容，但收信人却可以接收到信息。由此可见，在中国古代战场上，秘密通信的受重视程度是非常高的。

密码不仅在中国战场上使用频繁，在国外战争中也是如此，著名的凯撒密码就是古罗马时期为了确保在战争中进行有效、可靠的秘密通信而发明的。根据苏维托尼乌斯的《罗马十二帝王传》：如果需要保密，信中便用暗号，也就是改变字母顺序，使局外人无法组成单词。如果想要读懂和理解它们的意思，得用第 4 个字母置换第字母，即以 D 代 A，以此类推。当时的人们还没有办法破解这样的密码，直到公元 9 世纪阿拉伯的阿尔・肯迪才发现可用频率分析来破解凯撒密码，他将方法写在了《破译加密信息手稿》一书中。

大约在公元前 700 年，斯巴达人使用一种叫作“Scytale”的圆木棍进行保密通信，它也被称作密码棒，如图 1-2 所示。它使用起来很简单，把长条带状的羊皮纸缠绕在一根圆木棍上，然后写上想要传达的信息，写完后从圆木棍上解下羊皮纸，上面的字符就被打乱顺序了。只有再以同样的方式将纸缠绕到同样粗细的圆木棍上，才能看明白所写的内容。

图 1-2 Scytale

1.1.2 近代密码学发展

1. “齐默尔曼电报”事件

近代密码学主要是指从第一次世界大战到 1976 年这段时期的密码发展阶段。

19 世纪初，电报的发明极大地加速了信息的流通，也使得远距离快速传递信息成为可能。1893 年，尼古拉・特斯拉 (Nikola Tesla) 在美国密苏里州圣路易斯首次公开展示了无线电通信，标志着人类正式进入无线电时代，使得人们可以远距离进行实时通信。在分秒必争的战争中，军事指挥官可以及时了解前线信息并给出相应及时的部署。

因为无线电不像有线电话线可以专线传输，在一定范围内，无线电是以广播的形式播放的，任何人包括敌人都可以收到无线电信息从而进行应对。因此如何对无线电传送的信息进行加密迫在眉睫。随着第一次世界大战的爆发，对编码和解码人员的需求急剧上升，一场秘密通信的全球战役打响了。第一次世界大战进行到中后期，英国从事密码破译的机构“40 号办公室”利用缴获的德国密码本破译了著名的“齐默尔曼电报”(Zimmermann Telegram)，改变了战争进程，如图 1-3 所示。

在第一次世界大战爆发之初，美国采取了中立态度，并没有参加欧洲战事。英国为了让美国加入战争，监听了整个大西洋的海底电缆，其中就截获了包括齐默尔曼电报在内的一系列电报。齐默尔曼电报是由德国外交部长发送给德国驻墨西哥大使的，其内容大致是德国想让墨西哥与自己结盟，一起对抗美国。因为电报传输必须通过大西洋电缆，所以该电报被英国截获。结合之前在战场上获得的密码本，英国在很短的时间内破译了密码信息。看到电报内容的英国人异常兴奋，因为他们一直想把美国卷入战争，但苦于没有机会，现在机会终于来了。于是英国向美国转交了这份电报，该电报激怒了美国，使整个美国相信德国是美国的敌人，就在齐默尔曼电报发送后的 3 个月，美国加入了战争，可以说信息的保密程度直接决定了战争的走向和命运。这次破译也由此被视为密码学历史上一次经典的密码破译案例。

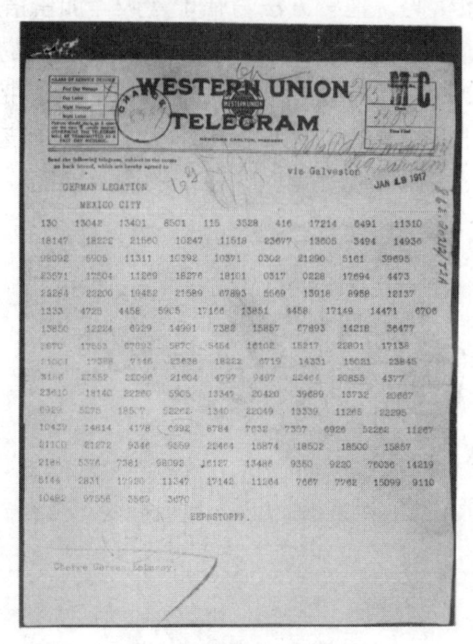

WESTERN UNION
TELEGRAM

via Galveston

JAN 19 1917

GERMAN LEGATION

MEXICO CITY

130 13042 13401 8501 115 3528 416 17214 6491 11310
18147 18222 21560 10247 11518 23677 13605 3494 14936
98092 5905 11311 10392 10371 0302 21290 5161 39695
23571 17504 11269 18276 18101 0317 0228 17694 4473
22284 22200 19452 21589 67893 5569 13918 8958 12137
1333 4725 4458 5905 17166 13851 4458 17149 14471 6706
13850 12224 6929 14991 7382 15857 67893 14218 36477
5870 17553 67893 5870 5454 16102 15217 22801 17138
21001 17388 7446 23638 18222 6719 14331 15021 23845
3156 23552 22096 21604 4797 9497 22464 20855 4377
23610 18140 22260 5905 13347 20420 39689 13732 20667
6929 5275 18507 52262 1340 22049 13339 11265 22295
10439 14814 4178 6992 8784 7632 7357 6926 52262 11267
21100 21272 9346 9559 22464 15874 18502 18500 15857
2188 5376 7381 98092 16127 13486 9350 9220 76036 14219
5144 2831 17920 11347 17142 11264 7667 7762 15099 9110
10482 97556 3569 3670

BERNSTORFF.

Charge German Embassy.

图 1-3 齐默尔曼电报

2. Enigma 密码机

失败的德国人痛定思痛，认识到了密码在战争领域的重要性，且之前发明的密码不再安全，因此迫切需要一个安全性更高的密码系统。于是德国人在 1919 年发明了 Enigma (恩尼格玛) 密码机，它的设计结合了机械系统与电子系统，被证明是当时最为可靠的加密系统之一，如图 1-4 所示。作为看似不可破译的密码机器，其密码组合约有 1.59×10^{21} 个之多，如此庞大的密码组合使得 “二战” 期间德军的保密通信技术遥遥领先于其他国家。盟军在很长一段时间内无法了解德军的部署，因而在战争初期迅速溃败。德国海军使用该密码系统区分了大西洋运输线上的德国潜艇和他国运输船，通过精准打击切断了盟军的海上运输线，想迫使英国在战争中做出让步。

图 1-4 Enigma 密码机

20 世纪计算机科学迅猛发展，电子计算机和现代数学方法为破译者提供了有力的武器。1941 年，英国人阿兰·麦席森·图灵 (Alan Mathison Turing) 带领 200 名专业人士发现了 Enigma 密码的漏洞，即明文字母加密后不会是它本身，从而使用计算机破译了德国 Enigma 密码系统。这使英国海军得以提前了解德国潜艇部署，并设下埋伏以吸引德军火力，缓解了运输中可能遇到的压力，扭转了之前的被动局面，逐渐在“二战”的大西洋航运中占据上风。

3. 太平洋战争情报战

1941 年 12 月 7 日清晨，日军对美国夏威夷珍珠港海军基地进行偷袭，美军官兵伤亡惨重。珍珠港海军基地几乎被摧毁，整个太平洋舰队也完全瘫痪。这次偷袭是太平洋战争的导火索，也促成了美国直接参加第二次世界大战，世界反法西斯联盟对德、意、日的联合作战拉开了新的序幕。

美军在珍珠港的惨败在很大程度上是由于美国对日本海军偷袭珍珠港的情报不重视，对情报的破译也很随意，使得日军仅以极微弱的代价就给美国海军造成了不可估量的重创。值得一提的是，日军以极其巧妙的方式对情报进行加密，联合舰队偷袭珍珠港时全程无线电静默，只以民用广播发的古诗作为进攻指令。

在此之后美国开始高度重视日本海军在太平洋的情报传递，并通过密码破译对情报进行分析，进而掌握了日本海军的动向和意图，在随后展开的太平洋海战中取得了一次次改变历史进程的胜利。

4. 雅德利

抗日战争期间，为了迫使中国投降，日本对重庆进行了持续数年的大轰炸，史称“重庆大轰炸”。重庆是有名的雾都，大多数的天气其实是不适合飞机飞行的。然而中国情报部门发现，日本轰炸重庆时都是晴天，绝不会无功而返，因此怀疑有间谍在重庆给日本人通风报信，但苦于找不到间谍。于是中国情报部门邀请美国人雅德利 (见图 1-5) 来重庆帮助找出间谍。

雅德利的全名是赫伯特·奥斯本·雅德利 (Herbert Osborn Yardley)，他是美国密码学之父，出生于印第安纳州沃辛顿。他自小就有着非同寻常的数学天赋，13 岁就从身为铁路车站站长的父亲那里学会了如何收发电报，从此对电报编码产生了浓厚兴趣。数年后，雅德利通过考试，成了一名美国政府的机要员，专门负责电文的收发、转译等工作，他卓越的工作能力受到了美国政府的赏识。1917 年，雅德利牵头组织成立了第一间“美国黑室”——军情八处，该黑室是美国国家安全局 (National Security Agency, NSA) 的前身。后来由于美国政府内部重组，新上任的领导对军情八处并不感兴趣，就解散了该处。雅德利在事业上瞬间跌入深谷，并在很长一段时间内靠写小说维持生活。“二战”初期，生活上不得志的雅德利接受了中国的邀请，担任中国情报部门的顾问。

图 1-5 赫伯特·奥斯本·雅德利

其间，中国情报部门抓捕了包括“独臂大盗”在内的一系列间谍，这些人中不仅有军队系统的，也有情报部门内部的，甚至有政府高层的。不过随着越来越多的间谍被抓获，雅德利的身份也被慢慢公开，待在中国变得不再安全，因此他返回了美国。

返回美国后，雅德利写下了回忆录《中国黑室》，但遭到美国政府的封杀。雅德利于 1958 年病逝于美国华盛顿。1999 年，其回忆录《中国黑室》终于被公开，雅德利的事迹才在中国慢慢传开。

可以说，密码学的发展直接影响了“二战”的战局。

5. 密码本密码

密码本密码实际上是一种替换密码，通过用密码本中的字来代替某个信息进行加密。关于密码本密码的应用场景，最为人熟知的就是各个影视剧中所出现的译电员翻译一组数字，写成内容后交给上级的场景。

由于无线电通信的技术瓶颈，无线电发明后很长一段时间内无法直接接收对方的语音信息，只能将语言通过编码形式传给对方，对方再用相同的编码方式翻译回来，这就是译电员的工作。英语是表音文字，很简单，如果不用加密，通过摩斯电码即可传给对方。但作为表意文字的中文就没那么容易了，汉语拼音直到“二战”以后才被发明出来，因此在“二战”前，人们只能给汉字进行编码，将每个汉字的四角分别用 4 位数字代替，再用摩斯电码发送，这也是中文密码本的来源。这种四角码其实从清朝末期就开始使用了，康熙字典就是使用四角码查阅汉字的。

最早的一本中文电码是法国人编写的《电报新书》，后来在此基础上，中国人编著了《中国电报新编》，作为通用标准开始使用。但是这仅仅被用于不需要加密的民间通信，在外交、军事等信息保密等级较高的领域则完全行不通。于是行业内人员都使用自己的密码本作为加密的材料进行通信。中文密码本如图 1-6 所示。

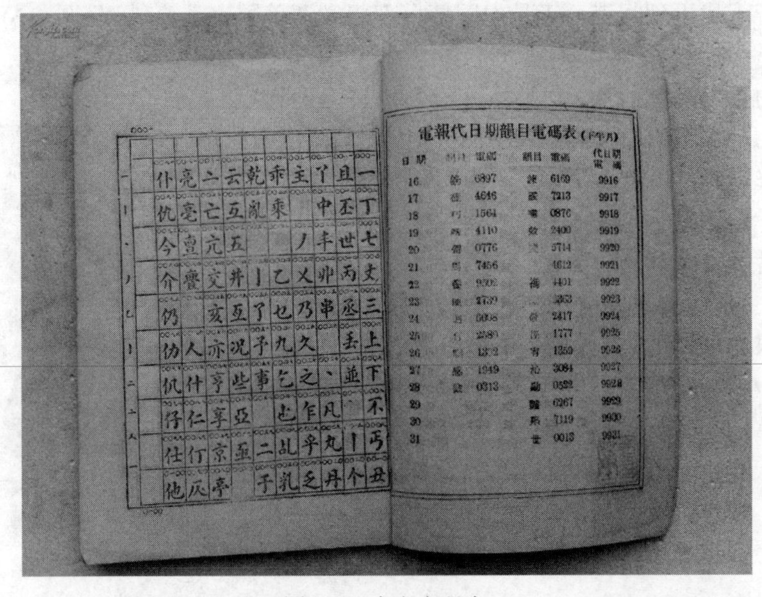

图 1-6　中文密码本

1.1.3 现代密码学发展

密码本是一种特殊的非通用编码本，通信双方秘密约定某本书，按页码、行数、字数将汉字译为数字后发送。它可以是自己写的密码本，也可以是公开发售的某本读物。使用前者的好处是密码本一旦被销毁，就再也不可能破译密文，坏处则是密码本的传输困难，容易在传输过程中被对方情报机构拦截。若选择公开发售的书籍，需要选择同版号同版次印刷的，以保证密码的准确性。这种方式的好处很多，一方只需要告诉另一方是什么书就行，然后在当地获取，不需要进行密码本的传输；坏处则是一旦对方情报机构知道是哪本书，则密码就会被破译，从而将情报彻底地暴露在敌方面前。

密码本在通信量少的情况下，安全性非常高，攻击者很难发现其规律。但是一旦通信量大，攻击者就会根据信息冗余，猜出这本书是哪一类的书籍，进而破译密码。

太平洋战争时期，日军曾先后有两艘潜艇触礁沉没。美军发现后立即派出部队，对这两艘沉没的潜艇进行了彻底搜寻，并在潜艇残骸中找到了日军密码本。正是依靠该密码本，美军情报部门才得以在极短时间内掌握了日本密码编制的方法。前文所列举的日本海军司令山本五十六的行踪被泄露，就是美方情报人员根据该批密码本对日军情报进行破译后得到信息的案例。不过令人意外的是，日军仍然坚信他们的密码本没有外泄，日军方面认为山本五十六所乘飞机被美军击落只不过是偶然事件。

我国关于密码本的历史最早可以追溯到宋朝。北宋时期的《武经总要 · 字验》是目前可考究的中国最早的军事密码本。

现代密码学的发展与计算机技术、电子通信技术密切相关。在这一阶段，密码理论得到了蓬勃发展，密码系统的设计与分析互相促进，出现了大量的加密算法和各种分析方法。除此之外，对密码的使用扩张到各个领域，出现了许多通用的加密标准，从而促进了网络和技术的发展。

在这里，不得不介绍现代密码学奠基人之一——克劳德 · 艾尔伍德 · 香农 (Claude Elwood Shannon) 博士。香农毕业于麻省理工学院，是一位非常著名的数学家、电子工程师和密码学家，被誉为信息论的创始人。在“二战”期间，他为破译敌方密码做出了突出贡献。

香农于 1948 年发表了一篇著名的论文 “A Mathematical Theory of Communication” (通信的数学理论) [4]。该文从研究通信系统传输的实质出发，对信息做了科学的定义，并进行了定性和定量的描述，是现代信息论的基础。1949 年，香农又发表了一篇著名论文 “Communication Theory of Secrecy Systems” (保密系统的通信理论) [5]，把已有数千年历史的密码学推向了基于信息论的科学轨道，它也是现代密码学的理论基础之一。但论文发表之初并没有被广泛应用，直到数十年后分组密码诞生，才显示出它的价值。

1976 年，惠特菲尔德 · 迪菲 (Whitfield Diffie) 和马丁 · 爱德华 · 赫尔曼 (Martin Edward Hellman) 发表论文《密码学的新方向》[6]，提出了“公钥密码”概念，开辟了公钥密码学的新领域。密码学的历史在此刻一分为二，分为对称密码学和非对称 (公钥) 密码学。在此之前，所有的密码系统都是对称的。可以说，没有对公钥密码学的研究，就没有现代密码学。

1977 年，美国麻省理工学院的 3 位教授提出了 RSA 密码算法 [7]，标志着首个较完善、无明显弱点的公钥密码算法的诞生。这是密码学史上的重要标志性事件。此后，ElGamal、椭圆曲线密码及格密码等公钥密码相继被提出，现代密码学进入一个新的快速发展时期。

1978 年，数据加密标准 (DES) 分组密码被 IBM 公司提出，DES 的出现使密码学得以从政府走向民间。DES 对于分析和掌握分组密码的基本理论与设计原理具有重要参考意义，其设计思路被后续的对称密码算法所参考。基于安全、可靠、速度快等特点，对称密码系统在今天仍然被广泛使用，政府、金融等领域都在使用对称密码算法。

此后，中国、美国、欧盟等国家都加大了对密码学的研究。对称密码学领域相继出现了 SM4、AES 等算法，非对称密码学领域相继出现了 SM2、ECC 等算法，研究人员也开始关注量子密码、格密码等，后量子密码等前沿密码技术逐步成为研究热点。

1.2 密码学概念

1.2.1 密码学的基本要素

1. 机密性 (Confidentiality)

确保数据不会被未经授权的用户查看。加密是实现机密性要求的常用手段，也是密码学提供的最基本的安全服务。

2. 认证 (Authentication)

它有两个子任务。

- 身份认证。确保用户的身份信息是真实可靠的。
- 信息认证。确保信息来源的真实性。

3. 完整性 (Integrity)

确保信息没有以未经授权的方式被更改，其中包括意外事件和故意事件，例如停电造成的网络中断导致数据上传不完整或者攻击者篡改信息。密码学可提供一些方法来检测信息是否被篡改。

4. 不可否认性 (Non-repudiation)

确保无论是发送方还是接收方都不能抵赖已传输的信息。换句话说，不可否认性是指确保信息的发送方不能向第三方否认他发送了这些数据。

机密性、认证、完整性和不可否认性这 4 点构成了密码学的基本要素，是密码学的基石。在设计密码及对密码的安全性进行测试时都会把以上基本要素作为考虑的重点，全面地思考所面对的问题，如图 1-7 所示。

1.2.2 密码学的基本原则

随着 Enigma 密码被破译，人们才意识到其实真正保证密码安全的重点往往不是算法，而是密钥管理。即使算法外泄，但只要密钥保密，密码就不会失效。这也称为柯克霍夫原则：即使密码系统的任何细节都已公开，只要密钥未泄露，则该密码系统也应是安全的。

在密码学领域，用于解决复杂问题的步骤通常称为算法 (Algorithm)。从明文转密文的方法称为“加密算法”；从密文转明文的方法，则称为“解密算法”。加密、解密算法合在一起统称为密码算法。

在了解具体算法之前，首先需要了解一些关于密码学的基本概念。

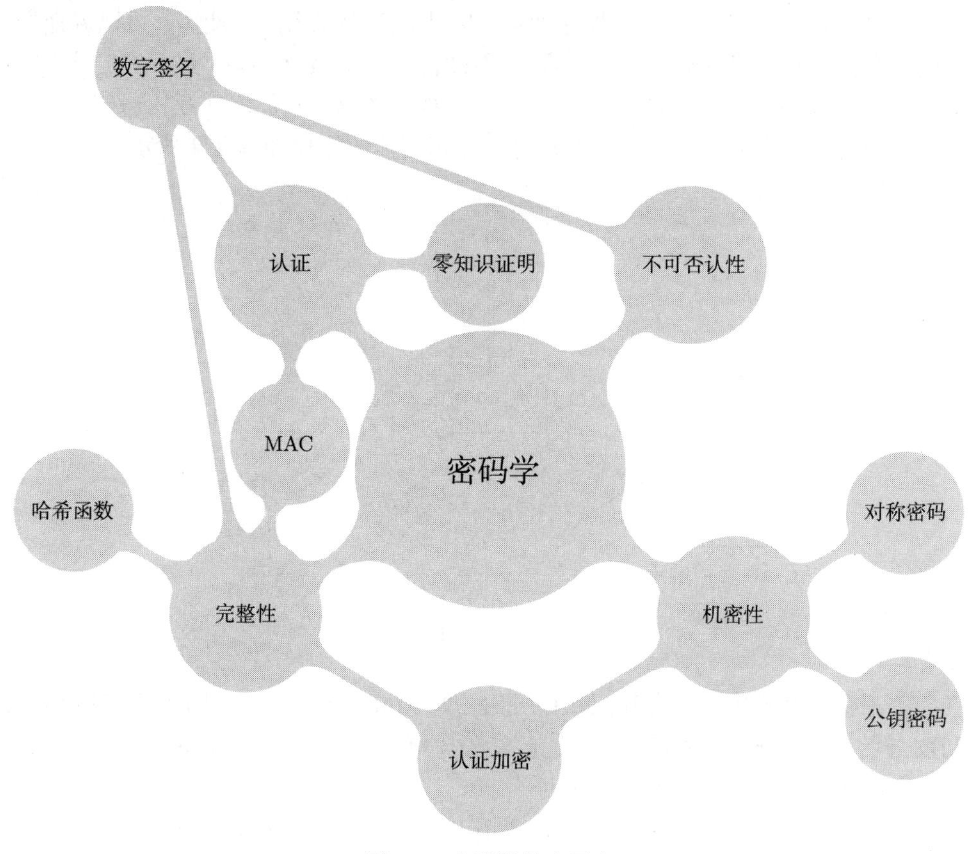

图 1-7 密码学基本要素

- 明文 (Plaintext)：加密前的信息，需要使用某种密码对其进行变换，以隐藏信息。用 M 表示，该信息只有通信双方能看到。
- 密文 (Ciphertext)：加密后的信息，经过变换后，该信息不能被非授权者所知。用 C 表示，该信息所有人都能看到。
- 加密 (Encryption)：通过特定的加密技术将明文转化为密文的行为。
- 解密 (Decryption)：由掌握加密技术的特定人群将密文转化为明文的行为。
- 发送方/发件人 (Sender)：例如后文例子中的 Alice。
- 接收方/收信人 (Receiver)：例如后文例子中的 Bob。
- 攻击者/拦截者 (Attacker)：例如后文例子中的 Eve。
- 密钥 (Key)：用 K 表示，密钥通常是一系列数字或符号，发送方采用密钥来加密信息，接收方通过相同或不同的密钥来解密信息。只使用一次的密钥称为一次性密钥。
- 密钥空间 (Key Space)：密钥的所有可能，或解密密钥的可能数量。对于一个安全的密码系统，其密钥空间须能抵御穷举攻击。

Alice 和 Bob 最早出现在 1978 年 Rivest 等 3 人发表的论文“A method for obtaining digital signatures and public-key cryptosystems”(一种实现数字签名和公钥密码系统的方法) [7] 中。在此之前，密码学领域一般用 A 表示数据发送方，用 B 表示数据接收方。相对于冰冷的 A 和 B，Alice 和 Bob 更加人性化，因此在密码学界广泛使用，可以说他们是密码学界的“李雷”和“韩梅梅”。不过实际使用过程中，Alice 和 Bob 并不一定是人，在大多数情况下，Alice 是一台计算机，Bob 是一台网络服务器，它们之间互相通信。不过 Eve 作为攻击者经常是一个人。Alice 和 Bob 之间互相通信的流程如图 1-8 所示。

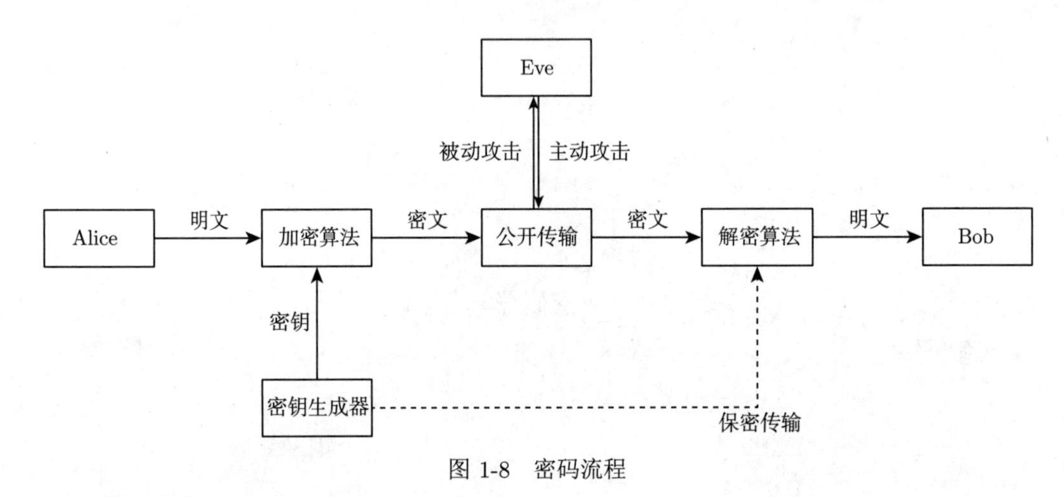

图 1-8 密码流程

在相关书籍或文献中，还有其他几种身份，如 Mallory、Trent、Victor。Mallory 通常指主动攻击者，它会进行妨碍通信、伪造信息等操作；Trent 则指可信的第三方，进行中继等操作；Victor 指验证者，进行信息验证。

加密的方法主要有两种，分别为替换 (Substitution) 加密和换位 (Transposition) 加密。替换加密主要是指将 n 个字符的明文替换成 n 个字符的密文；换位加密主要是指将原始信息的字符按照某些特定的模式重新排列。而现代加密方式是以上两种的混合，使得密码更加安全。

加密和解密过程即 Alice 通过密钥加密明文，将明文转变成密文；通过选定途径，发送给 Bob；Bob 通过密钥进行解密，得到明文。一个密码系统，通常由明文 m、密钥 k、密文 c、加密算法 E (Encrypt) 和解密算法 D (Decrypt) 这 5 种元素构成，加密算法用公式表示为：

$$E_k(m) = c \tag{1-1}$$

解密算法用公式表示为：

$$D_k(c) = m \tag{1-2}$$

使用密码的场景一般是发送方和接收方之间没有安全的通信通道，所以需要加密信息，以确保不会被第三方知道。信息安全的关键是攻击者不知道加密中使用了何种特定密钥，以及加密方式。攻击者一旦知道密钥及加密方法，密文即被破译。

现代密码学有 3 个基本原则。

(1) 安全的定义

对安全的定义必须是公式化的、表述严格且精确的。一个安全的密码算法应该满足哪些条件？“对于攻击者而言，不能恢复密钥。”这句话是否满足对于安全的定义呢？很显然，不满足。因为有些算法即使不能恢复密钥，也有可能泄露明文。比如 $E_k(m)=m$，没有人可以从密文中猜出密钥，但明文依然被泄露。“对于攻击者而言，不能从密文恢复完整的明文。”这也不满足对于安全的定义。因为不需要恢复完整明文，只要恢复部分明文就可能泄露重要的信息。比如，某个加密算法只加密偶数位的信息，那么奇数位的信息依然会被泄露。“对于攻击者而言，不能从密文恢复任何明文字符。”这也不满足对于安全的定义。因为即使攻击者不能知道明文的任何信息，但只要知道明文之间潜在的关系即可。比如，虽然不知道两架飞机的具体速度，但是知道飞机 A 比飞机 B 快，这也是信息泄露，是不安全的。

正确的定义是：若攻击者无法从密文中计算出任何关于明文的信息，那么该密码是安全的。

(2) 精确的假设

若密码学系统的安全性依赖于未被证明的假设，这种假设必须被精确陈述，且假设需要尽可能的少。大部分公钥密码系统通常是基于数学困难问题构造的。现代密码学要求，若一个方案的安全性依赖于假设，则假设必须被精确地陈述。假设是暂无数学证明的，但据推测是正确的命题。一个假设被检查和测试的次数越多，那么它的可信度就越高。

在其他条件相同的情况下，如果有两个基于不同假设的方案都被证明满足某种定义，那么该选哪种方案呢？通常选择假设更弱的那个方案。这是因为假设越弱越好，越弱的假设，其所需要的条件就越少，需要的信息也越少，也就越安全。反过来说，如果某个假设需要很强的条件才可以成立，那么这个假设就会因为条件太多而带来更多的不安全因素。

(3) 严格的安全证明

密码学方案应该有严格的安全证明。一个密码学方案在某些特定的假设下满足给定的定义，是可以严格证明该方案安全的前提。即假设 A 是正确的，则根据 A 给定的定义，所发明的算法 B 就是安全的。假设否定了 A，那么攻击者就能破解算法 B。

1.2.3 密码分析方式

要保证整个密码系统的安全，需要什么呢？只保证加密算法的安全就行了吗？答案是否定的。加密算法的设计需要经严格测试以证明其安全性。比如好不容易设计了一个加密算法，但只能加密前 10 位的字符，后面的不能加密，这很明显不是一个安全的加密算法。一个安全的加密算法应该是无法从密文中计算出任何关于明文的信息，换句话说，不光不能算出具体的明文信息，也不能算出与明文相关的信息。

不过遗憾的是，大多数的密码并不能保证密文中没有明文的任何信息。

在未知密钥的情况下，从截获的密文中分析出明文的过程称为密码分析。试图对密码进行分析的行为称为攻击。

密码分析作为密码学的一部分，通常情况下指的是一种破译密码的方法。绝大多数的密码分析方法都是由学术界赫赫有名的密码学家完成的。它的难度不比设计密码算法小，它的意义在于让人们试图破译密码以验证该密码算法是否安全，如果发现漏洞，需要及时补上，或者更换更安全的密码。

密码分析通常有 3 种方法，如下所述。

1. 经典密码分析

经典密码分析 (Classical Cryptanalysis) 包括两种，一种是纯暴力破解，穷举所有明文的可能性，找出最合理的一种；另一种则是数学分析方法，包括以下 4 种攻击方式。

- 唯密文攻击 (Ciphertext-Only Attack)：攻击者仅通过分析密文来恢复明文。
- 已知明文攻击 (Known-Plaintext Attack)：攻击者通过分析已知的明文–密文对来恢复全部明文。
- 选择明文攻击 (Chosen-Plaintext Attack)：攻击者知道加密算法，并且有能力选择一些明文–密文对来恢复全部明文。
- 选择密文攻击 (Chosen-Ciphertext Attack)：攻击者可以选择部分密文并获得相应明文，是一种比已知明文攻击更强的攻击方式。

这 4 种攻击的攻击难度依次递减。

2. 实施攻击

实施攻击 (Implementation Attack) 即不利用密码算法本身，而是通过其他渠道进行密码分析。例如通过测量处理明文的 CPU 功耗，或者测量信号强度来推理出密钥，这些方式也称为侧信道攻击。除此之外还有软硬件攻击、弱点攻击、差分攻击等方式，甚至包括清除访问记录。实施攻击在绝大多数情况下针对的是攻击者可以物理访问的密码系统，因此如果使用远程系统加密，通常不会考虑这种方法。

3. 社会工程学攻击

通过间谍行为，如行贿、窃取、跟踪等方式获得密钥，称为社会工程学攻击 (Social Engineering Attack)。它包括但不限于钓鱼、恶意软件传播、身份伪造、诱饵攻击、尾随、假冒权威等攻击方式。有个笑话：某公司被黑客勒索，每 20 分钟断一次网，用技术手段怎么也找不到原因。最后发现是黑客收买了保安，让他每 20 分钟拔一次网线。这种攻击方式也是社会工程学攻击的一种。

密码系统的安全性分析评估一般需要用数据复杂度 (明文空间、密文空间、密钥空间)、时间复杂度、空间复杂度和成功概率来衡量。一般来说，密码分析常说的计算复杂度主要是指时间复杂度和空间复杂度。

攻击者 Eve 会寻找密码使用过程中最脆弱的环节，不仅限于算法，还包括密码传输、管理等。换句话说，密码使用者必须使用足够安全的算法，也必须保证可以抵御实施攻击和社会工程学攻击。本书将会重点介绍经典密码分析方法，也会简单介绍实施攻击和社会工程学攻击。

对于任何安全的加密方案，其密钥空间 K 必须能抵御穷举攻击，且必须满足 $|M| > |K|$，即明文空间大于密钥空间。若可能的明文比可能的密钥还少，穷举出所有可能的密钥，解密之后会获得比明文空间还大的候选明文集合。

充分大的密钥空间是密码算法安全的必要不充分条件。一个安全的密码算法一定有一个充分大的密钥空间，但充分大的密钥空间不一定能保证密码算法的安全。还有一点值得注意，密钥空间并不等于密钥长度。密钥长度为密钥的二进制位数，比如密钥为 10101010，一共 8 位，那么它的密钥长度就是 8，其密钥空间为 2^8。如果密钥长度为 16，是 8 位密钥长度的两倍，那么它的密钥空间会远远大于后者的密钥空间大小，是其 $2^{16}/2^8 = 2^8 = 256$ 倍之大。

1.2.4 对称/非对称加密

本书将会讨论对称密码学 (Symmetric Cryptography) 和非对称密码学 (Asymmetric Cryptography)，非对称密码学也称公开密钥密码学 (Public-Key Cryptography)，简称公钥密码学。

在古典密码学中，收发双方都是秘密地选择密钥，密钥绝不能被公开。然后根据选择的密码算法，规定加密和解密过程，并且加密过程和解密过程是相同的。因此如果攻击者知道了密钥和加密算法，就容易解密信息，从而泄露信息。因为加密和解密过程是相同的，所以被称为对称加密算法。

对称加密算法有以下几个特点。

- 加密和解密使用的是同一个密钥。
- 加密和解密的速度比较快。
- 密钥交换的渠道不安全，容易被攻击。可能会产生为了保护密钥不被泄露，而用密码系统加密密钥的无解事件。
- 为了安全，可能需要长密钥来保护信息，这对密钥的管理者提出了非常高的要求，密钥管理起来非常困难。因此在网络通信中，较少使用对称加密算法。

对称加密算法就好比 Alice 和 Bob 都有一串相同的钥匙。Alice 把信息放在一个保险柜里，然后锁上。如果 Bob 想要知道这个信息，就需要用钥匙打开这个保险柜。但是让 Alice 和 Bob 拥有一串相同的钥匙就比较麻烦。当面交换和确认固然是个好办法，但是次数多了就很麻烦。放在保险柜里给对方？但没有钥匙就无法打开保险柜。而且用户一旦不止两个人，需要使用的钥匙对就多了，钥匙分配起来就比较麻烦。并且还有一点，就是拿 Bob 的钥匙开保险柜的人，不能确定就是 Bob 本人，也有可能是 Eve 拿他的钥匙开的，这没办法验证。

当然，利用计算机可以在一定程度上克服这些困难，诸如 DES 和 AES 就是对称密码学的巅峰之作。

为了解决上述难题，人们发明了非对称密码学。非对称密码学使得安全性得到了巨大提高。它将密钥一分为二，拆分成了公钥 (Public Key) 和私钥 (Private Key) 两组密钥。顾名思义，公钥可以被任何人知道，私钥则不能被泄露，只有接收方 Bob 知道。任何人都可以使用公钥加密信息，但只有拥有私钥的 Bob 才能解密信息。这就是非对称加密。比如，Alice 向银行请求公钥，银行将公钥发送给 Alice，Alice 使用公钥对信息加密，那么只有私钥的持有人——银行 (Bob) 才能对 Alice 的信息解密。与对称加密不同的是，银行不需要将私钥通过网络发送出去，这就解决了密钥交换的问题，因此安全性大大提高。

对称加密算法和公钥加密算法所要求的密钥长度完全不同。对攻击方来说，他极有可能通过穷举找出密钥，因此攻击方肯定对密钥空间的大小感兴趣。大多数密码系统的密钥空间大小是固定的。部分对称算法 (如 AES) 会根据用户需求来提供相应的模式，每种模式会对应不同的密钥长度。而公钥加密算法 (如 RSA) 也可以根据需求，提供不同的密钥长度。目前，对于一个只拥有 64 位密钥长度的密码系统，如果靠穷举攻击，在现代计算机的帮助下，几天即可破解。而对于拥有 128 位密钥长度的密码系统，只靠穷举攻击，则需要几十年的时间。破解一个 256 位密钥的加密算法，则需要成千上万年。

1.3 编码

1.3.1 ASCII 编码

因为现代通信的通信量大，时限要求高，所以除了极少部分的文件还是采用线下递送的交换方式，绝大部分信息交换都是通过网络完成的。使用网络就需要使用计算机，计算机底层硬件只能表示 0 和 1 两个数字，即半导体的断开和闭合。为了让计算机读懂人类的语言，IEEE 就设计了 ASCII，ASCII 全称为 American Standard Code for Information Interchange，即美国信息交换标准代码，这是一套基于拉丁字母的计算机编码系统。因为计算机只能处理二进制数，所以 ASCII 表在计算机领域应用甚广，它可以将拉丁字母和阿拉伯数字转化为二进制码。该表是 IEEE 的经典之作，是确立了 IEEE 在今天地位的成果之一。

大部分密码算法都是在计算机上运行的，计算机能处理的数据仅为 0 和 1。由 0 和 1 组成的字符串称为二进制数，比如 1001 0010。

ASCII 表包含二进制、十进制和十六进制，以及对应的字符。表中常用字符共有 96 个，如表 1-1 所示。

可以发现每个字符都对应着二进制 (Binary)、十进制 (Decimal) 和十六进制 (Hexadecimal) 数。十进制数和二进制数之间是怎么转化的呢？

十进制整数转换为二进制整数采用“除 2 取余，逆序排列”法。下面举一个例子。

例 1.3.1 将十进制数 13 转化为二进制数。

解：

$$13 \div 2 = 6 \cdots\cdots 1$$

$$6 \div 2 = 3 \cdots\cdots 0$$

$$3 \div 2 = 1 \cdots\cdots 1$$

$$1 \div 2 = 0 \cdots\cdots 1$$

然后逆序排列，得到 1101，就是 13 的二进制数了。 ■

二进制数转为十进制数则是从左到右用二进制数的每个数字乘以 2 的相应次方然后相加起来得到的，次方数最高为 $n-1$ (n 为二进制数的长度)，最低为 0。也举一个例子。

例 1.3.2 将二进制数 10010011 转化为十进制数。

解： 10010011 一共 8 位数，因此次方项最高为 7 次。

$$\begin{aligned} 10010011 &= 1 \times 2^7 + 0 \times 2^6 + 0 \times 2^5 + 1 \times 2^4 + 0 \times 2^3 + 0 \times 2^2 + 1 \times 2^1 + 1 \times 2^0 \\ &= 128 + 16 + 2 + 1 \end{aligned}$$

$$= 147$$

所以 10010011 转成十进制数就是 147。 ■

表 1-1 ASCII 表

二进制	十进制	十六进制	字符	二进制	十进制	十六进制	字符	二进制	十进制	十六进制	字符
0010 0000	32	20	(space)	0100 0000	64	40	@	0110 0000	96	60	`
0010 0001	33	21	!	0100 0001	65	41	A	0110 0001	97	61	a
0010 0010	34	22	''	0100 0010	66	42	B	0110 0010	98	62	b
0010 0011	35	23	#	0100 0011	67	43	C	0110 0011	99	63	c
0010 0100	36	24	$	0100 0100	68	44	D	0110 0100	100	64	d
0010 0101	37	25	%	0100 0101	69	45	E	0110 0101	101	65	e
0010 0110	38	26	&	0100 0110	70	46	F	0110 0110	102	66	f
0010 0111	39	27	′	0100 0111	71	47	G	0110 0111	103	67	g
0010 1000	40	28	(	0100 1000	72	48	H	0110 1000	104	68	h
0010 1001	41	29	)	0100 1001	73	49	I	0110 1001	105	69	i
0010 1010	42	2A	*	0100 1010	74	4A	J	0110 1010	106	6A	j
0010 1011	43	2B	+	0100 1011	75	4B	K	0110 1011	107	6B	k
0010 1100	44	2C	,	0100 1100	76	4C	L	0110 1100	108	6C	l
0010 1101	45	2D	−	0100 1101	77	4D	M	0110 1101	109	6D	m
0010 1110	46	2E	.	0100 1110	78	4E	N	0110 1110	110	6E	n
0010 1111	47	2F	/	0100 1111	79	4F	O	0110 1111	111	6F	o
0011 0000	48	30	0	0101 0000	80	50	P	0111 0000	112	70	p
0011 0001	49	31	1	0101 0001	81	51	Q	0111 0001	113	71	q
0011 0010	50	32	2	0101 0010	82	52	R	0111 0010	114	72	r
0011 0011	51	33	3	0101 0011	83	53	S	0111 0011	115	73	s
0011 0100	52	34	4	0101 0100	84	54	T	0111 0100	116	74	t
0011 0101	53	35	5	0101 0101	85	55	U	0111 0101	117	75	u
0011 0110	54	36	6	0101 0110	86	56	V	0111 0110	118	76	v
0011 0111	55	37	7	0101 0111	87	57	W	0111 0111	119	77	w
0011 1000	56	38	8	0101 1000	88	58	X	0111 1000	120	78	x
0011 1001	57	39	9	0101 1001	89	59	Y	0111 1001	121	79	y
0011 1010	58	3A	:	0101 1010	90	5A	Z	0111 1010	122	7A	z
0011 1011	59	3B	;	0101 1011	91	5B	[	0111 1011	123	7B	{
0011 1100	60	3C	<	0101 1100	92	5C	\	0111 1100	124	7C	|
0011 1101	61	3D	=	0101 1101	93	5D	]	0111 1101	125	7D	}
0011 1110	62	3E	>	0101 1110	94	5E	^	0111 1110	126	7E	~
0011 1111	63	3F	?	0101 1111	95	5F	_	0111 1111	127	7F	(Delete)

十六进制也是计算机比较常用的一种进制方式。它由 $0 \sim 9$ 和 A~F 组成，字母不区分大小写。与十进制的对应关系是：$0 \sim 9$ 对应 $0 \sim 9$；A~F 对应 $10 \sim 15$。

它与十进制的转化方法与二进制类似，只是将底数从 2 换成 16。比如：`2C`（十六进制）$= 2 \times 16^1 + 12 \times 16^0 = 44$（十进制）；90（十进制）$\div 16 = 5 \cdots\cdots 10, 5 \div 16 = 0 \cdots\cdots 5 \Rightarrow$ `5A`（十六进制）。

除了二进制、十进制和十六进制，还有四进制、八进制、三十二进制。不过这些不常用，有兴趣的读者可以思考它们之间是如何互相转化的。

了解完简单的计算机编码知识后，还需要了解它们的单位。

- 比特 (Bit)。也称“二进制位”，通常简称“位”，是二进制最小的信息单位，取值只有数字 0 和 1。

- 字节 (Byte)。简称 B，1 字节代表 8 位，这 8 位可以构成 256 种组合，是计算机存储容量的基本单位。通常一个英文字母使用 1 字节表示，一个汉字使用 2 字节表示。
- 字 (Word)。由两个或两个以上比特组成的比特串，长度不定。在 AES 分组密码中，一个字通常指 32 位或 4 字节。
- 千字节 (Kilobyte)。简称 KB，1KB = 1024B。
- 兆字节 (Megabyte)。简称 MB，1MB = 1024KB。
- 吉字节 (Gigabyte)。简称 GB，1GB = 1024MB。
- 万亿字节 (Trillionbyte)。简称 TB，1TB = 1024GB。

当然后面还有更多的单位，但与密码学关系不大。可以发现，计算机存储单位的进率是 1024 而非 1000，因为 $1024 = 2^{10}$，是二进制的。但对于日常的计算机产品，为了方便计算，都是以 1000 为进率的。比如一个 1TB 的移动硬盘，实际上是 $\frac{1000^4(\text{GB} \times \text{MB} \times \text{KB} \times \text{B})}{1024^3(\text{MB} \times \text{KB} \times \text{B})} \approx$ 931GB，即约为标定容量的 90%。

1.3.2 异或运算

异或运算需要在二进制中进行，如果不是二进制数，就需要将该数字转换成二进制数，再进行计算。下面看看二进制中异或运算的结果：

$$1 \quad \text{XOR} \quad 1 = 0$$

$$0 \quad \text{XOR} \quad 0 = 0$$

$$1 \quad \text{XOR} \quad 0 = 1$$

$$0 \quad \text{XOR} \quad 1 = 1$$

为了书写方便，异或运算可以用 $\oplus$ 表示，即 $1 \oplus 1 = 0$。为了便于理解，可以想象一下现在有两块磁铁。假设规定磁铁互斥的值是 0，互相吸引的值是 1。磁铁有南北两极，南极表示 1，北极表示 0。两个磁铁的南极和南极放在一起会互斥，所以得到 0，北极同理。但是将两个磁铁的南极和北极放在一起，就会吸引，所以是 1。

异或运算还有许多有意思的性质。

- 归零律：$a \oplus a = 0$
- 恒等律：$a \oplus 0 = a$
- 交换律：$a \oplus b = b \oplus a$
- 结合律：$a \oplus b \oplus c = a \oplus (b \oplus c) = (a \oplus b) \oplus c$
- 自反律：$a \oplus b \oplus a = b$

自反律的证明非常简单，$a \oplus b \oplus a = a \oplus a \oplus b = 0 \oplus b = b$。自反律的作用非常强大，在某些密码算法中，可以运用自反律来跳过密钥并获得明文。

第 2 章　数学基础

本章将为读者介绍阅读未来几章密码学所需的相关数学内容。

数论与代数都是数学的分支，它们是密码算法的基石。从古典密码学开始人们就已经使用了数论与代数，直到现代各类密码算法依然以数论与代数为基础。在现代密码系统设计过程中，密码学家通过使用数论或代数中某个未被证明的假设或难解的问题 (如 RSA)，来达到加密信息的目的。同时，在经典密码分析中，他们也会通过使用数论与代数的相关知识来分析密码。

数论与代数的概念是相当抽象的，如果没有具体示例，很难直观地了解和掌握它们。因此，本章包含了许多示例与插图，来帮助读者掌握这些抽象概念。熟悉数论与代数的读者可以完全或部分跳过本章内容。

本章将介绍以下内容的定理、算法及其证明。

- 有限域所需的数论基本概念：集合、除法定理、欧几里得算法和模运算。
- 与非对称加密算法直接相关的欧拉函数、默比乌斯函数、模的幂运算等。
- 代数相关基础，包括群、环、域、有限域。
- 有限域中的多项式运算。

2.1　集合

什么是集合？读者可以把集合想象成一个盒子，盒子里面装着整数、分数、小数、复数或者字母中的一种或几种，甚至什么都没有。数量也可多可少，没有限制。

定义 2.1.1　集合 (Set)

集合指具有某种特定性质的事物的总体。集合中的每个对象叫作这个集合的元素。一般使用 E 表示集合，$x \in E$ 表示元素 x 在集合 E 里。

集合具有确定性、无序性、互异性 3 个特征 [8]。确定性是指如有一个集合和一个元素，那么这个元素只能属于或者不属于该集合，不存在模棱两可的情况；无序性是指如有两个集合，只要集合中的元素相同，无论如何排序，这两个集合都是相同的；互异性是指对于一个给定的集合，集合中的任何两个元素都是不同的。对于相同、重复的元素，无论多少，只能算作该集合中的一个元素。

集合还可以分为有限集和无限集。下面看一些简单示例。

- $\mathbb{Z}$ 表示所有整数集合，是无限集。
- $\mathbb{Z}^+$ 表示正整数集合，是无限集。

- $\mathbb{Q}$ 表示有理数集合，是无限集。
- $\mathbb{R}$ 表示实数集合，是无限集。
- $\mathbb{R}^+$ 表示正实数集合，是无限集。
- $\mathbb{C}$ 表示复数集合，是无限集。
- $\{0, 1, \cdots, 100\}$ 是有限集。
- $\emptyset$ 表示空集，是有限集。
- $\{x \in \mathbb{R} \mid x^2 - x - 2 = 0\}$ 是一个有限集。

在密码学中，密钥空间与密文空间是有限的，因此它们都是有限集。为了继续了解什么是集合，还可以将集合分为子集和真子集。

定义 2.1.2 子集 (Subset)

如果 A 是 B 的子集，当且仅当 A 中的每个元素在 B 中也会出现。记作 $A \subseteq B$。

定义 2.1.3 真子集 (Proper Subset)

如果 $A \subseteq B$ 且 $A \neq B$，则 A 是 B 的真子集。记作 $A \subset B$。

集合的子集与真子集示例如下。

- $\mathbb{Q}$ 是 $\mathbb{R}$ 的子集。
- $\mathbb{Z}^+$ 是 $\mathbb{Z}$ 的子集。
- $\emptyset$ 是每一个非空集合的真子集。

如果定义两个集合 A、B 是相等的，则需要满足 $A \subseteq B$ 且 $B \subseteq A$。这样就可以说集合 $A = B$。同时，需要注意区分 $\in$ 和 $\subseteq$ 的区别。$\in$ 是元素和集合之间的从属关系；$\subseteq$ 是集合与集合之间的从属关系。它们是不一样的，尽管关系非常紧密。设 a 是集合 A 中的一个元素，它们之间的关系可以表示为：

$$a \in A \Leftrightarrow \{a\} \subseteq A \tag{2-1}$$

定义 2.1.4 交集 (Intersection Set)

A 与 B 的交集记作 $A \cap B$，定义为：

$$A \cap B = \{x \mid x \in A \text{ 且 } x \in B\} \tag{2-2}$$

定义 2.1.5 并集 (Union Set)

A 与 B 的并集记作 $A \cup B$，定义为：

$$A \cup B = \{x \mid x \in A \text{ 或 } x \in B\} \tag{2-3}$$

如果元素 x 既在集合 A 里又在集合 B 里，那么 A 和 B 的交集就是 x。A 和 B 的并集是所有 A 的元素和所有 B 的元素放在一起以后的集合，对于相同的元素，只保留一个。

例 2.1.1 集合 $A = \{1,2\}$，集合 $B = \{2,3\}$，求它们的交集和并集。

解：

$$\text{交集：} A \cap B = \{2\}$$

$$\text{并集：} A \cup B = \{1,2,3\}$$

■

定义 2.1.6 差集 (Difference Set)

集合 A 与集合 B 之间不同的部分叫作差集，记作 $A - B$，定义为：

$$A - B = \{x \mid x \in A \text{ 且 } x \notin B\} \tag{2-4}$$

需要注意的是，一般情况下集合之间的相减并不相等，即 $A - B \neq B - A$。

例 2.1.2 $A = \{1,2,3,4\}$，$B = \{2,3,4,5\}$。那么 $A - B = \{1\}$，$B - A = \{5\}$。 ■

定义 2.1.7 补集 (Complementary Set)

令集合 U 为一个全集合。集合 A 的补集，记作 A^c，定义为：

$$A^c = U - A = \{x \in U \mid x \notin A\} \tag{2-5}$$

例 2.1.3 $A = \{x \in \mathbb{R}|x > 2\}$，则 $A^c = \{x \in \mathbb{R} \mid x \leqslant 2\}$。 ■

并集、交集、差集、补集的示意图如图 2-1 所示。

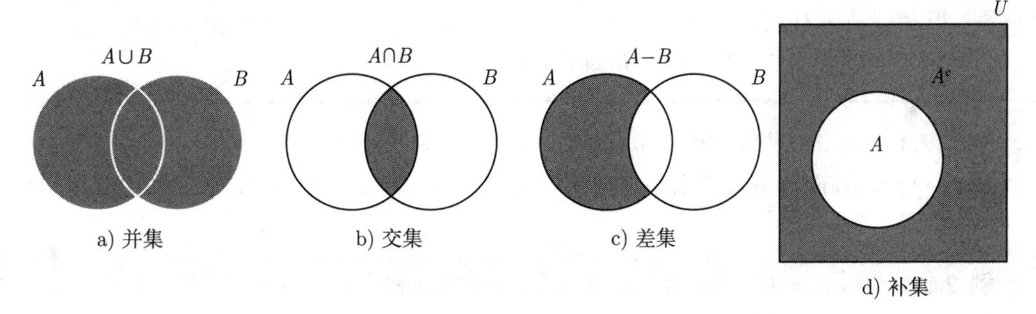

图 2-1 集合

2.2 除法定理

除法定理也称带余除法。设 $a,b \in \mathbb{Z}$，且 $b \neq 0$。如果存在 $q \in \mathbb{Z}$，使得 $a = bq$，则称 b 整除 a，记作 $b \mid a$。此时，b 叫作 a 的因数，a 叫作 b 的倍数。

如果 b 不能整除 a，则记作 $b \nmid a$。由于不能整除，这个时候就需要引入余数，即除法定理 [8]。

定理 2.2.1 除法定理 (Division Theorem)

设 $a, b \in \mathbb{Z}$ 且 $b > 0$，这样存在唯一的整数 q, r 使得：

$$a = bq + r \tag{2-6}$$

并且 $0 \leqslant r < b$。q 被称为商 (Quotient)，r 被称为余数 (Remainder)。

除法定理是整除的基本定理，是数论的证明中最基本、最常用的工具。例如，在证明与整数不同进制表示相关的定理时，就需要用到除法定理。下面尝试证明除法定理。

证明

设 $a, b \in \mathbb{Z}$ 且 $b > 0$。考虑整数序列：

$$\cdots -2b,\ -b,\ 0,\ b,\ 2b \cdots \tag{2-7}$$

则 a 必在上述序列某相邻的两项之间。假设：

$$bq \leqslant a < b(q+1) \tag{2-8}$$

于是 $0 \leqslant a - bq < b$，令 $r = a - bq$，则 $0 \leqslant r < b$。因此，当 $b > 0$ 时，就有 $a = bq + r$，证明了 q, r 的存在性。

假设存在另一组 $q', r' \in \mathbb{Z}$，使得 $a = bq' + r'$，$0 \leqslant r' < b$，则：

$$-b < r - r' = b(q' - q) < b \tag{2-9}$$

因此 $b(q' - q) = 0$，从而 $r' - r = 0$，即 $q' = q$，$r' = r$，证明了 q, r 具有唯一性。

结合存在性和唯一性，除法定理得证。

例 2.2.1 当 $a = 23542352$，$b = 234$。计算 a 除以 b 的商和余数。

解： $a/b \approx 100608.34$，那么现在就可以知道商 $q = 100608$。余数就可以很容易计算得到 $r = 80$。■

例 2.2.2 当 $a = 12$，$b = 3$。计算 a 除以 b 的商和余数。

解： $a/b = 4$，那么现在就可以知道商 $q = 4$。余数就可以很容易计算得到 $r = 0$。■

2.3 欧几里得算法

很多人在小学期间就接触过欧几里得算法 (The Euclidean Algorithm)[8]，它就是数学课本中的辗转相除法。它最早出现在欧几里得所著的《几何原本》中，书中不光介绍了平面几何和立体几何，还介绍了一些基础数论的知识，如整除性、素数、最大公约数、最小公倍数等。中国古代学者也发现了辗转相除法，如在《九章算术》中，作者就介绍了约分术。其原文是："约分术曰：可半者半之，不可半者，副置分母子之数，以少减多，更相减损，求其等也。以等数约之。"大意是给定两个整数，如果它们都为偶数，则将它们减半后再计算；如果不是偶数，则用较大的数减去较小的数，然后将所得差与较小的数组合为一对新的数，再用大数减小数，反复相减直到差数与较小的数相等，这个等数就是最初两个数的最大公约数。

遗憾的是，《几何原本》中的数学知识有明确的概念及严格的推导过程和证明，《九章算术》则没有。因此后世也将辗转相除法称为欧几里得算法。

如果 a, b 是两个整数，其中至少有一个非零整数，那么 a 和 b 的最大公约数 (The Greatest Common Divisor，GCD) 就是能同时除 a 和 b 的最大整数，记作 $\gcd(a, b)$。并且它们有几个性质，如果 $a, b \in \mathbb{Z}$ 且 $b > 0$，那么 b 能整除 a 就说明 $\gcd(a, b) = b$。如果 $a, b \in \mathbb{Z}^+$，在除法定理中，$a = qb + r \Rightarrow \gcd(a, b) = \gcd(b, r)$。

那么如何找到 $\gcd(a, b)$ 呢？使用欧几里得算法。

1) 设 $a, b \in \mathbb{Z}$，并且 $0 < b \leqslant a$。令 $r_0 = a$，$r_1 = b$。通过除法定理，可求得：

$$a = q_1 b + r_2, \quad 0 \leqslant r_2 < b \tag{2-10}$$

2) 如果 $r_2 = 0$，显然 b 能整除 a，因此 $\gcd(a, b) = b$。如果 $r_2 \neq 0$，那么用 r_2 除 b 则得到整数 q_2 和 r_3：

$$b = q_2 r_2 + r_3, \quad 0 \leqslant r_3 < r_2 \tag{2-11}$$

3) 如果 $r_3 = 0$，显然 r_2 能整除 b，因此 $\gcd(a, b) = r_2$。如果 $r_3 \neq 0$，那么用 r_3 除 r_2 则得到整数 q_3 和 r_4。对于 $n \geqslant 2$，可求得：

$$r_2 = q_3 r_3 + r_4, \quad 0 \leqslant r_4 < r_3 \tag{2-12}$$

$$r_3 = q_4 r_4 + r_5, \quad 0 \leqslant r_5 < r_4 \tag{2-13}$$

$$\vdots$$

$$r_{n-2} = q_{n-1} r_{n-1} + r_n, \quad 0 \leqslant r_n < r_{n-1} \tag{2-14}$$

4) 继续使用该除法过程直到余数等于 0 为止，最后一个非零余数就是最大公约数 $\gcd(a, b)$：

$$r_{n-1} = q_n r_n \Rightarrow \gcd(a, b) = r_n \tag{2-15}$$

这是因为余数组成的递减序列是 $b > r_2 > r_3 > \cdots \geqslant 0$，不会包含大于 b 的整数。对于 $a = qb + r$，有 $\gcd(a, b) = \gcd(b, r)$。因此 $\gcd(a, b) = \gcd(b, r_2) = \cdots = \gcd(r_{n-1}, r_n) = \gcd(r_n, 0) = r_n$。

如果 $k > 0$，那么 $\gcd(ka, kb) = k\gcd(a, b)$。以下展示两个计算最大公约数的示例。

例 2.3.1 计算 $\gcd(72, 30)$。

解：

$$72 = 30 \times 2 + 12$$

$$30 = 12 \times 2 + 6$$

$$12 = \boxed{6} \times 2 + 0$$

所以 $\gcd(72, 30) = 6$。 ■

例 2.3.2 计算 gcd(232, 136)。

解：

$$232 = 136 \times 1 + 96 \tag{2-16}$$

$$136 = 96 \times 1 + 40 \tag{2-17}$$

$$96 = 40 \times 2 + 16 \tag{2-18}$$

$$40 = 16 \times 2 + 8 \tag{2-19}$$

$$16 = \boxed{8} \times 2 + 0 \tag{2-20}$$

所以 $\gcd(232, 136) = 8$。 ■

计算最大公约数的 Python 代码如下，该函数与 math.gcd(a, b) 结果相同。

```
def gcd(a, b):
    if(b == 0):
        return abs(a)
    else:
        return gcd(b, a % b)
```

假设 $a, b \in \mathbb{Z}$，$a, b \neq 0$，如果 $\gcd(a, b) = 1$，那么就可以说 a, b 是互素 (Coprime) 的。

现在设想一个问题，如果给定 3 个整数 a, b, c，需要在方程 $am+bn = c$ 中找到所有的整数 m, n，应该如何运算呢？该方程也称不定方程或者丢番图方程 (Diophantine Equation)，值得注意的是，如果 $c = 0$，则式子被称为齐次的 (Homogeneous)，反之，则称为非齐次的。

首先假设 $c = 0$，那么 $am + bn = 0$。这个时候需要同除以 $\gcd(a, b)$，得到：

$$\frac{a}{\gcd(a,b)}m + \frac{b}{\gcd(a,b)}n = Am + Bn = 0 \tag{2-21}$$

其中 $A = \dfrac{a}{\gcd(a,b)}$，$B = \dfrac{b}{\gcd(a,b)}$，此时 $\gcd(A, B) = 1$。下一步，可以将 $am+bn = 0$ 和 $Am + Bn = 0$ 两式联立，得到 $m = Bq$，$n = -Aq$，$q \in \mathbb{Z}$，有多组解。

假设 $c \neq 0$，同样的，式子左右都同除以 $\gcd(a, b)$，得到：

$$\frac{a}{\gcd(a,b)}m + \frac{b}{\gcd(a,b)}n = \frac{c}{\gcd(a,b)} \tag{2-22}$$

值得注意的是，如果 $\gcd(a, b)$ 不能整除 c，那么方程无解。如果可以整除 c，那么式子就可以改写成 $Am+Bn = C$，$\gcd(A, B) = 1$。接着使用欧几里得算法找到方程 $Am+Bn = 1$ 的解 (m_1, n_1)，方程 $Am + Bn = C$ 的解 (m_p, n_p) 等于 (Cm_1, Cn_1)，方程 $Am + Bn = 0$ 的解 (m_h, n_h) 等于 $(Bq, -Aq)$。

最后，联立 $am + bn = c$ 和 $Am + Bn = C$，得到解：

$$(m, n) = (m_p + m_h, n_p + n_h) = (m_p + Bq, n_p - Aq) \tag{2-23}$$

例 2.3.3 找出式 $140m + 63n = 35$ 的所有解。

解：首先使用欧几里得算法计算得到最大公约数 $\gcd(140, 63) = 7$，发现 7 可以整除 35，有解。接着式子同除以 7：

$$20m + 9n = 5$$

然后对式子 $20m + 9n = 1$ 使用欧几里得算法，得到：

$$20 = 9 \times 2 + 2$$

$$9 = 4 \times 2 + 1$$

$$4 = 1 \times 4 + 0$$

$(m_1, n_1) = (-4, 9)$，$(m_p, n_p) = (-20, 45)$。而 $(m_h, n_h) = (9q, -20q)$。因此最后得到解 $(m, n) = (-20 + 9q, 45 - 20q)$，其中 $q \in \mathbb{Z}$。 ■

2.4 模运算

2.4.1 模运算定义

模运算也称同余理论 (Congruence)，由 24 岁的高斯在他的著作《算术研究》中首次提出。模运算得到的结果其实就是除法定理中的余数。在除法定理中，如果用 2 去除一个正整数，很容易知道余数就只有两个，即 0 和 1，其中偶数的余数是 0，奇数的余数是 1。如果用 3 去除一个正整数，余数就只有 3 个，即 0、1、2。模运算对除法定理的商不感兴趣，甚至熟悉一些式子后可以忽略，而感兴趣的是余数。

日常生活当中其实就有很多模运算的实际应用。例如，时间上的“星期”也就是关于模 7 的运算。大部分人都只对今天是星期几 (余数) 感兴趣，很少人对今天是今年的第几周 (商) 感兴趣。如果扩大范围，则所有只对周期性结果感兴趣的事情都是模运算。下面了解模运算的定义。

定义 2.4.1 模运算

设 $a, b, q \in \mathbb{Z}$，m 是一个定值且 $m \in \mathbb{Z}^+$。规定当 $a - b = qm$ 时，a, b 模 m 同余。记作：

$$a \equiv b \pmod m \tag{2-24}$$

模运算拥有以下几个性质 [8]。

1) 反身性。对于所有的 $a \in \mathbb{Z}$，都有 $a \equiv a \pmod m$。

2) 对称性。对于所有的 $a, b \in \mathbb{Z}$，都有 $a \equiv b \pmod m \Rightarrow b \equiv a \pmod m$。

3) 传递性。对于所有的 $a, b, c \in \mathbb{Z}$，如果 $a \equiv b \pmod m$ 且 $b \equiv c \pmod m$，那么 $a \equiv c \pmod m$。

对于 $a, b, c, d \in \mathbb{Z}$，$m \in \mathbb{Z}^+$，并且 $a \equiv b \pmod m$ 和 $c \equiv d \pmod m$，那么：

- $a \pm c \equiv b \pm d \pmod m$
- $ac \equiv bd \pmod m$
- $a + c \equiv b + c \pmod m$

- $ac \equiv bc \pmod{m}$
- 如果 $k \in \mathbb{Z}^+$，$a^k \equiv b^k \pmod{m}$

例 2.4.1 模运算例子。

$$97 \equiv 2 \pmod{5} \quad 144 \equiv 4 \pmod{5} \quad 97 \equiv 9 \pmod{11} \quad -144 \equiv 10 \pmod{11}$$

$$99 \equiv 4 \pmod{5} \quad 100^2 \equiv 0 \pmod{5} \quad -99 \equiv 0 \pmod{11} \quad (-123)^2 \equiv 4 \pmod{11}$$

在 Python 中，可以使用 % 进行模运算，如 `99%5`。■

例 2.4.2 求 $\sum_{k=0}^{n=100} k! \pmod{15}$。

解： $\sum_{k=0}^{n=100} k! \equiv 0! + 1! + 2! + 3! + 4! + \cdots + 99! + 100! \pmod{15}$。阶乘的增长非常可怕，如果没有模运算的帮助，解这道题非常困难。

不过由于 $5! \equiv 120 \equiv 0 \pmod{15}$，因此对于 $k \geqslant 5$，都有：

$$k! \equiv 0 \pmod{15}$$

也就是说：

$$\begin{aligned}\sum_{k=0}^{n=100} k! &\equiv 0! + 1! + 2! + 3! + 4! + 5! + \cdots + 99! + 100! \pmod{15}\\ &\equiv 0! + 1! + 2! + 3! + 4! + 0 + \cdots + 0 \pmod{15}\\ &\equiv 1 + 1 + 2 + 6 + 24 \pmod{15}\\ &\equiv 4 \pmod{15}\end{aligned}$$

■

给定 $m \in \mathbb{Z}^+$, $a, b \in \mathbb{Z}$, 如果 $\gcd(a, m) = 1$，那么对于线性同余方程 $ax \equiv b \pmod{m}$ 有且只有唯一解。如果 $\gcd(a, m) \neq 1$，方程 $ax \equiv b \pmod{m}$ 则可能有或没有解。如何求解方程 $ax \equiv b \pmod{m}$? 过程也非常简单，首先验证 $\gcd(a, m)$ 是否可以整除 b，如果不可以，则无解。如果可以，则用下面的方程进行求解。

将式子转化成 $ax \equiv b \pmod{m} \Rightarrow \dfrac{a}{\gcd(a,m)}x \equiv \dfrac{b}{\gcd(a,m)} \bmod \left(\dfrac{m}{\gcd(a,m)}\right)$，记作 $Ax \equiv B \pmod{M}$。使用欧几里得算法得到式子 $Ax + My = B$ 的解 (x_0, y_0)，调整得到 $Ax_0 \equiv B \pmod{M}$。因此最后的解就是 $x \equiv x_0 \pmod{M}$。

例 2.4.3 求方程 $4x \equiv 12 \pmod{14}$ 和 $290x \equiv 5 \pmod{357}$。

解： 第 1 个方程比较简单，很容易得到 $4x \equiv 12 \pmod{14} \Leftrightarrow 2x \equiv 6 \pmod{7} \Leftrightarrow x \equiv 3 \pmod{7}$。该解是模 M 情况下的唯一解，如果扩展至模 m，则 $x \equiv 10 \pmod{14}$ 是另一个解。

求第 2 个方程，由于 $\gcd(290, 357) = 1$，可以整除 5，因此有且只有唯一解。然后计算 $290x + 357y = 5$，计算过程和例 2.3.3 相同，得到结果 $(x_0, y_0) = (-80, 65)$。所以该方程最小正剩余 $x \equiv 277 \pmod{357}$。■

其实可以发现，无论模数 m 多大，得到的值总是小于 m。因此模运算可以被看作一个环 (Ring)，也称为整数模 m 的环 (关于环的定义见 2.9.2 节)，余数在这个环中怎么都跳不出去，最大值是 $m-1$。记作：

$$(\mathbb{Z}/m\mathbb{Z})=\{0,1,2,\cdots,m-1\} \tag{2-25}$$

除此之外，当 $\gcd(a,m)=1$ 时，那么就会存在一个关于 a 的逆元 a^{-1}，使得 $aa^{-1}\equiv 1 \pmod{m}$。注意在模运算中，$a^{-1}\neq 1/a$。下面通过一个例子来了解如何计算 a^{-1}。

例 2.4.4 设模数 $m=13$，$a=7$。求 a^{-1}。

解： 很明显 $\gcd(a,m)=1$，因为它们都是素数。因此必有 a^{-1}。由于 $7\times 2\equiv 1 \pmod{13}$，所以 $a^{-1}\equiv 2 \pmod{13}$。

同理，如果 $m=103$，$a=7$，那么 $a^{-1}\equiv 59 \pmod{103}$。 ■

因此规定，如果整数 a 存在模 m 的逆元，当且仅当 $\gcd(a,m)=1$。记作

$$(\mathbb{Z}/m\mathbb{Z})^{*}=\{a\in\mathbb{Z}/m\mathbb{Z}:\gcd(a,m)=1\} \tag{2-26}$$

$(\mathbb{Z}/m\mathbb{Z})^{*}$ 也叫整数模 m 乘法群 (单位群)，该群是数论的基础，在密码学中有非常重要的作用，特别是在素性测试中运用甚广。

例 2.4.5 求 $(\mathbb{Z}/11\mathbb{Z})^{*}$ 和 $(\mathbb{Z}/24\mathbb{Z})^{*}$。

解： 因为 11 是素数，所以 $1,2,\cdots,10$ 都与 11 互素，因此很容易得到：

$$(\mathbb{Z}/11\mathbb{Z})^{*}=\{1,2,3,4,5,6,7,8,9,10\}$$

24 是一个合数，所以小于 24 的其他合数都不是它的整数模的单位，因此只能从小于 24 的素数 $1,3,5,7,\cdots,23$ 中选择。而 3 是 24 的一个因子，因此需要排除 3。经过相似步骤，最后可得：

$$(\mathbb{Z}/24\mathbb{Z})^{*}=\{1,5,7,11,13,17,19,23\}$$

■

2.4.2 身份证校验码

在了解模运算后可以进一步了解生活中模运算的应用，比如人们经常会使用的身份证号就含有模运算。

1999 年 8 月 26 日，中华人民共和国国务院发布《国务院关于实行公民身份号码制度的决定》，规定中国公民身份号码按照《公民身份号码》(GB 11643—1999) 进行编制，由 18 位数字组成：前 6 位为行政区划代码 (地址码)，第 7 ~ 14 位为出生日期码，第 15 ~ 17 位为顺序码，第 18 位为校验码。整个身份号码组合的方式如表 2-1 所示。

表 2-1 身份号码组合方式

1	2	3	4	5	6	7	8	9	10	11	12	13	14	15	16	17	18
行政区划代码						出生日期码								顺序码			校验码

行政区划代码是指公民常住户口所在市 (县、镇、区) 的识别码。代码编码一共有 6 位数，共 3 层，每层 2 位数。第一层是省级行政区划代码，第二层是地级行政区划代码，第三层是县级行政区划代码。还有第四、第五层行政区划代码，代表乡、村级，但在身份证中不使用。不同地区的行政区划代码可参考《中华人民共和国行政区划代码》(GB/T 2260—2007)。例如 440112 就代表广东省广州市黄埔区，110108 就代表北京市海淀区。

44	01	12
广东省	广州市	黄埔区

11	01	08
北京市	市辖区	海淀区

出生日期码非常好理解，一共 8 位数，前面 4 位是出生公历年，然后是月、日。比如 1999 年 9 月 9 日出生的人的出生日期码就是 19990909。

顺序码一共 3 位数，是给相同行政区划代码和出生日期码的人编定的顺序号，奇数分配给男性，偶数分配给女性。如 223 代表一名男性；224 代表一名女性。

最后一位校验码则是模运算的经典应用。校验码可以帮助人们在录入身份证号过程中检查号码是否有错误，实现快速检测功能。校验码的计算方法是 MOD 11-2。顾名思义，MOD 就是模运算，11 则代表模 11，2 是生成元。计算校验码的公式为：

$$S = \sum_{i=1}^{17}(a_i \cdot W_i) \tag{2-27}$$

$$a_{18} \equiv (12 - (S \bmod 11)) \pmod{11}$$

其中 a_i 表示第 i 位 (从左至右) 身份证号码值，W_i 表示权重系数，计算公式为 $W_i \equiv 2^{18-i} \pmod{11}$。该权重系数是已知的，如表 2-2 所示。

表 2-2 权重系数

i	1	2	3	4	5	6	7	8	9	10	11	12	13	14	15	16	17	18
W_i	7	9	10	5	8	4	2	1	6	3	7	9	10	5	8	4	2	1

假设有一个人是 2032 年 5 月 19 日出生，并在北京市海淀区上的户口，排在 123 位，那么前 17 位的号码是 11010820320519123。$S = \sum_{i=1}^{17}(a_i \cdot W_i) = 203$，校验码 $a_{18} = 7$。

细心的读者可能发现，模 11 的运算有一定的概率会出现值为 10 的结果，如果加入身份证号中，就会变成 19 位，比常规的 18 位数字多出了一位，这显然不符合身份证的设计要求。因此规定，当校验值等于 10 时，就用罗马数字 "X" 代替，使身份证号码位数不超过 18 位。这也是有些人的身份证号码最后一位是 "X" 的原因。

那么有了校验值后，如何确定身份证号码是否输入正确呢？校验公式如下：

$$\sum_{i=1}^{18}(a_i \cdot W_i) \equiv 1 \pmod{11} \tag{2-28}$$

输入身份证号码过程中，如果输入的号码全部正确，那么校验公式就会成立。而如果输错一位数，该校验公式则肯定不成立。

例 2.4.6 检验身份证号 330302204311117880 是否符合要求。

解： 根据身份证号信息可以知道，330302 代表此人户口所在地，20431111 代表此人是 2043 年 11 月 11 日出生的，788 代表此人是一名女性，且上户口的顺序是 788。那么就需要计算 $\sum_{i=1}^{18}(a_i \cdot W_i)$，如表 2-3 所示。

表 2-3 身份证号码检验计算过程

i	1	2	3	4	5	6	7	8	9	10	11	12	13	14	15	16	17	18
a_i	3	3	0	3	0	2	2	0	4	3	1	1	1	1	7	8	8	0
W_i	7	9	10	5	8	4	2	1	6	3	7	9	10	5	8	4	2	1
$a_i \cdot W_i$	21	27	0	15	0	8	4	0	24	9	7	9	10	5	56	32	16	0

根据校验公式 (2-28)，将 $a_i \cdot W_i$ 求和并模 11，可以得到：

$$\sum_{i=1}^{18}(a_i \cdot W_i) \equiv 243 \equiv 1 \pmod{11} \tag{2-29}$$

校验公式 (2-28) 成立，因此该身份证号输入格式是正确的。 ■

最后来探讨一下：为什么选择 11 作为模数，而不是 7、8、9、10、12 或者其他的数字呢？假设选择大于 11 的数字，如 13，那么就会多出 10、11、12 这 3 个两位数的数字，为了符合身份证的长度，只能使用字母来代替，比如 X、Y、Z。这并不符合身份证设计理念，增加了理解身份证数字信息的难度，很难对公众进行解释说明。如果是小于 11 的数字，如 7，那么就会造成 7、8、9 这 3 个数字的"浪费"。现在看来，10 这个数字非常合适，不但没有数字浪费，还可以避免出现"X"这样的字母。但为什么不选择 10 作为模数呢？

首要原因是，10 是一个合数。上面提到，输错一位数，校验公式 (2-28) 肯定不成立。满足这个条件的前提是模数是一个素数。在例 2.4.6 中，$S = 243$，如果模数是 10，那么 $S \equiv 243 \equiv 3 \pmod{10}$。假设身份证号填错一位数，填成了 3303022043111178**3**0，那么 $S \equiv 233 \equiv 3 \pmod{10}$。在模 10 的运算下，它们的值都为 3，通过了验证，但实际上是错误的。因此素数 11 显然是比合数 10 更为合适的选择。

然而，即使选择 11 作为模数，依然有可能在身份证号填写错误的情况下通过验证。例如身份证号填错的不是一位数，而是两位数，该组身份证号就有可能通过校验公式的校验。在例 2.4.6 中，如果填写成 330302204311117**53**0，此时 $S \equiv 221 \equiv 1 \pmod{11}$，就通过了验证。不过由于错误发生的概率不高，因此被视为在可容忍的范围内。同时配合其他方式，如人脸识别、指纹识别进行再次校验，双管乃至多管齐下，便可确保个人身份的精确性和唯一性。

2.5 欧拉函数

欧拉函数是数论中最重要也是最基础的一个函数 [9]。它以著名的数学家莱昂哈德·保罗·欧拉 (Leonhard Paul Euler) 的名字命名，以表彰他在数论领域做出的贡献。欧拉函数也称欧拉总计函数 (Euler's Totient Function) 或欧拉 Phi 函数 (Euler's Phi Function)。欧拉函数的定义如下。

定义 2.5.1 欧拉函数 (Euler's Function)

欧拉函数 $\varphi(n)$ 是计算在封闭区间 $[1,n]$ 内与 n 没有公因数的整数的个数。或者说是计算 $[1,n]$ 内的正整数中与 n 互素的数目。也就是说：

$$\varphi(n) = \#\{m \in \mathbb{Z} : 1 \leqslant m \leqslant n,\ \gcd(m,n) = 1\} \tag{2-30}$$

注：部分参考书籍也常使用 $\phi(n)$ 表示欧拉函数，ϕ 是 φ 的另一种书写形式。由于 ϕ 还常常表示角度，因此本书采用 φ 表示欧拉函数。

如果 n 是一个合数，则 n 有一个因子 d，满足 $1 < d < p$，在 $1, 2, 3, \cdots, n$ 中至少有两个整数不与 n 互素。那么 $\varphi(n) \leqslant n-2$。当 $n = 1$ 时，$\varphi(n) = 1$。因此如果 n 是一个素

数，那么：

$$\varphi(n) = n - 1 \tag{2-31}$$

反过来也成立：如果 $n \in \mathbb{Z}^+$，且 $\varphi(n) = n - 1$，那么 n 是一个素数。

如果 $k \in \mathbb{Z}^+$ 且 n 是一个素数，那么还可以推出：

$$\varphi\left(n^k\right) = n^k - n^{k-1} = n^k\left(1 - \frac{1}{n}\right) \tag{2-32}$$

定理 2.5.1 欧拉函数的幂分解 (Prime Factorization)

如果 n 是一个正整数，则可以被质因数分解成：

$$n = p_1^{k_1} p_2^{k_2} \cdots p_r^{k_r} \tag{2-33}$$

欧拉函数进一步表示为：

$$\varphi(n) = \varphi(p_1^{k_1})\varphi(p_2^{k_2})\cdots\varphi(p_r^{k_r}) \tag{2-34}$$

$$= (p_1^{k_1} - p_1^{k_1-1})(p_2^{k_2} - p_2^{k_2-1})\cdots(p_r^{k_r} - p_r^{k_r-1}) \tag{2-35}$$

$$= p_1^{k_1}\left(1 - \frac{1}{p_1}\right)p_2^{k_2}\left(1 - \frac{1}{p_2}\right)\cdots p_r^{k_r}\left(1 - \frac{1}{p_r}\right) \tag{2-36}$$

$$= n\left(1 - \frac{1}{p_1}\right)\left(1 - \frac{1}{p_2}\right)\cdots\left(1 - \frac{1}{p_r}\right) \tag{2-37}$$

例 2.5.1 计算 $\varphi(360)$。

解：根据算术基本定理，每个大于 1 的正整数都可以被唯一地写成素数的乘积，在乘积中的素因子按照非降序排列。因此 360 可以写成：

$$360 = 2^3 \times 3^2 \times 5$$

代入式 (2-37) 中：

$$\begin{aligned}\varphi(360) &= n\left(1 - \frac{1}{p_1}\right)\left(1 - \frac{1}{p_2}\right)\cdots\left(1 - \frac{1}{p_r}\right)\\ &= 360\left(1 - \frac{1}{2}\right)\left(1 - \frac{1}{3}\right)\left(1 - \frac{1}{5}\right)\\ &= 96\end{aligned}$$

计算欧拉函数的 Python 代码如下：

```
1 # 计算欧拉函数值
2 def gcd(a, b):
3     if(b == 0):
4         return abs(a)
5     else:
6         return gcd(b, a % b)
7
8 def is_coprime(a, b):
9     return gcd(a, b) == 1
```

```
10
11 def phi(x):
12     if x == 1:
13         return 1
14     else:
15         n = [y for y in range(1,x) if is_coprime(x,y)]
16         return len(n)
17 print(phi(360))
```

■

例 2.5.2 根据欧拉函数计算可得前 15 个欧拉函数值，如表 2-4 所示。

表 2-4 前 15 个欧拉函数值

n	1	2	3	4	5	6	7	8	9	10	11	12	13	14	15
$\varphi(n)$	1	1	2	2	4	2	6	4	6	4	10	4	12	6	8

■

定理 2.5.2 欧拉函数的积性性质 (Multiplicative)

如果 m,n 为正整数，使得 $\gcd(m,n)=1$，则：

$$\varphi(mn)=\varphi(m)\varphi(n) \tag{2-38}$$

证明

假设两个数 n、m 互素，则意味着 n 与 m 没有相同的质因子。设 n 有 r_1 个质因子，m 有 r_2 个质因子，则：

$$\varphi(n)\varphi(m)=n\prod_{i=1}^{r_1}\left(1-\frac{1}{p_i}\right)\times m\prod_{i=1}^{r_2}\left(1-\frac{1}{p_i}\right) \tag{2-39}$$

$$=nm\times\prod_{i=1}^{r_1+r_2}\left(1-\frac{1}{p_i}\right) \tag{2-40}$$

$$=\varphi(nm) \tag{2-41}$$

假设一个整数 N 由素数 p,q 进行乘积运算得来，那么很容易可以得到：

$$\varphi(N)=(p-1)(q-1) \tag{2-42}$$

例 2.5.3 计算 $\varphi(55)$。

解：

$$\varphi(55)=\varphi(5\times 11)=\varphi(5)\varphi(11)=4\times 10=40$$

■

2.6 默比乌斯函数

默比乌斯函数由德国数学家默比乌斯 (August Ferdinand Möbius) 提出。在数论中，经常出现像欧拉函数这种定义在正整数集上的实值或负值函数，这类函数称为数论函数。当

$f(1) = 1$，且 a 和 b 互素时，有 $f(ab) = f(a)f(b)$。具有这种性质的数论函数称为积性函数 (Multiplicative Function)。下面将介绍另外一个重要的积性函数，即默比乌斯函数。

定义 2.6.1 默比乌斯函数 (Möbius Function)

默比乌斯函数 [9]：

$$\mu(d) = \begin{cases} (-1)^k & \text{如果 } d \text{ 是 } k \text{ 个不同素数的乘积} \\ 1 & \text{如果} d = 1 \\ 0 & \text{如果对于一些素数 } p\text{，满足 } p^2 \text{ 能整除 } d \end{cases}$$

根据默比乌斯函数计算可得前 15 个值，如表 2-5 所示。

表 2-5 前 15 个默比乌斯函数值

d	1	2	3	4	5	6	7	8	9	10	11	12	13	14	15
$\mu(d)$	1	−1	−1	0	−1	1	−1	0	0	1	−1	0	−1	1	1

例 2.6.1 通过例子来解释一下默比乌斯函数是如何运算的。$4 = 2 \times 2$，由相同的素数所得，所以 $\mu(4) = 0$。$12 = 2 \times 2 \times 3$ 也包含相同素数，所以 $\mu(12) = 0$。而 $15 = 3 \times 5$，由不同素数所得，所以是 $\mu(15) = (-1)^2 = 1$。

```
1  def isPrime(n) :
2      if (n < 2) :
3          return False
4      for i in range(2, n + 1) :
5          if (i * i <= n and n % i == 0) :
6              return False
7      return True
8
9  def mobius(N) :
10     if (N == 1) :return 1
11     p = 0
12     for i in range(1, N + 1) :
13         if (N % i == 0 and isPrime(i)) :
14             if (N % (i * i) == 0) : return 0
15             else : p = p + 1
16     if(p % 2 != 0) : return -1
17     else : return 1
```

■

定理 2.6.1 默比乌斯函数的积性性质

假设 m 和 n 没有公因数。进一步假设 m 是 k 个不同素数的乘积，n 是 r 个不同素数的乘积。那么 mn 就是 $k + r$ 个不同素数的乘积，即：

$$\mu(mn) = (-1)^{k+r} = (-1)^k(-1)^r = \mu(m)\mu(n) \tag{2-43}$$

由定理 2.6.1 可知，$\mu(330) = \mu(2 \times 3 \times 5 \times 11) = (-1)^4 = 1$；$\mu(360) = \mu(2^3 \times 3^2 \times 5)$，由于满足素数的平方能整除 360，因此 $\mu(360) = 0$。

那么欧拉函数 $\varphi(n)$ 与 $\mu(d)$ 有什么关系呢？它们之间的关系可以表示为：

$$\varphi(n) = \sum_{d|n} \mu(d) \frac{n}{d} \tag{2-44}$$

其中 $\sum_{d|n} \mu(d)$ 为默比乌斯函数的和函数，且 $n \geqslant 1$，记作：

$$\sum_{d|n} \mu(d) = \begin{cases} 1 & \text{如果 } n = 1 \\ 0 & \text{如果 } n > 1 \end{cases}$$

例 2.6.2 假设整数 $n = p_1^{a_1} p_2^{a_2}$，则 $p_1^i p_2^j$，$0 \leqslant i \leqslant a_1$，$0 \leqslant j \leqslant a_2$，那么：

- $d = p_1^0 p_2^0 = 1 \Rightarrow \mu(1) = (-1)^0 = 1$
- $d = p_1^1 p_2^0 = p_1 \Rightarrow \mu(p_1) = (-1)^1 = -1$
- $d = p_1^0 p_2^1 = p_2 \Rightarrow \mu(p_2) = (-1)^1 = -1$
- $d = p_1^1 p_2^1 = p_1 p_2 \Rightarrow \mu(p_1 p_2) = (-1)^2 = 1$

$$\begin{aligned}
\varphi(n) &= \mu(1) \cdot \frac{n}{1} + \mu(p_1) \cdot \frac{n}{p_1} + \mu(p_2) \cdot \frac{n}{p_2} + \mu(p_1 p_2) \cdot \frac{n}{p_1 p_2} \\
&= n - \frac{n}{p_1} - \frac{n}{p_2} + \frac{n}{p_1 p_2} \\
&= n \left(1 - \frac{1}{p_1}\right) \left(1 - \frac{1}{p_2}\right)
\end{aligned}$$

例如，$n = 10$，根据式 (2-44)，很容易可以算出：

$$\begin{aligned}
\varphi(10) = \sum_{d|n} \mu(d) \frac{n}{d} &= \sum_{d|10} \mu(d) \frac{10}{d} \\
&= 10 \left[\mu(1) + \frac{\mu(2)}{2} + \frac{\mu(5)}{5} + \frac{\mu(10)}{10}\right] \\
&= 10 \left[1 + \frac{(-1)}{2} + \frac{(-1)}{5} + \frac{(-1)^2}{10}\right] \\
&= 10 \left[1 - \frac{1}{2} - \frac{1}{5} + \frac{1}{10}\right] = 4
\end{aligned}$$

■

2.7 模的幂运算

2.7.1 欧拉定理

根据上面的数论知识，可以得到模运算的一个基本定理——欧拉定理。它与欧拉函数紧密相关，但概念不同。欧拉函数描述的是小于或等于 n 的正整数中与 n 互素的数的数目；欧拉定理在数论中是一个关于同余的性质，该定理被认为是数学世界中最美妙的定理之一，这是一个既优美且非常有用的结果。

定理 2.7.1 欧拉定理 (Euler's Theorem)

如果 $a, n \in \mathbb{Z}^+$，且 $\gcd(a, n) = 1$，那么：

$$a^{\varphi(n)} \equiv 1 \pmod{n} \tag{2-45}$$

其中 $\varphi(n)$ 为欧拉函数。

例 2.7.1 证明 $12659^{88} \equiv 1 \pmod{115}$。

解：很显然，使用欧几里得算法可以算出，$\gcd(12659, 88) = 1$，因此，

$$115 = 5 \times 23 \Rightarrow \varphi(115) = \varphi(5)\varphi(23) = 4 \times 22 = 88$$

$$\underbrace{12659}_{a}{}^{\overbrace{88}^{\varphi(n)}} \equiv 1 \pmod{\underbrace{115}_{n}}$$

■

定理 2.7.2 模的幂运算

如果 a, n, x, y 是非负整数并且满足 $\gcd(a, n) = 1$，那么：

$$x \equiv y \pmod{\varphi(n)} \Rightarrow a^x \equiv a^y \pmod{n} \tag{2-46}$$

证明

$$x \equiv y \pmod{\varphi(n)} \tag{2-47}$$

$$= y + k\varphi(n) \tag{2-48}$$

$$\Rightarrow a^x = a^{y+k\varphi(n)} \tag{2-49}$$

$$\Rightarrow a^x = a^y a^{k\varphi(n)} \tag{2-50}$$

$$\Rightarrow a^x = a^y \quad \underbrace{a^{\varphi(n)}}_{\equiv 1 \pmod{n}}{}^{k} \tag{2-51}$$

$$\Rightarrow a^x \equiv a^y \pmod{n} \tag{2-52}$$

例 2.7.2 求 $7^{42} \pmod{11}$ 的值。

解：

$$\text{因为} 42 \equiv 2 \pmod{\varphi(11)} \equiv 2 \pmod{10}$$

$$\text{所以} 7^{42} \equiv 7^2 \equiv 49 \equiv 5 \pmod{11}$$

■

2.7.2 快速模幂运算

幂运算非常简单，很容易计算。比如计算 2^{16}，可以列出 $2^{16} = \underbrace{2 \times 2 \times 2 \times \cdots \times 2}_{16\text{个}}$，只需要计算 15 次乘法就能得到答案。但是如果指数是一个大数，比如 1000000000，那么求

这种高次幂的最小正整数模应该怎么办呢？对于这种大数，挨个计算就太复杂了，会降低加解密的效率。为了提高效率，就必须想办法在计算的过程中用最少的步骤来快速达到指定的指数。

想快速得到幂运算的结果就需要用到二进制。当指数使用二进制表示时，只有 0 和 1 可以作为系数出现，这意味着每个正整数都可以表示为 2 的不同幂的和。还是以 2^{16} 为例，十进制转二进制的方法如例 1.3.1 所示。利用平方，可以快速得到结果：

$$2^{16} \Rightarrow 2 \xrightarrow{\text{平方}} 2^2 \xrightarrow{\text{平方}} 2^4 \xrightarrow{\text{平方}} 2^8 \xrightarrow{\text{平方}} 2^{16}$$

仅需 4 次计算就能得到结果。相比进行 15 次重复运算，大大节约了时间。

如果幂不是 2 的倍数呢？比如 3^{15}，应该如何计算？其实也很简单，拆分计算即可：

$$3^{15} \Rightarrow 3 \xrightarrow{\text{平方}} 3^2 \xrightarrow{\text{平方}} 3^4 \xrightarrow{\text{平方}} 3^8 \xrightarrow{\text{乘}3^4} 3^{12} \xrightarrow{\text{乘}3^2} 3^{14} \xrightarrow{\text{乘}3} 3^{15}$$

这样也仅需 6 次就可以得到答案。

例 2.7.3 上面例子的计算较简单，不使用相关公式也可以计算。如果是 $1915793^{2641} \pmod{5678923}$ 这种大数模的幂运算呢？在通常的运算过程中人们都不想处理大数，因为这时候计算太繁琐。此时可应用幂取模运算的办法。

解： 第 1 步，将 $a^k \pmod n$ 中的指数 k 转化为二进制数。

$$k = 2641 = 2^0 + 2^4 + 2^6 + 2^9 + 2^{11} = 1 + 16 + 64 + 512 + 2048$$

用 Python 代码可写成：

```
1  #二进制数
2  number = 2641
3  number_bin = bin(number)[2:]
4  cov_number_bin = bin(number)[2:][::-1]
5
6  sum_number = ''
7  for i in range(len(cov_number_bin)):
8      if cov_number_bin[i] == '1':
9          if sum_number == '':
10             sum_number += str(2**(i))
11         else:
12             sum_number += ' + ' + str(2**(i))
13 print(sum_number)
```

第 2 步，用重复平方 (Repeated Squaring) 得到幂的余。

因为 $a = 1915793$，因此 $a^2 \equiv 3278564 \pmod n$，得到 3278564 后继续使用 a^2 作为 a^4 的基本单位。不用直接计算 a^4，只需要计算 $a^4 \equiv (a^2)^2 \equiv 3278564^2 \equiv 1631541 \pmod n$。得到 1631541 后又可以继续应用在 a^8 上，使得 $a^8 \equiv (a^4)^2 \equiv 1631541^2 \equiv 4704430 \pmod n$。以此类推，以减少运算量，得到所有 a 的 2 次幂项的余：

$$\begin{array}{lll}
a^2 \equiv 3278564 \pmod n & a^4 \equiv 1631541 \pmod n & a^8 \equiv 4704430 \pmod n \\
a^{16} \equiv 1424066 \pmod n & a^{32} \equiv 3532287 \pmod n & a^{64} \equiv 3305529 \pmod n \\
a^{128} \equiv 1529537 \pmod n & a^{256} \equiv 5673135 \pmod n & a^{512} \equiv 5106329 \pmod n \\
a^{1024} \equiv 2627277 \pmod n & a^{2048} \equiv 1180227 \pmod n & \cdots
\end{array}$$

第 3 步，将第 1 步得到的幂次相乘。

$$
\begin{aligned}
a^k &\equiv aa^{16}a^{64}a^{512}a^{2048} (\bmod n) \\
&\equiv 1915793 \times 1424066 \times 3305529 \times 5106329 \times 1180227 (\bmod n) \\
&\equiv 1162684 (\bmod n)
\end{aligned}
$$

Python 计算过程如下，速度比 Python 的运算符 a**n%p 快，因为无须重复计算。下面的函数等同于 Python 内置函数 pow(a,n,p)。

```
def fastExpMod(a, n, p):
    result = 1
    while n != 0:
        if (n&1) == 1:
            # ei = 1, then mul
            result = (result * a) % p
        n >>= 1
        # a, a^2, a^4, a^8, ... , a^(2^n)
        a = (a*a) % p
    return result
```

■

因此，如果 a, k, n 是正整数，计算 $a^k \pmod n$ 的时间复杂度大约为 $\mathcal{O}\left((\log_2 n)^2 \log_2 k\right)$。

欧拉定理除了可以用于快速求大数幂运算的模，还可以用于求逆元。当 $\gcd(a,n)=1$ 时，因为根据欧拉定理 $a^{\varphi(n)} \equiv 1 \pmod n$，同乘 a^{-1} 可以得到 $a^{\varphi(n)-1} \equiv a^{-1} \pmod n$，等式两边调换一下位置得到：

$$
a^{-1} \equiv a^{\varphi(n)-1} \pmod n \tag{2-53}
$$

如果 n 为素数，那么就很容易得到：

$$
a^{-1} \equiv a^{n-2} (\bmod n) \tag{2-54}
$$

例 2.7.4 计算 $991^{-1} \pmod{997}$、$125214^{-1} \pmod{151255}$。

解： 计算 $991^{-1} \pmod{997}$。因为 $\gcd(991,997)=1$，且 997 是素数，所以：

$$
991^{-1} \equiv 991^{997-2} \equiv 166 \pmod{997}
$$

计算 $125214^{-1} \pmod{151255}$。因为 $\gcd(125214,151255)=1$，所以可以用欧拉定理。但 151255 不是素数，所以需要计算 $\varphi(151255)$。首先 $151255 = 5 \times 13^2 \times 179$，因此可以很容易算出：

$$
\varphi(151255) = 151255 \times \left(1-\frac{1}{5}\right) \times \left(1-\frac{1}{13}\right) \times \left(1-\frac{1}{179}\right) = 111072
$$

那么：

$$
\begin{aligned}
&125214^{-1} (\bmod 151255) \\
\equiv\ &125214^{\varphi(151255)-1} (\bmod 151255)
\end{aligned}
$$

$$\equiv 125214^{111072-1} (\text{mod } 151255)$$

$$\equiv 125214^{1+2+4+8+16+64+128+256+4096+8192+32768+65536} (\text{mod } 151255)$$

$$\equiv 144709 (\text{mod } 151255)$$

■

2.7.3 方程 $x^e \equiv c \pmod N$ 求解

下面考虑一个方程：

$$x^e \equiv c \pmod N \tag{2-55}$$

其中 e, c, N 是已知整数，需要求解变量 x。这个方程在后面介绍的 RSA 加密系统中有至关重要的作用。一般情况下，这个方程比较难解，但如果 N 是一个素数，那么就会变得较容易了。

令 p 为素数，$e > 1$ 且为整数，若满足 $\gcd(e, p-1) = 1$。此时就存在一个整数 d，使得：

$$de \equiv 1 \pmod{p-1} \tag{2-56}$$

将方程 $x^e \equiv c \pmod N$ 改写成：

$$x^e \equiv c \pmod p \tag{2-57}$$

如何求解这个方程呢?需要考虑两种情况，首先假设 $c \equiv 0 \pmod p$，那么就得到 $x^e \equiv 0 \pmod p$，很容易求得 $x \equiv 0 \pmod p$。

假设 $c \not\equiv 0 \pmod p$，由于 $de \equiv 1 \pmod{p-1}$，那么就有 $de = 1 + k(p-1)$，$k \in \mathbb{Z}$。并且因为 p 是素数，所以 $\gcd(c, p) = 1$，就有 $c^{p-1} \equiv 1 \pmod p$。该结论也称费马小定理，将在定理 7.5.3 中详细介绍并证明。引用这个定理，继续推导可得出：

$$\begin{aligned}
x^e &\equiv c \pmod p \\
&\equiv c \cdot 1^k \pmod p \\
&\equiv c \cdot c^{(p-1)^k} \pmod p \\
&\equiv c \cdot c^{k(p-1)} \pmod p \\
&\equiv c^{1+k(p-1)} \pmod p \\
&\equiv c^{de} \pmod p \\
&\equiv \left(c^d\right)^e \pmod p
\end{aligned}$$

此时就很容易发现，方程 $x^e \equiv c \pmod p$ 的唯一解为：

$$x \equiv c^d \pmod p \tag{2-58}$$

例 2.7.5 求解下列方程：

$$x^{2345} \equiv 2669 \pmod{8017}$$

解：由于 8017 是一个素数，为了求解，可以转化成另一个关于求解 d 的方程：

$$2345d \equiv 1 \pmod{p-1}$$

那么根据欧拉定理，就有 $d \equiv 2345^{-1} \pmod{8016} \equiv 1193 \pmod{8016}$。代入公式，就可以得到：

$$x \equiv c^d \equiv 2669^{1193} \equiv 511 \pmod{8017}$$ ■

2.8 二次剩余

设 $a, p \in \mathbb{Z}$，如果 a 不是 p 的倍数且模 p 同余于某个数的平方，则称 a 为 p 的二次剩余。而一个不是 p 的倍数的数 b，不同余于任何数的平方，则称 b 为 p 的二次非剩余。也就是说，二次剩余 [9] 是指 a 的平方除以 p 得到的余数，记作 $\mathrm{QR}(p)$。

定义 2.8.1 二次剩余 (Quadratic Residue)

给定的一个整数 a 是二次剩余的话，那么它必须满足：

$$x^2 - a \equiv 0 \pmod{p} \tag{2-59}$$

是有解的。其中 p 为素数且 $\gcd(a, p) = 1$。如果不满足，则称 a 为 p 的二次非剩余。

例 2.8.1 列举 5、7、11 的二次剩余。

mod 5：

x	1	2	3	4
x^2	1	4	4	1

mod 7：

x	1	2	3	4	5	6
x^2	1	4	2	2	4	1

mod 11：

x	1	2	3	4	5	6	7	8	9	10
x^2	1	4	9	5	3	3	5	9	4	1

整理 5 的二次剩余时，可以发现因为任意与 5 互素的数，也就必然与 1、2、3、4 中某个数关于模 5 同余。因此模 5 的二次剩余为 1、4，二次非剩余为 2、3。模 7 的二次剩余为 1、2、4，二次非剩余为 3、5、6。模 11 的二次剩余为 1、3、4、5、9，二次非剩余为 2、6、7、8、10。 ■

如果 a 是不被素数 p 整除的整数，那么方程 $x^2 - a \equiv 0 \pmod{p}$ 则可能无解，也有可能有两个不同余的解。

定理 2.8.1 素数的二次剩余

设 p 为素数，那么一个数的二次剩余的数目正好是 $p-1$ 的一半，即有 $(p-1)/2$ 个。且

$$1, 2^2 \pmod{p}, \cdots, [(p-1)/2]^2 \pmod{p} \tag{2-60}$$

是模 p 的全部二次剩余。

证明

假设 $x^2 \pmod p$，其中 $x = 1, 2, 3, \cdots, (p-1)/2$。根据公式 $x^2 - a \equiv 0 \pmod p$ 可以得到所有的二次剩余，代入可得：

$$x^2 - (p-x)^2 \equiv 0 \pmod p \tag{2-61}$$

此时意味着 x^2 和 $(p-x)^2$ 实际上指的是同一个二次剩余，因此只需要计算 $x^2 \pmod p$ 即可找到所有的二次剩余。

接着计算 $x^2 \pmod p$ 得出的二次剩余是否两两不等。另设整数 c，使得

$$x^2 \equiv c^2 \pmod p \Longrightarrow (x+c)(x-c) \equiv 0 \pmod p \tag{2-62}$$

$$\Longrightarrow x \equiv \pm c \pmod p \tag{2-63}$$

因此等式成立。

勒让德符号也称二次特征，是由法国数学家阿德里安-马里·勒让德 (Adrien-Marie Legendre) 发明的。它在数论中有广泛的应用，可以用来判断二次剩余方程是否有解，并提供了一种方法来确定解的性质。在代数数论和密码学等领域，勒让德符号是研究整数的重要工具。例如在后续章节介绍椭圆曲线密码系统时，它被用来判断点的阶是否为素数。

定义 2.8.2 勒让德符号 (Legendre Symbol)

$$\left(\frac{a}{p}\right) = \begin{cases} 1 & \text{如果 } a \in \mathrm{QR}(p) \\ -1 & \text{如果 } a \notin \mathrm{QR}(p) \\ 0 & \text{如果 } a \equiv 0 (\bmod p) \end{cases} \tag{2-64}$$

其中 p 是奇素数，a 是整数。

那么如何知道一个数是不是素数 p 的二次剩余呢？这时候就可以使用欧拉判别法，它是一个最基本的二次剩余判别的方法。

定理 2.8.2 欧拉判别法 (Euler's Criterion)

设 p 为奇素数，并且 $a \not\equiv 0 \pmod p$，则：

$$a^{\frac{p-1}{2}} \pmod p \equiv \begin{cases} 1 & \text{如果 } a \in \mathrm{QR}(p) \\ -1 & \text{如果 } a \notin \mathrm{QR}(p) \end{cases} \tag{2-65}$$

根据上述的欧拉判别法可知：

$$\left(\frac{a}{p}\right) \equiv a^{(p-1)/2} (\bmod p) \text{和} \left(\frac{a}{p}\right) = \left(\frac{a (\bmod p)}{p}\right) \tag{2-66}$$

所以

$$\left(\frac{ab}{p}\right)=\left(\frac{a}{p}\right)\left(\frac{b}{p}\right) \tag{2-67}$$

这也是勒让德符号的性质之一。除此之外，它还有以下几个性质。

1) 如果 $a\equiv b \pmod p$，则 $\left(\frac{a}{b}\right)=\left(\frac{b}{p}\right)$。

2) $\left(\frac{a^2}{p}\right)=1$。

3) $\left(\frac{1}{p}\right)=1$。

定理 2.8.3 二次互反律 (Law of Quadratic Reciprocity)

如果 p,q 都是奇素数且不同，那么：

$$\left(\frac{p}{q}\right)\left(\frac{q}{p}\right)=(-1)^{(p-1)(q-1)/4} \tag{2-68}$$

例 2.8.2 使用二次互反律，计算 $\left(\frac{5}{71}\right)$ 和 $\left(\frac{3}{79}\right)$ 的值。

解：

$$\left(\frac{5}{71}\right)=(-1)^{\frac{(5-1)(71-1)}{4}}\left(\frac{71}{5}\right)=\left(\frac{71}{5}\right)=\left(\frac{71 \pmod 5}{5}\right)=\left(\frac{1}{5}\right)=1$$

$$\left(\frac{3}{79}\right)=(-1)^{\frac{(3-1)(79-1)}{4}}\left(\frac{79}{3}\right)=-\left(\frac{79}{3}\right)=-\left(\frac{79 \pmod 3}{3}\right)=-\left(\frac{1}{3}\right)=-1$$

■

因此如果 p,q 都是素数，那么 $\frac{(p-1)(q-1)}{4}$ 是偶数，于是就可以知道：

$$x^2\equiv p \pmod q\text{有一个解}\Leftrightarrow x^2\equiv q \pmod p\text{有一个解}$$

例 2.8.3 判断 3 和 4 是不是 5 的二次剩余。

解： 因为 $3^{(5-1)/2}\equiv 9\equiv -1 \pmod 5$，所以 3 是 5 的二次非剩余；因为 $4^{(5-1)/2}\equiv 16\equiv 1 \pmod 5$，所以 4 是 5 的二次剩余。

欧拉判别法的 Python 代码如下：

```
1 def EulerCriterion(n, p):
2     n = n % p
3 
4     for x in range(2, p, 1):
5         if ((x * x) % p == n):
6             return True
7     return False
```

■

雅可比符号是勒让德符号的推广，它由德国数学家卡尔·雅可比 (Carl Jacobi) 发明。雅可比符号在勒让德符号的计算中非常有用。

定义 2.8.3 雅可比符号 (Jacobi Symbol)

设 $a \in \mathbb{Z}$，n 为正奇数且 $n = p_1p_2\cdots p_k$，并与 a 互素，雅可比符号可以表示为:

$$J(a,n) = \left(\frac{a}{p_1}\right)\left(\frac{a}{p_2}\right)\cdots\left(\frac{a}{p_k}\right) \tag{2-69}$$

其中 $p_i(1 \leqslant i \leqslant k)$ 不一定相同。它是勒让德符号的延伸，不过当 n 很大且质因数未知时，根据这个定义计算并不容易。但是仍然可以通过下面的递归来计算:

$$J(a,n) = \begin{cases} 0 & \text{如果 } \gcd(a,n) \neq 1 \\ 1 & \text{如果 } a = 1 \\ (-1)^{\frac{n^2-1}{8}} J\left(\frac{a}{2}, n\right) & \text{如果 } a\text{是偶数} \\ (-1)^{\frac{(a-1)(n-1)}{4}} J(n (\text{mod } a), a) & \text{如果 } a\text{是奇数且 } a > 1 \end{cases} \tag{2-70}$$

例 2.8.4 计算 $J(24,601)$。

解:

$$\begin{aligned} J(24,601) &= (-1)^{(601^2-1)/8} J(12,601) \\ &= J(12,601) \\ &= (-1)^{(601^2-1)/8} J(6,601) \\ &= J(6,601) \\ &= J(3,601) \\ &= (-1)^{(3-1)(601-1)/4} J(601,3) \\ &= J(601,3) \\ &= J(601 (\text{mod } 3), 3) \\ &= J(1,3) \\ &= 1 \end{aligned}$$

计算雅可比符号的 Python 代码如下:

```
#计算雅可比符号 Jacobi Symbol
def jacobi(a, n):
    assert(n > a > 0 and n%2 == 1)
    t = 1
    while a != 0:
        while a % 2 == 0:
            a /= 2
            r = n % 8
```

```
9            if r == 3 or r == 5:
10               t = -t
11       a, n = n, a
12       if a % 4 == n % 4 == 3:
13           t = -t
14       a %= n
15   if n == 1:
16       return t
17   else:
18       return 0
19
20 j = jacobi(24, 601)
```

■

2.9 代数基础

抽象代数 (现代代数) 的主要研究对象是代数结构，包括但不限于群、环和域，它们是抽象代数的基本要素之一 [10]。这些代数结构由集合和运算规则构成。运算规则会受制于一些规定，这些规定定义了集合的性质。

2.9.1 群

首先来了解一下群。

定义 2.9.1 群 (Group)

群表示一个特殊的集合，一般用 $<G,\cdot>$ 符号表示，对于集合中的元素可以执行二元运算“$\cdot$”，代数运算规则包括但不限于加减乘除，还可以是一些特殊规定的运算。一个集合成为群的前提是满足以下 4 个条件。

1) 封闭性：对于所有群 G 中任意元素 a,b，$a\cdot b$ 也属于 G。

2) 结合律：对于所有群 G 中任意元素 a,b,c，使得 $(a\cdot b)\cdot c=a\cdot(b\cdot c)$ 成立。

3) 单位元：群 G 中存在一个单位元 e，使得 $a\cdot e=e\cdot a=a$ 成立。

4) 逆元：群 G 中每个元素都存在逆元素，对于每个群 G 中的 a，在群中也存在一个元素 a^{-1}，使得总有 $a\cdot a^{-1}=a^{-1}\cdot a=e$ 成立。

例如，整数集 $\mathbb{Z}$ 和整数的加法所构成的群，就满足以上 4 个条件。椭圆曲线也是建立在群上的。在第 9 章介绍椭圆曲线时会看到，因为群的元素是椭圆曲线上的点，通过椭圆曲线基本运算可知满足结合律，而单位元是无穷远点 $\mathcal{O}$，乘法单位元是 1。

如果一个群中元素是可数的，则这个群被称为有限群 (Finite Group)，群的阶 (Order) 等于群中元素的数量。否则，该群是一个无限群，群中的元素不可数。

而如果对于群 G 中所有任意元素 a,b，还满足交换律：

$$a\cdot b=b\cdot a \tag{2-71}$$

那么群 G 则被称为阿贝尔群 (Abelian Group)，也被称为交换群。

群的例子有很多，为了方便理解，下面列举几个群的例子和不是群的例子。

- 正整数集合 $\mathbb{Z}^+$ 在加法运算下，即 $< \mathbb{Z}^+, + >$，不是一个群。因为没有单位元使得 $a+e=e+a=a$，$a,e \in \mathbb{Z}^+$。
- 正整数集合 $\mathbb{Z}^+$ 在乘法运算下，即 $< \mathbb{Z}^+, \times >$，不是一个群。因为其单位元是 1，但是对于大于 1 的整数而言，没有一个逆元属于 $\mathbb{Z}^+$，以满足 $a \times a^{-1} = 1$，且 $a \in \mathbb{Z}^+$。
- 整数集合加法运算 $< \mathbb{Z}, + >$、实数集合加法运算 $< \mathbb{R}, + >$ 及有理数集合加法运算 $< \mathbb{Q}, + >$，都满足构成群的条件，因此它们都是群。

例 2.9.1 假设运算符“$\cdot$”被定义在 $\mathbb{Q}^+$ 上，使得 $a \cdot b = ab/2$。证明 $< \mathbb{Q}^+, \cdot >$ 是一个群。

解：想要证明 $< \mathbb{Q}^+, \cdot >$ 是一个群，就需要证明它满足构成群的 4 个条件。假设对于任意元素 $a, b \in \mathbb{Q}^+$，很显然 $a \cdot b = ab/2 \in \mathbb{Q}^+$，满足封闭性。

由于 $(a \cdot b) \cdot c = \dfrac{ab}{2} \cdot c = \dfrac{abc}{4} = a \cdot \dfrac{bc}{2} = a \cdot (b \cdot c)$，也满足结合律。

因为 $2 \in \mathbb{Q}^+$，所以 $2 \cdot a = a = a \cdot 2$，因此 2 是其单位元。

最后，可以发现 $a \cdot \dfrac{4}{a} = \dfrac{4}{a} \cdot a = 2$，因此 $\dfrac{4}{a}$ 是逆元。$< \mathbb{Q}^+, \cdot >$ 满足构成群的 4 个条件，所以 $< \mathbb{Q}^+, \cdot >$ 是一个群。 ■

定义 2.9.2 子群 (Subgroup)

若一个群 G 的子集合按照与原群相同的结合规则构成一个群，则称该子集合形成原群的子群 H。即：

$$H \subseteq G \tag{2-72}$$

例如 $\langle \mathbb{Z}, + \rangle \subseteq \langle \mathbb{R}, + \rangle$，前者就是后者的一个子群。

定义 2.9.3 循环群 (Cyclic Group)

设 $< G, \cdot >$ 为一个群，若存在一个元素 $a \in G$，使得 $G = < a > = \left\{a^k \mid k \in \mathbb{Z}\right\}$，则 $< G, \cdot >$ 形成一个循环群。群 G 内任意一个元素所生成的群都是循环群，而且是 G 的子群。

例 2.9.2 整数上的模加法。在群 $\{1,2,3,4,5,6\}$ 中，$4+6 \equiv 10 \equiv 3 \pmod 7$ 在群里，$3+6 \equiv 9 \equiv 2 \pmod 7$ 在群里。

模 m 的单位群 $(\mathbb{Z}/m\mathbb{Z})^*$，表示为 $a \in \mathbb{Z}/m\mathbb{Z}$，其中 $\gcd(a,m)=1$，比如群：

$$(\mathbb{Z}/24\mathbb{Z})^* = \{1,5,7,11,13,17,19,23\}$$

$5 \times 7 \equiv 11 \pmod{24}$ 在群里，$17 \times 19 \equiv 11 \pmod{24}$ 在群里。 ■

2.9.2 环

环是一种代数结构，2.9.1 节讨论的群只定义了一种运算方法，要么是加法，要么是乘法，或者其他规定的运算法则。而在环中定义了两种运算，即加法和乘法都会在环中出现。

定义 2.9.4 环 (Ring)

令 R 为一个非空集合，集合里含有两种二元运算：$+$(加法) 和 $\times$(乘法)。

1) $< R, + >$ 是一个交换群。

- 结合律。对所有的 $a, b, c \in R$ 有 $(a + b) + c = a + (b + c)$。
- 同一律。如果有 $0 \in R$，对于所有的 $a \in R$ 都有 $0 + a = a + 0 = a$。
- 反转律。对于所有的 $a \in R$，存在 $b \in R$，使得 $a + b = b + a = 0$。
- 交换律。对所有的 $a, b \in R$ 有 $(a + b) = (b + a)$。

2) $< R, \times >$ 运算满足以下属性。

- 结合律。对所有的 $a, b, c \in R$ 有 $(a \times b) \times c = a \times (b \times c)$。
- 同一律。如果有 $1 \in R$ ，对于所有的 $a \in R$ 都有 $1 \times a = a \times 1 = a$。
- 交换律。对所有的 $a, b \in R$ 有 $(a \times b) = (b \times a)$。

3) $< R, +, \times >$ 运算满足分配律：对所有的 $a, b, c \in R$ 有 $a \times (b+c) = a \times b + a \times c$，$(a + b) \times c = a \times c + b \times c$。

若满足以上构成条件，则称 R 为一个环。

当 $ab = ba$ 时，该环就是一个交换环。

例 2.9.3 下面是两个环的例子。

- $< \mathbb{Z}, +, \times >$ 是整数，也是一个交换环。但只有 1 和 -1 是 $\mathbb{Z}$ 的单位元。
- $< \mathbb{Z}/n\mathbb{Z}, +, \times >$ 也是一个环。 ■

2.9.3 域

定义 2.9.5 域 (Field)

令 F 为一个非空集合，集合里含有两种二元运算：$+$(加法) 和 $\times$(乘法)。

1) F 关于“$+$”构成阿贝尔群，“$+$”的单位元为 0。

2) F 中所有非零元素对“$\times$”构成阿贝尔群，“$\times$”的单位元为 1。

3) “$+$”和“$\times$”之间满足分配律，即对于任意的 $a, b, c \in F$，满足：

$$a(b + c) = ab + ac$$

若满足以上条件，则称 F 为一个域。

简单来说，对于一个环，如果每个非零元素都有一个乘法逆元 (Multiplicative Inverse)，则这个环被称为域。域是一个交换除环 (Commutative Division Ring)。域就是一个集合，在其上进行加、减、乘、除运算，其结果不会在该集合之外。

例 2.9.4 域的例子。

- $<\mathbb{Q},+,\times>$ 是一个域。比如有理数 8，可以在有理数集合中找到 1/8，使得 $1/8\times8=1$。
- 整数集合 $\mathbb{Z}$ 不是一个域，因为只有 1 和 −1 有乘法逆元。
- 实数集合 $\mathbb{R}$ 是一个域。 ■

群、环和域之间的关系如图 2-2 所示。

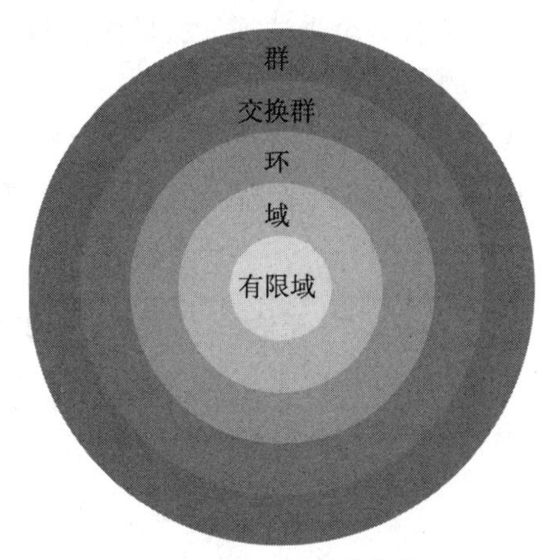

图 2-2 群、环和域的关系

2.10 有限域

域是表示一种支持加、减、乘、除运算的代数结构，并且运算结果不会超出域的集合。整数集、有理数或者实数都是一个域。如果域的元素个数是有限、可数的，则称为有限域 (Finite Field)。反之，元素个数不可数的域称为无限域。椭圆曲线运算都是在实数范围内进行计算的。现在需要把运算范围限制在有限域 [10] 上。有限域也称为伽罗瓦域 (Galois Field)，以纪念法国数学家埃瓦里斯特 · 伽罗瓦 (Évariste Galois)，他是现代代数的创始人之一。

有限域在密码学乃至所有数学中都是至关重要的，常记作 $GF(p^n)$ 或 $\mathbb{F}_p$，其中 p 是素数，n 是整数。如果 $n=1$，则称之为素数域 $GF(p)$。p^n 也被称为有限域的阶，是有限域中元素的数量。一个有限域的阶必须是一个素数的幂。在大多数分组密码的设计中，常使用 $p=2$ 的有限域。

定义 2.10.1 有限域

给定一个素数 p，元素个数为 p 的有限域被定义为：整数 $\{0,1,\cdots,p-1\}$ 的集合

$$\mathbb{Z}_p$$

其中，运算为模 p 的算术运算。记作 $GF(p)$。$GF(p)$ 中所有的非零元素都存在逆元，$GF(p)$ 内的运算都是在模 p 下进行的。

定理 2.10.1 乘法逆元

对于任意的 $w \in \mathbb{Z}_p$，如果 $w \neq 0$，则存在 $z \in \mathbb{Z}_p$，使得：

$$w \times z \equiv 1 \pmod p \tag{2-73}$$

那么 w 和 z 互为对方的乘法逆元。

集合中除 0 以外的每个元素都有一个乘法逆元，域中的除法是通过乘法的逆运算进行的。下面来看几个关于有限域的例子。

例 2.10.1 考虑有限域 GF(2)，总结其运算规则。

解： 由于 GF(2) = {0,1}，所以是在模 2 的情况下进行运算的。

GF(2) 的加、乘、逆的运算规则如表 2-6 ~ 表 2-8 所示。

表 2-6 加法

+	0	1
0	0	1
1	1	0

表 2-7 乘法

×	0	1
0	0	0
1	0	1

表 2-8 乘法逆元

w	$-w$	w^{-1}
0	0	–
1	1	1

由于 0 没有乘法逆元，所以 w^{-1} 关于 0 的那一格没有值。我们还可以进一步总结，在 GF(2) 中，加法的运算结果就是异或运算 (XOR) 的结果，乘法的运算结果就是与 (AND) 的运算结果。 ■

例 2.10.2 考虑有限域 GF(7)，总结其运算规则。

解： 由于 GF(7) = {0,1,2,3,4,5,6}，所以是在模 7 的情况下进行运算的。GF(7) 的加、乘、逆的运算规则如表 2-9 ~ 表 2-11 所示。

表 2-9 GF(7) 加法

+	0	1	2	3	4	5	6
0	0	1	2	3	4	5	6
1	1	2	3	4	5	6	0
2	2	3	4	5	6	0	1
3	3	4	5	6	0	1	2
4	4	5	6	0	1	2	3
5	5	6	0	1	2	3	4
6	6	0	1	2	3	4	5

表 2-10 GF(7) 乘法

×	0	1	2	3	4	5	6
0	0	0	0	0	0	0	0
1	0	1	2	3	4	5	6
2	0	2	4	6	1	3	5
3	0	3	6	2	5	1	4
4	0	4	1	5	2	6	3
5	0	5	3	1	6	4	2
6	0	6	5	4	3	2	1

表 2-11 GF(7) 乘法逆元

w	$-w$	w^{-1}
0	0	–
1	6	1
2	5	4
3	4	5
4	3	2
5	2	3
6	1	6

■

对于 p 不大的情况，域的乘法逆元还比较好找。但是如果 p 很大，那么有什么办法可以找到乘法逆元呢？可以使用扩展欧几里得算法来寻找。扩展欧几里得算法是欧几里得算法的扩展。已知整数 r 和 s，扩展欧几里得算法可以在求得 r 和 s 的最大公约数的同时，找到整数 a 和 b。

定理 2.10.2 扩展欧几里得算法 (Extended Euclidean Algorithm，EEA)

对于任意整数 r 和 s，肯定存在整数 a 和 b 满足：

$$\gcd(r,s)=ar+bs \tag{2-74}$$

证明

令 $g=\gcd(r,s)$，因此 $\gcd(r/g,s/g)=1$，于是就可以得到方程：

$$\frac{r}{g}a\equiv 1 \pmod{\frac{s}{g}} \tag{2-75}$$

有解，$a\in\mathbb{Z}$。式 (2-75) 左右两边同乘以 g，那么就可以得到 $ar\equiv g \pmod{s}$。存在一个 $b\in\mathbb{Z}$，使得 $ar-g=s(-b)$，因此：

$$ar+bs=g=\gcd(r,s) \tag{2-76}$$

如果 r 和 s 是相对素数，那么 r 就有关于 s 的乘法逆元。即 $\gcd(r,s)=1$，因此 $ar+bs=1$，就能得到：

$$[(ar(\text{mod } r))+(bs(\text{mod } r))](\text{mod } r)\equiv 1(\text{mod } r) \tag{2-77}$$

$$0+(bs(\text{mod } r))\equiv 1(\text{mod } r) \tag{2-78}$$

$$\Rightarrow s=b^{-1} \tag{2-79}$$

因此，如果 $\gcd(r,s)=1$，就可以利用扩展欧几里得算法找到关于 s 的乘法逆元。

例 2.10.3 找到整数 x,y 使得满足下列式子：

$$42823x+6409y=17$$

解：由于

$$\begin{aligned}
4369&=42823-6409\times 6\\
2040&=6409-4369\\
289&=4369-2040\times 2\\
17&=2040-289\times 7
\end{aligned}$$

从最后一个方程开始进行替换，并向后进行替换及合并同类项。

$$\begin{aligned}
17=2040-289\times 7&=2040-(4369-2040\times 2)\times 7\\
&=2040\times 15-4369\times 7\\
&=(6409-4369)\times 15-4369\times 7\\
&=6409\times 15-4369\times 22
\end{aligned}$$

$$= 6409 \times 15 - (42823 - 6409 \times 6) \times 22$$
$$= 6409 \times 147 - 42823 \times 22$$

可以知道，$x = -22$，$y = 147$。

扩展欧几里得算法的 Python 代码如下：

```
def Extendedgcd(a, b):
    if a == 0 :
        return b,0,1

    gcd,x1,y1 = Extendedgcd(b%a, a)
    x = y1 - (b//a) * x1
    y = x1

    return gcd,x,y
```

■

例 2.10.4 使用扩展欧几里得算法寻找 8 模 11 的乘法逆元。

解：首先使用欧几里得算法求 8 和 11 的最大公约数 gcd(8, 11)。

$$11 = 8 \times 1 + 3 \Rightarrow 3 = 11 - 8$$
$$8 = 3 \times 2 + 2 \Rightarrow 2 = 8 - 3 \times 2$$
$$3 = 2 \times 1 + 1 \Rightarrow 1 = 3 - 2$$
$$2 = 1 \times 1 + 1$$

紧接着把右边部分的方程的整个过程倒过来。

$$\begin{aligned}1 &= 3 - 2 \times 1 \\ &= 3 - (8 - 3 \times 2) \times 1 \\ &= 3 - 8 + (3 \times 2) \\ &= 3 \times 3 - 8 \\ &= (11 - 8 \times 1) \times 3 - 8 \\ &= 11 \times 3 - 8 \times 4 \\ &= 11 \times 3 + 8 \times (-4)\end{aligned}$$

因此，$1 \equiv 8 \times (-4) \pmod{11}$，在模 11 的运算下，最后可以写成：

$$1 \equiv 8 \times 7 \pmod{11}$$

其乘法逆元就是 7。 ■

有限域是由有限个元素组成的集合，所以在这个集合内可以执行加、减、乘和逆运算。那么有限域中元素的数量可以是多少呢？因为 p 是素数，n 是整数，所以任何素数的幂次都可以是有限域中元素的数量，比如 $2^7 = 128$。当 $n = 1$ 时，有限域也是素数域，而 GF(2) 就是最小的有限域。

对有限域 $\mathbb{F}_p$ 上的椭圆曲线而言，也有对应的阶，且阶数可以枚举出来。在点加法的支持下，椭圆曲线上的所有点都可以构成一个群。不同于传统离散对数群，其阶往往非常明显，确定椭圆曲线群的阶相对较为困难。对于椭圆曲线群，其阶 $\#E(\mathbb{F}_p)$ 有一个大致的范围：

$$p+1-g\lfloor 2\sqrt{p}\rfloor \leqslant \#E(\mathbb{F}_p) \leqslant p+1+g\lfloor 2\sqrt{p}\rfloor$$

其中 g 是代表亏格 (Genus)，即曲面中最多可画出 g 条闭合曲线，同时不将曲面分开，则称该曲面亏格为 g。这个定理也称为 Hasse-Weil 界 [11] 的 Serre 改进。因此，阶数与 p 相差不大。

Schoof 算法 [12] 是一种在有限域的椭圆曲线上计算阶数的有效办法。感兴趣的读者可以自行查阅。SageMath 给出了一个很方便的计算办法。

SageMath 是一个覆盖许多数学功能的应用软件，是专门针对数学和科学计算设计的。它提供了一组全面的数学库和工具，包括代数、组合数学、图论、计算数学、数论、微积分和统计。SageMath 将所有专用的数学软件集成到一个通用的接口而不是从头开发。读者只需要了解 Python，也就是说，SageMath 是 Python 的一个大型数学包。在这里使用 SageMath，可以简化读者对代码的理解。感兴趣的读者可以前往 https://cocalc.com/尝试运行 SageMath。

```
1 p=next_prime(10^3) #素数
2 E=EllipticCurve(GF(p),[3,4]) #p A B
3 E.cardinality_bsgs()  #阶数
```

例 2.10.5　椭圆曲线 $E: y^2 = x^3 - 3x + 8$ 在 $\mathbb{F}_{131}$ 的阶数是 110。
椭圆曲线 $E: y^2 = x^3 + 4x + 2$ 在 $\mathbb{F}_{23}$ 的阶数是 21。■

2.11　多项式运算

什么是多项式？一个 n 次的多项式可以写成：

$$f(x) = \sum_{i=0}^{n} f_i x^i = f_n x^n + f_{n-1}x^{n-1} + \cdots + f_1 x + f_0 \tag{2-80}$$

其中 $f_i \in \mathbb{F}_p$，$i = 0, 1, \cdots, n$，该多项式称为域 $\mathbb{F}_p$ 上的多项式。系数不为 0 的 x^i 的最高次数称为多项式 $f(x)$ 的次数 (Degree)。最高次数的系数为 1 的多项式则被称为首一多项式。

在不考虑范围的情况下，多项式加法和减法是通过简单地加减相应的系数进行的，设 $f(x) = \sum_{i=0}^{n} f_i x^i$，$g(x) = \sum_{i=0}^{m} g_i x^i$ ，其中 $n \geqslant m$。可以表示为：

$$f(x) \pm g(x) = \sum_{i=0}^{m} (f_i \pm g_i)\, x^i \pm \sum_{i=m+1}^{n} f_i x^i \tag{2-81}$$

多项式乘法也相当容易，可以表示为：

$$f(x) \times g(x) = \sum_{i=0}^{n+m} c_i x^i \tag{2-82}$$

其中 $c_i = f_0 g_i + f_1 g_{i-1} + \cdots + f_{i-1} g_1 + f_i g_0$。多项式除法 $f(x)/g(x)$ 则使用长除法计算。

判断两个多项式是否相等也非常简单，如果 $n = m$，且 $f_i = g_i$，那么两个多项式 $f(x)$ 和 $g(x)$ 就是相等的。

例 2.11.1 假设 $f(x) = x^3 + 2x^2 + 3x + 1$，$g(x) = x^2 + x$，求 $f(x) + g(x)$、$f(x) - g(x)$、$f(x) \cdot g(x)$、$f(x)/g(x)$。

解： 按照对应的次数项，对系数进行计算即可。对于除法，可以使用长除法进行运算。

$$f(x) + g(x) = x^3 + 3x^2 + 4x + 1$$

$$f(x) - g(x) = x^3 + x^2 + 2x + 1$$

$$\begin{aligned} f(x) \cdot g(x) &= x^5 + 2x^4 + 3x^3 + x^2 + x^4 + 2x^3 + 3x^2 + x \\ &= x^5 + 3x^4 + 5x^3 + 4x^2 + x \end{aligned}$$

$$f(x)/g(x) = \begin{array}{r|l} & \quad x+1 \\ \hline x^2+x & x^3+2x^2+3x+1 \\ & \underline{-x^3-x^2} \\ & \quad x^2+3x \\ & \quad \underline{-x^2-x} \\ & \quad\quad 2x+1 \end{array}$$

■

现在，把多项式运算范围限定在有限域 GF(p) 内。系数在有限域 GF(p) 中的多项式，也就是 $f_i \in \mathbb{Z}_p$。以有限域 GF(2) 为例，加法和减法等价于系数模 2。那么乘法呢？乘法的结果就是“与” (AND) 的逻辑运算结果。下面用一个示例进行解释。

例 2.11.2 假设 $f(x) = x^7 + x^5 + x^4 + x^3 + x + 1$，$g(x) = x^3 + x + 1$，这两个多项式在有限域 GF(2) 内。求 $f(x) + g(x)$、$f(x) - g(x)$、$f(x) \cdot g(x)$、$f(x)/g(x)$。

解：

$$f(x) + g(x) \equiv \underbrace{x^7 + x^5 + x^4 + 2x^3 + 2x + 2}_{\text{系数模 2}} \equiv x^7 + x^5 + x^4$$

$$f(x) - g(x) \equiv x^7 + x^5 + x^4$$

$$f(x) \cdot g(x) \equiv \underbrace{x^{10} + 2x^8 + 2x^7 + 2x^6 + 2x^5 + 3x^4 + 2x^3 + x^2 + 2x + 1}_{\text{系数模 2}} \equiv x^{10} + x^4 + x^2 + 1$$

$$f(x)/g(x) = \begin{array}{r} x^4 \qquad +1 \\ x^3+x+1\overline{\big)\; x^7+x^5+x^4+x^3+x+1} \\ \underline{-x^7-x^5-x^4 \qquad\qquad} \\ x^3+x+1 \\ \underline{-x^3-x-1} \\ 0 \end{array}$$

在 SageMath 中，可以非常容易地获得结果。

```
R = PolynomialRing(GF(2),'x') #在GF(2)生成一个多项式环
x = R.gen()  #设x为变量
f = x^7+x^5+x^4+x^3+x+1
g = x^3+x+1
print(f+g)
print(f-g)
print(f*g)
print(f/g)
```

■

对于有限域中的除法，举一个简单的例子，先不考虑多项式。对于有限域 GF(5) 而言，假设 $3x \times 4x = 12x^2 \equiv 2x^2$，那么等式两边同除以 $4x$，就有 $2x^2/4x = 3x$。这样的结果是不是很不可思议？但在有限域中是成立的。对于多项式 $f(x)$ 和 $g(x)$，大多时候两个多项式不能完全整除，会有余项，类似于除法定理 (定理 2.2.1)。可写作：

$$f(x) = q(x)g(x) + r(x) \tag{2-83}$$

比如例 2.11.1 的 $f(x)/g(x)$ 中，$x+1 = q(x)$ 为商，$2x+1 = r(x)$ 为余项。当 $r(x) = 0$ 时，则说明 $g(x)$ 可以整除 $f(x)$，并且 $r(x)$ 的次数不会超过 $m-1$。

例 2.11.3 假设 $f(x) = 5x^3 + 3x^2 + 3x$，$g(x) = 4x^2 + 4x + 1$，这两个多项式在有限域 GF(7) 内。求 $f(x) + g(x)$、$f(x) - g(x)$、$f(x) \cdot g(x)$、$f(x)/g(x)$。

解：

$$f(x) + g(x) \equiv \underbrace{5x^3 + 7x^2 + 7x + 1}_{\text{系数模 7}} \equiv 5x^3 + 1$$

$$f(x) - g(x) \equiv \underbrace{5x^3 - x^2 - x - 1}_{\text{系数模 7}} \equiv 5x^3 + 6x^2 + 6x + 6$$

$$f(x) \cdot g(x) \equiv \underbrace{20x^5 + 32x^4 + 29x^3 + 15x^2 + 3x}_{\text{系数模 7}} \equiv 6x^5 + 4x^4 + x^3 + x^2 + 3x$$

$$f(x)/g(x) \Rightarrow f(x) = q(x)g(x) + r(x) = 3x \times g(x) + 5x^2$$

```
R = PolynomialRing(GF(7),'x') #在GF(7)内生成一个多项式环
x = R.gen()  #设x为变量
f = 5*x^3+3*x^2+3*x
g = 4*x^2+4*x+1
print(f+g,f-g,f*g,f/g)
```

■

最后，介绍一下不可约多项式 (Irreducible Polynomial)，也称既约多项式。设 $f(x)$ 是次数大于 0 的多项式，若除了常数和常数与本身的乘积，不能再被域 $\mathbb{F}_p$ 上的其他多项式除尽，则称 $f(x)$ 为域 $\mathbb{F}_p$ 上的不可约多项式。

多项式 $f(x)$ 是否可约与讨论的域有很大关系。例如，一个常数总是多项式的因子，在实数域上，多项式 $2x^2+1$ 就可以写成 $2\left(x^2+\dfrac{1}{2}\right)$，2 就是 $2x^2+1$ 多项式的一个因子。多项式 x^2+1 在复数域上可以写成 $x^2+1=(x+\mathrm{i})(x-\mathrm{i})$，但在实数域上，多项式 x^2+1 不可约。

2.12 GF(2^n)

如果有限域 GF(p) 的阶不是素数，比如 2^8，那么有限域 GF(2^8) 内的加法和乘法运算就不能在整数模 2^8 内进行。规定对于域 GF(2^n)，$n>1$ 且 $n\in\mathbb{Z}^+$ 的域称为扩展域。GF(p) 为 GF(p^n) 的基域，GF(p^n) 为 GF(p) 的扩展域，GF(p^n) 的阶为 p^n。

扩展域中的元素并不是用整数表示的，而是用系数为域 GF(2) 中元素的多项式表示，最高次数为 $n-1$。例如 GF(2^8)，可写作：

$$A(x)=a_7x^7+a_6x^6+\cdots+a_1x+a_0\text{，其中}a_i\in\mathrm{GF}(2)=\{0,1\} \tag{2-84}$$

每个多项式可以写作一个 8 位数值形式 $A=(a_7,a_6,a_5,a_4,a_3,a_2,a_1,a_0)$。一个元素 A 可被表示成一个位矢量，长度为 n，每一个长度为 n 的可能的 2^n 位的矢量都对应着 GF(2^n) 中的不同元素。

那么扩展域 GF(2^n) 内的加、减、乘、除运算是如何进行的呢？假设有两个不同的扩展域 $A(x),B(x)\in\mathrm{GF}(2^n)$，其加法为：

$$C(x)\equiv A(x)+B(x)\equiv\sum_{i=0}^{n-1}c_ix^i\text{，其中}c_i\equiv(a_i+b_i)\pmod 2 \tag{2-85}$$

系数的运算都模 p，遵循有限域 $\mathbb{Z}_p$ 的规则。在这里，因为对于 GF(2^n)，$p=2$，所以所有的系数都是 0 和 1。现在考虑在计算机中实现。由于多项式在 GF(2^n) 内的加法是通过系数相加来实现的，对于系数不大于 1 (即系数只有 0 或 1) 的多项式来说，加、减就是异或 (XOR) 逻辑运算 (1.3.2 节)，并且加无进位，减无借位。下面看一个例子。

例 2.12.1 假设 $A(x)=x^5+x^4+x^3+x^2+x+1$，$B(x)=x^7+x^5+x^3+x$，$A(x),B(x)\in\mathrm{GF}(2^8)$。求 $A(x)+B(x)$。

解：

$$\begin{aligned}A(x)+B(x)&=x^5+x^4+x^3+x^2+x+1+x^7+x^5+x^3+x\\&=x^7+2x^5+x^4+2x^3+x^2+2x+1\\&=x^7+x^4+x^2+1\\ \text{二进制表示}&\Rightarrow 00111111\oplus 10101010\\&=10010101\end{aligned}$$

■

减法类似：

$$C(x) \equiv A(x) - B(x) \equiv \sum_{i=0}^{n-1} c_i x^i \quad \text{，其中} c_i \equiv (a_i - b_i) \pmod 2 \tag{2-86}$$

乘法则会复杂一点。如果乘法运算的结果是次数大于 $n-1$ 的多项式，那么就需要将其除以次数为 n 的不可约多项式 $P(x)$，并取余项。什么意思呢？多项式乘法在有限域 GF(2^n) 内表示为：

$$C(x) \equiv A(x)B(x) \pmod{P(x)} \tag{2-87}$$

其中 $P(x) = \sum_{i=0}^{n} p_i x^i$，且 $p_i \in \{0,1\}$，为一个不可约的多项式。运算过程都在有限域 $\mathbb{Z}_p$ 上。如果 $C(x)$ 的次数大于 $n-1$，那么就需要计算 $C(x)/P(x)$，最后得到余项 $r(x) \equiv C(x) \pmod{P(x)}$。下面看两个例子。

例 2.12.2 假设 $A(x) = x^3 + x^2 + 1$，$B(x) = x^2 + x$，且 $A(x), B(x) \in \text{GF}(2^4)$，令不可约的多项式 $P(x) = x^4 + x + 1/\mathbb{Z}_2$。求 $A(x)B(x) \pmod{P(x)}$。

解：由于乘法后得到的结果的系数需要模 2，因此：

$$C(x) \equiv A(x)B(x) \equiv (x^3 + x^2 + 1)(x^2 + x) \pmod{P(x)} \tag{2-88}$$

$$\equiv x^5 + \underbrace{x^4 + x^4}_{\text{系数模 2}} + x^3 + x^2 + x \pmod{P(x)} \tag{2-89}$$

$$\equiv x^5 + x^3 + x^2 + x \pmod{x^4 + x + 1} \tag{2-90}$$

由于多项式的最高次数大于 3，所以需要将 $P(x)$ 除 $C(x)$ 求出余项。

$$\begin{array}{r} x \\ x^4+x+1 \overline{\big)\; x^5+x^3+x^2+x} \\ \underline{-x^5 \qquad -x^2-x} \\ x^3 \end{array}$$

因此 $C(x)/P(x)$ 的余项为 x^3。最后代入 $C(x)$，就能得到：

$$A(x)B(x) \equiv x^5 + x^3 + x^2 + x \pmod{x^4 + x + 1}$$

$$\equiv x^3 \pmod{x^4 + x + 1}$$

■

例 2.12.3 假设 $A(x) = x^5 + x^2 + x$，$B(x) = x^7 + x^4 + x^3 + x^2 + x$，且 $A(x)$，$B(x) \in \text{GF}(2^8)$，令不可约的多项式 $P(x) = x^8 + x^4 + x^3 + x + 1$。求 $A(x)B(x) \pmod{P(x)}$。

解：同理，由于系数需要模 2，因此，

$$A(x)B(x)$$

$$\equiv (x^5 + x^2 + x)(x^7 + x^4 + x^3 + x^2 + x) \pmod{P(x)}$$

$$\equiv x^{12} + \underbrace{x^9 + x^9}_{\text{系数模 2}} + \underbrace{x^8 + x^8}_{\text{系数模 2}} + x^7 + \underbrace{x^6 + x^6 + x^5 + x^5 + x^4 + x^4 + x^3 + x^3}_{\text{系数模 2}} + x^2 \pmod{P(x)}$$

$$\equiv x^{12} + x^7 + x^2 \pmod{x^8 + x^4 + x^3 + x + 1}$$

由于最高次数大于 7，所以需要将 $P(x)$ 除 $C(x)$ 求出余项。

$$
\begin{array}{r}
x^4 \qquad\qquad -1 \\
x^8+x^4+x^3+x+1 \overline{\big)\, x^{12} \quad +x^7 \qquad\qquad +x^2 \quad} \\
\underline{-x^{12}-x^8-x^7-x^5-x^4} \qquad\qquad \\
-x^8 \quad -x^5-x^4 \quad +x^2 \quad \\
\underline{x^8 \qquad +x^4+x^3 \quad +x+1} \\
-x^5 \quad +x^3+x^2+x+1
\end{array}
$$

因此 $C(x)/P(x)$ 的余项为 $-x^5+x^3+x^2+x+1$。最后代入 $C(x)$，就能得到：

$$
\begin{aligned}
A(x)\cdot B(x) &\equiv x^{12}+x^7+x^2 \pmod{P(x)} \\
&\equiv -x^5+x^3+x^2+x+1 \pmod{P(x)} \\
&\equiv x^5+x^3+x^2+x+1 \pmod{P(x)}
\end{aligned}
$$

使用 SageMath 可以很轻松地求出。

```
1 x = PolynomialRing(GF(2^8), 'x').gen()
2 f = x^5+x^2+x
3 g = x^7+x^4+x^3+x^2+x
4 p = x^8+x^4+x^3+x+1
5
6 print(f*g%p)
```

■

多项式的乘法逆元如何找呢？先确定什么是多项式的乘法逆元。对于任意的 $A(x)\in \mathrm{GF}(2^n)$，都有 $B(x)\in \mathrm{GF}(2^n)$，使得 $A(x)B(x)\equiv 1 \pmod{P(x)}$，$P(x)$ 为不可约多项式，则 $A(x)$ 的乘法逆元就是 $B(x)$，或者是 $A^{-1}(x)$。求乘法逆元依然是使用扩展欧几里得算法。过程与例 2.10.4 类似。

定义 2.12.1 生成元 (Generator)

对于阶为 p 的有限域，其生成元是一个元素，记为 g，该元素的前 $q-1$ 个幂构成了域 $\mathbb{F}_p$ 的所有非零元素，即域 $\mathbb{F}_p$ 的元素为：

$$0, g^0, g^1, \cdots, g^{q-2} \tag{2-91}$$

考虑多项式 $f(x)$ 定义的域 $\mathbb{F}$，如果 $\mathbb{F}$ 内的一个元素 b 满足 $f(b)=0$，则称 b 为多项式 $f(x)$ 的根，可以证明一个不可约多项式的根 g 是这个不可约多项式定义的有限域的生成元。

2.13 本章习题

1. 证明：整数 n 能被 5 整除当且仅当 n^2 能被 5 整除。
2. 证明：模运算中的反身性、对称性和传递性。
3. 求解下列方程：

1) $234 + x \equiv 24 \pmod{51}$
2) $x + 23 \equiv 999 \pmod{10003}$
3) $2423 + 324 + x + 3452 \equiv 345 \pmod{560}$
4. 证明：如果整数 n 是偶数当且仅当 n^2 也是偶数。
5. 证明：假设 a 是一个整数且可以整除 m，那么

$$ab_1 \equiv ab_2 \pmod{m} \Leftrightarrow b_1 \equiv b_2 \pmod{(m/a)}$$

6. 使用欧几里得算法，寻找下列两个数之间的最大公约数：
1) $\gcd(165, 252)$
2) $\gcd(4282, 3480)$
3) $\gcd(11033442, 1102246)$
7. 使用欧几里得算法，计算下列的乘法逆元：
1) $17^{-1} \pmod{101}$
2) $357^{-1} \pmod{1234}$
3) $3125^{-1} \pmod{9987}$
8. 解方程

$$6x \equiv 15 \pmod{21}$$

9. 证明：假设 p 为素数，方程

$$x^e \equiv c \pmod{p}$$

的解 $x \equiv c^d \pmod{p}$ 是唯一的。
10. 求解下列方程：
1) $x^{19} \equiv 78 \pmod{97}$
2) $x^{137} \equiv 529 \pmod{541}$
3) $x^{73} \equiv 123 \pmod{1159}$
4) $x^{751} \equiv 3333 \pmod{8023}$
5) $x^{38993} \equiv 289821 \pmod{401227}$
11. 令 $n = 2^2 \times 3 \times 5^3 \times 113$，假设 a 为正整数，$0 < a < n$，并且 a 与 n 互素，请问这样的 a 一共有多少个？
12. 假设 $a^x \equiv 1 \pmod{p}$ 以及 $a^y \equiv 1 \pmod{p}$，证明

$$g^{\gcd(x,y)} \equiv 1 \pmod{p}$$

13. 1) 给出模 37 的二次剩余的完整列表。
2) 求方程 $x^2 + 12x + 40 \equiv 0 \pmod{37}$ 的所有二次剩余的解。
14. 使用重复平方方法计算 $2^{436} \pmod{437}$。根据结果，判断 437 是否是素数。
15. 计算勒让德符号 $\left(\dfrac{11}{31}\right)$。根据结果，判断 $x^2 \equiv 11 \pmod{31}$ 是否有解。
16. 证明：假设 p 不能整除 a，则

$$\left(\frac{n^2}{p}\right) = 1$$

17. 计算 $J(5,21)$ 和 $J(17,866731)$。
18. 不借助计算器，计算

$$101^{4800000023} \pmod{35}$$

19. 证明：整数集合 $\mathbb{Z}_p = \{0,1,\cdots,p-1\}$ 与操作加法模 p 组成了一个单位元为 0 的群。
20. 证明：如果 G 是一个单位元为 e 且元素个数为偶数的有限群，则在 G 中存在一个 $a(\neq e)$，使得 $a \times a = e$。
21. 证明：每一个 G 是单位元为 e 的群，使得对于所有 $x \in G$，$x \times x = e$ 是阿贝尔群。
22. 证明：一个至少有两个元素但没有适当的非平凡子群 (no proper nontrivial) 的群一定是有限的素数群。
23. 设 $\mathbb{Z}_{18}^{\times}$ 是所有小于 18 且相对素数为 18 的正整数的群，群运算为 18 的乘法模。
    1) 列出所有的 $\mathbb{Z}_{18}^{\times}$ 的元素。
    2) 证明 $\mathbb{Z}_{18}^{\times}$ 是一个循环群。
24. 求 $\mathbb{Z}_{40}$ 的给定子群中的元素数。
    1) $<15>$
    2) $<24,32>$
25. 证明 $<\mathbb{Z},+,\times>$ 是一个环。
26. $<\boldsymbol{M}_2\mathbb{Z},+,\times>$ 是一个环，其中 $\boldsymbol{M}_2$ 为 2×2 的矩阵，元素为整数。求单位矩阵。
27. 证明：对于所有的素数 p、$\mathbb{Z}_p$，对 p 取模的整数环是一个域。
28. 令 $a(x)=x^6+x^5+x^4+x^3+x^2+x+1$，$b(x)=x^4+x^2+x+1$，求 $\gcd[a(x),b(x)]$。
29. 计算 GF (2^8) 中两个多项式之和 $C(x)=A(x)+B(x)$，其中

$$A(x)=x^7+x^6+x^4+1,\ B(x)=x^4+x^2+1$$

30. 计算 GF (2^4) 中两个多项式，其中

$$A(x)=x^3+x^2+x+1,\ B(x)=x^3+x$$

    令不可约多项式 $P(x)=x^4+x+1/\mathbb{Z}_2$。求 $A(x)B(x)$。

第 3 章　密码学中的信息理论

本章将介绍密码学中的信息理论，主要包括密码系统的理论安全性和实际保密性之间的关系、完善保密性的概念及具有完善保密性的密码系统的示例。完善保密性的概念是由信息论创始人香农在 1949 年发表的论文《保密系统的通信理论》中首次提出的，主要作用于提供机密性的密码系统，是密码学中熵的基础。完善保密性的一个基本思想就是不能从密文中得到任何关于明文或密钥的信息，为了准确定义完善保密性，需要引入信息论的知识，以使其可以被定性和定量地描述。然后将它与其他保密概念进行对比和讨论，旨在深入探讨信息保密的问题，并为读者提供全面的加密知识和实用技能。

本章内容如下。

- 信息的概念。
- 熵的定义，以及自然语言中的熵。
- 如何使用霍夫曼编码对数据进行无损压缩。
- 一个不可能被破解的密码算法。
- 完善保密性的概念。

3.1　熵

3.1.1　熵的定义

首先回顾一下第 1 章中提到的比特 (Bit) 的概念。比特也称位、位元或二进制位，它是度量信息量的最小单位，由 Binary Digit 缩写而成。这是数学家约翰·图基 (John Tukey) 在 1946 年发明的，他同时也是快速傅里叶变换 (Fast Fourier Transform，FFT) 的提出者。在香农所著的著名论文《通信的数学理论》[4] 中首次引用并推广了这一概念。

比特通常被表示为“0”或“1”、电路的“通”或“断”、“是”或“否”等，也可以表示一种开关。在统计物理学中，热熵表示某个物理系统无序性的度量，两者在概念上有相似之处。在信息论中，1 比特是随机二进制变量的信息熵，该变量为“0 ”或“1 ”的概率相等。在中文里，也用位来表示。那么它能存储多少信息量呢？下面通过几个例子来了解。

例 3.1.1　假定有两个简单字母表，有 A、B、C、D 四个字母。每张字母表都会统计每个字母出现的频数，然后求出每个字母在该字母表中出现的概率，如表 3-1 所示。

表 3-1　字母概率表

字母	A	B	C	D
字母表 1 的频数	1/4	1/4	1/4	1/4
字母表 2 的频数	1/2	1/4	1/8	1/8

请问需要问多少次问题才可以判断出每一个字母？每次问题只能回答“是/否”。

解：表 3-1 判断方法如图 3-1 所示。因为字母表 1 中，每个字母出现的概率是一样的，所以第 1 次就可以询问是不是 A、B，那么会得到肯定或否定的答案。如果得到肯定的答案，那么第 1 次询问就知道猜测的字母是在 A、B 之中，如果得到否定的答案，那么就是在 C、D 之中。

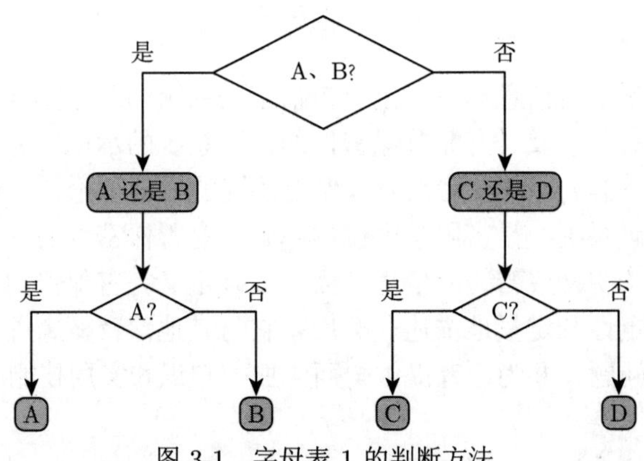

图 3-1 字母表 1 的判断方法

得到肯定答案后，就进行第 2 次询问。询问是 A 还是 B。如果得到肯定答案，结果就是 A；如果得到否定答案，则是 B。C、D 也用同样的方法可以得到。

所以很容易看出，对于字母表 1，平均需要 2 次询问才可以确定一个字母。

对于字母表 2，则需要采用另一种方法，如图 3-2 所示。第 2 种判断方法与第 1 种判断方法有所不同，因为对于前者每个字母出现的概率并不是完全一样的，所以问问题时就只能按照字母表顺序，依次询问。第 1 次询问是不是字母 A，得到肯定或否定的答案。如果得到肯定的答案，答案显然就出来了；但如果得到否定答案，那么就意味着还剩下 3 个字母 B、C、D 需要询问。

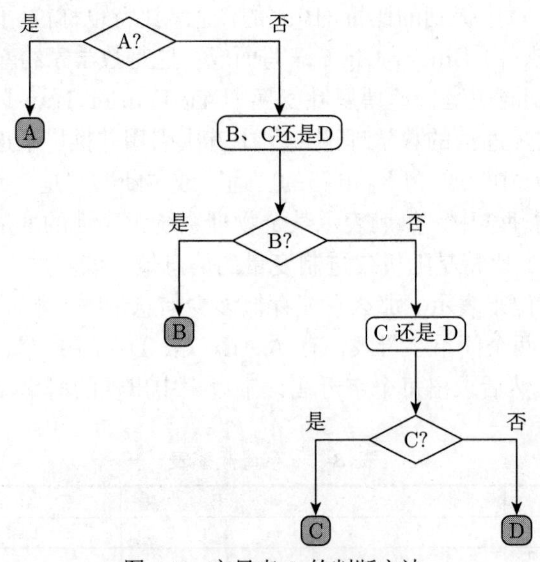

图 3-2 字母表 2 的判断方法

按照顺序，第 2 次询问“是否是 B”也会得到肯定或否定的答案。得到肯定答案，最终答案就是 B；不然就剩下 C、D 还需要询问。如果需要询问第 3 次，就问是不是 C 即可，如果得到肯定答案，答案就是 C；如果得到否定答案，答案就是 D。整个询问流程结束。

字母表 2 需要询问多少次呢？对于 A，只需要 1 次，对于 C、D，需要询问 3 次。每个字母没有一个固定的次数。需要求平均值，平均需要 $\underbrace{1\cdot\frac{1}{2}}_{\text{A}}+\underbrace{2\cdot\frac{1}{4}}_{\text{B}}+\underbrace{3\cdot\frac{1}{8}}_{\text{C}}+\underbrace{3\cdot\frac{1}{8}}_{\text{D}}=1.75$ 次询问可以确定一个字母。■

用 1 代表 Yes，0 代表 No，就可以使用一个二进制数字表示“是/否”问题的结果。一般来说，如果实验有 N 个可能的均等结果，那么需要 $\log_2 N$ 位的信息空间以存储实验结果。如果使用 X 作为一个集合，$X = x_0, x_1, \cdots, x_n$，令 $P(x_i)$ 为 x_i 出现的概率，那么 x_i 的信息量 (又称自信息) 用 I 表示，即

$$I\left(x_i\right)=\log_a \frac{1}{P\left(x_i\right)} \tag{3-1}$$

信息量采用的单位取决于对数所选取的底 a。如果取 2 为底，则所得的信息量单位称为位 (Bit)，表示为 $I\left(x_i\right)=\log_2 \frac{1}{P\left(x_i\right)}$。如果采用以 e 为底的自然对数，则所得的信息量单位称为奈特 (Nat)，表示为 $I\left(x_i\right)=\ln \frac{1}{P\left(x_i\right)}$。如果采用以 10 为底的对数，则所得的信息量单位称为哈特 (Hart)，表示为 $I\left(x_i\right)=\lg \frac{1}{P\left(x_i\right)}$。

根据对数换底关系，可以很容易知道 1 奈特 ≈ 1.443 位；1 哈特 ≈ 3.322 位。那么 1 位能承载多少信息呢？来看一些例子。

1) 一个六面骰子，需要 $\log_2(6)\approx 2.585$ 位。向上取整，需要 3 位来存储信息。

2) 拉丁字母表，需要 $\log_2(26)\approx 4.7$ 位。向上取整，需要 5 位来存储信息。

3) ASCII 表，总共定义了 128 个字符，需要 $\log_2(128)=7$ 位来存储信息，是最简单的英语编码方案。不过 ASCII 码使用字节 (Byte) 作为单位，由于只占用了 1 字节的后面 7 位，因此最前面的一位统一规定为 0。

如果实验结果是不均等的，假设事件 A 发生的概率为 $p = P[Z = A]$，那么每个字符需要大小为 $\log_2\left(\frac{1}{p}\right)$ 的存储空间。

所有事件合在一起所需要的空间一共是：

$$\sum_a p_i \cdot \log_2 \frac{1}{p_i} \tag{3-2}$$

定义 3.1.1 熵 (Entropy)

事件 A 的熵是对事件 A 发生的不确定性的度量。随机变量 X 的熵为：

$$H(X)=\sum_{a} P(X=a) \cdot \log_2\left(\frac{1}{P(X=a)}\right) \tag{3-3}$$

其中 X 是一个离散型随机变量，$P(X=a)$ 为概率密度函数。

也就是说，熵可以用来衡量信息的不确定性，也就是信息量的多少。一个系统的熵越大，它包含的信息就越多，也就越不确定。因为 $0 \leqslant P(X=a) \leqslant 1$，所以 $\log_2\left(\frac{1}{P(X=a)}\right) \geqslant 0$，由此可知熵 $H(X)$ 总是大于或等于 0 的。

例 3.1.2 假设随机变量 $X=\{0,1\}$，且 $P(0)=p$，$P(1)=1-p$，其中 $0 \leqslant p \leqslant 1$，那么 X 的熵为多少？

解：

$$\begin{aligned} H(X) &= P(0) \cdot \log_2\left(\frac{1}{P(0)}\right)+P(1) \cdot \log_2\left(\frac{1}{P(1)}\right) \\ &= p \cdot \log_2 \frac{1}{p}+(1-p) \cdot \log_2 \frac{1}{1-p} \\ &= H(p) \end{aligned}$$

如图 3-3 所示，熵在 $p=0.5$ 时最大，而在 $p=0$ 或 $p=1$ 时最小。换句话说，如果 $p=0,1$ 时，变量 X 就确定了，也就没有熵了。

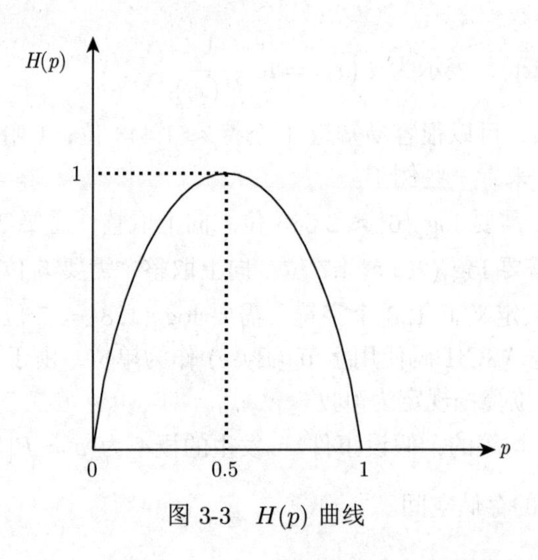

图 3-3 $H(p)$ 曲线

■

从例 3.1.2 可以发现，熵的大小不依赖于随机变量 X 的值，任意 X 的值都不会影响其大小，熵只依赖于概率分布 $P(x_i)$。设概率矢量共有 q 维，因此熵具有以下性质。

1) 对称性：熵只与随机变量的总体结构有关，与随机变量的顺序无关。

$$H\left(p_1, p_2, \cdots, p_q\right)=H\left(p_2, p_3, \cdots, p_q, p_1\right)=\cdots=H\left(p_q, p_1, \cdots, p_{q-1}\right) \tag{3-4}$$

2) 非负性：$H(p_1, p_2, \cdots, p_q) \geqslant 0$，信息熵不能为负。

3) 确定性：

$$H(1,0)=H(1,0,0)=\cdots=H(1,0,0,\cdots,0)=0 \tag{3-5}$$

4) 扩展性：极小概率事件对熵几乎没有影响，即

$$\lim_{\varepsilon\to 0} H_{q+1}\left(p_1,p_2,\cdots,p_q-\varepsilon,\varepsilon\right)=H_q\left(p_1,p_2,\cdots,p_q\right) \tag{3-6}$$

5) 可加性：如果随机变量 X 与 Y 是独立的，那么

$$H(XY)=H(X)+H(Y) \tag{3-7}$$

6) 极值性：当输入的变量是相同概率时，熵最大。

以上是从一个随机变量的角度出发计算熵的。下面把熵推广到一对随机变量，即随机变量 X 和 Y 上，那么计算熵时可以分为联合熵和条件熵。

定义 3.1.2 联合熵 (Joint Entropy)

设两个离散型随机变量 X 和 Y，如果 (X,Y) 的联合概率分布为 $P(X=a,Y=b)$，那么联合熵可以表示为：

$$H(X,Y)=\sum_{a,b} P(X=a,Y=b)\cdot\log_2\left(\frac{1}{P(X=a,Y=b)}\right) \tag{3-8}$$

定义 3.1.3 条件熵 (Conditional Entropy)

设两个离散型随机变量 X 和 Y，如果 Y 发生，关于随机变量 X 的条件熵可以表示为：

$$H(X\mid Y)=\sum_{a} P(Y=b)\cdot H(X\mid Y=b) \tag{3-9}$$

条件熵 $H(X|Y)$ 表示 Bob 在收到 Y 后，对 Alice 发送变量 X 的不确定性，称为**信道疑义度**，它代表了信息在传输过程中的损失，又称为损失熵。

条件熵 $H(Y|X)$ 则表示 Bob 在收到 X 后，对 Alice 发送变量 Y 的不确定性，称为**噪声熵**。

例 3.1.3 如图 3-4 所示，假设随机变量 X、Y、Z 是通过旋转获得的。其中 X 由最里面的圆给定，Y 由中间圆给定，Z 由最外面的圆给定，回答以下问题。

1) 计算内圈 $H(X)$。

解： 内圈概率如表 3-2 所示。

$$\begin{aligned}H(X)&=\frac{1}{4}\cdot\log_2\left(\frac{1}{1/4}\right)+\frac{3}{8}\cdot\log_2\left(\frac{1}{3/8}\right)+\frac{1}{4}\cdot\log_2\left(\frac{1}{1/4}\right)+\frac{1}{8}\cdot\log_2\left(\frac{1}{1/8}\right)\\&\approx 1.906\end{aligned}$$

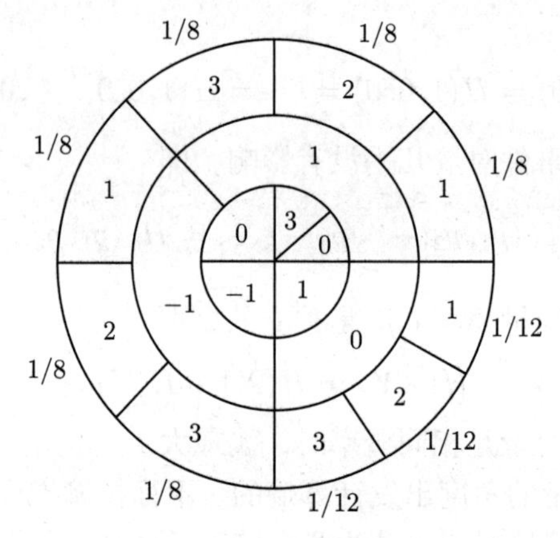

图 3-4 旋转随机变量

表 3-2 内圈概率表

a	-1	0	1	3
$P(X=a)$	1/4	3/8	1/4	1/8

2) 假设外圈随机旋转 100 000 次，需要多少位来存储结果？

解：外圈概率如表 3-3 所示。

表 3-3 外圈概率表

a	1	2	3
$P(Z=a)$	1/3	1/3	1/3

$$H(Z)=\frac{1}{3}\cdot\log_2\left(\frac{1}{1/3}\right)+\frac{1}{3}\cdot\log_2\left(\frac{1}{1/3}\right)+\frac{1}{3}\cdot\log_2\left(\frac{1}{1/3}\right)=\log_2(3)\approx 1.585$$

$$H(Z)\cdot 100\ 000=158\ 500\ \text{位}$$

3) 给定 $X=0$，计算 Z 的熵。

解：

$$\begin{aligned}H(Z|X=0)&=\sum_a P(Z=a|X=0)\cdot\ \log_2\left(\frac{1}{P(Z=a|X=0)}\right)\\&=\frac{2}{3}\cdot\log_2\left(\frac{1}{2/3}\right)+\frac{1}{3}\cdot\log_2\left(\frac{1}{1/3}\right)\approx 0.9183\end{aligned}$$

4) 计算 $H(Z|Y)$。

解：

$$\begin{aligned}H(Z|Y)&=\sum_y P(Y=y)\cdot H(Z|Y=y)\\&=\frac{3}{8}\cdot H(Z|Y=-1)+\frac{3}{8}\cdot H(Z|Y=1)+\frac{1}{4}\cdot H(Z|Y=0)\end{aligned}$$

$H(Z|Y=y)$ 的计算方法同上。

注意：如果 X、Y 是不相关的，那么 $H(Y|X)=H(Y)$。

5) 计算 $H(X|Y,Z)$。

解：如果 X 可以用 Y、Z 代替，也就是 $X = aY^n + bZ^m$，n,m 为整数，那么 $H(X|Y,Z) = 0$。本题满足该条件。 ■

定理 3.1.1 链式法则 (Chain Rule)

假设知道 X 的值，并知道 Y 的值，则：

$$H(X,Y) = H(X) + H(Y|X) \tag{3-10}$$

证明

设随机变量 X,Y 服从 $P(x,y)$，则：

$$\begin{aligned}
H(X,Y) &= \sum_{x\in\mathcal{X}}\sum_{y\in\mathcal{Y}} P(x,y)\log_2\frac{1}{P(x,y)} && (3\text{-}11)\\
&= -\sum_{x\in\mathcal{X}}\sum_{y\in\mathcal{Y}} P(x,y)\log_2(P(x)P(y\mid x)) && (3\text{-}12)\\
&= -\sum_{x\in\mathcal{X}}\sum_{y\in\mathcal{Y}} P(x,y)\log_2 P(x) - \sum_{x\in\mathcal{X}}\sum_{y\in\mathcal{Y}} P(x,y)\log_2 P(y\mid x) && (3\text{-}13)\\
&= -\sum_{x\in\mathcal{X}} P(x)\log_2 P(x) - \sum_{x\in\mathcal{X}}\sum_{y\in\mathcal{Y}} P(x,y)\log_2 P(y\mid x) && (3\text{-}14)\\
&= H(X) + H(Y\mid X) && (3\text{-}15)
\end{aligned}$$

进而推导出熵的一般链式法则：

$$\begin{aligned}
&H(X_1,X_2,\cdots,X_n)\\
&= H(X_1) + H(X_2|X_1) + H(X_3|X_1,X_2) + \cdots + H(X_n|X_1,X_2,\cdots,X_{n-1}) && (3\text{-}16)\\
&= \sum_{i=1}^{n} H\left(X_i \mid X_1,\cdots,X_{i-1}\right) && (3\text{-}17)
\end{aligned}$$

两个随机变量 X 和 Y 的互信息度量了两个变量之间相互依赖的程度，也就是说，通过观察一个随机变量可以获得另一个随机变量的信息量。互信息量在通信中有重要作用，比如 Bob 收到一个信息，那么 Bob 就可以计算出信息是由 Alice 发送的概率。这在密码学的身份验证场景中非常有用。

定义 3.1.4 互信息 (Mutual Information，MI)

两个随机变量 X 和 Y 之间的互信息定义为：

$$I(X;Y) = \sum_{x,y} P(x,y)\log\frac{P(x,y)}{P(x)P(y)} \tag{3-18}$$

$$= H(Y) - H(Y \mid X) \tag{3-19}$$

$$= H(X) + H(Y) - H(X,Y) \tag{3-20}$$

指的是收到 Y 后，获得的 X 的信息量。

熵与互信息的关系如图 3-5 所示。

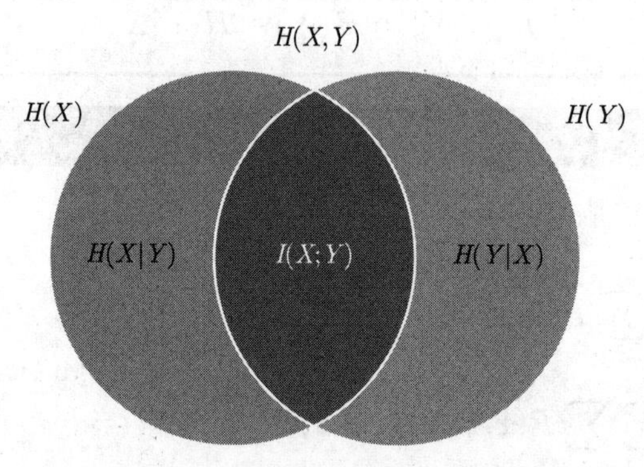

图 3-5 熵与互信息之间的关系

3.1.2 一些重要不等式

定义 3.1.5 熵的不等式 1

对于仅取 k 个值的随机变量 X，总是满足：

$$H(X) \leqslant \log_2(k) \tag{3-21}$$

当且仅当 X 以相等的概率取其所有值时才相等。

证明

$$H(X) = \sum P(X=a) \cdot \log_2\left(\frac{1}{P(X=a)}\right) \tag{3-22}$$

$$\leqslant \log_2\left(\sum P(X=a) \cdot \frac{1}{P(X=a)}\right) \tag{3-23}$$

$$= \log_2(k) \tag{3-24}$$

定义 3.1.6 熵的不等式 2

对于两个随机变量 X 和 Y 来说，总是满足：

$$H(X,Y) \leqslant H(X) + H(Y) \tag{3-25}$$

当且仅当 X 和 Y 是不相关时，等式才成立。

证明

$$H(X|Y)H(X)+H(Y|X)\leqslant H(X)+H(Y) \tag{3-26}$$

定义 3.1.7 熵的不等式 3

对于两个随机变量 X 和 Y 来说，总是满足：

$$H(X|Y)\leqslant H(X) \tag{3-27}$$

当且仅当 X 和 Y 是不相关时，等式才成立。

证明

$$
\begin{aligned}
H(X,Y) &= \sum_b P(Y=b)H(X|Y=b) && \text{(3-28)}\\
&= \sum_b P(Y=b)\sum_a P(X=a|Y=b)\log_2\left(\frac{1}{P(X=a|Y=b)}\right) && \text{(3-29)}\\
&= \sum_b P(Y=b)\sum_a \frac{P(X=a\cap Y=b)}{P(Y=b)}\log_2\left(\frac{1}{P(X=a|Y=b)}\right) && \text{(3-30)}\\
&= \sum_b\sum_a P(X=a\cap Y=b)\log_2\left(\frac{1}{P(X=a|Y=b)}\right) && \text{(3-31)}\\
&= \sum_a P(X=a)\sum_b \frac{P(Y=b\cap X=a)}{P(X=a)}\log_2\left(\frac{1}{P(X=a|Y=b)}\right) && \text{(3-32)}\\
&= \sum_a P(X=a)\sum_b P(Y=b|X=a)\log_2\left(\frac{1}{P(X=a|Y=b)}\right) && \text{(3-33)}\\
&\leqslant \sum_a P(X=a)\log_2\left(\sum_b \frac{P(X=a|Y=b)}{P(X=a|Y=b)}\right) && \text{(3-34)}\\
&= \sum_a P(X=a)\log_2\left(\sum_b \frac{P(Y=b\cap X=a)}{P(X=a)}\times\frac{P(Y=b)}{P(X=a\cap Y=b)}\right) && \text{(3-35)}\\
&= \sum_a P(X=a)\log_2\left(\sum_b \frac{P(Y=b)}{P(X=a)}\right) && \text{(3-36)}
\end{aligned}
$$

$$= \sum_{a} P(X=a)\log_2\left(\frac{1}{P(X=a)}\right) \tag{3-37}$$

$$= H(X) \tag{3-38}$$

3.1.3 英语的熵

熵作为一个信息载量单位，可以量化任何含有信息量的事物，语言就是其中一种。语言也是有信息量的，因此也可以被赋予单位，即语言可以被度量和量化。为了计算英语的熵，人们付出了很大的努力，最终找到了计算方法。

香农在他的论文 "Prediction and Entropy of Printed English" [13] 中就介绍了两种估计英语信息熵的方法。其中一种方法是使用 N-gram(N 元语法)。语言是有冗余的，字母并非等概率地出现。例如常常字母 U 会跟在字母 Q 后面，字母 H 会跟在字母 T 后面。因此根据一个或多个已知字母，就可以预测下一个字母。换句话说，当已知前 $N-1$ 个字母时，就可以计算下一个字母的熵。设 F_N 是已知前 $N-1$ 个字母时与第 N 个字母相关的熵，香农所计算的英语信息熵如表 3-4 所示。

考虑 27 个字母的原因是将英语中的空格也加入了进来，而 26 个字母是不带空格的。F_0 为字母的最大信息熵，计算方法就是 $\log_2 26 = 4.7$。F_N 则表示有 N 个字母的序列的熵。可以发现，随着 N 的不断增加，熵不断减小，最终理论上会收敛到整个英语的实际熵。不过由于随着 N 增大，计算的时间复杂度 (见 3.5 节) 会逐渐增高，达到了 $\mathcal{O}(26^N)$，因此当 N 非常大时，计算会变得非常困难。

表 3-4 英语信息熵

	F_0	F_1	F_2	F_3	F_{word}
26 个字母	4.70	4.14	3.56	3.3	2.62
27 个字母	4.76	4.03	3.32	3.1	2.14

如果说需要计算某一段英文文本的熵，可以通过下列公式：

$$H(X) = \sum_{\alpha=\text{A}}^{\text{Z}} P(X=\alpha)\cdot\log_2\left(\frac{1}{P(X=\alpha)}\right) \tag{3-39}$$

进行计算，其中 X 为所有信息，α 为字母。下面通过一个例子来了解如何计算。

例 3.1.4 表 3-5 是英文写作中大约 1000 个字母的频率表 (不记空格)。

表 3-5 1000 个字母的频率表

字母	A	B	C	D	E	F	G	H	I	J	K	L	M
频数	73	9	30	44	130	28	16	35	74	2	3	35	25
字母	N	O	P	Q	R	S	T	U	V	W	X	Y	Z
频数	78	74	27	3	77	63	93	27	13	16	5	19	1

解：使用式 (3-39) 计算英语中的熵：

$$H(X) = \sum_{\alpha=\mathrm{A}}^{\mathrm{Z}} P(X=\alpha) \cdot \log_2 \left(\frac{1}{P(X=\alpha)} \right) \tag{3-40}$$

$$= P(\mathrm{A}) \log_2 \left(\frac{1}{P(\mathrm{A})} \right) + \cdots + P(\mathrm{Z}) \log_2 \left(\frac{1}{P(\mathrm{Z})} \right) \tag{3-41}$$

$$= 0.073 \cdot \log_2 \left(\frac{1}{0.073} \right) + \cdots + 0.001 \cdot \log_2 \left(\frac{1}{0.001} \right) \tag{3-42}$$

$$\approx 4.1621 \tag{3-43}$$

平均需要 4.1621 位来存储一个英文字母，可以发现该值小于 4.7，也间接证明了英文是有冗余的。■

这是计算固定长度的英文文献的熵的方法，可以看出，其实计算语言熵并不难，难的是无法准确地知道一段文献中每个字母的出现概率，如果再加上标点符号和特殊符号，就更难计算了。

在这里介绍一下信源。信源也称信息源，即产生消息和消息序列的源。它可以是人、生物、机器或其他事物，也可以是事物的各种运动状态或存在状态的集合。信源的输出是消息。与信源有关的两个有意思的工具是熵的相对率和冗余度。

定义 3.1.8 熵的相对率 (Relative Rate of Entropy)

一个信源实际的信息熵与具有同样符号集的最大熵的比值称为相对率。记为：

$$\eta = \frac{H_\infty}{H_0} \tag{3-44}$$

其中 H_∞ 为信源的实际熵，$H_0 = \log_2(q)$ 为最大熵，q 为信源符号数量。

定义 3.1.9 冗余度 (Redundancy)

冗余度被定义为 1 减去熵的相对率，记作：

$$R = 1 - \eta = 1 - \frac{H_\infty}{H_0} \tag{3-45}$$

可见，冗余度的大小能很好地反映离散信源输出的符号序列中符号之间依赖关系的强弱。冗余度 R 越大，表示信源的实际熵 H_∞ 越小，这表明信源符号之间的依赖关系越强。

香农还给出了另外一种计算英语信息熵的方法。该方法是计算英语语言中每个单词的熵，并取加权平均值。香农估计了 8000 多个单词的熵，发现每个单词的熵值是 11.82，由于平均每个单词有 4.5 个字母，所以每个字母的熵是 2.62。这就是表 3-4 中的 F_{word}。现在就可以计算英语的冗余度了，计算 $1 - \frac{F_{\text{word}}}{F_0}$，可以发现，英语的冗余度大概为 44%，也就是说英文中大约有一半字母是无用或者多余的。不过这并不意味着删除这 44% 的字母后依然可以阅读，而是说可以通过编码的方式来缩短长度。

英语在不同时期、不同环境下的熵是不同的。统计分析时需要采取合理的样本，才能确定英语的熵。香农在忽略标点符号、小大写的情况下，计算出在长度为 100 的长字符序列中，英语的熵的范围为每字母 0.6 ~ 1.3 位 [13]，Cover 和 King 计算的结果为 1.25 ~ 1.35 位 [14]，Teahan 和 Cleary 计算的结果为 1.46 位 [15]，Kontoyiannis 计算的结果为 1.77 位 [16]，Guerrero 计算的结果为 1.58 位 [17]。这些结果不同的原因是使用了不同的样本及分析方法。

与英语类似的德语、法语等自然语言，都是用字母符号序列构成的语句，用类似方法可以计算它们的熵和冗余度。

3.1.4 中文的熵

许多人都认为，中文是世界上语义最为精练的语言之一。换句话说，就是中文可以用简练的字数表示复杂的含义，是世界上信息熵最大的主流语言。也就是说，相同长度的中文和其他语言相比，中文信息量更大。根据熵的定义，$H(X)=\sum_i^n p_i\cdot\log_2\dfrac{1}{p_i}$，如果 n 越多，也就意味着该语言符号越多，信息熵越大。

中文由数千个汉字组成，一个汉字代表一个符号，因此中文的信息熵比由 26 个字母组成的英文更高一些。举一个直观的例子：“Taht kools an inrteeignt kob.” 这是一个在单词中有字母错序和遗漏字母的英文句子。但可以很容易地读出来——That looks an interesting book，在理解上并不会感到吃力。这说明英文中单个字母的信息熵较少。如果这句话是“那好像是本有的书”就会令人感到费解，尽管只是少了“趣”这个字，实际含义却发生了巨大改变。这也简单说明了中文单个字的信息熵比单个英文字母高。

那么中文信息熵有多高呢？第 12 版的《新华字典》约有 13000 个汉字，将每个汉字看成一个符号，若这 13000 个汉字以等概率出现，则其信息熵为：

$$H_0=\log_2 13\,000\approx 13.666$$

意味着如果每个汉字等概率出现的话，每个汉字的熵为 13.666 位。

如果想计算中文的熵，就需要统计每个汉字被使用的概率。假定将《新华字典》中的 13000 个汉字分成 5 类，其中有 100 个字是最经常出现的，出现在各类文本的概率为 40%；500 个汉字 (不包含前 100 个) 的出现概率为 40%；2000 个汉字的出现概率为 19%；再有 8000 个汉字的出现概率为 0.99%；剩余的汉字的出现概率为 0.01%。将以上信息写入表格中，如表 3-6 所示。

表 3-6 汉字概率表

类别	汉字数量	出现概率	每个汉字出现的概率
1	100	0.4	0.004
2	500	0.4	0.0008
3	2000	0.19	9.5×10^{-5}
4	8000	0.0099	1.2375×10^{-6}
5	2400	0.0001	4.167×10^{-8}

根据表 3-6，中文的熵为：

$$H(X)=\sum_{i=1}^{13000}P_i\log_2\frac{1}{P_i}$$

$$= \sum_{a=1}^{100} P_a \log_2 \frac{1}{P_a} + \sum_{b=1}^{500} P_b \log_2 \frac{1}{P_b} + \sum_{c=1}^{2000} P_c \log_2 \frac{1}{P_c} + \sum_{d=1}^{8000} P_d \log_2 \frac{1}{P_d} + \sum_{e=1}^{2400} P_e \log_2 \frac{1}{P_e}$$

$$= 0.4 \log_2(1/0.004) + 0.4 \log_2(1/0.0008) + 0.19 \log_2(1/(9.5 \times 10^{-5}))+$$

$$0.0099 \log_2(1/(1.2375 \times 10^{-6})) + 0.0001 \log_2(1/(4.167 \times 10^{-8}))$$

$$\approx 10.036$$

中文的信息熵为每个汉字 10.036 位，冗余度为 $R = 1 - \dfrac{H(X)}{H_0} \approx 0.2656$。注意，该例子只是为了展示计算方法，不代表实际的中文信息熵和冗余度。

知名数学博主约翰 · 库克 (John D.Cook) 发表了一篇博客，他计算的中文的信息熵约为 9.56，而英文字母的信息熵为 3.9 左右 [18]。

3.1.5 摩斯电码

摩斯电码 (Morse Code) 是一种时通时断的信号编码，通过不同的排列顺序来表达不同的英文字母、数字和标点符号。它由美国人艾尔菲德 · 维尔与萨缪尔 · 摩尔斯在 1836 年发明。国际摩斯电码对 26 个英文字母 (A~Z)、一些非英文字母、阿拉伯数字，以及少量的标点符号和过程信号 (Prosign) 进行编码，如图 3-6 所示，不区分大写和小写字母。

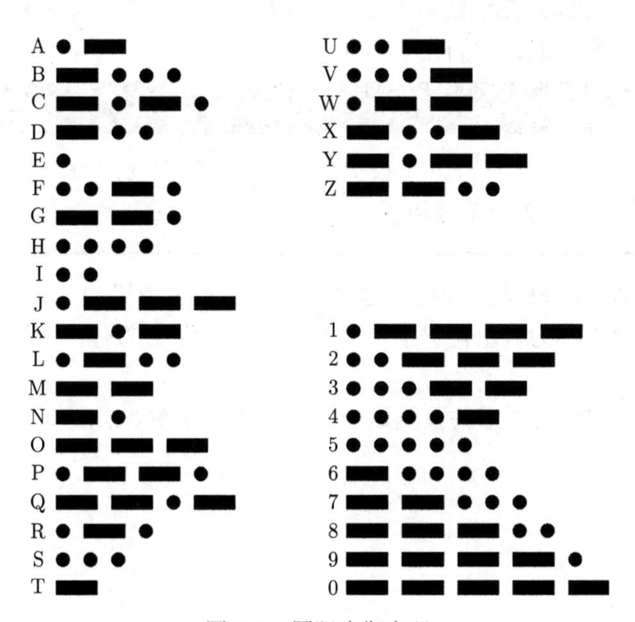

图 3-6 国际摩斯电码

因为电报内容只有 0 和 1，即“断开”和“接通”两种状态。摩尔斯就想到使用“点”和“划”的组合来表示字符。“点”和“划”都是接通状态，不同的是电信号的时间长短。一个用 1 秒，一个用 3 秒，以此区分。

摩斯电码有 100 多年历史，它比任何其他电子编码存在的时间都要长，许多领域至今仍在使用。现代摩斯电码与最初由艾尔菲德·维尔与萨缪尔·摩尔斯发明的版本有所不同。至今，航空、航海等领域还在使用摩斯电码作为补充通信手段。

国际摩斯电码由 5 个元素构成。

1) 点（·）：1 [读“滴”(dit)，时间长度为 t]。

2) 划 (—)：111 [读“嗒”(dah)，时间长度为 $3t$]。

3) 字符内部的停顿 (在点和划之间)：0 (时间长度为 t)。

4) 字符间停顿：000 (时间长度为 $3t$)。

5) 单词间的停顿：0000000 (时间长度为 $7t$)。

点的长度 (也就是上面的时间长度 t) 决定了发报的速度。

著名的求救信号 SOS 的普及也与摩斯电码有关系，SOS 的摩斯电码为“··· — — — ···”。即三短三长三短，在危急时刻通过电报很容易发送。

摩斯电码的熵约为 7.039，意味着平均需要 7 位来存储一个字符。

3.2 霍夫曼编码

霍夫曼编码 (Huffman Coding)[19] 是一种可变长的前缀码。霍夫曼编码使用的算法是霍夫曼 (David A. Huffman) 于 1952 年在麻省理工学院上学时期提出的。它是一种普遍的熵编码技术，是一种经典的数据压缩方法，常用于无损数据压缩领域。它通常用以压缩图像、音频、表格等，人们所熟悉的 JPEG 和 MPEG-2 文件格式就是使用了这种压缩方式。

在了解霍夫曼编码之前，我们先了解几个数学定义。

定义 3.2.1 有根树 (Rooted Tree)

有根树是指一个顶点 (Vertex) 被指定为根的连通有向图 (Graph)，它没有入边 (Edge)，而其他顶点只有一条入边。

有根树是一棵拥有特殊节点的树。这个特殊节点被称为树的“根”。有根树也称定向树。没有根的树有时被称为自由树。根顶点的顶点度数为 1 的有根树称为种植树 (Planted Tree)。

例 3.2.1 人类家族的族谱关系就是一棵有根树，如图 3-7 所示。

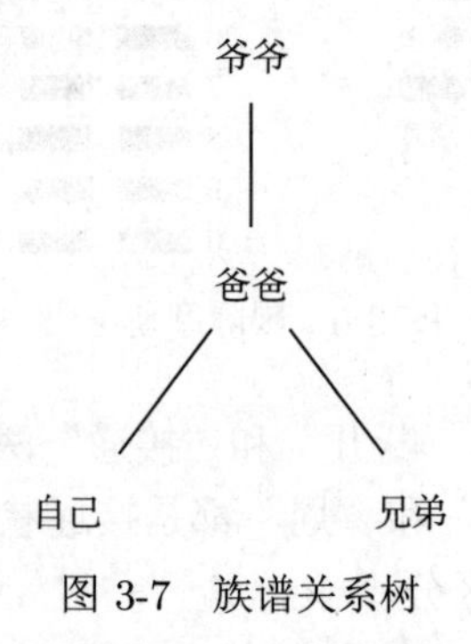

图 3-7 族谱关系树

■

例 3.2.2 一个典型的有根树如图 3-8 所示。

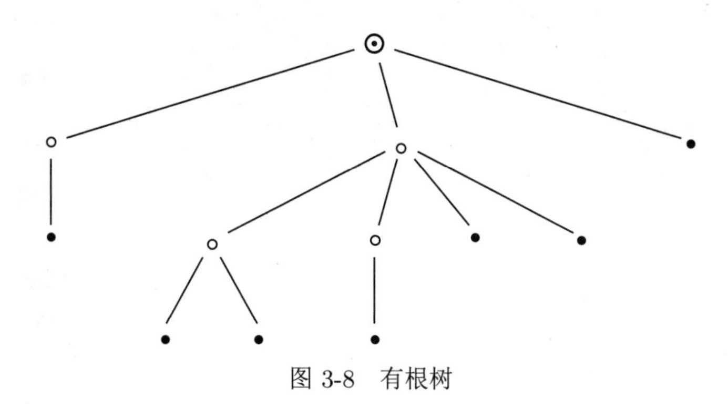

图 3-8 有根树

其中“•”为叶子，“∘”为内部顶点，“⊙”为根。 ■

定义 3.2.2 二叉树 (Binary Tree)

二叉树可以定义为节点的有限集合，这个集合或者为空集，或者由一个根及两棵不相交的分别称为这个根的左子树和右子树的二叉树组成。左子树可以称为左孩子，右子树可以称为右孩子。二叉树中每个节点的孩子 (Children) 数不超过 2 个。

二叉树可以是个空集合，这时的二叉树称为空二叉树。

如果一棵二叉树至多只有最下面的两层节点的度 (非空子树的个数) 可以小于 2，其余各层节点的度都必须为 2，并且最下面一层的节点都集中在该层最左边的若干位置上，则此二叉树称为完全二叉树。

所有节点的度为 2，叶子节点在同一层次，则此二叉树称为满二叉树。

例 3.2.3 满二叉树与完全二叉树如图 3-9 所示。

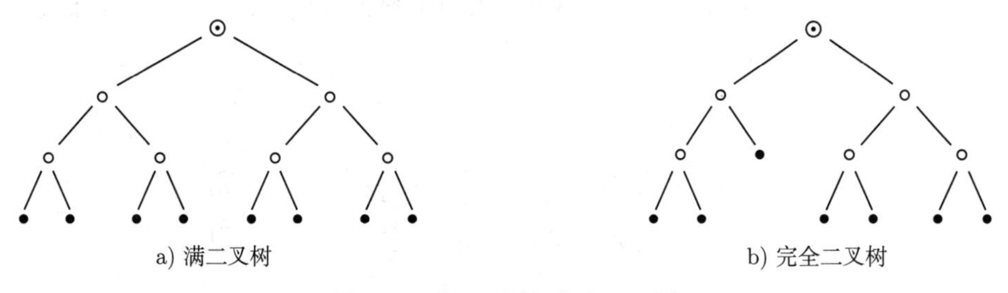

图 3-9 满二叉树与完全二叉树

■

例 3.2.4 令 $A = 000, B = 001, C = 01, D = 10, E = 1100, F = 1101, G = 111$。

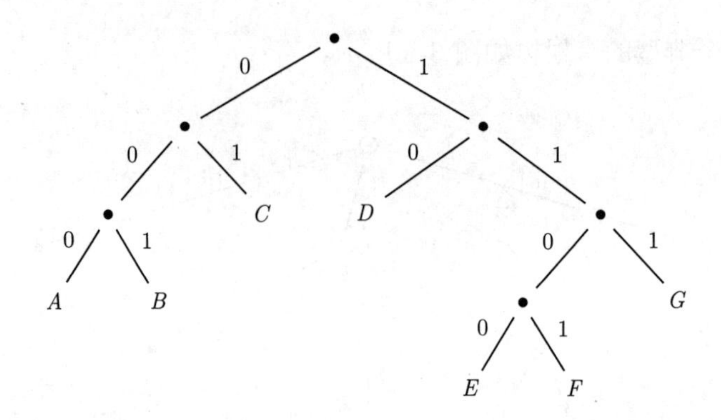

■

给定一个文件的字母频率，哪棵树需要最少的位数？下面的算法给出了结构最优树。

1) 用一个节点/顶点替换每个字母，并根据每个字母的频率标记这些节点。然后，从左到右读取时，按节点值递增的顺序对节点进行排序。

2) 从左到右，把两个最小的数组合在一起，用它们的和代替它们。

3) 根据节点的值对结果节点进行排序。然后重复这些步骤，直到所有节点都连接好。

4) 一旦获得了二叉树，用相应的字母替换顶点数。然后把分支标记为左边是 0，右边是 1。

5) 沿着路径跟踪以获得每个字母的编码。

例 3.2.5 假设某个文件只包含以下频数的字母，如表 3-7 所示。

表 3-7 字母频数表

A	B	C	D	E	F	G
1	2	2	4	4	5	6

构造一个能够压缩该文件的无逗号编码，以便用户可以使用最少的位来存储它。

解：

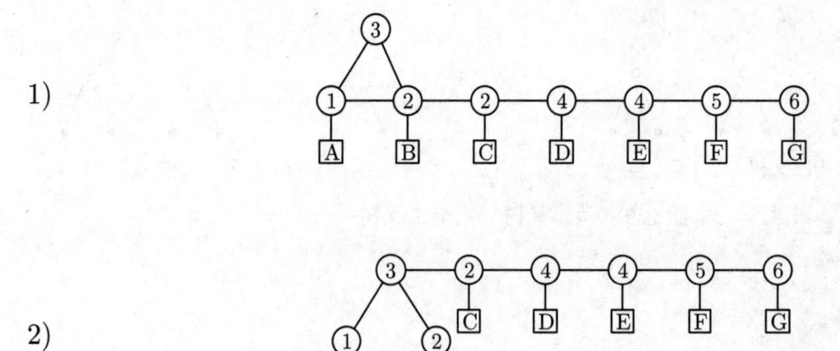

3)

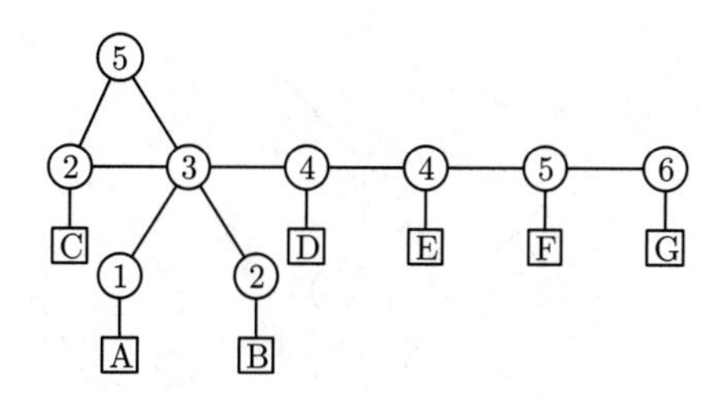
5
2 3 4 4 5 6
C 1 2 D E F G
A B

4)

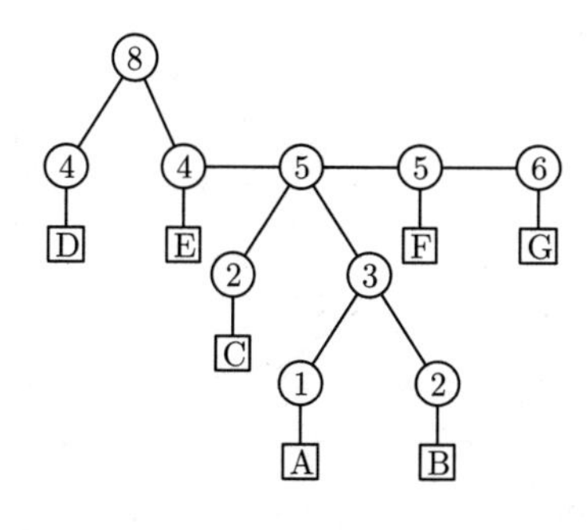
8
4 4 5 5 6
D E 2 3 F G
C 1 2
A B

5)

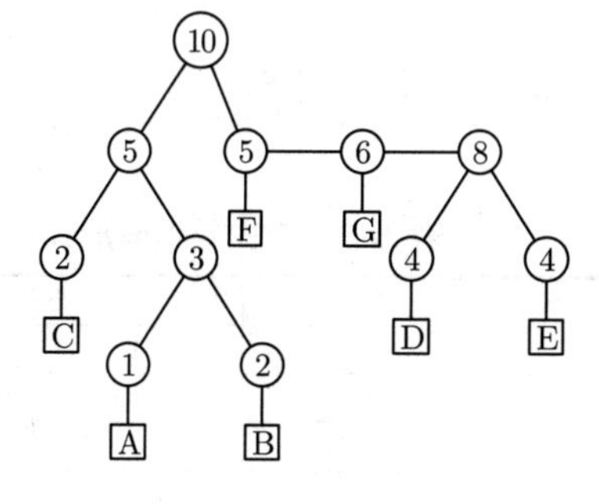
10
5 5 6 8
2 3 F G 4 4
C 1 2 D E
A B

6)

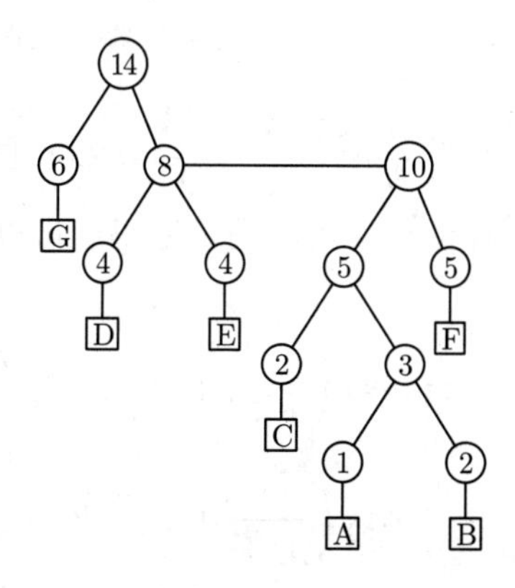
14
6 8 10
G 4 4 5 5
D E 2 3 F
C 1 2
A B

7)

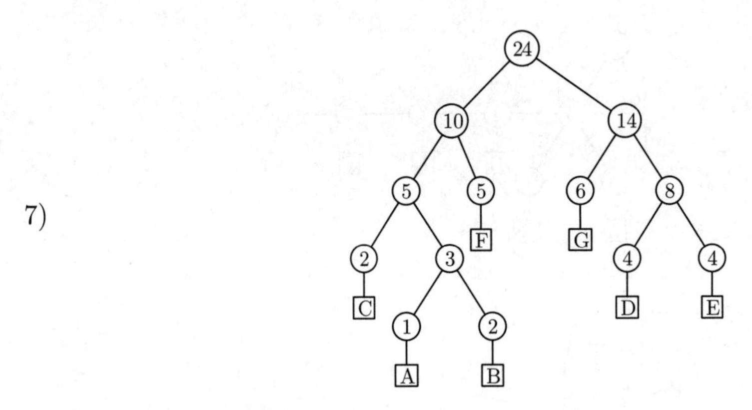

最后，可转化为树的形式。

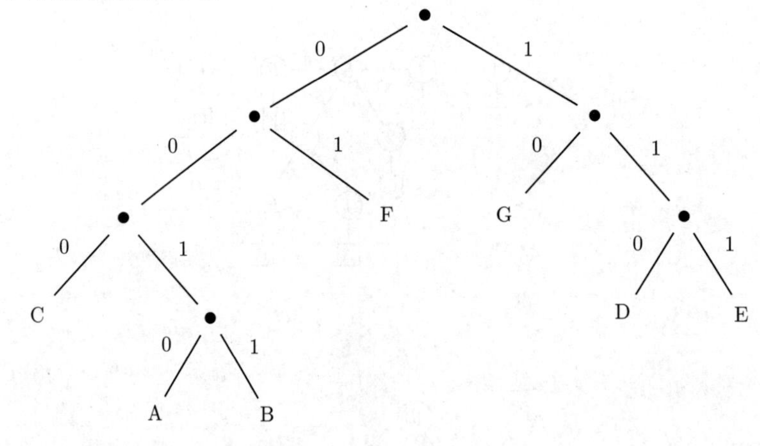

也可以转化为表格的形式，如表 3-8 所示。

表 3-8 霍夫曼编码形式

字母	A	B	C	D	E	F	G
频率	1	2	2	4	4	5	6
编码	0010	0011	000	110	111	01	10
长度	4	4	3	3	3	2	2

加密后的长度为：

$$4N_{\mathrm{A}}+4N_{\mathrm{B}}+3N_{\mathrm{C}}+3N_{\mathrm{D}}+3N_{\mathrm{E}}+2N_{\mathrm{F}}+2N_{\mathrm{G}}=64 \tag{3-46}$$

编码后，平均每个字符需要 $\dfrac{\text{密文长度}}{\text{明文长度}}=\dfrac{64}{24}\approx 2.66$ 位替代。在编码之前，每个字符需要用 8 位 (如 ASCII 码) 来存储。使用霍夫曼编码后可以压缩数字，并且不会损失任何信息。熵值为：

$$\sum_{\alpha}P(\alpha)\log_2\left(\frac{1}{P(\alpha)}\right)=\frac{1}{24}\log_2\left(\frac{1}{1/24}\right)+\frac{2}{24}\log_2\left(\frac{1}{2/24}\right)+\frac{2}{24}\log_2\left(\frac{1}{2/24}\right)+$$

$$\frac{4}{24}\log_2\left(\frac{1}{4/24}\right)+\frac{4}{24}\log_2\left(\frac{1}{4/24}\right)+$$

$$
\begin{aligned}
&\frac{5}{24}\log_2\left(\frac{1}{5/24}\right)+\frac{6}{24}\log_2\left(\frac{1}{6/24}\right)\\
&\approx 2.62165
\end{aligned}
$$

■

定理 3.2.1 最佳编码长度

假设明文中的字母数为 $n_1, n_2, \cdots, n_k$，总数量 $N = n_1 + \cdots + n_k$。那么最佳编码长度 (以每个字母的位数表示) 是:

$$
H = \sum_{i=1}^{k} p_i \log_2\left(\frac{1}{p_i}\right) \tag{3-47}
$$

其中 $p_i = n_i/N$，$1 \leqslant i \leqslant k$。

定理 3.2.2 预期码

由概率 $p_1, p_2, \cdots, p_k$ 构建的霍夫曼树产生的预期码的长度与熵相差不超过 1 位。

对于一门语言，计算出这门语言的冗余度 R 后，使用霍夫曼编码，就可以把原文压缩到 $1-R$ 的长度。

以上霍夫曼编码为二元霍夫曼编码。除了二元霍夫曼编码，还有 r 元霍夫曼编码。其他的无损编码还有范诺码 (Fano Coding)、香农-范诺编码 (Shannon-Fano Coding)、游程编码 (Run-length Coding)、MH 编码 (Modified Huffman Coding)、算术编码 (Arithmetic Coding) 及字典码 (Dictionary Coding) 等。感兴趣的读者可以参考信息论相关书籍。

3.3 一次一密/Vernam 密码

完善保密性也称理想保密 (Perfect Secrecy)。这在密码学领域是一个苛刻的目标，也是所有使用密码的人们都想要达到的目标。所有人都想使用一个密码来保护自己的信息，并且在规定的时间内不会被破解。如果有一种密码算法，即使提供无限的时间和无限的计算资源，人们也无法破译出明文，那么就可以称这种密码算法为安全密码。这种密码系统具备无条件安全性 (Unconditional Security)。

这种密码是否存在？答案是肯定的。在古典密码学中，比如 Vernam 密码，也称一次性密码本 (One-Time Pad，OPT)，是替换密码的一种，它是由来自美国贝尔实验室的密码学家吉尔伯特・沃纳姆 (Gilbert Vernam) 在 1917 年发明的。虽然人们在某些场景下可以找到破解它的方法，但如果使用一次一密，就可以使得 Vernam 密码变成一种无法破解的密码系统，也是唯一一种具有完善保密性的密码。顾名思义，一次性密码本意味着所有密钥只允许被使用一次。同时它需要满足密钥长度至少与明文一样长，并且密钥的生成必须完全随机 (即所用密钥以相等的概率出现)，不允许使用算法进行随机生成，且使用者必须保证密钥不被泄露，这样在使用一次性密码本时，生成的密文将无法被破解。该方法已由香农在 1949 年发表的论文《保密系统的通信理论》中所证明。

3.3.1 加密步骤

Vernam 密码的加密步骤如下。

1) 将明文转成 8 位的 ASCII 码。

2) 随机生成不小于明文长度的密钥，且只使用一次 (密钥生成)。

3) 将密钥转成 8 位的 ASCII 码。

4) 明文与密钥进行一对一的异或运算 (加密)。

例 3.3.1 加密明文“Dynamics”(动力学)，假设随机生成的密钥是“F3aP;]M.”。那么它的密文是什么？

解：加密过程如表 3-9 所示。

表 3-9 Vernam 加密示例

明文	D	y	n	a	m	i	c	s
明文码	01000100	01111001	01101110	01100001	01101101	01101001	01100011	01110011
密钥	F	3	a	P	;	]	M	.
密钥码	01000110	00110011	01100001	01010000	00111011	01011101	01001101	00101110
密文	00000010	01001010	00001111	00110001	01010110	00110100	00101110	01011101

得到的二进制密文有时候在 ASCII 码中不一定有实际意义，因此只需要将二进制密文发送出去即可。 ■

由于每一位密文都需要使用一位新密钥加密，且密钥是以相等概率随机出现的，在没有其他信息辅助的条件下，这组密码是不可破译的。换句话说，在没有信息冗余的情况下，一次一密不可破译。

证明一次性密码本有无条件安全性并不复杂。

证明

对于一次性密码本，每一位密文的计算公式为：

$$c_i \equiv (m_i + k_i) \pmod 2 \tag{3-48}$$

由于密文是由明文和密钥相加进行模 2 得到的，因此无法求解。为什么呢？因为即使知道密文 c_i，在不清楚密钥的情况下，仍是无法知道明文是 0 还是 1 的。如果靠猜，那么只有 50% 的正确概率，而一串长度为 l 的明文，在完全靠猜测的情况下，只有 0.5^l 的概率能得到答案。假设一个字母是由 8 位 ASCII 码组成的，那么攻击者猜对一个字母的概率只有不到 0.4%。

有没有什么办法知道密钥呢？也没有什么办法。因为密钥是靠真随机数生成器生成的，无法靠公式推测出密钥。这也是为什么说靠猜测得到正确明文的概率只有 50% 的原因，同时也是保证一次性密码本安全的关键性条件。

该证明并不严格。香农使用概率论的方法，严格地证明出其信息量 $I = 0$。有关细节，读者可阅读相关文献 [5]。

3.3.2 重复使用密钥的后果

如果生成的密钥不小心重复使用了，会发生什么呢？假设两组密文是使用相同密钥 k 加密得到的，分别为 $c_1 = m_1 \oplus k$，$c_2 = m_2 \oplus k$。

由于异或运算的自反律：

$$a \oplus b \oplus b = a \tag{3-49}$$

那么就可以推出：

$$c_1 \oplus c_2 = (m_1 \oplus k) \oplus (m_2 \oplus k) \tag{3-50}$$

$$= m_1 \oplus (m_2 \oplus k \oplus k) \tag{3-51}$$

$$= m_1 \oplus m_2 \tag{3-52}$$

有没有发现，这里在仅知道密文的情况下就可以知道明文的一些信息，且不需要知道关于密钥的任何信息，这就有了信息冗余。通过不同的密文组合计算排列，就可以知道更多的明文之间的信息，猜测明文的概率就不再是 50% 了！结合频率分析，这就有可能破解明文。

除了频率分析，还可以进行选择明文攻击 (CPA)。攻击者自己伪装成用户，发送明文 m_k，那么攻击者就会得到密文 c_k。由于攻击者知道明文，结合自反律，就可以推测出密钥 k，该密码就遭到了破解。

3.4 完善保密性

3.4.1 理论安全性

从信息论的角度来分析密码学会有什么呢？

除了无条件安全性，还有计算安全性 (Computational Security)。简单来说就是，如果一个密码需要靠暴力攻击来破解，那么它需要尝试的密钥应该越大越好。至少在规定的时间内，遍历密钥空间 K 对于攻击者来说是不可接受的。从理论上来说，随机替换密码就满足计算安全性，因为它的密钥空间非常大，有 26!。但由于它可以通过频率攻击等方式破解，因此不满足无条件安全性。

体现密码安全性的方法还有一个，就是可证明安全性 (Provable Security)。通过数学中一些难解的问题，保证密码的安全性。比如 RSA 中的整数分解问题，就依靠可证明安全性证明了它的安全。

一次性密码本具有完善保密性。

定理 3.4.1 完善保密性

假设密码算法 (M, C, K, E, D)，其中 M 表示明文空间，C 表示密文空间，K 表示密钥空间，E 表示加密函数，D 表示解密函数。如果满足 $|M| = |C| = |K|$，且

每个密钥被使用的概率是 $1/|K|$，那么这个密码算法具有完善保密性，即不可破译。

证明

因为 $|K|=|C|=|M|$，所以意味着明文-密钥-密文是一对一的关系，存在唯一性。令 $l=|K|=|C|=|M|$，m 是一组明文消息，c 是一组密文消息，并且令 $P_M(m)$ 是明文空间上的概率分布，令 $P_K(k)$ 是密钥空间上的概率分布。

因为 $C=E_k(M)$，即 $c=E_k(m)$，所以：

$$P(c \mid m)=P_K\left(k \mid E_k(m)=c\right)=P_K(k) \tag{3-53}$$

根据贝叶斯定理：

$$P(m \mid c)=\frac{P(c \mid m)P(m)}{P(c)} \tag{3-54}$$

$$=\frac{P_K(k)P(m)}{P(c)} \tag{3-55}$$

同时，因为理想保密的要求，需要满足 $P(m \mid c)=P(m)$，所以需要 $P_K(k)=P(c)$，当满足 $P_K(k)=1/l=1/|K|=1/|C|$ 时，该定理成立。

也就是说，假设攻击者 Eve 知道明文 M 的概率分布，在理想的情况下，Eve 也不会从密文中找到任何信息。即在密文已知的情况下，明文的分布应该与先验分布相同。这意味着，密文没有泄露任何明文信息。

假定明文长度为 l，密钥长度为 r，密文长度为 n。那么明文的熵为 $H\left(m^l\right)=H(m_1 m_2\cdots m_l)$，密钥的熵为 $H\left(k^r\right)=H\left(k_1k_2\cdots k_r\right)$，密文的熵为 $H\left(c^n\right)=H\left(c_1c_2\cdots c_n\right)$。回顾 1.2.3 节，在经典的密码分析中，唯密文攻击最常用。攻击者希望从截取的密文中提取有关明文或密钥的信息，那么从截取的密文中提取有关明文的信息量就是：

$$I\left(m^l;c^n\right)=H\left(m^l\right)-H\left(m^l \mid c^n\right) \tag{3-56}$$

因此，若想让密码系统达到完善保密性，就需要 $I\left(m^l;c^n\right)=0 \Rightarrow H\left(m^l\right)=H\left(m^l \mid c^n\right)$。

如果需要设计一个具有完善保密性的密码，则需要满足以下条件。

- 密钥的数量至少与密文的数量一样多。
- 对于固定密钥，不同的明文对应不同的密文。因此，密文的长度必须至少与明文的长度相等。
- 所有密钥被使用的概率应该相等。
- 对于加密过程 m_i 到 c_i，都有唯一的密钥 k 与之对应。一个密钥只能被使用一次。

即：密钥数量 $\geqslant$ 密文数量 $\geqslant$ 明文数量。

比如，加密矩阵拉丁方图 (Latin Square Graph) 或完全二部图 (Complete Bipartite Graph)。拉丁方图是一个 $n\times n$ 矩阵，其中整数从 1 到 n 在每一行和每一列中只出现一次；完全二部图是一个图，它的顶点集合被分解成两个不相交的子集，使得同一个子集中的两个顶点不连通，且每个顶点之间有一条边。来看一个例子。

例 3.4.1 分别设明文 m_1, m_2, m_3，密钥 k_1, k_2, k_3，密文 c_1, c_2, c_3。表 3-10 和图 3-10 分别展示了拉丁方图和完全二部图。■

表 3-10 拉丁方图

	m_1	m_2	m_3
k_1	c_1	c_2	c_3
k_2	c_2	c_3	c_1
k_3	c_3	c_1	c_2

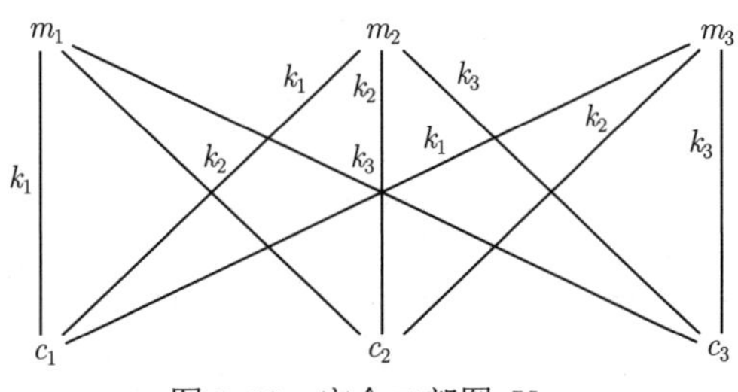

图 3-10 完全二部图 $K_{3,3}$

观察图 3-10，任何一个密文都可能来自随意的一个明文。这种情况也称为敌手不可区分性，因为攻击者不能区分密文来自哪个明文，它也是完善保密性的一种等价定义。即使攻击者知道所有可能的明文，随机猜测并猜对的概率只有 1/3。换句话说，敌手不可区分性意味着攻击者没有办法把猜中的概率从 1/3 提高至更高。

3.4.2 唯一解距离

假定明文长度为 l，密钥为 k，密钥长度为 r，密文为 c，密文长度为 n。那么有关密钥的信息量就是：

$$I\left(k^r; c^n\right) = H\left(k^r\right) - H\left(k^r \mid c^n\right) \tag{3-57}$$

对于唯密文攻击，关于密钥 K 的损失熵为 $H\left(k^r \mid c^n\right) = H\left(k^r \mid c_1 c_2 \cdots c_n\right)$，根据定义 3.1.7，$H\left(k^r \mid c^n\right) \leqslant H\left(k^r\right)$。

因此，假设 Eve 截获的密文越长，n 越大，关于密钥 K 的损失熵就会越小。换句话说，截获的密钥越多，关于密钥的信息量就越大，就越容易破解。当 n 达到一定程度时，损失熵 $H\left(k^r \mid c^n\right)$ 就会趋近于 0，那么此时 Eve 就可以计算出唯一密钥，从而分析出明文。我们将这个 n 的最小值称为唯一解距离。

定义 3.4.1 唯一解距离 (Unicity Distance)

一个密码系统在唯密文攻击下的唯一解距离 n_0 为：

$$n_0 = \min\left\{n_0 \in \mathbb{N} : H\left(k^r \mid c^{n_0}\right) \approx 0\right\} \tag{3-58}$$

该式代表 n_0 可以使 $H\left(k^r \mid c^{n_0}\right)$ 达到近似等于 0 的最小整数。

唯一解距离 n_0 是度量密码安全性的一个指标。当唯一解距离为无穷大时，密码就具有完善保密性。

在实际计算过程中，精确求出 n_0 是比较困难的。这是因为当密钥空间给定后，随着截获的密文增加，损失熵 $H(k^r \mid c^n)$ 会线性下降，直到损失熵变得相当小时，若想让 n_0 更接近于 0，需要付出的努力远比前面来得大，如图 3-11 所示。

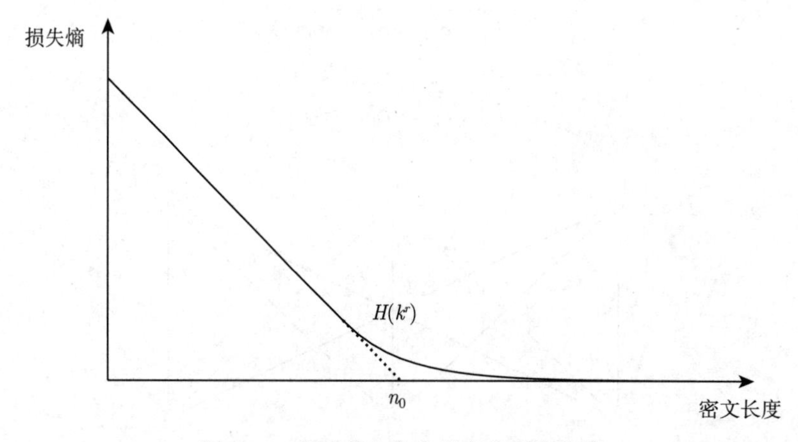

图 3-11 损失熵与密文长度的变化曲线

为了近似求出图 3-11 中的 n_0，可以利用明文中每个字符的冗余度 R 来求解，即 $n_0 \approx H(k^r)/R$。

从另一角度来看，当明文字符的冗余度 R 趋近于 0 时，唯一解距离 n_0 就趋于无穷大。即使截获的密文再多，该密码也不可能被破解。

例 3.4.2 求移位密码及随机替换密码的唯一解距离。

解：已知移位密码的密钥空间为 26，其密钥熵为 $H(k^r) = \log_2 26 \approx 4.7$。取英文的熵为 1.4，那么冗余度为 $R = 4.7 - 1.4 = 3.3$。因此移位密码的唯一解距离就是 $n_0 = H(k^r)/R = 4.7/3.3 \approx 1.42$。向上取整，也就是说，理论上只需要截获两个密文字符就可以破译移位密码。

已知随机替换密码的密钥空间为 26!，其密钥熵为 $H(k^r) = \log_2 26! \approx 88.38$。英文的冗余度 $R = 3.3$。因此随机替换密码的唯一解距离就是 $n_0 = H(k^r)/R = 88.38/3.3 \approx 26.8$。向上取整，也就是理论上需要截获 27 个密文字符才可以破译随机替换密码。 ■

当截获的密文长度大于唯一解距离时，理论意义上是可以破解该密码的。但是实际情况是需要的密文长度会远远大于 n_0，这是因为加密信息的人往往不会使用所有明文，这样的话冗余度往往更小。R 越小，则 n_0 会越大。同时，加密信息的人也会想办法提高密钥熵。

综上所述，唯一解距离 n_0 与冗余度 R 成反比。唯一解距离越大，密码系统的安全性就越好。唯一解距离太小，密码系统是不安全的，但并不保证当其较大时，密码系统就是安全的。

3.4.3 实际保密性

现存的大多数密码系统其实并不具备完善保密性，只是在大多数情况下，从实际使用中看上去具有完善保密性。在实际使用过程中我们很难使用一次性密码本，因为许多无线通信每秒发送上千万甚至上亿的二进制数位。发送者和接收者很难事先存储那么多密钥。在使用时，相比明文长度，密钥长度通常较短，一旦密钥长度没有明文长度长，就代表部分密钥会被使用一次以上，这就产生了冗余。攻击者就可以利用这个冗余，找出规律，推断出密钥和明文。既然密钥长度很难与明文一样长，那么密码设计者就想着提高密码的复杂性来加强安全性。当复杂性提高到不能在规定时间内被破解，这个密码系统也可被称为具有完善保密性。

换句话说，假设 Eve 具有无限的时间、计算资源和人力资源，只要截获的密文长度大于 n_0，就有可能分析出明文。但在实际情况下，Eve 往往只有有限的时间、计算资源和人力资源，因此分析密码所需要的资源只要超过了 Eve 所能承受的最大限制，就可称为具有实际保密性。比方说，给足 100 年时间一定可以破解某个密码，这很显然不符合实际需要。公钥密码学就是使用一些数学问题的难解性，来提高密码的实际保密性的。

为了提高安全性，还可以设计一个随机密码系统。比如令明文 $M = m_1, m_2, \cdots, m_N$，密钥 $K = k_1, k_2, \cdots, k_S$，密文 $C = c_1, c_2, \cdots, c_Q$，使用密钥 k 的加密公式 $c = E_k(m)$，解密公式 $m = D_k(c)$。

例 3.4.3 假设明文为 m_1, m_2, m_3；密钥为 k_1, k_2, k_3, k_4；密文为 c_1, c_2, c_3, c_4，完全二部图如图 3-12 所示。

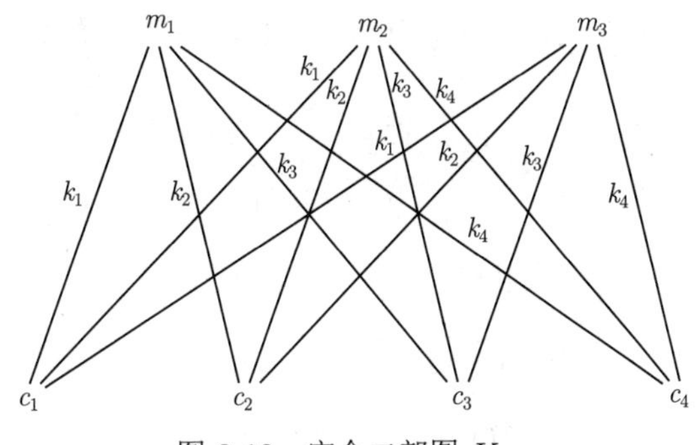

图 3-12 完全二部图 $K_{3,4}$

由此可见，一个密文可能对应 3 种明文，密文空间大于明文空间，破解难度加大。■

3.5 多项式时间

完善保密性的安全性源自即使有再多的计算资源，却没有足够的信息来完成分析。为了降低使用门槛，可以考虑一个方法：让攻击者无法在规定的时间内完成破译，或者说破译出来了，也失去了时效性，从而达到保护信息的目的。这样的方法也称为计算安全。

定义 3.5.1 时间复杂度 (Time Complexity)

一个算法的时间复杂度是一个函数，它描述该算法的运行时间。时间复杂度常用大 $\mathcal{O}$ 表示，大 $\mathcal{O}$ 也称渐近上界记号。若存在两个正常数 c 和 n_0，使得对所有 $n \geqslant n_0$，都有 $f(n) \leqslant cg(n)$，则称 $f(n) = \mathcal{O}(g(n))$，如图 3-13 所示。

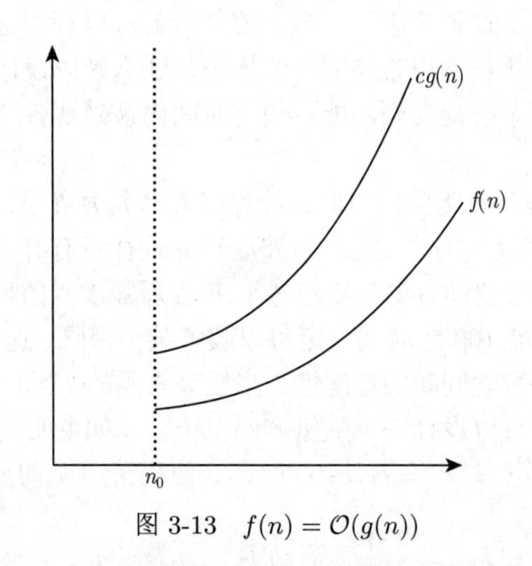

图 3-13 $f(n) = \mathcal{O}(g(n))$

一个函数的时间复杂度包含常数阶 $\mathcal{O}(1)$、对数阶 $\mathcal{O}(log(n))$、线性阶 $\mathcal{O}(n)$、$n\log(n)$ 阶 $\mathcal{O}(n\log(n))$、平方阶 $\mathcal{O}(n^2)$、指数阶 $\mathcal{O}(a^n)$、阶乘阶 $\mathcal{O}(n!)$。它们的时间复杂度依次增大。阶乘的增长是一个非常可怕的数字，$100! \approx 9.3 \times 10^{157}$，而 $2^{100} \approx 1.3 \times 10^{10}$，数量级相差巨大。

$\mathcal{O}$ 的一些运算性质如下：

$$f = \mathcal{O}(f) \tag{3-59}$$

$$\mathcal{O}(cf(N)) = \mathcal{O}(f(N)) \tag{3-60}$$

$$\mathcal{O}(f) + O(g) = \mathcal{O}(\max(f, g)) \tag{3-61}$$

$$\mathcal{O}(f) + (g) = \mathcal{O}(f + g) \tag{3-62}$$

$$\mathcal{O}(f) \cdot \mathcal{O}(g) = \mathcal{O}(f \cdot g) \tag{3-63}$$

大 $\mathcal{O}$ 对倍数不敏感，比如 $f(n) = 3n^2, g(n) = 10n^2$，它们的时间复杂度 $\mathcal{O}(f(n)) = \mathcal{O}(g(n)) = n^2$，是一样的。对于一个多项式，$f(n) = an^k + bn^{k-1} + \cdots + 1$，其时间复杂度为 $\mathcal{O}(n^k)$，其中 k 为非负整数。如果说解决某个问题的时间不超过 $\mathcal{O}(n^k)$，那么就可以说这个问题在多项式时间 (Polynomial Time) 内求解是可行的。通常来说，要预估解决某个问题的具体耗时，还需要知道计算机处理速度。利用公式：

$$\text{具体耗时} = \frac{\text{时间复杂度}}{\text{计算机处理速度}}$$

得到具体耗时。以美国橡树岭国家实验室在 2022 年发明的超级计算机“前沿”(Frontier)

为例，它是全球首台百亿亿次级计算机，其每秒浮点运算次数 (FLOPS) 的峰值为 1.68×10^{18}(exaFLOPS)。若某个穷举破解方法的时间复杂度是 $\mathcal{O}(n!)$，当 $n = 100$ 时，那么用“前沿”计算机计算耗时为：

$$\frac{100!}{1.68 \times 10^{18}} \approx \frac{10^{157}}{1.68 \times 10^{18}} = 5.9 \times 10^{138}\text{秒} \approx 10^{131}\text{年}$$

不过时间复杂度只能表示平均情况。

通常将存在多项式时间算法的问题看作易解问题 (Easy Problem)，而将需要指数时间算法解决的问题看作难解问题 (Hard Problem)。根据图 3-14 可知，指数增长率是非常可怕的，其解决某个问题的时间为 $\mathcal{O}(n^k)$。除了易解问题和难解问题，还有不可解问题，即花费多少时间都不能解决。

定义 3.5.2 确定性算法

设 A 是求解问题 Q 的一个算法，如果在给定相同的输入时，算法 A 总是按照确定的步骤执行并产生相同的输出，则称该算法 A 是确定性算法。

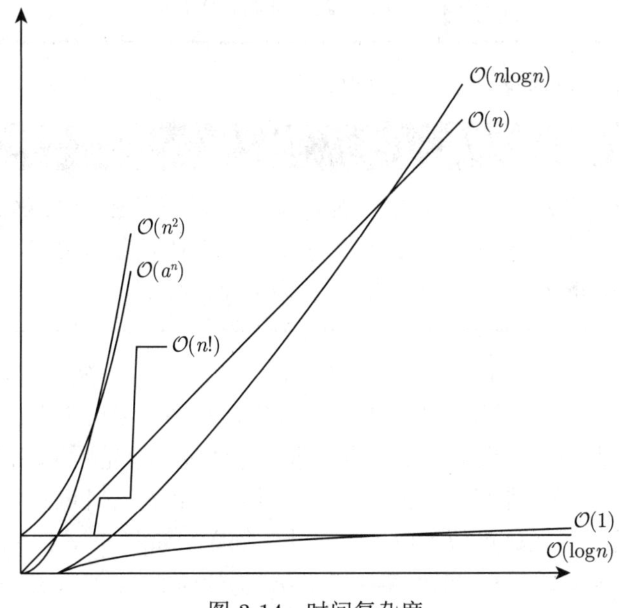

图 3-14 时间复杂度

定义 3.5.3 P 类问题

如果对于某个判定问题 Q，存在一个非负整数 k，对于输入规模为 n 的实例，能够以 $\mathcal{O}(n^k)$ 的时间运行一个确定性算法，得到“是”或“不是”的答案，则该判定问题 Q 是一个 P 类 (Polynomial) 问题。换句话说，P 类问题是在多项式时间内可解的问题。

一个算法的猜测阶段是指对问题的输入实例产生一个任意字符串 y，在算法的每一次运行中，y 的值都可能不同，因此，猜测以一种非确定的形式工作。而一个算法的验证阶段是指用一个确定性算法去验证和检查在猜测阶段产生的 y 是否符合形式，如果不符合，则算法停下来并得到答案“不是”；如果符合，则验证它是否是该问题的解，如果是，得到答案“是”，否则得到答案“不是”。

定义 3.5.4 非确定性算法

设 A 是求解问题 Q 的一个算法，如果在算法的整个执行过程中存在多种可能的路径，并且在某种理论模型下这些路径可以同时探索，最终的结果取决于所选择的随机或不确定的路径，则称算法 A 是非确定性 (Non-deterministic) 算法。

定义 3.5.5 NP 类问题

如果对于某个判定问题 Q，存在一个非负整数 k，对于输入规模为 n 的实例，能够以 $\mathcal{O}(n^k)$ 的时间运行一个非确定性算法，得到“是”或“不是”的答案，则该判定问题 Q 是一个 NP (Non-deterministic Polynominal) 类问题。换句话说，NP 类问题是能在多项式时间内验证得出一个正确解的问题。

显然，所有的 P 类问题都是 NP 类问题。

定义 3.5.6 NP 完全问题

令问题 Q 是一个判定问题，如果问题 Q 属于 NP 类问题，并且对 NP 类问题中的每一个问题 Q'，都有 $Q' \propto_p Q$，则称问题 Q 是一个 NP 完全问题 (Non-deterministic Polynominal Complete Problem)，也称为 NPC 问题。

有一个著名的 NP 类问题例子：旅行家推销问题 (Travelling Salesman Problem，TSP)。一名推销员需要去 n 个城市推销手中商品，该推销员从一个城市出发，需要去每一个城市推销商品，推销完商品后，回到第一个城市。那么每个城市都光顾一遍的方案就有 $(n-1)!$ 种，需要在其中选择一条总路径最短的方案，这就是一个 NPC 问题。

如果使用穷举方法，在城市数量少的时候非常简单。如图 3-15a、图 3-15b 所示，从 A 城出发，把 A-B-C-D-A(总行程 20)、A-C-D-B-A(总行程 21)、C-A-B-D-C(C 城市为起点，总行程 21) 等方案的路径加起来，选择一个最小的就行。4 个城市只有 6 种可能，5 个城市有 24 种可能，非常容易计算。一旦城市数量增多，计算就变得非常困难。如图 3-15c 所示，20 个城市的组合是 $19! \approx 1.216 \times 10^{17}$，30 个城市的组合是 $29! \approx 8.84 \times 10^{30}$，即使使用顶级的超级计算机，也需要许久才能得到答案。而使用爬山算法等解决办法，又容易陷入局部最优解，不能确定是否是全局最优解。如果路径是有向的，即 A 到 B 的距离不等于 B 到 A 的距离，那么难度还会增加。

另外，还有子集和问题 (Subset Sum Problem)、SAT 问题 (Boolean Satisfiability Problem)、哈密顿回路问题 (Hamiltonian Cycle Problem)、图着色问题 (Graph Coloring Problem)、顶点覆盖问题 (Vertex Cover Problem)、最长路径问题 (Longest Path Problem) 和最大团问题 (Maximum Clique Problem)，这些都是一些基本的 NPC 问题。因此，如果一个问题不存在多项式时间内可解的算法，那么这个问题就属于 NPC 问题。

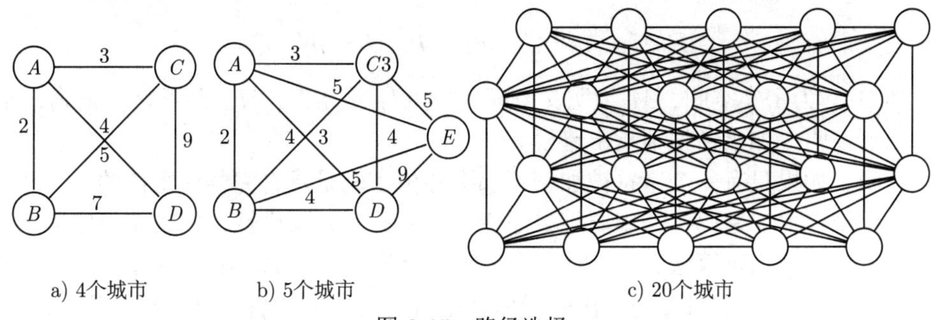

图 3-15 路径选择

定义 3.5.7 NP 困难问题

令问题 Q 是一个判定问题，如果对于 NP 类问题中的每一个问题 Q'，都有 $Q' \propto_p Q$，则称判定问题 Q 是一个 NP 困难 (NP-Hard) 问题。

一般而言，若判定问题属于 NP 完全问题，则相应的最优化问题属于 NP 困难问题。NP 困难问题通常是指那些至少与 NP 问题一样难以求解的问题。这些问题在理论上被认为是最难的计算问题之一，即便使用现代计算机，也没有已知的高效算法可以在多项式时间内求解。因此，大多数 NP 困难问题都需要使用启发式算法或近似算法来解决，或者只能对规模较小的问题进行精确求解。

与 NP 问题不同，NP 困难问题不一定在多项式时间内可解。但是如果存在一个在多项式时间内可解决 NP 困难问题的算法，那么这个算法也可以用来解决所有 NP 问题。因此，NP 困难问题被认为是计算上的一个极限，也是理论计算机科学中一个重要的研究领域。

3.6 本章习题

1. 一次性密码本被证明是安全的，是什么让它在实践中难以使用？
2. 从熵的角度，证明有完全的保密系统。
3. 假设移位密码以 26 个字母为密钥，每个密钥的选择都是等概率的，证明对于任意的明文概率分布，移位密码具有完善保密性。
4. 证明仿射密码具有完善保密性，如果每个密钥的概率都是 1/312。
5. 考虑霍夫曼编码，设字符的分布概率是 $(0.3, 0.3, 0.2, 0.1, 0.1)$，构造一个二元霍夫曼编码，求出其平均长度。
6. 假设 $a=000, b=001, c=010, d=011, e=1$，并且 $P(a)=0.05, P(b)=0.1, P(c)=0.12, P(d)=0.13, P(e)=0.6$，求其平均编码长度。
7. 证明对于任何保密系统，都有 $I\left(M^L; C^n\right) \geqslant H\left(M^L\right) - H\left(K^r\right)$，其中 M^L 是明文熵，C^n 是密文熵，K^r 是密钥熵。

8. 设 K 为密钥空间，C 为密文空间，M 为明文空间。证明

$$H(K \mid C)=H(K)+H(M)-H(C)$$

9. 对于每一个具有完善保密性的加密算法来说，任意明文 m、m' 都有

$$P(M=m \mid C=c)=P\left(M=m' \mid C=c\right)$$

   其中 C 为密文空间，M 为明文空间，$c \in C$，$m, m' \in M$。判断是否正确，如果正确请证明，如果错误请指出错误。
10. 证明：如果只有一个字符被加密，那么移位密码是具有完善保密性的。
11. 考虑维吉尼亚密码，若想要维吉尼亚密码具有完善保密性，则密钥长度需要多长？
12. 在一次一密加密算法中，有时会发生密钥全为零的情况。在这种情况下，由于 $m \oplus 0^l=m$，密文与明文是一样的。那么是否需要加入前置条件，让密钥始终不全为零？如果不加入，该密码是否安全？

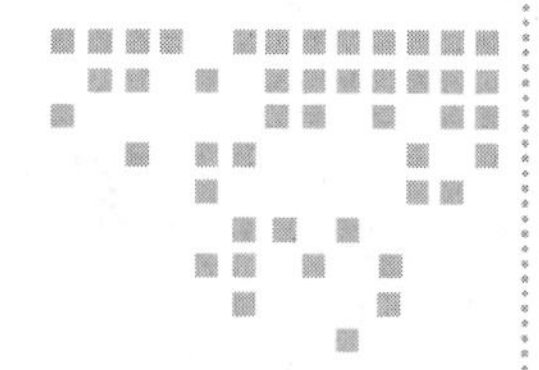

第二部分 *Part 2*

对称密码学

对称密码学作为密码学领域中的重要分支，承载着人类对保密通信的渴望和隐私保护的需求。它涵盖了古典密码学、流密码和分组密码等多个领域，为人们提供了安全而高效的加密解决方案。

古典密码学是对称密码学的起源，历史上可以追溯到凯撒密码，它通过字母的位移进行加密和解密。其他密码也是通过简单的替换和移位来隐藏消息的。然而，古典密码学的安全性很容易受到统计分析和频率分析的攻击，因此逐渐被更强大的密码学方法所取代。

随着科技的进步，流密码和分组密码成为对称密码学中的两个重要分支。流密码是一种通过连续生成密钥流来加密消息的方法。它使用伪随机数生成器生成密钥流，将密钥流与明文进行异或运算，从而实现加密。流密码具有高效和实时性的优势，特别适用于流式数据的加密和传输。

分组密码是另一种重要的对称密码学方法。它将明文分成固定大小的分组，并使用密钥对每个数据块进行加密。常见的分组密码算法包括 DES、AES 等。分组密码的优势在于安全性和可扩展性，可以通过选择不同的密钥长度和加密模式来适应不同的安全需求。

对称密码学的核心思想是加密和解密使用相同的密钥。这种密钥的共享使得通信双方能够进行高效的加密和解密操作，但也要求通信双方安全地分发和管理密钥。因此，对称密码学在密钥管理方面面临许多挑战，如密钥交换、密钥更新和密钥分发等。随着计算机技术的不断发展，对称密码学得到了广泛的应用，它在保护个人隐私、安全通信、数据加密等领域发挥着重要作用。同时，对称密码学也面临着新的挑战，如量子计算的崛起和侧信道攻击的出现，需要通过不断创新和发展来应对新的安全威胁。

第 4 章 古典密码学

本章将介绍数种古典密码系统，从最原始的凯撒密码到划时代的默克尔-赫尔曼背包密码，并详细介绍它们的加密步骤和分析方法。除了默克尔-赫尔曼背包密码，其他古典密码算法都是对称加密算法，即加密与解密的密钥是相同的。本章将介绍如何使用相同的密钥加密和解密信息，以及密码学家究竟想出了哪些对称加密算法。

本章将介绍如下内容。

- 凯撒密码/移位密码的加密和解密步骤及分析方法。
- 反切码的加密和解密步骤及分析方法。
- 维吉尼亚密码的加密和解密步骤及分析方法。
- 仿射密码的加密和解密步骤及分析方法。
- 希尔密码的加密和解密步骤及分析方法。
- 普费尔密码的加密和解密步骤及分析方法。
- ADFGVX 密码的加密和解密步骤及分析方法。

4.1 凯撒密码/移位密码

凯撒密码 (Caesar Cipher) 也称凯撒加密，是一种最简单且广为人知的经典加密技术，许多人都用过类似的方法传递信息。同时它也是所有人入门密码学接触的第一种密码，是历史上已知最早的密码之一，距今已有 2000 余年的历史。

凯撒密码属于密码学中的替换加密，也称移位密码 (Shift Cipher)，即密文是由明文中的所有字母在字母表上向后 (或向前) 按照一个固定数目进行偏移而生成的。

凯撒大帝在高卢战争中亲自使用过该项加密技术。在战争期间，凯撒从俘虏那里得知他的部将西塞罗被敌军包围，于是让一名士兵穿过封锁线给西塞罗送信，为了防止被敌人截获，信件采用了加密的希腊文书写。该名士兵被告知，如果实在无法接近西塞罗的营地，用长矛把信绑上后投掷进去也行，不用当面交给本人。到了第三天，西塞罗收到了这封信。根据与凯撒的约定，如果想要读懂和理解信件内容的意思，需要把第四个字母与第一个字母置换，即以 D 代替 A、E 代替 B(使用现代 26 个字母表)，以此类推。从而西塞罗得知援军已在路上，西塞罗的部队听闻大受鼓舞，一直坚持到援军解围。后来，凯撒改进了这项技术，固定了字母偏移量，他也因此把自己的名字永久地留在了密码学历史中。

4.1.1 加密步骤

在凯撒密码中，一般使用 26 个英文字母作为输入和输出信息符号的有限集，在特定的场景下，还可以加入 10 个阿拉伯数字作为信息符号。

移位密码中，首先需要设置的是偏移量。凯撒密码中偏移量 $K = 3$，即 A $\leftrightarrow$ D，B $\leftrightarrow$ E，$\cdots$，Z $\leftrightarrow$ C，然后绘制一个列表以将其表示出来。从数学的角度来说，这是一个单射函数。

例 4.1.1 当偏移量 $K = 16$ 时，得到如下加密方法。字母 A 在拉丁字母表中右移 16 位，被替换成字母 Q，字母 B 右移 16 位变成字母 R，以此类推，如图 4-1 所示。

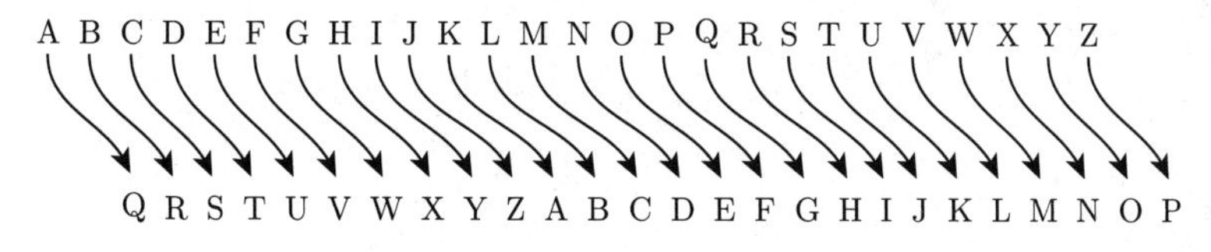

图 4-1 $K = 16$ 的字母移位表

假设明文为 MISSILE，根据图 4-1 的对应关系，加密后可以得到：CYIIYBU。 ■

例 4.1.2 使用 Python 程序加密“intelligence”(情报)。

```
Plaintext = 'intelligence'
ciphertext = ''

key = 16 #偏移量
key = key%26
for i in Plaintext:
    #使用ASCII编码进行计算，26为26个字母，32是小写转大写
    if (ord(i) + key) > 122:
            alpha =  chr((ord(i)  + key)  - 26-32) #alpha 为密文字符
    else:
         alpha = chr(ord(i) + key-32)
    ciphertext += alpha
print(ciphertext)
```

输出：YDJUBBYWUDSU ■

4.1.2 密码分析

由于拉丁字母表中的字母有且仅有 26 个，因此凯撒/移位密码的安全性较低，易受频率分析和暴力破解的攻击。

如果一份军事加密情报使用该密码，并且落入了 Eve 手中，那么 Eve 几乎可以毫不费力地破解它。为什么呢？因为移位密码的密钥空间 $|K| =$ 密钥数量 $= 26$，也可以说 $|K| = 25$，因为当偏移量为 26 时，字母 A 仍替换成字母 A。也就是说，Eve 至多尝试 25 次移位就能得到明文，从而导致情报泄露，进而导致战争失利。

这种通过不断尝试所有可能的密钥，直到找到正确的密钥和明文的方法，叫作暴力破解 (Brute-Force Attack)，或穷举攻击 (Exhaustive Attack)。除了具有完善保密性 (3.4 节) 的密码系统，这种方法可以破解任何密码系统。但这种方法也最耗时，是在一种没有办法的情况下的办法，一般是不会优先考虑使用的。

例 4.1.3 破解密文：exxegoexsrgi。

解：使用 Python 程序破解。

```
cipher = 'exxegoexsrgi'

for j in range(26):
    Plaintext = ''
    for i in cipher:
        if (ord(i) - j) < 97:
            alpha =  chr((ord(i) - j)  + 26)
        else:
            alpha = chr(ord(i) - j)
        Plaintext += alpha
    print(Plaintext)
```

输出结果如表 4-1 所示。

表 4-1 凯撒密码解密表

位移	输出
A	exxegoexsrgi
B	dwwdfndwrqfh
C	cvvcemcvqpeg
D	buubdlbupodf
E	attackatonce
...	...
Z	fyyfhpfytshj

由此可知，当偏移字母为 E 时，输出的内容才具有实际意义，解密后明文为 attack at once(立即进攻)。 ■

4.1.3 凯撒密码的改进

凯撒密码太过于简单而容易被破解，为了增强其安全性和有效性，需要增大密钥空间。下面有 3 种方法可以实现。

(1) 随机替换

不按照字母表顺序进行替换，而是随机移位，使得每个字母按相应概率一一对应，如图 4-2 所示。

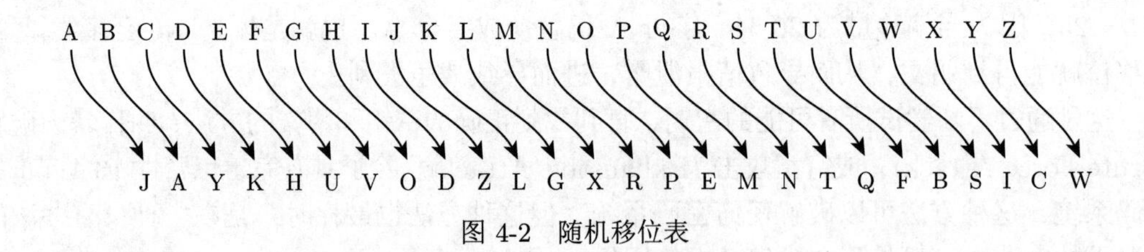

图 4-2 随机移位表

由此可知字母 A 的偏移选择一共有 26 种 (包括自己)，那么字母 B 的偏移选择一共有

25 种，以此类推。密钥空间一共就有 26! 种，介于 2^{88} 和 2^{89} 之间。相比传统的凯撒密码，这种采用随机移位改进的密码大大提升了暴力破解的难度。

通常来说，一个密码系统为了提升安全性，就要使自身的密钥空间足够大。然而，密钥空间的广度并不是保证一个密码系统安全的唯一条件。随机替换的方法还是易受频率分析的影响而被破解，明文和密文仍然存在遵循字母的频率分布，即统计一串字符中每个字母出现的次数除以总字符数 (仅字母)。如图 4-3 所示，就展示了某英语语言材料中每个字母出现的频率。

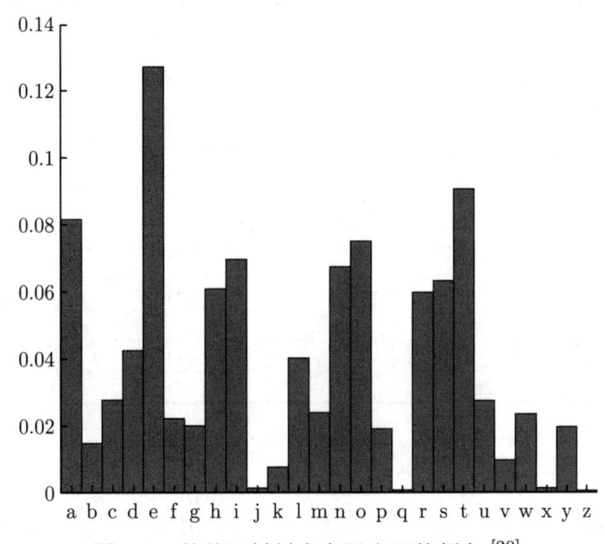

图 4-3 某英语材料中字母出现的频率 [20]

在明文足够的情况下，通过对密文中出现的一些特定字母进行频率分析 (Frequency Analysis)，会发现一些平时不常使用的字母的出现频率大大增加，甚至超过了很多常用字母。比如发现某段文字中冷僻字母 Q 出现的频率远远超过常用字母 E，有理由相信 E 是被 Q 替换的，进而推导出明文。

(2) 特殊符号替换

除了字母，也可以引入一些其他符号来增强密码的安全性。下面来看 3 个例子。

1) 密文“◊□□△”既可以是“FOOD”，也可以是“AMMO”。

2) 明文“ok”既可以是“83”，也可以是“∗3”。特殊符号可以自定义，在重复字母中，可以设定规则，使用另一个符号来替换。

3)ee ↔ ◊△，oo ↔ ⊓△，即用 △ 表示重复字母。

因此，相比随机替换，特殊符号替换不容易被频率分析破解。

(3) 多字母替换

多字母替换也称多表代换加密。1467 年，意大利密码学家莱昂·巴蒂斯塔·阿尔贝蒂 (Leon Battista Alberti) 发明了密码盘，允许发送方 Alice 对明文的同一部分使用不同的字母按照特定规律进行替换加密。因此他也被称为西方 (古典) 密码学之父，今天的大多数密码系统都属于这种类型。16 世纪，有人根据给定的密钥使用多个凯撒密码对明文进行加密。

例 4.1.4 使用 REV 作为密钥，加密明文 **Avenged Sevenfold**。具体方法是使用 3 组凯撒密码，将密钥 REV 竖着排列在字母 A 下面，即第 1 组 A↔R，第 2 组 A↔E，第 3 组 A↔V，如表 4-2 所示。

表 4-2 多字母替换

A	B	C	D	E	F	G	H	I	J	K	L	M	N	O	P	Q	R	S	T	U	V	W	X	Y	Z
R	S	T	U	V	W	X	Y	Z	A	B	C	D	E	F	G	H	I	J	K	L	M	N	O	P	Q
E	F	G	H	I	J	K	L	M	N	O	P	Q	R	S	T	U	V	W	X	Y	Z	A	B	C	D
V	W	X	Y	Z	A	B	C	D	E	F	G	H	I	J	K	L	M	N	O	P	Q	R	S	T	U

解：把明文每 3 个字母分为一组。每组的第 1 个字母使用密钥的第 1 个字母作为凯撒密码的位移长度；每组的第 2 个字母使用密钥的第 2 个字母作为凯撒密码的位移长度；第 3 个字母同理。对明文 **Avenged Sevenfold** 进行加密，如表 4-3 所示。

表 4-3 多字母替换加密过程

明文	A	V	E	N	G	E	D	S	E	V	E	N	F	O	L	D
密钥 1	R			E			U			M			W			U
密钥 2		Z			K			W			I			S		
密钥 3			Z			Z			Z			I			G	
密文	R	Z	Z	E	K	Z	U	W	Z	M	I	I	W	S	G	U

得到密文 RZZEKZUWZMIIWSGU。 ■

多字母替换的密钥空间为 26 的 N 次方，N 为密钥长度。比如密钥为 WATER，则密钥空间是 26^5。

多字母替换的安全性在当时非常高，在其发明后的 3 个世纪内都没有被破解。直至 1863 年查尔斯·巴贝奇 (Charles Babbage) 使用卡西斯基检验 (4.3.4节介绍)，通过推断密钥长度，才破解了多字母替换加密法。

4.2 反切码

反切码是使用汉字的“反切”注音方法来进行编码。什么是反切？反切是古人在“直音”“读若”之后创造的一种汉字注音方法，又称“反”“切”“翻”“反语”等。反切的基本原理是在同一语言 (或方言) 中，用两个汉字相拼给一个字注音，切上字取声母，切下字取韵母和声调。举个例子，如“红”字，为“何工”切。“何”的声母是“h”，“工”的韵母是“ong”，合起来是“hong”，读作“红”，如图 4-4 所示。宋朝赵彦卫所著的《云麓漫钞》卷十四有记载：“孙炎始为反切语。”它起源于汉代，在唐代成为流行的通用注音方法。那么如何使用这种广为人知的注音方法对信息进行加密呢？这就需要用到方言了。由于古代交通不便，通信也不发达，出现了十里不同音的现象。很多偏远地区和少数民族使用自己独特的语音系统，外乡人很难听得懂。

比如，浙江台州的方言就极具特色。因此抗倭名将戚继光根据战争需要，以台州方言为基础，使用反切码向各支军队传递消息，编订了两首诗歌，第 1 首是：“柳边求气低，波他争日时。莺蒙语出喜，打掌与君知。”第 2 首是：“春花香，秋山开，嘉宾欢歌须金杯，孤灯光辉烧银缸。之东郊，过西桥，鸡声催初天，奇梅歪遮沟。”这两首诗将作为密码本，让情报人员掌握。

反切码的使用方法是：第 1 首诗歌的 20 个字取声母，依次编号为 1~20。第 2 首诗歌的 36 个字取韵母，按顺序编号为 1~36。然后再将字音的 8 种声调也按顺序编号为 1~8。将明文转化为反切码，就可以让通信兵传递消息。由于这两首诗的发音并不是普通话，而是明朝时期福建北部及浙江东南部一带的方言，因此读音与现代有出入。为了方便读者理解，下面的例子还是以普通话作为发音语言，并引入现代汉语拼音作为辅助。

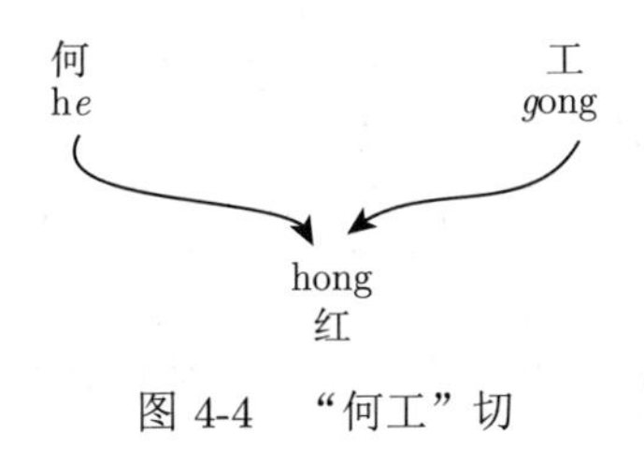

图 4-4 “何工”切

例 4.2.1 假如台州府发现倭寇出现在台州附近，要把情报“敌台州”传回给大本营，应该如何做？

解：需要将“敌台州”逐个拆解。“敌”读作“dí”。声母对照第 1 首诗，是“低”字 (普通话发音也可以是“打”字)，编号是 5；韵母对照第 2 首诗，是“西”字，编号是 25；声调是第 2 声，因此编号是 2。组合成编号 5-25-2。

“台”读作“tāi”。声母对照第 1 首诗，是“他”字，编号是 7；韵母对照第 2 首诗，是“歪”字，编号是 34；声调是第 1 声，因此编号是 1。组合成编号 7-34-1。

“州”读作“zhōu”。声母对照第 1 首诗，是“争”字，编号是 8；韵母对照第 2 首诗，是“沟”字，编号是 36；声调是第 1 声，因此编号是 1。组合成编号 8-36-1。

因此只需要将“五/二十五/二，七/三十四/一，八/三十六/一”让通信兵传到大本营即可。大本营的情报人员将通过相同的诗歌解密。 ■

从现代的角度来说，反切码并不安全，密钥空间仅为 $20 \times 36 \times 8 = 5760$。虽然结合了注音和方言可以在一定程度上提高密码的安全性，让使用外来语言的攻击者难以理解，不过一旦这两首诗歌被攻击者获得，那么整套密码系统将变得不再安全。因为密钥空间的限制，通过频率分析等手段，也可以分析出明文。如果攻击者截获“2-13-3，12-31-4，14-14-1”，且获得两首诗歌，那么就可以解密成“边杯，蒙天，出孤”，读作“běi miàn chū”即“北面出”。这个时候，需要将编号“2-13-3”变成“15-25-1”，就可以变成“喜西”，读作“西”，意思就变成“西面出”，就能据此打乱军队的部署。因此在当时的条件下，要保证密码的安全性，必须严格限定这两首诗歌只能在情报人员之间流传而不能外泄。

4.3 维吉尼亚密码

维吉尼亚密码 (Vigenère Cipher) 是一种以凯撒密码为基础组成的多表代换密码，该密码其实是由吉奥万・巴蒂斯塔・贝拉索 (Giovan Battista Bellaso) 发明的，但被误以为是法国人布莱斯·德·维吉尼亚 (Blaise De Vigenère) 发明的，因此密码的名称被称为维吉尼亚密码。这对于贝拉索来说是一个遗憾。

4.3.1 加密步骤

在凯撒密码中，通过对字符串进行固定长度的偏移，得到密文。而在维吉尼亚密码中，则用非固定长度对字符串进行偏移。首先需要回顾一下除法定理 (2.2 节已介绍)，然后就可以了解加密的具体步骤了。

1) 转化明文，从 0 开始，按字母表顺序给每个字母分别编号 (M_i)，如表 4-4 所示。

表 4-4 按字母表顺序编号

0	1	2	3	4	5	6	7	8	9	10	11	12	13	14	15	16	17	18	19	20	21	22	23	24	25
A	B	C	D	E	F	G	H	I	J	K	L	M	N	O	P	Q	R	S	T	U	V	W	X	Y	Z

2) 选取两组短密钥 U 和 V(长度不超过 26)，然后计算长密钥 K：

$$K_i \equiv (U_i + V_i) \pmod{26} \tag{4-1}$$

其中 $1 \leqslant i \leqslant n$，$n$ 为明文长度。

3) 计算密文 C：

$$C_i \equiv (M_i + K_i) \pmod{26} \tag{4-2}$$

然后使用对应的字母替换明文字母。

维吉尼亚密码加密过程非常简单。下面来看一个加密的例子。

例 4.3.1 设密钥 $U, V = (3,1,2), (7,3,8,4,5)$，加密明文 NO MORE AMMO。

解：将 U、V 分别以表格形式列入，U、V 各占一行，列表宽度为 U、V 长度的最小公倍数 (Least Common Multiple，LCM)。计算 $K \equiv (U+V) \pmod{26}$，如表 4-5 所示。

表 4-5 维吉尼亚密码加密过程 (1)

U	3	1	2	3	1	2	3	1	2	3	1	2	3	1	2
V	7	3	8	4	5	7	3	8	4	5	7	3	8	4	5
$K \equiv U + V \pmod{26}$	10	4	10	7	6	9	6	9	6	8	8	5	11	5	7

然后将明文输入表格，将字母转化为编号 M，将密钥 K 放在明文编号下方，如果 K 的长度比 M 短，则 K 需要重复填充至与 M 长度相等。接下来计算密文编号 $C \equiv (M+K) \pmod{26}$，最后将 C 转化为字母，即密文，如表 4-6 所示。

表 4-6 维吉尼亚密码加密过程 (2)

明文	N	O	M	O	R	E	A	M	M	O
M	13	14	12	14	17	4	0	12	12	14
K	10	4	10	7	6	9	6	9	6	8
$C \equiv M + K \pmod{26}$	23	18	22	21	23	13	6	21	18	22
密文	X	S	W	V	X	N	G	V	S	W

通过加密，得到密文：XSWVXNGVSW。 ■

例 4.3.2 使用 Python 程序进行加密。

```
Plaintext = 'MYNAMEISBOB'#字母需要大写
U = [3,1,2,5,5,7,7,5,7]
V = [5,4,2,3,5,6,4,23,99,12]

def lcm(x, y):
   #  最小公倍数
   if x > y:
       greater = x
   else:
       greater = y

   while(True):
       if((greater % x == 0) and (greater % y == 0)):
           lcm = greater
           break
       greater += 1

   return lcm

K_len = lcm(len(U),len(V))
K = [0 for i in range(K_len)]

for i in range(K_len):
    K[i] = (U[i%len(U)] +  V[i%len(V)])%26

#print(K)#密钥

Ciphertext = ''
for i in range(len(Plaintext)):
    M_i = ord(Plaintext[i]) -65
    K_i = K[i%len(K)]
    C_i = (M_i+K_i)%26
    Ciphertext += chr(C_i+ 65)

print(Ciphertext)
```

输出：UDRIWRTUDDH ■

例 4.3.3 使用 Python 程序进行解密。

解密例 4.3.2 的加密字符 UDRIWRTUDDH。

```
def lcm(a,b):
return abs(a*b)//math.gcd(a,b)
Ciphertext = 'UDRIWRTUDDH'   #已知
U = [3,1,2,5,5,7,7,5,7]     #已知
V = [5,4,2,3,5,6,4,23,99,12]     #已知

K_len = lcm(len(U),len(V))
K = [0 for i in range(K_len)]
```

```
9
10 for i in range(K_len):
11     K[i] = (U[i%len(U)] +  V[i%len(V)])%26
12 print(K)#密钥
13
14 Plaintext = ''
15 for i in range(len(Ciphertext)):
16     C_i = ord(Ciphertext[i]) -65
17     K_i = K[i%len(K)]
18     M_i = (C_i - K_i)%26
19     Plaintext += chr(M_i+ 65)
20 print(Plaintext)
```

输出：MYNAMEISBOB ■

回顾一次一密 (3.3 节)，再次探究为什么一次一密不能被破译。以维吉尼亚密码为例，假设 Alice 加密明文 AVIATION(航空)，使用随机密钥 OWPECOEM，那么就可以得到密文 ORXEVWSZ，如表 4-7 所示。

表 4-7 维吉尼亚密码加密过程

明文	A	V	I	A	T	I	O	N
明文编号	0	21	8	0	19	8	14	13
密钥	O	W	P	E	C	O	E	M
密钥编号	14	22	15	4	2	14	4	12
密文编号	14	17	23	4	21	22	18	25
密文	O	R	X	E	V	W	S	Z

在 Alice 把密文发送给 Bob 的过程中，密文被 Eve 拦截了。由于没有任何提示，他只能不断地尝试不同的密钥组合，Eve 尝试了密钥 ONGQQIKO，发现可以恢复成“明文”AEROFOIL(机翼)。Eve 很满意这个结果，但这时候又有人提示他，密钥 TNMQTOZB 可以恢复“明文”VELOCITY(速度)。通过其他密钥也能恢复成有意义的明文，包括真正的明文 AVIATION(航空)。每个可拼写的单词都有可能是明文，但由于没有其他提示，即使 Eve 找到了 AVIATION，也没有办法确认这个单词是正确的明文。

4.3.2 密码分析

维吉尼亚密码非常经典，现在仍有许多人喜欢通过分析维吉尼亚密码来挑战自己。维吉尼亚密码于 1553 年被贝拉索发明后，被一代又一代的密码学家尝试破解。偶尔有成功的案例，却始终没有找到一个系统性的方法。直到英国数学家查尔斯·巴贝奇 (Charles Babbage) 在 1854 年才第一次系统性地破解该密码，不过非常可惜，他没有将方案及时公开，被卡西斯基 (Kasiski) 抢先发表了。不过二者的分析方法是独立的。

虽然维吉尼亚密码是可以破解的，但如果维吉尼亚密码使用的是一个很长的密钥，也有可能无法被分析出来。简单的频率分析对维吉尼亚密码是没有效果的。通常来说，分析维吉尼亚密码可以通过两个步骤：先确定密钥长度，然后找到正确的密钥。找到正确密钥的方法被称为卡方统计。

下面先简单介绍相关的工具。

定义 4.3.1 排列 (Permutation)

将相异对象或符号根据确定的顺序重排。每个顺序都称为一个排列。即：从 n 个对象中取 k 个对象的有序排列，其中 $k \leqslant n$。一共有

$$P(n,k) = n \cdot (n-1) \cdot (n-2) \cdots (n-k+2) \cdot (n-k+1) = \frac{n!}{(n-k)!} \tag{4-3}$$

种方法。

定义 4.3.2 组合 (Combination)

一个集合的元素的组合是一个子集。若两个子集的元素完全相同但顺序相异，它们仍视为同一个组合。即：从 n 个对象中取 k 个对象的无序排列，其中 $k \leqslant n$。读作 n 取 k，记作

$$C(n,k) = \frac{P(n,k)}{k!} = \binom{n}{k} = \frac{n!}{k!(n-k)!} \tag{4-4}$$

定义 4.3.3 概率 (Probability)

对于一项实验，其中存在 n 种不同的可能性，然后以 k 种可能的方式出现结果的概率为

$$P = \frac{k}{n} \tag{4-5}$$

通过下面几个例子可以逐渐掌握相关的公式。

例 4.3.4 假设甲板上有 45 张卡。在这些卡中，20 张标有“X”，15 张标有“Y”，10 张标有“Z”。随机选择一张牌，放回去，然后随机洗牌并再次随机选择另一张牌。

1) 求第 1 张是 X、第 2 张是 Z 的概率。

由于牌与牌之间被选取的概率是完全独立的，因此它们的概率是：

$$P(\mathrm{X} \mid \mathrm{Z}) = P(\mathrm{X})P(\mathrm{Z}) = \frac{20}{45} \times \frac{10}{45} = \frac{8}{81}$$

2) 两张卡分别是 X 和 Z，即不分先后取牌，求最后得到 X 和 Z 的概率。

$$P(\mathrm{X},\mathrm{Z}) = P(\mathrm{X} \mid \mathrm{Z}) + P(\mathrm{Z} \mid \mathrm{X}) = \frac{8}{81} + \frac{8}{81} = \frac{16}{81}$$

3) 求两张牌都是 Y 的概率。

$$P(\mathrm{Y} \mid \mathrm{Y}) = P(\mathrm{Y})P(\mathrm{Y}) = \frac{15}{45} \times \frac{15}{45} = \frac{1}{9}$$

■

例 4.3.5 生日问题。这个问题非常有意思，它可以作为“生日攻击”，运用在密码分析学上。一年有 365 天，在一个班级中，设这个班级有 n 个人，求这个班级至少有 2 人生日为同一天的概率。

解：首先找出 n 个人中每个人的生日都不同的概率。然后减去这个概率，即为 n 个人中至少 2 人生日相同的概率。

第 1 个人可以是一年内的任意一天生日，那么这个人在这一年内生日的概率是 $\frac{365}{365}$。第 2 个人不能跟第 1 个人有相同的生日，因此第 2 个人的生日概率是 $\frac{364}{365}$。第 3 个人不能与前两个人在同一天生日，因此第 3 个人的生日概率是 $\frac{363}{365}$。以此类推，第 n 个人的概率是 $\frac{365-n+1}{365}$。因此，如果有 n 个人，每个人的生日都不同的概率是 $P=\frac{365}{365}\times\frac{364}{365}\times\frac{363}{365}\times\cdots\times\frac{365-n+1}{365}$。

所以根据概率的互补原理，n 个人中至少 2 人生日相同的概率是：

$$1-P(\text{生日都不同})=1-\frac{P(365,n)}{365^n} \tag{4-6}$$

$$=1-\frac{365\times364\times\cdots\times(365-n+1)}{365^n} \tag{4-7}$$

表 4-8 表示了不同人数中至少 2 人生日相同的概率。其中 n 表示人数，p 表示至少 2 人生日相同的概率。

表 4-8 n 人中至少 2 人生日相同的概率

n	1	2	3	5	10	20	30	40	50
p	0	0.0027	0.0082	0.027	0.117	0.411	0.706	0.891	0.97

从结果可以观察出，一个班有 50 个人，基本可以确定至少有 2 人生日为同一天。但注意 n 必须小于或等于 365，超过 365 则表示 100% 至少有 2 人在同一天生日，这项结论也可称为鸽笼定理，在后续的第 12 章中会介绍。换句话说，当 $n\geqslant366$ 时，产生了冲突。

那么多少人可以使得其中至少两个人生日相同的概率达到 50% 呢？由于

$$1-P(\text{生日都不同})=1-\frac{P(365,n)}{365^n} \tag{4-8}$$

$$=1-\frac{365\times364\times\cdots\times(365-n+1)}{365^n} \tag{4-9}$$

$$=0.5 \tag{4-10}$$

联立式 (4-9) 和式 (4-10)，解得方程当 $n=23$ 时，$1-P(\text{生日都不同})=0.507\approx0.5$。

■

表 4-9 列出了 7834 个字母的英语写作样本中各字母的出现频率。

注意：该频率与英语文本在所有材料中出现的频率不相同。

随机取两个字母，则这两个字母相同的概率为 $P(\text{2Letter})=P(\text{2A})+P(\text{2B})+\cdots+P(\text{2Z})=0.08399^2+0.01442^2+\cdots+0.00025^2=6.5\%$。

表 4-9 英语写作样本中字母的出现频率

字母	出现频率 (%)	字母	出现频率 (%)
A	8.399	N	6.778
B	1.442	O	7.493
C	2.527	P	1.991
D	4.800	Q	0.077
E	12.150	R	6.063
F	2.132	S	6.319
G	2.323	T	8.999
H	6.025	U	2.783
I	6.485	V	0.996
J	0.102	W	2.464
K	0.689	X	0.204
L	4.008	Y	2.157
M	2.566	Z	0.025

接下来，通过几个例子，尝试进一步分析维吉尼亚密码。

例 4.3.6 回答以下概率问题。

1) 如果凯撒密码转换字符的方法为 A→D (即偏移量为 3)，密文中随机选择一个字母为 A 的概率是多少?

$$P(\text{密文中的A}) = P(\text{明文中的X}) = P(\text{X}) = 0.204\%$$

2) 密文中随机选择一个字母为 B 的概率是多少?

$$P(\text{密文中的B}) = P(\text{明文中的Y}) = P(\text{Y}) = 2.157\%$$

■

例 4.3.7 假设使用维吉尼亚密码，已知密钥是 DN。

1) 求密文中 A 的概率。

$$P(\text{密文中的A}) = P(\text{明文中奇数位是X}) + P(\text{明文中偶数位是N}) = \frac{P(\text{X})}{2} + \frac{P(\text{N})}{2} = 3.491\%$$

2) 求密文中 B 的概率。

$$P(\text{密文中的B}) = P(\text{明文中奇数位是Y}) + P(\text{明文中偶数位是O}) = \frac{P(\text{Y})}{2} + \frac{P(\text{O})}{2} = 4.825\%$$

以此类推，如果使用长密钥，那么在密文中看到任何字母的概率将收敛为 $\frac{1}{26} \approx 3.8\%$。

■

4.3.3 弗里德曼检验

表示密文中两个随机选择的字母相同的概率被称为重合指数 (Index of Coincidence)，记作 I。如果 $I \approx 0.065$，则表示密码很有可能是单字母代替。对于多字母代替，I 的取值范围是 $0.0385 \leqslant I \leqslant 0.065$。可用公式表示为：

$$I = \frac{1}{n(n-1)} \sum_{i=0}^{25} n_i(n_i - 1),\ 0 \leqslant i \leqslant 25 \tag{4-11}$$

其中 n 为文本中所有字母数量的总和。n_i 为每个字母出现的次数，如 A 出现 5 次，记 $n_0 = 5$。

如果在拉丁字母表中使用维吉尼亚密码，其密钥长度为 k，为了估算密钥长度，则可以使用弗里德曼检验 (Friedman Test)：

$$\text{重合指数} = I \approx \frac{0.0385 \times n(k-1) + 0.065(n-k)}{k(n-1)} \tag{4-12}$$

$$\text{密钥长度} = k \approx \frac{0.0265n}{(0.065 - I) + n(I - 0.0385)} \tag{4-13}$$

遗憾的是，弗里德曼检验只能估算密钥长度 k，不能直接确定具体的密钥，同时密文长度也不能太短。

例 4.3.8 已知密文使用维吉尼亚密码加密，密文总长为 $n = 337$，每个字母出现的次数如表 4-10 所示。试估算密钥的长度。

表 4-10 字母出现的次数

字母	数量	字母	数量	字母	数量	字母	数量
A	13	H	9	O	17	V	8
B	18	I	16	P	21	W	14
C	12	J	8	Q	9	X	8
D	15	K	9	R	16	Y	20
E	26	L	18	S	7	Z	6
F	4	M	22	T	8		
G	15	N	11	U	7		

解：使用式 (4-11)~ 式 (4-13)，将数据代入，可以得到：

$$I = \frac{1}{n(n-1)} \sum_{i=0}^{25} n_i(n_i - 1) = \frac{1}{337 \times 336}[13 \times 12 + 18 \times 17 + \cdots + 6 \times 5] \approx 0.0428 \tag{4-14}$$

$$k \approx \frac{0.0265 \times 337}{(0.065 - 0.0428) + 337 \times (0.0428 - 0.0385)} \approx 6.1 \approx 6 \tag{4-15}$$

可以估算该密钥长度为 6。 ■

4.3.4 卡西斯基检验

卡西斯基检验 (Kasiski Test) 是另一种估算维吉尼亚密钥长度的方法。它通过密文中重复字母组之间距离的最大公约数获得可能的密钥长度。

例 4.3.9 估算密文 I V E V Y G A R M L M Y I V E K F D I V E F R L 的密钥长度。

解：

$$\underbrace{\underline{\textbf{IVE}}\text{VYGARMLMY}}_{12}\underbrace{\underline{\textbf{IVE}}\text{KFD}}_{6}\underbrace{\underline{\textbf{IVE}}\text{FRL}}_{6}$$

$$k \approx \gcd(12, 6) = 6$$

■

可以估算该密钥长度为 6。

弗里德曼检验和卡西斯基检验只能估算密钥长度，而不能直接猜出密钥本身。并且它们具有一定的局限性，通常少于 400 个字符时检验的准确率不高。

假定现在通过弗里德曼检验或卡西斯基检验估算出密钥长度为 m，就代表有 m 组凯撒密码需要被分析。现在需要确定具体的密钥 K。这不是一件容易的事情，不过还是可以通过以下方法继续分析。

假设一串密文 c 的长度为 n，现在将密文按照一定间隔 m，拆分成等长的子密文，子密文分别是 $c_1, c_2, \cdots, c_m$。即：

$$
\begin{aligned}
\text{密文：}\quad & c = c_1 c_2 \cdots c_n \\
\text{密文子串 1：}\quad & c_1 = c_1 c_{m+1} \cdots c_{n-m+1} \\
\text{密文子串 2：}\quad & c_2 = c_2 c_{m+2} \cdots c_{n-m+2} \\
& \vdots \\
\text{密文子串 m：}\quad & c_m = c_m c_{2m} \cdots c_n
\end{aligned}
$$

所以每组密文子串的长度是 $n' = n/m$。令 $f_0, f_1, \cdots, f_{25}$ 为密文子串中每个字母的出现次数。很容易知道每个字母在密文子串中出现的概率是 $\frac{f_0}{n'}, \frac{f_1}{n'}, \cdots, \frac{f_{25}}{n'}$。由于每组密文是通过明文字母移动 k 位得到的，原本的排序会发生变化。密文子串移位后的概率是：

$$
\overrightarrow{P_k} = \left(\frac{f_k}{n'}, \frac{f_{1+k}}{n'}, \cdots, \frac{f_{25+k}}{n'}\right) \tag{4-16}
$$

如果该密文子串有足够的长度，其概率应与表 4-9 的频率相似。定义一个拟重合指数 M_g，其中 $0 \leqslant g \leqslant 25$，$p_i$ 为第 i 个字母应该出现的概率：

$$
M_g = \sum_{i=0}^{25} p_i \frac{f_{i+g}}{n'} \tag{4-17}
$$

在一段有意义的英语文本上，其重合指数为 $\sum\limits_{i=0}^{25} p_i^2 \approx 0.065$，其中 p_i 是每个字母在英语文本中出现的频率。而在一段无意义 (随机) 的英语文本上，其重合指数为 $\sum\limits_{i=0}^{25}\left(\frac{1}{26}\right)^2 \approx 0.0385$。任何一段文本的重合指数，应该介于 0.0385 和 0.065 之间。即如果某段密文的重合指数接近 0.065，则代表很可能已经分析出明文了。

因此如果 $g = k$，那么理论上 $M_g \approx \sum\limits_{i=0}^{25} p_i^2 = 0.065$，如果 $M_g < 0.065$，则很有可能 $g \neq k$。密文子串有 m 组，逐个尝试确定每组的 k 值，寻找最接近 0.065 的那个 M_g，则 $k = g$。

按照上述流程，将每组密文子串的位移量 k 值找到，即可获得密钥，进而分析出明文。

例 4.3.10 尝试分析以下密文：

```
CQKATIYRCZXEGVXPCTEWDCBJVCIDTWFRJMUYUQVAQUIMPMGRUWYUKVZQHCLCNIZCUBTGNCGG
VATLFKHLVZHJUCKDCKXQVPXPGIKCXIKGCBBMPABLRIKRKKNJCZTGTKKYHBYMTMQYOXECCLXJ
VIPGPOTGTKKYHBPMWTWLQBGCEMLQCZBJAXHQUMLQCPHPKHHLVIERCQEYNBAMWOARJQLGUXKC
```

UMGRKVTACVTPFKHLHQZSTIMGQVLSEPTQVPTRQNMFGMNPQNBEJBXPGIVFEWFNQVXLVPTQQVXM

TUHPGAICEQYGENNLEBBMPATLFUNQVJXBGABEPMWRQMGQWZXRJIMGVKTLEIKPAWNRVPXQGNNL

EBBMPALYHMEWKVMFKAVFCXMCTEXBGAVPKJXRJMOYTQHSUTHYFAMMYPBAJIBPEZTDVKHKRWGC

PBLYTMLSDRXAVMWRJMBPHCGAVQHLCVWDCJKGEIMGQVTLFBACFMLGIVHDEWGLGKMGQVLQRIVC

EZTDVIIYTBYPQUMFGAIYEMLFWBMJGEAGEPAYFIFMTMHPNMLQEWGTGVMGQVTJNIRMWBVMPABQ

VOXLGZTJNGHDCTHLIVTPTWPRWJXAQVMYKVBLIBACVPKSUBLRTCVRWZXDWMERCVDQCVWNCGEM

CLPCUPTJNMQYOQGCUCVFUBKSEBNPGABLUWFCFMMYKTTJVPHSIPTAQUIPGPXLUQOCUBNBAWYQ

RIVCEZTDVLXQKOGGUWNRUQWCVPXQEWICQNMFKAUMQSYMTANAJAMSFQXQTMYCTMGAGAAMWTWZ

GUTBGBHYPGHDVPXQGDXPCTMCZBLYXIBJCJECVGIGEIEMHEAGEPBQVPTRDGPGLSXP

解: 首先确定密钥长度，使用弗里德曼检验确定长度。密文有 856 个字符。使用式 (4-12) 和式 (4-13)，因此：

$$I = \frac{1}{n(n-1)}\sum_{i=0}^{25} n_i(n_i-1) = \frac{1}{856\times 855}[37\times 36 + 41\times 40 + \cdots + 15\times 14] \approx 0.04405 \tag{4-18}$$

$$k \approx \frac{0.0265\times 856}{(0.065-0.04405)+856\times(0.04405-0.0385)} \approx 4.75 \tag{4-19}$$

根据式 (4-19) 的结果，可以估算该密钥长度为 4 或者 5（有时候并非四舍五入，向上取整或向下取整皆可）。接下来尝试计算 M_g。

首先假设密钥长度为 4，可以将密文划分为等长的 4 组子密文串。其中第 1 组密文就是：

CTCGCDVTJUQPUKHNUNVFVUCVGXCPRKCTHTOCVPTHWQECAUCKVCNWJUUKCF

HTQEVQGQJGEQVQTGEEEPFVGPQWJVEAVGEPHKKCTGKJTUFYJEVRPTDVJHVC

CEQFFIEGQREVTQGEWGEFTNEGQNWPVGNCITWQKIVUTWWCCCCUNOUUEGUFKV

IQGUUAREVKUUVEQKQTJFTTGWGGPVGCZXCVEHEVDL

分别计算每个字母在这串子密文中出现的概率，在这个例子中，A 出现 3 次，B 出现 0 次，以此类推。其子密文串的长度为 214，即：

$$\overrightarrow{P_k} = (\frac{3}{214}, \frac{0}{214}, \frac{21}{214}, \cdots, \frac{1}{214}) \tag{4-20}$$

然后计算拟重合指数 M_g，对 $\overrightarrow{P_k}$ 的概率进行一次偏移，每次偏移 g 位，需要计算 26 次，将 26 次的 M_g 值列在表中。

$$g=0，M_0 = 0.082\times\frac{3}{214} + 0.015\times\frac{0}{214} + \cdots + 0.001\times\frac{1}{214} \approx 0.040 \tag{4-21}$$

$$g=1，M_1 = 0.082\times\frac{0}{214} + 0.015\times\frac{21}{214} + \cdots + 0.001\times\frac{3}{214} \approx 0.040 \tag{4-22}$$

$$\vdots$$

$$g=25，M_{25} = 0.082\times\frac{1}{214} + 0.015\times\frac{3}{214} + \cdots + 0.001\times\frac{1}{214} \approx 0.034 \tag{4-23}$$

M_g	0.040	0.040	0.062	0.040	0.036	0.030	0.040	0.032	0.036
	0.038	0.031	0.037	0.040	0.045	0.039	0.044	0.044	0.048
	0.037	0.034	0.032	0.035	0.034	0.033	0.041	0.034	

可以知道，第 3 个数 0.062 最接近 0.065，有足够的理由相信第 3 个字母是第 1 组密文子串的密钥，即字母 C。

同理，可以分析出第 2 组、第 3 组和第 4 组的密钥，即密钥是 CITY。解密后的明文是：

Aircraft are generally built up from the basic components of wings, fuselages, tail units, and control surfaces. There are variations in particular aircraft: for example, a delta wing aircraft would not necessarily possess a horizontal tail, although this is present in a canard configuration, such as that of the Eurofighter. Each component has one or more specific functions and must be designed to ensure that it can carry out these functions safely. In this chapter, we describe the various loads to which aircraft components are subjected, their function and fabrication, and the design of connections. Spacecraft, apart from the Space Shuttle, which had a more or less conventional layout, consist generally of a long narrow tube containing the thrust structure, fuel tanks, and payload. We shall examine such structures in some detail, although a comprehensive study of spacecraft design is outside the scope of this book. For such studies reference should be made to any of the several texts available, typical of which is that by Wijker.[21]

■

4.4 仿射密码

仿射密码 (Affine Cipher) 是一种单表替换密码，它是替换密码的特殊情形。它的安全性不如维吉尼亚密码高，容易遭受频率攻击，比较容易破解。但仿射密码非常适合新人用于熟悉密码学相关知识，因此也很受欢迎。

4.4.1 加密步骤

因为仿射密码是一种替换密码，所以它加密时需要满足几个条件。

1) 设 a,b 为密钥，且 a 和 b 是整数。

2) a 和 26 互素，即 $\gcd(a,26)=1$。

3) $0\leqslant b\leqslant 25$。

仿射密码的加密公式是：

$$y\equiv E(x)\equiv ax+b \pmod{26} \tag{4-24}$$

仿射密码的解密公式是：

$$x\equiv D(y)\equiv a^{-1}(y-b) \pmod{26} \tag{4-25}$$

仿射密码的加密非常简单，如果掌握运算技巧，只需要一条公式就能解释清楚。下面来看几个仿射密码的例子。

例 4.4.1 加密明文 SWORD，设 $a=9$，$b=15$。

解：先将字母表顺序编号。

0	1	2	3	4	5	6	7	8	9	10	11	12	13	14	15	16	17	18	19	20	21	22	23	24	25
A	B	C	D	E	F	G	H	I	J	K	L	M	N	O	P	Q	R	S	T	U	V	W	X	Y	Z

因为 a 和 b 是整数，且 a 和 26 互素。根据密钥计算密文，如表 4-11 所示。

表 4-11 使用仿射密码计算密文

明文	S	W	O	R	D
x	18	22	14	17	3
$y \equiv ax+b \pmod{26}$	21	5	11	12	16
密文	V	F	L	M	Q

因此密文就是 VFLMQ。 ■

例 4.4.2 下面尝试用仿射密码还原信息。解密 SYLNH，设 $a=19$，$b=13$。

解：由于加密公式是 $y \equiv 19x+13 \pmod{26}$，为了用 y 表示 x，首先，加密公式两边加 13，得到 $y+13 \equiv 19x+26 \equiv 19x \pmod{26}$。根据模的逆运算，$19^{-1} \equiv 11 \pmod{26}$，因此：

$$19^{-1}(y+13) \equiv 19^{-1} \cdot 19x \pmod{26}$$

$$11(y+13) \equiv x \pmod{26}$$

$$\Rightarrow x \equiv 11y+13 \pmod{26}$$

根据解密公式，恢复明文的过程如表 4-12 所示。

表 4-12 仿射密码恢复明文

明文	S	Y	L	N	H
y	18	24	11	13	7
$x \equiv 11y+13 \pmod{26}$	3	17	4	0	12
密文	D	R	E	A	N

■

例 4.4.3 使用 Python 加密 I CAN PLAY，令 $a=7$，$b=25$。

```
1 Plaintext = 'ICANPLAY'#字母需要大写
2 a = 7;b = 25
3
4 Ciphertext = ''
5 for i in Plaintext:
6     x = ord(i) -65
7     y = (a*x + b)%26
8     Ciphertext += chr(y+ 65)
```

输出：DNZMAYZL

■

4.4.2 密码分析

相较于凯撒密码，仿射密码的安全性稍高，但因为模 26 的可能性只有 12 种，且密钥 a 必须与 26 互素，因此其密钥空间并不大。首先计算密钥空间。

假设 $m=\prod_{i=1}^{n} p_i^{e_i}$, 其中 p_i 为互不相等的素数，$0 \leqslant i \leqslant n$，$e_i$ 为正整数。令

$$\phi(m)=\prod_{i=1}\left(p_i^{e_i}-p_i^{e_i-1}\right) \tag{4-26}$$

其密钥空间是 $m \cdot \phi(m)$，即 $26 \times 12=312$(或 311，因为当 $a=1$，$b=0$ 时，仿射密钥不会改变明文)，密钥空间远不如维吉尼亚密码的大，因此它并不安全。在现代计算机的帮助下，很容易通过穷举所有可能性将其分析出来。更糟糕的是，与任何替换密码一样，如果有足够长的密文信息，就可以使用频率分析快速地被分析出来。下面看一个例子。

例 4.4.4 如果已知明文开头是 GO，并用仿射密码加密。尝试破解密文 EKTWQM-RVRVWQMTF。

解：已知：

$$\begin{aligned} \mathrm{G} &\to \mathrm{E} \\ \mathrm{O} &\to \mathrm{K} \end{aligned}$$

$\mathrm{G}=6$，$\mathrm{O}=14$，代入 $ax+b \equiv y \pmod{26}$。由于 $\mathrm{E}=4$，$\mathrm{K}=10$，就可以解二元一次方程。

$$\left\{\begin{array}{l} 6a+b \equiv 4 \\ 14a+b \equiv 10 \end{array}\right. \pmod{26} \Rightarrow \left\{\begin{array}{l} a \equiv 4 \\ b \equiv 6 \end{array}\right. \pmod{26} \text{ 或 } \left\{\begin{array}{l} a \equiv 17 \\ b \equiv 6 \end{array}\right. \pmod{26}$$

但 $\gcd(4,6) \neq 1$，$(4,6)$ 非互素，而 $\gcd(17,6)=1$，所以 $a=17$，$b=6$。

根据 $x \equiv a^{-1}(y-b) \pmod{26}$，明文为 GONE WITH THE WIND(乱世佳人)。 ■

例 4.4.5 尝试通过穷举攻击或者频率分析解密以下密文：

```
LREKMEPQOCPCBOYGYWPPEHFIWPFZYQGDZERGYPWFYWECYOJEQCMYEG
FGYPWFCYMJYFGFMFGWPQGDZERGPGFFZEYCIEDBCGPFEHFBEFFERQCP
JEEPQRODFEXFWCPOWPEWLYETERCBXGLLEREPFQGDZERFEHFBEFFERY
XEDEPXGPSWPGFYDWYGFGWPGPFZEIEYYCSE
```

解：如果通过穷举攻击的方式，假如运气较差，则需要尝试 312 次才能破解这一段密文。

那么下面尝试通过频率分析来破解。密文较长，共有 196 个字符。假定这段密文是英语加密后得到的，那么就可以通过英语的字母频率来分析。使用 Python 中的`String.count()`命令就可以得到其字母频率：“E”，30 次；“F”，24 次；“P”，20 次；“G”，18 次；“Y”，17 次 …… 图 4-3 展示了真实的英文字母频率，字母 E、T 出现的频率最高。通过对比，有理由猜测，密文中的字母“E”对应明文中的字母“E”，密文中的字母“F”对应明文中的字母“T”，换算成公式即：

$$\left\{\begin{array}{l} 4a+b \equiv 4 \\ 19a+b \equiv 5 \end{array}\right. \pmod{26}$$

解得 $a=7$，$b=2$，且 $\gcd(7,2)=1$。代入解密公式 (4-25)，得到如下明文：

Frequency analysis on next month's cipher is not so easy because it is not a substitution cipher in it the same plain text letter can be encrypted to any one of several different cipher text letters depending on its position in the message. ■

4.5 希尔密码

希尔密码 (Hill Cipher) 是一种多表替换密码，也是一种分组密码。它将成对的明文字母通过矩阵转换成密文。该密码系统是由莱斯特·希尔 (Lester S. Hill) 于 1929 年发表在文章“Cryptography in an Algebraic Alphabet”[22] 中的，因此被称为希尔密码。

4.5.1 线性代数基本运算

希尔密码通过线性代数中的线性变换，完成对文字的加密。在了解加密运算之前，先了解一些基本的线性代数知识。

定义 4.5.1 矩阵加法

如果有两个 $m\times n$ 矩阵 $\boldsymbol{A}=(a_{ij})$ 和 $\boldsymbol{B}=(b_{ij})$，那么 $\boldsymbol{A}+\boldsymbol{B}$ 则是对于每个有序对 (i,j)，其 (i,j) 项为 $a_{ij}+b_{ij}$，为一个 $m\times n$ 矩阵。

定义 4.5.2 标量乘法

如果有一个 $m\times n$ 矩阵 $\boldsymbol{A}=(a_{ij})$ 和一个标量 α，那么 $\alpha\boldsymbol{A}$ 则是对于每个有序对 (i,j)，其 (i,j) 项为 αa_{ij}，为一个 $m\times n$ 矩阵。

定义 4.5.3 矩阵乘法

如果有一个 $m\times r$ 矩阵 $\boldsymbol{A}=(a_{ij})$ 和一个 $r\times n$ 矩阵 $\boldsymbol{B}=(b_{ij})$，那么乘积 $\boldsymbol{AB}=\boldsymbol{C}=(c_{ij})$ 为一个 $m\times n$ 矩阵，其项 c_{ij} 定义为：

$$c_{ij}=\boldsymbol{a}_i\boldsymbol{b}_j=\sum_{k=1}^{n}a_{ik}b_{kj} \tag{4-27}$$

例 4.5.1 设 $\boldsymbol{A}=\begin{bmatrix}4 & 5\\ 7 & -2\end{bmatrix}$，$\boldsymbol{B}=\begin{bmatrix}-1 & 3\\ 5 & 6\end{bmatrix}$，$\alpha=2$，求 $\boldsymbol{A}+\boldsymbol{B}$、$\alpha\boldsymbol{A}$ 和 $\boldsymbol{AB}$。

解：

$$\boldsymbol{A}+\boldsymbol{B}=\begin{bmatrix}4 & 5\\ 7 & -2\end{bmatrix}+\begin{bmatrix}-1 & 3\\ 5 & 6\end{bmatrix}=\begin{bmatrix}3 & 8\\ 12 & 4\end{bmatrix}$$

$$\alpha\boldsymbol{A}=2\begin{bmatrix}4 & 5\\ 7 & -2\end{bmatrix}=\begin{bmatrix}8 & 10\\ 14 & -4\end{bmatrix}$$

$$\boldsymbol{AB}=\begin{bmatrix}4 & 5\\ 7 & -2\end{bmatrix}\begin{bmatrix}-1 & 3\\ 5 & 6\end{bmatrix}=\begin{bmatrix}21 & 42\\ -17 & 9\end{bmatrix}$$

■

值得注意的是，如果矩阵大小不满足定义的要求，将无法进行运算。

定义 4.5.4 矩阵的模运算 (Modulo Arithmetic on Matrices)

$\boldsymbol{A}$、$\boldsymbol{B}$ 是 $m\times n$ 矩阵，矩阵元素都为整数。如果

$$a_{ij}\equiv b_{ij}\pmod m \tag{4-28}$$

对于全部的 a_{ij}、b_{ij}，都有 $\boldsymbol{A}$ 和 $\boldsymbol{B}$ 是模 m 的同余，记作 $\boldsymbol{A}\equiv\boldsymbol{B}\pmod m$。

如果存在 $\boldsymbol{A}$、$\boldsymbol{B}$ 是 $n\times n$ 矩阵，其元素都为整数，使得：

$$\boldsymbol{AB}\equiv I\pmod m \text{ 和 } \boldsymbol{BA}\equiv I\pmod m \tag{4-29}$$

那么 $\boldsymbol{A}^{-1}\equiv\boldsymbol{B}\pmod m$，$\boldsymbol{B}$ 是 $\boldsymbol{A}$ 模 m 的逆。

例 4.5.2 令 $m=5$，$\boldsymbol{A}=\begin{bmatrix}2 & 3\\ 2 & 1\end{bmatrix}$ 和 $\boldsymbol{B}=\begin{bmatrix}1 & 2\\ 3 & 2\end{bmatrix}$，计算 $\boldsymbol{A}+2\boldsymbol{B}\pmod 5$ 和 $\boldsymbol{BA}\pmod 5$。

解：

$$\begin{aligned}\boldsymbol{A}+2\boldsymbol{B}\pmod 5 &\equiv\begin{bmatrix}2 & 3\\ 2 & 1\end{bmatrix}+\begin{bmatrix}2 & 4\\ 6 & 4\end{bmatrix}\pmod 5\\ &\equiv\begin{bmatrix}4 & 2\\ 3 & 0\end{bmatrix}\pmod 5\\ \boldsymbol{BA}\pmod 5 &\equiv\begin{bmatrix}1 & 2\\ 3 & 2\end{bmatrix}\begin{bmatrix}2 & 3\\ 2 & 1\end{bmatrix}\pmod 5\\ &\equiv\begin{bmatrix}1 & 0\\ 0 & 1\end{bmatrix}\pmod 5\end{aligned}$$

■

定义 4.5.5 行列式的模

行列式的模，即

$$\det(\boldsymbol{A})\pmod m \tag{4-30}$$

例 4.5.3 计算矩阵 $\boldsymbol{A}$ 行列式的模：

$$\boldsymbol{A}\equiv\begin{bmatrix}3 & 4\\ -9 & 8\end{bmatrix}\pmod{10}$$

解：

$$\det(\boldsymbol{A})\equiv ad-bc\equiv(3)(8)-(-9)(4)\equiv 60\equiv 0\pmod{10}$$

■

定义 4.5.6 逆矩阵

对于 $n \times n$ 大小的方阵 $\boldsymbol{A}$，且 $\boldsymbol{A}$ 为非奇异 (Nonsingular) 矩阵。如果有一个 $n \times n$ 的方阵 $\boldsymbol{B}$，使得

$$\boldsymbol{AB} = \boldsymbol{BA} = \boldsymbol{I}_n \tag{4-31}$$

则称方阵 $\boldsymbol{A}$ 是可逆的，并把方阵 $\boldsymbol{B}$ 称为 $\boldsymbol{A}$ 的逆矩阵 (Inverse Matrix)。其中 $\boldsymbol{I}_n$ 为单位矩阵。

如果矩阵是一个 2×2 的方阵 $\boldsymbol{A} = \begin{bmatrix} a & b \\ c & d \end{bmatrix}$，那么它的求逆矩阵公式是：

$$\boldsymbol{A}^{-1} = \frac{1}{ad - bc} \begin{bmatrix} d & -b \\ -c & a \end{bmatrix} \tag{4-32}$$

如果矩阵是一个 $n > 2$ 的 $n \times n$ 方阵，那么通常使用初等变换法求其逆矩阵。将矩阵 $\boldsymbol{A}$ 与单位矩阵 $\boldsymbol{I}_n$ 排成一个新的矩阵 $[\boldsymbol{A} \quad \boldsymbol{I}_n]$，然后对其进行初等变换，转化为 $[\boldsymbol{I}_n \quad \boldsymbol{B}]$ 的形式即可。不过初等变换法的时间复杂度过高，达到了 $\mathcal{O}(n^3)$，不推荐使用。

例 4.5.4 设 $\boldsymbol{A}_1 = \begin{bmatrix} 5 & 6 \\ 7 & 8 \end{bmatrix}$，$\boldsymbol{A}_2 = \begin{bmatrix} 1 & 0 & -2 \\ -3 & 1 & 4 \\ 2 & -3 & 4 \end{bmatrix}$，求 $\boldsymbol{A}_1^{-1}$ 和 $\boldsymbol{A}_2^{-1}$。

解：

$$\begin{aligned} \boldsymbol{A}_1^{-1} &= \frac{1}{5 \times 8 - 6 \times 7} \begin{bmatrix} 8 & -6 \\ -7 & 5 \end{bmatrix} \\ &= \begin{bmatrix} -4 & 3 \\ 7/2 & -5/2 \end{bmatrix} \end{aligned}$$

$$\begin{aligned} \boldsymbol{A}_2^{-1} &= \begin{bmatrix} \boldsymbol{A}_2 & \boldsymbol{I}_3 \end{bmatrix} \\ &= \left[\begin{array}{ccc|ccc} 1 & 0 & -2 & 1 & 0 & 0 \\ -3 & 1 & 4 & 0 & 1 & 0 \\ 2 & -3 & 4 & 0 & 0 & 1 \end{array}\right] \sim \left[\begin{array}{ccc|ccc} 1 & 0 & -2 & 1 & 0 & 0 \\ 0 & 1 & -2 & 3 & 1 & 0 \\ 0 & -3 & 8 & -2 & 0 & 1 \end{array}\right] \\ &\sim \left[\begin{array}{ccc|ccc} 1 & 0 & -2 & 1 & 0 & 0 \\ 0 & 1 & -2 & 3 & 1 & 0 \\ 0 & 0 & 2 & 7 & 3 & 1 \end{array}\right] \sim \left[\begin{array}{ccc|ccc} 1 & 0 & 0 & 8 & 3 & 1 \\ 0 & 1 & 0 & 10 & 4 & 1 \\ 0 & 0 & 2 & 7 & 3 & 1 \end{array}\right] \\ &\sim \left[\begin{array}{ccc|ccc} 1 & 0 & 0 & 8 & 3 & 1 \\ 0 & 1 & 0 & 10 & 4 & 1 \\ 0 & 0 & 1 & 7/2 & 3/2 & 1/2 \end{array}\right] = \begin{bmatrix} \boldsymbol{I}_3 & \boldsymbol{B} \end{bmatrix} \end{aligned}$$

■

4.5.2 加密步骤

在掌握了基本的线性代数知识以后，就可以进一步了解希尔密码是如何进行加密的。假设密文矩阵 $\boldsymbol{Y}$ 是密钥矩阵 $\boldsymbol{A}$ 与明文矩阵 $\boldsymbol{X}$ 相乘并模 26 的结果，即：

$$\boldsymbol{Y} \equiv \boldsymbol{AX} \pmod{26} \tag{4-33}$$

其中密钥矩阵 $\boldsymbol{A}$ 通常是一个 2×2 的模 26 下的可逆矩阵，其行列式不为 0 且与 26 互素。将明文划分为长度为 2 的明文单元，记为 $\boldsymbol{X} = [x_1\ x_2]^{\mathrm{T}}$，然后将加密后的密文记为 $\boldsymbol{Y} = [y_1\ y_2]^{\mathrm{T}}$。

不过希尔密码的密钥矩阵 $\boldsymbol{A}$ 的大小并不一定是 2×2，它可以是任意大小。因此希尔密码的密钥矩阵通常为 $m \times m$ 的方阵，明文矩阵的行数为 m，列数不定，明文纵向填充至矩阵中。下面这个例子直接展示希尔密码是如何进行加密的。

例 4.5.5 令 $\boldsymbol{A} = \begin{bmatrix} 22 & 13 \\ 11 & 5 \end{bmatrix}$，使用希尔密码加密明文 MISSING。

解：首先写下字母表。

0	1	2	3	4	5	6	7	8	9	10	11	12	13	14	15	16	17	18	19	20	21	22	23	24	25
A	B	C	D	E	F	G	H	I	J	K	L	M	N	O	P	Q	R	S	T	U	V	W	X	Y	Z

然后将明文拆分为 2×1 的矩阵，遇到明文长度为奇数时，可以规定某个字母为填充项。这里使用字母 K 作为填充项。以 MI 为例。

$$\begin{bmatrix} \mathrm{M} \\ \mathrm{I} \end{bmatrix} \to \begin{bmatrix} 12 \\ 8 \end{bmatrix} \to \boldsymbol{AX} \bmod 26 \to \begin{bmatrix} 22 & 13 \\ 11 & 5 \end{bmatrix} \begin{bmatrix} 12 \\ 8 \end{bmatrix} \bmod 26 \to \begin{bmatrix} 368 \\ 172 \end{bmatrix} \bmod 26 \to \begin{bmatrix} 4 \\ 16 \end{bmatrix} \to \begin{bmatrix} \mathrm{E} \\ \mathrm{Q} \end{bmatrix}$$

同理，也很容易对剩余的字母进行加密。

$$\begin{bmatrix} \mathrm{S} \\ \mathrm{S} \end{bmatrix} \to \begin{bmatrix} 18 \\ 18 \end{bmatrix} \to \begin{bmatrix} 6 \\ 2 \end{bmatrix} \to \begin{bmatrix} \mathrm{G} \\ \mathrm{C} \end{bmatrix}$$

$$\begin{bmatrix} \mathrm{I} \\ \mathrm{N} \end{bmatrix} \to \begin{bmatrix} 8 \\ 13 \end{bmatrix} \to \begin{bmatrix} 7 \\ 23 \end{bmatrix} \to \begin{bmatrix} \mathrm{H} \\ \mathrm{X} \end{bmatrix}$$

$$\begin{bmatrix} \mathrm{G} \\ \mathrm{K} \end{bmatrix} \to \begin{bmatrix} 6 \\ 10 \end{bmatrix} \to \begin{bmatrix} 2 \\ 12 \end{bmatrix} \to \begin{bmatrix} \mathrm{C} \\ \mathrm{M} \end{bmatrix}$$

最后密文为：EQGCHXCM ■

希尔密码的解密过程为：

$$\boldsymbol{X} \equiv \boldsymbol{A}^{-1}\boldsymbol{Y} \pmod{26} \tag{4-34}$$

例 4.5.6 解密已加密的信息 ZGWQ，假设 $\boldsymbol{A} = \begin{bmatrix} 3 & 7 \\ 9 & 10 \end{bmatrix}$。

解：

$$\boldsymbol{A}^{-1} \equiv \frac{1}{\det(\boldsymbol{A})} \begin{bmatrix} d & -b \\ -c & a \end{bmatrix} \pmod{26}$$

$$
\begin{aligned}
&\equiv \det(\boldsymbol{A})^{-1}\begin{bmatrix} 10 & -7 \\ -9 & 3 \end{bmatrix} \pmod{26} \\
&\equiv (-33 \pmod{26})^{-1} \times \begin{bmatrix} 10 & 19 \\ 17 & 3 \end{bmatrix} \pmod{26} \\
&\equiv 11 \times \begin{bmatrix} 10 & 19 \\ 17 & 3 \end{bmatrix} \pmod{26} \\
&\equiv \begin{bmatrix} 6 & 1 \\ 5 & 7 \end{bmatrix} \pmod{26}
\end{aligned}
$$

$$
\begin{bmatrix} \mathrm{Z} \\ \mathrm{G} \end{bmatrix} \to \begin{bmatrix} 25 \\ 6 \end{bmatrix} \to \begin{bmatrix} 6 & 1 \\ 5 & 7 \end{bmatrix}\begin{bmatrix} 25 \\ 6 \end{bmatrix} \pmod{26} \equiv \begin{bmatrix} 0 \\ 11 \end{bmatrix} \to \begin{bmatrix} \mathrm{A} \\ \mathrm{L} \end{bmatrix}
$$

$$
\begin{bmatrix} \mathrm{W} \\ \mathrm{Q} \end{bmatrix} \to \begin{bmatrix} 22 \\ 16 \end{bmatrix} \to \begin{bmatrix} 6 & 1 \\ 5 & 7 \end{bmatrix}\begin{bmatrix} 22 \\ 16 \end{bmatrix} \pmod{26} \equiv \begin{bmatrix} 18 \\ 14 \end{bmatrix} \to \begin{bmatrix} \mathrm{S} \\ \mathrm{O} \end{bmatrix}
$$

解密字符为：ALSO ■

例 4.5.7 加密明文信息 COKE，令 $\boldsymbol{A} = \begin{bmatrix} 22 & 13 \\ 11 & 5 \end{bmatrix}$。

```
import numpy as np
Plaintext = 'COKE'#字母需要大写
A  = np.mat([[22,13],[11,5]])

Ciphertext = ''
if len(Plaintext)%2 == 0:
    pass
else:
    Plaintext += 'K' #填充K

for i in range(len(Plaintext)):
    if i%2 == 0:
        M = Plaintext[i:i+2]
        X = np.mat([[ord(M[0]) -65],[ord(M[1]) -65]])
        Y = A*X%26

        Ciphertext += chr(int(Y[0]) + 65)
        Ciphertext += chr(int(Y[1]) + 65)
print(Ciphertext)
```

输出：SOMA ■

4.5.3 密码分析

要想分析希尔密码，首先需要了解其密钥空间的大小。对于一个 $m \times m$ 的密钥矩阵 $\boldsymbol{A}$ 来说，整个矩阵有 26^{m^2} 种可能性，因此希尔密码的密钥空间是 $\log_2(26^{m^2})$。但这仅仅是一种理论可能性，只能作为希尔密码的密钥空间的上限，因为不是每一个密钥矩阵都是可逆的。但即使去除非可逆矩阵，其密钥空间大小依然很可观。因此按照之前的办法进行密码分析，如频率分析，是非常困难的。因此相比维吉尼亚密码，希尔密码在安全性方面得到了显著提升。

尽管破解密文非常困难，但如果攻击者猜到某些段落对应的信息，就可以窥一斑而知全豹。换句话说，假如根据经验猜出了部分明文，就可以采用部分明文攻击的办法，分析出整个希尔密码，即已知明文攻击。首先猜测某段密文长度为 m(非密文总长度)，从小到大依次猜测。然后假设明文矩阵 $\boldsymbol{X}$ 是一个 $m\times m$ 的矩阵，密文矩阵 $\boldsymbol{Y}$ 也是一个 $m\times m$ 的矩阵。这时候需要求密钥矩阵 $\boldsymbol{A}$。

由于 $\boldsymbol{Y}=\boldsymbol{A}\boldsymbol{X}$，因此如果知道了 $\boldsymbol{X}$ 和 $\boldsymbol{Y}$，那么通过 $\boldsymbol{A}=\boldsymbol{Y}\boldsymbol{X}^{-1}$ 就可以找出密钥矩阵 $\boldsymbol{A}$，进而分析出其他密文。下面通过例子尝试破译。

例 4.5.8 Eve 截获了一段密文为 DLHIVDLZHIPNEU，且已知 Alice 使用希尔密码和大小为 2×2 的密钥矩阵作为加密手段，并且有证据证明明文开头为 DEAR。现尝试分析出明文。

解： 首先将密文按照如表 4-13 所示排列，然后将 DEAR 与之对齐。

表 4-13 希尔密码分析

D	L	H	I	V	D	L	Z	H	I	P	N	E	U
3	11	7	8	21	3	11	25	7	8	15	13	4	20
D	E	A	R										
3	4	0	17										

因此 D 会映射到 D，L 会映射到 E，以此类推。

$$\begin{bmatrix} \mathrm{D} \\ \mathrm{L} \end{bmatrix} \mapsto \begin{bmatrix} \mathrm{D} \\ \mathrm{E} \end{bmatrix}, \begin{bmatrix} \mathrm{H} \\ \mathrm{I} \end{bmatrix} \mapsto \begin{bmatrix} \mathrm{A} \\ \mathrm{R} \end{bmatrix}$$

下一步寻找 $\boldsymbol{A}$。

$$\boldsymbol{A}^{-1}\begin{bmatrix} \mathrm{D} \\ \mathrm{L} \end{bmatrix} \equiv \boldsymbol{A}^{-1}\begin{bmatrix} 3 \\ 11 \end{bmatrix} \equiv \begin{bmatrix} 3 \\ 4 \end{bmatrix} \pmod{26}$$

$$\boldsymbol{A}^{-1}\begin{bmatrix} \mathrm{H} \\ \mathrm{I} \end{bmatrix} \equiv \boldsymbol{A}^{-1}\begin{bmatrix} 7 \\ 8 \end{bmatrix} \equiv \begin{bmatrix} 0 \\ 17 \end{bmatrix} \pmod{26}$$

因为：

$$\boldsymbol{A}^{-1}\begin{bmatrix} 3 & 7 \\ 11 & 8 \end{bmatrix} = \begin{bmatrix} 3 & 0 \\ 4 & 17 \end{bmatrix}$$

所以密钥逆矩阵：

$$\boldsymbol{A}^{-1} \equiv \begin{bmatrix} 3 & 0 \\ 4 & 17 \end{bmatrix}\begin{bmatrix} 3 & 7 \\ 11 & 8 \end{bmatrix}^{-1} \equiv \begin{bmatrix} 3 & 0 \\ 4 & 17 \end{bmatrix}\begin{bmatrix} 18 & 7 \\ 11 & 23 \end{bmatrix} \equiv \begin{bmatrix} 2 & 21 \\ 25 & 3 \end{bmatrix} \pmod{26}$$

最终解密为：Dear Bob Marry Me。 ■

4.6 默克尔-赫尔曼背包密码①

前面几个加密算法有个共同点，就是密钥不公开，不能被第三方掌握，否则会泄密。而默克尔-赫尔曼背包加密系统 (Merkle-Hellman Knapsack Cryptosystem) 则选择将密钥公开，同时保证信息传输的安全性。

默克尔-赫尔曼背包密码是由拉尔夫・默克尔 (Ralph C. Merkle) 和马丁・赫尔曼发明的一种加密算法，于 1978 年在 IEEE 发表的文章“Hiding Information and Signatures in Trapdoor Knapsacks”中提出 [23]。它是最早使用公开密钥的加密算法之一，受到学术界的高度关注。不过在 1984 年，阿迪・萨莫尔在论文“A Polynomial-Time Algorithm for Breaking the Basic Merkle - Hellman Cryptosystem” [24] 中破解了默克尔-赫尔曼背包密码。阿迪・萨莫尔就是著名加密算法 RSA 的发明者之一。

4.6.1 加密步骤

背包问题 (Knapsack Problem) 是一个动态规划问题。那什么是背包问题呢？举个例子，一个商店搞促销活动，顾客可以免费带走商店内的所有商品。不过商店只给了每位顾客一个空间有限的背包，且规定所有商品必须装进背包才能免费带走。所有的商品都有自己的体积和价格，顾客为了利益最大化，就需要在限定的背包体积内，装入总价格最高的商品。这就是背包问题。换句话说，背包问题是一个组合优化问题，在一定的约束条件下，选择一些物品使得目标函数值最大或最小。再比如，考试期间，有些题分值高，但需要花时间去解；有些题分值低，但不需要花太长时间去解。如果全部题目做完，时间根本不够，那么如何选择解题，也是一个背包问题。背包问题是 NP 完全问题，没有多项式时间的解法，但是可以通过动态规划方法进行求解。

在了解加密步骤前，依然需要了解一些数学知识。

定义 4.6.1 伯利坎普算法 (Berlekamp Algorithm)

伯利坎普对欧几里得算法进行略微的修改，可以计算得到 B 的逆模 A(Inverse of B mod A)，也称伯利坎普算法。

算法步骤如下。

1) 设 $r_{-2}=A$，$r_{-1}=B$，$p_{-2}=0$，$p_{-1}=1$，$q_{-2}=1$，$q_{-1}=0$。

2) 对于 $k=0,1,2,\cdots$，逐个计算：

$$a_k=\lfloor r_{k-2}/r_{k-1}\rceil,\qquad \text{其中 } \lfloor\rceil \text{ 为舍入函数} \tag{4-35}$$

$$r_{k-2}=a_k r_{k-1}+r_k \tag{4-36}$$

$$p_k=a_k p_{k-1}+p_{k-2} \tag{4-37}$$

$$q_k=a_k q_{k-1}+q_{k-2} \tag{4-38}$$

① 并非对称密码，可作为选读内容。

3) 当 $r_k = 0$ 时，停止计算。

然后令 $r_{k-1} = \gcd(A, B)$。此外，在这种情况下 $\gcd(A, B) = 1$，并且

$$B \cdot (-1)^k p_{k-1} = 1 + A \cdot (-1)^k q_{k-1} \tag{4-39}$$

如果 $\gcd(A, B) \neq 1$，则 B^{-1} 不存在。

例 4.6.1 计算 115 的逆模 12659。

解：计算过程如表 4-14 所示。

表 4-14 伯利坎普算法计算的过程

k	r_k	a_k	p_k	q_k
−2(初始)	12659(A)		0(初始)	1(初始)
−1(初始)	115(B)		1(初始)	0(初始)
0	9	110	110	1
1	7	12	1321	12
2	2	1	1431	13
3	1	3	5614	51
4	0(停止计算)	2	12659(A)	115(B)

因此 $B^{-1} = (-1)^k p_{k-1} = (-1)^4 5614 = 5614$ 。 ■

定义 4.6.2 子集和问题 (Subset-Sum Problem)

给定一串递增数列 $a_1 < a_2 < \cdots < a_n$ 和一个目标数字 M。问递增数列是否存在某个非空子集，使得子集内的数字和为 M。即

$$x_1 a_1 + x_2 a_2 + \cdots + x_n a_n = M \tag{4-40}$$

其中 x_i 为 0 或 1，且 x_i 不全为 0。

超级递增序列 (Super-Increasing Sequence) 即序列中每一个数都大于它之前所有数的总和。即

$$a_k > \sum_{i=0}^{k-1} a_i \tag{4-41}$$

注意，有时候存在多组解。

例 4.6.2 数列 $[3, 5, 11, 23, 51]$，$M = 67$，尝试解决 SSP(子集和问题)。

解：

$$67 = 51 + 11 + 5 = a_2 + a_3 + a_5 \tag{4-42}$$

$$x = [0, 1, 1, 0, 1] \tag{4-43}$$

存在一组序列 x 使该问题可以被解决。 ■

例 4.6.3 数列 $[13, 18, 35, 72, 155, 301, 595]$，$M = 1003$，尝试解决 SSP。

解：

$$1003 = 595 + 408$$

$$\begin{aligned} &= 595 + 301 + 107 \\ &= 595 + 301 + 72 + 35 \\ &= a_3 + a_4 + a_6 + a_7 \\ x &= [0, 0, 1, 1, 0, 1, 1] \end{aligned}$$

存在一组序列 x 使该问题可以得到解决。 ■

默克尔-赫尔曼背包密码的算法如下。

1) 生成密钥：设定 Bob 作为接收方。

- 选择一个超级递增序列 $a = (a_1, a_2, \cdots, a_n)$。
- 选择一个素数 $p > \sum_{i=1}^{n} a_i$。
- 选择一个加密因子 A，A 必须满足 $2 \leqslant A \leqslant p - 1$。
- 保留为秘密，不公开。

2) 发送密钥：Bob 计算出序列 b，其中 $b_i \equiv Aa_i \pmod p$，然后把序列发送给 Alice。

3) 加密：Alice 收到 Bob 发送的序列后，需要利用这串序列加密明文，假设明文为某二进制信息 $x_1x_2x_3\cdots x_n$，由 n 个 0 或 1 组成。计算：

$$C = x_1b_1 + x_2b_2 + \cdots + x_nb_n \tag{4-44}$$

然后将 C 发送给 Bob。

4) 解密：Bob 收到 Alice 发送的信息后，开始解密。首先计算

$$M \equiv A^{-1}C \pmod p \tag{4-45}$$

然后解决 SSP：

$$x_1a_1 + x_2a_2 + \cdots + x_na_n = M \tag{4-46}$$

计算得出序列 X，即可得知二进制信息 $x_1x_2\cdots x_n$，再通过 ASCII 表翻译成字符。

下面看一个关于默克尔-赫尔曼背包密码的例子。

例 4.6.4 Bob 选择了一个序列：

$$(a_1, a_2, \cdots, a_8) = (2, 5, 9, 22, 47, 99, 203, 409)$$

和素数 $p = 997$，以及加密因子 $A = 60$。

1) 序列 b 是：

$$b \equiv 60 \times (2, 5, 9, 22, 47, 99, 203, 409) \equiv (120, 300, 540, 323, 826, 955, 216, 612) \pmod{997}$$

Alice 收到序列 b 后，加密字母 b (序列 b 与字母 b 含义不同)，b 的 ASCII 二进制代码为 01100010。

2) 则密文 C 为：

$$C = 0 \times b_1 + 1 \times b_2 + \cdots + 0 \times b_8 = 1056$$

3) Bob 收到 C 后，尝试解密。可使用 Python 计算 A^{-1}，代码为`pow(A, -1, p)`。

$$A^{-1} \equiv 781 \pmod{997}$$

4) 计算 $M \equiv A^{-1}C \pmod p$

$$M \equiv 781 \times 1056 \equiv 217 \pmod{997}$$

5) 解决 SSP：

$$217 = 5 + 9 + 203 = a_2 + a_3 + a_7$$

$$X = (0,1,1,0,0,0,1,0)$$

6) 根据二进制代码转化为字母 b。 ■

默克尔-赫尔曼背包密码的简易 Python 代码如下：

```
Plaintext = 'AGREE' #明文
a = [2,5,9,22,47,99,203,409] #Bob设置超级递增序列
p = 997  #Bob设置素数
A = 60 #Bob设置加密因子

b  = [i*A%p for i in a] #求b序列，发送给Alice
A_inv = pow(A,-1,p) #Bob求A的逆

def subset_sum(t,s,x,n,M,a,X):
    """
    """
    if t == n:
        if s == M:
            for i in range(0,n):
                if x[i] != 0:
                    X += [1] #取b_i
                else:
                    X += [0] #不取b_i
    else:
        s = s+a[t]
        x[t] = a[t]
        subset_sum(t+1,s,x,n,M,a,X)
        s = s-a[t]          #回溯之前还原
        x[t] = 0
        subset_sum(t+1,s,x,n,M,a,X)
    return X

for i in Plaintext:
    """Alice 加密过程"""
    c_int = ord(i)
    c_bin = bin(c_int) #将字符转化为二进制
    c = 0

    if len(c_bin[2:]) != 8:
        c_bin = '0'*(8-len(c_bin[2:])) + c_bin[2:] #二进制转化为8位二进制，与a长度相同
    else:
        c_bin = c_bin[2:]

    for j in range(8):
        try:
            # print(c_bin[j],b[j],j)
            c += int(c_bin[j])*b[j] #计算c，然后发送给Bob
```

```
        except:
            pass

    """Bob 解密过程"""
    M = A_inv * c%p

    t = 0           #递归深度
    s = 0           #子集和
    x = {}          #判断列表，状态为1或0
    n = len(a)
    X = []

    X = subset_sum(t,s,x,n,M,a,X) #解决子集和问题

    bin_X = ''
    for k in X:
        bin_X += str(k)
    print(chr(int(bin_X,2))) #二进制转化为ASCII字符
```

输出：AGREE

4.6.2 密码分析

默克尔-赫尔曼背包密码算法的分析过程非常精彩。想要分析该密码，就需要先了解该背包密码的一些特点。

1) 先寻找一个简单 (软) 背包问题，即选择一个超级递增序列。

2) 然后把这个简单的背包问题转换成一个困难 (硬) 背包问题，通过加密因子加密，发布困难背包问题。

3) 作为收信方，因为有密钥，所以非常容易解简单背包问题。

4) 作为攻击方，没有密钥，则需要解决困难背包问题。

分析过程中可以发现，攻击者 Eve 可以获取密文 C 和公钥 b，因为这是公开的。假设公钥 b 的长度为 8 位，那么 Eve 就需要尝试解开：

$$b_1x_1 + b_2x_2 + \cdots + b_8x_8 = C \tag{4-47}$$

其中 $x_i \in \{0, 1\}$。可以很明显地发现，如果采用穷举的方法，每个 x_i 都尝试 0 或者 1，那么总的时间复杂度是 $\mathcal{O}(2^n)$，其中 n 为密钥长度。这是不可接受的，因为 n 增大后，$\mathcal{O}(2^n)$ 呈指数增长。比如 $n = 100$ 时，可能的组合就有 1.268×10^{30} 种之多。

默克尔在发表该密码以后，确信该密码足够安全，并发出挑战，称可以给任何破解它的人提供 100 美元奖金。1982 年，阿迪・萨莫尔发现了针对它的攻击方法，默克尔按照承诺向萨莫尔支付了 100 美元。但当时阿迪・萨莫尔的攻击范围有点窄，并不能分析复杂的密钥。不久之后默克尔就宣布修改原方案，以防止阿迪・萨莫尔的攻击方法。在此之后默克尔依旧相信经过多次迭代的默克尔-赫尔曼背包密码是安全的，继续发出破解该密码的挑战，并将奖金提高到 1000 美元。1984 年，布里克尔 (Brickell) 在大约一小时内破解了 40 次迭代的默克尔-赫尔曼背包密码系统 [25]。除了阿迪・萨莫尔和布里克尔提出的方法，随后还有更多人提出了其他方法来破解该密码。

1982 年，H. Lenstra、A. Lenstra 和 Lovász 发明了 LLL 格基规约算法 (Lenstra-Lenstra-Lovász Lattice Basis Reduction Algorithm，简称 LLL 算法)[26]，它提供了一种寻找短向量的有效方法。阿迪・萨莫尔是第一个应用 LLL 算法来破解默克尔-赫尔曼背包密码系统的人。虽然 LLL 算法的初衷不是为了破解任何密码系统，而是分解具有系数的多项式，以解决整数线性规划问题，但后来它被改编用于密码分析。因为该算法的运行时间被证明是多项式的，它于 1982 年首次被应用于分析该密码。但当时的算法仅适用于默克尔-赫尔曼背包密码系统的单次迭代版本，不适用于后续改进的多次迭代版本。最后在 1984 年，人们破解了多次迭代后的默克尔-赫尔曼背包密码系统。

这里先暂时略过 LLL 算法的具体细节，因为这需要用到后面的格密码的一些知识。感兴趣的读者可翻到第 10 章阅读。

首先假定密钥长度为 n，以及两个矩阵 $\boldsymbol{B}_{n\times 1}$ 和 $\boldsymbol{X}_{n\times 1}$，下面构造一个更大的矩阵 $\boldsymbol{M}$，使得：

$$\boldsymbol{MV}=\begin{bmatrix}\boldsymbol{I}_{n\times n} & \boldsymbol{B}_{n\times 1}\\ \boldsymbol{0}_{1\times n} & -\boldsymbol{C}_{1\times 1}\end{bmatrix}\begin{bmatrix}\boldsymbol{X}_{n\times 1}\\ \boldsymbol{1}_{1\times 1}\end{bmatrix}=\begin{bmatrix}\boldsymbol{X}_{n\times 1}\\ \boldsymbol{0}_{1\times 1}\end{bmatrix}=\boldsymbol{W} \tag{4-48}$$

然后应用 LLL 算法计算矩阵 $\boldsymbol{M}$，得到矩阵 $\boldsymbol{M}'$。检查 $\boldsymbol{M}'$ 短向量，查看它们是否具有 $\boldsymbol{W}$ 所要求的特殊形式，$\boldsymbol{W}$ 是一个列向量，其中前 n 项都是 0 或 1，最后一项是 0。LLL 算法不是总会得到期望的向量，因此，攻击并不总是成功。不过在实践中，LLL 攻击对破解默克尔-赫尔曼背包密码非常有用。

例 4.6.5 假设 Bob 选择了一个序列：

$$a_{i,0\leqslant i\leqslant n}=(1,7,14,30,57,120,251,509) \tag{4-49}$$

和素数 $p=277$、加密因子 $A=310$。

通过计算，则公钥序列 b 是：

$$b\equiv Aa_{i,0\leqslant i\leqslant n}\equiv(33,231,185,159,219,82,250,177)\pmod p \tag{4-50}$$

Alice 收到序列 b 后，加密字母 L，L 的 ASCII 二进制代码为 01001100。Alice 加密后得到密文 $C=532$，发送给 Bob。但不巧，这段通信过程被 Eve 拦截了，Eve 获得了密文 C 和公钥 b，她想了解 Alice 究竟发了什么信息。于是 Eve 构造了矩阵 $\boldsymbol{M}$：

$$\boldsymbol{M}=\begin{bmatrix}\boldsymbol{I}_{n\times n} & \boldsymbol{B}_{n\times 1}\\ \boldsymbol{0}_{1\times n} & -\boldsymbol{C}_{1\times 1}\end{bmatrix}=\left[\begin{array}{cccccccc|c}1&0&0&0&0&0&0&0&33\\0&1&0&0&0&0&0&0&231\\0&0&1&0&0&0&0&0&185\\0&0&0&1&0&0&0&0&159\\0&0&0&0&1&0&0&0&219\\0&0&0&0&0&1&0&0&82\\0&0&0&0&0&0&1&0&250\\0&0&0&0&0&0&0&1&177\\ \hline 0&0&0&0&0&0&0&0&-532\end{array}\right]$$

代入 LLL 算法，得到：

$$
\boldsymbol{M}' = \begin{bmatrix}
0 & 1 & 0 & 0 & 1 & 1 & 0 & 0 & 0 \\
-1 & 0 & -1 & 0 & 1 & 0 & 0 & 0 & 1 \\
0 & 1 & 0 & -1 & 0 & 0 & -1 & 1 & -1 \\
1 & 1 & 0 & -1 & 0 & 0 & 1 & 1 & 0 \\
1 & 0 & 1 & 0 & 1 & -1 & 0 & 1 & 0 \\
-1 & 0 & 0 & 0 & 1 & -1 & 1 & 1 & -1 \\
0 & -1 & 0 & 1 & 0 & 0 & 1 & 2 & 0 \\
0 & -1 & -1 & -1 & 1 & 0 & 0 & -1 & -1 \\
1 & 1 & -2 & 0 & 0 & 0 & -1 & -1 & -1
\end{bmatrix}
$$

$\boldsymbol{M}'$ 的第 1 行仅有 0 或 1，表示极有可能是这一行。因此摘录下来可能的明文编码是 010011000。对照 ASCII 表格可知这是字母 L，与先前传输的明文一致。代表 LLL 攻击成功。

■

默克尔和赫尔曼很早就意识到，因为该密码的一些特性，所以它并不适合生成数字签名。后续有人提出了一些改进方法，但都不是很成功。阿迪・萨莫尔设计了基于默克尔-赫尔曼密码系统的数字签名方案，但迅速被安德鲁・奥德里兹科 (Andrew Odlyzko) 发现了漏洞。

正如上面所介绍的，默克尔-赫尔曼背包密码已经被破解，甚至以该密码为基础的大多数背包密码系统都已经被破解。尽管如此，与整数分解和离散对数不同，背包问题是一个已证明的 NP 完全问题。因此，也许未来会有人发明一种多项式时间算法，用来解决整数分解和离散对数问题，但背包问题仍将是一个 NP 完全问题。不过背包问题的 NP 完全性是基于最坏情况分析的，这意味着如果考虑平均情况的复杂性，背包问题可能并不困难，考虑一些特定实例也并不困难。也就是说，现在的背包密码方案的安全性并没有达到它的上限，还有进一步的优化空间。如果有人发明了一个新背包密码系统，能够充分利用背包问题的难解性，具有更难以破解的算法和难以发现的陷门，那么它将是一个比基于整数分解和离散对数的密码系统更好的密码系统，因为整数分解或离散对数未被证明是一个完全的 NP 问题。从该密码被发明到 21 世纪初期，无数数学家都对背包密码进行了改进。比如 Morii-Kasahara 乘法背包密码 [27]、基于丢番图方程 (Diophantine Equation) 的背包密码 [28] 和基于密集紧凑背包的多次迭代背包密码系统等。

除此之外，默克尔-赫尔曼背包密码的效率也令人惊喜。根据研究，对于密钥长度 $n \gg 100$ 的密码系统，“单次迭代的默克尔-赫尔曼背包密码可以比 RSA(模数约为 500 位) 快 100 倍以上，且无论是使用硬件还是软件都可以实现，因此可以在速度上与经典的对称密码系统相媲美”。[29]

然而，2000 年，IEEE 对 3 个密码函数族群 (取模素数的离散对数、有限域上椭圆曲线上的离散对数和整数分解) 进行了讨论。大家一致认为，由于背包密码系统太容易受到攻击而变得越来越不重要，应该把精力集中在其他安全性更高的密码算法上。除非在数学理论上有新的进展，否则密码学家不太愿意继续开发背包密码系统。目前来说，背包密码的未来是暗淡的。

4.7 其他密码

4.7.1 普费尔密码

普费尔密码 (Playfair Cipher) 是由英国物理学家查尔斯 • 惠斯通 (Charles Wheatstone) 于 1854 年发明的，他的朋友里昂 • 普费尔 (Lyon Playfair) 把该密码推广开来，因此得名普费尔密码 [30]。普费尔在一次晚宴上展示了该密码，受到了维多利亚女王的丈夫阿尔伯特亲王和内政大臣亨利 • 约翰 • 坦普尔的赞赏，并为其进行宣传，从而让公众所熟知。普费尔密码在第二次布尔战争和第一次世界大战中被英军广泛使用，在之后的第二次世界大战中澳大利亚人也使用它。它是第一种使用字母对进行加密操作的密码，属于对称密码。

普费尔密码加密的第一步是确定密钥，通常可以选择一个单词或者规定的字符作为密钥，密钥不能公开。下面通过几个例子来展示普费尔密码确定密钥的过程。

例 4.7.1 假设普费尔密码矩阵使用的密钥是 DIVERGENT。将密钥放置在一个 5×5 矩阵中，如果遇到相同字母，则跳过。比如 DIVERGENT，填充第 7 个字母 E 时，因为第 4 个字母已经是 E 了，因此跳过忽略。通常字母 I 和字母 J 放在同一个框内，即明文字符 J 用 I 代替。剩下的空则按拉丁字母表逐个填充，遇到已有的字母则跳过。填写完后如表 4-15 所示。

表 4-15 使用 DIVERGENT 加密后的表格排列

D	I/J	V	E	R
G	N	T	A	B
C	F	H	K	L
M	O	P	Q	S
U	W	X	Y	Z

■

接下来，将要加密的信息按两个一组划分，然后根据下面的规则，组成字符串。

- 如果字符串中有重复的字母，则在重复的字母中间插入字母 X。
- 如果字符串长度是奇数，则在字符串末尾加一个字母 Q (有些参考资料中末尾添加的是字母 X 或 Z)。

例 4.7.2 根据上述规则，有以下示例：

- 明文 PLAN，则划分为 PL || AN
- 明文 CHEEG，则划分为 CH || EX || EG
- 明文 ACT，则划分为 AC || TQ ■

接下来使用选定的密钥对明文进行加密，方法如下。

- 若两个字母在同一行，取这两个字母右方的字母 (若字母在最右方则取该行最左方的字母)。
- 若两个字母在同一列，取这两个字母下方的字母 (若字母在最下方则取最上方的字母)。
- 若两个字母不在同一行或同一列，则在矩阵中找出另外两个字母，使这 4 个字母成为一个矩形的 4 个角，取对应行的字母。

解密过程则与加密过程相反，不再详述。下面看一个加密的例子。

例 4.7.3 根据例 4.7.1 的表 4-15。

根据规则 1：它们在同一行。如字符 GT 则加密为 NA；字符 TG 则加密为 AN；字符 NB 则加密为 TG(因 B 在最右方，故取最左方的字母 G)。

D	I/J	V	E	R
G	N	T	A	B
C	F	H	K	L
M	O	P	Q	S
U	W	X	Y	Z

根据规则 2：它们在同一列。如字符 MG 则加密为 UC；字符 DC 则加密为 GM；字符 GU 则加密为 CD(因 U 在最下方，故取最上方的字母 D)。

D	I/J	V	E	R
G	N	T	A	B
C	F	H	K	L
M	O	P	Q	S
U	W	X	Y	Z

根据规则 3：形成一个矩形。如字符 AO 则加密为 NQ；字符 OA 则加密为 QN；字符 NZ 则加密为 BW。

D	I/J	V	E	R
G	N	T	A	B
C	F	H	K	L
M	O	P	Q	S
U	W	X	Y	Z

■

例 4.7.4 使用密钥 aerospace 来加密“Their most potent weapon was the Dongfeng missile”(他们最强大的武器是东风导弹)。

解：根据规则，确定普费尔密码矩阵如下。

A	E	R	O	S
P	C	B	D	F
G	H	I/J	K	L
M	N	Q	T	U
V	W	X	Y	Z

忽略标点符号和空格，接着将明文拆分为如下数个二元组。

TH	EI	RM	OS	TP	OT	EN	TW	EA	PO	NW
AS	TH	ED	ON	GF	EN	GM	IS	SI	LE	

依次对二元组的字符进行加密，以 TH 为例，按照规则，就可以得到密文 NK。

A	E	R	O	S
P	C	B	D	F
G	H	I/J	K	L
M	N	Q	T	U
V	W	X	Y	Z

然后根据普费尔密码的规则，以此类推，最终得到以下密文二元组。

NK	RH	AQ	SA	MD	DY	CW	NY	RE	DA	WE
EA	NK	OC	ET	LP	CW	MV	LR	RL	HS	

即 NKRHAQSAMDDYCWNYREDAWEEANKOCETLPCWMVLRRLHS。 ■

普费尔密码的 3 个加密步骤的 Python 代码如下。

```
def encrypt_RowRule(matr, e1r, e1c, e2r, e2c):
    "若两个字母在同一行，取这两个字母右方的字母"
    char1 = '';char2 = ''
    if e1c == 4: char1 = matr[e1r][0]
    else: char1 = matr[e1r][e1c+1]

    if e2c == 4: char2 = matr[e2r][0]
    else: char2 = matr[e2r][e2c+1]

    return char1, char2


def encrypt_ColumnRule(matr, e1r, e1c, e2r, e2c):
    "若两个字母在同一列，取这两个字母下方的字母"
    char1 = '' ;char2 = ''
    if e1r == 4: char1 = matr[0][e1c]
    else: char1 = matr[e1r+1][e1c]

    if e2r == 4: char2 = matr[0][e2c]
    else: char2 = matr[e2r+1][e2c]

    return char1, char2


def encrypt_RectangleRule(matr, e1r, e1c, e2r, e2c):
    "两个字母不在同一列或同一行加密"
    char1 = '';char2 = ''
    char1 = matr[e1r][e2c]
    char2 = matr[e2r][e1c]

    return char1, char2
```

那么普费尔密码的安全性如何呢？从排列组合的角度来看，它一共拥有 25! 种密钥的可能性，即密钥空间大约为 1.5×10^{25}。同时它并不是对字符进行简单的替换，相当于定向消除了单字母的特征，且因为是两两一组进行加密，可供攻击者利用的信息只有明文长度的一半，因此难以使用简单的频率分析进行破译。这些特性使普费尔密码的安全性超越了大多数同时代的密码，且因为无需硬件辅助，很容易上手，使用很便利。因此英国军队在“二战”时采用了该密码作为战地密码。

虽然比凯撒密码更加安全，但这并不意味着普费尔密码不容易被破解。“二战”时期，澳大利亚使用了普费尔密码，结果日军很快破译了用普费尔密码加密的电报。不过好在这些电报不是关键性内容，才没有造成更大损失。使用普费尔密码加密的信息其实非常好辨认，它有下面几个规律。

- 只有 25 个字母，并且没有字母 J。
- 密文字符长度一定是偶数。
- 每两个字符之间不会出现相同的字符。

因此依然可以对该密码进行特定的频率分析，在一定密文长度下，有时候根据英文或者某些特定语言的二元组频率的分析，通过经验并结合场景可以猜测明文。1914 年，美国人约瑟夫・莫博涅 (Joseph O. Mauborgne) 中尉在他的 *An Advanced Problem in Cryptography and Its Solution*[31] 一书中就介绍了破解方案，这本书虽然只有 19 页，却是美国政府发行的第一本关于密码学的出版物。莫博涅后来升至美国陆军少将，是一名优秀的美国情报人员，在“二战”中做出突出贡献，并且与沃纳姆一同发明了一次性密码本，该密码被证明是不可破译的。

4.7.2 ADFGVX 密码

ADFGVX 密码是由德国上校弗里茨・内贝尔 (Fritz Nebel)[32] 于 1918 年发明的，它是对 ADFGX 密码的扩展。ADFGVX 密码和普费尔密码类似，也是替换密码的一种。在 1918 年 3 月该系统开始使用时，只使用了 5 个字母 ADFGX(没有 V)，后来为了增强安全性，才加入了字母 V。之所以这么命名，是因为只有这 6 个字母出现在密文中。与普费尔密码一样，该密码也被应用于战场上。

ADFGVX 密码的加密步骤如下。

1) 确定一个密钥，构建一个 6×6 的 ADFGVX 矩阵，输入 26 个拉丁字母和 10 个数字。

2) 将明文中的每个字母转换为其在 ADFGVX 矩阵中的坐标，坐标的顺序为 (行索引、列索引)。

3) 将转换后的文本 (从左到右逐行) 重新排列为一个含有 n 列的表，并使用长度为 n 的选定排列对这些列进行排列。

4) 从上到下逐列读取已排列的表以获得密文。

其密钥空间为 $36! \approx 3.7 \times 10^{41}$，相比普费尔密码，它的安全性又有了一定程度的提高。为了了解如何构建密钥矩阵，看看如下例子。

例 4.7.5 假设密钥是 SUMMER，则 ADFGVX 矩阵如表 4-16 所示。

表 4-16 ADFGVX 密钥放置

	A	D	F	G	V	X
A	S	U	M	E	R	A
D	B	C	D	F	G	H
F	I	J	K	L	N	O
G	P	Q	T	V	W	X
V	Y	Z	0	1	2	3
X	4	5	6	7	8	9

■

例 4.7.6 使用列表 [8 4 3 2 7 6 1 5] 加密“from one day to another in battle”。ADFGVX 矩阵如表 4-17 所示。

表 4-17 ADFGVX 矩阵

	A	D	F	G	V	X
A	I	W	O	U	L	D
D	E	F	R	Y	0	A
F	9	B	C	1	G	H
G	J	K	2	M	N	7
V	P	3	Q	S	6	T
X	4	V	X	5	Z	8

解：将明文中的每个字母转换为其在 ADFGVX 中的坐标，如表 4-18 所示。

表 4-18 字母转化

f	r	o	m	o	n	e	d	a
DD	DF	AF	GG	AF	GV	DA	AX	DX
y	t	o	a	n	o	t	h	e
DG	VX	AF	DX	GV	AF	VX	FX	DA
r	i	n	b	a	t	t	l	e
DF	AA	GV	FD	DX	VX	VX	AV	DA

然后逐行填入列表 [8 4 3 2 7 6 1 5] 所形成的矩阵中。

8	4	3	2	7	6	1	5
D	D	D	F	A	F	G	G
A	F	G	V	D	A	A	X
D	X	D	E	V	X	A	F
D	X	G	V	A	F	V	X
F	X	D	A	D	F	A	A
G	V	F	D	D	X	V	X
B	X	A	V	D	A	**X**	**F**

在填充过程中，由于最后两格没有足够的明文可供填充，因此规定字母 X 作为填充物，X 在该 ADFGVX 矩阵中的坐标是 XF，故最后两格填充项为 XF。

然后按照列表顺序 [1,2,3,4,5,6,7,8] 从上到下依次读取密文，并按照数字顺序从小到大排列，得到密文：

GAAVAVX FVGVADV DGDGDFA DFXXXVX GXFXAXF FAXFFXA ADVADDD DADDFGB ■

与加密步骤相反，解密步骤如下。

1) 将密文的字母填入一个长度为 n 的列表中，从上到下、从左到右逐列填写条目。

2) 按照规定的列表重新排列。

3) 从左到右、从上到下，逐行读取。然后将结果文本分成每两个字母一组。

4) 使用 ADFGVX 表格中的坐标将每对字母转换为明文，坐标的顺序为 (行索引、列索引)。

ADFGVX 密码的密钥空间非常大，达到了惊人的 36!，因此杜绝了穷举攻击的可能性。但可惜的是，ADFGVX 密码使用后不久就被破解了 [30]，它的前身还要追溯到 ADFGX 密码。1918 年，德国与法国都陷入第一次世界大战的泥潭当中，苦不堪言。因此德国决定，在春季发起一次大规模进攻来彻底结束这场战争。为了谋求战争的胜利，德国最高统帅部意识到出其不意是这次进攻的必要条件，因此将进攻计划严格保密。为了将具体的作战部署传达到下属部队中，德国决定使用 ADFGX 密码作为加密手段。

毫无意外，法国的情报部门截获了这些信息，并送到了法国情报分析员 Georges Painvin 手上。当 Painvin 第一次看到密文时，不知道从何下手。他尝试了之前所有的密码分析方法，但都一无所获。且因为截获的信息太少，也无法进行频率分析，甚至无法确定密钥是否每天都在变化。

1918 年 3 月 21 日，德军开始了春季攻势，几个小时后，德军就突破了防线。前线的失利使得 Painvin 的压力变得更大了，法国情报主管也加派人手来协助 Painvin。此时 Painvin 发现，ADFGX 密码的密钥和排列组合每天都在变化，为了解决这个问题，需要在一天内获得大量的密文才有可能破解。4 月 1 日，法国情报部门截获了多条 ADFGX 信息，Painvin 注意到部分信息在之前出现过，通过这一部分的信息冗余，Painvin 终于在 4 月 26 日破解了 ADFGX 密码。到 5 月 31 日，Painvin 已经可以破译德国 30 日发出的电报了。

然而到了 6 月 1 日，Painvin 突然发现又无法破译先前的电报了。经过分析发现，原来是电报信息被加强。德国人在 ADFGX 密码中增加了第 6 个字母 V，成为 ADFGVX 密码，使得破译难度进一步增加。由于不知道德国人在密钥矩阵中是加了同音字母、重复字母，还是数字，使得破译工作陷入停滞。但 Painvin 没有放弃，他花了几天时间，成功找到了 ADFGVX 密码的分析方法。战后 Painvin 成为法国巨头公司 Ugine 的总经理，并当选巴黎商会主席。

如今，ADFGVX 密码也可以通过爬山算法等方式进行分析。

4.7.3 矩形换位密码

矩形换位密码 (Rectangular Transposition Cipher) 也称为置换密码。矩形换位密码的原理是不改变明文字符，只改变字符在明文中的排列顺序，从而实现明文信息的加密。

由于换位密码只改变明文的排列顺序，并不改变明文本身，因此诸如频率分析等密码分析工具对换位密码并不起作用。想要对换位密码进行分析，需要付出较大的代价。换位密码加密的关键是对明文重新排列的模式。

其加密过程非常简单，下面通过一个例子说明矩形换位密码是如何加密的。

例 4.7.7 假定密钥为 lunch，使用矩形换位密码加密明文“The airliner took off on time”。

解：已知密钥长度为 5，因此将明文划分成宽度为 5 的矩形，按照顺序从左到右、从上到下进行排列，然后加密。由于明文字符数不是 5 的倍数，最后一组字符须被填充。选择的填充字符必须让收件方能够将其与明文字符区分开来。在本例子中，使用 X 填充，当然也可以选择别的字符进行填充。

然后，根据密钥的排列顺序进行换位，重新排列每一行的字母。假如密钥 lunch 的字母顺序是 3 5 4 1 2。要加密消息，需要把每一行的第 1 个字母放在第 3 个位置，第 2 个字母放在第 5 个位置，第 3 个字母放在第 4 个位置，第 4 个字母放在第 1 个位置，第 5 个字母放在第 2 个位置。

```
lunch       lunch       chlnu
35412       35412       12345
---         ---         ---
theai       theai       aiteh
rline   ⇒   rline   ⇒   neril
rtook       rtook       okrot
offon       offon       onoff
time        timex       extmi
```

到了这一步，就有多种提取密文的方案。

1) 先从左到右，再从上到下提取，密文就是：aiteh neril okrot onoff extmi。

2) 先从上到下，再从左到右提取，密文就是：anooe ieknx trrot eiofm hltfi。

3) 先从右到左，再从上到下提取，密文就是：hetia liren torko ffono imtxe。

4) 先从上到下，再从右到左提取，密文就是：hltfi eiofm trrot ieknx anooe。

5) 垂直交替，从左到右提取，密文就是：anooe xnkei trrot mfoie hltfi。

6) 水平交替，从上到下提取，密文就是：aiteh liren okrot ffono extmi。

注意：发送密文的时候是不留空格的，本例是为了方便读者阅读而特意留下空格。还有更多的密文提取方案，例如垂直交替，从右到左；水平交替，从下到上等，就不一一列举了。一般采用的密文提取方案是前两种。

假定密文提取的方案是第一种，也就是先从左到右，再从上到下提取，那么密文还原时，首先根据密钥长度设定矩形的宽，重新排列密文使其成为一个矩形，每 5 个字母为一行，从上到下排列。密钥 lunch 的字母顺序是 3 5 4 1 2。这意味着，要解密密文，需要将每行的第 3 个字母移动到第 1 个位置；第 5 个字母移动到第 2 个位置；第 4 个字母移动到第 3 个位置；第 1 个字母移动到第 4 个位置；第 5 个字母移动到第 2 个位置。如果采用其他密文提取方案，则按照方案的排列方式进行重新排列。 ■

矩形换位密码的密钥空间取决于密钥长度。如果密钥的有效长度是 20，那么就一共有 $20! \approx 2.43 \times 10^{18}$ 种排列组合的可能性，想要通过暴力攻击的方式破解是不可能的。不过这只是密钥空间的理论上限，实际使用时一般很难达到。假定密钥不是随机的，而是一个英文单词，比如 APPLE 中含有两个相同的字母 P，在使用过程中，无法区分相邻两个 P 的先后顺序 (不相邻时，字母 P 是可以区分的)，就会减少 $2! = 2$ 种方法来排列字母。因此如果使用 APPLE 作为密钥，那么其密钥空间就是 $6!/2! = 60$。假设密钥是 TOOTH，那么其密钥空间就是 $5!/(2!2!) = 30$；假设密钥是一个句子，比如“What do you think of the movie?”，那么其密钥空间就是 $24!/((2!)^2(3!)^2(4!)) \approx 1.8 \times 10^{20}$。

事实上，为了提高矩形换位密码的安全性，是不推荐填充的，因为这会让攻击者很容易猜到密钥长度。比如某个已填充的字符总数是 22，那么就有可能是 2×11 或者 11×2，很容易就能猜到密钥长度是 2 或 11。如果不填充，则可以避免这种类型的攻击。

除此之外，还可以进行双重换位，二次加密时保持密钥不变。在第一次世界大战时，德国人发明了 Übchi 换位密码 (Übchi Transposition Cipher)，但法国人在 1914 年 11 月就分析出破解方法，于是德国人迅速放弃了这一密码。下面举一个例子。

例 4.7.8 使用双重换位加密明文“Thanks to Queqiao, the communication problem between Earth and ChangE has been well solved”。假设密钥为 spacecraft。

```
spacecraft      一次密文                     spacecraft        二次密文
----------                                   ----------
thankstoqu      aiuredbl oetmrge             aiuredbloe        urvobsee lneeqea
eqiaotheco  ⇒   nanoecev stcleand    ⇒       tmrgenanoe   ⇒    rgsitomh dncnlhtl
mmunicatio      koibnhee qcibtel             cevstclean        eetbetnh ooaemas
nproblembe      hqmpwnso thaeanw             dkoibnheeq        imekinto balhhaa
tweenearth      temntaas uooehhl             cibtelhqmp        atcdcwwo eenqpnu
andchangeh                                   wnsothaean
asbeenwell                                   wtemntaasu
solved                                       ooehhl
```

■

为了再次提高密码的安全性，还设计出了不同类型的几何换位方式。

常规	对角	螺旋	交替	对角交替	中心螺旋
ABCDE	ABDGL	ABCDE	ABCDE	ABFGP	ZYXWV
FGHIK	CEHMQ	QRSTF	KIHGF	CEHOQ	KIHGU
LMNOP	FINRU	PYZUG	LMNOP	DINRW	LBAFT
QRSTU	KOSVX	OXWVH	UTSRQ	KMSVX	MCDES
VWXYZ	PTWYZ	NMLKI	VWXYZ	LTUYZ	NOPQR

4.7.4 矩形换位密码分析

首先，依然需要先了解一下相关的数学知识。

定义 4.7.1 条件概率 (Conditional Probability)

条件概率是指事件 A 已经发生后，发生事件 B 的概率。即 A 在 B 发生的条件下发生的概率。记为：

$$P(A \mid B)=\frac{P(A\cap B)}{P(B)} \tag{4-51}$$

例 4.7.9 已知某病菌在人群中的感染率约为 5%，某研究所研究出一种检测试剂，准确率可达 95%。假设某人使用该试剂，被检测出阳性，请问实际感染率为多少？

解：这是非常经典的"假阳性"问题。首先假设人群有 10 000 人，也就是 500 人受到了该病菌感染，剩下的 9500 人是健康的。

- 阳性：500 人受感染的人群中，被检测出阳性的人数为 $500\times 0.95=475$ 人；被检测出阴性的人数为 $500\times 0.05=25$ 人。
- 阴性：9500 个健康人中，被检测出阳性的概率为 $9500\times(1-0.95)=475$ 人; 被检测出阴性的人数为 $9500\times 0.95=9025$ 人。

$$P(\text{真阳性}|\text{被检测出阳性})=\frac{P(\text{病人被确诊是真阳性})}{P(\text{病人被检测出阳性})}=\frac{475}{475+475}=\frac{1}{2}$$

可以发现，即使一个人真的感染了病菌，被试剂检测出阳性的概率也仅为 50%。如果该病菌具有高传染性，那么将漏筛很多病人，导致病毒的大范围传播。这个错误也称为基本比率谬误 (Base Rate Fallacy)，提醒人们不能忽略数量的影响。■

例 4.7.10 给定一串密文，随机选择的一个字母是 λ，那么 λ 是字母 A 的概率是多少？

解：根据英文字母的频率分布，可以得到：

$$P(\lambda=\mathrm{A})=P(\mathrm{A})=0.08399$$ ■

例 4.7.11 假设已知 λ 左边的字母是 μ，并且知道字母 $\lambda=\mathrm{A}$。即密文形式为 $***\mu\lambda****$。求 $\mu=\mathrm{Q}$ 的概率是多少？

解：

$$P(\lambda=\mathrm{A}|\mu=\mathrm{Q})=\frac{P(\mu\lambda=\mathrm{QA})}{P(\mu=\mathrm{Q})}=\frac{P(\text{所有字母组合 QA 的总和})}{P(\text{所有字母 Q 的总和})}$$ ■

例 4.7.12 假设字母 μ 和字母 λ 相距很远。那么 μ 为字母 L、λ 为字母 A 的概率是多少？

解：由于距离很远，可以认为是独立分布，因此：

$$P(\lambda=\mathrm{A}\mid\mu=\mathrm{L})=P(\mathrm{L})P(\mathrm{A})$$ ■

定义 4.7.2 期望值 (Mean)

在概率论和统计学中，一个离散性随机变量的期望值是试验中每次可能的结果乘以其结果概率的总和。记作：

$$E(X)=x_1P(X=x_1)+\cdots+x_kP(X=x_k) \tag{4-52}$$

例 4.7.13 掷出两个六面的骰子，求两个正面的值的期望值。

解：两面骰子的所有可能性如表 4-19 所示。

表 4-19 骰子两面和的可能性

(1,1)=2	(1,2)=3	(1,3)=4	(1,4)=5	(1,5)=6	(1,6)=7
(2,1)=3	(2,2)=4	(2,3)=5	(2,4)=6	(2,5)=7	(2,6)=8
(3,1)=4	(3,2)=5	(3,3)=6	(3,4)=7	(3,5)=8	(3,6)=9
(4,1)=5	(4,2)=6	(4,3)=7	(4,4)=8	(4,5)=9	(4,6)=10
(5,1)=6	(5,2)=7	(5,3)=8	(5,4)=9	(5,5)=10	(5,6)=11
(6,1)=7	(6,2)=8	(6,3)=9	(6,4)=10	(6,5)=11	(6,6)=12

把所有相同的和放在一起，求出对应的概率，如表 4-20 所示。

表 4-20 骰子两面和的不同概率

两面和	2	3	4	···	12
概率	1/36	2/36	3/36	···	1/36

共 11 种可能性，因此其期望值是：

$$E(X) = \sum_{i=1}^{11} x_i P_i = 2 \times \frac{1}{36} + \cdots + 12 \times \frac{1}{36} = 7$$

■

定理 4.7.1 贝叶斯定理 (Bayes Theorem)

贝叶斯定理是使用先验概率，计算条件概率的方法。假设 $P(A) > 0$ 且 $P(B) \neq 0$，则：

$$P(A \mid B) = \frac{P(A)P(B \mid A)}{P(B)} \tag{4-53}$$

证明

从定义 4.7.1 可知，两个事件 A 和 B 发生的概率 $P(A \mid B)$ 是指在事件 B 发生的情况下，事件 A 发生的概率，即

$$P(A \mid B) = \frac{P(A \cap B)}{P(B)} \tag{4-54}$$

因此，变换得到：

$$P(A \cap B) = P(A \mid B)P(B) \tag{4-55}$$

$A \cap B$ 的概率也等于 A 发生的概率乘以 B 在 A 条件下发生的概率，即

$$P(A \cap B) = P(B \mid A)P(A) \tag{4-56}$$

所以得到：

$$P(A \mid B)P(B) = P(B \mid A)P(A) \tag{4-57}$$

变换可得贝叶斯公式：

$$P(A \mid B) = \frac{P(A)P(B \mid A)}{P(B)} \tag{4-58}$$

例 4.7.14 某地区泄洪道在过去 1 年内因洪水共被使用 3 次。该区因常年下雨装有洪水预警装置，但由于传感器受到了损坏，因此每天晚上都会报警 1 次，因而能真正预报洪水到来的概率也仅为 0.9。试问假如传感器有响应，那么真正洪水到来的概率是多少？

解: 假设 $P(B)$ 是传感器每天预警的概率且为 $1, P(A)$ 则是洪水来临的概率且为 $3/365$，$P(B \mid A)$ 则是洪水来了传感器响应的概率并为 0.9 。所以传感器有响应且洪水来的概率 $P(A \mid B)$ 是：

$$P(A \mid B) = \frac{P(A)P(B \mid A)}{P(B)} \approx 0.74\%$$

真正预测成功的概率不足 1%，需要及时维修或更换传感器。 ■

定义 4.7.3 凸函数 (Convex Function)

如果函数 $f(x)$ 在区间 $[a,b]$ 满足 $f''(x) \geqslant 0$，以及 $f'(x)$ 在该区间是递增的。那么该函数是凸函数。换句话说，函数 $f: \mathbb{R}^n \to \mathbb{R}$ 为适当函数，如果它的定义域是凸集，且

$$f(\lambda x + (1-\lambda)y) \leqslant \lambda f(x) + (1-\lambda)f(y) \tag{4-59}$$

对所有 $x, y \in \mathrm{dom} f$，且 $\lambda \in [0,1]$，则称 f 为凸函数，如图 4-5 所示。

若对所有 $x, y \in \mathrm{dom} f$，$x \neq y$，$\lambda \in (0,1)$，假设：

$$f(\lambda x + (1-\lambda)y) < \lambda f(x) + (1-\lambda)f(y) \tag{4-60}$$

则称 f 是严格凸函数 (Strictly Convex Function)。并且如果 $f(x)$ 是凸函数, 则 $-f(x)$ 是凹函数 (Concave Function)。

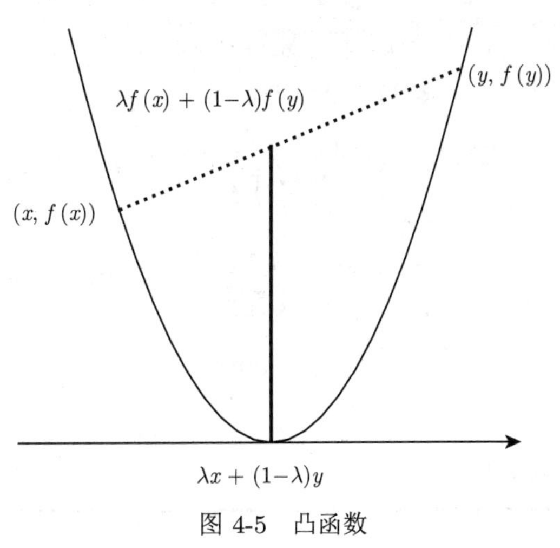

图 4-5 凸函数

凸、凹函数有以下几个例子。

1) 对 $\forall a, b \in \mathbb{R}$，$ax + b$ 是 $\mathbb{R}$ 上的凸函数。

2) 对 $\forall a \in \mathbb{R}$，e^{ax} 是 $\mathbb{R}$ 上的凸函数。

3) 对 $a \geqslant 1$，$|x|^a$ 是 $\mathbb{R}$ 上的凸函数。
4) 对 $0 \leqslant \alpha \leqslant 1$，$x^\alpha$ 是 $\mathbb{R}^+$ 上的凹函数。
5) 对 $n \geqslant 1$，$\sqrt[n]{\prod_{i=1}^n x_i}$ 是 $\mathbb{R}$ 上的凹函数。

定理 4.7.2 琴生不等式 (Jensen's Inequality)

让 $x_1, x_2, \cdots, x_n \in [a,b]$，$\lambda_1, \lambda_2, \cdots, \lambda_n \in \mathbb{R}^+$ 并满足 $\lambda_1 + \lambda_2 + \cdots + \lambda_n = 1$。如果函数 f 在区间 $[a,b]$ 内是凸函数，那么：

$$f(\lambda_1 x_1 + \lambda_2 x_2 + \cdots + \lambda_n x_n) \leqslant \lambda_1 f(x_1) + \lambda_2 f(x_2) + \cdots + \lambda_n f(x_n) \tag{4-61}$$

成立，其中 $\mathbb{R}^+ = \{x \in \mathbb{R} \mid x \geqslant 0\}$。当且仅当 $x_1 = x_2 = \cdots = x_n$ 时不等式的等号成立。

证明

使用数学归纳法证明琴生不等式。

当 $k=1$ 时，因为 $\lambda_1 = 1$，所以 $f(\lambda_1 x_1) = f(x_1) \leqslant \lambda_1 f(x_1)$，不等式成立。

当 $k=2$ 时，利用凸函数的性质，琴生不等式也成立。

假设对于 $k \leqslant n-1$，琴生不等式成立，证明 $k=n$ 成立。让 $\lambda_1, \lambda_2, \cdots, \lambda_n \in \mathbb{R}^+$，$\sum_k \lambda_k = 1$，则

$$y = \sum_{k=1}^{n-1} \frac{\lambda_k}{1-\lambda_n} x_k \in [x_1, x_{n-1}] \tag{4-62}$$

接着就可以得到：

$$\begin{aligned}
f(\lambda_1 x_1 + \cdots + \lambda_n x_n) &= f\left(\sum_{i=1}^{n-1} \lambda_i x_i + \lambda_n x_n\right) & (4\text{-}63)\\
&= f((1-\lambda_n) y + \lambda_n x_n) & (4\text{-}64)\\
&\leqslant (1-\lambda_n) f(y) + \lambda_n f(x_n) & (4\text{-}65)\\
&= (1-\lambda_n) f\left(\sum_{k=1}^{n-1} \frac{\lambda_k}{1-\lambda_n} x_k\right) + \lambda_n f(x_n) & (4\text{-}66)\\
&\leqslant (1-\lambda_n) \sum_{k=1}^{n-1} \frac{\lambda_k}{1-\lambda_n} f(x_k) + \lambda_n f(x_n) & (4\text{-}67)\\
&= \sum_{k=1}^{n} \lambda_k f(x_k) & (4\text{-}68)
\end{aligned}$$

不等式成立，$k=n$ 正确，证毕。

让 $f(x) = \log(1/x)$，那么不等式可以写成：

$$\log\left(\frac{1}{\lambda_1 x_1 + \lambda_2 x_2 + \cdots + \lambda_n x_n}\right) \leqslant \lambda_1 \log\left(\frac{1}{x_1}\right) + \cdots + \lambda_n \log\left(\frac{1}{x_n}\right) \tag{4-69}$$

定理 4.7.3 琴生不等式扩展

让 $\lambda_1, \lambda_2, \cdots, \lambda_n$ 为概率并满足 $\lambda_1 + \lambda_2 + \cdots + \lambda_n = 1$，并且对于任意集合概率 $q_1, q_2, \cdots, q_n$，满足 $q_1 + \cdots + q_n = 1$，那么：

$$\sum_{i=1}^{n} \lambda_i \log(q_i) \leqslant \sum_{i=1}^{n} \lambda_i \log(q_i) \tag{4-70}$$

矩形换位密码分析过程如下。

1) 猜测密文排列的宽度，也就是密钥长度 K。

2) 将密文排列为 K 列、N 行的矩阵。

3) 对于 $1 \leqslant i \neq j \leqslant K$，提取第 i 列和第 j 列并计算字母对 $\alpha\beta$ 的出现次数，并将其称为 $n_{\alpha\beta}^{i,j}$。

4) 对于字母对 $\alpha\beta$，设 $P_{\alpha\beta}$ 为在英文或者其他语种中出现的概率，计算：

$$C_{i,j} = \sum_{\alpha\beta} P_{\alpha\beta} \log(n_{\alpha\beta}^{i,j}) \tag{4-71}$$

下面通过一个例子来了解分析的过程。

例 4.7.15 假设密钥长度是 10，密文长度为 230 个字符，设：

$$K = 10, N = 23, i = 3, j = 7$$

也就是说，密文排列共有 23 行 10 列，如表 4-21 所示。

表 4-21 密文排列

E	C	T	I	H	N	O	H	G	I
O	K	R	O	B	C	A	O	H	F
E	I	N	S	G	N	N	S	A	A
E	T	C	N	I	I	E	C	N	H
O	A	S	R	E	E	H	C	T	L
H	S	A	A	T	E	I	B	N	E
S	F	N	E	U	C	N	O	E	R
R	E	T	I	U	S	S	S	A	A
R	E	O	C	U	W	S	O	I	F
M	N	D	A	O	D	I	D	V	A
T	E	C	H	E	X	O	T	T	E
H	O	F	E	T	C	E	R	L	A
I	I	A	T	S	O	E	S	M	S
M	S	T	E	I	O	N	K	W	N
N	I	C	S	O	S	F	S	O	T
X	Y	S	T	I	U	H	F	R	O
A	R	E	G	X	S	A	A	E	M
S	M	C	Y	H	L	Z	B	I	O
B	A	E	Y	D	R	I	P	T	A
L	R	C	A	U	R	N	A	A	R
M	N	G	E	E	F	I	T	S	O
T	A	X	R	S	H	A	I	T	G
B	O	N	R	D	N	I	K	L	E

解： 将 $i=3$、$j=7$ 列提出来，变成两列，如表 4-22 所示。

表 4-22 密文提取

E	C	T	I	H	N	O	H	G	I		T	O
O	K	R	O	B	C	A	O	H	F		R	A
E	I	N	S	G	N	N	S	A	A		N	N
E	T	C	N	I	I	E	C	N	H		C	E
O	A	S	R	E	E	H	C	T	L		S	H
H	S	A	A	T	E	I	B	N	E		A	I
S	F	N	E	U	C	N	O	E	R		N	N
R	E	T	I	U	S	S	S	A	A		T	S
R	E	O	C	U	W	S	O	I	F		O	S
M	N	D	A	O	D	I	D	V	A		D	I
T	E	C	H	E	X	O	T	T	E		C	O
H	O	F	E	T	C	E	R	L	A		F	E
I	I	A	T	S	O	E	S	M	S	$\Rightarrow$	A	E
M	S	T	E	I	O	N	K	W	N		T	N
N	I	C	S	O	S	F	S	O	T		C	F
X	Y	S	T	I	U	H	F	R	O		S	H
A	R	E	G	X	S	A	A	E	M		E	A
S	M	C	Y	H	L	Z	B	I	O		C	Z
B	A	E	Y	D	R	I	P	T	A		E	I
L	R	C	A	U	R	N	A	A	R		C	N
M	N	G	E	E	F	I	T	S	O		G	I
T	A	X	R	S	H	A	I	T	G		X	A
B	O	N	R	D	N	I	K	L	E		N	I

统计 TO、RA、NN、CE、$\cdots$、NI 出现的次数，$n_{\mathrm{TO}}^{3,7}=1, n_{\mathrm{RA}}^{3,7}=1, n_{\mathrm{NN}}^{3,7}=2, \cdots$，$n_{\mathrm{NI}}^{3,7}=1$。

$$C_{3,7}=P_{\mathrm{TO}}\log(n_{\mathrm{TO}}^{3,7})+P_{\mathrm{RA}}\log(n_{\mathrm{RA}}^{3,7})+\cdots+P_{\mathrm{NI}}\log(n_{\mathrm{NI}}^{3,7}) \tag{4-72}$$

$$=P_{\mathrm{TO}}\log(1)+P_{\mathrm{RA}}\log(1)+P_{\mathrm{NN}}\log(2)+\cdots+P_{\mathrm{NI}}\log(1) \tag{4-73}$$

$$=P_{\mathrm{TO}}\times 0+P_{\mathrm{RA}}\times 0+P_{\mathrm{NN}}\times\log(2)+\cdots+P_{\mathrm{NI}}\times 0 \tag{4-74}$$

根据上述方法，计算所有 $C_{i,j}$ 的值，其中 $0\leqslant i,j\leqslant 10$，$i\neq j$。 ■

定义 $f_{\alpha\beta}^{(i,j)}=n_{\alpha\beta}^{(i,j)}/N$，当第 i 列和第 j 列在明文中不相邻时，则根据琴生不等式：

$$C_{i,j}=\sum_{\alpha\beta}P_{\alpha\beta}\log\left(Nf_{\alpha\beta}^{(i,j)}\right) \tag{4-75}$$

$$=\log(N)+\sum_{\alpha\beta}P_{\alpha\beta}\log\left(f_{\alpha\beta}^{(i,j)}\right) \tag{4-76}$$

$$\leqslant\sum_{\alpha\beta}P_{\alpha\beta}\log\left(P_{\alpha\beta}\right) \tag{4-77}$$

当第 i 列和第 j 列在明文中相邻时，$C_{i,j}$ 的值要小得多。因此，如果假设猜测 K 是正确的，则矩阵 $C_{i,j}, 1\leqslant i\neq j\leqslant K$，除某一行（列）外，其他行（列）都有一个最大值，远大于该行（列）中的其他值，就可以得到以下结论。

- 如果 $C_{i,j}$ 是第 i 行上的明显较大数字，则 j 跟随 i 解密排列。

- 如果第 k 行是唯一没有大数的行，那么数字 k 就是作为解密排列的最后一个位置。
- 如果第 j 列是唯一没有较大数字的列，则 j 作为解密排列的第一个位置。

如果猜测的密钥长度正确，则会得到一个含有大数和小数的表格，如表 4-23 所示。

表 4-23 破解矩形换位示意矩阵

	1	2	3	4	5	6
1		s	B	s	s	s
2	s		s	s	B	s
3	s	B		s	s	s
4	s	s	s		s	B
5	s	s	s	s		s
6	B	s	s	s	s	

其中 B(Big) 代表较大的数，s(Small) 代表较小的数。接下来解释在这种情况下找到解密排列顺序的步骤。

1) 查找没有任何大数的行。因为第 5 行没有大数，所以 $a_6 = 5$。

2) 寻找 a_5：因为 $a_6 = 5$，因此查找第 5 列的大数，它出现在第 2 行，所以 $a_5 = 2$。

3) 寻找 a_4：因为 $a_5 = 2$，因此查找第 2 列的大数，它出现在第 3 行，所以 $a_4 = 3$。

4) 寻找 a_3：因为 $a_4 = 3$，因此查找第 3 列的大数，它出现在第 1 行，所以 $a_3 = 1$。

5) 寻找 a_2：因为 $a_3 = 1$，因此查找第 1 列的大数，它出现在第 6 行，所以 $a_2 = 6$。

6) 寻找 a_1：因为 $a_2 = 6$，因此查找第 6 列的大数，它出现在第 4 行，所以 $a_1 = 4$。同时第 4 列应该是唯一没有大数的列。

例 4.7.16 分析下列密文，找出解密组合。

ENFOT HIILN GOWLI EONCT SPTHY HESLI MECAS IHSMA NCEOA TFHSA LREOW FUISS SCDDD REANE ERNTE SPETF OIVAA MSFUL RTRIM ESOGT HEINA ATNST RAAET ERRFH IEHNT SVPEL ERYYC REITO AIREM EGERN TESPE DNATH ETTIO ENTOI CUSFN NETHD OSHMO DETEL EOYMP SODRD IN-EPR ROTOE AENDC TTTOH EOLCA UCERF SNOAI FASFC TORAR SASIM IREL

解：首先猜测密钥长度，从 2 开始，计算矩阵中的 $C_{i,j}$。查找是否有较大的值，遗憾的是，长度为 2、3、4 时都没有数与其他数有明显差异。

0	27
20	0

0	21	16
14	0	22
14	17	0

0	13	12	14
9	0	16	11
13	13	0	15
12	11	11	0

直到 $K = 7$ 时，发现得到的矩阵中的某些值与其他数有明显差异，最终得到的解密排列如图 4-6 所示。其解密排列顺序是 7-2-5-6-1-3-4。同时，也就知道了它的加密排列顺序是 5-2-6-7-3-4-1。

0	18	33	19	20	20	26
22	0	20	19	35	19	28
21	18	0	35	21	21	18
20	22	20	0	22	20	24
19	23	18	22	0	34	16
37	22	18	22	20	0	20
19	33	19	23	16	19	0

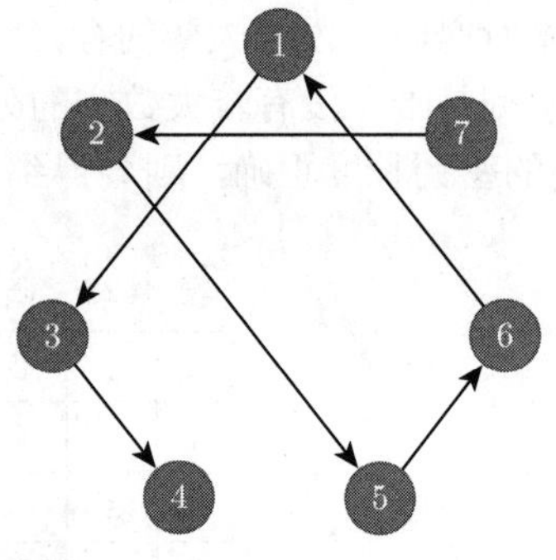

图 4-6 破解矩形换位 ■

4.7.5 单字母替换密码分析

在尝试分析单字母替换的密码前，首先看一个例子。

例 4.7.17 假设抛 1000 次骰子，并记录每面朝上的值如表 4-24 所示。试证明所记录的值是正确的。

表 4-24 骰子记录

结果	1	2	3	4	5	6
频数	171	186	174	170	192	107

解：这个时候需要使用卡方检验来检验这个实验是否符合真实的分布。那么什么是卡方检验呢？

定义 4.7.4 卡方检验 (Chi-Squared Test)

卡方检验是一种统计量的分布在零假设成立时近似服从卡方分布的假设检验。在没有其他限定条件或说明时，卡方检验一般指皮尔森卡方检验。记为：

$$X^2 = \sum_{i=1}^{k} \frac{(n_i - np_i)^2}{np_i} \tag{4-78}$$

其中 k 为将会出现多少种结果，n_i 为每种结果的频数，p_i 为每种结果的概率，n 为操作次数。

在这个例子中，$k = 6$，n_i 是频数，$p_i = 1/6$，操作次数 $n = 1000$。计算卡方检验的值如下：

$$X^2 = \sum_{i=1}^{6} \frac{(n_i - np_i)^2}{np_i} = \frac{\left(171 - 1000 \times \frac{1}{6}\right)^2}{1000 \times \frac{1}{6}} + \frac{\left(186 - 1000 \times \frac{1}{6}\right)^2}{1000 \times \frac{1}{6}} + \cdots = 27.956 \tag{4-79}$$

对照卡方检验的表格，$X^2 \geqslant 27.956$ 是小于 0.001% 的，即表示拒绝原假设，有 99.999% 的把握说明这件事不可能发生。即这个表格是伪造的。 ■

例 4.7.18 假设某段密文已知使用的是单字母替换的加密算法，使用明文攻击。经过统计，此特定密文的字母频数从高到低如表 4-25 所示。

表 4-25 密文字母频数

密文	L	H	A	W	D	Q	O	N	F	S	Z	K	P
频数	80	61	55	46	44	40	39	35	33	26	22	26	22
密文	I	T	V	Y	R	X	U	M	C	G	J	B	E
频数	18	17	12	11	9	9	8	7	5	3	1	0	0

已经知道在明文字符中，有单词 WHERE 出现。在密文中找到两组字符串分别是 HDFKF 和 PDLHL，它们与 WHERE 的结构一样。如何确定哪个字符串与 WHERE 匹配呢？

解：第 1 步，计算每个字母出现的概率，使用表 4-9 中的频率计算：

$$P(\mathrm{W}) = P(\mathrm{W}|\mathrm{W或H或E或R}) = \frac{0.02464}{0.02464 + 0.06025 + 0.1215 + 0.06063} \approx 0.0923$$

使用相同的计算方法，求出 $P(\mathrm{H}) \approx 0.226$，$P(\mathrm{E}) \approx 0.455$，$P(\mathrm{R}) \approx 0.227$。

第 2 步，计算 HDFKF 的卡方检验结果，如表 4-26 所示。

表 4-26 HDFKF 卡方检验

	W=H	H=D	E=F	R=K
P_i	0.0923	0.226	0.455	0.227
n_i	61	44	33	26

其中 $n = 164$，$k = 4$，n_i 是频数，P_i 是每个字母出现的概率。代入式 (4-78)：

$$\begin{aligned} X^2_{\mathrm{HDFKF}} &= \frac{(61 - 169 \times 0.0923)^2}{169 \times 0.0923} + \cdots + \frac{(26 - 169 \times 0.227)^2}{169 \times 0.227} \\ &\approx 181.88 \end{aligned}$$

同理，计算 PDLHL：

$$X^2_{\mathrm{PDLHL}} \approx 6.59$$

对照卡方检验的表格，取 X^2 值小的字符串作为假设正确。P 值稍大，不拒绝原假设。即 PDLHL 正确。 ■

4.8 本章习题

1. 考虑凯撒密码，使用编程语言，计算出下列明文 (注意大小写) 的 26 种可能的密文。
   1) Latex
   2) Air-to-air missile
   3) aircraft
2. 考虑维吉尼亚密码，根据字母顺序表，回答以下问题。
   1) 假设 $U = (10, 5)$，$V = (17, 23, 6)$，加密明文“the base is under attack”。
   2) 已知密文为“XJNRJ QPISY BZGZM AJHCL LZ”，以及两个密钥长度，U 的长度是 3，V 的长度是 4。还知道明文的某一段为“KEEPCA”。尝试还原 U、V，并解密该密文。

3. 考虑维吉尼亚密码，如果获取了以下密文：

YVJFJ KJFJH MFJSG SJGFH YVJSS RTTYV JTJBHS

   1) 假设密钥有两个字母。尝试通过频率分析并确定加密过程中使用了哪两个字母进行凯撒移位。
   2) 解密给定的密文。

4. 假设 Eve 截获了 Bob 的信息，并得知他在使用维吉尼亚密码，并且密钥长度小于 12。Eve 选择使用明文攻击，通过计算得知明文 AAAAAAAA 被加密为 BCDEBCDE。请问密钥长度是多少？

5. 考虑矩形换位密码。设 Eve 截获了密文：

ETHXFODANETHAGRSPE

   1) 使用的矩形大小是多少？
   2) 还原明文。

6. 考虑普费尔密码，假设密钥为“IRENEADLER”。
   1) 构建普费尔密码矩阵。
   2) 解密密文“EUFN ICRF RAFK KRGN RU”。

7. 考虑 ADFGVX 密码，假设密钥是“OPHELIA”，其 ADFGVX 矩阵是什么？

8. 求出下列密码算法的密钥空间大小。
   1) 密钥长度是 8 的维吉尼亚密码，其密钥空间是多少？
   2) 普费尔密码的密钥空间是多少？
   3) ADFGVX 密码的密钥空间是多少？
   4) 仿射密码中如果是在模 13 的条件下 ($a = 13$)，密钥空间是多少？
   5) 希尔密码的密钥空间是多少？

9. 使用欧几里得算法，计算 $B^{-1} \pmod{A}$。
   1) $A = 11393$，$B = 229$。
   2) $A = 25207$，$B = 161$。
   3) $A = 2639$，$B = 391$。

10. 考虑默克尔-赫尔曼背包密码，Bob 作为收信人选择了一个超级递增序列：

$$a = (3, 5, 11, 23)$$

和一个素数 $p = 43$，以及加密因子 $A = 2$。回答以下问题。

   1) 证明 a 是一个超级递增序列。
   2) Bob 发送给 Alice 的序列值为多少？
   3) 假设 Eve 拦截了 Alice 发送给 Bob 的信息，随后向 Bob 发送了一个新的序列 $(4, 8, 15, 33)$。在不知道这个数据的真实性的情况下，Bob 就使用了 Eve 发来的序列来加密他的信息 $(1, 1, 0, 1)$。那么 Bob 送出的密文 c 是什么？
   4) 随后，Eve 向 Alice 发送了 $c' = 10$ 的密文。Alice 将从 c' 中解密到什么信息？

11. 求下列矩阵在模 26 下的逆矩阵，即求 $A^{-1} \pmod{26}$。

1) $\begin{bmatrix} 1 & 4 \\ 8 & 11 \end{bmatrix}$

2) $\begin{bmatrix} 2 & 5 \\ 9 & 5 \end{bmatrix}$

3) $\begin{bmatrix} 1 & 11 & 12 \\ 4 & 23 & 2 \\ 17 & 15 & 9 \end{bmatrix}$

12. 考虑仿射密码。假设加密公式为

$$y \equiv 11x + 4 \pmod{26}$$

回答以下问题。

1) 加密明文“tanker is ready”。

2) 该仿射密码的解密公式是什么？

3) 假如密文是“GRWI”，其明文是什么？

4) 假设密文是“QJKESREOGHGXXREOXEO”，但不知道仿射密码的具体参数，不过知道明文 T 被加密成了 H，O 被加密成了 E。其明文是什么？

13. 求下列数列的子集和问题，不要使用计算机。如果答案不正确，请解释原因。

1) 数列 $[3, 7, 19, 43, 89, 195]$，$M = 260$

2) 数列 $[5, 11, 25, 61, 125, 261]$，$M = 408$

3) 数列 $[2, 5, 12, 28, 60, 131, 257]$，$M = 334$

4) 数列 $[4, 12, 15, 36, 75, 162]$，$M = 214$

14. 假设一段明文“NOODLE”被加密成“OVUAKK”。现在 Eve 只知道使用的加密算法来自以下五种：凯撒密码、维吉尼亚密码、ADFGVX 密码、普费尔密码以及单字母替换密码。尝试确定是哪种加密算法。

15. 对于矩阵 $\boldsymbol{A} = \begin{bmatrix} a & b \\ c & d \end{bmatrix} \pmod 2$ 来说，有多少种不同的组合？它们之中又有多少种矩阵可逆？

16. 证明 $a \pmod m \equiv b \pmod m$ 当且仅当 $a \equiv b \pmod m$。

17. 假设用一个拥有 61 种颜色的调色板给 7 个盒子上色。如果随机上色，想让盒子的颜色都不同，其概率是多少？

18. 假设一枚导弹发射失败的概率是 0.01%，那么发射多少次，失败的概率会大于 95%？

19. 设 p 为素数，证明在 $\mathbb{Z}_p$ 上 2×2 可逆矩阵的数目是 $(p^2 - 1)(p^2 - p)$。

20. 假设 $p_1, p_2, \cdots, p_n$ 和 $q_1, q_2, \cdots, q_n$ 均为概率分布，并且 $p_1 \geqslant p_2 \geqslant \cdots \geqslant p_n$ 。将概率分布 $q_1, q_2, \cdots, q_n$ 进行随机排列，得到 $q_1', q_2', \cdots, q_n'$，证明如果

$$\sum_{i=1}^{n} p_i q_i'$$

想取得最大值，就必须满足 $q_1' \geqslant q_2' \geqslant \cdots \geqslant q_n'$。

第 5 章　流密码

本章将介绍流密码，它是一种对称密码，使用相同的密钥进行加密和解密。在对称密码中，一般是以二进制运行计算过程。现代对称密码系统主要分为流密码 (Stream Cipher) 和分组密码 (Block Cipher)。

分组密码的加密和解密使用的是同一个密钥。将一个长度为 l 的明文 m 划分成长度为 n 的组 $(m_1, m_2, \cdots, m_n)$，通过密钥加密后，得到 $(c_1, c_2, \cdots, c_n)$，其中 $m_i, c_i \in \{0, 1\}$，也就是二进制信息内容。换句话说，分组密码就是将明文分成固定长度的密文，并且它是对称的，因此也称为分组对称密码。

而流密码其实是分组密码的一种特殊形式。当分组密码的分组长度为 1 时，就是流密码，也叫序列密码。流密码每次只能将一位明文处理成密文。3.3 节介绍的 Vernam 密码虽然安全，具有完善保密性，但是由于加密时需要使用与明文等长的密钥，导致密钥的生成、存储及使用都不是很方便。人们迫切地需要寻找一种办法来解决这个问题，于是就有了流密码。

本章将介绍如下内容。

- 流密码的定义和基本运行模式。
- RC4 密码加密和解密步骤。
- 祖冲之密码加密和解密步骤。

5.1　RC4

流密码的运算模式如图 5-1所示。假设明文为 $M = m_1m_2m_3 \cdots m_l$，其中 l 为正整数，密钥为 K。流密码中的密钥 K 是一个固定长度，通常比明文长度短得多。为了加密，通常需要一个密钥流生成器 (算法) 生成一个长密钥流 (Keystream)$k_1k_2k_3 \cdots k_l$ 来进行加密，密钥流的长度等于明文长度。密文则是明文与密钥流进行异或运算的结果，即 $c_i = m_i \oplus k_i$。解密过程则刚好相反。值得注意的是，解密需要掌握密钥和密钥流生成器。在例 5.1.1 中，密钥长度 = 密钥流长度 = 明文长度。

流密码与 Vernam 密码的区别在于，在与明文进行异或运算的过程中，Vernam 密码使用的是真随机密钥流，流密码使用的是伪随机密钥流。伪随机的定义可参考 13.5 节。

例 5.1.1　使用一个基本流密码加密明文 704，使用密钥 100101011001，求密文是多少？

解： 将 704 转化为二进制数 001011000000，然后明文和密钥进行异或运算，得到密文，如表 5-1 所示。

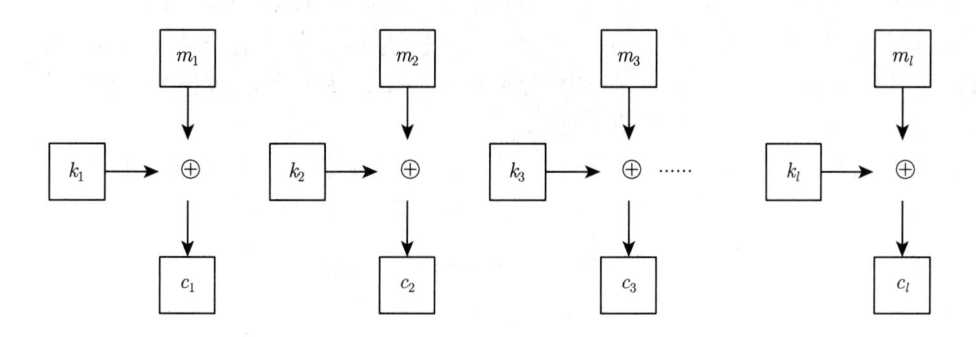

图 5-1 流密码运算模式

表 5-1 简易流密码加密示意

明文	0	0	1	0	1	1	0	0	0	0	0	0
密钥	1	0	0	1	0	1	0	1	1	0	0	1
运算	⊕	⊕	⊕	⊕	⊕	⊕	⊕	⊕	⊕	⊕	⊕	⊕
密文	1	0	1	1	1	0	0	1	1	0	0	1

密文二进制数为 101110011001，转化为十进制为 2969。 ■

下面介绍一下流密码的安全性。假设 Eve 通过某些手段得知部分明文。对于流密码来说，一旦知道明文和密文就可以立即让 Eve 计算出一部分密钥流，在这种情况下流密码就已经不安全了。因此，流密码的安全性取决于生成的密钥流的属性。那么什么样的密钥流可以保证安全呢？密钥流生成器输出的密钥流必须具有随机性，而使用具有密码安全性的随机数生成器才能保证密钥流具有足够的“随机性”。

由此可知，流密码的密钥流在使用上需要非常小心。如果密钥流被重复使用，攻击者就会利用它们之间的密文来推算出明文，从而造成流密码被破解。

经典的流密码有 RC4[33]、A5/1[34]、祖冲之密码、E0[35] 和 PKZIP 等。下面就以 RC4 和祖冲之密码为例，看看流密码具体是如何进行加密的。其他的流密码与 RC4 类似，只是生成密钥流的方式有所区别。

RC4 是一种经典的流密码。RC4 全称为 Rivest Cipher 4，由美国密码学家罗纳德 • 李维斯特 (Ronald Rivest) 在 1987 年发明的，此人也是 RSA 公钥加密算法的发明者之一，同时还是 MD 系列哈希函数的发明者。RC4 是一种计算简单并且快速的方法，在发明之初被广泛使用，应用场景包括互联网安全协议和交易协议，以及局域网领域，同时它也作为蜂窝数字数据包规范的一部分。不过该算法一开始作为商业秘密，其加密过程和算法并未公开，直到 1994 年，该算法的具体细节才被黑客匿名公布在互联网上。

5.1.1 加密步骤

RC4 是一种基于非线性变换的流密码算法。加密步骤主要由两部分组成。

- 密钥调度算法 (Key Scheduling Algorithm，KSA)
- 伪随机子密码生成算法 (Pseudo-Random Generation Algorithm，PRGA)

RC4 的加密过程需要一个初始密钥 (种子)，然后生成一个 S 盒 (S-Box)，S 盒中有 256 位数，并排列成 $0,1,2,\cdots,255$。在初始化密码过程中，使用从 0 到 255 位长度的任意密钥将 S 盒的排列打乱。具体加密步骤如下。

1) 初始化 S 盒。给每字节赋值 $0,1,2,\cdots,255$，并生成 i、j 的索引。注意：S 盒中的每个元素都是 1 字节 (8 位)，可以被解释为 0 到 255 之间的整数，如图 5-2 所示。

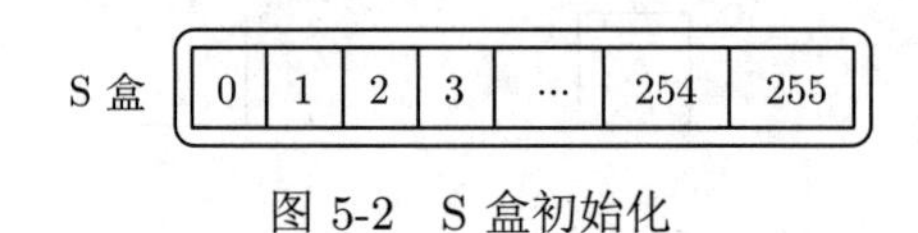

图 5-2 S 盒初始化

2) 输入密钥 (种子)，其长度没有限制。输出密钥 K，如果密钥长度小于 256，则会自动轮转填充，如图 5-3 所示。

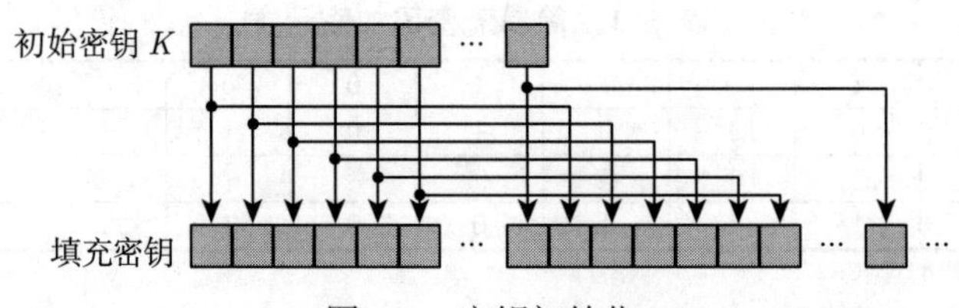

图 5-3 密钥初始化

3) 基于密钥调度算法 (KSA)，对 S 盒进行置换操作，如图 5-4 所示。

```
def KSA(key):
key_length = len(key)
S = [i for i in range(256)]
j = 0
for i in range(256):
j = (j + S[i] + key[i % key_length]) % 256
S[i], S[j] = S[j], S[i]  # 交换
return S
```

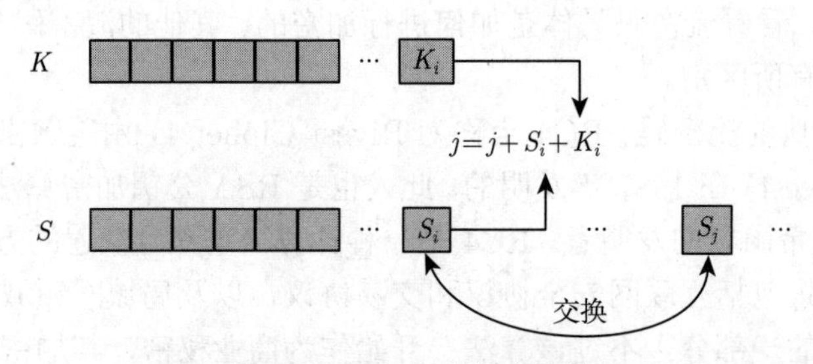

图 5-4 RC4 密钥调度算法

4) 伪随机子密码生成算法 (PRGA) 如下。首先初始化 i 和 j，然后更新 i 和 j，同时交换 S 盒中 S_i 和 S_j 的值。不断地变换 S 盒中元素的位置，每次改变后输出 S_t 的值，生成密钥流。

```python
def PRGA(S):
    i = 0
    j = 0
    while True:
    i = (i + 1) % 256
    j = (j + S[i]) % 256
    S[i], S[j] = S[j], S[i]  # 交换
    K = S[(S[i] + S[j]) % 256]
    yield K # t = (S[i]+S[j]) (mod 256)
```

5) 加密，密钥流和明文进行异或运算。

5.1.2 RC4 密码示例

例 5.1.2 为了方便理解，在本例中 S 盒的长度缩短为 $n=8$。假设需要加密的数据 $m=310$，给定初始密钥 $k=34$。问加密后的密文是多少？

解： 因为 $n=8=2^3$，所以二进制数的间隔为 3。将 $m=310$ 转化为二进制数为 011/001/000，如图 5-5 所示。

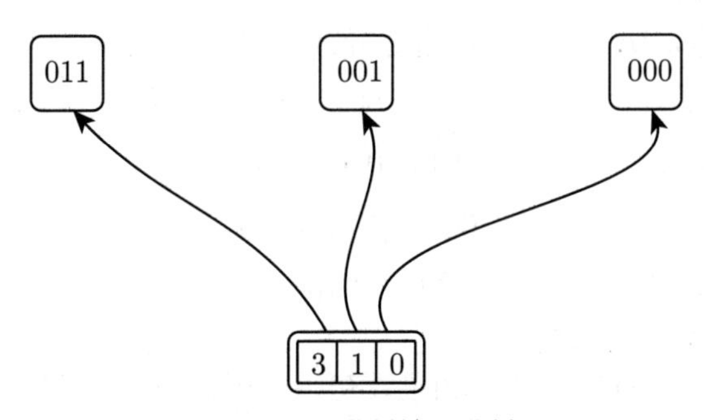

图 5-5 十进制转二进制

初始化 S 盒，S 盒的值为 $[0,1,2,3,4,5,6,7]$。因为初始密钥长度小于 S 盒长度，需要填充，填充后如表 5-2 所示。

表 5-2 RC4 密钥填充

S 盒	0	1	2	3	4	5	6	7
密钥	3	4	3	4	3	4	3	4

接下来进行置换运算。在表 5-2 中，初始位置从 0 开始。

1) $i=0, j=0, j$ 的值等于 j 加上第 i 个 S 盒的值再加上第 i 个密钥值，$j \equiv 0+0+3 \equiv 3 \pmod 8$，S 盒的第 3 个和第 0 个交换位置，得到 S 盒值为 $[3,1,2,0,4,5,6,7]$。

2) $i=1$，$j \equiv 3+1+4 \equiv 0 \pmod 8$，S 盒的第 0 个和第 1 个交换位置，得到 S 盒值为 $[1,3,2,0,4,5,6,7]$。

3) $i=2$，$j \equiv 0+2+3 \equiv 5 \pmod 8$，S 盒的第 5 个和第 2 个交换位置，得到 S 盒值为 $[1,3,5,0,4,2,6,7]$。

4) $i=3$，$j\equiv 5+0+4\equiv 1 \pmod 8$，S 盒的第 1 个和第 3 个交换位置，得到 S 盒值为 $[1,0,5,3,4,2,6,7]$。

以此类推，直到 $i=(n-1)=7$，得到 S 盒的值为 $[4,0,5,2,1,6,7,3]$。

接下来生成密钥流。

1) 重新设置 $i=0$，$j=0$。因为 $i\equiv i+1 \pmod n$，$j\equiv j+S[i] \pmod n$，所以 $i\equiv 0+1\equiv 1 \pmod 8$，$j\equiv 0+0\equiv 0 \pmod 8$。S 盒的第 1 个和第 0 个交换位置，得到 S 盒值为 $[0,4,5,2,1,6,7,3]$，然后计算 $t\equiv S[i]+S[j]\equiv 4+0\equiv 4 \pmod 8$，密钥流 $k=S[t]=1$。

2) $i=1$，所以 $i\equiv 1+1\equiv 2 \pmod 8$，$j\equiv 0+5\equiv 5 \pmod 8$。S 盒的第 2 个和第 5 个交换位置，得到 S 盒值为 $[0,4,6,2,1,5,7,3]$，然后计算 $t\equiv S[i]+S[j]\equiv 6+5\equiv 3 \pmod 8$，密钥流 $k=S[t]=2$。

3) $i=2$，所以 $i\equiv 2+1\equiv 3 \pmod 8$，$j\equiv 5+2\equiv 7 \pmod 8$。S 盒的第 3 个和第 7 个交换位置，得到 S 盒值为 $[0,4,6,3,1,5,7,2]$，然后计算 $t\equiv S[i]+S[j]\equiv 3+2\equiv 5 \pmod 8$，密钥流 $k=S[t]=5$。

因为明文长度只有 3 位，因此当 $i=3-1=2$ 时结束。得到密钥流 $[1,2,5]$，转换成二进制数为 001/010/101。

最后进行加密操作，明文和密钥流进行异或运算如下：

$$011\oplus 001=010$$

$$001\oplus 010=011$$

$$000\oplus 101=101$$

得到密文 010/011/101，转换成十进制数为 235。

解密的过程正好相反，在这里不赘述。■

例 5.1.3 在正式的 RC4 当中，如果设初始密钥全为 0，那么根据密钥调度算法生成的前 15 个密钥流为 (十六进制)：`0xDE188941A3375D3A8A061E67576E92`。

假设输入的明文字符为 000000，那么密文的输出则为 (十六进制)：`0xEE28B9719307`。■

5.1.3 密码分析

针对 RC4 的攻击主要是对密钥生成阶段 PGRA 实施攻击。因为 RC4 的密钥流生成器不可能真正随机生成一串密钥流，因此它不可能构成一个像“一次一密”那样完全不可破解的密码系统。由于密钥不是真正随机的，因此在理论上就可以区分密钥流生成器生成的密钥序列和真随机的密钥序列。理论上，如果这两种序列越难区分，就证明密钥流生成器生成的密钥就越安全。遗憾的是，人们已经找到了区分 RC4 密钥流的方法。1997 年，Golic 描述了 RC4 的线性统计弱点 [36]，利用多个输出值，能够将 RC4 的密钥流与真随机密钥流区分开来。

Finney[37] 在他的文章中表示，攻击者可以通过在 PRGA 过程中引入“暂时随机”的字节错误，再利用错误的加密输出，分析出 RC4 的密钥。Knudsen 则提出状态猜测攻击 [38]，通过对初始状态猜测赋值并与已经获得的密钥序列进行比较来恢复初始状态，从而破解 RC4 算法。

2001 年，Fluhrer、Mantin 和 Shamir 发表题为“Weaknesses in the Key Scheduling Algorithm of RC4”[39] 的文章，对 RC4 进行 FMS(三人名字的首字母) 攻击。FMS 攻击利用 RC4 中密钥调度算法的弱点，从加密消息重构密钥。因为存在该弱点，2015 年，相关机构禁止使用 RC4 加密算法 [40]。

5.2 祖冲之密码

祖冲之 (ZUC) 密码全称为祖冲之序列密码 (流密码)，以中国古代数学家祖冲之的拼音 (Zu Chongzhi) 来命名。祖冲之密码是由北京信息科学技术研究院、中国科学院软件研究所、中国科学院数据与通信保护研究教育中心等单位起草，中国科学院院士冯登国负责主要设计的一种国产流密码。冯登国院士毕业于西安电子科技大学通信与信息系统专业，主要研究可信计算与信息保障、网络与信息安全，曾发明 90 余项专利，发表 100 余篇论文，以及撰写 8 本著作，是中国首屈一指的密码学专家之一。

祖冲之密码主要应用在无线通信领域。祖冲之密码在 2011 年 9 月被标准组织 3GPP 采纳为国际加密标准 (TS 35.221)，即第 4 代移动通信加密标准，这也是国内第一个成为国际密码标准的密码算法，是保障 LTE(Long Term Evolution，长期演进) 技术安全的关键技术之一。2012 年 3 月被发布为国家密码行业标准 (GM/T 0001—2012)[41]，2016 年 10 月被发布为国家标准 (GB/T 33133—2016)[42]。

5.2.1 加密描述

祖冲之算法结构主要包含 3 层，如图 5-6 所示。上层为线性反馈移位寄存器 (Linear Feedback Shift Register，LFSR)，中间层为比特重组 (Bit Reorganization，BR)，下层为非线性函数 F。

1) LFSR 包括 16 个 31 位寄存器单元变量，记为 s_i，$0 \leqslant i \leqslant 15$。LFSR 的运行模式有两种：初始化模式和工作模式。

在初始化模式中，LFSR 接收一个 31 位字 u 的输入，对寄存器单元变量 $s_i(0 \leqslant i \leqslant 15)$ 进行更新，计算过程如下。

$$v \equiv 2^{15}s_{15} + 2^{17}s_{13} + 2^{21}s_{10} + 2^{20}s_4 + \left(1+2^8\right)s_0 \pmod{2^{31}-1} \tag{5-1}$$

$$s_{16} \equiv (v+u) \pmod{2^{31}-1} \tag{5-2}$$

如果$s_{16}=0$，则置$s_{16}=2^{31}-1$

$(s_1, s_2, \cdots, s_{15}, s_{16}) \rightarrow (s_0, s_1, \cdots, s_{14}, s_{15})$

工作模式下则没有输入，直接对寄存器单元变量 $s_i(0 \leqslant i \leqslant 15)$ 进行更新，计算过程如下：

$$s_{16} \equiv 2^{15}s_{15} + 2^{17}s_{13} + 2^{21}s_{10} + 2^{20}s_4 + \left(1+2^8\right)s_0 \pmod{2^{31}-1} \tag{5-3}$$

如果$s_{16}=0$，则置$s_{16}=2^{31}-1$

$$(s_1, s_2, \cdots, s_{15}, s_{16}) \to (s_0, s_1, \cdots, s_{14}, s_{15})$$

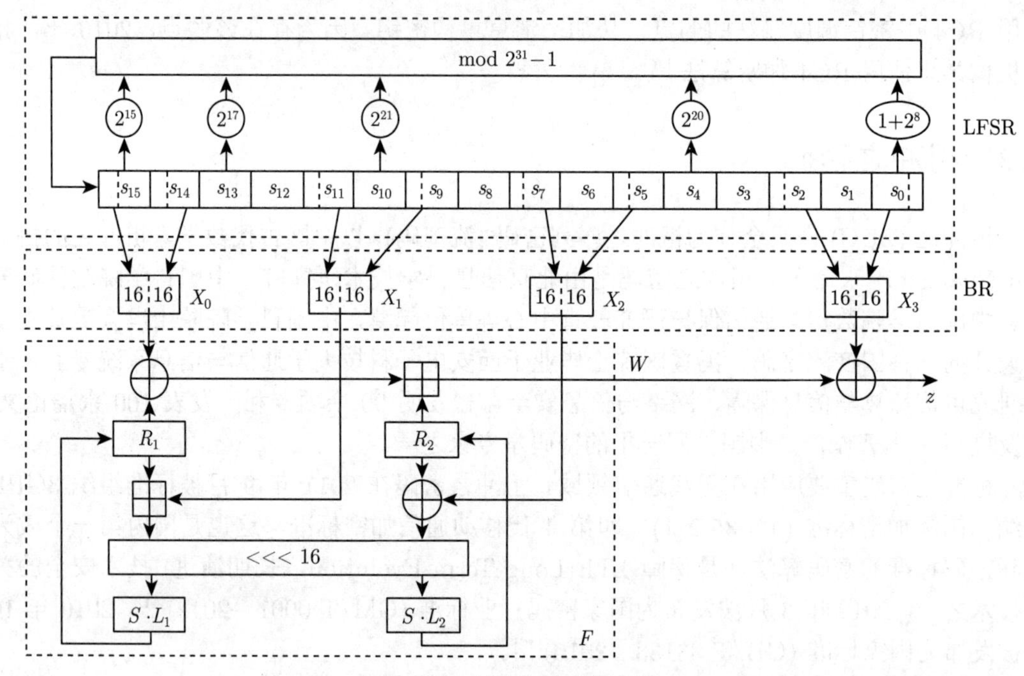

图 5-6 祖冲之算法结构图

也就是说，LFSR 的特征多项式是定义在有限域 $GF(2^{31}-1)$ 上的。特征多项式可以表达为：

$$f(x) = x^{16} - 2^{15}x^{15} - 2^{17}x^{13} - 2^{21}x^{10} - 2^{20}x^4 - (2^8+1) \tag{5-4}$$

在有限域 $GF(2^{31}-1)$ 上，计算两个 31 位字 a 和 b 模 $(2^{31}-1)$ 的加法运算 $c \equiv a+b \pmod{2^{31}-1}$，在计算机中可以使用以下公式：

$$c = a + b \tag{5-5}$$

$$c = (c \ \& \ \texttt{0x7FFFFFFF}) + (c >> 31) \tag{5-6}$$

乘法 $ab \pmod{2^{31}-1}$ 可以使用：

$$ab \pmod{2^{31}-1} \equiv (a <<<_{31} i) + (a <<<_{31} j) + (a <<<_{31} k) \pmod{2^{31}-1} \tag{5-7}$$

其中 $b = 2^i + 2^j + 2^k$，“$<<<_{31}$”为 31 位左循环移位。

2) BR 为过渡层，其从 LFSR 的寄存器单元变量 $s_0, s_2, s_5, s_7, s_9, s_{11}, s_{14}, s_{15}$ 中抽取 128 位组成 4 个 32 位的字 X_0, X_1, X_2, X_3，供下层非线性函数 F 和密钥导出函数使用。BR 的具体计算过程如下：

$$X_0 = s_{15\text{H}} \| s_{14\text{L}} \tag{5-8}$$

$$X_1 = s_{11\text{L}} \| s_{9\text{H}} \tag{5-9}$$

$$X_2 = s_{7\text{L}} \| s_{5\text{H}} \tag{5-10}$$

$$X_3 = s_{2\text{L}} \| s_{0\text{H}} \tag{5-11}$$

其中 $s_{i\text{H}}$ 和 $s_{i\text{L}}$ 分别表示记忆单元变量 s_i 的最高 16 位和最低 16 位的值。$0 \leqslant i \leqslant 15$，“$\|$”为字符串连接符。

3) 非线性函数 F 包含两个 32 位记忆单元变量 R_1 和 R_2。非线性函数 F 的输入为 BR 输出的 3 个 32 位字 X_0, X_1, X_2，输出为一个 32 位字 W 。执行 32 轮，具体的计算过程如下：

$$W = (X_0 \oplus R_1) \boxplus R_2 \tag{5-12}$$

$$W_1 = R_1 \boxplus X_1 \tag{5-13}$$

$$W_2 = R_2 \oplus X_2 \tag{5-14}$$

$$R_1 = S\left[L_1\left(W_{1\text{L}} \| W_{2\text{H}}\right)\right] \tag{5-15}$$

$$R_2 = S\left[L_2\left(W_{2\text{L}} \| W_{1\text{H}}\right)\right] \tag{5-16}$$

其中“$\boxplus$”为模 2^{32} 加法运算。S 为 32 位的 S 盒变换，为祖冲之密码提供了一种非线性加密的方式，极大地增强了安全性。S 盒变换由 4 个小的 8×8 的 S 盒并置而成，即 $S = (S_0, S_1, S_2, S_3)$, 其中 $S_0 = S_2$，$S_1 = S_3$ 。S_0 盒和 S_1 盒如表 5-3 和表 5-4 所示。S_0 盒和 S_1 盒的值均为十六进制，设 S 盒长度为 32 位的输入 X 和输出 Y 分别为：

$$X = x_0 \| x_1 \| x_2 \| x_3 \tag{5-17}$$

$$Y = y_0 \| y_1 \| y_2 \| y_3 \tag{5-18}$$

L_1 和 L_2 为 32 位线性变换，定义如下：

$$L_1(X) = X \oplus (X <<< 2) \oplus (X <<< 10) \oplus (X <<< 18) \oplus (X <<< 24) \tag{5-19}$$

$$L_2(X) = X \oplus (X <<< 8) \oplus (X <<< 14) \oplus (X <<< 22) \oplus (X <<< 30) \tag{5-20}$$

其中“$<<< i$”表示 32 位循环左移 i 位。

表 5-3 ZUC S_0 盒

	0	1	2	3	4	5	6	7	8	9	A	B	C	D	E	F
0	3E	72	5B	47	CA	E0	00	33	04	D1	54	98	09	B9	6D	CB
1	7B	1B	F9	32	AF	9D	6A	A5	B8	2D	FC	1D	08	53	03	90
2	4D	4E	84	99	E4	CE	D9	91	DD	B6	85	48	8B	29	6E	AC
3	CD	C1	F8	1E	73	43	69	C6	B5	BD	FD	39	63	20	D4	38
4	76	7D	B2	A7	CF	ED	57	C5	F3	2C	BB	14	21	06	55	9B
5	E3	EF	5E	31	4F	7F	5A	A4	0D	82	51	49	5F	BA	58	1C
6	4A	16	D5	17	A8	92	24	1F	8C	FF	D8	AE	2E	01	D3	AD
7	3B	4B	DA	46	EB	C9	DE	9A	8F	87	D7	3A	80	6F	2F	C8
8	B1	B4	37	F7	0A	22	13	28	7C	CC	3C	89	C7	C3	96	56
9	07	BF	7E	F0	0B	2B	97	52	35	41	79	61	A6	4C	10	FE
A	BC	26	95	88	8A	B0	A3	FB	C0	18	94	F2	E1	E5	E9	5D
B	D0	DC	11	66	64	5C	EC	59	42	75	12	F5	74	9C	AA	23
C	0E	86	AB	BE	2A	02	E7	67	E6	44	A2	6C	C2	93	9F	F1
D	F6	FA	36	D2	50	68	9E	62	71	15	3D	D6	40	C4	E2	0F
E	8E	83	77	6B	25	05	3F	0C	30	EA	70	B7	A1	E8	A9	65
F	8D	27	1A	DB	81	B3	A0	F4	45	7A	19	DF	EE	78	34	60

表 5-4 ZUC S_1 盒

	0	1	2	3	4	5	6	7	8	9	A	B	C	D	E	F
0	55	C2	63	71	3B	C8	47	86	9F	3C	DA	5B	29	AA	FD	77
1	8C	C5	94	0C	A6	1A	13	00	E3	A8	16	72	40	F9	F8	42
2	44	26	68	96	81	D9	45	3E	10	76	C6	A7	8B	39	43	E1
3	3A	B5	56	2A	C0	6D	B3	05	22	66	BF	DC	0B	FA	62	48
4	DD	20	11	06	36	C9	C1	CF	F6	27	52	BB	69	F5	D4	87
5	7F	84	4C	D2	9C	57	A4	BC	4F	9A	DF	FE	D6	8D	7A	EB
6	2B	53	D8	5C	A1	14	17	FB	23	D5	7D	30	67	73	08	09
7	EE	B7	70	3F	61	B2	19	8E	4E	E5	4B	93	8F	5D	DB	A9
8	AD	F1	AE	2E	CB	0D	FC	F4	2D	46	6E	1D	97	E8	D1	E9
9	4D	37	A5	75	5E	83	9E	AB	82	9D	B9	1C	E0	CD	49	89
A	01	B6	BD	58	24	A2	5F	38	78	99	15	90	50	B8	95	E4
B	D0	91	C7	CE	ED	0F	B4	6F	A0	CC	F0	02	4A	79	C3	DE
C	A3	EF	EA	51	E6	6B	18	EC	1B	2C	80	F7	74	E7	FF	21
D	5A	6A	54	1E	41	31	92	35	C4	33	07	0A	BA	7E	0E	34
E	88	B1	98	7C	F3	3D	60	6C	7B	CA	D3	1F	32	65	04	28
F	64	BE	85	9B	2F	59	8A	D7	B0	25	AC	AF	12	03	E2	F2

例 5.2.1 设 S 盒长度为 32 位的输入为 0x98765432(十六进制)，则 S 盒的输出是什么？

解：

$$
\begin{aligned}
S(X) &= S_0(98)\,\|S_1(76)\|\,S_2(54)\|S_3(32) \\
&= 35\|19\|4F\|56
\end{aligned}
$$

■

F 函数的 Python 代码如下：

```
def l1(x):
    return (x ^ rotl_uint32(x, 2) ^ rotl_uint32(x, 10) ^ rotl_uint32(x, 18) ^ rotl_uint32(x, 24))

def l2(x):
    return (x ^ rotl_uint32(x, 8) ^ rotl_uint32(x, 14) ^ rotl_uint32(x, 22) ^ rotl_uint32(x, 30))

def make_uint32(a, b, c, d):
    return ((a << 24) & 0xffffffff) | ((b << 16) & 0xffffffff) | ((c << 8) & 0xffffffff) | d

def f(self):
      W = ((x[0] ^ r[0]) + r[1]) & 0xffffffff
      W1 = (r[0] + x[1]) & 0xffffffff
      W2 = r[1] ^ x[2]
      u = l1(((W1 & 0x0000ffff) << 16) | (W2 >> 16))
      v = l2(((W2 & 0x0000ffff) << 16) | (W1 >> 16))
      r = [make_uint32(S0[u >> 24], S1[(u >> 16) & 0xFF],S0[(u >> 8) & 0xFF], S1[u & 0xFF]),
           make_uint32(S0[v >> 24], S1[(v >> 16) & 0xFF],S0[(v >> 8) & 0xFF], S1[v & 0xFF])]
      return W
```

4) 密钥载入。祖冲之密码的初始密钥 (密钥种子) K 和初始化向量 **IV** 的长度均为 128 位。首先将初始密钥 (密钥种子) K 和初始化向量 **IV** 输入 LFSR 的记忆单元变量 $s_i(0 \leqslant i \leqslant 15)$ 中作为其初始状态。记为：

$$
K = K_0\,\|K_1\|\cdots\|K_{15} \tag{5-21}
$$

和

$$\mathbf{IV} = \mathrm{IV}_0 \| \mathrm{IV}_1 \| \cdots \| \mathrm{IV}_{15} \tag{5-22}$$

其中 K_i 和 IV_i 均为 8 位的字符串。因此设 s_i 为:

$$s_i = K_i \| d_i \| \mathrm{IV}_i \tag{5-23}$$

其中 $d_i(0 \leqslant i \leqslant 15)$ 为 15 位的常量，如表 5-5 所示。令非线性函数 F 的两个记忆单元变量 R_1 和 R_2 为 0 。最后运行初始化迭代过程 32 次, 完成密钥载入。

表 5-5 ZUC d_i 常量 (二进制)

d_0 = 100010011010111	d_8 = 100110101111000
d_1 = 010011010111100	d_9 = 010111100010011
d_2 = 110001001101011	d_{10} = 110101111000100
d_3 = 001001101011110	d_{11} = 001101011110001
d_4 = 101011110001001	d_{12} = 101111000100110
d_5 = 011010111100010	d_{13} = 011110001001101
d_6 = 111000100110101	d_{14} = 111100010011010
d_7 = 000100110101111	d_{15} = 100011110101100

5.2.2 祖冲之密码示例

下面看一个祖冲之密码的例子。

例 5.2.2 使用初始密钥 (密钥种子) K=00 00 00 00 00 00 00 00 00 00 00 00 00 00 00 00(16 个十六进制的 00) 和初始化向量 **IV**=00 00 00 00 00 00 00 00 00 00 00 00 00 00 00 00(16 个十六进制的 00) 生成一个密钥流。

解:

1) 计算 $s_i, 0 \leqslant i \leqslant 15$。以 s_0 为例, $K_0 = 0, \mathrm{IV}_0 = 0, d_0 = \underbrace{100010011010111}_{\text{二进制}} = \underbrace{\texttt{0x44D7}}_{\text{十六进制}}$。

在 Python 中，使用代码就可以很容易计算 s_0。

```python
def make_uint31(a, b, c):
    return ((a << 23) & 0x7fffffff) | ((b << 8) & 0x7fffffff) | c
```

因此 $s_0 = K_0 \| d_0 \| \mathrm{IV}_0 =$ 0x0044D700。表 5-6为初始的记忆单元变量 s_i。

表 5-6 初始的记忆单元变量 (十六进制)

s_0 = 0044D700	s_4 = 00578900	s_8 = 004D7800	s_{12} = 005E2600
s_1 = 0026BC00	s_5 = 0035E200	s_9 = 002F1300	s_{13} = 003C4D00
s_2 = 00626B00	s_6 = 00713500	s_{10} = 006BC400	s_{14} = 00789A00
s_3 = 00135E00	s_7 = 0009AF00	s_{11} = 001AF100	s_{15} = 0047AC00

接着令 32 位记忆单元变量 R_1 和 R_2 为 0 ，然后进行 32 轮比特重组、F 函数计算，输出 32 位 $W = F(X_0, X_1, X_2)$，再进行 LFSR 初始化。

以计算前两个 W 为例。$X_0 = s_{15\mathrm{H}} \| s_{14\mathrm{L}} =$ 0x008F9A00，$R_0 = R_1 = 0$，所以第 1 个

$W=(X_0\oplus R_1)\boxplus R_2=$ 0x008F9A00。紧接着就能计算 $W_1=R_1\boxplus X_1=$ 0xF100005E、$W_2=R_2\oplus X_2=$ 0xAF00006B，更新 $R_1=S\left[L_1\left(W_{1\mathrm{L}}\|W_{2\mathrm{H}}\right)\right]=$ 0x67822141 和 $R_2=S\left[L_2\left(W_{2\mathrm{L}}\|W_{1\mathrm{H}}\right)\right]=$ 0x62A3A55F。

2) $W=(X_0\oplus R_1)\boxplus R_2=$ 0x4FE932A0。

表 5-7列出了初始化过程中的几个变量值。

表 5-7 ZUC 初始化过程中的变量值

X_0	X_1	X_2	X_3	R_1	R_2	W	S_{15}
008F9A00	F100005E	AF00006B	6B000089	67822141	62A3A55F	008F9A00	4563CB1B
8AC7AC00	260000D7	780000E2	5E00004D	474A2E7E	119E94BB	4FE932A0	28652A0F
50CACB1B	4D000035	13000013	890000C4	C29687A5	E9B6EB51	291F7A20	7464F744
⋮	⋮	⋮	⋮	⋮	⋮	⋮	⋮
A2A9B136	E955463D	C82EC4B3	862778B9	14CFD44C	8C6DE800	6DC54324	4F26BA6B
F18DD452	071E62E2	33FC8F52	5B8BEFF0	3512BF50	A0920453	67DEDB05	3E1B8D6A
9E4D9A74	35129999	A13F7513	A0C42ADD	C7EE7F13	0C0FA817	1B85D1E6	7F08E141

3) 进入工作步骤。工作步骤需要一轮比特重组运算，接着是 F 函数计算，但 F 函数得到的值舍去不用，然后进入 LFSR 工作模式。最后就可以生成密钥流了，再进行一次比特重组运算，并计算 $Z=F(X_0,X_1,X_2)\oplus X_3=$ 0x6B95368D $\oplus$ 0x4C2BE8F9 $=$ 0x27BEDE74，以及运行一次 LFSR 工作模式，其输出就是密钥流 0x27BEDE74。

假设用该密钥流加密字母 i，i 的 ASCII 码是 0x69(十六进制)，与密钥 0x27BEDE74 进行异或运算，得到密文 0x27BEDE1D。 ■

5.2.3 密码分析

毫无疑问，对于密钥长度为 128 位的祖冲之密码，其密钥空间为 2^{128}。在文献 [43] 中，介绍了以下几种对祖冲之密码的分析方法。

- 弱密钥分析
- 线性区分分析
- 代数分析
- 猜测确定分析
- 时间存储数据折中分析

但这些分析方法不能降低破解祖冲之密码的难度。由于祖冲之密码是建立在有限域 $\mathrm{GF}(2^{31}-1)$ 上的，安全性极高，而以上的几种分析方法至多只能把搜索复杂度降低至 $\mathcal{O}(2^{126})$[44]，因此祖冲之密码能够抵抗现有公开的流密码分析。

5.3 无线通信应用

非接入层 (Non Access Stratum,NAS) 协议是用户设备-移动性管理单元 (User Equipment-Mobility Manage Mententity，UE-MME) 之间的协议，存在于通用移动通信系统 (UMTS) 的无线通信协议栈中，作为核心网与用户设备之间的功能层。现网支持的 NAS 信令加密和完整性算法包括空加密/空完整性算法、AES、SNOW3G 和祖冲之密码算法等。祖冲之密码算法作为 3GPP 国际标准算法，是设备入网的必选算法，越来越多的国内外 4G 终端支持该算法，为该算法在移动分组网全网部署提供了选择。

NAS 的安全模式命令过程由 MME 发起。MME 根据之前 UE 上报的安全能力及自身按照优先级顺序排列的安全算法列表，选择 NAS 使用的加密算法和完整性保护算法，并利用祖冲之加密算法和 KASME 计算出 NAS 加密密钥和完整性保护密钥。其加密流程如下。

1) MME 根据手机 Attach 或 TAU 带来的支持算法和 MME 自身配置的支持算法进行算法协商。根据协商好的算法 ID 和算法类型进行加密密钥和完整性密钥计算。

2) MME 向手机发送 NAS Security Mode Command 消息，告知手机网络所选择的算法。消息中主要带有 Replayed UE Security Capability(返回给手机的安全能力，手机用来判断是否被攻击者篡改过)、ENEA(协商好的加密算法 ID)、ENIA(协商好的完整性保护算法 ID)、密钥集标识符 (KSI)。

3) 手机收到 NAS Security Mode Command 消息后，会先进行完整性检查。完整性检查通过后，将比较返回的手机安全能力，如果安全能力匹配，手机返回 NAS Security Mode Complete 消息给 MME。

4) MME 收到 NAS Security Mode Complete 消息后进行完整性检查和解密，得知 UE 已经和 MME 达成一致。

5) NAS Security Mode Command 流程成功后，所有下发的 NAS 消息都将启动加密和完整性保护，所有接收的 NAS 消息根据消息中的安全头进行完整性检查和解密。

中国联合网络通信集团有限公司 (中国联通) 在浙江省进行了测试，在移动分组网中部署了 10 套 MME。在 MME 局点设置安全配置参数，修改加密算法和完整性保护算法的算法优先级的步骤如下。

1) 设置 MME S1USRSECPARA 安全配置参数，对 IMSI 全号段进行 LTE 加密算法、完整性保护算法的配用，设置 MME 支持大多数加密算法 (包含但不限于祖冲之加密算法)。

2) 配置不同密码的优先级。

3) 操作完成后，选取多品牌、多型号、多版本终端进行测试验证。

4) 观测 MME 相关指标，如附着成功率、激活成功率、附着请求次数、附着用户数、CSFB 寻呼成功率等。

5) 联系客服部进行相关投诉关注，并长期回访相关投诉。

在浙江联通移动核心域全网范围内部署祖冲之加密算法对 NAS 信令加密和进行完整性保护，可以为移动分组网用户使用 4G 网络提供更加安全的数据传输加密服务。在祖冲之密码算法实施及试运行期间，多终端移动数据业务测试正常，并成功使用祖冲之算法进行 NAS 层数据加密，MME 相关指标如附着成功率、激活成功率、附着请求次数、附着用户数、CSFB 寻呼成功率未见明显变化，客服部长期回访相关投诉率未见上升。2018 年 10 月，数据显示移动核心网日均忙时最大激活用户数为 635.4 万户，其中 91.03% 使用祖冲之算法进行 NAS 层加密与完整性保护。

5.4 本章习题

1. 如果生成一个足够长的密钥流，密钥流最终必须重复。为什么？
2. 如果密钥流重复，为什么会有安全问题？
3. 考虑 RC4 流密码，回答以下问题。
   1) 将 S 盒的长度缩短为 $n = 8$ 个。给定初始密钥 $k = [1, 2, 3, 6]$。问生成的流密钥是什么？
   2) 假设明文 $M = [1, 2, 2, 2]$，加密后得到的密文是什么？
4. 使用 Python/SageMath 语言，写出 RC4 加密算法的代码。
5. 使用 RC4 的 Python 代码。假设密钥由以下 7 字节组成：(`0x1A`，`0x2B`，`0x3C`，`0x4D`，`0x5E`，`0x6F`，`0x77`)。对于以下每一项，以 16×16 数组的形式给出 S，其中每项都是十六进制。回答以下问题。
   1) 在初始化阶段完成后，列出 S 盒、索引 i 和 j。
   2) 在生成前 100 字节的密钥流后，列出排列组合 S、指数 i 和 j。生成后，列出 S 盒以及索引 i 和 j。
   3) 在生成前 1000 字节的密钥流后，列出排列组合 S、指数 i 和 j。生成后，列出 S 盒以及索引 i 和 j。
6. 考虑 RC4 流密码，求其状态空间的上限。
7. 某流密码使用单个 LFSR 作为密钥流生成器。LFSR 的长度为 256。问发起一次成功的攻击需要多少个明文/密文对？
8. 考虑祖冲之密码。设 S 盒的长度为 32 位的输入为 `0x1A2B3C4D`(十六进制)，则 S 盒的输出是什么？
9. 考虑祖冲之密码。使用初始密钥 (密钥种子) $K =$ `0xffffffffffffffffffffffffffffffff`(16 个十六进制的 `ff`) 和初始化向量 **IV**= `0xffffffffffffffffffffffffffffffff`(16 个十六进制的 `ff`) 生成一个密钥流。
10. 考虑祖冲之密码。使用初始密钥 (密钥种子) $K =$ `0x3d4c4be96a82fdaeb58f641db17b455b` 和初始化向量 **IV** = `0x84319aa8de6915ca1f6bda6bfbd8c766` 生成一个密钥流。

第 6 章　分组密码

本章将介绍分组密码，也称块密码。分组密码是一种加密解密算法，是对称密码学的一个非常重要的分支，在密码学领域中发挥着至关重要的作用。分组密码将明文分组当作一个整体处理，输出一个等长的密文分组。分组密码的形式有许多种，它比流密码复杂，往往没有一个固定的性质。分组密码可以被看作密码本的一种电子形式，之所以这么说，就是因为长度为 l 的明文分组 (有时也称明文块) 会被加密成同样长度的密文分组，反之亦然。与传统密码本不同，密码本可能是一本书或一张表，而分组密码则是一组长度为 2^l 的二进制编码，不经过解密无法直接看懂。而且这种更换密码本的方式比传统的纸质编码本更方便，也更安全。

分组密码的设计理念源于香农在 1949 年发表的经典论文《保密系统的通信理论》[5]。香农在文中从抵抗统计攻击的角度出发，提出了设计对称加密算法关于“混淆”和“扩散”的想法，该想法至今仍是设计分组密码所要遵循的重要原则之一。混淆是一种使密钥与密文之间的关系尽可能模糊的加密操作，主流的分组密码实现混淆的常用方法是替换。扩散是一种隐藏密文与明文之间关系的加密操作，主流的分组密码实现扩散的常用方法是置换。

著名的分组密码有 DES 和 AES[46]。DES 全称是 Data Encryption Standard，数据加密标准，由美国 IBM 公司于 1973 年开始研发，之后被美国国家安全局采纳 [47]，1976 年 11 月被美国国家标准局确定为资料处理的标准。随着计算机技术和密码分析的方法不断发展，后来 DES 变得不再安全。虽然有 DES 的改进版本 3DES，但美国国家标准局还是使用了 AES 高级加密标准进行了代替。AES 于 1998 年首次发布，是比利时密码学家 Joan Daemen 和 Vincent Rijmen 设计的 [48]。

对于常规的分组密码，分组长度为 8 的整数倍，比如 DES 的分组长度就是 64 位。一个分组长度为 n 位的密码系统，就有 2^n 的密钥空间，并且有关于 2^n 的 $2^n!$ 种排列方式，也叫作明文的置换总数。分组密码在加密过程中既是单射的也是满射的，每个明文都会映射到唯一的密文，每个密文也都有对应的明文，因此分组密码是双射的。

本章将介绍以下内容。

- 分组密码模式及它们的使用场景。
- 分组密码的基础结构——费斯妥密码。
- DES 的加密和解密步骤。
- AES 的加密和解密步骤。
- SM4 的加密和解密步骤。

6.1 分组密码模式

6.1.1 ECB

分组加密有 ECB、CBC、CFB、OFB、CTR 和 PCBC 等几种经典算法模式 [46]。其中 ECB(Electronic Codebook，电子密码本) 模式与流密码类似，只不过加密方式并不一定是异或运算，并且加密内容也从原来的一位变成了多位，可把明文分组加密之后的结果直接作为密文分组。解密过程则相反。它的工作过程如图 6-1 所示。

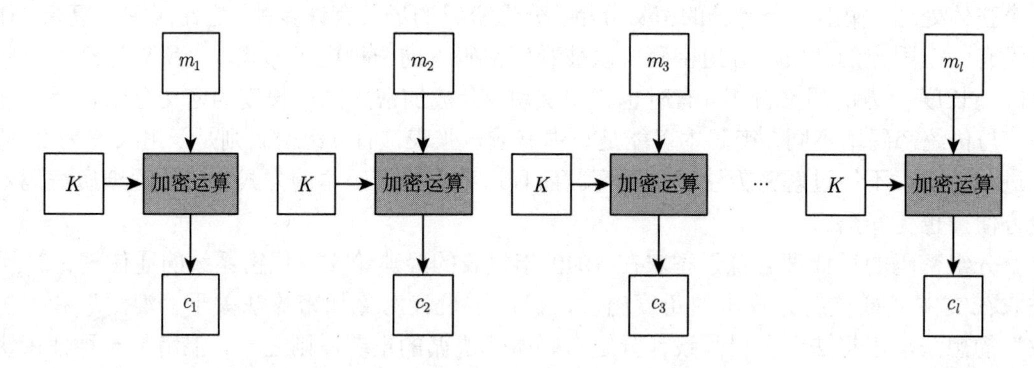

图 6-1 ECB 模式

对于多个明文分组 $m_1, m_2, m_3, \cdots$，以及一个固定的密钥 K，ECB 在明文分组和密文分组之间建立了一个固定的映射通道。当明文分组长度小于规定的分组长度时，需要对明文分组进行填充，填充的规则不定，可以自由选择。使用以下公式进行加密：

$$c_i = E\left(K, m_i\right)，其中 i \geqslant 1 \tag{6-1}$$

解密公式则是：

$$m_i = E^{-1}\left(K, c_i\right)，其中 i \geqslant 1 \tag{6-2}$$

也就是说，加密和解密过程是相反的，即

$$m_i = D_K\left(c_i\right) = D_K\left(E_K\left(m_i\right)\right) \tag{6-3}$$

ECB 的优点突出，它计算简单，有利于并行计算，误差也不会被传递到下一个分组，并且明文和密文是一一对应的关系。其缺点也很明显，相同的明文会被加密成相同的密文，即如果 $c_i = c_j$，那么攻击者 Eve 就知道 $m_i = m_j$，结合统计攻击或字典攻击，就可能恢复部分明文。加密的密文分组相互独立，不能提供严格的数据保密性。换句话说，攻击者也可以在不破译密文的前提下，修改明文、改变明文顺序等。因此在实际应用中，应该避免使用 ECB 模式的分组密码。

6.1.2 CBC

为了避免 ECB 模式中相同的明文分组会被加密成相同的密文分组的问题，可以使用

CBC 模式。CBC 全称为密码分组链接 (Cipher Block Chaining)，顾名思义，每个明文分组会先与前一个密文分组进行一次运算再进行加密。在这种模式中，每个密文分组的值都依赖于它前面的明文分组。同时，为了保证每条消息的唯一性，在第 1 个分组中需要使用非保密的初始化向量 (Non-Secret Initialization Vector)，用于和第 1 个明文分组进行异或运算，关于初始化向量 **IV**，发送方 Alice 和接收方 Bob 必须都知道，但第三方不知道，也无法预测。同时初始化向量 **IV** 也不能与明文有任何关联，必须完全随机，否则就可能遭到攻击 [49]。

它的算法使各个分组数据之间有了关联，相比 ECB，它更为安全，非常适合长文加密。但这种方法也有缺点，一旦加密/解密过程中出现操作失误，把某个分组计算错误，就会影响输出的密文。针对 CBC 这个特点，攻击者常常会攻击它。虽然攻击者破译不了明文，但会让接收方接收不到正确的信息。值得注意的是，与 ECB 模式一样，在 CBC 模式下，如果明文分组长度不足，则需要进行填充。它的工作过程如图 6-2 所示。

加密过程用公式可以表示为：

$$c_1 = E\left(m_1 \oplus \mathbf{IV}, K\right) \tag{6-4}$$

$$c_i = E\left(m_i \oplus c_{i-1}, K\right)\text{，其中} i \geqslant 2 \tag{6-5}$$

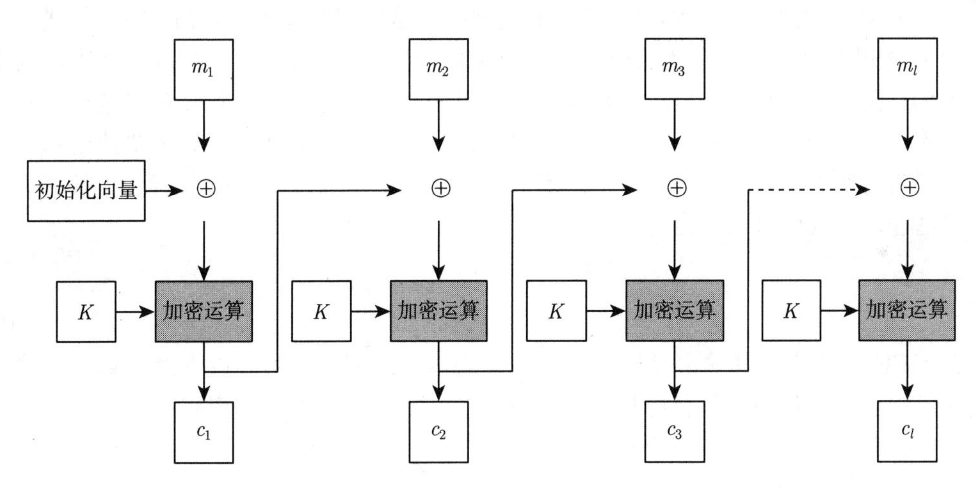

图 6-2 CBC 模式

解密过程则是：

$$m_1 = D\left(c_1, K\right) \oplus \mathbf{IV} \tag{6-6}$$

$$m_i = D\left(c_i, K\right) \oplus c_{i-1}\text{，其中} i \geqslant 2 \tag{6-7}$$

假设使用 CBC 模式加密的密文分组中有一个分组损坏了，比如因硬盘故障、网络传输缺失等导致出现加密错误，那么只要密文分组的长度没有发生变化，则解密时至多只会有两个明文分组受到数据损坏的影响。而假设密文分组中有一些数据缺失了, 那么此时即便只缺失了 1 位数据，也会导致密文分组的长度发生变化，从而致使此后的分组发生错位。这样一来，缺失数据位置之后的密文分组就全部无法解密了。因此 CBC 模式的密文长度需要得到重视，在通信过程中，还需要把明文长度信息一并发送过去，帮助 Bob 判断密文是否有损坏。

CBC 模式的应用场景非常广，比如可以用于提供数据完整性。例如消息认证码 (Message Authentication Code，MAC) 就包含 CBC 加密后的最后一块，这可以用来检测对数据的未经用户允许的更改。假设 Alice 有明文分组 $m_1, m_2, \cdots, m_l$ 和一个共享密钥 K，那么 Alice 可以生成一个初始随机向量 **IV**，CBC 使用这个 **IV** 和共享密钥 K 加密明文分组。Alice 只保存最后一个密文分组 C_l，也就是 MAC，然后把 C_l、**IV** 及明文消息发送给 Bob。

Bob 接收到消息后，使用 **IV** 和共享密钥 K 对接收到的数据进行加密，也就是重复 Alice 所做的工作。Bob 将他的最后一块密文分组 C_l' 与接收到的 MAC 块进行比较，如果两者一致，就可以确定他接收到的数据就是 Alice 发送的数据。这与哈希函数的功能有点相似：如果改变明文内容，则得到的值会与原来的值不同。因为 CBC 模式是一个链式计算。

6.1.3 CFB

CFB(Cipher Feedback，密文反馈) 模式如图 6-3 所示。与 CBC 模式类似，CFB 模式的每个密文分组值都依赖于它的上一个明文分组，并且也需要保证发送方和接收方都知道初始化向量 **IV**，且第三方不知道。这里的反馈指的是反馈回输入端。与 CBC 模式不同的是，CFB 把分组密码变成了流密码，因为在 CFB 中，明文分组可以被逐位加密，因此可以将 CFB 看作一种使用分组密码来实现流密码的方式，也因此不需要对它进行填充。值得关注的是，由于流密码的明文和密钥长度相同，因此为了避免浪费，不要使用超过明文长度的密钥对明文进行加密。它会先加密初始化向量 **IV**，再与明文进行异或运算。因此它的加密过程用公式可以表示为：

$$c_1 = E\left(\mathbf{IV}, K\right) \oplus m_1 \tag{6-8}$$

$$c_i = E\left(K, c_{i-1}\right) \oplus m_i\text{，其中}i \geqslant 2 \tag{6-9}$$

在 CFB 模式中，其输出类似于一次性密码本中的随机序列。由于密码算法的输出是通过计算得到的，使用的是伪随机数，因此使用 CFB 模式的分组密码不可能像一次性密码本那样具备理论上不可破译的性质。

CFB 的解密公式是：

$$m_1 = D\left(\mathbf{IV}, K\right) \oplus c_1 \tag{6-10}$$

$$m_i = D\left(c_{i-1}, K\right) \oplus c_i\text{，其中}i \geqslant 2 \tag{6-11}$$

在 CFB 模式中，由于其模式与流密码相似，因此也依然是通过执行加密过程来进行解密的。

总结一下，CFB 和 CBC 一样，密文的输出依赖于前一组密文的输出，因此有雪崩效应。输入 1 位错误的明文或者密钥，得到的密文就会大约有一半的位置与原密文不同。它在加密过程中不需要进行填充，能够解密任意密文分组。

输入二进制明文：$m_1, m_2, m_3, \cdots, m_l$, $1 \leqslant i \leqslant l$

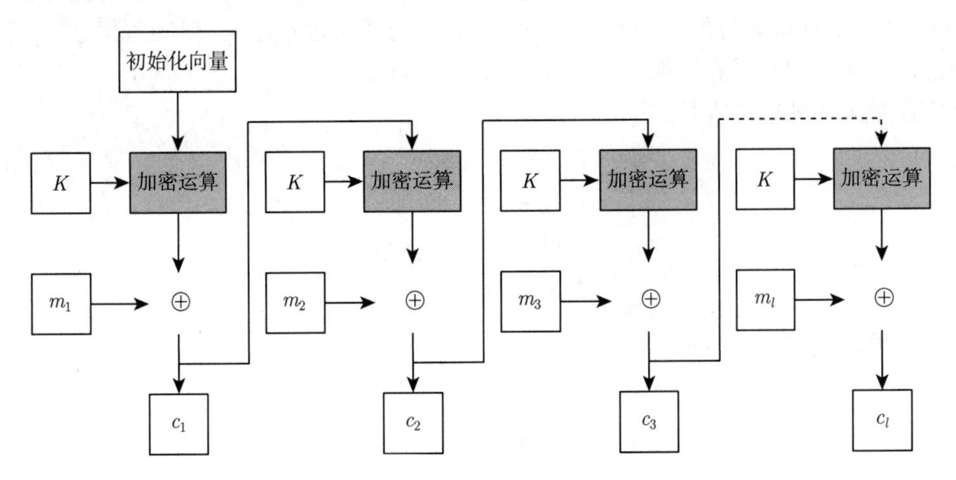

输出二进制密文：$c_1, c_2, c_3, \cdots, c_l$, $1 \leqslant i \leqslant l$

图 6-3 CFB 模式

6.1.4 其他模式

除了以上的 ECB 模式、CBC 模式和 CFB 模式，还有更多的分组密码模式。比如 OFB(Output Feedback，输出反馈，如图 6-4 所示) 模式、CTR(Counter [50]，计数器，如图 6-5 所示) 模式及 PCBC(Propagating Cipher-Block Chaining，填充密码块链接，如图 6-6 所示) 模式。

输入二进制明文：$m_1, m_2, m_3, \cdots, m_l$, $1 \leqslant i \leqslant l$

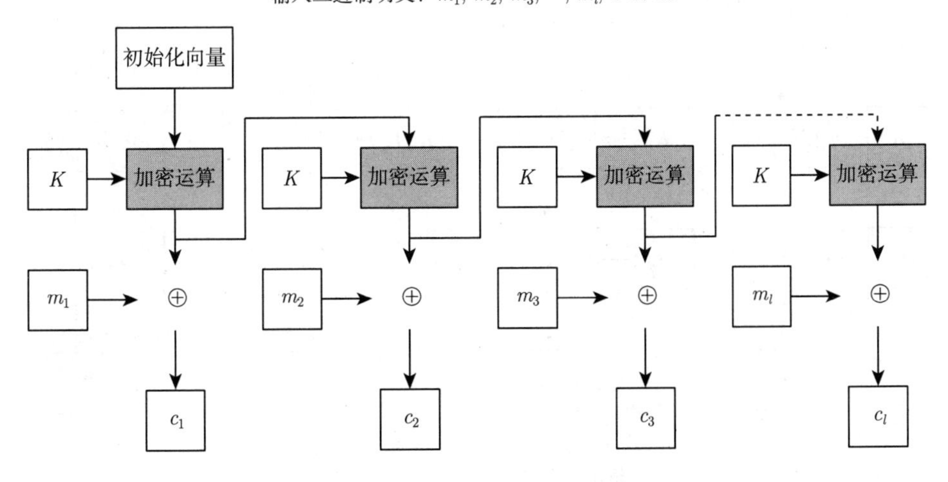

输出二进制密文：$c_1, c_2, c_3, \cdots, c_l$, $1 \leqslant i \leqslant l$

图 6-4 OFB 模式

OFB 模式与 CFB 模式也非常类似，不同点在于，OFB 是将加密运算的输出直接反馈到下一组作为输入，而 CFB 是将密文反馈到下一组加密运算作为输入，这样做的好处是在计算过程中，如果有某一位不小心被修改或者发生错误，不会影响最后的结果输出。这是因为在 OFB 模式中，密钥是通过某个密钥流生成器生成的，与明文分组的内容无关。理论上如果可以提前准备好所需的密钥，就可以直接与明文进行异或运算生成密文。但正是基于这点，OFB 模式很有可能被攻击者所利用从而篡改信息。

OFB 模式的加密过程是：

$$s_1 = E(\mathbf{IV}, K) \tag{6-12}$$

$$c_1 = s_1 \oplus m_1 \tag{6-13}$$

$$s_i = E(K, s_{i-1})\text{，其中}i \geqslant 2 \tag{6-14}$$

$$c_i = s_i \oplus m_i\text{，其中}i \geqslant 2 \tag{6-15}$$

OFB 模式的解密过程是：

$$s_1 = D(\mathbf{IV}, K) \tag{6-16}$$

$$m_1 = s_1 \oplus c_1 \tag{6-17}$$

$$s_i = D(s_{i-1}, K)\text{，其中}i \geqslant 2 \tag{6-18}$$

$$m_i = s_i \oplus c_i\text{，其中}i \geqslant 2 \tag{6-19}$$

与 CBC 模式类似，CTR 模式也能被当作流密码使用。与其他模式不同的是，CTR 的输入是一个计数器，计数器的长度与明文分组长度相同。一个计数器可以被看作一个初始化向量，只不过每次加密都是一个完全不同的初始化向量。先使用计数器与密钥进行加密，然后再与明文分组进行异或运算。

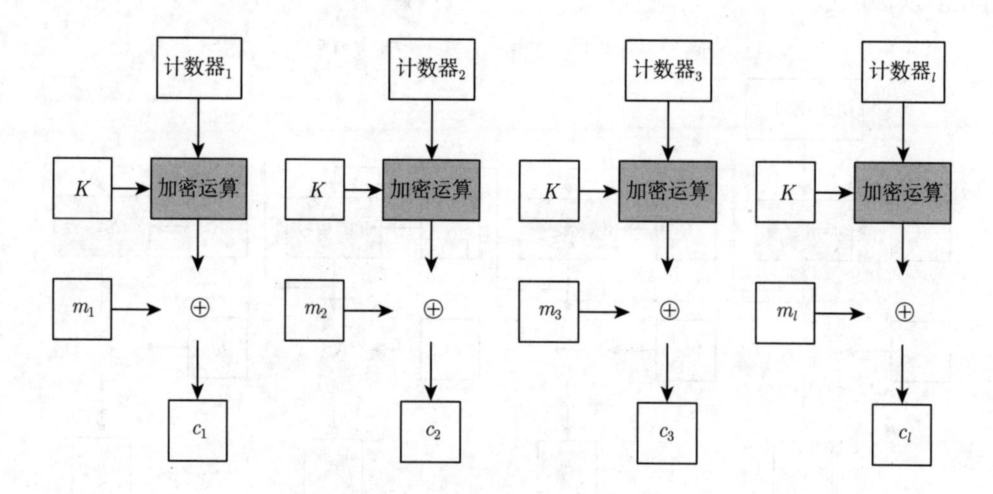

图 6-5 CTR 模式

其中 T_i 表示计数器。

CTR 模式的加密过程是：

$$c_i = E(K, T_i) \oplus m_i\text{，}i \geqslant 1 \tag{6-20}$$

CTR 模式的解密过程是：

$$m_i = D(K, T_i) \oplus c_i, \quad i \geqslant 1 \tag{6-21}$$

PCBC 模式是 CBC 模式的变体，它有预加密的特点。在加密前，密文分组需要与前一个明文分组进行异或运算，再进行加密。在 PCBC 模式中，一旦密文分组或者密钥中有一位被修改，那么在解密过程中会导致输出的明文分组约一半位置与原明文不同。相邻的密文分组不会对后续的密文分组的解密造成影响，换句话说，在加密过程中，即使篡改了某个密文分组，对后面的密文分组也不会有影响。这意味着可以从密文的何位置解密数据。PCBC 模式还具有强大的差分隐私功能，其差分特性比其他分组密码模式更好，这可以增加攻击者实施攻击的难度。

不过 PCBC 模式也有缺点。对于每个明文分组，PCBC 模式需要加密前两个分组，这无疑增加了加密和解密的计算复杂度。同时由于加密和解密过程完全相同，因此如果使用相同密钥加密多组不同的消息，很容易受到重放攻击。因此，在加密不同消息时，需要重新生成初始化向量 **IV** 才行。

PCBC 模式的加密过程是：

$$c_i = E(K, m_i \oplus m_{i-1} \oplus c_{i-1}), \quad i \geqslant 1 \tag{6-22}$$

PCBC 模式的解密过程是：

$$m_i = D(K, c_i) \oplus m_{i-1} \oplus c_{i-1}, \quad i \geqslant 1 \tag{6-23}$$

输入二进制明文块：$m_1, m_2, m_3, \cdots, m_l, 1 \leqslant i \leqslant l$

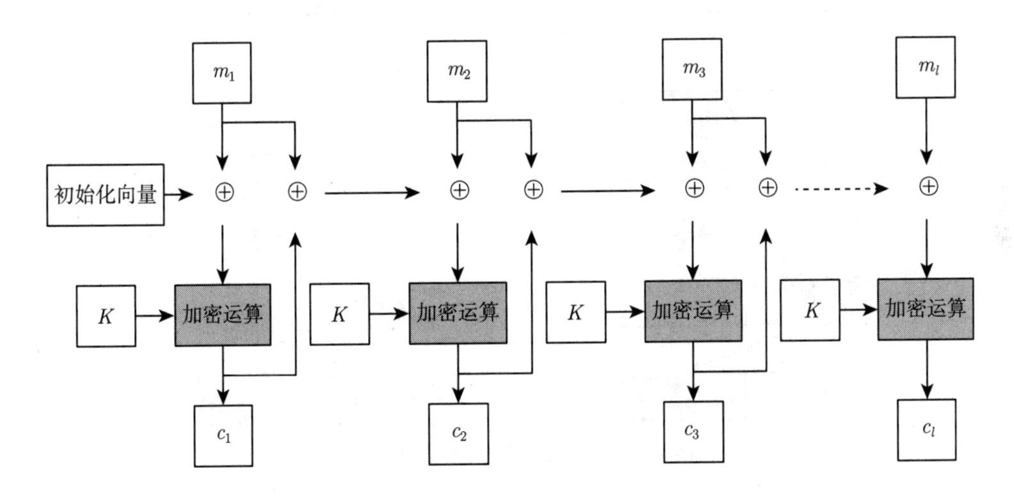

输出二进制密文：$c_1, c_2, c_3, \cdots, c_l, 1 \leqslant i \leqslant l$

图 6-6 PCBC 模式

6.2 费斯妥密码结构

费斯妥密码 (Feistel Cipher) 结构是用于构造分组密码的对称结构，由美国密码学家霍斯特 • 费斯妥 (Horst Feistel) 于 1973 年发明 [51]，他采纳了香农的建议 [5]并设计出了费斯妥密码结构。许多分组密码都采用该结构，费斯妥密码结构由多个相同的轮函数组成，在每一轮的运算中，该密码结构会对输入数据的一半进行代换，接着用一个置换操作来交换数据的两个部分，扩展初始密钥也会使得每一轮运算都会使用不同的子密钥。IBM 在设计 DES 和 3DES 时就使用了费斯妥密码结构，3DES 与 AES 一起被美国国家标准与技术研究所 (NIST) 推荐使用。

费斯妥密码运算进行了 n 轮迭代，如图 6-7 所示。费斯妥密码加密步骤如下。

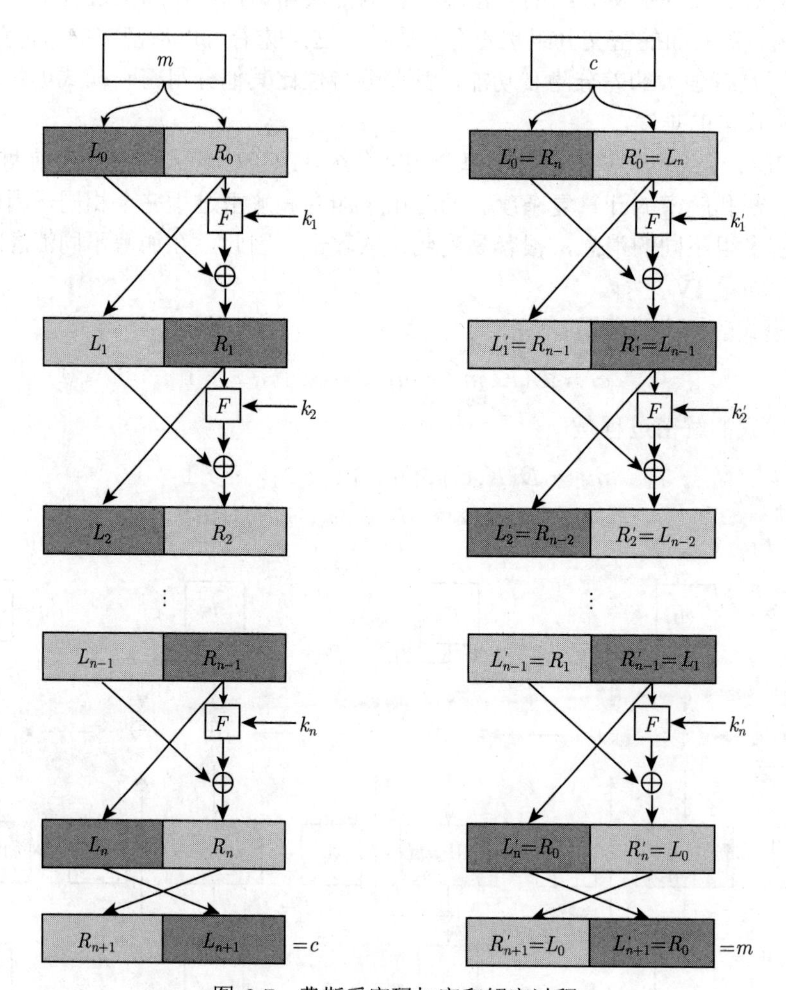

图 6-7 费斯妥密码加密和解密过程

1) 将明文分组 m 分成左半边和右半边，记为：

$$m=(L_0,R_0) \tag{6-24}$$

2) 让 F 为轮函数 (Round Function)，对于 $i=1,2,\cdots,n$，使用式 (6-25)、式 (6-26) 计算每一轮的 L_i 和 R_i。

$$L_i=R_{i-1} \tag{6-25}$$

$$R_i=L_{i-1}\oplus F\left(R_{i-1},k_i\right) \tag{6-26}$$

其中 k_i 是第 i 轮的子密钥，由密钥 K 产生，“$\oplus$”为异或运算。

3) 重复第 2 步 n 次。在最后一轮加密中，仅进行左右交换而不做运算，这主要是为了使加密和解密的流程保持一致。将 R_{n+1} 和 L_{n+1} 拼起来，最终得到的密文为：

$$c=(R_{n+1},L_{n+1}) \tag{6-27}$$

解密过程与加密对称，因此解密和加密步骤相同，唯一不同的是需要以相反的顺序使用子密钥。让 $i=1,2,\cdots,n$，$c=(R_n,L_n)=(L_0',R_0')$，计算：

$$L_i'=R_{i-1}' \tag{6-28}$$

$$R_i'=L_{i-1}'\oplus F\left(R_{i-1}',k_i\right) \tag{6-29}$$

得到明文 $m=(L_0,R_0)=\left(R_{n+1}',L_{n+1}'\right)$。

轮函数在这里没有特指某个函数，它是一类函数的统称。它可以是舍入函数，也可以是向上取整函数，依据每个算法的不同有不同的选择。轮函数的选择是决定费斯妥密码的安全性的关键性因素，例如 $F\left(R_{i-1},k_i\right)=R_{i-1}$，就不是一个可以为费斯妥密码提供安全性的轮函数。

为什么密文可以转化为明文？这需要证明费斯妥密码是可逆的。首先从加密过程中可以得到密文中的左右两部分分别等于 $L_0'=R_{n+1}=R_n$，$R_0'=L_{n+1}=L_n$。假设 $1\leqslant i\leqslant n+1$，就有：

$$L_{i-1}'=R_{n-i+1} \tag{6-30}$$

$$R_{i-1}'=L_{n-i+1} \tag{6-31}$$

根据式 (6-28) 可以推导如下：

$$\begin{aligned} L_i' &= R_{i-1}' & (6\text{-}32)\\ &= L_{n-i+1} & (6\text{-}33)\\ &= R_{n-i+1-1} & (6\text{-}34)\\ &= R_{n-i} & (6\text{-}35)\end{aligned}$$

同时可以得到：

$$\begin{aligned} R_i' &= L_{i-1}'\oplus F\left(R_{i-1}',k_{n-i+1}\right) & (6\text{-}36)\\ &= R_{n-i-1}\oplus F\left(L_{n-i+1},k_{n-i+1}\right) & (6\text{-}37)\\ &= \left[L_{n-i}\oplus F\left(R_{n-i},k_{n-i+1}\right)\right]\oplus F\left(R_{n-i},k_{n-i+1}\right) & (6\text{-}38)\\ &= L_{n-i} & (6\text{-}39)\end{aligned}$$

因为 $L_i'=R_{n-i}$，$R_i'=L_{n-i}$，所以密文 $c=R_{n+1}L_{n+1}=L_0'R_0'$。

总结一下：费斯妥密码一般使用 64 位的明文分组和 64 位的密钥长度。太长的密钥会导致加密和解密速度降低，太短的密钥则会导致密钥空间不足，从而导致安全性不足。不过由于计算机的运行速度不断加快，现在已经使用 128 位的密钥长度了。迭代次数也不一定是 16 轮，理论上，迭代次数越多则越安全。

有关费斯妥密码的应用可以参考 DES。

6.3 DES

DES 全称为 Data Encryption Standard，即数据加密标准，于 1973 年发布。1975 年 3 月，DES 作为美国联邦信息处理标准 (Federal Information Processing Standard，FIPS) 的草案

发表在联邦公报上。1980 年，DES 得到了美国国家标准学会 (American National Standards Institute，ANSI) 的认可，标准编号为 ANSI X3.92。1984 年，它被国际标准组织 (International Organization for Standardization，ISO) 纳入分组加密算法标准 ISO/IEC 18033-3。

DES 是建立在费斯妥密码结构基础上的一种密码 [52]，是过去数十年间最流行的分组密码。它的分组大小为 64 位，加密密钥是 54 位，配合 8 位的奇偶校验位，共同组成 64 位的密钥。DES 每组可加密 64 位的明文，得到大小为 64 位的密文。它使用 16 个子密钥进行 16 轮迭代，因此也可以说 DES 是一个 16 轮的费斯妥密码。DES 输入的明文长度如果不是密钥的整数倍，则需要进行填充，填充时最好是随机的，以防止重复的明文加密后被攻击者用来分析。现如今，DES 已经不再安全，原因是其密钥空间实在太小。但通过对 DES 的详细研究，可以了解其他对称密码的原理。接下来将介绍完整的 DES 加密过程，其流程图如图 6-8 所示。与公钥密码相比，DES 和大多数对称密码的结构一样非常复杂，不像 RSA 和类似算法那样容易解释。

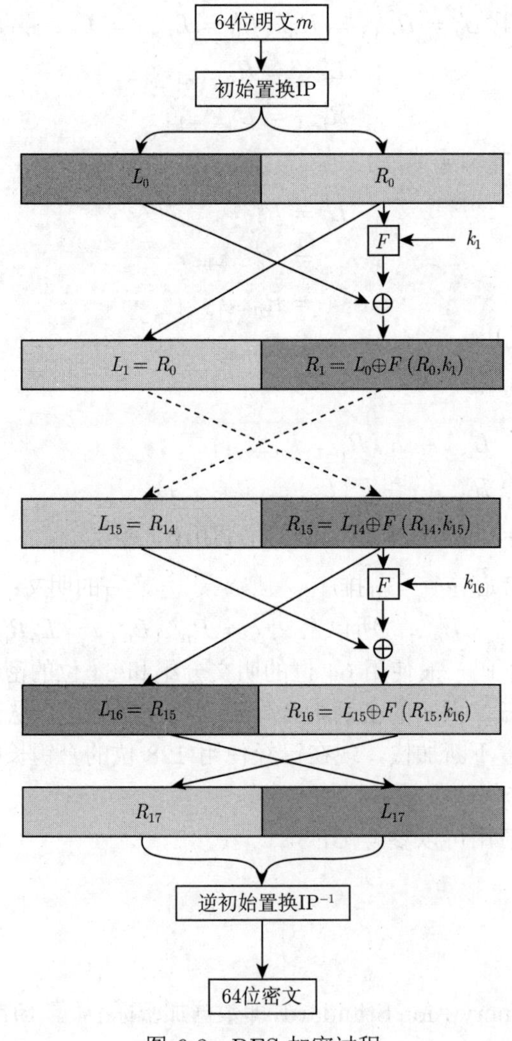

图 6-8 DES 加密过程

6.3.1 初始置换与逆初始置换

初始置换 (Initial Permutation，IP) 需要将每组 64 位明文逐位进行置换，置换操作即将原来的 64 位二进制明文按照置换表重新排序。初始置换表如表 6-1 所示，也称 P 盒，共 64 位数，仅在第 1 轮使用。也允许使用其他初始置换表。

表 6-1　DES 初始置换与逆初始置换表 (P 盒)

58	50	42	34	26	18	10	2		40	8	48	16	56	24	64	32
60	52	44	36	28	20	12	4		39	7	47	15	55	23	63	31
62	54	46	38	30	22	14	6		38	6	46	14	54	22	62	30
64	56	48	40	32	24	16	8		37	5	45	13	53	21	61	29
57	49	41	33	25	17	9	1		36	4	44	12	52	20	60	28
59	51	43	35	27	19	11	3		35	3	43	11	51	19	59	27
61	53	45	37	29	21	13	5		34	2	42	10	50	18	58	26
63	55	47	39	31	23	15	7		33	1	41	9	49	17	57	25
初始置换(IP)									逆初始置换(IP^{-1})							

初始置换表的顺序是从左往右、从上到下。所以左上角的 58 是初始置换表中的第 1 个数，明文的第 58 位将被换到第 1 位，明文的第 50 位将被换到第 2 位，以此类推，这也是置换步骤。置换后的排列是：

$$m' = (m_{58}, m_{50}, m_{42}, m_{34}, m_{26}, \cdots, m_{23}, m_{15}, m_7) \tag{6-40}$$

逆初始置换 (Final Permutation，FP 或 IP^{-1}) 与初始置换操作是一样的，目的是恢复置换位置。

初始置换与逆初始置换并不能提高 DES 的安全性，其主要目的是使明文和密文数据更容易以字节大小载入 DES 芯片中。

例 6.3.1　假设明文输入为 `WQDF524P`，求初始置换后的明文。

解：将大写的明文通过 ASCII 表转化为十六进制，得到 `0x5751444635323450`，将其转化为二进制，就有：

$$\overbrace{01010111}^{57}\overbrace{01010001}^{51}\overbrace{01000100}^{44}\overbrace{01000110}^{46}\overbrace{00110101}^{35}\overbrace{00110010}^{32}\overbrace{00110100}^{34}\overbrace{01010000}^{50}$$

再根据表 6-1 进行初始置换重新排序，得到初始置换后的明文：`0x8FF35D1300700029`。

■

6.3.2 轮函数

DES 会进行 16 轮的迭代计算，每轮 DES 计算过程如图 6-9所示。每一轮会从上一轮的结果中分别抽取 L_{i-1} 和 R_{i-1}，并得到 L_i 和 R_i，作为下一轮的输入。如果是首轮，则把初始置换后的明文拆开为 L_0 和 R_0；如果是末轮，则将 L_{16} 和 R_{16} 合并，得到密文。这组 64 位的密文需要进行逆初始置换 (IP^{-1})。值得注意的是，输出的密文并不是 $L_{16}R_{16}$，而是 $c = IP^{-1}(L_{16}R_{16})$。逆初始置换如表 6-1 所示，完成加密。

从图 6-9 中也可以发现，其实每一轮的 DES 计算都非常简单。DES 的安全性来源于 S 盒的设计，S 盒也是现代分组密码设计的一个共同特征。在 DES 中，每个 S 盒会将输入的 6 位数据映射为 4 位，DES 使用 8 个不同的 S 盒，每一个 S 盒都是一个 4×16 的特殊矩阵。把扩展置换后得到的 48 位分成 8 组，每组有 6 位，而 S 盒中的每组有 4 位。这几个 S 盒合在一起，就可以将 48 位的数据映射为 32 位的数据。每一轮中 DES 会使用相同的 S 盒，也就是说，DES 的轮函数其实就是 S 盒的运算过程，令 $i=1,2,\cdots,16$，记为：

$$F\left(R_{i-1},K_i\right)=P\left(S\left(\mathrm{EP}\left(R_{i-1}\right)\oplus K_i\right)\right) \tag{6-41}$$

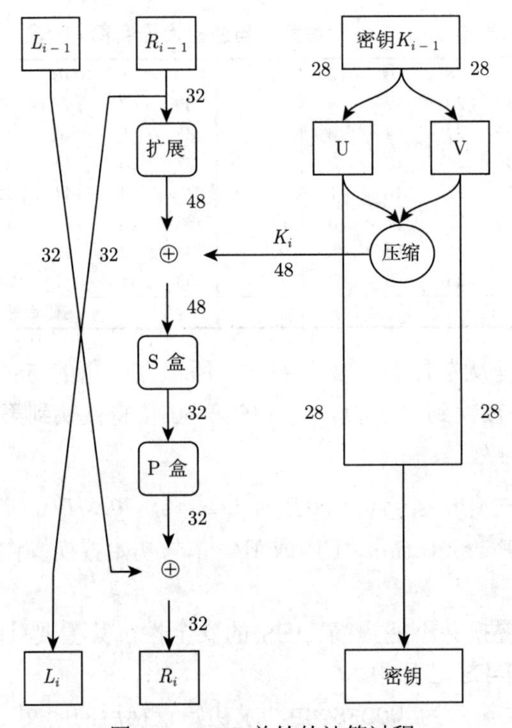

图 6-9 DES 单轮的计算过程

其中 EP 为 Expansion Permutation，它将 R_{i-1} 从 32 位扩展到 48 位，该步骤也叫作扩展置换。R_{i-1} 扩展置换后与密钥 K_i 进行异或运算。扩展置换如表 6-2 所示。

表 6-2 DES 扩展置换表

32	01	02	03	04	05
04	05	06	07	08	09
08	09	10	11	12	13
12	13	14	15	16	17
16	17	18	19	20	21
20	21	22	23	24	25
24	25	26	27	28	29
28	29	30	31	32	01

如何进行扩展呢？在扩展置换表中，第 32 位明文被换到第 1 位，第 1 位明文被换到第 2 位，以此类推。扩展置换中，第 1、4、5、8、9、12、13、16、17、20、21、24、25、28、29、32 位，一共 16 位数被扩展，如图 6-10 所示。也就是说，32 位的输入刚好有一半的位置在输出过程中出现了两次，将明文从 32 位扩展到 48 位，该步骤改变了明文的顺序，也重复了部分明文。该步骤有两个目的：一是密钥压缩后的长度是 48 位，明文右半部分的长

度是 32 位，扩展置换可以使得明文右半部分的长度与密钥长度相同，便于进行异或运算；二是提供一个较长的输出，可以在替换操作中进行压缩。由于输出的数据严重依赖输入数据，因此 DES 的雪崩效应就是在这里产生的。

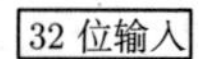

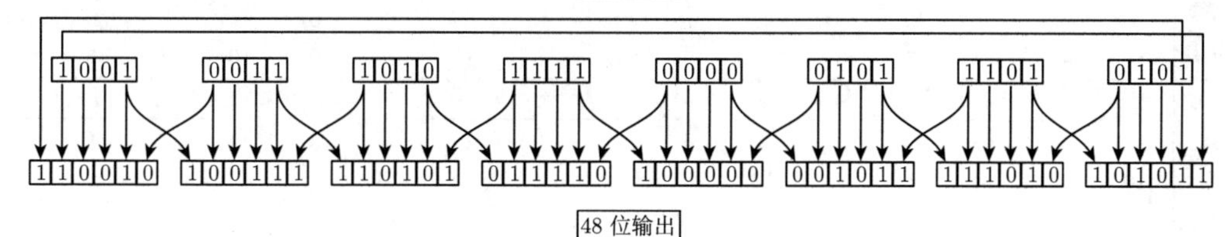

图 6-10　DES 扩展置换示意图

扩展置换后的 R_{i-1} 与密钥 K_i 进行异或运算。

接下来，把异或运算得到的结果代入 S 盒中进行混淆压缩，用 S 盒把 48 位输入压缩到 32 位。DES 的 S 盒一共有 8 个，如表 6-3 所示，共展示了 8 个 S 盒的值。48 位的输入被平均分为 8 个 6 位的分组，每一个分组都由对应顺序的 S 盒进行压缩，而每个 S 盒是一个 4 行 16 列的表格。S 盒的 6 个输入位会指定哪行哪列的数字作为输出。对于一个 6 位的二进制输入，记为 $a_0a_1a_2a_3a_4a_5$，a_0 和 a_5 组合成一个 2 位的二进制数，转成十进制是 0 到 3，作为行索引，对应于表格中的行数；$a_1a_2a_3a_4$ 组合成一个 4 位的二进制数，转成十进制是 0 到 15，作为列索引，对应于表格中的列数 (注意要从 0 开始计算行和列，而不是从 1 开始)。其流程示意如图 6-11 所示。

表 6-3　DES S 盒

a_0a_5	$a_1a_2a_3a_4$															
S盒 1	0	1	2	3	4	5	6	7	8	9	10	11	12	13	14	15
0	14	4	13	1	2	15	11	8	3	10	6	12	5	9	0	7
1	0	15	7	4	14	2	13	1	10	6	12	11	9	5	3	8
2	4	1	14	8	13	6	2	11	15	12	9	7	3	10	5	0
3	15	12	8	2	4	9	1	7	5	11	3	14	10	0	6	13
S盒 2	0	1	2	3	4	5	6	7	8	9	10	11	12	13	14	15
0	15	1	8	14	6	11	3	4	9	7	2	13	12	0	5	10
1	3	13	4	7	15	2	8	14	12	0	1	10	6	9	11	5
2	0	14	7	11	10	4	13	1	5	8	12	6	9	3	2	15
3	13	8	10	1	3	15	4	2	11	6	7	12	0	5	14	9
S盒 3	0	1	2	3	4	5	6	7	8	9	10	11	12	13	14	15
0	10	0	9	14	6	3	15	5	1	13	12	7	11	4	2	8
1	13	7	0	9	3	4	6	10	2	8	5	14	12	11	15	1
2	13	6	4	9	8	15	3	0	11	1	2	12	5	10	14	7
3	1	10	13	0	6	9	8	7	4	15	14	3	11	5	2	12
S盒 4	0	1	2	3	4	5	6	7	8	9	10	11	12	13	14	15
0	7	13	14	3	0	6	9	10	1	2	8	5	11	12	4	15
1	13	8	11	5	6	15	0	3	4	7	2	12	1	10	14	9
2	10	6	9	0	12	11	7	13	15	1	3	14	5	2	8	4
3	3	15	0	6	10	1	13	8	9	4	5	11	12	7	2	14

续表

a_0a_5	$a_1a_2a_3a_4$															
S盒 5	0	1	2	3	4	5	6	7	8	9	10	11	12	13	14	15
0	2	12	4	1	7	10	11	6	8	5	3	15	13	0	14	9
1	14	11	2	12	4	7	13	1	5	0	15	10	3	9	8	6
2	4	2	1	11	10	13	7	8	15	9	12	5	6	3	0	14
3	11	8	12	7	1	14	2	13	6	15	0	9	10	4	5	3
S盒 6	0	1	2	3	4	5	6	7	8	9	10	11	12	13	14	15
0	12	1	10	15	9	2	6	6	0	13	3	4	14	7	5	11
1	10	15	4	2	7	12	9	5	6	1	13	14	0	11	3	8
2	9	14	15	5	12	8	12	3	7	0	0	10	12	13	11	6
3	4	3	12	12	9	5	15	10	11	14	1	7	6	0	8	13
S盒 7	0	1	2	3	4	5	6	7	8	9	10	11	12	13	14	15
0	4	11	2	14	15	0	8	13	3	12	9	7	5	10	6	1
1	13	0	11	7	4	9	1	10	14	3	5	12	2	15	8	6
2	1	4	11	13	12	3	7	14	10	15	6	8	0	5	9	2
3	6	11	13	8	1	4	10	7	9	5	0	15	14	2	3	12
S盒 8	0	1	2	3	4	5	6	7	8	9	10	11	12	13	14	15
0	13	2	8	4	6	15	11	1	10	9	3	14	5	0	12	7
1	1	15	13	8	10	3	7	4	12	5	6	11	0	14	9	2
2	7	11	4	1	9	12	14	2	0	6	10	13	15	3	5	8
3	2	1	14	7	4	10	8	13	15	12	9	0	3	5	6	11

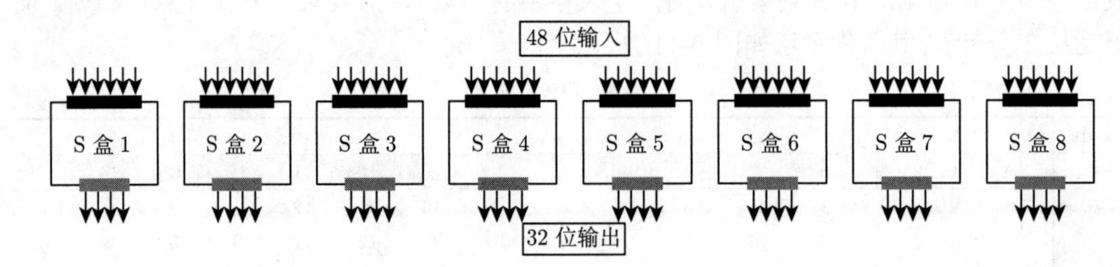

图 6-11 DES S 盒示意

在设计之初，S 盒本来是一个秘密值，不会让公众知道。但由于其他密码学家的努力，逆向破解了 S 盒，S 盒的值才被公开。S 盒是整个 DES 加密系统的核心，原因是 S 盒的运算是非线性的，即 $\mathrm{Sbox}(x) \oplus \mathrm{Sbox}(y) \neq \mathrm{Sbox}(x \oplus y)$，而 DES 的其他运算过程都是线性的，易于分析。因此 S 盒的设计比其他任何运算都更能体现 DES 的安全性。

P 盒置换也称直接置换 (Straight Permutation)，置换方法与前面的置换一样。P 盒的作用是打乱经过 S 盒混淆压缩后的 R_{i-1}，然后与 L_{i-1} 进行异或运算，得到 R_i。不过 P 盒对密码的安全性贡献不大，因为没有任何一个数被重复或者省略，只是单纯地进行置换，如第 16 位被挪到了第 1 位，第 25 位被挪到了最后一位，如表 6-4 所示。

表 6-4 DES P 盒

	0	1	2	3	4	5	6	7	8	9	10	11	12	13	14	15
0	16	7	20	21	29	12	28	17	1	15	23	26	5	18	31	10
1	2	8	24	14	32	27	3	9	19	13	30	6	22	11	4	25

例 6.3.2 假设扩展置换 (EP) 步骤输入十六进制的信息 0x93AF05D5，通过扩展，请问输出的 16 位信息的值是多少？

解: 十六进制的信息 0x93AF05D5 转变为二进制数就是 1001 0011 1010 1111 0000 0101 1101 0101。第 1、4、5、8、9、12、13、16、17、20、21、24、25、28、29、32 位被扩展，扩展流程如图 6-10所示。得到二进制数 110010 100111 110101 011110 100000 001011 111010 101011。

转化为十六进制就是 0xCA7D5E80BEAB。 ■

例 6.3.3 假设随机输入一组 48 位的信息，通过 S 盒压缩成 32 位，请问如何进行计算？

解: 为方便理解，仅以第 1 个 S 盒为例，如表 6-3所示。假设 48 位信息的前 6 位为 101010。首先求行，首位和末尾是 $a_0a_5 = 10$，转成十进制为 2；中间 4 位 $a_1a_2a_3a_4 = 0101$，转成十进制为 5，所以是第 3 行第 6 列 (从 0 开始数)，值为 6，转化成二进制数为 0110。这样第一个 S 盒就可以从 6 位压缩成 4 位了。其他 S 盒的压缩过程也与本例一样。 ■

DES 加密的 Python 代码如下：

```
1  def permute(k, arr, n): #排列
2  permutation = ""
3  for i in range(0, n):
4  permutation = permutation + k[arr[i] - 1]
5  return permutation
6
7  def shift_left(k, nth_shifts): #左移位
8  s = ""
9  for i in range(nth_shifts):
10 for j in range(1, len(k)):
11 s = s + k[j]
12 s = s + k[0]
13 k = s
14 s = ""
15 return k
16
17 # 初始置换表 P盒
18 initial_perm = [58, 50, 42, 34, 26, 18, 10, 2,...]
19
20 # 扩展置换表 D盒
21 exp_d = [32, 1, 2, 3, 4, 5, 4, 5,...]
22
23 # 直接置换
24 per = [16, 7, 20, 21,29, 12, 28, 17,..]
25
26 # S盒
27 sbox = [[[14, 4, 13, 1, 2, 15, 11, 8, 3, 10, 6, 12, 5, 9, 0, 7],
28     [0, 15, 7, 4, 14, 2, 13, 1, 10, 6, 12, 11, 9, 5, 3, 8],
29     [4, 1, 14, 8, 13, 6, 2, 11, 15, 12, 9, 7, 3, 10, 5, 0],
30     [15, 12, 8, 2, 4, 9, 1, 7, 5, 11, 3, 14, 10, 0, 6, 13]],
31     ...]
32
33 # 逆初始置换
34 final_perm = [40, 8, 48, 16, 56, 24, 64, 32,...]
```

```
def encrypt(pt, rkb, rk):
    pt = hex2bin(pt)

  # 初始置换
    pt = permute(pt, initial_perm, 64)

  # 分左右两组
    left = pt[0:32]
    right = pt[32:64]
    for i in range(0, 16):
        right_expanded = permute(right, exp_d, 48)
        xor_x = xor(right_expanded, rkb[i])# 异或运算

    # S盒运算
        sbox_str = ""
        for j in range(0, 8):
            row = bin2dec(int(xor_x[j * 6] + xor_x[j * 6 + 5]))
            col = bin2dec(
                    int(xor_x[j * 6 + 1] + xor_x[j * 6 + 2] + xor_x[j * 6 + 3] + xor_x[j * 6 + 4]))
            val = sbox[j][row][col]
            sbox_str = sbox_str + dec2bin(val)

        sbox_str = permute(sbox_str, per, 32) # 直接置换

    # 异或运算
        result = xor(left, sbox_str)
        left = result
    # 左右两组交换位置
        if(i != 15):
            left, right = right, left" ", bin2hex(right), " ", rk[i])
    combine = left + right# 组合
    cipher_text = permute(combine, final_perm, 64) # 逆初始置换
    return cipher_text
```

代码中省略了 hex2bin、bin2hex、bin2dec、dec2bin、xor 等不同进制互相转化的函数。

6.3.3 密钥扩展

那么子密钥 K_i 是如何产生的呢？在输入的 56 位初始密钥中，每 7 位密钥 $k_1k_2k_3k_4k_5k_6k_7$ 会结合 1 位作为校验位，校验位分别位于第 8 、16 、24 、32 、40 、48 、56 、64 位。值得一提的是，暂时无法解释为什么需要这样编排 DES 密钥。校验位不能被算作密钥，因为它不能增强 DES 的安全性。除了校验位，剩下的 56 位密钥执行初始置换，初始密钥置换如表 6-5 所示。置换方法与轮函数的扩展置换一样，从左往右、从上到下进行查找。

表 6-5 DES 初始密钥置换表

	0	1	2	3	4	5	6	7	8	9	10	11	12	13
0	57	49	41	33	25	17	9	1	58	50	42	34	26	18
1	10	2	59	51	43	35	27	19	11	3	60	52	44	36
2	63	55	47	39	31	23	15	7	62	54	46	38	30	22
3	14	6	61	53	45	37	29	21	13	5	28	20	12	4

置换结束后，密钥会被平均分为两部分 U_{i-1} 与 V_{i-1}。首先从左到右对 56 位 DES 密钥编号，从 1 开始，28 位的初始密钥 U_0 和 28 位的 V_0 按照表 6-6 的顺序提取。

表 6-6 DES 初始密钥提取表

50	43	36	29	22	15	8	56	49	42	35	28	21	14
1	50	43	36	29	22	15	7	55	48	41	34	27	20
9	2	52	45	38	31	24	13	6	54	47	40	33	26
17	10	3	53	46	39	32	19	12	5	25	18	11	4
U_0提取表							V_0提取表						

(U_{i-1}, V_{i-1}) 执行一个规定次数的左循环移位，得到 (U_i, V_i)。那么什么是左循环移位呢？左循环移位是把二进制数值向左循环移动的运算，移出的高位放到该数的低位。循环次数与轮数有关，如表 6-7 所示。

表 6-7 DES 左循环

轮数	1	2	3	4	5	6	7	8	9	10	11	12	13	14	15	16
位数	1	1	2	2	2	2	2	2	1	2	2	2	2	2	2	1

表 6-7 表示只有第 1、2、9、16 轮的密钥循环向左移动 1 位，其他轮数向左移动 2 位。向左移位后得到 (U_i, V_i)，向左移动的总次数为 28 次。然后把 (U_i, V_i) 压缩成一组 48 位的子密钥，记为 K_i，与输入值进行加密运算。压缩过程按照表 6-8 提取。细心的读者可能发现，表 6-8 比表 6-5 少了两列，这是因为 DES 密钥压缩置换表忽略了 8 位校验位，只保留了 48 位。整个计算过程如图 6-9 所示。

表 6-8 DES 密钥压缩置换表

	0	1	2	3	4	5	6	7	8	9	10	11
0	14	17	11	24	1	5	3	28	15	6	21	10
1	23	19	12	4	26	8	16	7	27	20	13	2
2	41	52	31	37	47	55	30	40	51	45	33	48
3	44	49	39	56	34	53	46	42	50	36	29	32

例 6.3.4 为了方便理解，假定有一组已经去掉校验位的 8 位初始密钥 11001001，该如何进行置换和加密？

解：首先根据表 6-5 进行初始置换，第 57 位的明文换到第 1 位，第 49 位的明文换到第 2 位，非常容易。当然在本例中，没有那么长的密钥，因此先忽略。下一步，提取 (U, V)，根据表 6-6 进行提取。密钥的第 1、2、3、8 位属于 U，密钥的第 4、5、6、7 位属于 V，经过重新排列，得到 $U = 1101$，$V = 0100$。

假设该轮次是第一轮，根据表 6-7 可知，仅需移位一次，U 与 V 经过移位，得到 $U' = 1011$，$V' = 1000$。最后根据表 6-8 进行压缩置换，根据顺序排列，在本例中是 15364872，在本例中没有被压缩，不过表中并没有序号 9，因此可以知道，第 9 个其实是被压缩的那个，如图 6-12 所示。得到子密钥 $K = 11101000$。

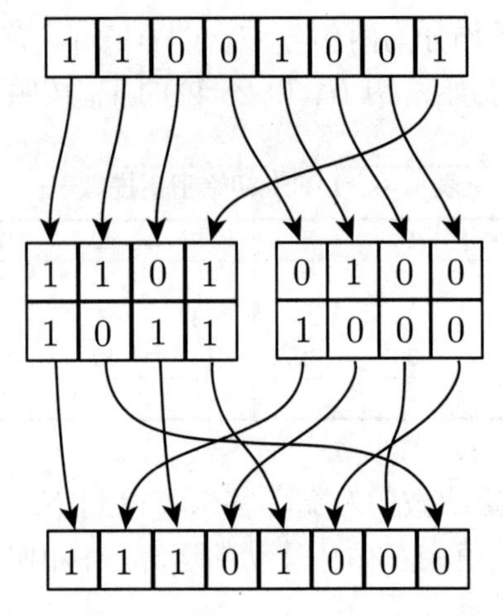

图 6-12 密钥的提取和压缩

■

DES 密钥扩展的 Python 代码如下：

```
# 密钥计算
key = hex2bin(key)
# 初始密钥置换表
keyp = [57, 49, 41, 33, 25, 17, 9,...]
key = permute(key, keyp, 56)

# 左循环移位
shift_table = [1, 1, 2, 2,2, 2, 2, 2,1, 2, 2, 2,2, 2, 2, 1]

# 密钥压缩置换表
key_comp = [14, 17, 11, 24, 1, 5,...]

# 划分左右两组
left = key[0:28];right = key[28:56]

rkb ,rk = [],[]
for i in range(0, 16):
  # 16轮密钥迭代
    left = shift_left(left, shift_table[i])
    right = shift_left(right, shift_table[i])
    combine_str = left + right
    round_key = permute(combine_str, key_comp, 48)
    rkb.append(round_key)
    rk.append(bin2hex(round_key))
```

6.3.4 完整 DES 加密示例

尝试手算一轮 DES 的加密过程是非常有意义的，它可以帮助读者快速理解 DES 的整个加密过程。为了方便展示，以下计算均使用十六进制。

例 6.3.5 用 DES 加密一组信息“VELOCITY”(速度)，使用密钥“SIDESLIP”(侧滑) 进行加密，得到的密文是什么？

解：将大写的明文通过 ASCII 表转化为十六进制，如表 6-9 所示。

表 6-9 明文转十六进制

明文	V	E	L	O	C	I	T	Y
十六进制	56	45	4C	4F	43	49	54	59

因此明文为 `0x56454C4F43495459`,将其转化为二进制就是 010101100 10001010 10011000 10011110 10000110 10010010 10101000 1011001，再根据表 6-1 进行初始置换重新排序，得到初始置换后的明文：`0xFFC14FBA0000AC19`。

轮函数和密钥编排过程如表 6-10 所示。将 `0xFFC14FBA0000AC19` 分为 L 和 R，它们是初始置换后的左右各一半的 32 位数据。接下来进行 16 轮迭代计算。每轮也会得到 48 位长度的子密钥。值得注意的是，$L_i = R_{i-1}$。最后一轮为逆初始置换后的左右各一半的 32 位数据。这两个值结合起来就形成了密文。

表 6-10 DES 加密过程

轮次	L_i	R_i	K_i
Round_0	FFC14FBA	0000AC19	
Round_1	0000AC19	3B291DE4	B0924AA54028
Round_2	3B291DE4	A45F1AA2	A01AD2134E80
Round_3	A45F1AA2	F9A321B6	347250580111
Round_4	F9A321B6	2051E8B1	06555083600C
Round_5	2051E8B1	A275DAEA	4E4155603380
Round_6	A275DAEA	259B9236	0FC109B0002F
Round_7	259B9236	A1668FF4	0B01AB461A82
Round_8	A1668FF4	4978E4E6	B90889142179
Round_9	4978E4E6	3829FFE3	19188AE44405
Round_{10}	3829FFE3	D7E2E925	3028CC4A02CA
Round_{11}	D7E2E925	EE2EAE27	106C0494D109
Round_{12}	EE2EAE27	AEAFE1C6	402D34021660
Round_{13}	AEAFE1C6	A7D608AF	C4A425D8A920
Round_{14}	A7D608AF	B6624599	C38622204E18
Round_{15}	B6624599	D46D0BA1	E892A2593012
Round_{16}	4FEA1F39	D46D0BA1	A19222888335

L_{16} 与 R_{16} 组合之后得到 `0x4FEA1F39D46D0BA1`。最后根据表 6-1 进行逆初始置换，也就是最终的置换，得到的结果就为密文：`0x6F5CE47D8533F092`。 ■

6.3.5 解密步骤

由于是对称密码，可以使用与加密相同的函数进行解密。不同的地方在于，密钥的使用顺序是相反的，即使用 $K_{16}, K_{15}, K_{14}, \cdots, K_1$ 的密钥顺序进行解密，并且密钥的移动方向是向右的，移动的次数依然保持不变，与表 6-7 相同。

例 6.3.6 现在尝试解密例 6.3.5 得到的密文。为了节省空间，只显示了几个回合，如表 6-11 所示。

解：通过观察表 6-11 可以发现，密钥按相反的顺序使用，第 1 轮的密钥与表 6-10 中的第 16 轮密钥相同。解密时的 L_0 和 R_0 值与加密时的 L_{16} 和 R_{16} 的值相同。这体现了 DES 的对称性。

表 6-11 DES 解密全过程

轮次	L_i	R_i	K_i
Round_0	4FEA1F39	D46D0BA1	
Round_1	D46D0BA1	B6624599	A19222888335
Round_2	B6624599	A7D608AF	E892A2593012
Round_3	A7D608AF	AEAFE1C6	C38622204E18
$\text{Round}_{4\sim13}$	⋮	⋮	⋮
Round_{14}	A45F1AA2	3B291DE4	347250580111
Round_{15}	3B291DE4	0000AC19	A01AD2134E80
Round_{16}	FFC14FBA	0000AC19	B0924AA54028

■

6.3.6 密码分析

DES 的安全性如何呢？DES 的安全性主要来源于轮次数、密钥长度和 S 盒的构成。因为只有 56 位密钥可供加密，所以密钥空间仅为 $2^{56} \approx 7.2 \times 10^{16}$。这对于现代密码来说属实不算大。由于密钥长度太短导致密钥空间不够大，DES 非常容易遭到攻击。今天，密码学家们已经不再愿意针对 DES 的攻击设计算法了，因为直接使用穷举攻击便可以轻而易举地破解它。

DES 在 1973 年被设计出来，彼时计算机尚未普及，对于计算机加密技术只有美国军方和美国政府比较感兴趣，研究机构和企业都还未发觉计算机加密技术的重要性，因此没有向该领域倾斜资源，所以那时候使用的计算机加密技术质量不好，容易遭到攻击。这也是 DES 出现后广受欢迎的原因。

美国国家标准局 (NBS) 提出需求，让 DES 密码系统作为美国国家标准安全地使用。但美国国家标准局并不能判断该方案是否安全，于是美国国家标准局向美国国家安全局 (NSA) 寻求帮助 [47]，检验其是否符合产品的安全需求。美国国家安全局隶属于美国国防部，是美国联邦政府机构中的情报部门之一，专门负责情报搜集和监听任务，搜集情报的手段包括但不限于使用网络攻击、钓鱼攻击、后门监控等。2013 年斯诺登所曝光的棱镜计划监听项目 [53] 和 2022 年中国西北工业大学遭到的网络攻击事件 [54]，就是 NSA 实施的行动。

NSA 参与了 DES 的设计，说服了 IBM 公司把密钥长度缩小到 56 位，并设计了 S 盒的结构。许多人认为 NSA 在 S 盒的结构上留了后门，以便 NSA 可以自己单独破解 DES。NSA 否认这些指控，并与 IBM 联合发表了文章来证明 DES 没有后门。但依然有很多人不相信，认为这是 NSA 故意设计的。有资料说明，在最初的设计方案中，密钥长度为 128 位。当密钥长度下降到 56 位后，DES 的安全性相对于 128 位的密钥来说，可以忽略不计。这么做的理由就是让 NSA 可以有机会攻击。

DES 在起初设计时就考虑了使用非线性结构进行加密，也就是 S 盒。如果没有 S 盒，任何人都可以写出一个线性等式来分析 DES 的输入和输出。S 盒同时可以抵御差分密码分析，这是一种由阿迪·萨莫尔在 1990 年才在学术界公开的密码分析算法。然而 IBM 在很早之前就设计了 S 盒以抵御此攻击，暂时不清楚 IBM 是当时就已经知道有这种攻击方式，只是没有公开而已，还是真的只是一个巧合。这里面的细节估计只有 IBM 和 NSA 知晓。如果 IBM 早已知晓差分密码分析，那么就说明当时在密码学领域工业界领先了学术界 15 年，这是一个巨大的鸿沟。

Coppersmith[55] 列出了 DES S 盒的设计标准。

1) 每个 S 盒都有 6 位的输入和 4 位的输出。

2) 任意一个输出位 (Output Bit) 都不应该太接近输入位 (Input Bit) 的线性函数。

3) 如果输入的最左位和最右位都是固定的，只有中间的 4 位是可变的，则每个可能的 4 位输出值都只能出现一次，因为中间的 4 个输入位在其 16 种可能的范围内。

4) 对于 S 盒的两个输入，如果仅有 1 位不同，则输出必须至少有两位不同。

5) 对于 S 盒的两个输入，如果只有中间两位不同，则输出必须至少有两位不同。

6) 对于 S 盒的两个输入，如果开头的两位不同，但最后两位相同，则输出必须不同。

7) 对于任意有 6 位非零差分的输入对，32 对输入中至多有 8 对有相同的输出差分。

8) 8 个 S 盒对应的 32 位输出的冲突 (零输出差异) 只有在 3 个相邻的 S 盒的情况下才有可能。

有关更多的关于 S 盒的分析，可以参考文献 [56]。后来有人修改了 S 盒的结构，使其安全性得到一定提升。从 1977 年开始，NSA 每隔一段时间就会对 DES 的安全性进行评估，到了 1997 年，耗时数月便可以暴力破解 DES[57]。到了 1999 年，则只需用 22 小时即可破解 [58]。因此到了 2000 年，DES 基本上不再被使用，取而代之的是 3DES 和 AES。

要想加强安全性，就需要增加密钥长度。有人想出了使用双重 DES 的加密方案 [59]，这样密钥空间就为 2^{112}，安全性大大提升，可以抵御暴力攻击。从理论上来说，想要穷举 2DES 的所有可能性，需要 $2^{56} \times 2^{56} = 2^{112}$ 次计算，但有人发现可以使用中间相遇攻击 (Meet-in-the-Middle Attack)，如图 6-13 所示。这使得破解 2DES 的时间复杂度约等于 $\mathcal{O}(2^{57})$，这与破解单 DES 的时间复杂度差不多。虽然它在空间复杂度上比单 DES 大，比单 DES 安全，但由于理论上存在被破解的可能，因此 2DES 很快被人们放弃。

为了抵御中间相遇攻击，密码学家们提出了 3DES 方案 [60]，它也称三重 DES 加密算法 (TDES)。不过 3DES 并不是字面意思上的对一组明文实行“加密-加密-再加密”的 3 个步骤，而是“加密-解密-再加密”的步骤，用公式表达为：

$$c = E_{K_1}(D_{K_2}(E_{K_1}(m))), \quad K_1 \neq K_2 \tag{6-42}$$

没错，3DES 只使用了两组不同的密钥，因此其密钥空间也是 2^{112}。为什么不使用 3 组不同的密钥呢？这样密钥空间不就达到 2^{168} 了吗？其实还是因为中间相遇攻击，这会使得攻击方式的时间复杂度没有那么高，其与密钥空间为 2^{112} 的时间复杂度相近，而且 3 组不同密钥也会让加密速度降低，导致效率不高。综合各种因素，所以没有使用 3 组不同的密钥进行加密。如果使用 3 组相同的密钥呢？那这和单 DES 的密钥空间是一样的，只是加密轮数从 16 轮变成 48 轮而已，安全性没有增强，也放弃使用。

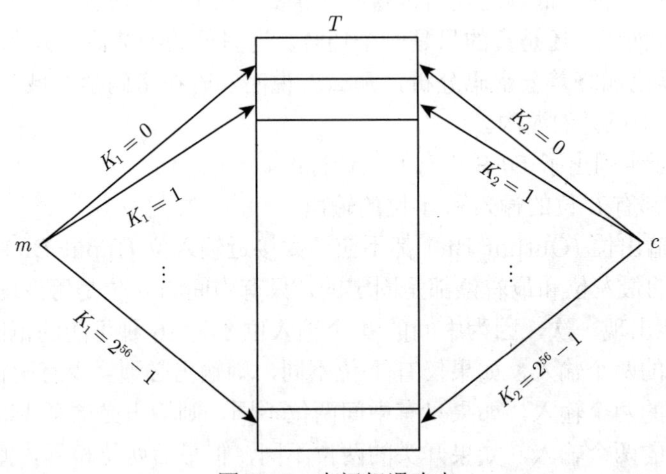

图 6-13 中间相遇攻击

那么什么是中间相遇攻击呢？在 2DES 中，$c = E_{K_2}(E_{K_1}(m))$，$K_1 \neq K_2$。若攻击者 Eve 得到两个明文-密文对 (m_1, c_1)、(m_2, c_2)，就需要计算 $D_{K2}(c_i) = X_i = E_{K1}(m_i)$，使得两个明文-密文对都成立。这时候 Eve 可以做两张表，每张表的长度都是 2^{56}，一张用来解密，一张用来加密。一旦找到 X_i，就意味着存在 K_1 与 K_2 相匹配的情况，也就破解了 2DES，这也就是中间相遇。其时间复杂度为 $2^{56} + 2^{56} = 2^{56+1} = 2^{57}$，破解这个密钥空间的时间比破解 2^{112} 空间的时间少多了，基本上也就与破解单 DES 的时间相同。在这个时间内，对同一个明文-密文对，有可能两次返回相同结果的密钥对 (K_1, K_2) 的个数为 $2^{112}/2^{64} = 2^{48}$(DES 长 64 位，因此除以 2^{64})。对两个明文-密文对，有可能两次返回相同结果的密钥对的个数为 $2^{48}/2^{64} = 2^{-16}$，所以找到密钥对 (K_1, K_2) 的概率就是 $1 - 2^{-16} \approx 1 = 100\%$。

至今在互联网部分协议中仍在使用 3DES，不过随着计算机性能的增强，密钥空间 2^{112} 也慢慢变得不安全，它逐渐被其他算法所替代。

6.4 AES

6.4.1 发展历史

20 世纪以来，计算机性能不断提高，暴力攻击的方式让 DES 变得越来越不安全。针对 DES 密钥长度太短的缺陷，有人研发出了专门的工具来破解 DES。到了 20 世纪 90 年代，计算机界和密码学界的学者们都清楚地意识到 DES 已经过时了，需要研究一种新的算法来代替 DES，以保证加密信息的安全性。

20 世纪 90 年代，美国国家标准局 (NBS) 更名为美国国家标准与技术研究所 (NIST) 后，与 20 年前一样，向学界征求 DES 的替代方案。NIST 将该替代方案称为高级加密标准 (Advanced Encryption Standard，AES)，要求新方案的分组大小为 128 位，且密钥需有 128 位、192 位和 256 位三种不同的长度，并向全世界公开算法细节。它联合美国国家安全局 (NSA)，从收到的 21 种方案中筛选出 15 种，并最终选择由两位比利时密码学家 Joan Daemen 和 Vincent Rijmen 开发的 Rijndael 密码 [48] 作为 AES。最早的 AES 称为 Rijndael 密码，经过数年的验证，通过与其他密码 (CAST-256、E2、FROG、RC6 等) 比较，考虑密码的安全性、加密解密速度、环境适应性等方面，Rijndael 密码获得了 86 票 (第 2 名 59 票)，击败了其他算法，赢得最终的胜利。Rijndael 密码于 2001 年 11 月 26 日被 NIST 宣布为 AES。

由于筛选过程是公开进行的，受到了密码学界的广泛关注，如果算法有漏洞，很容易被密码学家发现。所以 NSA 不参与设计，仅作为裁判，因此当时没有人声称 NSA 或其他机构在 AES 中留有“后门”。

AES 有哪些改进呢？AES 作为分组密码的一种，其骨干网络没有选择费斯妥密码结构。回顾一下费斯妥密码结构，一半的数据移动位置，另一半则进行计算。并且费斯妥密码加密和解密是对称的，也就是解密步骤是加密步骤的逆操作，但 AES 并不对称，解密步骤只与加密步骤相似，不完全一样，需要分别实现。所以说，AES 的解密过程与加密过程不尽相同，这是因为解密的转换顺序与加密的不同。这样做其实是有缺点的，除了需要分别实现代码，硬件也需要分别开发，导致成本上升，其改进版本可参考文献 [61]。

AES 与 Rijndael 密码的不同之处在于分组长度和密钥长度。Rijndael 密码的分组长度和密钥长度是可变的，可设置为 32 位的倍数，如 128、160、192、224、256 位，但 AES 的分组长度被固定为 128 位，AES 的密钥长度只支持 128 位、192 位和 256 位，分别简称 AES-128、AES-192、AES-256。AES 是面向字节设计的方案，把 128 位输入换算成 16 字节作为单位，每 16 字节分组由一个 4×4 的方阵表示，也叫作状态矩阵。每输入一个字母，可按照 ASCII 表转化为十六进制。明文长度需要是 128 的整数倍，如果不是 128 的整数倍，则需要进行填充，比如可以使用字母 Z 填补缺失位置。密钥长度决定着轮次数，128 位密钥进行 10 轮加密，192 位密钥进行 12 轮加密，256 位密钥进行 14 轮加密。除了最后一轮，每一轮在状态矩阵上执行 4 个简单的运算，分别为：

- 字节替代 (SubBytes)
- 行位移 (ShiftRows)
- 列混淆 (MixColumns)
- 轮密钥加 (AddRoundKey)

AES 的结构很简单。对于加密和解密，密码都从轮密钥加阶段开始，然后进行 9 轮运算，每轮包含以上 4 个运算过程，末轮只执行除列混淆以外的运算。

AES 的全流程如图 6-14 所示。下面看看加密步骤中的各个矩阵运算。

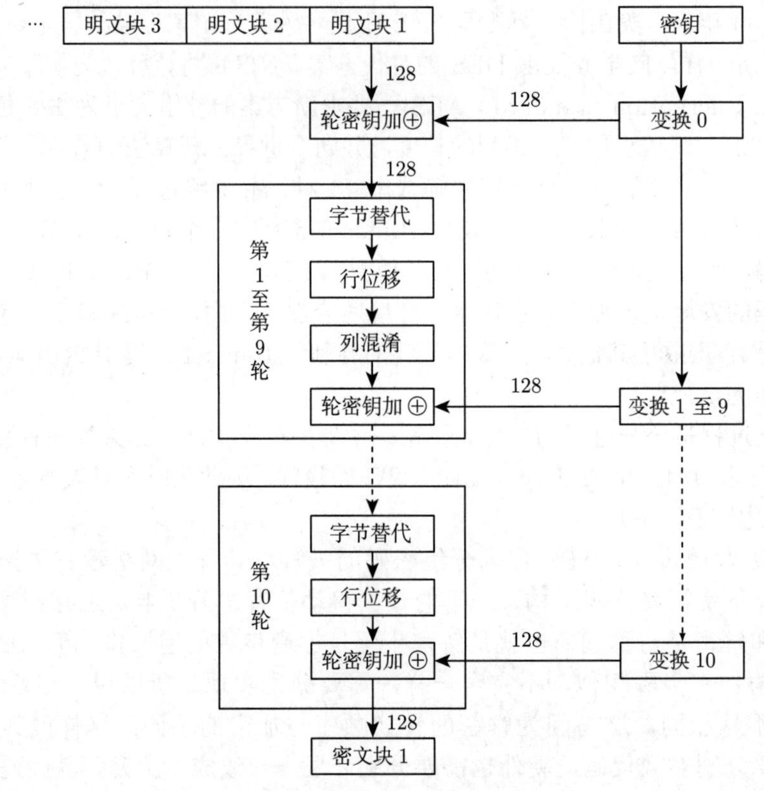

图 6-14 AES 的全流程

6.4.2 字节替代

字节替代 (Substitute Bytes，SubBytes) 采用基于有限域运算的 S 盒，是一种非线性替换运算，也是一个简单的表格查询操作。行位移和列混淆是一种线性运算，轮密钥加则是将状态矩阵与轮密钥进行异或运算，也是一种线性运算。这几种运算本质上是为了产生混淆，以抵御密码学分析。

以 128 位的明文分组为例，将 128 位换算成 16 字节，即每 8 位二进制数替换成一个 1 位的十六进制数，得到一个 4×4 的方阵，先从上到下，再从左到右排列。元素用 a_{ij} 表示，其中 $0\leqslant i,j\leqslant3$。S 盒是一个替换表，是一个 16×16 大小的表格，它包含 256 个 8 位二进制数所有可能的排列组合，如表 6-12 所示。将 1 字节作为输入，用字节的前一位作为行索引，后一位作为列索引，输出 1 字节，也是唯一值，输出值用 b_{ij} 表示。其逆运算如表 6-13 所示。

表 6-12 AES 字节替代 (S 盒)

	0	1	2	3	4	5	6	7	8	9	A	B	C	D	E	F
0	63	7C	77	7B	F2	6B	6F	C5	30	01	67	2B	FE	D7	AB	76
1	CA	82	C9	7D	FA	59	47	F0	AD	D4	A2	AF	9C	A4	72	C0
2	B7	FD	93	26	36	3F	F7	CC	34	A5	E5	F1	71	D8	31	15
3	04	C7	23	C3	18	96	05	9A	07	12	80	E2	EB	27	B2	75

续表

	0	1	2	3	4	5	6	7	8	9	A	B	C	D	E	F
4	09	83	2C	1A	1B	6E	5A	A0	52	3B	D6	B3	29	E3	2F	84
5	53	D1	00	ED	20	FC	B1	5B	6A	CB	BE	39	4A	4C	58	CF
6	D0	EF	AA	FB	43	4D	33	85	45	F9	02	7F	50	3C	9F	A8
7	51	A3	40	8F	92	9D	38	F5	BC	B6	DA	21	10	FF	F3	D2
8	CD	0C	13	EC	5F	97	44	17	C4	A7	7E	3D	64	5D	19	73
9	60	81	4F	DC	22	2A	90	88	46	EE	B8	14	DE	5E	0B	DB
A	E0	32	3A	0A	49	06	24	5C	C2	D3	AC	62	91	95	E4	79
B	E7	C8	37	6D	8D	D5	4E	A9	6C	56	F4	EA	65	7A	AE	08
C	BA	78	25	2E	1C	A6	B4	C6	E8	DD	74	1F	4B	BD	8B	8A
D	70	3E	B5	66	48	03	F6	0E	61	35	57	B9	86	C1	1D	9E
E	E1	F8	98	11	69	D9	8E	94	9B	1E	87	E9	CE	55	28	DF
F	8C	A1	89	0D	BF	E6	42	68	41	99	2D	0F	B0	54	BB	16

表 6-13 AES 逆字节替代 (逆 S 盒)

	0	1	2	3	4	5	6	7	8	9	A	B	C	D	E	F
0	52	09	6A	D5	30	36	A5	38	BF	40	A3	9E	81	F3	D7	FB
1	7C	E3	39	82	9B	2F	FF	87	34	8E	43	44	C4	DE	E9	CB
2	54	7B	94	32	A6	C2	23	3D	EE	4C	95	0B	42	FA	C3	4E
3	08	2E	A1	66	28	D9	24	B2	76	5B	A2	49	6D	8B	D1	25
4	72	F8	F6	64	86	68	98	16	D4	A4	5C	CC	5D	65	B6	92
5	6C	70	48	50	FD	ED	B9	DA	5E	15	46	57	A7	8D	9D	84
6	90	D8	AB	00	8C	BC	D3	0A	F7	E4	58	05	B8	B3	45	06
7	D0	2C	1E	8F	CA	3F	0F	02	C1	AF	BD	03	01	13	8A	6B
8	3A	91	11	41	4F	67	DC	EA	97	F2	CF	CE	F0	B4	E6	73
9	96	AC	74	22	E7	AD	35	85	E2	F9	37	E8	1C	75	DF	6E
A	47	F1	1A	71	1D	29	C5	89	6F	B7	62	0E	AA	18	BE	1B
B	FC	56	3E	4B	C6	D2	79	20	9A	DB	C0	FE	78	CD	5A	F4
C	1F	DD	A8	33	88	07	C7	31	B1	12	10	59	27	80	EC	5F
D	60	51	7F	A9	19	B5	4A	0D	2D	E5	7A	9F	93	C9	9C	EF
E	A0	E0	3B	4D	AE	2A	F5	B0	C8	EB	BB	3C	83	53	99	61
F	17	2B	04	7E	BA	77	D6	26	E1	69	14	63	55	21	0C	7D

$$\begin{bmatrix} a_{00} & a_{01} & a_{02} & a_{03} \\ a_{10} & a_{11} & a_{12} & a_{13} \\ a_{20} & a_{21} & a_{22} & a_{23} \\ a_{30} & a_{31} & a_{32} & a_{33} \end{bmatrix} \xrightarrow{\text{字节替代}} \begin{bmatrix} b_{00} & b_{01} & b_{02} & b_{03} \\ b_{10} & b_{11} & b_{12} & b_{13} \\ b_{20} & b_{21} & b_{22} & b_{23} \\ b_{30} & b_{31} & b_{32} & b_{33} \end{bmatrix}$$

例 6.4.1 考虑十六进制数，假设 a_{00} = `0x42`、a_{01} = `0xE6`、a_{02} = `0x4F`，问字节替代后的值是多少？

解：通过查询表 6-12，易得知 b_{00} = `0x2C`、b_{01} = `0x8E`、b_{02} = `0x84`。 ■

例 6.4.2 考虑二进制数，假设 $a_{00} = 10001000$、$a_{01} = 01001001$，问字节替代后的值是多少？

解：将 a_{00} 转为十六进制，得到十六进制数 `0x88`。a_{01} 转为十六进制，得到十六进制数 `0x49`。通过查询表 6-12，易得知 b_{00} = `0xC4` $\Rightarrow 11000100$、b_{01} = `0x3B` $\Rightarrow 00111011$。 ■

在 AES 中，不同轮次使用的 S 盒是唯一的，这也是 AES 的特点，它可以让所有元素都有唯一的对应关系，并且可逆。

例 6.4.3 考虑十六进制数，假设 b_{00} = 0x6E、b_{01} = 0x46，问字节替代前的值是多少？换句话说，求逆字节替代操作。

解：通过查询表 6-13，易得知 a_{00} = 0x45、a_{01} = 0x98。 ■

AES 中的 S 盒是如何构建的呢？S 盒的对应关系其实是建立在有限域 $\mathrm{GF}(2^8)$ 上的，会映射到该有限域的乘法逆元上，具体参见 2.12 节。AES 使用了一个不可约多项式：$P(x) = x^8 + x^4 + x^3 + x + 1$。AES 将字节与多项式 $P(x)$ 建立一一对应的关系，这也是为什么 S 盒的输出是唯一的。由于 0 的逆元不存在，因此 AES 规定十六进制的 0x00 映射到其自身。那么如何使用不可约多项式进行模运算呢？下面看一个例子。

例 6.4.4 首先使用两个规定的多项式，$A(x) = x^6+x^4+x^2+x+1$，$B(x) = x^7+x+1$，在 $\mathrm{GF}(2^8)$ 中运算。那么就可以得到：

$$A(x) + B(x) = \left(x^6 + x^4 + x^2 + x + 1\right) + \left(x^7 + x + 1\right) \tag{6-43}$$

$$= x^7 + x^6 + x^4 + x^2 \tag{6-44}$$

$$A(x) \cdot B(x) \equiv \left(x^6 + x^4 + x^2 + x + 1\right)\left(x^7 + x + 1\right) \pmod{P(x)} \tag{6-45}$$

$$\equiv x^{13} + x^{11} + x^9 + x^8 + x^6 + x^5 + x^4 + x^3 + 1 \pmod{P(x)} \tag{6-46}$$

$$= C(x) \tag{6-47}$$

由于 $C(x)$ 的最高次数项大于 8，所以需要使用长除法将 $P(x)$ 除 $C(x)$ 求出余项。

$$\begin{array}{r|l}
 & x^5 \qquad\qquad + x^3 \\
\hline
x^8 + x^4 + x^3 + x + 1 & x^{13} + x^{11} + x^9 + x^8 \qquad + x^6 + x^5 + x^4 + x^3 + 1 \\
 & -x^{13} \qquad -x^9 - x^8 \qquad -x^6 - x^5 \\
\cline{2-2}
 & x^{11} \qquad\qquad\qquad + x^4 + x^3 \\
 & -x^{11} \qquad -x^7 - x^6 \qquad -x^4 - x^3 \\
\cline{2-2}
 & -x^7 - x^6 \qquad\qquad +1
\end{array}$$

因此 $C(x)/P(x)$ 的余项为 $-x^7 - x^6 + 1$。最后代入 $C(x)$，就能得到：

$$A(x) \cdot B(x) \equiv x^{13} + x^{11} + x^9 + x^8 + x^6 + x^5 + x^4 + x^3 + 1 \pmod{P(x)} \tag{6-48}$$

$$\equiv -x^7 - x^6 + 1 \pmod{(x^8 + x^4 + x^3 + x + 1)} \tag{6-49}$$

$$\equiv x^7 + x^6 + 1 \pmod{(x^8 + x^4 + x^3 + x + 1)} \tag{6-50}$$

■

这一步骤使得字节替代具有了非线性运算功能。$\mathrm{GF}(2^8)$ 乘法逆元对应表如表 6-14所示，它包含了 $\mathrm{GF}(2^8)$ $(\mathrm{mod}\ P(x))$ 的所有逆元。

表 6-14 AES S 盒使用的字节对应 GF(2^8) 中的乘法逆元

	0	1	2	3	4	5	6	7	8	9	A	B	C	D	E	F
0	00	01	8D	F6	CB	52	7B	D1	E8	4F	29	C0	B0	E1	E5	C7
1	74	B4	AA	4B	99	2B	60	5F	58	3F	FD	CC	FF	40	EE	B2
2	3A	6E	5A	F1	55	4D	A8	C9	C1	0A	98	15	30	44	A2	C2
3	2C	45	92	6C	F3	39	66	42	F2	35	20	6F	77	BB	59	19

续表

	0	1	2	3	4	5	6	7	8	9	A	B	C	D	E	F
4	1D	FE	37	67	2D	31	F5	69	A7	64	AB	13	54	25	E9	09
5	ED	5C	05	CA	4C	24	87	BF	18	3E	22	F0	51	EC	61	17
6	16	5E	AF	D3	49	A6	36	43	F4	47	91	DF	33	93	21	3B
7	79	B7	97	85	10	B5	BA	3C	B6	70	D0	06	A1	FA	81	82
8	83	7E	7F	80	96	73	BE	56	9B	9E	95	D9	F7	02	B9	A4
9	DE	6A	32	6D	D8	8A	84	72	2A	14	9F	88	F9	DC	89	9A
A	FB	7C	2E	C3	8F	B8	65	48	26	C8	12	4A	CE	E7	D2	62
B	0C	E0	1F	EF	11	75	78	71	A5	8E	76	3D	BD	BC	86	57
C	0B	28	2F	A3	DA	D4	E4	0F	A9	27	53	04	1B	FC	AC	E6
D	7A	07	AE	63	C5	DB	E2	EA	94	8B	C4	D5	9D	F8	90	6B
E	B1	0D	D6	EB	C6	0E	CF	AD	08	4E	D7	E3	5D	50	1E	B3
F	5B	23	38	34	68	46	03	8C	DD	9C	7D	A0	CD	1A	41	1C

表 6-14是如何用的呢？不妨来看一个例子。

例 6.4.5 在有限域 GF(2^8) 中，使用不可约多项式 $P(x) = x^8 + x^4 + x^3 + x + 1$，求多项式 $f(x) = x^5 + x^3 + x$ 的逆。

解: 多项式 $f(x) = x^5+x^3+x$ 的系数分别为 00101010，转化成十六进制就是 `0x2A`。通过表 6-14可知，`0x2A` 的逆元是 `0x98`，也就是 10011000。换成多项式就是 $f^{-1}(x) = x^7+x^4+x^3$。

为了验证，可以计算：

$$
\begin{aligned}
f^{-1}(x)f(x) &\equiv (x^7 + x^4 + x^3)(x^5 + x^3 + x) \pmod{P(x)} \\
&\equiv x^{12} + x^{10} + x^9 + 2x^8 + x^7 + x^6 + x^5 + x^4 \pmod{P(x)}
\end{aligned}
$$

由于 $f^{-1}(x)f(x)$ 的最高次数项大于 8，所以需要使用长除法将 $P(x)$ 除 $C(x)$ 求出余项：

$$
\begin{array}{r}
x^4 \qquad\qquad + x^2 + x - 1 \\
x^8 + x^4 + x^3 + x + 1 \overline{\big)\; x^{12} + x^{10} + x^9 \qquad + x^7 + x^6 + x^5 + x^4} \\
-x^{12} \qquad\qquad -x^8 - x^7 \qquad -x^5 - x^4 \\
\hline
x^{10} + x^9 - x^8 \qquad + x^6 \\
-x^{10} \qquad\qquad -x^6 - x^5 \qquad -x^3 - x^2 \\
\hline
x^9 - x^8 \qquad\qquad -x^5 \qquad -x^3 - x^2 \\
-x^9 \qquad\qquad -x^5 - x^4 \qquad -x^2 - x \\
\hline
-x^8 \qquad -2x^5 - x^4 - x^3 - 2x^2 - x \\
x^8 \qquad\qquad + x^4 + x^3 \qquad + x + 1 \\
\hline
-2x^5 \qquad\qquad -2x^2 \qquad + 1
\end{array}
$$

由于系数都是 GF(2) 中的元素，所以：

$$
f^{-1}(x)f(x) \equiv 1 \pmod{P(x)} \tag{6-51}
$$

■

S 盒的构造过程还没有结束。S 盒的输入为 8 位，那么就可以把这 8 位分别标记为 b_0、b_1、b_2、b_3、b_4、b_5、b_6、b_7。通过矩阵运算，做仿射映射。

$$\begin{bmatrix} b_0 \\ b_1 \\ b_2 \\ b_3 \\ b_4 \\ b_5 \\ b_6 \\ b_7 \end{bmatrix} = \begin{bmatrix} 1 & 0 & 0 & 0 & 1 & 1 & 1 & 1 \\ 1 & 1 & 0 & 0 & 0 & 1 & 1 & 1 \\ 1 & 1 & 1 & 0 & 0 & 0 & 1 & 1 \\ 1 & 1 & 1 & 1 & 0 & 0 & 0 & 1 \\ 1 & 1 & 1 & 1 & 1 & 0 & 0 & 0 \\ 0 & 1 & 1 & 1 & 1 & 1 & 0 & 0 \\ 0 & 0 & 1 & 1 & 1 & 1 & 1 & 0 \\ 0 & 0 & 0 & 1 & 1 & 1 & 1 & 1 \end{bmatrix} \begin{bmatrix} b_0' \\ b_1' \\ b_2' \\ b_3' \\ b_4' \\ b_5' \\ b_6' \\ b_7' \end{bmatrix} \oplus \begin{bmatrix} 1 \\ 1 \\ 0 \\ 0 \\ 0 \\ 1 \\ 1 \\ 0 \end{bmatrix} \tag{6-52}$$

需要注意的是，这里的矩阵乘法运算并不是通常的矩阵乘法，而是在有限域 $\mathrm{GF}(2^n)$ 中的乘法。因此矩阵乘法中的每个元素都是行元素和列元素进行异或运算。总结可归纳为：

$$b_i = b_i' \oplus b'_{(i+4) \pmod 8} \oplus b'_{(i+5) \pmod 8} \oplus b'_{(i+6) \pmod 8} \oplus b'_{(i+7) \pmod 8} \oplus c_i \tag{6-53}$$

其中 $0 \leqslant i \leqslant 8$，$c$ 为特殊指定的字节，它的值为 $c = 01100011 = \texttt{0x63}$。字节 c 非常重要，如果没有字节 c，映射时输入字节 `0x00`，输出将不会发生变化。通过字节 c，可以将 `0x00` 映射为 `0x63`。同时，它还保留其他所有字节的一一对应关系。

例 6.4.6 如果不查询表 6-12，假设输入的是 `0x10`，那么 S 盒的替代是什么？

解：根据表 6-14 可以查找到 10 在 $\mathrm{GF}(2^8)$ 的乘法逆元是 `0x74`，转成二进制为 01110100，就是二进制输入。代入矩阵

$$\begin{bmatrix} b_0 \\ b_1 \\ b_2 \\ b_3 \\ b_4 \\ b_5 \\ b_6 \\ b_7 \end{bmatrix} = \begin{bmatrix} 1 & 0 & 0 & 0 & 1 & 1 & 1 & 1 \\ 1 & 1 & 0 & 0 & 0 & 1 & 1 & 1 \\ 1 & 1 & 1 & 0 & 0 & 0 & 1 & 1 \\ 1 & 1 & 1 & 1 & 0 & 0 & 0 & 1 \\ 1 & 1 & 1 & 1 & 1 & 0 & 0 & 0 \\ 0 & 1 & 1 & 1 & 1 & 1 & 0 & 0 \\ 0 & 0 & 1 & 1 & 1 & 1 & 1 & 0 \\ 0 & 0 & 0 & 1 & 1 & 1 & 1 & 1 \end{bmatrix} \begin{bmatrix} 0 \\ 0 \\ 1 \\ 0 \\ 1 \\ 1 \\ 1 \\ 0 \end{bmatrix} \oplus \begin{bmatrix} 1 \\ 1 \\ 0 \\ 0 \\ 0 \\ 1 \\ 1 \\ 0 \end{bmatrix} = \begin{bmatrix} 1 \\ 1 \\ 0 \\ 0 \\ 1 \\ 0 \\ 1 \\ 0 \end{bmatrix}$$

可以得到二进制数 11001010，即十六进制的 `0xCA`。通过查询表 6-12 可以验证。 ■

6.4.3 行位移

行位移 (ShiftRows) 依然是在 4×4 的方阵中进行的，矩阵的第 i 行执行 i–1 次左循环移位。它的逆操作则是第 i 行执行 $i-1$ 次右循环移位。

$$\begin{bmatrix} a_{00} & a_{01} & a_{02} & a_{03} \\ a_{10} & a_{11} & a_{12} & a_{13} \\ a_{20} & a_{21} & a_{22} & a_{23} \\ a_{30} & a_{31} & a_{32} & a_{33} \end{bmatrix} \xrightarrow{\text{行位移}} \begin{bmatrix} a_{00} & a_{01} & a_{02} & a_{03} \\ a_{11} & a_{12} & a_{13} & a_{10} \\ a_{22} & a_{23} & a_{20} & a_{21} \\ a_{33} & a_{30} & a_{31} & a_{32} \end{bmatrix} \tag{6-54}$$

也就是说，移位次数取决于矩阵的行数。矩阵第 1 行的所有元素保持不变，第 2 行向左移 1 个位置，第 3 行向左移 2 个位置，第 4 行向左移 3 个位置。目的是增加 AES 的扩散属性。

在解密过程中，行位移变成逆行位移 (InvShiftRows)，移位方向变成向右。移位次数也取决于矩阵的行数。矩阵的第 1 行所有元素保持不变，第 2 行向右移 1 个位置，第 3 行向右移 2 个位置，第 4 行向右移 3 个位置。

例 6.4.7 展示行位移的具体示例。

$$\begin{bmatrix} \texttt{F2} & \texttt{4C} & \texttt{63} & \texttt{72} \\ \texttt{CA} & \texttt{FA} & \texttt{B7} & \texttt{27} \\ \texttt{09} & \texttt{2C} & \texttt{5A} & \texttt{D0} \\ \texttt{8C} & \texttt{A1} & \texttt{98} & \texttt{9E} \end{bmatrix} \xrightarrow{\text{行位移}} \begin{bmatrix} \texttt{F2} & \texttt{4C} & \texttt{63} & \texttt{72} \\ \texttt{FA} & \texttt{B7} & \texttt{27} & \texttt{CA} \\ \texttt{5A} & \texttt{D0} & \texttt{09} & \texttt{2C} \\ \texttt{9E} & \texttt{8C} & \texttt{A1} & \texttt{98} \end{bmatrix}$$ ■

6.4.4 列混淆

列混淆 (MixColumns) 的运算过程比较繁琐，是 AES 算法中最为复杂的部分，为一个线性变换的过程。它需要进行移位和异或运算。列混淆每次取 4 字节，并将其合并重新创建 4 个新字节，用以改变原先每个字节的内容。为了保证每个新字节都是不同的 (即使原先所有字节都是一样的)，会将每个字节与一个常数相乘，然后将它们混淆。AES 的列混淆运算也是建立在有限域 GF(2^8) 上的。

首先，计算矩阵“乘法”，该“乘法”是在有限域 GF(2^8) 中进行的 (矩阵中的元素都是十六进制)。

$$\begin{bmatrix} \texttt{02} & \texttt{03} & \texttt{01} & \texttt{01} \\ \texttt{01} & \texttt{02} & \texttt{03} & \texttt{01} \\ \texttt{01} & \texttt{01} & \texttt{02} & \texttt{03} \\ \texttt{03} & \texttt{01} & \texttt{01} & \texttt{02} \end{bmatrix} \times \begin{bmatrix} a_{00} & a_{01} & a_{02} & a_{03} \\ a_{10} & a_{11} & a_{12} & a_{13} \\ a_{20} & a_{21} & a_{22} & a_{23} \\ a_{30} & a_{31} & a_{32} & a_{33} \end{bmatrix} = \begin{bmatrix} a'_{00} & a'_{01} & a'_{02} & a'_{03} \\ a'_{10} & a'_{11} & a'_{12} & a'_{13} \\ a'_{20} & a'_{21} & a'_{22} & a'_{23} \\ a'_{30} & a'_{31} & a'_{32} & a'_{33} \end{bmatrix} \tag{6-55}$$

这里应用到了有限域的乘法计算，过程如 2.10 节所介绍的。不过由于是二进制运算，其运算过程等价于异或运算。$\texttt{01} \times a_{ij} = a_{ij}$，等于其本身，$\texttt{02} \times a_{ij}$ 等于 a_{ij} 的二进制数左移一位，右边补 0，如果 a_{ij} 的二进制数最左边是 1，就会造成溢出，如果溢出，则需要与 00011011(`0x1B`) 进行异或运算。$\texttt{03} \times a_{ij}$ 等于 $(\texttt{02} \times a_{ij}) \oplus a_{ij}$，换句话说，$a_{ij}$ 先乘 `02` 再“异或”自己。对于 $0 \leqslant j \leqslant 3$，有：

$$a'_{0j} = (\texttt{02} \times a_{0j}) \oplus (\texttt{03} \times a_{1j}) \oplus a_{2j} \oplus a_{3j} \tag{6-56}$$

$$a'_{1j} = a_{0j} \oplus (\texttt{02} \times a_{1j}) \oplus (\texttt{03} \times a_{2j}) \oplus a_{3j} \tag{6-57}$$

$$a'_{2j} = a_{0j} \oplus a_{1j} \oplus (\texttt{02} \times a_{2j}) \oplus (\texttt{03} \times a_{3j}) \tag{6-58}$$

$$a'_{3j} = (\texttt{03} \times a_{0j}) \oplus a_{1j} \oplus a_{2j} \oplus (\texttt{02} \times a_{3j}) \tag{6-59}$$

下面通过一个经典的 AES 例子来了解列混淆是如何运算的。

例 6.4.8 求：

$$\begin{bmatrix} \texttt{02} & \texttt{03} & \texttt{01} & \texttt{01} \\ \texttt{01} & \texttt{02} & \texttt{03} & \texttt{01} \\ \texttt{01} & \texttt{01} & \texttt{02} & \texttt{03} \\ \texttt{03} & \texttt{01} & \texttt{01} & \texttt{02} \end{bmatrix} \times \begin{bmatrix} \texttt{87} & \texttt{F2} & \texttt{4D} & \texttt{97} \\ \texttt{6E} & \texttt{4C} & \texttt{90} & \texttt{EC} \\ \texttt{46} & \texttt{E7} & \texttt{4A} & \texttt{C3} \\ \texttt{A6} & \texttt{8C} & \texttt{D8} & \texttt{95} \end{bmatrix}$$

解：首先计算 $a'_{00} = (\texttt{02} \times \texttt{87}) \oplus (\texttt{03} \times \texttt{6E}) \oplus (\texttt{01} \times \texttt{46}) \oplus (\texttt{01} \times \texttt{A6})$。

先求第 1 组，0x02 转成二进制数为 0000 0010，a_{00}(0x87) 转成二进制数为 1000 0111。由于最左边是 1，会溢出，舍去后补一位 0，然后与 00011011(0x1B) 做异或运算，如图 6-15 所示。

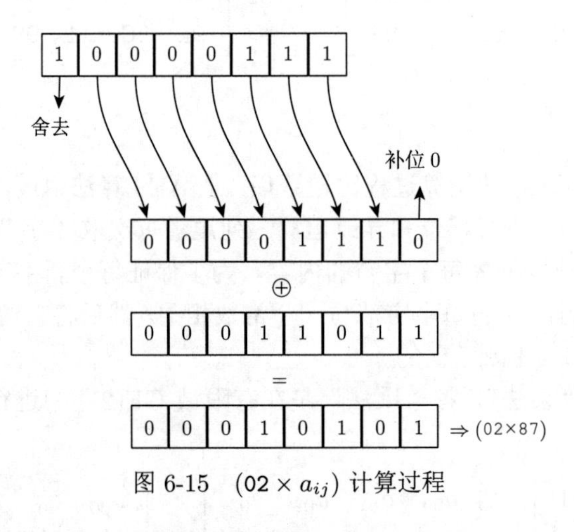

图 6-15 $(\texttt{02} \times a_{ij})$ 计算过程

接着求第 2 组 (03 × 6E)，03 的二进制数为 0000 0011，6E 的二进制数为 0110 1110。(03 × 6E) = (6E × (02 × 6E)) 。先求 (02 × 6E)，因为 6E 的最左边不是 1，不需要与 1B 进行异或运算，因此 (02 × 6E)= 1101 1100。(6E × (02 × 6E)) =0110 1110 ⊕ 1101 1100= 1011 0010。因此，03 × 6E =1011 0010。

第 3 组和第 4 组非常容易计算，01 × 46 = 46 =0100 0110，01 × A6 = A6 =1010 0110。

$$\begin{aligned} \texttt{02} \times \texttt{87} &= 00010101 \\ \texttt{03} \times \texttt{6E} &= 10110010 \\ \texttt{01} \times \texttt{46} &= 01000110 \\ \texttt{01} \times \texttt{A6} &= 10100110 \\ \oplus &= 01000111 \end{aligned}$$

所以 $a'_{00} = \underbrace{01000111}_{\text{二进制}} = \underbrace{71}_{\text{十进制}} = \underbrace{\texttt{0x47}}_{\text{十六进制}}$。

其他矩阵元素 a'_{ij} 的计算过程与计算 a'_{00} 的步骤一样：

$$a'_{10} = (\texttt{01} \times \texttt{87}) \oplus (\texttt{02} \times \texttt{6E}) \oplus (\texttt{03} \times \texttt{46}) \oplus (\texttt{01} \times \texttt{A6}) = \texttt{37}$$
$$a'_{20} = (\texttt{01} \times \texttt{87}) \oplus (\texttt{01} \times \texttt{6E}) \oplus (\texttt{02} \times \texttt{46}) \oplus (\texttt{03} \times \texttt{A6}) = \texttt{94}$$

$$a'_{30} = (\texttt{03} \times \texttt{87}) \oplus (\texttt{01} \times \texttt{6E}) \oplus (\texttt{01} \times \texttt{46}) \oplus (\texttt{02} \times \texttt{A6}) = \texttt{ED}$$
$$a'_{01} = (\texttt{01} \times \texttt{F2}) \oplus (\texttt{02} \times \texttt{4C}) \oplus (\texttt{03} \times \texttt{E7}) \oplus (\texttt{01} \times \texttt{8C}) = \texttt{40}$$
$$a'_{02} = (\texttt{01} \times \texttt{4D}) \oplus (\texttt{02} \times \texttt{90}) \oplus (\texttt{03} \times \texttt{4A}) \oplus (\texttt{01} \times \texttt{D8}) = \texttt{A3}$$
$$a'_{03} = (\texttt{01} \times \texttt{97}) \oplus (\texttt{02} \times \texttt{EC}) \oplus (\texttt{03} \times \texttt{C3}) \oplus (\texttt{01} \times \texttt{95}) = \texttt{4C}$$

根据相同方法，最终得到列混淆后的矩阵是：

$$\begin{bmatrix} \texttt{02} & \texttt{03} & \texttt{01} & \texttt{01} \\ \texttt{01} & \texttt{02} & \texttt{03} & \texttt{01} \\ \texttt{01} & \texttt{01} & \texttt{02} & \texttt{03} \\ \texttt{03} & \texttt{01} & \texttt{01} & \texttt{02} \end{bmatrix} \times \begin{bmatrix} \texttt{87} & \texttt{F2} & \texttt{4D} & \texttt{97} \\ \texttt{6E} & \texttt{4C} & \texttt{90} & \texttt{EC} \\ \texttt{46} & \texttt{E7} & \texttt{4A} & \texttt{C3} \\ \texttt{A6} & \texttt{8C} & \texttt{D8} & \texttt{95} \end{bmatrix} = \begin{bmatrix} \texttt{47} & \texttt{40} & \texttt{A3} & \texttt{4C} \\ \texttt{37} & \texttt{D4} & \texttt{70} & \texttt{9F} \\ \texttt{94} & \texttt{E4} & \texttt{3A} & \texttt{42} \\ \texttt{ED} & \texttt{A5} & \texttt{A6} & \texttt{BC} \end{bmatrix}$$ ■

在解密过程中，需要进行逆列混淆 (Inverse MixColumns) 运算。值得注意的是，逆列混淆的矩阵与列混淆矩阵不相同，互为反值。但逆列混淆运算与列混淆运算过程基本相同。其逆列混淆运算是：

$$\begin{bmatrix} \texttt{0E} & \texttt{0B} & \texttt{0D} & \texttt{09} \\ \texttt{09} & \texttt{0E} & \texttt{0B} & \texttt{0D} \\ \texttt{0D} & \texttt{09} & \texttt{0E} & \texttt{0B} \\ \texttt{0B} & \texttt{0D} & \texttt{09} & \texttt{0E} \end{bmatrix} \times \begin{bmatrix} a'_{00} & a'_{01} & a'_{02} & a'_{03} \\ a'_{10} & a'_{11} & a'_{12} & a'_{13} \\ a'_{20} & a'_{21} & a'_{22} & a'_{23} \\ a'_{30} & a'_{31} & a'_{32} & a'_{33} \end{bmatrix} = \begin{bmatrix} a_{00} & a_{01} & a_{02} & a_{03} \\ a_{10} & a_{11} & a_{12} & a_{13} \\ a_{20} & a_{21} & a_{22} & a_{23} \\ a_{30} & a_{31} & a_{32} & a_{33} \end{bmatrix}$$

6.4.5 轮密钥加

轮密钥加 (AddRoundKey)，也称异或轮密钥。如果说列混淆中的运算是“矩阵乘法”，那么轮密钥加中的运算是“矩阵加法”。这一步非常简单，就是与密钥进行异或运算。值得注意的是第 0 轮，第 0 轮是明文和没有变换过的原始密钥进行加密的。

$$K \oplus A = \begin{bmatrix} k_{00} \oplus a_{00} & k_{01} \oplus a_{01} & k_{03} \oplus a_{03} & k_{04} \oplus a_{04} \\ k_{10} \oplus a_{10} & k_{11} \oplus a_{11} & k_{12} \oplus a_{12} & k_{13} \oplus a_{13} \\ k_{20} \oplus a_{20} & k_{21} \oplus a_{21} & k_{22} \oplus a_{22} & k_{23} \oplus a_{23} \\ k_{30} \oplus a_{30} & k_{31} \oplus a_{31} & k_{32} \oplus a_{32} & k_{33} \oplus a_{33} \end{bmatrix} \tag{6-60}$$

如果 AES 是 192 位的密钥或者 256 位的密钥，那么密钥的状态矩阵列数则变成了 6 列和 8 列。比如 256 位的密钥可以写成：

$$K = \begin{bmatrix} k_{00} & k_{01} & k_{03} & k_{04} & k_{05} & k_{06} & k_{07} & k_{08} \\ k_{10} & k_{11} & k_{13} & k_{14} & k_{15} & k_{16} & k_{17} & k_{18} \\ k_{20} & k_{21} & k_{23} & k_{24} & k_{25} & k_{26} & k_{27} & k_{28} \\ k_{30} & k_{31} & k_{33} & k_{34} & k_{35} & k_{36} & k_{37} & k_{38} \end{bmatrix} \tag{6-61}$$

例 6.4.9 假设：

$$K = \begin{bmatrix} \texttt{8F} & \texttt{E2} & \texttt{3B} & \texttt{29} \\ \texttt{7C} & \texttt{BC} & \texttt{11} & \texttt{84} \\ \texttt{4B} & \texttt{A3} & \texttt{9C} & \texttt{09} \\ \texttt{E0} & \texttt{4E} & \texttt{D6} & \texttt{CA} \end{bmatrix} \quad A = \begin{bmatrix} \texttt{35} & \texttt{56} & \texttt{81} & \texttt{DA} \\ \texttt{EB} & \texttt{36} & \texttt{C1} & \texttt{71} \\ \texttt{87} & \texttt{71} & \texttt{61} & \texttt{3C} \\ \texttt{F9} & \texttt{2A} & \texttt{3D} & \texttt{23} \end{bmatrix}$$

其轮密钥加的结果是多少？

解：

$$K \oplus A = \begin{bmatrix} \mathtt{BA} & \mathtt{B4} & \mathtt{BA} & \mathtt{F3} \\ \mathtt{97} & \mathtt{8A} & \mathtt{D0} & \mathtt{F5} \\ \mathtt{CC} & \mathtt{D2} & \mathtt{FD} & \mathtt{35} \\ \mathtt{19} & \mathtt{64} & \mathtt{EB} & \mathtt{E9} \end{bmatrix}$$

■

那么其逆向运算是如何运算的呢？在异或运算中，由于 $P \oplus K \oplus K = P$，所以也就是再进行一次轮密钥加的运算就可以了。

6.4.6 密钥扩展

AES 密钥生成也较 DES 复杂。AES 的每一轮都会使用一个新密钥，为了创建每一轮的密钥，AES 使用了一个密钥扩展的过程。第 1 轮的密钥直接使用轮密钥加 (AddRoundKey) 步骤，其余的轮密钥在每轮结束时的最后一步使用。

首先如果有一串二进制的 128 位密钥，需要转化成十六进制的密钥，并变成一个方阵，如图 6-16 所示。

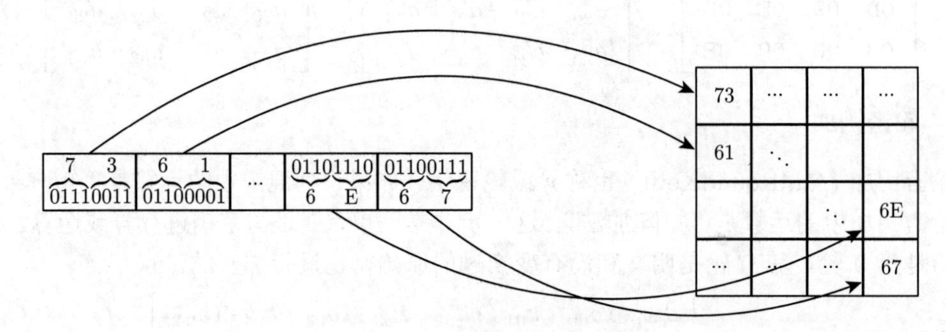

图 6-16 128 位转成 4 × 4 方阵

子密钥的生成是以列为单位进行的，一列是 32 位或 4 字节，4 列共同组成 128 位 (16 字节) 子密钥，k_{ij} 的长度是 8 位 (1 字节)。如图 6-17 所示，w_i 是由密钥 $k_{0i}, k_{1i}, k_{2i}, k_{3i}$ 组成的。也就是说，$w_0 = k_{00}k_{10}k_{20}k_{30}$、$w_1 = k_{01}k_{11}k_{21}k_{31}$、$w_2 = k_{02}k_{12}k_{22}k_{32}$、$w_3 = k_{03}k_{13}k_{23}k_{33}$。$w_3$ 在 g 函数中运算，得到的 w_3' 与 w_0 进行异或运算；得到的 w_4 与 w_1 进行异或运算，以此类推，得到新的子密钥。用公式可表示为：

$$w_4 = w_0 \oplus g(w_3) \tag{6-62}$$

$$w_5 = w_1 \oplus w_4 \tag{6-63}$$

$$w_6 = w_2 \oplus w_5 \tag{6-64}$$

$$w_7 = w_3 \oplus w_6 \tag{6-65}$$

继续更新 w_i，其中 $4 \leqslant i \leqslant 43$。如果 $i \pmod 4 \neq 0$，那么 $w_i = w_{i-1} \oplus w_{i-4}$。如果 $i \pmod 4 \equiv 0$，则 $w_i = w_{i-4} \oplus g$。

g 函数是一个复合函数，由 3 个子函数构成。用公式表示为：

$$g = \text{WordSub}(\text{RotWord}(w_{i-1})) \oplus \text{RC}_j \tag{6-66}$$

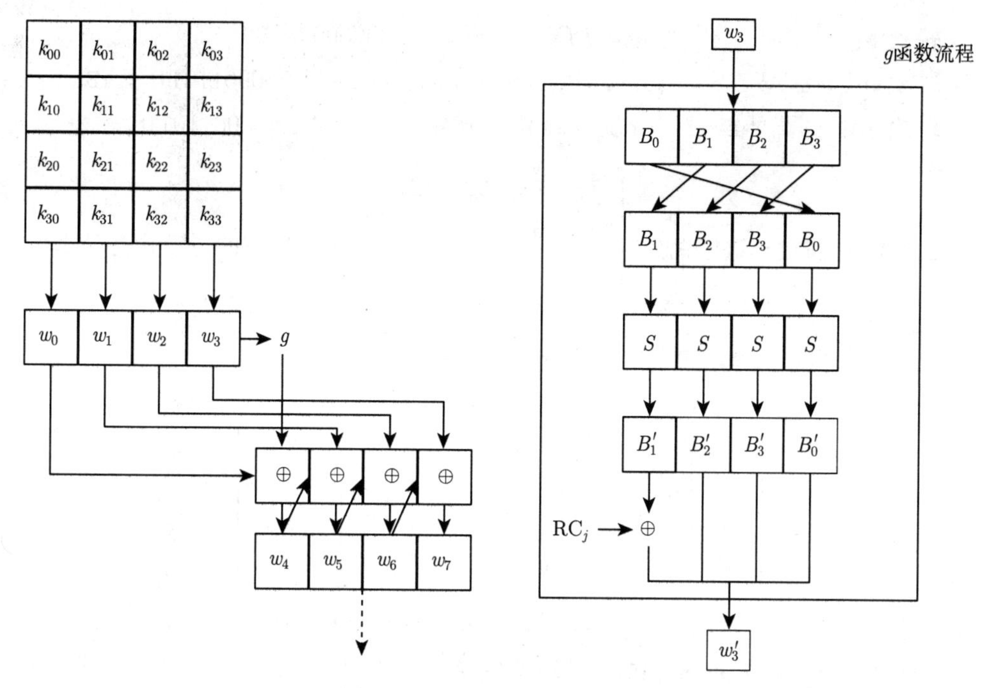

图 6-17 单轮子密钥加密过程

公式 (6-66) 的第 1 个子函数是左循环移位 (RotWord，Rotate Word)，这个操作非常简单：以字节为单位，$[B_0B_1B_2B_3] \rightarrow [B_1B_2B_3B_0]$。它与行位移 (ShiftRows) 相似，不同的是它只作用于单行。

第 2 个子函数是将从第 1 个子函数得到的密钥使用 S 盒 (表 6-12) 进行替换 (WordSub)，以字节为单位，密钥的前一位作为行索引，后一位作为列索引，得到 $[B_1'B_2'B_3'B_0']$。它与字节替代 (SubBytes) 相似，不同的是它只适用于单行 4 字节。

第 3 个子函数就是 B_1' 与 RC_j 的异或运算。RC_j 也称为轮系数 (Round Constant)[61]，是一个十六进制数，j 代表轮数。轮系数如表 6-15所示，最终得到 w_3'。

表 6-15 轮系数 (十六进制)

轮次	1	2	3	4	5	6	7	8	9	10
轮系数	01	02	04	08	10	20	40	80	1B	36

简单讨论一下轮系数是如何确定的。它是在有限域 GF(2^8) 中计算得到的，依然使用不可约多项式 $P(x) = x^8 + x^4 + x^3 + x + 1$。过程如下：

轮次 1： $x^{1-1} \equiv x^0 \pmod{P(x)} \equiv 1 \Rightarrow 00000001 \Rightarrow 01$

轮次 2： $x^{2-1} \equiv x^1 \pmod{P(x)} \equiv x \Rightarrow 00000010 \Rightarrow 02$

轮次 3： $x^{3-1} \equiv x^2 \pmod{P(x)} \equiv x^2 \Rightarrow 00000100 \Rightarrow 04$

轮次 4： $x^{4-1} \equiv x^3 \pmod{P(x)} \equiv x^3 \Rightarrow 00001000 \Rightarrow 08$

轮次 5： $x^{5-1} \equiv x^4 \pmod{P(x)} \equiv x^4 \Rightarrow 00010000 \Rightarrow 10$

轮次 6： $x^{6-1} \equiv x^5 \pmod{P(x)} \equiv x^5 \Rightarrow 00100000 \Rightarrow 20$

轮次 7： $x^{7-1} \equiv x^6 \pmod{P(x)} \equiv x^6 \Rightarrow 01000000 \Rightarrow 40$

轮次 8: $x^{8-1} \equiv x^7 \pmod{P(x)} \equiv x^7 \Rightarrow 10000000 \Rightarrow 80$

轮次 9: $x^{9-1} \equiv x^8 \pmod{P(x)} \equiv x^4 + x^3 + x + 1 \Rightarrow 00011011 \Rightarrow 1B$

轮次 10: $x^{10-1} \equiv x^9 \pmod{P(x)} \equiv x^5 + x^4 + x^2 + x \Rightarrow 00110110 \Rightarrow 36$

例 6.4.10 假设一组密钥为 $\begin{bmatrix} 73 & 73 & 69 & 72 \\ 61 & 68 & 73 & 69 \\ 74 & 63 & 62 & 6E \\ 69 & 6A & 6F & 67 \end{bmatrix}$，请问生成的子密钥是什么？

解：第 1 步非常简单，将密钥按列分成 4 组。

$$w_0 = \begin{bmatrix} 73 \\ 61 \\ 74 \\ 69 \end{bmatrix}, w_1 = \begin{bmatrix} 73 \\ 68 \\ 63 \\ 6A \end{bmatrix}, w_2 = \begin{bmatrix} 69 \\ 73 \\ 62 \\ 6F \end{bmatrix}, w_3 = \begin{bmatrix} 72 \\ 69 \\ 6E \\ 67 \end{bmatrix}$$

第 2 步计算 $g(w_3)$。w_3 向左循环移位后得到 $[69, 6E, 67, 72]^T$。然后根据 S 盒 (表 6-12) 进行字节替代，得到 $[F9, 9F, 85, 40]^T$。最后轮系数与 B'_1 进行异或运算，假设是第 1 轮，十六进制的 $B'_1 = F9 \oplus 01$ 转化成二进制的 $1111\ 1001 \oplus 0000\ 0001 = 1111\ 1000 = F8$。以此类推，最终得到 $w'_3 = [F8, 9F, 85, 40]^T$。

第 3 步计算 $w'_3 \oplus w_0$，w'_3 的第 1 个值和 w_0 的第 1 个值做异或运算，在 Python 中，使用以下代码

```
1 hex(int('73',16)^int('f8',16))
```

很容易计算得到 $73 \oplus F8 = 8B$，所以 $w_4 = [8B, FE, F1, 29]^T$。w_4 要和 w_1 做异或运算，得到 $w_4 \oplus w_1 = w_5 = [F8, 96, 92, 43]^T$。同理，$w_6 = [91, E5, F0, 2C]^T$，$w_7 = [E3, 8C, 9E, 4B]^T$。

第 4 步，第 1 轮结束计算，得到的 w_4、w_5、w_6、w_7 作为下一轮输入。计算 $w_4 \oplus g(w_7)$，以此类推，直到完成 10 轮计算，也就是到 w_{43} 为止。

子密钥编排过程如表 6-16 所示。

表 6-16 子密钥编排的例子

轮次	g函数	$w_i(i=0,4,\cdots,40)$	$w_i(i=1,5,\cdots,41)$	$w_i(i=2,6,\cdots,42)$	$w_i(i=3,7,\cdots,43)$
k_1	F89F8540	8BFEF129	F8969243	91E5F02C	E38C9E4B
k_2	660BB311	EDF54238	1563D07B	84862057	670ABE1C
k_3	63AE9C85	8E5BDEBD	9B380EC6	1FBE2E91	78B4908D
k_4	85605DBC	0B3B8301	90038DC7	8FBDA356	F70933DB
k_5	11C3B968	1AF83A69	8AFBB7AE	054614F8	F24F2723
k_6	A4CC2689	BE341CE0	34CFAB4E	3189BFB6	C3C69895
k_7	F4462A2E	4A7236CE	7EBD9D80	4F342236	8CF2BAA3
k_8	09F40A64	43863CAA	3D3BA12A	720F831C	FEFD39BF
k_9	4F1208BB	0C943411	31AF953B	43A01627	BD5D2F98
k_{10}	7A15467A	7681726B	472EE750	048EF177	B9D3DEEF

■

6.4.7 完整 AES 加密示例

尝试手算一轮 AES 的加密过程是非常有意义的，可以帮助读者快速理解 AES 的加密过程。

例 6.4.11 假设要用 AES 加密一组信息“Airgroundmissile”(空地导弹)，使用密钥“defence missile ”(防御导弹) 进行加密。其最终输出是什么？

解：以 128 位为例。第 1 步将密钥通过 ASCII 表转化为十六进制，如表 6-17所示。

表 6-17 密钥转十六进制

密钥	d	e	f	e	n	c	e		m	i	s	s	i	l	e	
十六进制	64	65	66	65	6E	63	65	20	6D	69	73	73	69	6C	65	20

$$因此，w_0 = \begin{bmatrix} 64 \\ 65 \\ 66 \\ 65 \end{bmatrix}, w_1 = \begin{bmatrix} 6E \\ 63 \\ 65 \\ 20 \end{bmatrix}, w_2 = \begin{bmatrix} 6D \\ 69 \\ 73 \\ 73 \end{bmatrix}, w_3 = \begin{bmatrix} 69 \\ 6C \\ 65 \\ 20 \end{bmatrix}。$$

第 2 步计算 $g(w_3)$。w_3 向左循环移位后得到 $[6C, 65, 20, 69]^T$。然后根据 S 盒 (表 6-12) 进行字节替代，得到 $[50, 4D, B7, F9]^T$。最后轮系数与 B_1' 进行异或运算，假设是第 1 轮，十六进制的 $B_1' = 50 \oplus 01$ 转化成二进制的 $0101\ 0000 \oplus 0000\ 0001 = 1111\ 1000 = 51$。最终得到 $w_3' = [51, 4D, B7, F9]^T$。

第 3 步计算 $w_3' \oplus w_0$。w_3' 的第 1 个值和 w_0 的第 1 个值做异或运算，所以 $w_4 = [35, 28, D1, 9C]^T$。w_4 要与 w_1 做异或运算，得到 $w_4 \oplus w_1 = w_5 = [5B, 4B, B4, BC]^T$。同理，得到 $w_6 = [36, 22, C7, CF]^T$，$w_7 = [5F, 4E, A2, EF]^T$。

第 4 步，第一轮结束计算，得到的 w_4、w_5、w_6、w_7 作为下一轮输入。$w_4 \oplus g(w_7)$, 以此类推，直到完成 10 轮计算，也就是求出 w_{43} 为止。

为了方便，首先把所有的子密钥计算出来，子密钥的生成流程如图 6-17 所示。子密钥单轮的计算过程如例 6.4.10 的步骤一样，得到的子密钥如表 6-18 所示。

表 6-18 全部子密钥

轮次	$w_i(i = 0, 4, \cdots, 40)$	$w_i(i = 1, 5, \cdots, 41)$	$w_i(i = 2, 6, \cdots, 42)$	$w_i(i = 3, 7, \cdots, 43)$
k_0	64656665	6E636520	6D697373	696C6520
k_1	3528D19C	5B4BB4BC	3622C7CF	5F4EA2EF
k_2	18120E53	4359BAEF	757B7D20	2A35DFCF
k_3	8A8C84B6	C9D53E59	BCAE4379	969B9CB6
k_4	9652CA26	5F87F47F	E329B706	75B22BB0
k_5	B1A32DBB	EE24D9C4	0D0D6EC2	78BF4572
k_6	99CD6D07	77E9B4C3	7AE4DA01	025B9F73
k_7	E016E270	97FF56B3	ED1B8CB2	EF4013C1
k_8	696B9AAF	FE94CC1C	138F40AE	FCCF536F
k_9	F886321F	0612FE03	159DBEAD	E952EDC2
k_{10}	CED31701	C8C1E902	DD5C57AF	340EBA6D

然后将明文也转为十六进制。值得注意的是，在 ASCII 中，大写字母的编码并不等于小写字母的编码，如表 6-19 所示。

表 6-19 明文转十六进制

明文	A	i	r	g	r	o	u	n	d	m	i	s	s	i	l	e
十六进制	41	69	72	67	72	6F	75	6E	64	6D	69	73	73	69	6C	65

第 0 轮，仅进行轮密钥加“⊕”。

$$\begin{bmatrix} 41 & 72 & 64 & 73 \\ 69 & 6F & 6D & 69 \\ 72 & 75 & 69 & 6C \\ 67 & 6E & 73 & 65 \end{bmatrix} \oplus \begin{bmatrix} 64 & 6E & 6D & 69 \\ 65 & 63 & 69 & 6C \\ 66 & 65 & 73 & 65 \\ 65 & 20 & 73 & 20 \end{bmatrix} \xrightarrow{\text{轮密钥加}} \begin{bmatrix} 25 & 1C & 09 & 1A \\ 0C & 0C & 04 & 05 \\ 14 & 10 & 1A & 09 \\ 02 & 4E & 00 & 45 \end{bmatrix} \tag{6-67}$$

第 1 轮，使用 S 盒进行字节替代，通过查询表 6-12 可得到。得到的矩阵进行行位移和列混淆，列混淆的计算过程按照例 6.4.8 计算。将结果与子密钥 k_1 进行轮密钥加运算。

$$\begin{bmatrix} 25 & 1C & 09 & 1A \\ 0C & 0C & 04 & 05 \\ 14 & 10 & 1A & 09 \\ 02 & 4E & 00 & 45 \end{bmatrix} \xrightarrow{\text{字节替代}} \begin{bmatrix} 3F & 9C & 01 & A2 \\ FE & FE & F2 & 6B \\ FA & CA & A2 & 01 \\ 77 & 2F & 63 & 6E \end{bmatrix} \tag{6-68}$$

$$\begin{bmatrix} 3F & 9C & 01 & A2 \\ FE & FE & F2 & 6B \\ FA & CA & A2 & 01 \\ 77 & 2F & 63 & 6E \end{bmatrix} \xrightarrow{\text{行位移}} \begin{bmatrix} 3F & 9C & 01 & A2 \\ FE & F2 & 6B & FE \\ A2 & 01 & FA & CA \\ 6E & 77 & 2F & 63 \end{bmatrix} \tag{6-69}$$

$$\begin{bmatrix} 02 & 03 & 01 & 01 \\ 01 & 02 & 03 & 01 \\ 01 & 01 & 02 & 03 \\ 03 & 01 & 01 & 02 \end{bmatrix} \times \begin{bmatrix} 3F & 9C & 01 & A2 \\ FE & F2 & 6B & FE \\ A2 & 01 & FA & CA \\ 6E & 77 & 2F & 63 \end{bmatrix} \xrightarrow{\text{列混淆}} \begin{bmatrix} AB & 58 & 6A & EF \\ 4B & 17 & ED & 63 \\ 2C & F5 & F4 & 76 \\ C1 & A2 & CC & 0F \end{bmatrix} \tag{6-70}$$

$$\begin{bmatrix} AB & 58 & 6A & EF \\ 4B & 17 & ED & 63 \\ 2C & F5 & F4 & 76 \\ C1 & A2 & CC & 0F \end{bmatrix} \oplus \begin{bmatrix} 35 & 5B & 36 & 5F \\ 28 & 4B & 22 & 4E \\ D1 & B4 & C7 & A2 \\ 9C & BC & CF & EF \end{bmatrix} \xrightarrow{\text{轮密钥加}} \begin{bmatrix} 9E & 03 & 5C & B0 \\ 63 & 5C & CF & 2D \\ FD & 41 & 33 & D4 \\ 5D & 1E & 03 & E0 \end{bmatrix} \tag{6-71}$$

经过不断迭代，直到第 10 轮结束。在十轮中，没有列混淆的运算。全部过程如下。

轮密钥加 (AddRoundKey) 的每轮过程如表 6-20所示。其中 R_0 是明文，R_{11} 是最后输出。

表 6-20 轮密钥加运算过程

轮次	1	2	3	4	5	6	7	8	9	10	11	12	13	14	15	16
R_0	41	69	72	67	72	6F	75	6E	64	6D	69	73	73	69	6C	65
R_1	25	0C	14	02	1C	0C	10	4E	09	04	1A	00	1A	05	09	45
R_2	9E	63	FD	5D	03	5C	41	1E	5C	CF	33	03	B0	2D	D4	E0
R_3	F2	32	EA	1E	34	B9	0F	38	B4	14	D1	96	11	DA	53	73
R_4	C8	64	AD	5B	73	7C	8B	82	C4	18	85	2B	0A	55	7A	45

续表

轮次	1	2	3	4	5	6	7	8	9	10	11	12	13	14	15	16
R_5	94	56	B5	5E	55	05	32	F0	42	61	53	6D	B2	E5	7D	9E
R_6	AE	70	B8	4D	80	5F	C7	7B	7C	60	A5	B9	C1	A8	C1	C1
R_7	7E	DE	C2	09	06	F4	67	FA	4A	FE	B3	DD	91	86	DB	C0
R_8	10	8D	A1	C3	27	2C	E8	02	9E	07	23	E8	95	AE	C6	58
R_9	39	43	D3	69	B3	20	C4	7E	77	76	52	8B	4F	72	BF	FA
R_{10}	33	CC	E0	C4	65	EE	AB	6D	B1	B1	C9	72	F5	FB	0C	29
R_{11}	0D	FB	CA	A4	85	09	17	1E	15	53	B6	93	D2	45	D8	2D

字节替代 (SubBytes) 的每轮过程如表 6-21所示。

表 6-21 字节替代运算过程

轮次	1	2	3	4	5	6	7	8	9	10	11	12	13	14	15	16
Sub_1	3F	FE	FA	77	9C	FE	CA	2F	01	F2	A2	63	A2	6B	01	6E
Sub_2	0B	FB	54	4C	7B	4A	83	72	4A	8A	C3	7B	E7	D8	48	E1
Sub_3	89	23	87	72	18	56	76	07	8D	FA	3E	90	82	57	ED	8F
Sub_4	E8	43	95	39	8F	10	3D	13	1C	AD	97	F1	67	FC	DA	6E
Sub_5	22	B1	D5	58	FC	6B	23	8C	2C	EF	ED	3C	37	D9	FF	0B
Sub_6	E4	51	6C	E3	CD	CF	C6	21	10	D0	06	56	78	C2	78	78
Sub_7	F3	1D	25	01	6F	BF	85	2D	D6	BB	6D	C1	81	44	B9	BA
Sub_8	CA	5D	32	2E	CC	71	9B	77	0B	C5	26	9B	2A	E4	B4	6A
Sub_9	12	1A	66	F9	6D	B7	1C	F3	F5	38	00	3D	84	40	08	2D
Sub_{10}	C3	4B	E1	1C	4D	28	62	3C	C8	C8	DD	40	E6	0F	FE	A5

行位移 (ShiftRows) 的每轮过程如表 6-22所示。

表 6-22 行位移运算过程

轮次	1	2	3	4	5	6	7	8	9	10	11	12	13	14	15	16
Shift_1	3F	FE	A2	6E	9C	F2	01	77	01	6B	FA	2F	A2	FE	CA	63
Shift_2	0B	4A	C3	E1	7B	8A	48	4C	4A	D8	54	72	E7	FB	83	7B
Shift_3	89	56	3E	8F	18	FA	ED	72	8D	57	87	07	82	23	76	90
Shift_4	E8	10	97	6E	8F	AD	DA	39	1C	FC	95	13	67	43	3D	F1
Shift_5	22	6B	ED	0B	FC	EF	FF	58	2C	D9	D5	8C	37	B1	23	3C
Shift_6	E4	CF	06	78	CD	D0	78	E3	10	C2	6C	21	78	51	C6	56
Shift_7	F3	BF	6D	BA	6F	BB	B9	01	D6	44	25	2D	81	1D	85	C1
Shift_8	CA	71	26	6A	CC	C5	B4	2E	0B	E4	32	77	2A	5D	9B	9B
Shift_9	12	B7	00	2D	6D	38	08	F9	F5	40	66	F3	84	1A	1C	3D
Shift_{10}	C3	28	DD	A5	4D	C8	FE	1C	C8	0F	E1	3C	E6	4B	62	40

列混淆 (MixColumns) 的每轮过程如表 6-23 所示。注意，最后一轮没有列混淆运算。

表 6-23 列混淆运算过程

轮次	1	2	3	4	5	6	7	8	9	10	11	12	13	14	15	16
Mix_1	AB	4B	2C	C1	58	17	F5	A2	6A	ED	F4	CC	EF	63	76	0F
Mix_2	EA	20	E4	4D	77	E0	B5	D7	C1	6F	AC	B6	3B	EF	8C	BC
Mix_3	42	E8	29	ED	BA	A9	B5	DB	78	B6	C6	52	9C	CE	E6	F3
Mix_4	02	04	7F	78	0A	82	C6	8F	A1	48	E4	6B	C7	57	56	2E
Mix_5	1F	D3	95	F6	6E	7B	1E	BF	71	6D	CB	7B	B9	17	84	B3

续表

轮次	1	2	3	4	5	6	7	8	9	10	11	12	13	14	15	16
Mix_6	E7	13	AF	0E	71	1D	D3	39	30	1A	69	DC	93	DD	44	B3
Mix_7	F0	9B	43	B3	B0	D3	BE	B1	73	1C	AF	5A	7A	EE	D5	99
Mix_8	50	28	49	C6	4D	B4	08	62	64	F9	12	25	B3	BD	EC	95
Mix_9	CB	4A	D2	DB	63	FC	55	6E	A4	2C	77	DF	1C	A9	E1	EB

最后得到十六进制密文：0x0DFBCAA48509171E1553B693D245D82D。

AES 加密过程的 Python 代码如下：

```
import numpy as np

MIX_C  = [[0x2, 0x3, 0x1, 0x1], ...]
I_MIX_C = [[0xe, 0xb, 0xd, 0x9], ...]
RCon   = [0x01000000, 0x02000000, ...]
SBOX = [[0x63, 0x7C,...]]
I_SBOX = [[0x52, 0x09, ...]]

def SubBytes(State): # 字节替代
    return [SBOX[i][j] for i, j in [(_ >> 4, _ & 0xF) for _ in State]]

def ShiftRows(S):# 行位移
    return [S[ 0], S[ 5], S[10], S[15], S[ 4], S[ 9], S[14], S[ 3],
            S[ 8], S[13], S[ 2], S[ 7], S[12], S[ 1], S[ 6], S[11]]

def MixColumns(State):  # 列混淆
    return Matrix_Mul(MIX_C, State)

def RotWord(block): # 用于生成轮密钥的字移位
    return ((block & 0xffffff) << 8) + (block >> 24)

def SubWord(block): # 用于生成密钥的字节替代
    result = 0
    for position in range(4):
        i = block >> position * 8 + 4 & 0xf
        j = block >> position * 8 & 0xf
        result ^= SBOX[i][j] << position * 8
    return result

def mod(poly, mod = 0b100011011):
    while poly.bit_length() > 8:
        poly ^= mod << poly.bit_length() - 9
    return poly

def mul(poly1, poly2):# 多项式相乘
    result = 0
    for index in range(poly2.bit_length()):
        if poly2 & 1 << index:
            result ^= poly1 << index
    return result

def Matrix_Mul(MIX_C, State):  # 用于列混淆的矩阵相乘
    M = [0] * 16
```

```
44    for row in range(4):
45        for col in range(4):
46            for Round in range(4):
47                M[row + col*4] ^= mul(MIX_C[row][Round], State[Round+col*4])
48            M[row + col*4] = mod(M[row + col*4])
49    return M
50
51 def round_key_generator(key):# 密钥生成器
52    w = [key >> 96, key >> 64 & 0xFFFFFFFF, key >> 32 & 0xFFFFFFFF,
53         key & 0xFFFFFFFF] + [0]*40
54    for i in range(4, 44):
55        temp = w[i-1]
56        if not i % 4:
57            temp = SubWord(RotWord(temp)) ^ RCon[i//4-1]
58        w[i] = w[i-4] ^ temp
59    return [num_2_bytes(
60                sum([w[4 * i] << 96, w[4*i+1] << 64,
61                    w[4*i+2] << 32, w[4*i+3]])) for i in range(11)]
62
63 def xor( State, RoundKeys):
64    return [State[i] ^ RoundKeys[i] for i in range(16)]
65
66 def AddRoundKey( State, RoundKeys, index):# 异或轮密钥
67    return xor(State, RoundKeys[index])
68
69 def bytes2num( _16bytes):# 16字节转数字
70    return int.from_bytes(_16bytes, byteorder = 'big')
71
72 def num_2_bytes( num):# 数字转16字节
73    return num.to_bytes(16, byteorder = 'big')
74
75 def aes_encrypt(plaintext, RoundKeys):
76    State = plaintext #初始
77    State = AddRoundKey(State, RoundKeys, 0)
78    for Round in range(1, 10): #轮次
79        State = AddRoundKey(MixColumns(ShiftRows(SubBytes(State))), RoundKeys, Round)
80    State = AddRoundKey(ShiftRows(SubBytes(State)), RoundKeys, 10) #末轮
81    return State
82
83 if __name__ == '__main__':
84    RoundKeys = round_key_generator(0x646566656E6365206D697373696C6520) #密钥
85    plaintext = num_2_bytes(0x41697267726F756E646D697373696C65) #明文
86    ciphertext = aes_encrypt(plaintext, RoundKeys) #加密
87    print('ciphertext = ' + hex(bytes2num(ciphertext))[2:].upper())
```

■

6.4.8 应用场景

虚拟专用网络 (Virtual Private Network，VPN) 就是利用互联网与其他公共 IP 建立属于自己的专用网。VPN 需要可靠的数据加密技术来保护传输数据的机密性，需要强大的验证技术来确定远程接入者的身份。VPN 安全与否的一个关键就是是否有良好的加密算法

和是否使用强的加密密钥，加密算法的好坏直接关系着虚拟专用网络能否建立。IPSec 是由 IETF 开发的一套互联网安全协议标准，可以为 IPv4 和 IPv6 数据提供高质量的、可互操作的、基于密码学的安全性。在 IPSec VPN 中，ESP 为传输数据提供机密性保护，为了 IPSec 通信两端能相互交互，ESP 载荷 (封装安全载荷) 中各字段的取值应该让双方都可理解。因此通信双方必须保持对通信消息相同的解释规则，即应持有相同的解释域 (DOI)。DOI 是由 IANA 给出的一个名字空间，共享同一个 DOI 的通信双方从一个共同的名字空间中选择安全协议和加密算法、共享密钥及交换协议标识符等。ESP 规定了双方必须支持的默认加密及鉴别算法，以保证不同的策略配置、环境配置的 IPSec 实现之间能够互通。我们通过扩展 IPSec DOI 在 IPSec 中加入 AES，使 AES 成为通信双方都必须支持的加密算法，并在协商时修改相应算法字段的取值 [62]。

2006 年，Wi-Fi 联盟在全球范围内全面启用 WPA2 技术，并将其作为无线局域网通信的加密方案，这也是第三代无线局域网加密技术。WPA2 加密技术摒弃了 RC4 的加密方式，转用 AES 作为无线数据的加密方案。WPA2-AES 的加密方式首先将报文主题切成数据块，然后借助对应的密钥阵列进行多轮交织的非线性加密运算。WPA2-AES 的加密运算借助非常有限的处理器资源即可完成，密钥的安装速度也非常快。WPA2-AES 采用多轮交织的非线性加密方式，在极大程度上增加了逆向破解的难度。同时，WPA2-AES 加密算法也借鉴了 WPA 加密流程设计中关于信息完整性安全校验的理念，采用了安全级别更高的 CCM 及 CBC-MAC 运算方式来完成信息完整性校验码 (MIC) 的提取。WPA2 的加密方案是到目前为止使用时间最长的 Wi-Fi 加密技术方案。通过使用块加密的方式可以保证同一用户在不同时间段发送的信息采用的加密/解密码不同、同一无线局域网中的不同无线用户使用的加密/解密码不同，从而起到良好的加/解密隔离效果 [63]。

除此之外，在需要移动互联网的设备上的应用程序，比如即时通信软件，也使用 AES 加密，以安全地发送照片和消息之类的信息；还有存档和压缩工具，比如 WinZip 和 RAR 等，也使用 AES 来防止数据泄露；在美国政府内部，一些操作系统组件使用 AES 来增强安全性。

6.4.9 密码分析

为了保证 AES 的安全性，设计者们特意加入了雪崩效应。雪崩效应是指当输入发生最微小的改变时，也会导致输出的不可区分性改变。AES 中，当明文改变 1 位时，就会有大约一半的密文被改变。同样，密钥被改变 1 位时，也会有大约一半的密文被改变。如果没有雪崩效应，就可以为攻击者提供明文攻击，会缩小 AES 的密钥空间。以例 6.4.11为例，假设明文输入从 `0x41697267726F756E646D697373696C65` 变成了 `0x40697267726F756E646D697373696C65`(第 2 位被改变)，那么密文就变成了 `0x21D67A10A2EE126258480F843C393852`。转成二进制后，与原密文有 69 位不同，也就是有一半的二进制位都不同。那么密文能不能改变更多呢？其实一半的密文被改变是最好的，假设极端情况，即全部被改变，逻辑上来说相当于没有被改变，攻击者只需要逆计算即可。

截至目前，暂未有可信且公开的方式针对 AES 进行有效的密码分析。暴力破解 128 位的 AES 需要长达数万亿年的时间，这对于任何攻击者来说都是不可接受的。虽然有部分算法 (如侧信道攻击 [64]) 可以让破解的时间复杂度低于暴力搜索，但效果并不显著，因此

AES 的安全性依然有保障。不过如果在机器上可以运行无特权的程序，利用侧信道攻击就能将 128 位的 AES 破解 [65]。由于 AES 是在 DES 之后设计的，抵御差分分析和线性分析都被设计者考虑在内，因此目前还没有针对 AES 的差分分析和线性分析方法。

目前许多针对 AES 的攻击并不是在加密过程中，而是在密钥管理上，如何安全地管理密钥是保护密码安全性的首要问题。

6.5 SM4

SM4 是一种分组加密算法，由中国科学院数据与通信保护研究教育中心 (DCS) 的吕述望等人负责设计，中国国家密码管理局商用密码检测中心负责起草。SM4 算法于 2006 年公开发布，并在 2012 年 3 月发布成为国家密码行业标准 (GM/T 0002—2012)，2016 年 8 月发布成为国家标准 (GB/T 32907—2016)[66]。2017 年被国际标准化组织收纳为国际标准 (ISO.IEC.18033-3.AMD2) 。

该密码的目的是替代 DES/AES 等国际算法，主要应用于无线局域网产品。SM4 算法与 AES 算法具有相同的密钥长度、分组长度，都是 128 位 (即 16 字节，4 字)，采用非平衡的费斯妥密码结构，加密算法与密钥扩展算法都采用 32 轮非线性迭代结构，并且还有一轮反序变换。解密算法是加密算法的逆向运算，轮密钥的使用顺序相反 [67]。

6.5.1 加密步骤

第 1 步，迭代运算，进行 32 轮。假设明文长度为 128 位二进制数，分别为 (X_0, X_1, X_2, X_3)，密钥为 rk_i，其中 $i = 0, 1, \cdots, 31$。迭代公式如下：

$$\begin{aligned} X_{i+4} &= F\left(X_i, X_{i+1}, X_{i+2}, X_{i+3}, \mathrm{rk}_i\right) \\ &= X_i \oplus T\left(X_{i+1} \oplus X_{i+2} \oplus X_{i+3} \oplus \mathrm{rk}_i\right) \end{aligned} \tag{6-72}$$

其中 $i = 0, 1, \cdots, 31$，“$\oplus$”为异或运算。

T 是一个可逆排列，也称合成置换。由非线性变换 τ 和线性变换 L 组合而成，即 $T(\bullet) = L(\tau(\bullet))$。它是一个输入为 32 位，输出也为 32 位的函数。

非线性变换 τ 由 4 个平行的 S 盒 (Sbox) 组成。给定一个 32 位输入 $A = (a_0, a_1, a_2, a_3)$，其中每个 a_i 都是一个 8 位字符串。τ 的输出为 $B = (b_0, b_1, b_2, b_3)$，其中每个 b_i 都是一个 8 位字符串。即

$$(b_0, b_1, b_2, b_3) = \tau(A) = \left(\mathrm{Sbox}\left(a_0\right), \mathrm{Sbox}\left(a_1\right), \mathrm{Sbox}\left(a_2\right), \mathrm{Sbox}\left(a_3\right)\right) \tag{6-73}$$

S 盒的值如表 6-24 所示。具体代换方法与 AES 中的字节替代相同。首先把 8 位二进制字符串写成 2 位十六进制，然后以十六进制的第 1 个数字为行，第 2 个数字为列，在 S 盒表中查找对应的数字。这样就可以完成字节替代。

表 6-24 SM4 S 盒

	0	1	2	3	4	5	6	7	8	9	A	B	C	D	E	F
0	D6	90	E9	FE	CC	E1	3D	B7	16	B6	14	C2	28	FB	2C	05
1	2B	67	9A	76	2A	BE	04	C3	AA	44	13	26	49	86	06	99
2	9C	42	50	F4	91	EF	98	7A	33	54	0B	43	ED	CF	AC	62

续表

	0	1	2	3	4	5	6	7	8	9	A	B	C	D	E	F
3	E4	B3	1C	A9	C9	08	E8	95	80	DF	94	FA	75	8F	3F	A6
4	47	07	A7	FC	F3	73	17	BA	83	59	3C	19	E6	85	4F	A8
5	68	6B	81	B2	71	64	DA	8B	F8	EB	0F	4B	70	56	9D	35
6	1E	24	0E	5E	63	58	D1	A2	25	22	7C	3B	01	21	78	87
7	D4	00	46	57	9F	D3	27	52	4C	36	02	E7	A0	C4	C8	9E
8	EA	BF	8A	D2	40	C7	38	B5	A3	F7	F2	CE	F9	61	15	A1
9	E0	AE	5D	A4	9B	34	1A	55	AD	93	32	30	F5	8C	B1	E3
A	1D	F6	E2	2E	82	66	CA	60	C0	29	23	AB	0D	53	4E	6F
B	D5	DB	37	45	DE	FD	8E	2F	03	FF	6A	72	6D	6C	5B	51
C	8D	1B	AF	92	BB	DD	BC	7F	11	D9	5C	41	1F	10	5A	D8
D	0A	C1	31	88	A5	CD	7B	BD	2D	74	D0	12	B8	E5	B4	B0
E	89	69	97	4A	0C	96	77	7E	65	B9	F1	09	C5	6E	C6	84
F	18	F0	7D	EC	3A	DC	4D	20	79	EE	5F	3E	D7	CB	39	48

L 是线性变换，非线性变换 τ 的输出是线性变换 L 的输入。设输入为 32 位长度的 B，输出为 32 位长度的 C，即

$$C = L(B) = B \oplus (B \lll 2) \oplus (B \lll 10) \oplus (B \lll 18) \oplus (B \lll 24) \tag{6-74}$$

其中“$\lll i$”为 32 位循环左移 i 位。经过非线性变换 τ 和线性变换 L，就完成了一轮迭代，然后将这轮的输出作为下一轮的输入。

第 2 步，反序变换。对最后一轮数据进行反序变换并得到密文，仅进行一次。将迭代最后得到的 $(X_{32}, X_{33}, X_{34}, X_{35})$ 进行反序，得到最终的密文输出：

$$(Y_0, Y_1, Y_2, Y_3) = \text{Reverse}(X_{32}, X_{33}, X_{34}, X_{35}) = (X_{35}, X_{34}, X_{33}, X_{32}) \tag{6-75}$$

6.5.2 密钥扩展

在 32 轮迭代中，每一轮都需要一个 32 位的轮密钥。如何由 128 位的原始密钥获得 32 个 32 位的轮密钥呢？这个问题就要靠密钥扩展算法来解决了。

SM4 的加密密钥长度为 128 位，表示为 $\text{MK} = (\text{MK}_0, \text{MK}_1, \text{MK}_2, \text{MK}_3)$，其中 $\text{MK}_i (i = 0, 1, 2, 3)$ 为 32 位密钥长度。

轮密钥表示为 $(\text{rk}_0, \text{rk}_1, \cdots, \text{rk}_{31})$，其中 $\text{rk}_i (i = 0, \cdots, 31)$ 为 32 位。轮密钥由加密密钥生成。$\text{FK} = (\text{FK}_0, \text{FK}_1, \text{FK}_2, \text{FK}_3)$ 为系统参数，用十六进制表示分别为：

$$\text{FK}_0 = \texttt{A3B1BAC6}$$

$$\text{FK}_1 = \texttt{56AA3350}$$

$$\text{FK}_2 = \texttt{677D9197}$$

$$\text{FK}_3 = \texttt{B27022DC}$$

第 1 步，将原始密钥 MK_i 与系统参数 FK_i 进行异或运算，即

$$(K_0, K_1, K_2, K_3) = (\text{MK}_0 \oplus \text{FK}_0, \text{MK}_1 \oplus \text{FK}_1, \text{MK}_2 \oplus \text{FK}_2, \text{MK}_3 \oplus \text{FK}_3) \tag{6-76}$$

第 2 步，与加密过程类似，需要对这 4 个 32 位的密钥进行 32 轮迭代，生成 32 个轮

密钥。其通项迭代公式为：

$$\mathrm{rk}_i = K_{i+4} = K_i \oplus T'\left(K_{i+1} \oplus K_{i+2} \oplus K_{i+3} \oplus \mathrm{CK}_i\right), \text{其中} i = 0, 1, \cdots, 31 \tag{6-77}$$

其中 T' 与加密过程中的合成置换 T 类似，也包括非线性变换 τ 和线性变换 L' 两部分。非线性变换 τ 的运算过程与 T 中的完全一致；L' 与 T 中的 L 则不同，设输入为 32 位长度的 B，L' 的计算公式如下：

$$L'(B) = B \oplus (B \lll 13) \oplus (B \lll 23) \tag{6-78}$$

$\mathrm{CK} = (\mathrm{CK}_0, \mathrm{CK}_1, \cdots, \mathrm{CK}_{31})$ 为固定参数，长度为 32 位。设 $\mathrm{ck}_{i,j}$ 为 CK_i 的第 j 个字节 (8 位长度) $(i = 0, 1, \cdots, 31; j = 0, 1, 2, 3)$，$\mathrm{ck}_{i,j} \equiv (4i + j) \times 7 \pmod{256}$，十六进制的 CK_i 如表 6-25 所示。

表 6-25 SM4 密钥固定参数

CK_0	00070E15	CK_1	1C232A31	CK_2	383F464D	CK_3	545B6269
CK_4	70777E85	CK_5	8C939AA1	CK_6	A8AFB6BD	CK_7	C4CBD2D9
CK_8	E0E7EEF5	CK_9	FC030A11	CK_{10}	181F262D	CK_{11}	343B4249
CK_{12}	50575E65	CK_{13}	6C737A81	CK_{14}	888F969D	CK_{15}	A4ABB2B9
CK_{16}	C0C7CED5	CK_{17}	DCE3EAF1	CK_{18}	F8FF060D	CK_{19}	141B2229
CK_{20}	30373E45	CK_{21}	4C535A61	CK_{22}	686F767D	CK_{23}	848B9299
CK_{24}	A0A7AEB5	CK_{25}	BCC3CAD1	CK_{26}	D8DFE6ED	CK_{27}	F4FB0209
CK_{28}	10171E25	CK_{29}	2C333A41	CK_{30}	484F565D	CK_{31}	646B7279

也就是说，第 1 轮迭代根据第 1 步得到的 (K_0, K_1, K_2, K_3) 计算出 K_4 的值，并且将 K_4 作为第 1 轮的轮密钥 rk_0，即

$$\mathrm{rk}_0 = K_4 = K_0 \oplus T'\left(K_1 \oplus K_2 \oplus K_3 \oplus \mathrm{CK}_0\right) \tag{6-79}$$

第 2 轮需要计算得到 K_5，作为第 2 轮的轮密钥 rk_1，即

$$\mathrm{rk}_1 = K_5 = K_1 \oplus T'\left(K_2 \oplus K_3 \oplus K_4 \oplus \mathrm{CK}_1\right) \tag{6-80}$$

以此类推，可以得到 32 个轮密钥。

例 6.5.1 假设十六进制的初始密钥为 `0x0123456789ABCDEFFEDCBA9876543210`。第 1 轮的轮密钥是什么？

解：将初始密钥按照长度等分为 4 组，然后将十六进制转化为二进制，与 FK_i 进行异或运算。也就是：

$$\mathrm{MK}_0 = \texttt{0x01234567} \Rightarrow 00000001001000110100010101100111$$

$$\mathrm{MK}_1 = \texttt{0x89ABCDEF} \Rightarrow 10001001101010111100110111101111$$

$$\mathrm{MK}_2 = \texttt{0xFEDCBA98} \Rightarrow 11111110110111001011101010011000$$

$$\mathrm{MK}_3 = \texttt{0x76543210} \Rightarrow 01110110010101000011001000010000$$

$$\begin{aligned} K_0 = \mathrm{MK}_0 \oplus \mathrm{FK}_0 &= 00000001001000110100010101100111 \\ &\oplus 10100011101100011011101011000110 \\ &= 10100010100100101111111110100001 \end{aligned}$$

$$K_1 = \mathrm{MK}_1 \oplus \mathrm{FK}_1 = 11011111000000011111111010111111$$

$$K_2=\mathrm{MK}_2\oplus\mathrm{FK}_2=10011001101000010010101100001111$$
$$K_3=\mathrm{MK}_3\oplus\mathrm{FK}_3=11000100001001000001000011001100$$

计算 $K_4=K_0\oplus T'(K_1\oplus K_2\oplus K_3\oplus\mathrm{CK}_0)$ 生成第 1 个轮密钥。由于 $K_1\oplus K_2\oplus K_3\oplus\mathrm{CK}_0=10000010100000111100101101101001$，将该值平均分为 4 组，再转化成十六进制，根据 S 盒寻找对应的值。非线性变换 τ 的计算过程如下：

$$10000010\Rightarrow 82\Rightarrow \mathrm{Sbox}(82)=\mathtt{8A}$$
$$10000011\Rightarrow 83\Rightarrow \mathrm{Sbox}(83)=\mathtt{D2}$$
$$11001011\Rightarrow \mathtt{CB}\Rightarrow \mathrm{Sbox}(\mathtt{CB})=41$$
$$01101001\Rightarrow 69\Rightarrow \mathrm{Sbox}(69)=22$$

线性变换 L' 计算过程是首先需要将非线性变换 τ 的值组合起来。先将十六进制的值转化二进制，再拼接起来。8A = 1000 1010，D2= 1101 0010，41 = 0100 0001，22 = 0010 0010。拼接后就得到 $B=$ 1000 1010 1101 0010 0100 0001 0010 0010，就有：

$$B=10001010110100100100000100100010$$
$$B\lll 13=01001000001001000101000101011010$$
$$B\lll 23=10010001010001010110100100100000$$
$$B\oplus(B\lll 13)\oplus(B\lll 23)=01010011101100110111100101011000$$

因此 $T'(K_1\oplus K_2\oplus K_3\oplus\mathrm{CK}_0)=01010011101100110111100101011000$。最后就能得到第 1 轮的轮密钥：

$$\begin{aligned}\mathrm{rk}_0=K_4&=K_0\oplus T'(K_1\oplus K_2\oplus K_3\oplus\mathrm{CK}_0)\\&=11110001001000011000011011111001\end{aligned}$$

■

例 6.5.2 假设输入明文也为 0x0123456789ABCDEFFEDCBA9876543210，根据例 6.5.1 得到的轮密钥，求第 1 轮的输出。

解：将明文分解为 4 组，然后将十六进制转化为二进制，得到 (X_0,X_1,X_2,X_3)。

$$X_0=\mathtt{0x01234567}\Rightarrow 00000001001000110100010101100111$$
$$X_1=\mathtt{0x89ABCDEF}\Rightarrow 10001001101010111100110111101111$$
$$X_2=\mathtt{0xFEDCBA98}\Rightarrow 11111110110111001011101010011000$$
$$X_3=\mathtt{0x76543210}\Rightarrow 01110110010101000011001000010000$$

轮密钥 $\mathrm{rk}_0=11110001001000011000011011111001=$ 0xF12186F9。因此 $X_1\oplus X_2\oplus X_3\oplus\mathrm{rk}_0=$ 1111 0000 0000 0010 1100 0011 1001 1110。然后根据 S 盒计算非线性变换 τ 和线性变换 L，过程与例 6.5.1 相似，因此不再详细描述过程。非线性变换 τ 得到十六进制的值为 (18, E9, 92, B1)，线性变换 L 得到十六进制的值为 26D99622，二进制为 0010 0110 1101 1001 1001 0110 0010 0010。

将其代入轮函数 F 中，可以得到：

$$\begin{aligned}X_4&=F(X_0,X_1,X_2,X_3,\mathrm{rk}_0)\\&=X_0\oplus T(X_1\oplus X_2\oplus X_3\oplus\mathrm{rk}_0)\end{aligned}$$

$$= 001001111111110101101001101000101$$

$$= \texttt{27FAD345} \qquad (\text{十六进制})$$

因此第 1 轮的十六进制输出就是 27FAD345。 ■

6.5.3 完整 SM4 加密示例

尝试手算一轮 SM4 的加密过程是非常有意义的，可以帮助读者快速理解 SM4 的加密过程。为了方便展示，以下计算使用十六进制。

例 6.5.3 假设要用 SM4 加密一组信息“Airgroundmissile”(空地导弹)，使用密钥“defence missile ”(防御导弹) 进行加密。其最终密钥是什么？

解： 根据例 6.4.11 可知明文和密钥的十六进制如表 6-26 所示。

表 6-26 转十六进制

明文 (十六进制)	41	69	72	67	72	6F	75	6E	64	6D	69	73	73	69	6C	65
密钥 (十六进制)	64	65	66	65	6E	63	65	20	6D	69	73	73	69	6C	65	20

再根据例 6.5.1和例 6.5.2可知单轮的密钥及输出计算过程，因此 32 轮的密钥及输出如表 6-27所示。

表 6-27 SM4 全过程输出

rk_0	054C5E35	X_4	FB417BC9	rk_{16}	56CAC57E	X_{20}	E711E8C6
rk_1	D5CA646D	X_5	2C062A6F	rk_{17}	BB1EC2AA	X_{21}	C1935C3B
rk_2	20F19E0C	X_6	85872F26	rk_{18}	10FE3761	X_{22}	D4C9DC6C
rk_3	A9A17DF0	X_7	094BE574	rk_{19}	BD60D9F9	X_{23}	30C96C8C
rk_4	20915AC5	X_8	4583BDB9	rk_{20}	14E31BE4	X_{24}	EF3ECB45
rk_5	5229EDCA	X_9	1062CB90	rk_{21}	292C208E	X_{25}	D410EF15
rk_6	F0C0130A	X_{10}	6F830AAD	rk_{22}	2539A6DB	X_{26}	B4C6D8A2
rk_7	C618FA33	X_{11}	45C9DC88	rk_{23}	51F84070	X_{27}	C567663C
rk_8	60120180	X_{12}	094D5AB7	rk_{24}	AB06B971	X_{28}	0469D80E
rk_9	A31992BA	X_{13}	6141B4DA	rk_{25}	9057398F	X_{29}	DA59D208
rk_{10}	2B399F0A	X_{14}	326A27C0	rk_{26}	CE0E6BAD	X_{30}	68C4398E
rk_{11}	2C143934	X_{15}	169E31CA	rk_{27}	11934A33	X_{31}	043D60BB
rk_{12}	A15C759C	X_{16}	C07103A0	rk_{28}	DDC0509A	X_{32}	82FDF168
rk_{13}	20E04447	X_{17}	95D47DE9	rk_{29}	86D7697F	X_{33}	74F9FAB5
rk_{14}	311C4EFB	X_{18}	8ACCA4DE	rk_{30}	FDC2F9BC	X_{34}	273179AE
rk_{15}	0D512DF7	X_{19}	7FD7AF4A	rk_{31}	166C45DF	X_{35}	73668047

其 Python 代码如下：

```
class SM4Cipher:
    def __init__(self, key):
        if not len(key) == 16:
```

```
4            raise ValueError("SM4的密钥长度必须为16")
5        self._round_key = self._generate_key(key)
6        self.block_size = 16
7
8    def encrypt(self, plaintext):
9        return self.process(plaintext, self._round_key)
10
11   def process(self, text, round_key: list):
12       text_ = [0 for _ in range(4)]
13       for i in range(4):
14           text_[i] = int.from_bytes(text[4 * i:4 * i + 4], 'big')
15       for i in range(32):
16           sbox_input = text_[1] ^ text_[2] ^ text_[3] ^ round_key[i]
17           sbox_out = self._s_box(sbox_input)
18           temp = text_[0] ^ sbox_out ^ self.shift_left(sbox_out, 2) ^ self.shift_left(sbox_out, 10)
19           temp = temp ^ self.shift_left(sbox_out, 18) ^ self.shift_left(sbox_out, 24)
20           text_ = text_[1:] + [temp]
21           print(i,hex(text_[3])[2:].upper().zfill(8))
22       text_ = text_[::-1]  # 结果逆序
23       result = bytearray()
24       for i in range(4):
25           result.extend(text_[i].to_bytes(4, 'big'))
26       return bytes(result)
27
28   def _generate_key(self, key):
29       """密钥生成"""
30       round_key, key_temp = [0 for i in range(32)], [0 for i in range(4)]
31       FK = [0xa3b1bac6, 0x56aa3350, 0x677d9197, 0xb27022dc]
32       CK = [0x00070e15, 0x1c232a31, 0x383f464d, 0x545b6269,...]
33       for i in range(4):
34           temp = int.from_bytes(key[4 * i:4 * i + 4], 'big')
35           key_temp[i] = temp ^ FK[i]
36       for i in range(32):
37           sbox_input = key_temp[1] ^ key_temp[2] ^ key_temp[3] ^ CK[i]
38           sbox_out = self._s_box(sbox_input)
39           round_key[i] = key_temp[0] ^ sbox_out ^ self.shift_left(sbox_out, 13) ^ self.shift_left(
     sbox_out, 23)
40           key_temp = key_temp[1:] + [round_key[i]]
41           print('//', i,hex(key_temp[3])[2:].upper().zfill(8))
42       return round_key
43
44   @staticmethod
45   def _s_box(n: int):
46       SBOX = [0xD6, 0x90, 0xE9, 0xFE, 0xCC, 0xE1, 0x3D, 0xB7,...]
47       result = bytearray()
48       for item in list(n.to_bytes(4, 'big')):
49           result.append(SBOX[item])
50       return int.from_bytes(result, 'big')
51
52   @staticmethod
53   def shift_left(n, m):
54       """循环左移"""
55       return ((n << m) | (n >> (32 - m))) & 0xFFFFFFFF
```

```
56 key = bytes.fromhex("646566656E6365206D697373696C6520")  # 128位密钥
57 plaintext = bytes.fromhex("41697267726F756E646D697373696C65")  # 128位明文
58 sm4 = SM4Cipher(key)
59 print(sm4.encrypt(plaintext).hex())  # 09325c4853832dcb9337a5984f671b9a
```

■

6.5.4 解密步骤

解密过程中，定义两个变换分别为 S 变换和 R 变换：

$$S_{\text{rk}_i}(a,b,c,d)=(b,c,d,a\oplus T\left(b\oplus c\oplus d\oplus \text{rk}_i\right)) \tag{6-81}$$

$$R(a,b,c,d)=(d,c,b,a) \tag{6-82}$$

于是，很容易得证 $R\circ S_{\text{rk}_i}\circ R\circ S_{\text{rk}_i}(a,b,c,d)$ 是一个恒等变换：

$$R\circ S_{\text{rk}_i}(a,b,c,d)=(a\oplus T\left(b\oplus c\oplus d\oplus \text{rk}_i\right),d,c,b) \tag{6-83}$$

$$\begin{aligned}S_{\text{rk}_i}\circ R\circ S_{\text{rk}_i}(a,b,c,d)=&(d,c,b,a\oplus T\left(b\oplus c\oplus d\oplus \text{rk}_i\right)\oplus\\ &T(d\oplus c\oplus b\oplus \text{rk}_i))\\ =&(d,c,b,a)\end{aligned} \tag{6-84}$$

$$R\circ S_{\text{rk}_i}\circ R\circ S_{\text{rk}_i}(a,b,c,d)=(a,b,c,d) \tag{6-85}$$

因此很容易得到 $S_{\text{rk}_i}^{-1}=R\circ S_{\text{rk}_i}\circ R(a,b,c,d)$。同样，很容易求证 $R\circ R=(a,b,c,d)$。根据 SM4 算法的加密流程，假设轮密钥的顺序为 $(\text{rk}_0,\text{rk}_1,\cdots,\text{rk}_{31})$，其加密过程可以写为：

$$c=E_{\text{rk}}(m)=R\circ S_{\text{rk}_{31}}\circ S_{\text{rk}_{30}}\circ\cdots\circ S_{\text{rk}_0}(a,b,c,d) \tag{6-86}$$

那么解密过程就可以写作：

$$D_{\text{rk}}(c)=E_{\text{rk}}^{-1}(m)=(R\circ S_{\text{rk}_{31}}\circ S_{\text{rk}_{30}}\circ\cdots\circ S_{\text{rk}_0}(a,b,c,d))^{-1} \tag{6-87}$$

$$=S_{\text{rk}_0}^{-1}\circ S_{\text{rk}_1}^{-1}\circ\cdots\circ S_{\text{rk}_{31}}^{-1}(a,b,c,d)\circ R^{-1} \tag{6-88}$$

$$=R\circ S_{\text{rk}_0}\circ R\circ R\circ S_{\text{rk}_1}\circ R\circ R\cdots R\circ R\circ S_{\text{rk}_{31}}\circ R\circ R^{-1} \tag{6-89}$$

$$=R\circ S_{\text{rk}_0}\circ S_{\text{rk}_1}\circ\cdots\circ S_{\text{rk}_{31}} \tag{6-90}$$

可以发现，SM4 算法的解密变换与加密变换结构相同，不同的仅是轮密钥的使用顺序。解密时，使用的轮密钥顺序为 $(\text{rk}_{31},\text{rk}_{30},\cdots,\text{rk}_0)$。

6.5.5 密码分析

SM4 加密算法具有与 AES 相同的密钥强度，因此其密钥空间就是 2^{128}，也是其理论安全强度。安全性上高于 3DES 算法。

到目前为止，已存在多种针对 SM4 的攻击，如线性密码分析和差分密码分析 [68-70]。在线性密码分析中，可将破解的时间复杂度降低至 $2^{106.8}$[71]。在差分密码分析中，可将破解的时间复杂度降低至 $2^{112.3}$[72]。除此之外，还有积分密码分析、矩阵分析等攻击方式，公开的评估结果表明，SM4 密码算法能够抵抗目前已知的所有攻击，拥有足够的安全冗余度。

然而，SM4 密码也并非无懈可击。当在硬件设备中实施 SM4 算法时，存在侧信道攻击 [73] 相关的安全问题。该方法通过测量设备的功耗进行密文攻击。假设轮密钥和数据掩码之间有固定的相关性，密文攻击能够成功恢复轮密钥。针对这一问题，可通过对 SM4 的硬件改进 [74] 来解决，因为当 SM4 算法在硬件中实现时，参数和密钥应该是随机产生的，没有固定的关联性。因此如果能够有效地针对硬件进行改进，就可以抵御相关攻击。

6.6 本章习题

1. 考虑 ECB 模式，根据每组明文都能各自独立加密的特点，设计一个攻击方式。
2. 考虑 CBC 模式，证明假设第 n 组密文损坏，第 $n+2$ 组密文依然能恢复明文。
3. 证明在 CFB 模式中，不可以从明文中间开始加密。
4. 证明费斯妥密码的解密过程与加密过程一致，但密钥编排顺序相反。
5. 考虑 DES 加密算法。回答下列问题。
   1) 对第一个 S 盒输入 100011，求 S 盒输出。
   2) 对第三个 S 盒输入 001100，求 S 盒输出。
   3) 对第五个 S 盒输入 111111，求 S 盒输出。
   4) 对第七个 S 盒输入 110101，求 S 盒输出。
6. 考虑 DES 加密算法。使用代码，假设输入明文为 0x123456ABCD132536(十六进制，下同)，密钥为 0xAABB09182736CCDD。
   回答以下问题。
   1) 初始置换后的密钥是多少？
   2) 第一轮输出的 U、V 分别是什么？
   3) 16 轮加密后，求密文是什么？
7. 考虑 DES 加密算法。使用代码，假设输入明文为 0x0000000000000000、密钥为 0x22234512987ABB23，得到的密文是 0x4789FD476E82A5F1。若假设输入明文为 0x0000000000000001，那么得到的密文与原密文有多少位不同？
8. 考虑 DESA 加密算法。计算十六进制数 0xAAAABBBBCCCCDDDD 通过最后的 DES 逆初始置换的结果。
9. 比较 DES 和 AES 中的替换。为什么在 AES 中只有一个 S 盒，而在 DES 中却有多个 S 盒？
10. AES 中的 S 盒是静态的还是动态的？
11. AES 定义了具有三种不同轮数 (分别为 10、12 和 14) 的实现；而 DES 只定义了具有 16 轮的实现。就这一差异而言，AES 相比 DES 有什么优势和劣势？
12. 考虑 AES 加密算法。证明字节替代中
    $$\text{SubBytes}(a \oplus b) \neq \text{SubBytes}(a) \oplus \text{SubBytes}(b)$$
    可令 a,b 分别为一个数。
13. 计算 $GF(2^4)$ 内的加法和乘法：使用不可约多项式 $P(x) = x^4 + x + 1$。在 $GF(2^4)$

内计算 $A(x)+B(x) (\text{mod } P(x))$ 以及 $A(x)B(x) \ (\text{mod } P(x))$ 。

1) $A(x)=x^2+x$，　$B(x)=x^3+x^2+1$

2) $A(x)=x^2+x$，　$B(x)=x+1$

14. 考虑 AES 加密算法，分别对 S 盒输入 A4、7B、69，其 S 盒的输出是什么？
15. 考虑 AES 加密算法，假设明文为 AESUSESAMATRIXZZ，回答以下问题。
    1) 求其初始状态矩阵。
    2) 求字节替代后的矩阵。
    3) 求行位移后的矩阵。
    4) 求列混淆后的矩阵。
    5) 求轮密钥加后的矩阵。
16. 考虑 AES 加密算法，假设明文为 `0x2475A2B33475568831E2120013AA5487`，求输出密文。

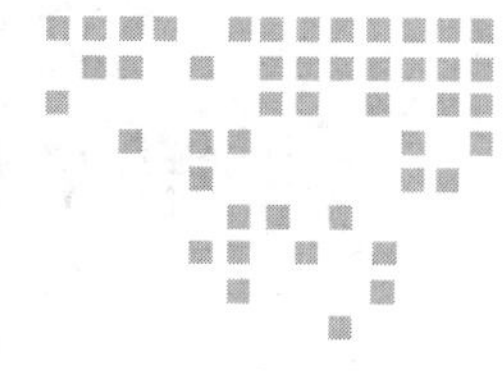

第三部分 *Part 3*

非对称密码学

非对称密码学也称公钥密码学，也是密码学的重要分支之一，它以独特的加密和解密方式为信息安全提供了强大的保障。非对称密码学的核心思想是使用一对密钥——公钥和私钥，公钥是公开的，用于加密消息；私钥则是保密的，用于解密消息。这种密钥对的设计使得通信双方不需要事先共享密钥，大大简化了密钥管理的复杂性。非对称密码学主要涵盖 RSA 加密算法、ElGamal 加密算法、椭圆曲线密码 (ECC) 及格密码等，它们各自具有独特的特点和应用。

RSA 是非对称密码学中最为知名和广泛应用的加密算法之一。RSA 的安全性基于整数分解的难题，即使攻击者拥有强大的计算机资源，也需要耗费大量的时间去破解。RSA 加密算法被广泛用于数字签名和数据加密等场景，为安全通信提供了重要保障。

与 RSA 相似的还有 ElGamal 加密算法，它的安全性则基于在大素数模数中离散对数问题的难解性。

除了 RSA、ElGamal 算法，ECC 也是非对称密码学中备受关注的领域。ECC 利用椭圆曲线上的离散对数难题来实现加密和解密操作。相比于传统的 RSA，ECC 在相同的安全级别下使用更短的密钥长度，从而提供了更高的效率和较小的存储开销。这使得 ECC 在资源受限的环境中，如移动设备和物联网应用中，成为一种理想的加密解决方案。

格密码也是非对称密码学的重要分支之一。格密码是基于格论和高维空间的数学理论构建的密码算法。它利用格的性质和格问题的难解性来实现加密和解密操作。格密码具有一定的抗量子计算攻击的能力，因此在抵御未来量子计算机攻击的需求中具有重要意义。虽然格密码的研究和应用还相对较新，但它在密码学领域逐渐引起了广泛关注，例如全同态加密就与格密码紧密相关。

另外，非对称密码学中还有一些重要的算法和协议，如迪菲-赫尔曼密钥交换协议等，它们在数字签名、身份验证和密钥交换等方面发挥着重要作用，为保证数据的安全性和完整性提供了可靠的手段。非对称密码学的发展推动了信息安全技术的进步，为数字世界提供了强大的保护。然而，随着计算能力的提升和新的攻击手段的出现，非对称密码学也面临着新的挑战，需要密码学家们不断努力创新，以提高算法的安全性和抵御新兴的威胁。

第 7 章　RSA 加密算法

本章将介绍 RSA 密码系统，它是基于默克尔-赫尔曼背包密码系统思想发明的一种公钥密码算法。在 RSA 出现之前，主流加密系统都是对称加密系统。RSA 的出现解决了保存和传递密钥的问题，即 RSA 在加密和解密过程中使用了不同的规则，只要这两种规则之间存在某种对应关系即可，这样就避免了直接传递密钥。

本章将介绍以下内容。

- RSA 简介。
- RSA 加密和解密步骤。
- RSA 的应用。
- RSA 密码分析。
- 什么是素数。
- 素数检验。

7.1　RSA 简介

1977 年，美国麻省理工学院的罗纳德 · 李维斯特、阿迪 · 萨莫尔 (Adi Shamir) 和伦纳德 · 阿德曼 (Leonard Adleman) 在论文 “A Method for Obtaining Digital Signatures and Public-Key Cryptosystems” [7] 中提出了第一个较完善的公钥密码算法——RSA 算法，RSA 就是由他们三人姓氏首字母拼在一起组成的。这是一种基于大素数因子分解困难的算法。

罗纳德 · 李维斯特博士毕业于斯坦福大学，麻省理工学院教授，密码学专家，如图 7-1a 所示。他不仅研究出了 RSA，还研究出对称加密的 RC 系列加密算法和 MD 系列加密算法，著有《算法导论》等权威教材。

阿迪 · 萨莫尔是一位以色列人，博士毕业于以色列魏茨曼科学研究所，密码学专家，现任魏茨曼科学研究所教授，如图 7-1b 所示。1977 年，刚博士毕业的阿迪 · 萨莫尔前往麻省理工学院从事研究，与其他两位教授合作发明了 RSA。他在差分密码分析领域有非常大的贡献。

伦纳德 · 阿德曼博士毕业于加州大学伯克利分校，现任南加州大学教授，如图 7-1c 所示。他不仅是一位计算机科学家，也是一位分子生物学家。他与以上两位作者共同在 2002 年获得计算机界的诺贝尔奖——图灵奖。

RSA 加密算法是一种非对称加密算法，也是被研究最广泛的公钥密码，从 1978 年提出到现在，它经历了各种攻击的考验，逐渐被人们接受，是目前应用最广泛的公钥方案之一，被广泛用于 HTTPS 网络安全协议等领域。

a) 罗纳德·李维斯特

b) 阿迪·萨莫尔

c) 伦纳德·阿德曼

图 7-1 3 位 RSA 缔造者

1976 年，图灵奖获得者惠特菲尔德·迪菲和马丁·赫尔曼在 IEEE 发表论文《密码学的新方向》[6]，里面提出的公钥密码系统得到学界广泛响应。RSA 密码系统就是基于这个思想设计的。RSA 密码安全性保证建立在分解两个大素数乘积的困难性上，RSA 无法拥有无条件安全性。换句话说，一旦有人发现大整数可以在规定时间内被分解，那么攻击者就可以破解 RSA，使用 RSA 加密的信息将变得不再安全。

RSA 的非对称加密系统使用了一个单向函数。那么什么是单向函数呢？

定义 7.1.1 单向函数 (One-way Function)

假设函数 f 是一个单向函数，那么就需要满足以下几点。

1) $y = f(x)$ 在计算上非常容易。

2) $x = f^{-1}(y)$ 在计算上非常困难。

计算“容易”和“困难”是如何定义的呢？定义“容易”和“困难”是利用多项式时间进行表达的。如果可以在多项式时间内完成计算，那么就说这个函数是“容易”计算的。反之，如果不能在多项式时间内完成计算，那么就说这个函数是“困难”的。RSA 就是利用了单向函数来保证其安全性。RSA 加密是两个整数相乘，这个很容易计算，但如果在没有密钥的情况下进行解密，就需要进行整数分解，这个就不能在多项式时间内完成了。

但显然，单向函数不能直接用于密码系统，因为如果用单向函数对明文进行加密，即使是合法的接收方也不能还原出明文，因为单向函数的逆运算是困难的。与密码学关系更为密切的概念是陷门函数。

定义 7.1.2 陷门函数 (Trapdoor Function，TDF)

对于陷门函数 f，给定输入 x，计算输出 $y = f(x)$ 是相对容易的。然而，在没有陷门信息的情况下进行逆运算，是一个在计算上困难的问题。

这句话是什么意思呢？通俗一点的解释是，一个密码算法想要保证信息的安全，就需要使用不可被别人破译的计算方法进行加密。但是如果计算太复杂，可能会导致接收方也无法将密码恢复成明文。因此，为了让接收方可以获得消息，就需要为算法留一个陷门 t，从而让接收方可以利用陷门 (如密钥或其他秘密参数) 来有效地进行逆运算从而解密消息。

这个陷门只能让接收方知道，其他人不能知道。陷门函数是单向函数的一种特殊形式，广泛用于公钥密码学中。

通常公钥密码学使用的是任何人都可以计算的函数，因为协议是公开的。这个函数非常容易计算，但是这个函数是很难求逆的。同时为了让接收方可以将密文转化为明文，发信人常常会留下一个陷门 t 用于还原信息。这种函数被称为单向陷门函数，如图 7-2 所示。

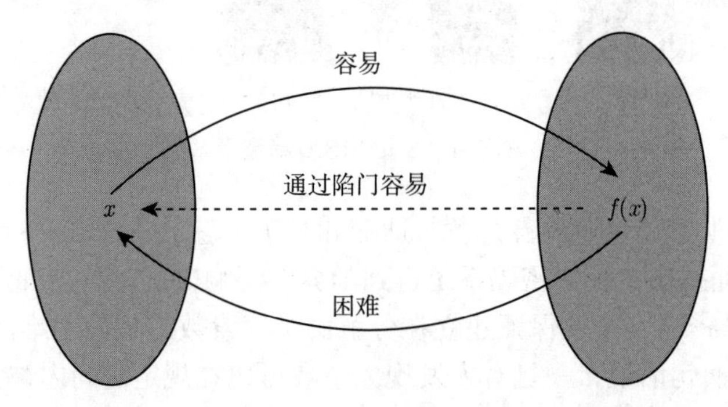

图 7-2 单向陷门函数

7.2 为何使用素数

为了保证 RSA 在使用过程中的安全性，需要取两个数 p、q，它们必须为素数。如果采用两个合数相乘，那么乘积依然为合数，两把密钥就变得不唯一了，加密和解密之间的逆运算将不成立，即解密可能出现多解。而且使用合数的话，会使得该乘积分解变得更容易，增大被破解的可能性。这是因为一个合数的质因数越多，其因数就越小，会降低攻击者的搜索时间成本。因此，为了提高因式分解的难度，通信双方会希望使用尽可能大的质因数，这也意味着乘积的因数尽可能少。

定义 7.2.1 素数 (Prime Number)

素数是指大于 1，且除了 1 和该数自身，无法被其他整数整除的正整数。

大于 1 且不是素数的正整数称为合数 (Composite)，合数是拥有超过两个正因子的自然数。

例 7.2.1 100 以内的素数有 2、3、5、7、11、13、17、19、23、29、31、37、41、43、47、53、59、61、67、71、73、79、83、89、97。除了上述所列举的数，100 以内的其他数都是合数。

1 既不是素数也不是合数，因为素数需要有两个正因子，而 1 只有一个，也因此不是合数。 ■

定理 7.2.1 无穷素数定理

有无穷多个素数。

早在 2000 多年前，欧几里得就在《几何原本》中给出了系统性论证，他使用了反证法。

证明

设数列 $p_1, p_2, \cdots, p_r$ 为所有素数且大于 1。这个时候令数字 $P = p_1 \times p_2 \times \cdots \times p_r + 1$。因为事先已将所有素数列了出来，所以数字 P 不是素数。因此，肯定存在一个素数 q 可以整除 P，但很明显，P 不能被任何素数整除，那么它必然是一个新的素数并且大于 1。这就与最初的假设互相矛盾，因此素数有无穷多个。

那么如何确定一个数是否是素数呢？可以首先写下所有自然数，去掉所有 2 的倍数 $(2, 4, 8, \cdots)$，再去掉所有 3 的倍数 $(3, 6, 9, \cdots)$，然后去掉所有 5、6、7 的倍数，剩下的数都是素数。

确定一个素数在实际使用中是非常有用的。在一些国家安全机构，素数会被列为机密。在美国，如果有人发现一个 100 位的数是素数，那么安全机构会花 1 万美元从此人手中买下来。但这很难作为一个赚钱的手段，因为确定一个数是否为素数是非常困难的。素数有一定规则，但很难找出所有的规则。因此，检验一个数是否为素数需要依靠一些其他办法。

7.2.1 整数分解难题

整数分解是一个非常难的计算过程。举个例子，设两个素数因子 p 和 q，其中：

$$
\begin{aligned}
p &= 163473364580925384844313388386509085984178367003309231218111085238933310010450815121211816751157 9 \\
\end{aligned}
$$

$$
\begin{aligned}
p &= 1634733645809253848443133883865090859841783670033092312181110 \\
&\quad 852389333100104508151212118167511579 \\
q &= 1900871281664822113126851573935413975471896789968515493666638 \\
&\quad 539088027103802104498957191261465571 \\
N = pq &= 3107418240490043721350750035888567930037346022842727545720161 \\
&\quad 9488232064405180815045563468296717232867824379162728380334154 \\
&\quad 7107310850191954852900733772482278352574238645401469173660247 \\
&\quad 7652346609
\end{aligned}
$$

通过观察可以发现，计算 $N = pq$ 时非常容易，输入计算机就很容易得到答案。但是如果尝试因式分解 N，会发现很难分解出 p 和 q，无从下手。下面介绍几种整数分解的方法。

1. 试除法

分解一个整数，最简单的方法就是试除法。给定一个整数 n，用小于 n 的每个自然数去试除 n，如果找到一个数能够将 n 整除，则这个数就是待分解整数 n 的因子，也就说明 n 不是素数。比如 $n = 101$，用 101 除以 2, 3, 4, $\cdots$，一个接一个除下去，直到 100，如果都不能整除，则 101 是素数。

不过 n 中最多只包含一个大于 $\sqrt{n}$ 的素因子，因为如果有两个大于 $\sqrt{n}$ 的素因子，那么两者乘积是大于 n 的。因此使用试除法时，只试除到小于或等于 $\sqrt{n}$ 的数即可。其时间复杂度

为 $\mathcal{O}(\sqrt{n})$。还可以进一步改进，如果 n 不大并且有素数表，则只试除小于 $\sqrt{n}$ 的素数就行。

判断系数的 Python 代码如下：

```
def is_prime(a):
    if a == 1:
        return False
    for i in range(2, int(a**0.5)+1):
        if a % i == 0:
            return False
    return True
a = '67280421310721 '
b = is_prime(int(a))
print(b)
```

2. 普通数域筛选法

普通数域筛选法 (General Number Field Sieve，GNFS) 是目前已知效率最高的分解整数的算法。它根据英国数学家约翰 · 保罗 (John M. Pollard)[75] 提出的数域筛选法改进而来，亨德里克 · 伦斯特拉 (Hendrik Lenstra) 在约翰 · 保罗的理论基础上发明了特殊数域筛选法 [26]，而普通数域筛选法又在其基础上改进而来。普通数域筛选法的出现使得整数分解问题变得更加容易。

在普通数域筛选法被发现之前，整数分解往往非常困难，在没有计算机的年代，分解一个大数可能需要几千年的时间。特殊数域筛选法因成功分解第 9 个费马数 (Fermat Number) 而一战成名，由此改进的普通数域筛选法常常被用于整数分解。使用普通数域筛选法分解整数 n，需要

$$\exp\left(\left(\sqrt[3]{\frac{64}{9}}\right)(\log n)^{\frac{1}{3}}(\log\log n)^{\frac{2}{3}}\right) = L_n\left[\frac{1}{3}, \sqrt[3]{\frac{64}{9}}\right] \tag{7-1}$$

步就能实现，其中 $L_n[a,c] = \mathrm{e}^{(c+\mathcal{O}(1))(\log n)^a(\log\log n)^{1-a}}$，$a \in [0,1]$，$c \in \mathbb{R}^+$。所以其时间复杂度是 $\mathcal{O}\left(\exp\left(\left(\frac{64}{9}n\right)^{\frac{1}{3}}(\log n)^{\frac{2}{3}}\right)\right)$。它是目前所有已知算法中时间复杂度最接近线性增长的。

3. 秀尔算法

在量子领域，秀尔算法 (Shor's Algorithm) 可用于找出给定整数 n 的质因数。该算法是麻省理工学院的数学家彼得 · 秀尔 (Peter Shor) 于 1995 年在论文《量子计算机上质因数分解和离散对数的多项式时间算法》[76] 中提出的。在量子计算机上，可以分解出整数的质因数。它可以在多项式时间内解决这个问题，速度大大快于 GNFS。即使增大参数，在量子计算机面前也是徒劳的。

遗憾的是，秀尔算法需要量子计算机的支持。虽然其他科学家试图在各种量子系统中实现秀尔算法，但没有人成功。由于传统计算机无法在多项式时间内解决整数分解的问题，因此一旦有人成功研发出量子计算机，就代表 RSA 遭到破解。

7.2.2 整数分解的难度

MIPS-Year[77](Million Instructions Per Second-Year) 是密码学中衡量工作量的一种度量单位，定义为一台以每秒执行 100 万次操作的计算机在一年内执行的工作量。破解 RSA 挑战的难度及涉及数据加密标准的挑战通常用 MIPS-Year 衡量。其概念类似于光年。

MIPS-Year 的具体数值会根据计算机系统的性能而变化，不同的处理器、计算机架构和应用场景都会影响 MIPS-Year 的具体值。假设一个标准的 MIPS-Year 约为 2^{45} 次运算。比如，用 GNFS 算法来破解 RSA-512(密钥长度为 512 位) 大约需要 8000MIPS-Year，这略少于破解 DES 的操作次数。破解 RSA-1024 (密钥长度为 1024 位) 则需要 980 亿 MIPS-Year。

即使使用目前顶尖的超级计算机，比如美国橡树林国家实验室研究的“前沿”(Frontier) 超级计算机，其每秒浮点峰值计算能力达到 1.68 EFLOPS (1.68×10^{18})，暴力破解 RSA-1024 也需要数十亿年。

假如用另一种方法破解 RSA，即把已知的所有素数和乘积列成表进行查询，破解难度也并不会下降。因为根据素数定理，用素数计数函数 (Prime-Counting Function) [78] 来表示小于或等于某个实数 x 的素数个数，记为 $\pi(x)$：

$$\pi(x) = \mathrm{Li}(x) + \mathcal{O}\left(x\mathrm{e}^{-\frac{1}{15}\sqrt{\log(x)}}\right) \approx \frac{x}{\log(x)} \tag{7-2}$$

其中 $\mathrm{Li}(x) = \displaystyle\int_2^x \frac{\mathrm{d}t}{\log t}$，而 $\mathcal{O}\left(x\mathrm{e}^{-\frac{1}{15}\sqrt{\log(x)}}\right)$ 是误差估计。$\pi(x)$ 可以用 $x/\log(x)$ 来近似表示是近代俄国数学家切比雪夫证明的。

定理 7.2.2 素数定理 (Prime Number Theorem)

当 $x \to +\infty$，不超过 x 的素数个数与 $\dfrac{x}{\log(x)}$ 的比值趋近于 1。用公式表示为：

$$\lim_{x\to+\infty} \frac{\pi(x)\log(x)}{x} = 1 \tag{7-3}$$

素数定理的证明可以参考 Hadamard 的论文 [79] 及 de la Vallee Poussin 的论文 [80]。他们在 1896 年分别以独立作者的身份利用复分析证明了该定理。大约过了 50 年左右，有人利用初等方法证明了素数定理，其中较为有名的是 Paul[81] 和 Selberg[82] 所写的证明。

素数定理表示当 x 很大的时候，$\pi(x)$ 与 $x/\log(x)$ 的比值接近于 1。这意味着，如果使用 RSA-1024 作为加密手段，对于 10^{309} 以内的数 (1024 转化为十进制有 309 位)，也有大约 10^{306} 个素数。测试一个难度更低的数，比如一个 200 位的整数，逐个试除则需要计算 $\sqrt{2^{200}} = 2^{100} \approx 1.27 \times 10^{30}$ 数量级的数。根据素数计数函数，这里面大约有 $(1.27 \times 10^{30})/\log(1.27 \times 10^{30}) \approx 1.8 \times 10^{28}$ 个素数。即使计算机的计算能力达到了每秒 10^{17} 次，也需要大约 580 年才能完成穷举攻击。因此很难穷举。

现在 RSA 主流加密手段使用的是 RSA-2048，而人类已经分解的最大整数是 250 位 (十进制)。[注：生成的第一个 RSA 数字 (从 RSA-100 到 RSA-500) 是根据其十进制数字标记的。从 RSA-576 开始，之后的 RSA 数字改为二进制数字。只有 RSA-617 是一个例外，它是在修改编号方案标准之前创建的。]

RSA 安全性建立在大整数的因数分解问题和 RSA 问题困难性的基础上。值得注意的是，素数 p 和 q 离得越近，则 N 越好分解。一旦素数被找到或者 N 被成功分解，那么 RSA 就会被非常容易地破解出来。正因如此，为了保证安全，需要选择加密位数更大的 RSA，如 RSA-4096。

为了使分解尽可能的困难，人们就会希望素因数尽可能的大。假设 p 和 q 是素数，那么 N 至多只有两个因数。如果 p 和 q 是合数，则代表 N 至少有 3 个因数。攻击者可以通过组合等方式进行破解，安全性大大降低。同时，因为计算过程需要使用欧拉函数，如果 p 和 q 仅仅为素数的话，这会加大计算欧拉函数的难度，并且会减小第二大素因子的相对大小，从而使其他人更容易分解 N。

为了增强大整数的分解难度，其素因子通常为强素数 (Strong Prime) 或大的安全素数 (Safe/Sophie Germain Prime)。

定义 7.2.2 强素数

若存在满足以下 3 个条件的 r、s、t，则称素数 p 为强素数。p 是一个大数。

- $p-1$ 有一个大素因子 r。
- $r-1$ 有一个大素因子 s。
- $p+1$ 有一个大素因子 t。

定义 7.2.3 安全素数

若素数 $p=2p'+1$，且 p' 也为素数，则称 p 为安全素数。满足上述条件的素数 p' 称为 Sophie 素数。

例 7.2.2 素数 $p=107$ 是一个安全素数。因为 $107=53\times2+1$，而 53 是一个素数。

素数 $p=103$ 不是一个安全素数，或称危险素数。因为 $103=51\times2+1$，而 51 不是素数，无法满足 $2p'+1$ 这种形式。 ■

之所以需要使用安全素数，是因为在一些整数分解的算法中，其时间长短取决于该整数的素因数减去另一个因数的大小。因此如果使用安全素数作为因数，计算时间将会比完全随机的素数时间长。同时，安全素数的长度不能太短，要有足够的位数才能确保密码的安全性。

7.3 RSA 加密和解密

7.3.1 RSA 加密步骤

1) 私钥：Bob 选择两个只有自己知道的素数 p 和 q，并且 $p\neq q$，然后计算 $N=pq$。

$$d\equiv e^{-1}\pmod{\varphi(N)}\equiv e^{-1}\pmod{(p-1)(q-1)}$$

2) 公钥：Bob 计算 $\varphi(N)=(p-1)(q-1)$，并选择一个正整数的加密指数 e(公钥)，加密指数 e 在区间 $(1,\varphi(N))$ 内，且 e 不能被 $\varphi(N)$ 的因子整除，保证 $\gcd(\varphi(N),e)=1$。

3) 传输：Bob 公开 N 和 e。

4) 加密：Alice 使用 Bob 公开的密钥加密明文 m。密文计算方法如下。

$$c \equiv m^e \pmod N$$

5) Alice 发送密文 c 给 Bob。

6) 解密：Bob 解开密文 c。

$$m \equiv c^d \pmod N$$

为什么第 2 步需要保证 $\gcd(\varphi(N),e)=1$ 呢？这是因为在解密的过程中，要保证 $e^{-1} \pmod{\varphi(N)}$ 一定有解。只有满足这个条件 [83]，才能称 e 是一个有效的参数，或称有效的公钥。当不满足其条件时，则需要重新选择。

下面证明 RSA 的加密过程和解密过程是可逆的。

证明

$$m \equiv c^d \pmod N \quad (\text{根据解密算法公式}) \tag{7-4}$$

$$\equiv (m^e \pmod N)^d \pmod N \quad (\text{根据加密算法公式}) \tag{7-5}$$

$$\equiv m^{ed} \pmod N \equiv m \pmod N \quad (\text{根据} d\cdot e \equiv 1 \pmod{\varphi(N)}) \tag{7-6}$$

$$\equiv m^{k\varphi(N)+1} \pmod N \equiv m^{k\varphi(N)}m \pmod N \tag{7-7}$$

$$\equiv m \pmod N \tag{7-8}$$

总结一下，公开的参数有 N、e、c，保密的参数有 p、q、d。加密/解密流程如图 7-3 所示。

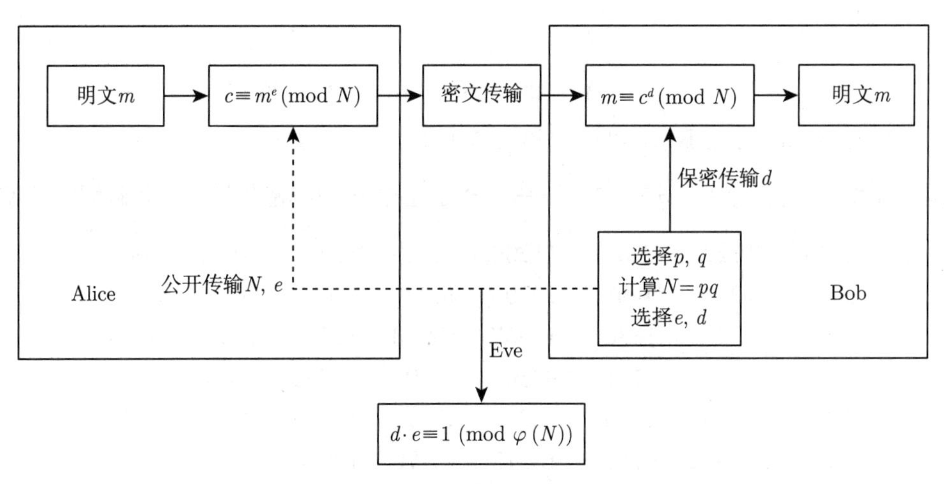

图 7-3 RSA 加密/解密流程

7.3.2 RSA 加密示例

例 7.3.1 下面是一个 RSA 的加密例子。

Bob 选择两个素数 $p = 149$ 和 $q = 311$，计算得到 $N = pq = 46339$。Bob 计算 $\varphi(N) = (p-1)(q-1) = 45880$。

随机选择一个加密因子 $e=17$，检测 $\gcd(45880, 17)=1$，符合要求。Bob 公开 N 和 e。

假设 Alice 想加密明文 $m = 2022$，于是得到密文 $c \equiv m^e \pmod N \equiv 2022^{17} \equiv 45481 \pmod{46339}$，发送给 Bob。

Bob 得到 c，首先计算解密因子 $d \equiv e^{-1} \pmod{\varphi(N)} \equiv 17^{-1} \equiv 16193 \pmod{45880}$。最后得到明文 $m \equiv c^d \pmod N \equiv 45481^{16193} \equiv 2022 \pmod{46339}$。完成了信息的传递。■

为了发送消息，即一段字符串，需要将消息转换为数字，反之亦然。

其中一种思想是使用字符数量等于以 26 为基数的 N 的对数。为了得到的任何 k 位数字 (以 26 为底) 都小于 N，必须有：

$$N \geqslant 26^k - 1 \Rightarrow k = \log_{26}(N) \tag{7-9}$$

k 为整数，向下取整。这里的 k 就是一次性能发送多少位字符的数量。比如说 $N = 131 \times 1873 = 245363 \Rightarrow k = \lfloor \log_{26}(245363) \rfloor = 3$，也就是说使用素数 $p = 131$、$q = 1873$ 时，一次可以加密 3 位字符的信息发送给对方。

例 7.3.2 使用 RSA 加密明文 **THE**。

假设根据字母顺序表给字母编号，那么

$$m = \mathbf{T} \times 26^0 + \mathbf{H} \times 26^1 + \mathbf{E} \times 26^2 = 19 + 7 \times 26 + 4 \times 26^2 = 2905$$

又已知 $e = 323$，$N = 245363$，所以 $2905^{323} \equiv 13388 \pmod{245363}$。

那么如果是以拉丁字母表 26 个字母为基底的话，加密过程如下：

$$13388 = 24 + 514 \times 26 \tag{7-10}$$

$$= 24 + (20 + 19 \times 26) \times 26 \tag{7-11}$$

$$= 24 \times 1 + 20 \times 26 + 19 \times 26^2 \tag{7-12}$$

$$= \mathbf{Y} \times 26^0 + \mathbf{U} \times 26^1 + \mathbf{T} \times 26^2 \tag{7-13}$$

所以明文 **THE** 通过 RSA 可以加密为 **YUT**。■

例 7.3.3 设 $p = 127$，$q = 149$，$e = 1261$。尝试找到解密指数 d，并破解下列密文：

18110	11222	7659	11236	15240	8290	10958	7661
17370	72	4408	10793	4598	11681	16747	8244
2001	1440	1880	12557	15240	8290	11375	8493
14249	18110	1181	9250	14301	16762	11037	8305
18175	6205	14007	15294	4782	13846	12356	5237
1440	12542	6752	18175	15170	10818	7246	2976
13853	10911	16979	1440	12542	14234	8261	10548
796	4180	5741	16208	12298	11593	2901	4940

10257	2923	11467	13270	5891	18175	6205	14007
12557	11375	1477	16077	9559	16241	12261	12946
18508	13242	18913	11236	13481	3880	15201	6633
1957	2603	10708	13828	12088	14249	18110	11222
7659	11236	15240	8290	17126	9961	5908	302
8794	2001	15107	15610	10793	7217	16172	7074
8549	9628						

已知每组明文的编码方式与例 7.3.2 相同，每 3 个字母为一组进行编码，对得到的明文值进行加密。明文没有空格、标点符号等其他字符。

解：首先计算 $N = pq = 18923$。解密指数 $d \equiv e^{-1} \pmod{\varphi(N)} \equiv 1261^{-1} \equiv 5797 \pmod{18648}$。

使用 Python 代码可以轻松求解：

```
1  e = 1261
2  d = pow(e,-1,126*148)
3  c = [18110,11222,...]
4
5  for i in a:
6      m = pow(i,d,18923)
7      m1 = m%26
8      m = (m - m1)/26
9      m2 = m%26
10     m = (m - m2)/26
11     m3 = m%26
12     print(chr(int(m3+65)).lower(), '', chr(int(m2+65)).lower(), '', chr(int(m1+65)).lower())
```

明文为：

The turboprop engine is constructed in much the same way as the turbojet engine, but more of the available energy in the exhaust is used to drive the turbine. The extra power produced by the turbine is used to drive a propeller. Some thrust is produced by the exhaust jet, but this is only a relatively small proportion of the total. The advantage of the turboprop engine over the pure jet is that it is much more efficient. ■

7.3.3 在 ATM 上应用 RSA

银行卡上的磁片可以通过自动柜员机 (ATM) 与银行联系，用户通过输入 4 到 8 位的密码来操作自己的账户。那么银行是如何保证用户账户安全的呢？其中一个答案是使用 RSA 密码系统加密，保护银行卡的密码不被泄露。

1) 银行选择两个大素数 p 和 q，并计算 $N = pq$。

2) 银行对每张卡进行编程，对每张卡选择不同的加密因子 e 来加密，即每张卡有不一样的加密因子。

3) 顾客办理银行卡时，选择自己喜欢的密码，这个密码通常是 4 到 8 位 (银行决定位数) 的整数，可以不是素数。

4) 银行在客户的文件中存储密码并生成相应的解密因子 d。

5) 当客户在自动柜员机上插入卡并输入密码时，银行就会检索客户的文件，获取一个很大的随机数，这个随机数 $X \in [1, N-1]$，然后计算 $X^d \pmod N$ 并发送到 ATM 上进行验证。

6) ATM 计算 $X \equiv (X^d)^e \pmod N$，并返回 $(X+1)^e \pmod N$ 给银行。

7) 银行计算 $((X+1)^e)^d \pmod N$ 和 $X+1$ 是否相等，如果相等，则输入密码正确；否则密码错误。

因为攻击者很难通过 X^d 和 $(X+1)^e$ 找到加密因子 e 和解密因子 d，所以可以保证账户安全。

值得注意的是，如果在信息传输过程中出现错误，RSA 解密就会失败。因此需要在密文中添加校验位来确保可以检测出传输过程是否有错误。

7.3.4 飞参数据加密中的应用

飞参数据是调查飞行事故的重要依据，随着飞参数据记录系统的发展，飞参数据的应用远远不止于此。目前，飞参数据在飞机研制、试飞、训练、状态监控、飞机事故原因调查、地面模拟器设计改进、视情维修等方面起到十分重要的作用。深入挖掘飞参数据的应用价值，对确保飞行安全，提高航空战斗力有着相当重要的作用。

随着飞行控制系统由机械操纵升级为电传飞控，继而进一步发展为飞管系统，飞行控制系统所实现的功能逐渐由单一的控制飞机安全飞行到提供飞机级平台管理能力。根据世界各国各个飞机型号的使用经验，在任何型号的飞机服役前均需要进行大量的试飞验证，试飞数据通常保存在飞参中。通过对飞参数据的解读，一方面发现问题进而改进设计，一方面验证性能，确认是否达到预期目标。由于试飞数据的敏感性，可以使用 RSA 加密算法对飞参数据进行加密。

其加密过程和解密过程与 7.3.1 节相同。

选取飞参数据中地速与无高两个典型变量对 RSA 加解密算法进行测试。在实际物理背景下，地速与无高均为单精度浮点数 (遵循 IEEE 754 标准 [84])，而 RSA 加密算法直接处理的数据均为整数，故此需要对数据进行预处理。首先按照 IEEE 754 标准，将十进制单精度浮点数 49.62 转化为十六进制数 `0x42467AE1`，进一步将十六进制数转化为十进制整数 `6670122225`；然后作为加密算法的输入，得到密文；最后将密文作为解密算法的输入，得到解密后的明文 [38]。

7.4 密码分析

7.4.1 RSA 安全性

现在可以知道，RSA 安全性是基于加密函数 $c \equiv m^e \pmod N$ 的不可逆向计算的。如果想要攻击 RSA 则必须分解 $N = pq$。当 N 足够大时，凭借现有算法和计算机速度很难破解。假设攻击者 Eve 已经知道公钥 N、e 和密文 c，想要得到 d，Eve 就需要尝试解开方程：

$$de \equiv 1 \pmod{\varphi(N)} \tag{7-14}$$

但是仅从 N 就想得到 $\varphi(N)$，其难度等价于分解 N，这是非常困难的，因为：

$$\varphi(N) = (p-1)(q-1) = pq - p - q + 1 = N - (p+q) + 1 \tag{7-15}$$

为了得到 $\varphi(N)$，有两件事需要解决。

1) p、q 从未公开，所以要找到它们。

2) 将 N 分成两个素数 p、q，从目前计算机算力角度来说是非常困难的。

虽然 RSA 在理论上难以破解，但假如 N 的长度小于或等于 256 位，那么用一台个人计算机其实在几个小时内就可以穷举 N 的因数了。当 N 很大时，破解难度和计算时间就会激增。在现代加密系统中，一般采取 2048 位长度的 N 来确保 RSA 密码系统的安全性。

下面一个例子再次展示一次完整的 RSA 加密和解密过程。

例 7.4.1 选择 $p = 53$，$q = 89$，已知加密因子和解密因子 $e = 119$，$d = 423$。

首先检查是否满足 $ed \equiv 1 \pmod{\varphi(4717)}$，经过计算，结果满足条件。

1) 加密明文“75”。

第 1 步，计算素数乘积 N：

$$N = pq = 53 \times 89 = 4717 \tag{7-16}$$

第 2 步，将 e 用二进制表示：

$$119 = 2^0 + 2^1 + 2^2 + 2^4 + 2^5 + 2^6 = 1 + 2 + 4 + 16 + 32 + 64 \tag{7-17}$$

第 3 步，使用快速模幂运算。

计算明文的 k 次幂并模 N，如表 7-1 所示。

表 7-1 RSA 计算过程

k	1	2	4	8	16	32	64
$75^k \pmod N$	75	908	3706	3249	4072	929	4547

$$75^{119} \equiv 75 \times 908 \times 3706 \times 4072 \times 929 \times 4547 \equiv 3500 \pmod{4717} \tag{7-18}$$

第 4 步，密文计算：

$$c \equiv m^e \pmod N \equiv 75^{119} \equiv 3500 \pmod{4717} \tag{7-19}$$

2) 解密密文“3500”：

$$m \equiv c^d \pmod N \equiv 3500^{423} \equiv 75 \pmod{4717} \tag{7-20}$$

■

对于例 7.4.1，使用二次因式 (Quadratic Factoring) 可以破解。二次因式是建立在二次剩余的基础上的。对于一个因子 n，攻击者 Eve 想找到两个数 x、y，使得 $(n-1)/2 \geqslant x > y$，并满足下列式子：

$$x^2 - y^2 \equiv 0 \pmod n \tag{7-21}$$

如果 $x+y$ 和 $x-y$ 都不能被 n 整除，则 $\gcd(x+y, n)$ 和 $\gcd(x-y, n)$ 都是 n 的非凡因子 (Nontrivial Factor)，即

$$0 < x-y \leqslant x < n-1 \tag{7-22}$$

$$0 < x + y \leqslant n-1 \tag{7-23}$$

攻击方式如下。

1) 在区间 $[0, \cdots, (n-1)/2]$ 内随机选择 k 个 x，即 $x_1, x_2, \cdots, x_k \in [0, \cdots, (n-1)/2]$。

2) 计算所有 $x_i \pmod n$。

3) 如果 $i \neq j$，但满足 $x_i^2 \equiv x_j^2 \pmod n$，则 $\gcd(x_i + x_j, n) = p$ 和 $\gcd(x_i - x_j, n) = q$ 都是 n 的非凡因子。

4) 知道 p、q 以后，就容易求出 $N = pq$，RSA 即遭到破解。

7.4.2 维纳攻击

维纳攻击 (Wiener's Attack) 由密码学家 Michael J. Wiener 于 1990 年在 IEEE 发表的论文《针对 RSA 的短解密指数的密码学分析》[85] 中首次提及。

在 RSA 实际使用过程中，选择的 p、q 必须为素数，同时 p、q 相差不能太小。一般来说，$p > 2q$ 比较合适，换句话说，较大的那个素数需要比较小的那个素数至少大一倍。如果相差不那么大，并且公钥 e 选择得不合适，则很容易遭到维纳攻击，从而推测出短的解密因子 d。维纳发现，如果 RSA 的参数满足：

$$3d < N^{1/4} \text{且} q < p < 2q \tag{7-24}$$

RSA 破解就容易多了，其中 d 是解密因子。

在展开维纳攻击前，首先看看什么是 (有限) 连分数 (Continued Fraction)。对于任意一个数 x，都可以写成连分数的形式：

$$x = a_0 + \cfrac{1}{a_1 + \cfrac{1}{a_2 + \cfrac{1}{a_3 + \cfrac{1}{\ddots}}}} \tag{7-25}$$

$$= [a_0, a_1, \cdots, a_n] \tag{7-26}$$

其中 $a_0, a_1, \cdots, a_n \in \mathbb{R}^+$，被称为部分商 (Partial Denominator)。如果所有的 $a_i \in \mathbb{Z}$，则称该连分数是简单的 (Simple)。

例 7.4.2 假设 $x = \dfrac{111}{26}$，尝试写成连分数形式。

解：

$$\frac{111}{26} = 4 + \frac{7}{26} = 4 + \cfrac{1}{\cfrac{26}{7}}$$

$$\frac{26}{7} = 3 + \frac{5}{7} = 3 + \cfrac{1}{\cfrac{7}{5}}$$

$$\frac{7}{5} = 1 + \frac{2}{5} = 1 + \cfrac{1}{\cfrac{5}{2}}$$

$$\frac{5}{2}=2+\frac{1}{2}$$

因此 $x=\dfrac{111}{26}$ 可以写成连分数形式：

$$\begin{aligned}\frac{111}{26}&=4+\cfrac{1}{3+\cfrac{1}{1+\cfrac{1}{2+\cfrac{1}{2}}}}\\&=[4,3,1,2,2]\end{aligned}$$

■

例 7.4.3 将 $\sqrt{2}$ 写成连分数形式。

$$\sqrt{2}=1+\cfrac{1}{2+\cfrac{1}{2+\cfrac{1}{2+\cfrac{1}{2+\ddots}}}}$$

■

无论是有理数还是无理数，它们都可以展开成连分数形式。对于任意有理数，它的连分数永远是有限的，最终会收敛在最大公约数上，而无理数的连分数是无限的。

如果 p、q 足够大，那么 $N=pq$，$\varphi(N)=(p-1)(q-1)$，就可以说 $N\approx\varphi(N)$。同时解密因子 $d\equiv e^{-1} \pmod{\varphi(N)}$，转化一下，就可以得到 $ed\equiv 1 \pmod{\varphi(N)} \Rightarrow ed=1+k\varphi(N)$，$k\in\mathbb{Z}$。对这个等式两边同除以 $d\varphi(N)$，得到：

$$\frac{e}{\varphi(N)}-\frac{k}{d}=\frac{1}{d\varphi(N)} \tag{7-27}$$

根据连分数性质，假设 $\gcd(e,\varphi(N))=\gcd(k,d)=1$，且满足：

$$\left|\frac{k}{d}-\frac{e}{N}\right|<\frac{3k}{d\sqrt{N}}<\frac{1}{2d^2} \tag{7-28}$$

那么根据相关定理，k/d 将会收敛于 e/N 的连分数。

一般情况下，攻击者不知道 $\varphi(N)$，但由于 $N\approx\varphi(N)$，可把式 (7-27) 改写成：

$$\frac{e}{N}-\frac{k}{d}=\frac{1}{d\varphi(N)} \tag{7-29}$$

$$\Rightarrow \frac{e}{N}\approx\frac{k}{d} \tag{7-30}$$

也就是说 k/d 是 e/N 的连分数近似。攻击者很容易知道 e、N，接着计算 e/N 的连分数并展开，依次算出这个连分数的每一个渐进分数。由于 e/N 略大于 k/d，通过对 e/N 的连分数展开，得到的一串分数的分母很有可能就是 d，分子则为 k。因为 $ed=1+k\varphi(N)$，现在 e、d、k 都已知，就很容易求得 $\varphi(N)=(ed-1)/k$。到了最后一步，根据 RSA 的步骤可知 $\varphi(N)=(p-1)(q-1)$、$N=pq$，两式联立，可以写成 $p+q=N+1-\varphi(N)$。为

了求解 p、q，可以建立方程：

$$(x-p)(x-q) = x^2 - (p+q)x + pq \tag{7-31}$$

$$= x^2 - (N - \varphi(N) + 1)x + N \tag{7-32}$$

如果先前计算的 $\varphi(N)$ 是正确的，式 (7-32) 的两个根就是素数 p、q，如果方程可解且是整数，就意味着这组 RSA 密码系统遭到破解。

维纳攻击步骤如下。

- 获取公钥 N、e，转化为分数 e/N 并写成连分数形式 $[a_0, a_1, \cdots, a_n]$。
- 计算连分数的每一个收敛子。
- 验证收敛子 k/d 是否符合：

① 如果 d 为奇数，则继续计算，否则跳过并继续计算下一个收敛子；

② 验证是否满足 $3d < N^{1/4}$，满足则继续，否则跳过并继续计算下一个收敛子；

③ 计算是否满足 $ed \equiv 1 \pmod k$，满足则继续，否则跳过并继续计算下一个收敛子；

④ 设 $\varphi(N) = (ed-1)/k$，代入式子 $x^2 - (N - \varphi(N) + 1)x + N = 0$ 求根。如果两个根均为整数，意味着已找到 d，破解成功。如果不能求出根或者根为非整数，继续计算下一个收敛子。

- 如果试完所有收敛子，但没有找到整数根，则意味着给定的 RSA 密码系统无法被维纳攻击方式破解。

下面来看一个例子。

例 7.4.4 假设攻击者 Eve 拦截了公钥 $N = 2053200435210757465926 13$，$e = 707601 35995620281241019$，并且已知通信方使用的是 RSA 加密。尝试破解该 RSA 密码系统。

解：首先，计算 e/N 的连分数。可展开为：

$$\frac{e}{N} = 0 + \cfrac{1}{2 + \cfrac{1}{1 + \cfrac{1}{9 + \ddots}}}$$

共计 40 个部分商，可以写为：

$$\frac{e}{N} = [0, 2, 1, 9, 6, 54, 5911, 1, \cdots, 4] \approx \frac{k}{d}$$

那么第一个收敛子很显然是 0，第二个收敛子是 $0 + 1/2 = \dfrac{1}{2}$，第三个收敛子是 $1/(2 + 1/1) = \dfrac{1}{3}$，第四个收敛子是 $1/(2 + 1/(1 + (1/9))) = \dfrac{10}{29}$，以此类推，第六个收敛子是 $\dfrac{3304}{9587}$。

依次尝试把收敛子代入式子 $\varphi(N) = (ed-1)/k$，求出 $\varphi(N)$。以第二个收敛子 $k/d = 1/2$ 为例，因为 $d = 2$，该收敛子不符合要求，继续尝试下一个收敛子。第三个收敛子 $k/d = 1/3$，但因为 $ed \not\equiv 1 \pmod k$，该收敛子不符合要求，继续尝试下一个收敛子。

直到第六个收敛子 $k/d = 3304/9587$ 时，$\varphi(N) = (ed-1)/k = 205320043519979308794688$。式 (7-32) 求出的根 $p = 239635170197$、$q = 856802627729$，代表这个 RSA 密码系统遭到破解。■

7.4.3 小公钥指数攻击

小公钥指数攻击 (Low Public Exponent Attack) 有多种攻击方式，它是利用公钥漏洞进行攻击的一种统称。小公钥指数攻击的其中一项是 Coppersmith 攻击。小公钥指数攻击是由美国数学家唐·科珀史密斯 (Don Coppersmith) 于 1997 年在论文《多项式方程的小解和低指数 RSA 漏洞》[86] 中提出的针对 RSA 的一种攻击方式。不过该论文的攻击方式需要使用 LLL 算法 (10.3.3 节介绍)，因此在本节介绍的是一种简化算法，不涉及 Coppersmith 定理。

与维纳攻击类似，如果加密指数 e(如 $e = 3$) 太小，且明文 m 也太小，当 $m^e < N$ 时，RSA 也很容易遭到破解。根据加密公式：

$$c \equiv m^e \pmod N \tag{7-33}$$

那么想计算 m，则可以有：

$$m^e = c + kN,\ k \in \mathbb{N} \tag{7-34}$$

$$\Rightarrow m = \sqrt[e]{c + kN} \tag{7-35}$$

当明文 m 太小，即 $m^e < N$ 时，攻击者可以尝试穷举 k，依次开 e 次根，直到开出整数，就代表可以知道明文，RSA 遭到破解。

例 7.4.5 假设攻击者 Eve 拦截了公钥 $N = 728817641449801465725885852789917$，$e = 3$，$c = 371964089761121995266853163557771$，并且已知通信方使用的是 RSA 加密。尝试破解 RSA。

解： 尝试计算 $m = \sqrt[e]{c + kN}$，k 从 0 开始计算，依次增大。当计算得到整数时，停止计算。$k = 47241$ 时，满足条件，得到明文 $m = 3253215323532$。破解 RSA 成功。 ■

计算过程中需要考虑计算机数值精度问题，有时候需要使用 round 函数进行必要的舍入运算，或者使用 gmpy2 进行高精度计算。

那么 e 要取多大呢？通常来说，如果 $e \geqslant 2^{16} + 1 = 65537$，那么 RSA 将不再容易遭受小公钥指数攻击。

利用小公钥指数的攻击方式称为广播攻击 (Broadcast Attack)，它使用了中国剩余定理，感兴趣的读者可以参考 8.4.3 节。相关信息攻击 (Related Message Attack) 及短板攻击 (Short Pad Attack) 也属于小公钥指数攻击方式，感兴趣的读者可参考 RSA 综述 [87]。

7.4.4 侧信道攻击

发明 RSA 后的一段时间内，人们普遍认为，如果按照流程正确使用 RSA，攻击 RSA 的唯一方式就是通过方程 $de \equiv 1 \pmod{\varphi(N)}$ 找到 d。但 1996 年保罗·科切 (Paul Kocher) 演示了一种针对 RSA 的侧信道攻击 (Side Channels Attack)，震惊了密码学界。

如果想要保证一个密码的安全，通常假设攻击者最多能接触到密码系统的输入、输出方式和公开参数，只要保护好这些，密码的安全就有保障。但在实际中，攻击者往往可以观察密码系统运行在软硬件上时泄露的额外信息，如运行时间、功耗和错误提示信息、成功提示信息等，并利用这些冗余信息对密码进行更有效的分析，从而绕过密码算法本身进行破解。而利用其运行过程中泄露的信息的攻击方法称为侧信道攻击。

第二次世界大战期间，贝尔电话公司 (今 AT&T 公司) 给美军提供了一种全新的电传打字机和一次性磁带，美军用该电传打字机进行加密通信。后来贝尔电话公司发现这种打字机有电磁泄漏，能够在一定距离内检测到电磁尖峰并恢复明文。为了避免这种情况，贝尔电话公司建议在机器周围 100 英尺 (约 30.5 米) 的范围内戒备其他人员和任何可能的窃听设备，以防止加密消息被截获。1951 年，美国中央情报局 (CIA) 再次发现该电传打字机的泄露事件，这次之后把戒备范围扩大至 200 英尺 (约 61 米)。之所以泄密，并不是因为加密算法本身，而是根据打字机发出的电磁波，在信号源的一定范围内可以分析出明文。

冷战前夕，美国发现有关苏联的情报不断被泄露，却始终找不到泄露的源头。直到 1953 年，才把窃听装置找到，它被藏在美国大使馆的一个极为精美的木制美国国徽里面，这个国徽是苏联在一次会议上送给美国驻苏联大使的。这个窃听装置代号"金唇"，不需要通电就可以工作，它的工作方式是接收 300 米以内的微波脉冲，借以转化为自身运行所需的电能，从而为苏联情报部门提供源源不断的情报。由于它不需要电源，所以当时的反窃听设备无法发现它的存在。该装置是由苏联电气工程专家李昂 · 特雷门发明的，他也是侧信道攻击的鼻祖。

侧信道攻击主要有以下几种攻击方式 [88]。

- 时序攻击
- 功耗和网络流量监控
- 发散攻击
- 差别错误分析
- 缓存攻击

时序攻击最早由保罗 · 科切在论文 [89] 中提及，利用计算机加密和解密的运算时间，推导出密钥，进而破解密文。为了方便理解时序攻击，下面举一个简单的例子。

例 7.4.6 想象一下，实现一个简单的函数，使用字符串对比来比较用户输入的密码与实际密码。它会逐个检查字符，如果输入的字符串和实际字符串的字符不匹配，系统将返回错误信息。攻击者测量从函数返回的量，通过了解从函数返回所需的时间，攻击者可以推断出输入的随机密码中有多少个正确字符。然后，他们可以使用这些信息并通过计时函数的返回时间来逐个字符地分析所有密码。

如表 7-2 所示，假设真密码是 ABCD，这时候输入第一组随机密码 WQRO，进行逐字匹配。函数马上发现第 1 位是 W，与真密码的第 1 位 A 不匹配，返回错误提示，假设耗时 0.01 秒。

表 7-2 时序攻击例子

真密码	A	B	C	D
随机密码 1	W	Q	R	O
随机密码 2	A	Q	R	O
随机密码 3	A	B	R	O

输入第 2 组随机密码 AQRO，进行逐字匹配。函数发现第 1 位是 A，与真密码的第 1 位匹配，通过。检查第 2 位，发现是 Q，与真密码的第 2 位 B 不匹配，返回错误提示，假设耗时 0.02 秒。这时候，攻击者就会意识到，随机密码中至少有一位是正确的，并且第 1

组和第 2 组密码只改变了第 1 位字符，所以可以肯定第 2 组密码的第 1 位是正确的。

同理，第 3 组随机密码 ABRO 只在第 2 组密码的基础上修改了第 2 个字符，发现第 3 组密码虽然错误，但耗时 0.03 秒，所以推导出第 2 个字符正确。以此类推，根据反馈时间的差异，测定这个时间差，就可以推导出所有密码，从而绕过加密算法本身。 ■

不过科切攻击 (Kocher's Attack) 没有例 7.4.6 那么简单。在 RSA 中，涉及私钥的运算是模幂 $m \equiv c^d \pmod N$，其中 N 是 RSA 模数，c 是要解密或签名的文本，d 是私钥。传统的 RSA 攻击方法就是需要解方程 $de \equiv 1 \pmod{\varphi(N)}$ 以找到 d。现在则另辟蹊径，绕过该方程。对于时序攻击，攻击者需要精心选择几个 c' 值并计算 $c'^d \pmod N$，然后精确测量所需时间并分析时间变化，攻击者可以一次一位地恢复私钥 d，直到知道整个 d。攻击本质上是一个信号检测问题。“信号”由目标指数位引起的时序变化组成，而“噪声”由时序测量的不准确和时序的随机波动组成。因此，所需的时序样本数由信号和噪声的特性决定。在任何情况下，所需的时序样本大小与私钥 d 的位数成正比，然后利用重复平方 (2.7.3 节) 对 RSA 实施时序攻击。由于私钥 d 中只有有限数量的位，因此该攻击在计算上是可行的。

辛德勒攻击 (Schindler's Attack)[90] 在科切攻击的基础上更进一步，利用中国剩余定理和蒙哥马利算法成功地将 RSA 破解，相比科切攻击更加优化。Brumley-Boneh 攻击 (Brumley-Boneh Attack)[91] 进一步推动了辛德勒攻击的结果，成功地开发了一个针对 OpenSSL 中高度优化的 RSA 的时序攻击，从而对 RSA 产生了严重的威胁。不过避免时序攻击的方式也很简单，就是让处理时间等长输出即可。换句话说，一旦发现错误，也不要立即返回错误提示，而是等待一定时间再发送，同时，限制尝试密码次数，也可以避免该攻击。

另一个侧信道攻击的例子是功率分析攻击。1998 年，科切发表了关于功率分析攻击的第一篇论文 [92]，图 7-4 描述了对加密电路进行的简单功率分析。

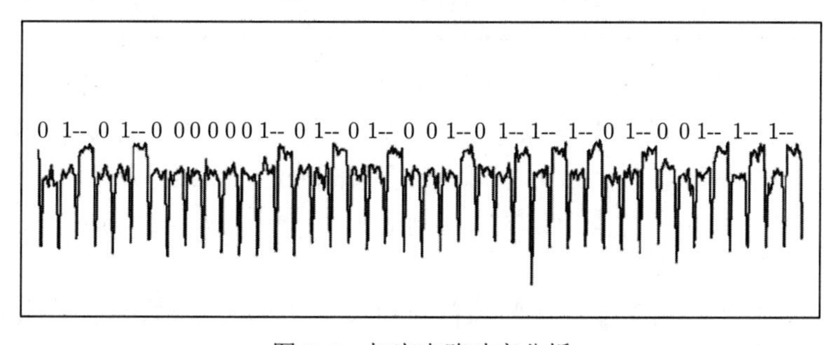

图 7-4 加密电路功率分析

加密电路的功率根据密钥中是 1 还是 0 而不同。通过分析电路的功率，可以读取密钥的位数。

7.5 素数检验

在本节之前，已经讨论完 RSA 的加密和解密过程，并且知道了它的应用场景。那么接下来的工作，就是选择素数。如果说分解一个整数太过困难，那么判定一个数是否为素数就简单多了。下面介绍几种主流的素数检验算法。算法分为确定性算法和随机性算法。确定性算法是指没有使用随机数的算法，速度慢，但保证正确。随机算法是使用了随机数的算法，运行速度快，但有一定概率把一个不是素数的数误判为素数。

7.5.1 试除法

试除法是一种确定性算法。给定一个合数 n(这里 n 是一个待分解的正整数)，试除法是用小于或等于 $\sqrt{n}$ 的已知素数去试除待分解的正整数 n。如果找到一个数能够将 n 整除除尽，则这个数就是待分解整数 n 的因子。时间复杂度为 $\mathcal{O}(\sqrt{n})$。对于大整数的素性检验，它并非完全实际有效。

7.5.2 AKS 素性检验

AKS 素性检验全称为 Agrawal-Kayal-Saxena 素性检验，它是由印度计算机科学家 Agrawal、Kayal 和 Saxena 发明的 [93]。AKS 算法是一种确定性算法，在不依赖任何未被证明的假设 (如黎曼猜想) 的情况下，能够在多项式时间内 100%确定一个数是否是素数，不过效率不高，在实际应用上与其他素性检验相比，不占优势。

AKS 素性检验的一个核心思想是儿童二项式定理 (Child's Binomial Theorem)。

定理 7.5.1 儿童二项式定理

让 R 为一个特征整数环，素数 $p>0$。对于 $x,y\in R$，有：

$$(x+y)^p=x^p+y^p \tag{7-36}$$

对于所有 $a,b\in\mathbb{Z}$，可以有：

$$(a+b)^p\equiv a^p+b^p \pmod p \tag{7-37}$$

儿童二项式定理还有另外一个名称是“Freshman's Dream”，可译为“新手之梦”。这是因为对于数学初学者来说，很容易把 $(x+y)^n$ 括号外的幂次项直接分配给括号内的 x 和 y，从而得到错误的答案。比如 $n=2$，利用乘法分配律 $(x+y)^2=(x+y)(x+y)=x^2+2xy+y^2\neq x^2+y^2$。因此有的数学家就创造了“Freshman's Dream”一词来提醒数学新手。

但在特征整数环上，由于 p 能够整除首项和末项以外的二项式系数，使中间的所有项都等于零，可以使得等式成立。下面来证明这个定理。

证明

儿童二项式定理的证明由二项式定理推导而来。该定理表示对于在具有素数特征为 p 的域 F 中，$n\in\mathbb{Z}^+$，$x,y\in F$，可以得到：

$$(x+y)^n=\sum_{k=0}^{n}\binom{n}{k}x^{n-k}y^k \qquad \text{(二项式定理)} \tag{7-38}$$

$$\Rightarrow (x+y)^p = \sum_{k=0}^{n} \frac{n!}{k!(n-k)!} x^{n-k} y^k \tag{7-39}$$

注意，除了当 $k=0$ 和 $k=p$ 时，其他二项式系数 $\sum_{k=0}^{n} \frac{p!}{k!(p-k)!}$ 中的 $p!$ 都可以被 p 整除，但由于 $k!$ 和 $(p-k)!$ 都与 p 互素，所以所有因子都小于 p，无法整除，所有项的系数都至少包含一个 n。并且二项式系数始终是整数，因此在特征为 p 的域 F 中，其他二项式系数都为 0，只剩下

$$(x+y)^p = x^p + y^p \tag{7-40}$$

显而易见，对于 $a, b \in \mathbb{Z}$ 和素数 p，很容易得到：

$$(a+b)^p \equiv a^p + b^p \pmod p \tag{7-41}$$

AKS 素性检验基于儿童二项式定理的结果。可以推导定理 7.5.2。

定理 7.5.2

一个整数 n $(n \geqslant 2)$ 是素数当且仅当在整数环 $(\mathbb{Z}/n\mathbb{Z})[x]$ 中，满足：

$$(x+b)^n \equiv x^n + b \pmod n \tag{7-42}$$

其中 $b \in \mathbb{Z}$，$\gcd(b,n)=1$。

例 7.5.1 测试整数 $n_1=3$ 和整数 $n_2=4$ 是否为素数。

解： 测试 $n_1=3$，令 $b=2$。

$$(x+b)^{n_1} \pmod{n_1} \equiv (x+2)^3 \pmod 3 \tag{7-43}$$

$$\equiv \left(x^3 + \underbrace{6x^2}_{6 \bmod 3 \equiv 0} + \underbrace{12x}_{12 \bmod 3 \equiv 0} + \underbrace{8}_{8 \bmod 3 \equiv 2}\right) \pmod 3 \tag{7-44}$$

$$\equiv \left(x^3+2\right) \pmod 3 \tag{7-45}$$

$$\equiv \left(x^{n_1}+b\right) \pmod{n_1} \tag{7-46}$$

满足定理 7.5.2，所以 $n_1=3$ 是一个素数。测试 $n_2=4$，令 $b=3$。

$$(x+b)^{n_2} \pmod{n_2} \equiv (x+3)^4 \pmod 4 \tag{7-47}$$

$$\equiv \left(x^4+12x^3+54x^2+108x+81\right) \pmod 4 \tag{7-48}$$

$$\equiv \left(x^4+2x^2+1\right) \pmod 4 \tag{7-49}$$

由于多了一项 $2x^2$，不满足定理 7.5.2，所以 $n_2=4$ 不是一个素数，尽管不知道它的素因数是多少。 ■

该定理可以有效地检验一个数是否为素数，计算：

$$(x+b)^n-(x^n+b) \pmod n \tag{7-50}$$

然后观察 n 是否能整除每个系数，可以考虑使用杨辉三角 (Yang Hui's Triangle) 对所有二项式系数进行排列。然而，考虑到计算这个式子需要存储 n 个系数，一旦 n 非常大，将导致计算效率极其低下。因此为了避开高次多项式的问题，同时加快检验速度，除了对 n 取模，系数还对多项式 x^r-1 取模，而 r 是一个很小的已知素数。一个简单的 r 次多项式是 x^r-1，即

$$(x+b)^n \equiv x^n+b \pmod{(n, x^r-1)} \tag{7-51}$$

换句话说，就是计算 $(x+b)^n$ 的系数除以 n 和 x^r-1，得到的余数就是结果。系数除以 n 很好计算，而系数除以 x^r-1 就要使用长除法，多项式除以多项式，然后取模。

这样计算起来相当快，并且对所有合数 n 都不成立，这也使得该定理变成 AKS 的主定理。因此 AKS 的判断过程如下。

1) 给定一个正整数 $n>1$。

2) 如果 n 是某个数的整数次幂，即 $n=a^b, a\in\mathbb{N}, b>1$，则 n 是合数，否则继续。

3) 找到最小的 r 使得 $\text{ord}_r(n)>\log^2 n$。

4) 如果存在 $a\leqslant r$，使得 $1<\gcd(a,n)<n$，则 n 是合数，否则继续。

5) 如果 $n\leqslant r$，则 n 是素数。

6) 对于 $a\in[1,\lfloor\sqrt{\varphi(r)}\log n\rfloor]$，判断 $(x+a)^n\equiv x^n+a \pmod{x^r-1, n}$ 是否成立，如果不成立，则 n 为合数。否则 n 为素数。

其中，$\varphi(r)$ 是欧拉函数，$\text{ord}_r(n)$ 表示 $n \pmod r$ 的阶。其算法复杂度约为 $\mathcal{O}\left(\log^6 n\right)$。

当素数稍大时，AKS 过程会变得冗长，就不在这里举例了。相关代码实现可以参考文献 [94]。虽然 AKS 耗时很长，但是由于它的算法简单，以简单的代数形式在多项式时间内解决了素数判定的问题，所以在学术上依然有参考价值。

7.5.3 费马素性检验

费马素性检验 (Fermat Primality Test)[95] 是一种基于概率的素数检验方法，利用随机化算法判断一个数是否可能是素数或者合数。

定理 7.5.3 费马小定理 (Fermat's Little Theorem)[96]

设 p 是一个素数，那么对于所有的整数 a，p 可以整除 a^p-a，表示为：

$$a^p\equiv a \pmod p \tag{7-52}$$

如果 $\gcd(a,p)=1, a\not\equiv 0 \pmod p$，费马小定理可写成另一种形式：

$$a^{p-1}\equiv 1 \pmod p \tag{7-53}$$

这两个式子等价。

证明

使用数学归纳法。

当 $a=0$ 时，$a^p \equiv 0^p \equiv 0 \pmod{p}$，显然成立。

假设 $a=k$，$k^p \equiv k \pmod{p}$ 成立。

令 $a=k+1$，根据定理 7.5.1，可以得到

$$(k+1)^p \equiv k^p + 1^p \pmod{p} \tag{7-54}$$

$$\equiv k^p + 1 \pmod{p} \quad (\text{由假设得到}) \tag{7-55}$$

$$\equiv k+1 \pmod{p} \tag{7-56}$$

所以 $(k+1)^p \equiv k+1 \pmod{p}$，因此费马小定理成立。

如果 $\gcd(a,p)=1$，证明 $a^{p-1} \equiv 1 \pmod{p}$。

首先列出前 $p-1$ 个 a 的正倍数，即

$$a, 2a, 3a, 4a, \cdots, (p-1)a \tag{7-57}$$

假设 $ra \pmod{p} \equiv sa \pmod{p}$，那么就会有 $r \equiv s \pmod{p}$。所有的 a 小于或等于 $p-1$ 的倍数都是不同的，且不为 0。因此这些倍数再对 p 取模后，得到的结果序列也是不同的，重新排列即可得到：

$$1, 2, 3, 4, \cdots, p-1 \tag{7-58}$$

让这些倍数相乘，可以得到：

$$a \times 2a \times 3a \times \cdots \times (p-1)a \equiv 1 \times 2 \times 3 \times \cdots \times p-1 \pmod{p} \tag{7-59}$$

$$a^{p-1}(p-1)! \equiv (p-1)! \pmod{p} \tag{7-60}$$

$$a^{p-1} \equiv 1 \pmod{p} \tag{7-61}$$

因此就可以证明费马小定理 $a^{p-1} \equiv 1 \pmod{p}$ 形式。

为了说明证明过程中的序列取模再排序是 $1, 2, 3, \cdots, p-1$，来看一个例子。

例 7.5.2 令 $p=7$，那么一个整数模 p 后的值如下

$$S = \{1, 2, 3, 4, 5, 6\}$$

假设 $a=2$ (或 a 为任意整数)，可以得到：

$$aS = \{2, 4, 6, 8, 10, 12\}$$

对 aS 取模后，可以得到：

$$aS \pmod{7} \equiv \{2, 4, 6, 1, 3, 5\}$$

对这个序列进行重新排序，就可以得到 $\{1, 2, 3, 4, 5, 6\} = S$。因此：

$$2 \times 4 \times 6 \times 8 \times 10 \times 12 \equiv 1 \times 2 \times 3 \times 4 \times 5 \times 6 \pmod{7}$$

$$6! \times 2^6 \equiv 6! \pmod{7}$$

$$2^6 \equiv 1 \pmod{7}$$

$$a^{p-1} \equiv 1 \pmod p$$

■

欧拉函数是费马小定理的推广。当 n 是素数的时候，$\varphi(n) = n - 1$，欧拉定理变为：

$$a^{\varphi(n)} \equiv a^{n-1} \equiv 1 \pmod n \tag{7-62}$$

这就转化成费马小定理了。

费马小定理可以检验一个数是否是素数，是素数的必要非充分条件。如果想验证 n 是否为素数，则可随机选取 a，代入上面等式看是否成立。如果存在多个整数 a 能够使等式成立，那么就可以说整数 n 很有可能为素数。

假设给定一个整数 n 和整数 a，$1 \leqslant a \leqslant n-1$ 且 $\gcd(a, n) = 1$，如果满足：

$$a^{n-1} \not\equiv 1 \pmod n \tag{7-63}$$

那么就会令 a 是 n 的一个费马证人数 (Fermat Witness)。n 一旦有一个费马证人数，就说明 n 是一个合数。如果 n 是一个合数，但使得 $a^{n-1} \equiv 1 \pmod n$ 成立，则称 a 是 n 的一个费马骗子数 (Fermat Liars)，n 也称为以 a 为基的伪素数 (Pseudoprime)。伪素数是指满足素数的某种性质，但不是素数的数。例如 $2^{340} \equiv 1 \pmod{341}$，但 $341 = 11 \times 31$，因此 341 是一个以 2 为基的伪素数，2 是一个费马骗子数。该伪素数是在 1819 年由 Sarrus 发现的。1903 年，Malo 证明了如果 n 是伪素数，那么 $2^n - 1$ 也是伪素数，同时也证明了有无数多个伪素数。在费马素性检验过程中有可能出现选取的 a 都能让等式成立，然而 n 却是合数的情况。

设奇整数 n，任取一个整数 $2 \leqslant a \leqslant n-2$，满足 $\gcd(a, n) = 1$，使得 $a^{n-1} \equiv 1 \pmod n$，则 n 至少有 1/2 的概率为素数。费马素性检验判断过程如下。

1) 随机选取整数 a，$2 \leqslant a \leqslant n-2$。

2) 计算 $\gcd(a, n)$，如果 $\gcd(a, n) = 1$，转下一步；否则 n 为合数。

3) 计算 $r \equiv a^{n-1} \pmod n$，如果 $r = 1$，则 n 可能是素数，转第 1 步；否则 n 为合数。

4) 重复上述过程 k 次，如果每次得到的 n 可能为素数，则 n 为素数的概率为 $1 - \dfrac{1}{2^k}$。

如果 $k = 7$ 且全部满足等式，那么 n 为素数的概率为 99.21875%。

费马素性检验的 Python 代码如下：

```
1  #求两个数的最大公约数
2  def gcd(a,b):
3      if b==0: return a
4      else: return gcd(b, a%b)
5  #素性检验
6  def is_prime(num, k=7):
7      for _ in range(k):
8          a=random.randrange(2,num-2)
9          if gcd(a, num)!=1:
10             return False
11         if pow(a,num-1,num)!=1:
12             return False
13     return True
```

例 7.5.3 使用费马小定理判断 9949、48703、80581 是否为素数。当幂次项很大时，可以使用快速模幂运算 (2.7.2 节)。

解： 1) 令 $p=9949$，$a=2,3,4,5$。

$$2^{p-1}\equiv 2^{9948}\equiv 1 \pmod{9949}$$
$$3^{p-1}\equiv 3^{9948}\equiv 1 \pmod{9949}$$
$$4^{p-1}\equiv 4^{9948}\equiv 1 \pmod{9949}$$
$$5^{p-1}\equiv 5^{9948}\equiv 1 \pmod{9949}$$

因此 9949 很大概率是一个素数。使用其他确定性算法可以确定，9949 是一个素数。

2) 令 $p=48703$，$a=2$。

由于

$$a^{p-1}=2^{48702}\equiv 11646\not\equiv 1 \pmod{48703}$$

因此，48702 不是一个素数。2 也是 48703 的一个费马证人数。费马小定理可以判断这个数是合数，但无法因式分解 48703，使得它变成一个更小的数的乘积。

3) 令 $p=80581$，$a=2,3$。

当 $a=2$ 时，

$$2^{80580}\equiv 1 \pmod{80581}$$

通过了费马小定理检验，80581 可能是素数。不过当 $a=3$ 时，

$$3^{80580}\equiv 76861\not\equiv 1 \pmod{80581}$$

没有通过检验。80581 不是一个素数。因此 3 是 80581 的一个费马证人数，而 2 不是费马证人数。 ■

这些例子也说明了一个问题：证明一个数是合数还是素数和对一个数进行因式分解并不是同一个任务。通常情况下，证明一个数是否是素数往往比对其进行因式分解要容易。

费马素性检验算法的时间复杂度为 $\mathcal{O}(k(\log(n))^3)$，比试除法提高了很多。但基于该算法不能保证整数 n 百分之百为素数。

例 7.5.4 设整数 $n=41041$，令 $a=3$。可以求得 $\gcd(3,41041)=1$，因此代入 a^{n-1} 求得：

$$a^{n-1}\equiv 3^{41040}\equiv 1 \pmod{41041}$$

猜测 41041 是一个素数。但是 41041 可以分解成 $7\times 11\times 13\times 41$，所以 41041 是一个合数。 ■

对于合数 n，若对所有满足 $\gcd(a,n)=1$ 的正整数 a，$a^{n-1}\equiv 1 \pmod{n}$ 都成立，这类可以满足费马小定理的伪素数称为卡迈克尔数 (Carmichael Number)，也称费马伪素数或绝对伪素数，卡迈克尔数有至少 3 个正素因数。卡迈克尔数由美国数学家 Robert Daniel Carmichael 发现 [97]，并由 William Alford 等人证明了有无数多个卡迈克尔数 [98]。也因此，用费马素性检验对素数进行甄别并不保险。

7.5.4 米勒-拉宾素性检验

米勒-拉宾素性检验 (Miller-Rabin Primality Test)[99,100] 也是一种随机性检验。它是根据费马小定理的逆命题修改而来的。

定义 7.5.1 模平方根 (Modular Square Root)

如果 $a^2 \equiv 1 \pmod{n}$，则 a 是 1 的模 n 平方根。

现在假设 n 是一个素数，那么 $n-1$ 就是一个偶数，可以写作 $2^s d$。其中 s 为正整数，d 为正整奇数。为了确定 n 是否为素数，选择一个整数 a，使得 $2 \leqslant a \leqslant n-1$，并且对于任意的 $0 \leqslant r \leqslant s-1$，若满足：

- $a^d \not\equiv 1 \pmod{n}$
- $a^{2^r d} \not\equiv -1 \pmod{n}$

那么 n 就不是一个素数。

反过来说，如果以下式子满足其中一个：

- $a^d \equiv 1 \pmod{n}$
- $a^{2^r d} \equiv -1 \pmod{n}$

那么 n 就很有可能是素数。

例 7.5.5 判断 $n = 221$ 是否为素数。

解：将 $n-1$ 改写成 $2^s d$ 形式：

$$n - 1 = 2^s \times d = 220 = 2^2 \times 55$$

所以 $s = 2$，$d = 55$，$r = [0, 1]$。

从 $[2, n-1]$ 中随机选择 a。假设 $a = 125$，那么：

$$a^{2^0 d} \pmod{n} \equiv 125^{55} \equiv 31 \not\equiv \pm 1 \pmod{221}$$

$$a^{2^1 d} \pmod{n} \equiv 125^{2\times 55} \equiv 77 \not\equiv \pm 1 \pmod{221}$$

因为两次计算都不满足等于 $\pm 1 \pmod{221}$ 的要求，因此 $n = 221$ 是一个合数。 ■

例 7.5.6 判断 $n = 131071$ 是否为素数。

解：将 $n-1$ 改写成 $2^s d$ 形式：

$$n - 1 = 2^s \times d = 131070 = 2^1 \times 65535$$

所以 $s = 1$，$d = 65535$，$r = [0]$。

从 $[2, n-1]$ 中随机选择 a。假设 $a = 98$，那么：

$$a^{2^0 d} \pmod{n} \equiv 98^{65535} \equiv 1 \pmod{131071}$$

证明 n 很有可能是一个素数。

再次随机选取 a。假设 $a = 10003$，那么：

$$a^{2^0 d} \pmod{n} \equiv 10003^{65535} \equiv 131070 \equiv -1 \pmod{131071}$$

再次证明 n 很有可能是一个素数。重复选取多次，可以提高准确率。 ■

例 7.5.7 判断 $n = 104513$ 是否为素数。

解：

$$n - 1 = 2^6 \times 1633$$

所以 $s = 6$，$d = 1633$，$r = [0, 1, 2, 3, 4, 5]$

$$3^{2^0 \times 1633} \equiv 88958 \pmod n$$

$$3^{2^1 \times 1633} \equiv 88958^2 \equiv 10430 \pmod n$$

$$3^{2^2 \times 1633} \equiv 10430^2 \equiv 91380 \pmod n$$

$$3^{2^3 \times 1633} \equiv 91380^2 \equiv 29239 \pmod n$$

$$3^{2^4 \times 1633} \equiv 29239^2 \equiv 2781 \pmod n$$

$$3^{2^5 \times 1633} \equiv 2781^2 \equiv -1 \pmod n$$

因此 $n = 104513$ 很有可能为素数。 ■

目前没有证据表明米勒-拉宾素性检验不会做出错误的判断。一般来说，米勒-拉宾素性检验单次错误概率不超过 1/4。其单次检验较费马素性检验准确率高，并且当重复选取 a 达到 13 次时，其错误概率能减小到小于 10^{-40} 的数量级，而工业级的素数筛选一般采取 64 次检验。

如果在 $n < 2^{64}$ 时，选取 $a = 2$、325、9375、28178、450775、9780504、1795265022 共 7 个数，就可以判定 n 是否为素数。

其时间复杂度为 $\mathcal{O}(k \log^3 n)$，其中 k 是次数，n 是判定值的数值。如果使用快速傅里叶变换，则能够达到 $O(k \log^2 n)$。目前来说它最接近线性素数检验。

该检验的 Python 代码如下：

```python
# 判断s的最大值
for s in range(1000):
    r = 2**s
    a = 104513
    even = a - 1

    if even%r == 0 and s != 0:
        print('n-1 = ',even, ', s=',s , ', r的最大值是: ', s-1 ,'d= ', even/r )
```

```python
#米勒-拉宾素性检验
import random

def power(x, y, p):
    """模幂运算"""
    res = 1 # 初始化结果
    x = x % p # 如果x大于或等于p，更新x
    while (y > 0):

        # 如果y是奇数，乘以x
        if (y & 1):
            res = (res * x) % p
```

```
13
14          # 如果y是偶数(也是必须的)
15          y = y>>1 # y = y/2
16          x = (x * x) % p
17      return res
18
19  def miillerTest(d, n):
20      """单次米勒-拉宾素性检验"""
21
22      # 在区间[2..n-2]内随机选择a
23      a = 2 + random.randint(1, n - 4)# 极端情况下，确保n > 4
24      x = power(a, d, n) # 计算 a^d % n
25
26      if (x == 1 or x == n - 1):
27          return True;
28
29      while (d != n - 1):
30          x = (x * x) % n
31          d *= 2
32
33          if (x == 1):
34              return False
35          if (x == n - 1):
36              return True
37
38      return False
39
40  def isPrime( n, k):
41      """判断是否是素数"""
42
43      # 极端情况
44      if (n <= 1 or n == 4):
45          return False
46      if (n <= 3):
47          return True
48
49      # 计算r和d
50      d = n - 1;
51      while (d % 2 == 0):
52          d //= 2
53
54      # 迭代k次
55      for i in range(k):
56          if (miillerTest(d, n) == False):
57              return False
58      return True
59
60  k = 64
61
62  print(isPrime(int(a), k))
63  print(isPrime(1000000000061, k))
64  print(isPrime(1000000000063, k))
65  print(isPrime(798263, k))
```

7.5.5 Solovay-Strassen 素性检验

Solovay-Strassen 素性检验 [100] 是 1977 年由美国数学家 Robert M. Solovay 和 Volker Strassen 发明的一种随机性素数检验。

它检验一个整数 n 是否是素数的方法是，选择一个整数 a，其中 $1 \leqslant a \leqslant n-1$。然后计算是否满足下列等式：

$$\left(\frac{a}{n}\right) \equiv a^{(n-1)/2} \pmod n \tag{7-64}$$

其中 $\left(\frac{a}{n}\right)$ 是勒让德符号 (Legendre Symbol)：

$$\left(\frac{a}{n}\right) = \begin{cases} 0, & 如果 a \equiv 0 \pmod n \\ +1, & 如果 a \not\equiv 0 \pmod n，且对于某个整数 x，x^2 \equiv a \pmod n \\ -1, & 不存在整数 x，使得 x^2 \equiv a \pmod n \end{cases} \tag{7-65}$$

当且仅当 n 是奇素数 ($n > 2$ 的素数，2 虽然是个素数，但是一个偶数) 时可以计算勒让德符号，但计算时，因为不确定 n 是否为素数，所以会使用勒让德符号的一般形式雅可比符号 $\left(\frac{a}{n}\right) = \prod_{i=1}^{k}\left(\frac{a}{p_i}\right)^{e_i}$，其中 p_i 是因子。如果 $a/n \neq 0$ 且等式成立，那么 n 有可能是素数；反之，则不是素数。

步骤如下。

1) 在区间 $[1, 2, \cdots, n-1]$ 内随机选择 k 个 a，即 $a_1, a_2, \cdots, a_k \in \{1, 2, \cdots, n-1\}$。

2) 对于每一个 a_i，都需要确定以下两个等式：

- $J(a, n) \equiv a^{(n-1)/2} \pmod n$
- $\gcd(a, n) = 1$

3) 以上两个等式如果有一个不成立，那么 n 就不是素数。

4) 如果以上两个等式对于所有的 a_i 都满足，那么 n 可能是素数。

其时间复杂度为 $\mathcal{O}(k \cdot \log^3(n))$，$k$ 为测试次数。该算法的错误率为 50%，因此该方法不常用。

例 7.5.8 使用 Solovay-Strassen 素性检验判断 109 是否是素数。

解：假设取 $a = 50$，则雅可比符号

$$\left(\frac{a}{n}\right) = \left(\frac{50}{109}\right) = -1 \tag{7-66}$$

$$a^{(n-1)/2} \pmod n \equiv 50^{54} \equiv 108 \equiv -1 \pmod{109} \tag{7-67}$$

因为 $\left(\frac{a}{n}\right) \equiv a^{(n-1)/2} \pmod n$，所以整数 109 可能是素数。经过检验，109 是一个素数。 ■

例 7.5.9 使用 Solovay-Strassen 素性检验判断 31659 是否是素数。

解：假设取 $a = 101$，则雅可比符号

$$\left(\frac{a}{n}\right) = \left(\frac{101}{31659}\right) = -1 \tag{7-68}$$

$$a^{(n-1)/2} \pmod n \equiv 101^{15829} \equiv 17303 \pmod{31659} \tag{7-69}$$

因为 $\left(\dfrac{a}{n}\right) \not\equiv a^{(n-1)/2} \pmod n$，所以整数 31659 不是素数。 ■

例 7.5.10 使用 Solovay-Strassen 素性检验判断 7427466391 是否是素数。

解：随机取 5 个数：$a_1 = 10$，$a_2 = 20$，$a_3 = 30$，$a_4 = 40$，$a_5 = 50$，如表 7-3 所示。

表 7-3 Solovay-Strassen 素性检验

i	a_i	$\gcd(a_i, n)$	$J(a_i, n)$	$a^{(n-1)/2} \pmod n$
1	10	1	1	1
2	20	1	1	1
3	30	1	−1	−1
4	40	1	1	1
5	50	1	1	1

因为 $J(a_i, n) \equiv a^{(n-1)/2} \pmod n$，所以 $n = 7427466391$ 大概率是素数。 ■

7.5.6 APRCL 素性检验

APR 素性检验 (Adleman-Pomerance-Rumely Primality Test) 是由 Adleman、Pomerance、Rumely、Cohen 和 Lenstra 发明的 [101]，它根据米勒-拉宾素性检验改进而来，是一种确定性算法。其时间复杂度为 $\mathcal{O}\left(\log(n)^{c \log\log\log(n)}\right)$，其中 $c > 0$，几乎是多项式的。很快，Cohen 和 Lenstra 改进了 APR 素性检验，称为 APRCL 素性检验，该算法更加实用，可以在几秒钟内检验 100 位以内的整数、在相对合理的时间内检测出 1000 位以内的整数是否为素数 [102]。

7.5.7 生成工业级素数

RSA 安全性基于整数分解的难题，整数由素数 p 和 q 相乘得到。一般来说，想要生成一个 1024 位的整数，则需要 p 和 q 的长度约为 512 位。那么如何知道生成的数是一个素数，甚至是大素数呢？一个较为简单的方法就是随机生成一个 1024 位数，利用素数判定法，判断这个数是素数还是合数，如果是合数，则重新随机生成，过程如图 7-5 所示。

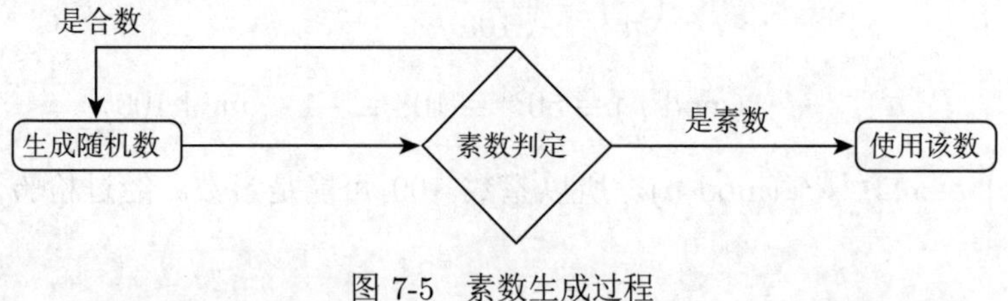

图 7-5 素数生成过程

生成随机数需要用到随机数生成器，由于大多数计算机生成随机数的方法是使用伪随机数生成器，可以被预测。一旦被攻击者预测，那么 RSA 将不再安全。所以需要使用真随机数生成器或者密码学安全伪随机数生成器。随机数的生成可参见 13.5.4 节。

假设现在有了一个密码学安全伪随机数生成器，那么生成多少个随机数可以得到一个素数呢？这样做的效率高不高？根据素数定理 (7.2.2 节)，从一个正整数中抽到素数的概率为 $\frac{1}{\log(n)}$，n 为一个正整数。那么一个 1024 位数，就可以计算得到概率：

$$\frac{1}{\log(n)}=\frac{1}{\log(2^{1024})}\approx 0.14\% \tag{7-70}$$

这意味着，随机生成一个 1024 位的整数，平均需要 $\frac{1}{0.14\%}=710$ 次就可以得到一个素数。这对于计算机来说，并不是一个艰难的任务，在多项式时间内可以得到结果。如果随机生成的都是奇数，那么是素数的概率可加倍。

素数判定的方法除了之前介绍的几种，还有椭圆曲线素数证明 (Elliptic Curve Primality Proving) 等方法。用户可以选择适合的素数判定法则来使用。如果想保证随机数 100%是素数，则需要使用确定性算法，不过速度会慢。想要速度快，则需要使用非确定性算法，但不能 100%保证是素数。如果一个随机数可以通过多轮测试，那么这个随机数是非素数的概率将无限趋近于 0。

在计算机领域，如果把大素数生成算法想象成一个个生产素数的工厂的话，那么生产出来的素数就可以称为“工业级素数”。但目前的“工业级素数”仍存在为合数的概率，即有可能生产出“残次品”，虽然这样的残次品目前还未被发现，其定义是“没有经过严格数学证明、但是通过了‘可能素数判定法’(米勒-拉宾素性检验) 的整数”。用这种方法判定大整数是否是素数虽然并不完全准确，但速度非常快，而且不会漏掉任何素数。

下面简单给出一种生成素数的 Python 方法。

```
1  #生成大素数
2  def largePrime_Generate(bit=1024):
3      print("Generating large prime......")
4      i=1
5      while(True):
6          num=random.randrange(2**(bit-1),2**(bit))
7          print("第{}次随机生成大整数:{}.".format(i,num))
8          if(isPrime(num,k)):
9              print("大整数:{}通过Miller—Rabin素性检验说明很有可能为素数.".format(num))
10             return num
11         else:
12             i+=1
13
14 def generateLargePrime_basedOnMR():
15     while(True):
16         try:
17             bit=Evel(input("请输入需要产生的大整数比特位数: "))
18             largePrime_Generate(bit)
19             break
20         except:
21             print("！！！请输入整数.")
22 if __name__=="__main__":
23     generateLargePrime_basedOnMR()
```

这段代码只适用于研究目的。工业级素数可以使用 OpenSSL 生成密钥。OpenSSL 可以进行密钥证书管理、对称加密和非对称加密，是一个开放源代码的软件库包，被广泛应用在互联网的网页服务器上。

在通过了 64 轮米勒-拉宾测试后，该数不是素数的概率已经下降到了 2^{-128}，这对加密应用来说已经足够，没有必要使用绝对正确但速度慢的 AKS 素性检验法。

7.5.8 有了大素数，就一定安全吗

随着位数增大，n 不断增大，根据素数定理，$\lim_{x\to\infty}\dfrac{1}{\log(x)}=0$。这也就意味着，素数在数轴上随着数字增大，其分布会越来越稀疏。换句话说，从概率上说，随着素数的增大，下一个素数离上一个素数应该越来越远。但素数之间是否真的相差越来越大？人们通过观察发现并不是这样的。即使素数很大，在数轴不远的地方，也还可以发现一个素数。于是就有了一个猜想，就是孪生素数猜想 (Twin Prime Conjecture)。

孪生素数猜想表述起来非常简单，即存在无穷多个素数 p，使得 $p+2$ 也是素数。孪生素数就是这种间隔为 2 的相邻素数 (间隔为 1 是偶数)，它们之间的距离已经近得不能再近了，就像孪生兄弟一样。举个例子，100 以内的孪生素数有 (3,5)、(5, 7)、(11, 13)、(17, 19)、(29, 31)、(41, 43)、(59, 61) 和 (71, 73)，一共 8 对孪生素数。

1849 年，法国数学家波利尼亚克曾提出一个猜想：对于任意偶数 $2k$，$k\in\mathbb{N}$，存在无穷多组以 $2k$ 为间隔的素数，即 $(p, p+2k)$。这一猜想被称为波利尼亚克猜想 (Polignac's Conjecture)。当 $k=1$ 时，它就是孪生素数猜想。有人认为波利尼亚克是孪生素数最早的提出者，但也有人持不同意见，因此孪生素数猜想最早的提出者无从考证。

孪生素数猜想非常简单，但是证明却非常困难。许多数学家穷尽一生也未能取得进展，甚至连它的弱形式——能不能找到一个正整数，使得有无穷多对素数之差小于这个给定的正整数也未能证明。中国数学家陈景润在 1966 年发表的论文《大偶数表为一个素数及一个不超过二个素数的乘积之和》[103] 中证明了存在无穷多个素数 p，使得 $p+2$ 要么是素数，要么是两个素数的乘积。这在孪生素数的证明上前进了一大步，而且此定理距离解决哥德巴赫猜想 (任一大于 2 的偶数，都可表示成两个素数之和) 也只有一步之遥。2013 年，华裔数学家张益唐发表论文“Bounded Gaps Between Primes” (素数间的有界间隔)[104]，证明了存在无穷多个差值小于 7000 万的素数对，即：

$$\liminf_{n\to\infty}(p_{n+1}-p_n)<7\times10^7 \tag{7-71}$$

其中 p_n 是第 n 个素数、$p_{n+1}-p_n$ 是素数间隙。该论文证明了孪生素数的弱形式，在证明孪生素数上前进了一大步，让一众数学家看到了证明孪生素数猜想的曙光，只需要把 7000 万进一步缩小到 2，就能成功证明了。后来，在该论文的基础上，数学家陶哲轩 (Terence Tao)、詹姆斯・梅纳德 (James Maynard) 等人将这个间隙缩小到 246[105]。

为什么介绍孪生素数呢？因为目前所列举的例子都被称为“教科书版的 RSA”。如果在真实互联网场景中这样加密，很容易就被攻破。因此选择素数时需要非常有技巧，即使有了工业级素数，一旦选择了孪生素数对作为 p 和 q，就意味着 RSA 很容易遭到攻击。根据 Paul Kocher[92] 和 Coppersmith[106] 的研究，如果选择的素数不正确，N 不一定难分解。

与维纳攻击类似，当 N 是由两个相邻的素数乘积得来时，如果满足

$$|p-q|<2N^{1/4} \tag{7-72}$$

那么 N 就很容易分解 [107]。

假设 p、q 满足 $|p-q|<2N^{1/4}$，令 $A=(p+q)/2$，因为 p、q 都是奇数，所以 A 是一个整数，那么 $\sqrt{N}$ 就会非常接近 A，就会有 $A-\sqrt{N}<1$。由于 A 是整数，$\sqrt{N}$ 就可以向上取整以接近 A。此时就会有：

$$p<\sqrt{N}<A<q \tag{7-73}$$

在数轴上，A 是 p、q 的中点，所以存在一个 x 使得 $p=A-x$ 和 $q=A+x$。如果找到这个 x，就找到了 p 和 q，也就成功因式分解了 N。

由于 $N=pq=(A-x)(A+x)=A^2-x^2$，所以很容易得到 $x=\sqrt{A^2-N}$。

例 7.5.11 尝试因式分解整数 N。

$$N=240909185185734213392245333308817750120420013518972926133533178503373309484880054217114528799806526503909924879251347 1409$$

解： $A=\lceil\sqrt{N}\rceil$，$\lceil\ \rceil$ 为向上取整函数。由于是大整数，在 Python 中需要使用 gmpy2 库进行计算，例如 gmpy2.iroot $(N,2)$。

$$A=155212494724404907811294053653284955208316423980529671652 7175$$

$$x=\sqrt{A^2-N}=96$$

$$p=A-x$$

$$=155212494724404907811294053653284955208316423980529671652 7079$$

$$q=A+x$$

$$=155212494724404907811294053653284955208316423980529671652 7271$$

这样不仅进行了因式分解，并且经过米勒-拉宾素性检验，证明这两个都是素数。■

因此，两次素数的选择必须是完全随机的，不能图省事，先选一个素数，然后从该素数附近选择另一个素数，这样对 RSA 来说就很容易破解了。

结合维纳攻击和小公钥指数攻击，设计一个安全的 RSA 加密系统需要注意以下几点。

1) 素数位数需要足够长，至少 512 位以上。

2) 素数对之间的绝对值差须满足 $|p-q|>2^{11}N^{1/4}$ 且 $|3p-2q|>N^{1/4}$。

3) $p-1$ 和 $q-1$ 至少有一个大素数因子。

4) 加密指数 $e\geqslant 65537$。

5) 私钥 $d>\frac{1}{3}N^{1/4}$。

6) 如果私钥 d 泄露，必须立即更改 N、e 和 d。

7) 如果 N 的位数不等于之前规定的 RSA 加密位数，需要重新选择 p 和 q。

8) 不重复使用 N。

9) 明文需要规定长度，且不能太短，不满足长度则需要填充。

10) 最好使用真随机算法。

11) 硬件须可靠。

7.6 本章习题

1. 使用素数判定法确定下列哪些数是素数：
   1) 99721
   2) 99731
   3) 5006069
   4) 5017811
   5) 5017813
2. 已知 $n, n+2, n+4$ 都为素数，请问 n 是多少？
3. 使用 Solovay-Strassen 素性检验，检验 8911 是否是一个素数，把过程写在如下表格中。

i	a_i	$\gcd(a_i, n)$	$J(a_i, n)$	$a^{(n-1)/2} \bmod n$
1				
2				
$\vdots$				

   其中 a_i 是 $[1, 8910]$ 之间的随机数。
4. 考虑 RSA 加密算法。假设两个素数 $p = 113$，$q = 157$，加密指数 $e = 113$。回答以下问题。
   1) N 的值是多少？
   2) 解释一下为什么 $d = 14225$ 是解密指数？
   3) 假设 Eve 除了知道 N 和 e，还知道 $p + q$ 的值，那么 Eve 可以破解这个 RSA 算法吗？
5. 考虑 RSA 加密算法。设 $N = 5183 = 71 \times 73$，加密指数 $e = 143$，解密指数 $d = 1727$，回答以下问题。
   1) 加密明文“53”。
   2) 解密密文“2”。
6. 考虑 RSA 加密算法。设 $N = 3599$，加密指数 $e = 31$，回答以下问题。
   1) 找到密钥。
   2) 加密明文“100”。
7. 考虑 RSA 加密算法。设 $p = 101$，$q = 113$，$N = pq$，回答以下问题。
   1) 令 $e_1 = 8765$，$e_2 = 7653$。请猜测哪一个是可用的加密指数并解释原因。
   2) 对于可用的加密指数 e，计算相应的解密指数 d。
   3) 解密密文 $c = 3233$。

8. 考虑 RSA 加密算法。设 $N = 12191$，加密指数 $e = 37$，密文 $c = 587$。由于使用了错误的 p、q，导致 N 非常小，那么如何可以猜到明文 m?
9. 考虑 RSA 加密算法。假设 Eve 通过某种渠道，知道了 $N = 38749709$，以及两组加密指数和解密指数，后者分别为：

$$e_1 = 10988423，d_1 = 16784693$$
$$e_2 = 25910155，d_2 = 11514115$$

尝试分解 N。
10. 考虑 RSA 加密算法。证明 RSA 密码算法对选择密文攻击是不安全的。换句话说，对于给定的一个密文 c，如何选择另一个密文 c'，并且 $c' \neq c$，使得可以通过 $m' = D_k(c')$ 把 $m = D_k(c)$ 计算出来。
11. 考虑 RSA 加密算法，由于 $c = m^e \pmod N$，证明：

$$(c_1 \cdot c_2) \pmod N \equiv (m_1 \cdot m_2)^e \pmod N$$

其中 $m_1, m_2 \in \mathbb{Z}^+$。
12. 假设 Bob 正在使用 RSA 密码进行通信，它的模数 N 很大，在多项式时间内无法因式分解。假设 Alice 将每个字母表示为 0 到 25 之间的整数，然后使用下列公式对明文进行加密：

$$c \equiv M^e \pmod N \equiv (m_i \pmod{26})^e \pmod N$$

回答以下问题。
   1) 这个 RSA 算法是否安全？请解释原因。
   2) 假设 $N = 18721$，$e = 25$，尝试解密下列密文：

$$365, 0, 4845, 14930, 2608, 2608, 0$$

13. 证明下列命题。
   1) 证明对于任意的 $n \equiv 3 \pmod 4$，$n \in \mathbb{N}$，都有一个素因子 p，其中 $p \equiv 3 \pmod 4$。
   2) 证明 $n! - 1 \equiv 3 \pmod 4$，$n > 3$。
   3) 证明 $n! - 1$ 的每一个素因子都大于 n。
14. 证明每一个合数 n 都有一个不大于 $\sqrt{n}$ 的素因子。
15. 证明 172947529 是一个卡迈尔数。
16. 估计 900000 到 1000000 之间有多少素数?
17. 考虑小指数攻击，回答以下问题。
   1) 将 $\sqrt{2}$ 和 $\frac{121}{5}$ 写成连分数形式。
   2) 假设 $p - q = 2d > 0$，且 $N = pq$ 。证明 $N + d^2$ 是一个完全平方数。
   3) 对于整数 $N = pq = 2189284635403183$ ，p、q 为素数。给定一个小的正整数 d 使得 $N + d^2$ 是一个完全平方数。描述如何利用这些信息来分解 n 。

第 8 章 ElGamal 加密算法

本章将介绍 ElGamal 加密系统。ElGamal 加密算法是一个基于迪菲-赫尔曼密钥交换的非对称加密算法，是公钥密码学的一种。它在 1985 年由埃及数学家塔希尔・盖莫尔 (Tather ElGamal) 在论文“A Public Key Cryptosystem and a Signature Scheme Based on Discrete Logarithms”[108] 中首次提出，盖莫尔同时也是 SSL 的最早提出者。ElGamal 加密算法用途非常广泛，比如数字签名验证，常常被用于电子邮件通信。

在介绍 RSA 的章节中，已经知道 RSA 密码系统的安全性源自大整数分解。而 ElGamal 加密算法的安全性则源自大素数模数中计算离散对数 (Discrete Logarithms) 的问题。ElGamal 加密算法为公钥加密提供了另一种代替 RSA 的方法。

ElGamal 加密算法最明显的优点是，每次加密时相同的明文会给出不同的密文，这让攻击者很难发现规律。其缺点也非常明显，就是加密后的密文长度是明文的两倍，这会让攻击者猜出所使用的加密工具。为了了解加密过程，首先了解迪菲-赫尔曼密钥交换和离散对数问题。本章将介绍以下内容。

- 迪菲-赫尔曼密钥交换。
- 中间人攻击。
- 离散对数问题。
- ElGamal 加密和解密过程。
- 针对 ElGamal 密码算法的密码分析。

8.1 迪菲-赫尔曼密钥交换

迪菲-赫尔曼密钥交换 (Diffie-Hellman Key Exchange)[6] 可以让通信双方在完全没有对方任何预先信息的情况下通过不安全通道创建一个密钥并交换。它是公钥密码学中最重要的发明之一，现在仍然被经常应用在不同的安全协议中。这个密钥可以在后续的通信中作为对称密钥来加密通信内容。公钥交换的概念最早由拉尔夫・默克尔 [109] 提出，而这个密钥交换方法则由惠特菲尔德・迪菲和马丁・赫尔曼在 1976 年首次发表，公钥交换的方法被后者发扬光大。

迪菲-赫尔曼密钥交换是第一个公开并且可使用不安全通道安全交换密钥的方法。在此之前，密钥的交换一直是一个难题。如果密钥不保密地公开交换，很显然有泄露的风险。但如果密钥加密，接收方会出现没有密钥解密或无法获得密钥的情况。保险的方法只能是让接收方先从发信方那里提前拿到密钥，在需要的时候使用。迪菲-赫尔曼密钥交换则解决了这种麻烦。

换句话说，Alice 和 Bob 想要共享一个用于对称密码的密钥并分享给对方，但是他们的交流渠道是不安全的，很容易被拦截或者窃听。此时使用迪菲-赫尔曼密钥交换就可以在这种不安全的条件下把密钥交给对方。目前常用的网络安全协议都使用这一技术，如 SSH 和 TLS 等。

8.1.1 密钥交换步骤

1) Alice 和 Bob 共同确定一个大素数 p 和一个非零的整数 r 并模 p。r 是一个原根 (Primitive Root) 模 p。Alice 和 Bob 公开 r 和 p。

2) Alice 选择一个大整数 x 使得 $x \pmod p$；Bob 选择一个大整数 y 使得 $y \pmod p$。

3) Alice 计算 $A \equiv r^x \pmod p$；Bob 计算 $B \equiv r^y \pmod p$。

4) Alice 和 Bob 公开交换 A 和 B。

5) Alice 计算 $B^x \pmod p$；Bob 计算 $A^y \pmod p$。

6) Alice 和 Bob 计算 $k \equiv r^{xy} \pmod p$ 是相等的，k 是他们的私钥。

既然公开交换密钥，那么如何得到相同的私钥呢？可以证明他们的密钥是一样的。

$$\underbrace{B^x \equiv (r^y)^x \equiv r^{xy} \equiv (r^x)^y \equiv A^y}_{(\text{mod } p)} \tag{8-1}$$

值得注意的是：公开的信息是 p、r、A、B，而私密信息是 x、y、k。其流程如图 8-1 所示。

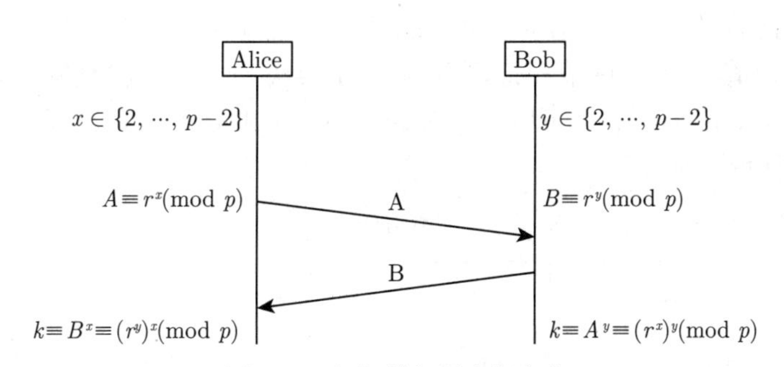

图 8-1 迪菲-赫尔曼密钥交换

如果 Eve 能够解决离散对数问题 (即通过窃取 A 和 B 进而找到 x 和 y)，那么她就能够找到 k。但这并不简单，即在给定 A、B、r 和 p 的情况下找到 k 与解决离散对数问题一样困难。

例 8.1.1 假设 $p = 37$，$r = 17$，如何通过迪菲-赫尔曼密钥交换的办法交换密钥呢？

解：假设 Alice 选择整数 9，Bob 选择整数 10 作为初始值 x 和 y。Alice 和 Bob 分别计算 A 和 B。

$$A \equiv r^x \pmod p \equiv 17^9 \equiv 6 \pmod{37}$$

$$B \equiv r^y \pmod p \equiv 17^{10} \equiv 28 \pmod{37}$$

然后他们之间互相交换，Alice 知道了 B 的值，Bob 知道了 A 的值。然后分别计算私钥 k：

$$k = \underbrace{B^x \equiv 28^9 \equiv 36 \equiv 6^{10} \equiv A^y}_{(\text{mod } 37)}$$

这样就完成了他们的密钥交换。

攻击者 Eve 因为不知道 x、y 的值，所以无法计算 $k \equiv B^x \equiv 28^x \pmod{37}$。当然在这个例子中，因为选择的初始值较小，Eve 可以通过式子 $A \equiv r^x \pmod{p}$ 得到 x。该问题属于离散对数问题，如果选择的值较大，则很难破解。 ■

与 RSA 类似，素数的生成必须源自真随机数生成器或基于密码学安全伪随机数生成器。同样的，一些参数的选择也必须足够大和需要满足一定的间隔，否则很容易被破解，从而导致密钥交换的过程中不安全。

8.1.2 中间人攻击

迪菲-赫尔曼密钥交换虽然安全，不过如果在密钥交换过程中没有核实发信人身份，迪菲-赫尔曼密钥交换就会受到中间人攻击 (Man-in-the-Middle Attack)[110]。Eve 作为攻击者，觉得既然无法破解信息，那么就扰乱他们之间的通信，让 Alice 和 Bob 得不到他们想要的东西。Eve 发现了一个漏洞，就是他们之间没有互相验证对方身份，这就为 Eve 创造了攻击条件。

首先，Eve 选择一个指数 t，然后拦截了 $A \equiv r^x \pmod{p}$ 和 $B \equiv r^y \pmod{p}$。因为 p、r、A、B 是公开的，所以 Eve 把 $r^t \pmod{p}$ 分别发送给 Alice 和 Bob。他们收到后未经过验证，且没注意到有第三方存在，都以为是对方发来的。现在 Alice 会通过计算得到假的密钥 $k \equiv (r^t)^x \pmod{p}$，Bob 也会得到相同的 k 值。

完成密钥交换后，他们之间使用 k 值加密明文，然后互相通信。Eve 拦截了这条加密信息，虽然她不知道 x 和 y 的值，但可以通过 $A^t \equiv k \pmod{p}$ 得到密钥并进行解密，从而得到明文。只要 Eve 愿意，她可以拦截和修改 Alice 和 Bob 之间的所有通信，并且不会让他们发现，如图 8-2 所示。

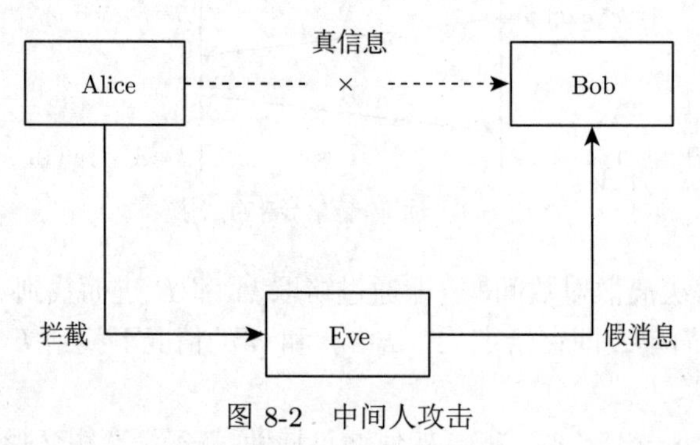

图 8-2 中间人攻击

当然，如果 Alice 和 Bob 使用了数字签名等方式认证了对方身份，则可以避免这种情况。因为 Eve 无法伪造签名。

8.1.3 零知识证明

想要验证签名，有一个非常经典的办法——零知识证明 (Zero Knowledge Proof)。它是由美国数学家 Shafi Goldwasser、Silvio Micali 和 Charles Rackoff 一同在 1985 年发明

的 [111]。证明者能够在不透露具体信息的情况下，让验证者相信证明者需要证明的事实是正确的。

这听起来有点不可思议。有一个著名的数学故事，充分说明了零知识证明。在 16 世纪，菲奥尔与塔尔塔利亚是意大利两位著名的数学家，他们都对外宣称掌握了如何解开一元三次方程的方法，但都没有公开发表。谁也无法说服对方，因此二人决定在威尼斯进行公开比赛，双方互相出 30 道题给对方。塔尔塔利亚在两个小时内解出了菲奥尔提出的全部问题，而菲奥尔却没能解开塔尔塔利亚提出的全部问题。虽然塔尔塔利亚没有公开发表一元三次方程的解法，但人们都知道塔尔塔利亚掌握了一元三次方程的求根公式。这也是零知识证明的最原始的用法。

零知识证明可以为 Alice 和 Bob 之间的通信实现数字签名，从而避免 Eve 进行中间人攻击。

零知识证明需要满足 3 个基本特征。

1. 完整性 (Completeness)

假设陈述是真实的，则诚实的验证者可以相信诚实的证明者确实拥有正确的信息。

2. 可靠性 (Soundness)

假设陈述是假的，则任何不诚实的证明者 (如 Eve) 都无法说服诚实的验证者相信他拥有正确的信息。

3. 零知识性 (Zero-knowledge)

假设陈述是真实的，验证者除了从证明者那里知道陈述是真实的，其他什么都不知道，包括陈述的内容。

零知识证明还有一个重要的特征就是随机性，即利用随机性来隐藏秘密信息。Feige-Fiat-Shamir 协议 [112] 就是使用零知识证明来完成数字签名认证的。它被破解的概率为 2^{-n}，n 是验证时的执行次数，一般会验证 $20 \sim 40$ 次。

它是怎么运作的呢？以 RSA 为例，在该协议中，Alice 选择一个数 $N = pq$，其中 p 和 q 是素数，N 是公开的。然后选择一个与 N 互素的整数 e，并且 $1 \leqslant e \leqslant N-1$，计算 $V \equiv e^2 \pmod N$，并公开 V。

Bob 收到后紧接着发送 m 给 Alice，m 的值是 0 或 1。

Alice 收到 e 后计算 $y \equiv r \cdot e^m \pmod N$。收到 y 的 Bob 验证等式是否成立：

$$y^2 \equiv x \cdot V^m \pmod N \tag{8-2}$$

Bob 会反复要求 Alice 做数次实验，直到 Bob 确定对方是真正的 Alice。因为单次实验被攻击者破解的概率是 1/2。在整个过程中，接收方只需要处理公开的数字 x、m 和 V，而对加密因子 e 一无所知。同时，随机选择的 m 也是非常重要的。如果攻击者知道 Bob 的习惯，那么很有可能在实验次数少的情况下拦截到密钥。

例 8.1.2 使用 Feige-Fiat-Shamir 协议进行密钥交换。

解：根据 Feige-Fiat-Shamir 协议，将进行如下计算。

1) Alice 选择 $p = 23$、$q = 101$ 两个素数，并将 $N = 2323$ 公开。Alice 有 3 组秘密数字 $e_1 = 5$、$e_2 = 7$、$e_3 = 3$，并假定 Alice 选择数字 $r = 13$，计算得到 $x = 169$。

2) Alice 计算 $v_1 \equiv e_1^2 \pmod N$，$v_2 \equiv e_2^2 \pmod N$，$v_3 \equiv e_3^2 \pmod N$。

3) Bob 收到后，发送 $m_1 = 1$、$m_2 = 0$、$m_3 = 1$ 给 Alice。

4) Alice 马上计算 $y \equiv r \cdot e^m \pmod N \equiv r \cdot (e_1^{m_1} e_2^{m_2} e_3^{m_3}) \equiv 195 \pmod N$。

5) Bob 最后验证：$y^2 \pmod N \equiv 857$ 与 $x \cdot V^m \pmod N \equiv x \cdot (v_1^{m_1} v_2^{m_2} v_3^{m_3}) \pmod N \equiv$ 857。两式相等，则通过认证。 ■

除了数字签名等应用，在部分区块链应用中也已经开始采用零知识证明。例如隐私计算，用户可以创建隐私交易，隐藏交易金额及发送者和接收者的地址。在去中心化的条件下，双方可以准确地确认交易信息而不泄露信息。

8.2 离散对数问题

离散对数是一种基于同余运算和原根的对数运算。在迪菲-赫尔曼密钥交换和 ElGamal 密码中，其单向函数就是离散对数问题 (DL Problem，DLP)。DLP 保证了 ElGamal 密码的安全性，因为它的正向非常容易计算，求逆却非常困难。设一个素数 p 和一个整数 α，α 不能被 p 整除。那么，如果给一个整数 β，则：

$$\alpha^x \equiv \beta \pmod p \tag{8-3}$$

其中 $1 \leqslant x \leqslant p-1$，即代表 x 有多组解。x 为 β 的离散对数，比如 $3^x = 11 \Leftrightarrow x = \log_3(11)$，但 $3^x \equiv 11 \pmod{167}$ 有多组解，很难确定 x。只有使用暴力攻击，逐个计算，才能找到 78、161 这两组解。

定义 8.2.1 阶 (Order)

若 p, a 为正整数，且 $\gcd(a, p) = 1$，使得 $a^k \equiv 1 \pmod p$ 成立的最小正整数 k 称为 a 模 p 的阶。记作：

$$\mathrm{ord}_p(a) \tag{8-4}$$

如果 $\gcd(a, p) > 1$，那么 $\mathrm{ord}_p(a) = 0$，也可以用 $\delta_p(a)$ 表示阶。

例 8.2.1 设 $p = 7$，$a_1 = 5$，$a_2 = 6$。计算 $\mathrm{ord}_p(a_1)$ 和 $\mathrm{ord}_p(a_2)$。

解： 当 $a_1 = 5$ 时，

$$5^1 \equiv 5 \pmod 7 \qquad 5^4 \equiv 2 \pmod 7$$
$$5^2 \equiv 4 \pmod 7 \qquad 5^5 \equiv 3 \pmod 7$$
$$5^3 \equiv 6 \pmod 7 \qquad 5^6 \equiv 1 \pmod 7$$

所以 $\mathrm{ord}_p(a_1) = 6 = \varphi(7)$，$\varphi(p)$ 为欧拉函数。当 a 和 p 是互素的整数且 $p > 0$ 时，则 $\mathrm{ord}_p(a) \mid \varphi(p)$。

当 $a_2 = 6$ 时，

$$6^1 \equiv 6 \pmod 7 \qquad 6^2 \equiv 1 \pmod 7$$

所以 $\mathrm{ord}_p(a_2) = 2$。 ■

如果 $\gcd(a,p)=1$ 且 $p>0$，那么 $a^i \equiv a^j \pmod p$，当且仅当 $i \equiv j \pmod{\mathrm{ord}_p a}$，其中 i 和 j 是非负整数。

定义 8.2.2 原根

若 a 为正整数，p 为素数，且 $\gcd(a,p)=1$。假设 $\mathrm{ord}_p(a)=\varphi(p)$，那么称 a 为模 p 的原根。换句话说，如果 $\mathrm{ord}_p(a)=p-1$，那么称 a 为模 p 的原根。

例 8.2.2 求模 11 和模 13 的原根。

求一个素数的原根可以列一张表格，其中 $1 \leqslant a \leqslant p-1$，$b$ 也从 1 开始，到 $p-1$ 结束。然后计算 $a^b \pmod p$，如表 8-1 所示。

表 8-1 寻找 11 的原根

a \ b	1	2	3	4	5	6	7	8	9	10
1	**1**	1	1	1	1	1	1	1	1	1
2	2	4	8	5	10	9	7	3	6	**1**
3	3	9	5	4	**1**	3	9	5	4	1
4	4	5	9	3	**1**	4	5	9	3	1
5	5	3	4	9	**1**	5	3	4	9	1
6	6	3	7	9	10	5	8	4	2	**1**
7	7	5	2	3	10	4	6	9	8	**1**
8	8	9	6	4	10	3	2	5	7	**1**
9	9	4	3	5	**1**	9	4	3	5	1
10	10	**1**	10	1	10	1	10	1	10	1

如何根据表 8-1 找到原根呢？逐行观察，每一行都会出现 1，但是出现 1 的位置不一样，并且每当 1 出现时，紧接着就有循环。比如第 1 行第 1 列就出现 1，于是 1 不断循环重复。第 2 行直到最后一列 $(p-1=10)$ 时，才出现 1，该行没有循环。第 3 行第 5 列出现 1，然后不断重复之前所出现过的数字。而需要寻找的原根，就是没有出现循环的数字 a。换句话说，当 1 第 1 次出现在最后一列时，其所在的行数即是所寻找的原根。

因此，11 的原根就是 2、6、7、8，其他数字都不是原根。

同理，13 的原根也很容易计算得到，为 2、6、7、11。 ■

例 8.2.3 设 $p=7$，问 2、3 是不是模 7 的原根？

解： 假设 $a=3$，$p=7$。显然 a 与 p 互素，$\varphi(n)=6$。可以很容易得到 $a^{p-1} \equiv 3^6 \equiv 1 \pmod 7$。接着可计算得到 $3^1, 3^2, \cdots, 3^5 \not\equiv 1 \pmod 7$，因此 3 是模 7 的原根。

假设 $a=2$，$p=7$。与上面相似，得到 $a^{p-1} \equiv 2^6 \equiv 1 \pmod 7$。但因为 $2^3 \equiv 1 \pmod 7$，所以 $\mathrm{ord}_7(2)=3 \neq \varphi(7)$，因此 2 不是模 7 的原根。

不是所有的整数都有原根，例如模 8 就没有原根。由于小于 8 的正整数只有 1、3、5、7 与 8 互素，所以易知 $\mathrm{ord}_8(1) \equiv 1^1 \equiv 1 \pmod 8 \neq 4 = \varphi(8)$。同理 $\mathrm{ord}_8(3) = \mathrm{ord}_8(5) = \mathrm{ord}_8(7) \neq \varphi(8)$，所以模 8 没有原根。 ■

计算原根数量的 Python 代码如下：

```
from math import gcd

def countPrimitiveRoots(p):
    # p为素数，返回该素数下的原根数量
    p = p -1
    result = 1
    for i in range(2, p, 1):
        if (gcd(i, p) == 1):
            result += 1

    return result
```

计算素数原根的 Python 代码如下 (计算大素数的情况下运行很慢)：

```
def primRoots(p):
    roots = []
    required_set = set(num for num in range (1, p) if gcd(num, p) == 1)

    for g in range(1, p):
        actual_set = set(pow(g, powers) % p for powers in range (1, p))
        if required_set == actual_set:
            roots.append(g)
    return roots
```

定理 8.2.1 验证原根

设素数 $p>2$，$\gcd(a,p)=1$，且 p_1、p_2、$\cdots$、p_k 是 $\varphi(p)$ 的所有不同素因数，则 a 是模 p 的原根当且仅当对任意 $1\leqslant i\leqslant k$，都有 $a^{\varphi(p)/p_i}\not\equiv 1 \pmod p$。

证明

设 a 是模 p 的原根，则 $\mathrm{ord}_p(a)=\varphi(p)=p-1$。对任意 $1\leqslant i\leqslant k$，有 $0<\varphi(p)/p_i<\varphi(p)<p$，所以对任意 $1\leqslant i\leqslant k$，都有 $a^{\varphi(p)/p_i}\not\equiv 1 \pmod p$。

设对任意 $1\leqslant i\leqslant k$，都有 $a^{\varphi(p)/p_i}\not\equiv 1 \pmod p$，设 $\mathrm{ord}_p(a)=l$，若 $l<\varphi(p)$，因为 $l\mid\varphi(p)$，所以 $\varphi(p)/l$ 是大于 1 的整数。存在 $\varphi(p)$ 的素因数 $p_i\mid\dfrac{\varphi(p)}{l}$，使得 $\varphi(p)/l=p_iq$，q 为正整数。得到 $\dfrac{\varphi(p)}{p_i}=lq$，因此 $a^{\varphi(p)/p_i}=a^{lq}\equiv 1 \pmod m$，这与原假设矛盾。因此 $l=\varphi(p)$，即 a 是模 p 的原根。

这个定理非常有用，可以帮助快速判断一个数是不是一个素数的原根。下面看几个例子。

例 8.2.4 计算 $\mathrm{ord}_{17}(5)$、$\mathrm{ord}_{17}(39)$ 和 $\mathrm{ord}_{17}(7)$。

解： 首先求 $\mathrm{ord}_{17}(5)$。

$\varphi(p)=p-1=16=2^4$，只有一个素因数。$5^{\varphi(p)/2}\equiv 5^8\equiv 16\not\equiv 1 \pmod{17}$，根据定

理 8.2.1 可知，5 是模 17 的原根。因此 $\text{ord}_{17}(5) = 16$。

$\text{ord}_{17}(39)$ 非常容易计算。因为 $39 \equiv 5 \pmod{17}$，所以很容易得到 $\text{ord}_{17}(39) = \text{ord}_{17}(5) = 16$。

计算 $\text{ord}_{17}(7)$ 需要一点小技巧。因为 $7 \times 5 \equiv 1 \pmod{17}$，$7 \equiv 5^{-1} \pmod{17}$，所以 7 的逆为 5。最后 $\text{ord}_{17}(7) = \text{ord}_{17}(5) = 16$。 ■

接下来，回顾一下默比乌斯公式：

$$\mu(d) = \begin{cases} (-1)^k, & \text{如果 } d \text{ 是 } k \text{ 个不同素数的乘积} \\ 0, & \text{其他} \end{cases} \tag{8-5}$$

把它代入分圆多项式。

定义 8.2.3 分圆多项式 (Cyclotomic Polynomial)

n 次分圆多项式被定义为：

$$\Phi_n(x) = \prod_{m|n} (1 - x^m)^{\mu\left(\frac{n}{m}\right)} \tag{8-6}$$

其中 μ 为默比乌斯公式。

n 次分圆多项式的次数为小于 n 并且与 n 互素的整数。换句话说，n 次分圆多项式的次数为 $\varphi(n)$。$\Phi_n(x)$ 是一个整数多项式和一个多项式次数的不可约多项式 $\varphi(n)$，分圆多项式的根位于复平面的单位圆上，如图 8-3 所示。

通过对 $x^n - 1$，$n \in \mathbb{N}$ 进行因式分解，令 $1 \leqslant n \leqslant 6$，可以得到：

$$x - 1 = x - 1 \tag{8-7}$$

$$x^2 - 1 = (x + 1)(x - 1) \tag{8-8}$$

$$x^3 - 1 = \left(x^2 + x + 1\right)(x - 1) \tag{8-9}$$

$$x^4 - 1 = \left(x^2 + 1\right)(x + 1)(x - 1) \tag{8-10}$$

$$x^5 - 1 = \left(x^4 + x^3 + x^2 + x + 1\right)(x - 1) \tag{8-11}$$

$$x^6 - 1 = \left(x^2 - x + 1\right)\left(x^2 + x + 1\right)(x + 1)(x - 1) \tag{8-12}$$

在这种因式分解中出现的不可约多项式就被称为分圆多项式。前几个重要的分圆多项式如下：

$$\begin{aligned} \Phi_1(x) &= x - 1 & \Phi_2(x) &= x + 1 \\ \Phi_3(x) &= x^2 + x + 1 & \Phi_4(x) &= x^2 + 1 \\ \Phi_5(x) &= x^4 + x^3 + x^2 + x + 1 & \Phi_6(x) &= x^2 - x + 1 \\ \Phi_{10}(x) &= 1 - x + x^2 - x^3 + x^4 & \Phi_{12}(x) &= 1 - x^2 + x^4 \\ \Phi_{16}(x) &= 1 + x^8 & \Phi_{18}(x) &= 1 - x^3 + x^6 \end{aligned}$$

如何快速计算一个分圆多项式呢？计算 $\Phi_n(x)$ 时，把模 p 的原根去掉，剩下的就是幂的系数。下面看几个例子。

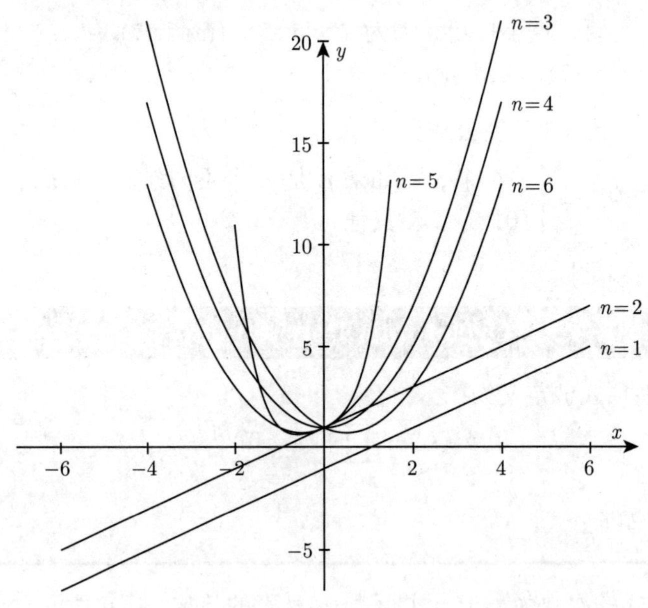

图 8-3 分圆多项式

例 8.2.5 计算 $n=6$、10、18 时的分圆多项式。

解： 计算 $\Phi_6(x)$。

因为 $n=1\times2\times3$，所以 $m=1,2,3,6$。根据公式，得到：

m	1	2	3	6
$6/m$	6	3	2	1
$\mu(6/m)$	1	−1	−1	1
$1-x^m$	$1-x$	$1-x^2$	$1-x^3$	$1-x^6$

因此，使用长除法就可以得到：

$$\Phi_6(x)=\frac{(1-x)\,(1-x^6)}{(1-x^2)\,(1-x^3)}=\frac{1+x^3}{1+x}=x^2-x+1$$

计算 $\Phi_{10}(x)$：

m	1	2	5	10
$10/m$	10	5	2	1
$\mu(10/m)$	1	−1	−1	1
$1-x^m$	$1-x$	$1-x^2$	$1-x^5$	$1-x^{10}$

$$\Phi_{10}(x)=\frac{(1-x^{10})(1-x^1)}{(1-x^5)(1-x^2)}=\frac{1+x^5}{1+x}=x^4-x^3+x^2-x+1$$

计算 $\Phi_{18}(x)$：

m	1	2	3	6	9	18
$18/m$	18	9	6	3	2	1
$\mu(18/m)$	0	0	1	−1	−1	1
$1-x^m$	$1-x$	$1-x^2$	$1-x^3$	$1-x^6$	$1-x^9$	$1-x^{18}$

$$\Phi_{18}(x)=\frac{(1-x^{18})(1-x^3)}{(1-x^9)(1-x^6)}=\frac{1+x^9}{1+x^3}=\frac{(1+x^3)(1-x^3+x^6)}{(1+x^3)}=1-x^3+x^6$$ ■

定理 8.2.2 原根计数

每个素数 p 正好有 $\varphi(p-1)$ 个原根。a 是模 p 的原根时当且仅当

$$\Phi_{p-1}(a)\equiv 0 \pmod p \tag{8-13}$$

成立。

证明过程不是重点，过程可以参考文献 [113]。该定理是一种可以判断一个数是不是模 p 原根的方法。

例 8.2.6 假设 $p=11$。判断 2、3 是否是模 p 的原根。

解：根据定理 8.2.1，可以得到

$$\Phi_{p-1}(2)\equiv\Phi_{10}(2)\equiv 2^4-2^3+2^2-2^1+2^0\equiv 11\equiv 0 \pmod{11}$$

$$\Phi_{p-1}(3)\equiv\Phi_{10}(3)\equiv 3^4-3^3+3^2-3^1+3^0\equiv 61\not\equiv 0 \pmod{11}$$

因此 2 是模 11 的原根，3 不是模 11 的原根。 ■

定理 8.2.3 原根集合

如果 a 是模 p 的原根，则模 p 的原根的集合是：

$$a^r : 1\leqslant r\leqslant p-1,\quad \gcd(r,p-1)=1 \tag{8-14}$$

换句话说，如果知道其中一个模 p 的原根，就可以找到所有模 p 的原根。

例 8.2.7 找到所有模 11 的原根，已知 2 是其中一个原根。

解：其计算过程如表 8-2 所示。

表 8-2 寻找 11 的原根

k	1	2	3	4	5	6	7	8	9	10
$2^k \pmod{11}$	2	4	8	5	10	9	7	3	6	1

因为 1、3、7、9 和 $p-1=11-1=10$ 互素，所以它们的原根就是它们的幂余：2，6，7，8。 ■

例 8.2.8 在找到所有模 11 原根后，如何找到 $9x\equiv 5 \pmod{11}$ 的解？

解：计算过程如表 8-3 所示。

表 8-3 求 $9x \equiv 5 \pmod{11}$ **的解**

k	1	2	3	**4**	5	**6**	7	8	9	10
$2^k \pmod{11}$	2	4	8	**5**	10	**9**	7	3	6	1

因为 2 是其中一个原根，所以 $x = 2^y$，就有：

$$\begin{aligned} 9x &\equiv 5 \pmod{11} \\ 2^6 \times 2^y &\equiv 2^4 \pmod{11} \\ 2^{6+y} &\equiv 2^4 \pmod{11} \\ 2^{6+y-4} &\equiv 1 \pmod{11} \\ 2^{2+y} &\equiv 1 \pmod{11} \end{aligned}$$

然后计算 $2 + y \equiv 0 \pmod{\varphi(11)} \equiv 0 \pmod{10} \Rightarrow y = 8$

$$x \equiv 2^8 \equiv 3 \pmod{11}$$

■

例 8.2.9 找到所有模 11 的原根后，求 $7^x \equiv 5 \pmod{11}$ 的解。

解：模 11 的原根如表 8-2 所示。因为 7 是其中一个原根，所以 $x = 7^y$，就有

$$\begin{aligned} 7^x &\equiv 5 \pmod{11} \\ 2^{7^x} &\equiv 5 + 11 \equiv 2^4 \pmod{11} \\ 2^{7x} &\equiv 2^4 \pmod{11} \\ 2^{7x-4} &\equiv 1 \pmod{11} \end{aligned}$$

根据费马小定理，可以得到：

$$\begin{aligned} 7x - 4 \equiv 0 \pmod{\varphi(11)} &\Rightarrow 7x \equiv 4 \pmod{10} \\ &\Rightarrow x \equiv 7^{-1} \times 4 \equiv 3 \times 4 \equiv 12 \pmod{10} \\ &\Rightarrow x \equiv 2 \pmod{10} \end{aligned}$$

注意，这里 7^{-1} 不是幂倒数而是余倒数。 ■

通常来说，一旦数字变大，就是 NP 问题。

定义 8.2.4 离散对数问题 (DLP)

对于一个素数 p 和一个模 p 的原根 α，给定一个整数 β，求 x 的方法是：

$$\alpha^x \equiv \beta \pmod{p} \tag{8-15}$$

$$x \equiv \log_\alpha(\beta) \pmod{p} \tag{8-16}$$

所以给定一个素数 p，找到一个原根是相当容易的。对于小的 p，可以通过穷举搜索来计算。但一般来说，计算离散对数是困难的 (当前没有已知的能够在多项式时间内解决该问题的算法)。

那么 ElGamal 密码的安全性如何保证呢？与 RSA 类似，它也是基于对一个数难以分解解决的。在离散对数问题中，也和素数一样难以分解一个大整数 N。例如让 $p = 941$，$\alpha = 627$，$x = 347$，$y = 781$，那么：

$$A \equiv \alpha^x \pmod p \equiv 627^{347} \equiv 390 \pmod{941}$$

$$B \equiv \alpha^y \pmod p \equiv 627^{781} \equiv 691 \pmod{941}$$

$$k \equiv \alpha^{xy} \pmod p \equiv 627^{347\times 781} \equiv 470 \pmod{941}$$

虽然 Eve 拦截了 A 和 B，但想要求出 x 和 y 进而求出 k 是非常困难的。或者知道 k 也很难求出 A 和 B。换句话说，除非 Eve 的算力能在规定时间内解决时间复杂度为 $\mathcal{O}(p)$ 的问题，否则 Eve 不能破解基于离散对数加密的密文。

8.3 ElGamal 密码

ElGamal 的加密步骤 [83] 如下。

1) Alice 和 Bob 共同决定一个素数 p 和一个模 p 的原根 r。

2) 选择密钥：Bob 从 $\{1, 2, \cdots, p-1\}$ 中随机选择一个整数 a，并计算公钥 $\alpha \equiv r^a \pmod p$。

3) Bob 将 α 发送给 Alice。

4) Alice 从 $\{1, 2, \cdots, p-1\}$ 中随机选择密钥 k，同时明文 m 的范围也在 $\{1, 2, \cdots, p-1\}$ 之内。

5) 加密：Alice 计算 $U \equiv r^k \pmod p$ 和 $V \equiv \alpha^k m \pmod p$。

6) Alice 将 (U, V) 发送给 Bob。

7) 解密：Bob 解密密文，计算 $m \equiv U^{-a}V \pmod p$。

下面证明 ElGamal 的加密过程和解密过程是可逆的。

证明

$$m \equiv U^{-a}V \pmod p \quad (\text{根据解密算法公式}) \tag{8-17}$$

$$\equiv ((r^k)^{-a}\alpha^k m) \pmod p \quad (\text{根据加密算法公式}) \tag{8-18}$$

$$\equiv r^{-ak}(r^a)^k m \pmod p \tag{8-19}$$

$$\equiv m \pmod p \tag{8-20}$$

总结一下，公开的参数有素数 p、原根 r、公钥 α，保密的参数有私钥 a、k，加密/解密流程如图 8-4 所示。

ElGamal 密码其实运用了迪菲-赫尔曼密钥交换技术，也就是加密步骤的第 1 ~ 4 步。第 5、7 步才是加密和解密的过程。值得注意的是，随机选择 a、k 时需要使用真随机数，并且每一个密钥只能使用一次。不过由于 Alice 会随机选择 k，因此 ElGamal 密码实际上是一种概率加密算法。也就是说，ElGamal 密码即使使用相同的公钥，加密相同的明文，也会因为 k 的选择有很大随机性，最终会得到两组不同的密文。这样做的好处有很多，其中最大的好处就是可以避免被暴力破解和频率分析。

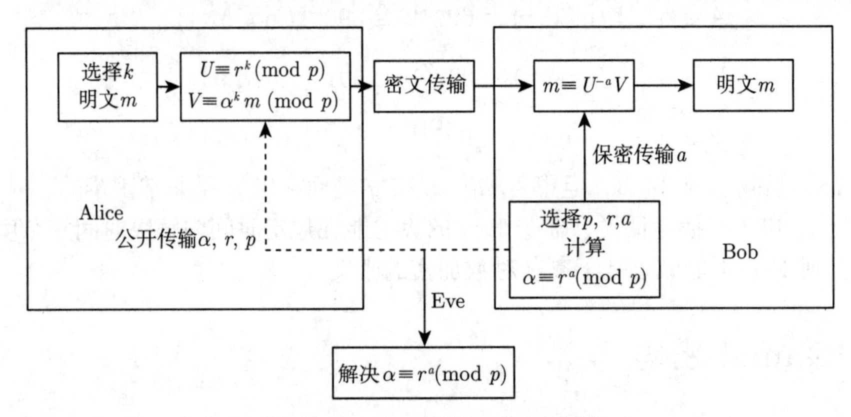

图 8-4 ElGamal 加密/解密流程

明文信息主要隐藏在密文 V 中，因此 ElGamal 密码系统的密文 (U,V) 的长度是明文长度的两倍。

下面通过一个例子来看看 ElGamal 密码是如何传递消息的。

例 8.3.1 如果 Alice 想把一条消息 LUNCH 发送给 Bob，如何使用 ElGamal 密码系统进行加密？

解：下面逐步进行计算。

1) 假设 Alice 和 Bob 共同决定一个素数 $p=11881379$，$r=23$。

2) Bob 选择 $a=55$，然后计算公钥 $\alpha \equiv r^a \equiv 23^{55} \pmod p \equiv 1308503 \pmod{11881379}$。

3) Bob 将 α 发送给 Alice。

4) Alice 要加密信息 $m=\text{LUNCH}$，则需要把 LUNCH 转化为数字。从 0 开始，按照字母表顺序，$L=11, U=20, N=13, C=2, H=7$。

$$m = 11\times 26^4 + 20\times 26^3 + 13\times 26^2 + 2\times 26^1 + 7\times 26^0 = 5387103$$

并选择 $k=123$ 作为密钥。

5) Alice 计算：

$$U \equiv r^k \equiv 23^{123} \equiv 1777907 \pmod{11881379} \tag{8-21}$$

和

$$V \equiv \alpha^k m \equiv r^{ak}m \equiv 1308503^{123} \times 5387103 \equiv 4944577 \pmod{11881379}$$

6) Alice 发送 $(U,V)=(1777907, 4944577)$ 给 Bob。

7) Bob 还原密文，Bob 计算：

$$U^{-a} \equiv U^{-55} \equiv U^{p-1-55} \equiv 1777907^{11881323} \equiv 7112147 \pmod{11881379}$$

$$m \equiv U^{-a}V \equiv 7112147 \times 4944577 \equiv 5387103 \pmod{11881379}$$

即 $m=5387103=\text{LUNCH}$。

大指数求模的 Python 计算方法如下：

```
#Python 求幂次模余
pow(1777907, 11881323, 11881379)#a^n%p, pow(a,n,p)
```

■

为了验证，可使用如下 SageMath 代码：

```
# Bob 工作
p = random_prime(10^20, proof=True)
r = primitive_root(p)
a = randint(1,p-1)
alpha = pow(r,a,p)
print(p,r,a,alpha)

# Alice 工作
k = randint(1,p-1)

def plain(plain):
    # 明文转化
    m = 0
    for i in list(plain):
        i = ord(i)
        m += i
    return m

U = pow(r,k,p)
V = pow(alpha,k,p)*m%p

m1 = pow(U,-a,p)*pow(V,1,p) %p
print(m1, m == m1)
```

ElGamal 的应用范围与 RSA 基本相同，只要可以使用 RSA 密码系统的场景，都可以使用 ElGamal 密码系统，如信息加密、密钥交换、数字签名等。ElGamal 密码系统的一个主要缺点是，与现代密码 (DES、AES) 相比，它的计算速度相对较慢。这其实也是公钥密码系统的缺点。

8.4 密码分析

在 ElGamal 密码系统中，如果攻击方想截取信息，那么他能做什么？

假设 Eve 截获了 Bob 发送的密文对 (U, V)，为了破译消息，Eve 需要知道 Alice 选择的整数 a。Eve 有如下两个选择。

- 解开未知数为 a 的方程 $\alpha \equiv r^a \pmod p$。
- 解开未知数为 k 的方程 $U \equiv r^k \pmod p$。

如果可以解开以上方程，则可以计算 $\alpha^{-k}V = \alpha^{-k}\alpha^k m = m$，即破译成功。但因为离散对数的问题是难解的，所以很难解开上述方程组。因此 ElGamal 密码的安全性就是建立在离散对数问题的难解性上的。它同时也是一个单向陷门函数，暂时没有算法可以在规定时间内破解它。但对 p 的选择也是很重要的一个问题，如果选择不慎，很有可能遭到破解。

不过 Eve 虽然不能找出 Bob 发送给 Alice 的是什么，但可以混淆 Bob 发送给 Alice 的信息。这也是 ElGamal 密码系统的一个问题。

例 8.4.1 继续例 8.3.1 的问题。

Eve 拦截了信息 (U,V)，然后发送了一个自己创造的 $(U,V) = (5387871, 7127763)$ 给 Alice。

$$U^{-a} \equiv U^{-55} \equiv U^{p-1-55} \equiv 5387871^{11881323} \equiv 3552158 \pmod{11881379}$$

$$m \equiv U^{-a}V \equiv 3552158 \times 7127763 \equiv 6866650 \pmod{11881379}$$

$$\begin{aligned} 6866650 &= 15 \times 26^4 + 0 \times 26^3 + 17 \times 26^2 + 19 \times 26^1 + 24 \times 26^0 \\ &= \text{PARTY} \end{aligned}$$

这与原明文信息不同。 ■

不过如果 Bob 发送给 Alice 的是不好的素数，离散对数问题也是有可能可解的，或者说离散对数在一些特殊情况下可以快速计算出来。

一般情况下，可以从 $1, 2, \cdots, p$ 中穷举所有可能，这样的时间复杂度是 $\mathcal{O}(p)$。如果 p 很小，这不失为一个选择。但通常 Bob 给 Alice 发送信息时不会犯这种错误，他们都会选择 2048 位长度的素数，使得在破解时间上不可接受。

8.4.1 大步小步算法

大步小步 (Baby-Step Giant-Step，BSGS) 算法也称 Shanks 算法 [114]，是美国数学家丹尼尔·尚克斯 (Daniel Shanks) 发明的，是一种用来求解离散对数的算法。算法如其名，像一个婴儿迈步一样一步一步接近目标，算是对穷举的简单改进，时间复杂度降至 $\mathcal{O}(\sqrt{p})$。该算法可以应用于任何有限循环的阿贝尔群。

假设给定方程 $\alpha^x \equiv \beta \pmod p$，求解 x。方程中 α、β 和 p 都已给定，于是设 $0 \leqslant i, j \leqslant \lceil\sqrt{p-1}\rceil$，$x = i + mj$，其中 $\lceil\ \rceil$ 为向上取整函数，就变成：

$$\alpha^{i+mj} \equiv \beta \pmod p \tag{8-22}$$

然后把 α^{mj} 移至右边，就得到：

$$\alpha^{i} \equiv \beta\alpha^{-mj} \pmod p \tag{8-23}$$

因此可以先算出等式左边的 α^i 的所有取值，存储下来，然后再逐一计算 $\beta\alpha^{-mj}$，把 j 从小到大代入其中，查找是否有与之相等的 α^i，从而可以得到方程的解。过程如下。

1) 计算 $m = \lceil\sqrt{p-1}\rceil$。

2) 计算 $\alpha^i \pmod p$，其中 $i = 0, 1, \cdots, m-1$。

3) 计算 $\beta\alpha^{-mj} \pmod p$，其中 $j = 0, 1, \cdots, m-1$。

4) 因为 $\alpha^i = \beta\left(\alpha^{-m}\right)^j$，检查两个列表，如果发现 $(i, y) \in L_1$ 和 $(j, y) \in L_2$ 相匹配，则找到值。

5) $x \equiv i + mj \pmod p$。

例 8.4.2 求 $\log_{89} 406 \pmod{787}$。

解： $m = \lceil \sqrt{p-1} \rceil = 29$。计算列表 L_1、L_2。

$$L_1\text{：} (0,1),(1,89),(2,51),\cdots,(27,224),(28,261) \tag{8-24}$$

$$L_2\text{：} (0,406),(1,1),(2,126),\cdots,(27,467),(28,604) \tag{8-25}$$

很明显，L_1 的第 1 组坐标和 L_2 的第 2 组坐标的 y 值一致。因此 $j=1$，$m=29$，$i=0$。

所以 $x=29$，经过验证 $89^{29} \equiv 406 \pmod{787}$。

大步小步算法的 Python 代码如下：

```
from math import ceil, sqrt
def bsgs(g, h, p):
    '''x = log_g(h) mod p'''
    N = ceil(sqrt(p - 1)) # 欧拉函数

    # L1
    tbl = {pow(g, i, p): i for i in range(N)}

    # 费马小定理
    c = pow(g, N * (p - 2), p)

    # L2
    for j in range(N):
        y = (h * pow(c, j, p)) % p
        if y in tbl:
            return j * N + tbl[y]
    return None
```

■

例 8.4.3 令 $p=509$，求解离散对数 $17^x \equiv 438 \pmod{p}$。

解： 首先计算上限 $m = \lceil \sqrt{p-1} \rceil = 23$。

然后计算 Baby-Step，也就是 $\alpha^i \pmod{p}$，结果如表 8-4 所示。

表 8-4 大步小步算法的 Baby-Step

i	0	1	2	3	4	5	6	7	8	9	10	11
$17^i \pmod{p}$	1	17	289	332	45	256	280	179	498	322	384	420
i	12	13	14	15	16	17	18	19	20	21	22	
$17^i \pmod{p}$	14	238	483	67	121	21	357	470	355	436	286	

计算 Giant-Step，也就是 $\beta\alpha^{-mj} \pmod{p}$。

当 $j=0$ 时，$y=438$，在表 8-4 中找不到与之相等的项，因此继续。

当 $j=1$ 时，$y=199$，在表 8-4 中找不到与之相等的项，因此继续。

当 $j=2$ 时，$y \equiv 438 \times 17^{-23\times 2} \equiv 238 \pmod{509}$，在表 8-4 中找到与之相等的项，当 $i=13$ 时，$17^i \equiv 238 \pmod{509}$。因此 $i=13$，$j=2$，所以 $x=13+2\times 23=59$。经过验证 $17^{59} \equiv 438 \pmod{509}$。 ■

虽然大步小步算法可以将离散对数问题的时间复杂度降低至 $\mathcal{O}(\sqrt{p})$，但这依然非常大，也是离散对数问题对于现代计算机来说依然难解的原因。Pollard's Rho 算法对大步小步算法进行了优化。

8.4.2 Pollard's Rho 算法

Pollard's Rho 算法是英国数学家 John Pollard 在 1975 年发明的一种解决离散对数问题 $\alpha^x \equiv \beta \pmod p$ 的算法 [115]。

在有限乘法群 $(G,\cdot)$ 中，对于 n 阶元素 $\alpha \in G$，定义：

$$\langle\alpha\rangle = \left\{\alpha^i : 0 \leqslant i \leqslant n-1\right\} \tag{8-26}$$

$\langle\alpha\rangle$ 是 G 的一个子群，G 是一个 n 阶循环群。

设 G 为有限域 $\mathbb{Z}_p$ 的乘法群，α 为模 p 的原根。此时 $n = |\langle\alpha\rangle| = p-1$ 。另一个经常遇到的情况是，取 α 为乘法群 $\mathbb{Z}_p^*$ 的一个素数阶 q 的元素。在 $\mathbb{Z}_p^*$ 中这种元素 α 等于原根的 $(p-1)/q$ 次幂，其时间复杂度为 $\mathcal{O}(\log(n))$。

对模 p 进行一个等区划分，分别为 S_1、S_2、S_3。让 $x_0 \equiv 1 \pmod p$ 且 $x_0 \notin S_2$，则：

$$x_{i+1} = \begin{cases} \beta x_i & 其中x_i \in S_1 \\ x_i^2 & 其中x_i \in S_2 \\ \alpha x_i & 其中x_i \in S_3 \end{cases} \tag{8-27}$$

其中 $x_i = \beta^{a_i}\alpha^{b_i}$。接下来定义 a_i、b_i。

$$a_{i+1} \equiv \begin{cases} a_i + 1 \pmod n & 其中x_i \in S_1 \\ 2a_i \pmod n & 其中x_i \in S_2 \\ a_i & 其中x_i \in S_3 \end{cases} \tag{8-28}$$

$$b_{i+1} \equiv \begin{cases} b_i & 其中x_i \in S_1 \\ 2b_i \pmod n & 其中x_i \in S_2 \\ b_i + 1 \pmod n & 其中x_i \in S_3 \end{cases} \tag{8-29}$$

在这里 a_0 是随机的，$b_0 = 0$。通过比较发现，$x_i = x_{2i}$ 时，会使得：

$$\beta^s = \alpha^t \tag{8-30}$$

其中 $s \equiv a_i - a_{2i} \pmod n$，$t \equiv b_{2i} - b_i \pmod n$。最后，当 $\gcd(s,n) = 1$ 时，$\log_\alpha \beta \pmod p \equiv ts^{-1} \pmod n$。

Pollard's Rho 算法的示意图如图 8-5 所示。

例 8.4.4 假设 $\alpha = 2$，在整数模 383 ($\mathbb{Z}_{383}$) 的运算中，$n = 191$。注意，在这里 $n \neq p-1$。求解离散对数方程 $\alpha^x \equiv 228 \pmod{383}$。

解： 将 $\mathbb{Z}_{383}$ 划分为 3 个子集，设：

$$S_1 = \{x \in G \mid x = 1 \bmod 3\}$$

$$S_2 = \{x \in G \mid x = 0 \bmod 3\}$$

$$S_3 = \{x \in G \mid x = 2 \bmod 3\}$$

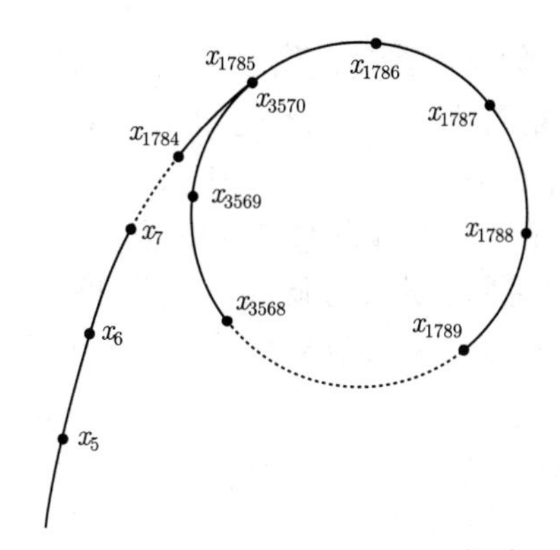

图 8-5 Pollard's Rho 算法 [116]

计算 $x_i, a_i, b_i, x_{2i}, b_{2i}, a_{2i}$，如表 8-5 所示。

表 8-5 查找表

i	x_i	b_i	a_i	$2i$	x_{2i}	b_{2i}	a_{2i}
1	228	0	1	2	279	0	2
2	279	0	2	4	184	1	4
3	92	0	4	6	14	1	6
4	184	1	4	8	256	2	7
5	205	1	5	10	304	3	8
6	14	1	6	12	121	6	18
7	28	2	6	14	144	12	38
8	256	2	7	16	235	48	152
9	152	2	8	18	72	48	154
10	304	3	8	20	14	96	118
11	372	3	9	22	256	97	119
12	121	6	18	24	304	98	120
13	12	6	19	26	121	5	51
14	144	12	38	28	144	10	104

根据表 8-5，比较得到 $x_{14} = x_{28} = 144$，找到组合。

因此 $x \equiv \underbrace{ts^{-1} \equiv (b_{2i} - b_i)(a_i - a_{2i})^{-1} \equiv -2 \cdot (66)^{-1} \equiv 1/33 \equiv 33^{-1} \equiv 110}_{(\text{mod } 191)}$。 ■

8.4.3 中国剩余定理

中国剩余定理 (Chinese Remainder Theorem，CRT)[117] 也称孙子定理，是一个关于一元线性同余方程组的定理。在数论中这是一个很重要的定理。

著名历史故事“韩信点兵”就是使用了中国剩余定理。遗憾的是它未能形成系统性的方法流传下来。

在中国南北朝时期的《孙子算经》中，有这么一段描述：“有物不知其数，三三数之剩二，五五数之剩三，七七数之剩二。问物几何?”[118]

换句话说，如果有一堆物品，三个三个地数，会剩下两个；五个五个地数，会剩下三个；七个七个地数，也会剩下两个。请问这些物品的数量至少有多少个？用数学语言则可表达为：求满足除以 3 余 2，除以 5 余 3，除以 7 余 2 的最小整数。

《孙子算经》给出了这样的答案：“三三数之剩二，置一百四十；五五数之剩三，置六十三；七七数之剩二，置三十。并之，得二百三十三，以二百十减之，即得。”“答曰：二十三。”什么意思呢？先找一个整数被 3 除余 2，并同时能被 5、7 整除的数，这样的数是 140 (最小公倍数是 35)；再找一个整数被 5 除余 3，并同时能被 3、7 整除的数，这样的数是 63 (最小公倍数是 63)；最后找一个整数被 7 除余 2，并同时能被 3、5 整除的数，这样的数是 30 (最小公倍数是 30)。$140+63+30=233$，找到 3、5、7 与 233 最接近的公倍数 210，与 233 相减，得到最后整数 $233-210=23$。实际上，如果第 1 步得到的是最小公倍数 35，加起来后等于 128，减去 3、5、7 的最小公倍数 105 即可得到。因此《孙子算经》给出的不是最优解法。

给出“问物几何”问题的系统性解法的是宋代著名数学家秦九韶。他在《数书九章》中详细地描述了求解一次同余组的一般计算步骤，即“大衍求一术”。里面写道：“大衍求一术云：置奇右上，定居右下，立天元一于左上。先以右上除右下，所得商数与左上一相生，入左下。然后乃以右行上下，以少除多，递互除之，所得商数随即递互累乘，归左行上下。须使右上末后奇一而止，乃验左上所得，以为乘率。”[119]

翻译成现代数学语言如下。

定理 8.4.1 中国剩余定理

设有 n 个正整数:$m_1, m_2, \cdots, m_n$,并且它们两两互素。对于任意的整数 $a_1, a_2, \cdots, a_n$，下列一元线性同余方程组有解。设 $M=\prod_{i=1}^{n} m_i$，$M_i=M/m_i$，$1 \leqslant i \leqslant n$，则下面的同余方程组：

$$\begin{cases} x \equiv a_1 \pmod{m_1} \\ x \equiv a_2 \pmod{m_2} \\ \quad \vdots \\ x \equiv a_n \pmod{m_n} \end{cases} \tag{8-31}$$

有唯一解，等价于式 (8-32)。

$$x \equiv a (\bmod\ m_1 m_2 \cdots m_n) \tag{8-32}$$

其中 $a \in \mathbb{Z}$。

证明

设 $M=\prod_{i=1}^{n} m_i$，对于 $1 \leqslant i \leqslant n$，$M_i=M/m_i$，因为 m_i 互素，所以很容易得到 $\gcd(M_i, m_i)=1$。并假设：

$$t_i \equiv M_i^{-1} \pmod{m_i} \tag{8-33}$$

t_i 也被称为 M_i 模 m_i 的逆，得到 $t_iM_i + k_im_i = 1 \Rightarrow t_iM_i \equiv 1 \pmod{m_i}$。

定义一个求 x 的函数：

$$x = \sum_{i=1}^{n} a_it_iM_i \tag{8-34}$$

对于任意的 m_i，$1 \leqslant i, j \leqslant n$，如果 $i \neq j$，那么就可以让 M_j 整除 N_i，函数就可以写为：

$$x \equiv \sum_{i=1}^{n} a_it_iM_i \pmod{m_i} \tag{8-35}$$

$$\equiv a_i(t_iM_i) + \sum_{j \neq i}^{n} a_jt_jM_j \pmod{m_i} \tag{8-36}$$

$$\equiv a_i(t_iM_i) + \sum_{j \neq i}^{n} 0 \pmod{m_i} \tag{8-37}$$

$$\equiv a_i(t_iM_i) \pmod{m_i} \tag{8-38}$$

$$\equiv a_i \times 1 \pmod{m_i} \tag{8-39}$$

$$\equiv a_i \pmod{m_i} \tag{8-40}$$

由于上式中所有的 i，对于 $1 \leqslant i \leqslant k$ 都成立，所以 x 是同余方程组的一个解。

对于任意两个解 x_1、x_2，以及任意的 m_i；可以容易发现 m_i 整除 $x_1 - x_2$。由于 m_i 之间互素，因此 M 也可以整除 $x_1 - x_2$。因此方程组的任意两个解模 M 同余。

最终，可写为：

$$x \equiv rM + \sum_{i=1}^{n} a_it_iM_i \equiv \sum_{i=1}^{n} a_iM_it_i \pmod{M} \tag{8-41}$$

其中 r 为整数。这也解释了“问物几何”中为什么不用求到最小公倍数，也能算出答案。

例 8.4.5 使用中国剩余定理求下列同余方程组：

$$\begin{cases} x \equiv 6 & \pmod{11} \\ x \equiv 13 & \pmod{16} \\ x \equiv 9 & \pmod{21} \\ x \equiv 19 & \pmod{25} \end{cases}$$

解： 首先检查 $m_1 = 11$，$m_2 = 16$，$m_3 = 21$，$m_4 = 25$ 互素。计算得到 $M = m_1m_2m_3m_4 =$

92400，然后计算 M_1、M_2、M_3、M_4：

$$M_1 = m/m_1 = m_2m_3m_4 = 8400$$
$$M_2 = m/m_2 = m_1m_3m_4 = 5775$$
$$M_3 = m/m_3 = m_1m_2m_4 = 4400$$
$$M_4 = m/m_4 = m_1m_2m_3 = 3696$$

接下来计算 t_1、t_2、t_3、t_4：

$$t_1 \equiv M_1^{-1} \pmod{m_1} \equiv 8400^{-1} \equiv 7^{-1} \equiv 8 \pmod{11}$$
$$t_2 \equiv M_2^{-1} \pmod{m_2} \equiv 5775^{-1} \equiv 15^{-1} \equiv 15 \pmod{16}$$
$$t_3 \equiv M_3^{-1} \pmod{m_3} \equiv 4400^{-1} \equiv 11^{-1} \equiv 2 \pmod{21}$$
$$t_4 \equiv M_4^{-1} \pmod{m_4} \equiv 3696^{-1} \equiv 21^{-1} \equiv 6 \pmod{25}$$

最后计算得到：

$$\begin{aligned} N &\equiv \sum_{i=1}^{n} a_iM_it_i \pmod{M} \\ &\equiv a_1M_1t_1 + a_2M_2t_2 + a_3M_3t_3 + a_4M_4t_4 \pmod{92400} \\ &\equiv 6 \times 8 \times 8400 + 13 \times 15 \times 5775 + 9 \times 2 \times 4400 + 19 \times 6 \times 3696 \pmod{92400} \\ &\equiv 89469 \pmod{92400} \end{aligned}$$

■

在这里，利用中国剩余定理，可以短暂回顾一下 RSA。在针对 RSA 的攻击中，小公钥指数攻击 (7.4.3 节) 中除了 Coppersmith 攻击，还有一种攻击方式是广播攻击。它是由 Johan Hastad 于 1988 年发现的，发表在论文“Solving Simultaneous Modular Equations of Low Degree”[120] 中，其主要就是利用了中国剩余定理。

当 Alice 使用相同的加密指数 e 加密相同的信息 m，发送给大于或等于 e 个不同的人时，就会受到广播攻击。

为了解释这类攻击，简化一下，比如说，Alice 偷懒使用了 $e=3$，将密文发送给好几个不同的人，不过 Alice 还是使用了不同的素数进行乘积得到了不同的 N。用公式表示为：

$$c_1 \equiv m^e \equiv m^3 \pmod{N_1}$$
$$c_2 \equiv m^e \equiv m^3 \pmod{N_2}$$
$$c_3 \equiv m^e \equiv m^3 \pmod{N_3}$$

其中 $c_1 \neq c_2 \neq c_3$，$N_1 \neq N_2 \neq N_3$，且 N_i 之间互素。利用中国剩余定理就可以得到：

$$c \equiv m^3 \pmod{N_1N_2N_3} \tag{8-42}$$

其中 $c \in \mathbb{Z}_{N_1N_2N_3}$ 且 $c \equiv c_i \pmod{N_i}$，$1 \leqslant i \leqslant 3$。由于 $m < N_1$、$m < N_2$、$m < N_3$，以及 $m^3 < N_1N_2N_3$，因此 $m^3 = c$，最后就很容易计算得到：

$$m = \sqrt[3]{c} \tag{8-43}$$

8.4.4 Pohlig-Hellman 算法

Pohlig-Hellman 算法是由美国数学家斯蒂芬·波利格 (Stephen Pohlig) 和马丁·赫尔曼 [121] 提出的。Pohlig-Hellman 算法使用了中国剩余定理，可以有效解决在有限域内的离散对数问题，其阶数可以分解为较小素数的素数幂。其计算过程如下。

对于 $\alpha^x \equiv \beta \pmod p$，计算关于 p 的欧拉函数 $\varphi(p) = p - 1 = p_1^{n_1} p_2^{n_2} \cdots p_m^{n_m}$ 的因子。$x_i \equiv x \pmod{{p_i}^{m_i}}$。对于每一个 p_i，把 x 扩展成以 p_i 为底 (p_i 进制) 的形式：

$$x_i = \sum_{i=0}^{k-1} \alpha_i p_i^i = \alpha_0 p_i^0 + \alpha_1 p_i^1 + \cdots + \alpha_{k-1} p_i^{k-1} \tag{8-44}$$

其中 $1 \leqslant i \leqslant k-1$，$0 \leqslant \alpha_i \leqslant q-1$。举个例子，假设 $p_1 = 2$，$x = 13$，那么就把 x 写成二进制数。$x_i = 13 = 1101 = 1 \times 2^0 + 0 \times 2^1 + 1 \times 2^2 + 1 \times 2^3$。

根据循环群的基本定理，每个 p_i^k 阶的素数幂会有一个循环子群，它的子群生成器为 $g^{\frac{p-1}{p_i^r}}$。为了计算 α_0，对离散对数方程 $\alpha^x \equiv \beta \pmod p$ 两边同时使用指数幂 $\dfrac{p-1}{p_i^r}$。因为求的是 α_0，因此 $r = 1$。可以求出：

$$(\alpha^x)^{\frac{p-1}{p_i^r}} \equiv \beta^{\frac{p-1}{p_i^r}} \pmod p \tag{8-45}$$

$$\left(\alpha^{p_i^0\alpha_0 + p_i^1\alpha_1 + \cdots + p_i^{k-1}\alpha_{k-1}}\right)^{\frac{p-1}{p_i}} \equiv \beta^{\frac{p-1}{p_i}} \pmod p \tag{8-46}$$

$$\left(\alpha^{p_i^0\alpha_0} \times \alpha^{p_i^1\alpha_1} \times \cdots \times \alpha^{p_i^{k-1}\alpha_{k-1}}\right)^{\frac{p-1}{p_i}} \equiv \beta^{\frac{p-1}{p_i}} \pmod p \tag{8-47}$$

$$\left(\alpha^{\alpha_0 \cdot \frac{p-1}{p_i}}\right) \equiv \beta^{\frac{p-1}{p_i}} \pmod p \tag{8-48}$$

在式 (8-47) 中，因为 $\alpha^{p-1} \equiv 1 \pmod p$，所以各项 $\alpha^{p_i^j \alpha_j} (1 \leqslant j \leqslant k-1)$ 全部等于 1。因为 $\alpha_0 \in [0, p_i - 1]$，最后根据式 (8-48) 可以在规定时间 (使用大步小步算法) 内确定 α_0。

确定 α_0 后，让 $r = 2, 3, \cdots, m$，确定其他系数 $\alpha_1, \alpha_2, \cdots, \alpha_k$，$k > 1$。这些计算可以使用式 (8-48) 的推广形式。首先，设 $0 \leqslant r \leqslant k-1$，定义 $\beta_0 = \beta$，以及：

$$\beta_r \equiv \beta \alpha^{-(p_i^0\alpha_0 + p_i^1\alpha_1 + \cdots + p_i^{r-1}\alpha_{r-1})} \pmod p \tag{8-49}$$

对离散对数方程 $\alpha^x \equiv \beta \pmod p$ 两边同时使用指数幂 $\dfrac{p-1}{p_i^{r+1}}$：

$$\left(\alpha^{x - \left(p_i^0\alpha_0 + p_i^1\alpha_1 + \cdots + p_i^{r-1}\alpha_{r-1}\right)}\right)^{\frac{p-1}{p_i^{r+1}}} \equiv \beta^{\frac{p-1}{p_i^{r+1}}} \pmod p \tag{8-50}$$

$$\left(\alpha^{p_i^r\alpha_r + p_i^{r+1}\alpha_{r+1} + \cdots + p_i^{k-1}\alpha_{k-1}}\right)^{\frac{p-1}{p_i^{r+1}}} \equiv \beta^{\frac{p-1}{p_i^{r+1}}} \pmod p \tag{8-51}$$

$$\left(\alpha^{p_i^r\alpha_r} \times \alpha^{p_i^{r+1}\alpha_{r+1}} \times \cdots \times \alpha^{p_i^{k-1}\alpha_{k-1}}\right)^{\frac{p-1}{p_i^{r+1}}} \equiv \beta^{\frac{p-1}{p_i^{r+1}}} \pmod p \tag{8-52}$$

$$\left(\alpha^{\alpha_r \cdot \frac{p-1}{p_i}}\right) \equiv \beta^{\frac{p-1}{p_i^{r+1}}} \pmod p \tag{8-53}$$

通过观察式 (8-53)，可以得到一个简单的关于 β_{r+1} 的递归公式：

$$\beta_{r+1} \equiv \beta_r \alpha^{-\alpha_r p_i^r} \pmod p \tag{8-54}$$

知道各项 α_i 后，就可知 x_i。然后列出中国剩余定理方程组：

$$\begin{cases} x \equiv x_1 \pmod{p_1^{n_1}} \\ x \equiv x_2 \pmod{p_2^{n_2}} \\ \vdots \\ x \equiv x_m \pmod{p_m^{n_m}} \end{cases} \tag{8-55}$$

此方程组必定有解，解出即可，过程如图 8-6 所示。

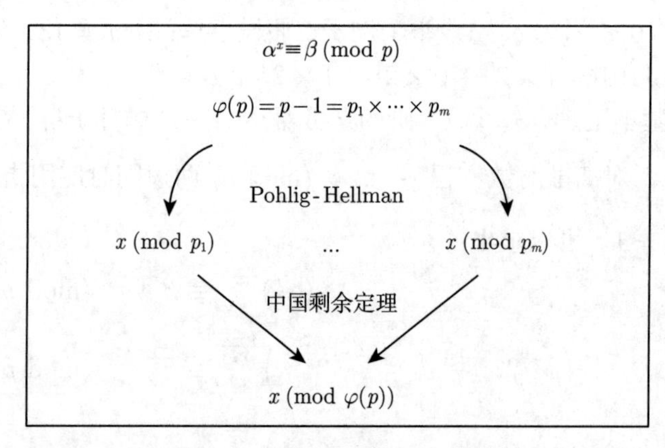

图 8-6 Pohlig-Hellman 算法

例 8.4.6 求离散对数方程 $6^x \equiv 7531 \pmod{8101}$ 的解。

解：因式分解 $p-1 = 8100 = 2^2 \times 3^4 \times 5^2$。因此要确定以下方程组：

$$\begin{cases} x_2 \equiv x \pmod{2^2} \\ x_3 \equiv x \pmod{3^4} \\ x_5 \equiv x \pmod{5^2} \end{cases}$$

首先需要确定 x_2。

因为 $p_1 = 2$，$n_1 = 2$，因此 x_2 扩展成 $x_2 = \alpha_0 + 2\alpha_1$，$\alpha_i \in \{0, 1\}$。为了确定系数，代入 $(\alpha^x)^{\frac{p-1}{p_i^r}} \equiv \beta^{\frac{p-1}{p_i^r}} \pmod p$，可以知道：

$$7531^{\frac{p-1}{2}} \equiv \left(6^{\alpha_0+2\alpha_1}\right)^{\frac{p-1}{2}} \pmod p$$

$$7531^{4050} \equiv 6^{4050\alpha_0} \pmod{8101}$$

$$8100 \equiv 6^{4050\alpha_0} \pmod{8101}$$

因为 $\alpha_0 \in \{0, 1\}$，很容易求得 $\alpha_0 = 1$。再将 $x_2 = 1 + 2\alpha_1$ 代入方程组中：

$$7531 \equiv 6^{1+2\alpha_1} \pmod p$$

$$7531 \cdot 6^{-1} \equiv 6^{2\alpha_1} \pmod p$$

$$8006 \equiv 6^{2\alpha_1} \pmod p$$

$$\Rightarrow 8006^{\frac{p-1}{4}} \equiv 6^{2\alpha_1 \frac{p-1}{4}} \pmod{p}$$

$$1 \equiv 6^{4050\alpha_1} \pmod{8101}$$

求得 $\alpha_1 = 0$，最终得到：

$$x_2 \equiv \alpha_0 + 2\alpha_1 \equiv 1 \pmod{4}$$

确定 x_3。

因为 $p_2 = 3$，$n_2 = 4$，因此 x_3 扩展成 $x_3 = \alpha_0 + 3\alpha_1 + 9\alpha_2 + 27\alpha_3$，$\alpha_i \in \{0,1,2\}$。为了确定系数，代入方程组中，可以知道：

$$7531^{\frac{p-1}{3}} \equiv \left(6^{\alpha_0+3\alpha_1+9\alpha_2+27\alpha_3}\right)^{\frac{p-1}{3}} \pmod{p}$$

$$2217 \equiv 6^{2700\alpha_0} \pmod{8101}$$

因为 $\alpha_0 \in \{0,1,2\}$，很容易求得 $\alpha_0 = 2$，再将 $x_3 = 2 + 3\alpha_1 + 9\alpha_2 + 27\alpha_3$ 代入方程组中：

$$7531 \equiv 6^{2+3\alpha_1+9\alpha_2+27\alpha_3} \pmod{p}$$

$$7531 \times 6^{-2} \equiv 6^{3\alpha_1+9\alpha_2+27\alpha_3} \pmod{p}$$

$$6735 \equiv 6^{3\alpha_1+9\alpha_2+27\alpha_3} \pmod{p}$$

$$\Rightarrow 8006^{\frac{p-1}{9}} \equiv 6^{3\alpha_1 \frac{p-1}{9}} \pmod{p}$$

$$1 \equiv 6^{2700\alpha_1} \pmod{8101}$$

求得 $\alpha_1 = 0$。同样的步骤，可以求得 $\alpha_2 = 2$，$\alpha_3 = 1$。最终确定 x_3：

$$x_3 \equiv \alpha_0 + 3\alpha_1 + 9\alpha_2 + 27\alpha_3 \equiv 47 \pmod{81}$$

同理可确定 x_5，

$$x_5 \equiv 14 \pmod{25}$$

使用中国剩余定理求解下列同余方程组：

$$\begin{cases} x_2 \equiv 1 \pmod{4} \\ x_3 \equiv 47 \pmod{81} \\ x_5 \equiv 14 \pmod{25} \end{cases}$$

$M = 4 \times 81 \times 25 = 8100$。然后计算 M_1、M_2、M_3 和 t_1、t_2、t_3：

$$M_1 = 8100/4 = 2025 \Rightarrow t_1 \equiv M_1^{-1} \pmod{4}，\quad t_1 = 1$$

$$M_2 = 8100/81 = 100 \Rightarrow t_2 \equiv M_2^{-1} \pmod{81}，t_2 = 64$$

$$M_3 = 8100/25 = 324 \Rightarrow t_3 \equiv M_3^{-1} \pmod{25}，t_3 = 24$$

最后，$x \equiv \sum_{i=1}^{3} a_i M_i t_i \pmod{M} \equiv 6689 \pmod{8100}$。 ■

要使 ElGamal 加密算法不被破解，首先要保证 $\mathbb{Z}_p$ 非常大，而且 p 是个大素数，有一个阶非常大的子群。现阶段下使用 2048 位的素数即可保证其安全性。

8.4.5 指数计算法

基于有限域的离散对数问题还可以使用指数计算法 (Index-calculus Method) 进行 [122] 求解。指数计算法是目前已知解决有限域中离散对数问题最强大的方法，它让破解离散对数的时间复杂度从指数级降低至次指数级。虽然指数计算法未能把时间复杂度降低至理想的状态，但它依然很有效。

令 G 为有限域 $\mathbb{Z}_p$ 的乘法群, α 为模 p 的原根。需要解决离散对数问题 $x \equiv \log_\alpha(\beta) \pmod p$，其中 $\beta \in G$。它的过程如下。

1) 选择因子基数 (Factor Base)。从 G 的一个子集 S 中选择，$S = p_1, p_2, \cdots, p_t$，这个子集称为因子基数。这样，$G$ 中的一些显著的元素就可以表达为 S 中元素的乘积。也就是说，任意一个数都可以通过素数来进行表达，因此也被称为基。

2) 计算 S 中素数的离散对数。选择随机整数 $k \in [0, p-2]$，直到 $k\alpha$ 可以写成 S 中元素的乘积，找到用不同的因子基数表示的方程，使得它们相互关联：

$$\alpha^k = \prod_{i=1}^{t} p_i^{c_i}，\text{其中} c_i \geqslant 0 \tag{8-56}$$

$$= p_0^{c_0} p_1^{c_1} p_2^{c_2} \cdots p_t^{c_t} \tag{8-57}$$

然后对等式两边取以 α 为底的对数，得到一个线性方程：

$$k \equiv \sum_{i=1}^{t} c_i \log_\alpha p_i \pmod{p-1} \tag{8-58}$$

不断重复这一过程，直到方程数量大于 t，组成线性方程组。

3) 计算 $\log_\alpha \beta$，选择随机整数 $k \in [0, p-1]$，直到 $\alpha^k \beta$ 可以写成 S 中元素的乘积：

$$\alpha^k \beta = \prod_{i=1}^{t} p_i^{d_i}，\text{其中} d_i \geqslant 0 \tag{8-59}$$

然后对等式两边取以 α 为底的对数，得到方程：

$$\log_\alpha \beta \equiv -k + \sum_{i=1}^{t} d_i \log_\alpha p_i \pmod{p-1} \tag{8-60}$$

计算等式右边就可以得到结果。

例 8.4.7 设 $\alpha = 79$，$\beta = 12604$，$p = 20063$，求解离散对数方程：

$$79^x \equiv 12604 \pmod{20063}$$

解：第 1 步，因为 $\alpha = 79$，选择小于 79 的素数因子基数，假设：

$$S = 2, 3, 5$$

第 2 步，随机从 $[0, 20061]$ 中选择 k，解决问题至少需要 4 个这样的离散对数方程。得到方程组：

$$\alpha^{9951} \equiv 2^2 \times 3^3 \times 5^1 \pmod{20063}$$

$$\alpha^{19616} \equiv 2^2 \times 3^3 \times 5^2 \pmod{20063}$$

$$\alpha^{9219} \equiv 2^2 \times 3^3 \times 5^3 \pmod{20063}$$
$$\alpha^{18884} \equiv 2^2 \times 3^3 \times 5^4 \pmod{20063}$$

两边取以 α 为底的对数，得到：

$$9951 \equiv 2\log_\alpha(2) + 3\log_\alpha(3) + \log_\alpha(5) \pmod{20062}$$
$$19616 \equiv 2\log_\alpha(2) + 3\log_\alpha(3) + 2\log_\alpha(5) \pmod{20062}$$
$$9219 \equiv 2\log_\alpha(2) + 3\log_\alpha(3) + 3\log_\alpha(5) \pmod{20062}$$
$$18884 \equiv 2\log_\alpha(2) + 3\log_\alpha(3) + 4\log_\alpha(5) \pmod{20062}$$

求解该方程组，利用高斯消元法，可以解得：

$$\log_\alpha(2) \equiv 17780 \pmod{20062} \tag{8-61}$$
$$\log_\alpha(3) \equiv 8304 \pmod{20062} \tag{8-62}$$
$$\log_\alpha(5) \equiv 9665 \pmod{20062} \tag{8-63}$$

随机不重复地选择 k 和 d_i，直到最终的值由选择的因子基数组成。这个可以很快得到：

$$\alpha^k\beta \equiv 2^3 \times 3^2 \times 5^3 \pmod{20063} \tag{8-64}$$

通过尝试，得到 $k = 16673$，这个结果并不唯一。然后对式 (8-64) 两边取对数，并把式 (8-61)～式 (8-63) 代入，最后就能得到结果：

$$\begin{aligned} x \equiv \log_\alpha\beta &\equiv -16673 + 3\log_\alpha(2) + 2\log_\alpha(3) + 3\log_\alpha(5) \pmod{20062} \\ &\equiv 2022 \pmod{20062} \end{aligned}$$

■

指数计算法是目前解决离散对数问题最有效的方法，它的时间复杂度是次指数级，大约为 $\mathcal{O}(e^{(\ln p)^{1/2}(\ln\ln p)^{1/2}})$。

8.5 本章习题

1. 列出模 13 的阶数。
2. 列出整数 2、3 和 5 的模 p 的阶：
   1) 模 17
   2) 模 19
   3) 模 23
3. 证明下列命题：
   1) 如果 a 模 n 的阶为 hk，那么 a^h 模 n 的阶为 k。
   2) 如果 a 模 p 的阶为 $2k$，p 为素数，那么 $a^k \equiv -1 \pmod{p}$。
4. 假设已知 2 是 13 的原根，列出模 13 的所有原根。
5. 让 g 为模 p 的一个原根，回答以下问题。
   1) 假设 $x = a$ 和 $x = b$ 都是 $g^x \equiv h \pmod{p}$ 的整数解，证明 $a \equiv b \pmod{p-1}$。
   2) 证明 $\log_g(h_1h_2) = \log_g(h_1) + \log_g(h_2)$。
   3) 证明 $\log_g(h^n) = n\log_g(h)$。

6. 计算以下离散对数问题：
   1) $2^x \equiv 13 \pmod{23}$
   2) $10^x \equiv 22 \pmod{47}$
   3) $627^x \equiv 608 \pmod{941}$
7. 使用 SageMath，做出 $p=53$ 的离散对数图。
8. Alice 和 Bob 使用迪菲-赫尔曼密钥交换秘密通信的协议。他们公开在模 23 下有一个素数 $p=23$ 和一个原根 $r=5$。Alice 选择了一个密钥 $a=6$，然后从 Bob 那里接收到密钥 $\beta=19$。回答下列问题。
   1) Alice 把什么发给了 Bob?
   2) 密钥是什么?
   3) Alice 是否可以仅通过她已知的值计算 Bob 的私钥?
9. Alice 和 Bob 使用迪菲-赫尔曼密钥交换秘密通信的协议。他们公开在模 23 下有一个素数 $p=251$ 和一个原根 $r=2$。Alice 选择了一个密钥 $a=27$，Bob 选择了一个密钥 $b=28$。找到他们的公钥。
10. 考虑 ElGamal 加密算法。Alice 和 Bob 使用 ElGamal 加密算法进行通信，他们公开素数 $p=59$ 及原根 $r=5$。Alice 选择密钥 $k=13$ 和公钥 $\alpha=28$，回答下列问题。
    1) 假设 Bob 想发送明文 $M=20$，并使用密钥 $b=6$，请问 (U,V) 是什么?
    2) 假设 Eve 截获了 Bob 的信息，并将 (U,V) 替换为 $(U',V')=(46,34)$，那么 Alice 会收到什么明文?
11. 考虑 ElGamal 加密算法。设素数 $p=112087$，原根 $r=5$，$a=7899$，$\alpha=18074$。尝试破解下列密文：

(75361, 62572)	(20522, 95281)	(32418, 89253)	(104114, 85855)	(49878, 13114)
(94657, 4967)	(97164, 31973)	(3987, 1579)	(7737, 18493)	(25445, 48799)
(48539, 64181)	(77437, 53546)	(2892, 59591)	(93239, 27521)	(59674, 32712)
(96460, 48275)	(63816, 39829)	(103255, 27773)	(96323, 20644)	(35621, 73493)
(27510, 91731)	(60908, 54057)	(90307, 82549)	(78901, 67192)	(53121, 102954)
(7532, 100687)	(17908, 23068)	(109765, 96997)	(77183, 64881)	(23624, 29173)
(98526, 60655)				

    已知每组明文的编码方式如例 7.3.2 所示，每 3 个字母为一组进行编码，对得到的数字明文进行加密。明文没有空格、标点符号等其他字符串。
12. $p=458009$ 为素数，$\alpha=2$ 在 $\mathbb{Z}_p^*$ 中的阶为 57251。利用 Pollard's Rho 算法计算 $\beta=56851$ 对于基 α 在 $\mathbb{Z}_p^*$ 上的离散对数。取初始值 $x_0=1$，找出满足 $x_i=x_{2i}$ 的最小整数 i，然后计算要求的离散对数。

13. 使用中国剩余定理，求解下列方程的同余：

$$x \equiv 2 \pmod 3), \quad x \equiv 3 \pmod 7, \quad x \equiv 4 \pmod{16}$$

14. 令 a, b, m, n 为整数，$\gcd(m, n) = 1$，且

$$c \equiv (b - a) \cdot m^{-1} \pmod n$$

证明 $x = a + cn$ 是 $x \equiv a \pmod m$ 和 $x \equiv b \pmod n$ 的解。

第 9 章　椭圆曲线密码

本章将介绍椭圆曲线密码 (Elliptic Curve Cryptography，ECC)。椭圆曲线密码是由维克多・米勒 (V. Miller)[123] 和尼尔・科布利茨 (N. Koblitz)[124] 在 20 世纪 80 年代中期分别独立提出的。大约在同一时间，Lenstra[125] 开发了一种利用椭圆曲线的分解算法。近年来，椭圆曲线在密码学中的应用得到了迅速发展，利用椭圆曲线的特点，ECC 可以在使用较短的密钥的情况下提供相当或更高的密码安全性 [126]。

椭圆曲线密码通过使用椭圆曲线来生成用于公钥加密的密钥对，因此它也是公钥密钥学中的一员。使用椭圆曲线密码可保持高水平的性能和安全性。与 RSA 相比，ECC 的公钥生成方式基于在有限域上以代数方式构造的椭圆曲线，因此，ECC 创建的密钥在数学上更难破解。出于这个原因，ECC 被认为是新一代公钥密码系统，与 RSA 密码系统是继承关系。

本章将介绍以下内容。

- 实数域上的椭圆曲线运算。
- 有限域上的椭圆曲线运算。
- 椭圆曲线迪菲-赫尔曼密钥交换。
- 椭圆曲线版本的 ElGamal 加密和解密步骤。
- SM2 的加密和解密步骤。
- 椭圆曲线密码分析。

9.1　椭圆曲线

9.1.1　实数域上的椭圆曲线

椭圆曲线并非是一个常见几何意义上的椭圆，之所以称为椭圆曲线是因为它的曲线方程与计算椭圆周长的方程相似。一般来说，椭圆曲线通常指的是魏尔斯特拉斯方程。

定义 9.1.1　魏尔斯特拉斯方程 (Weierstrass Equation)

一个有限域 $\mathbb{F}_p$ 上的椭圆曲线 E 方程被定义为：

$$E: y^2 + a_1xy + a_3y = x^3 + a_2x^2 + a_4x + a_6 \tag{9-1}$$

其中 $a_1, a_2, a_3, a_4, a_6 \in \mathbb{F}_p$(无 a_5)，并且判别式 $\Delta \neq 0$。判别式 Δ 的公式为：

$$\Delta = -d_2^2d_8 - 8d_4^3 - 27d_6^2 + 9d_2d_4d_6 \tag{9-2}$$

其中

$$\begin{cases} d_2 = a_1^2 + 4a_2 \\ d_4 = 2a_4 + a_1 a_3 \\ d_6 = a_3^2 + 4a_6 \\ d_8 = a_1^2 a_6 + 4a_2 a_6 - a_1 a_3 a_4 + a_2 a_3^2 - a_4^2 \end{cases} \tag{9-3}$$

规定 a_1, a_2, a_3, a_4, a_6 为该椭圆曲线的系数。椭圆曲线是由魏尔斯特拉斯方程的全体解 (x, y) 再加上一个无穷远点 $\mathcal{O}$ 构成的集合，x 和 y 也在实数集上取值。当判别式 $\Delta \neq 0$ 时，就可以说该椭圆曲线是光滑的 (Smooth)，也叫非奇异的 (Non-Singular)。换句话说，椭圆曲线上不存在有两条或更多不同切线的点，也没有重根。

不过魏尔斯特拉斯方程对大多数人来说理解起来太困难了，对后续的计算来说也太过复杂了。如果有限域 $\mathbb{F}_p$ 的特征不等于 2 和 3，那么就可以化简方程。为了化简方程，变量 (x, y) 可以通过仿射变换得到：

$$(x, y) \to \left(\frac{x - 3a_1^2 - 12a_2}{36}, \frac{y - 3a_1 x}{216} - \frac{a_1^3 + 4a_1 a_2 - 12a_3}{24}\right) \tag{9-4}$$

就可以把椭圆曲线转化为：

$$y^2 + \underbrace{a_1 xy + a_3 y}_{\text{当 char}K \neq 2\text{ 时消去}} = x^3 + \underbrace{a_2 x^2}_{\text{当 char}K \neq 3\text{ 时消去}} + a_4 x + a_6 \tag{9-5}$$

$$\Rightarrow y^2 = x^3 + Ax + B \tag{9-6}$$

其中 $A, B \in \mathbb{R}$，判别式 $\Delta = -16(4A^3 + 27B^2) \neq 0$。

由此，就可以得到大家常见的椭圆曲线表述形式。

定义 9.1.2 椭圆曲线 (Elliptic Curve)

椭圆曲线是满足方程的点 (x, y) 的集合：

$$E: y^2 = x^3 + Ax + B，\text{其中} A, B \in \mathbb{R} \tag{9-7}$$

要求曲线是非奇异的 (即无尖端、无自交、无孤立点)。该条件等价于：

$$\Delta = 4A^3 + 27B^2 \neq 0 \tag{9-8}$$

如果椭圆曲线是非奇异的，那么方程 $x^3 + Ax + B = 0$ 将有 3 个不等的根，根可以是实数或者复数。对于奇异的椭圆曲线，方程 $x^3 + Ax + B = 0$ 将没有 3 个不等的根。

例 9.1.1 以下是两个椭圆曲线的例子。椭圆曲线 $y^2 = x^3 - 3x + 3$ 和 $y^2 = x^3 - 6x + 5$，如图 9-1 所示。

很显然，椭圆曲线 $y^2 = x^3 - 3x + 3$ 只有一个实根 ($x_1 \approx -2.1$)，不过有两个复根。椭圆曲线 $y^2 = x^3 - 6x + 5$ 则有 3 个实根 $\left(x_1 = 1，x_2 = -\frac{1}{2} - \frac{\sqrt{21}}{2}，x_3 = \frac{\sqrt{21}}{2} - \frac{1}{2}\right)$。■

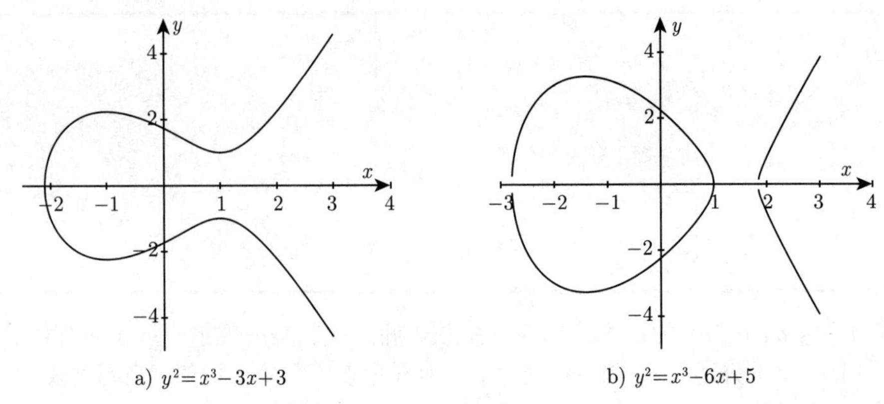

a) $y^2=x^3-3x+3$　　b) $y^2=x^3-6x+5$

图 9-1 两个椭圆曲线示例

假如椭圆曲线不满足 $\Delta = 4A^3 + 27B^2 \neq 0$ 的要求，就会产生奇点，这会导致某些点运算失效。为了避免这种情况，本章后续讨论的椭圆曲线都须满足判别式 Δ。两个不符合判别式的椭圆曲线如图 9-2 所示。

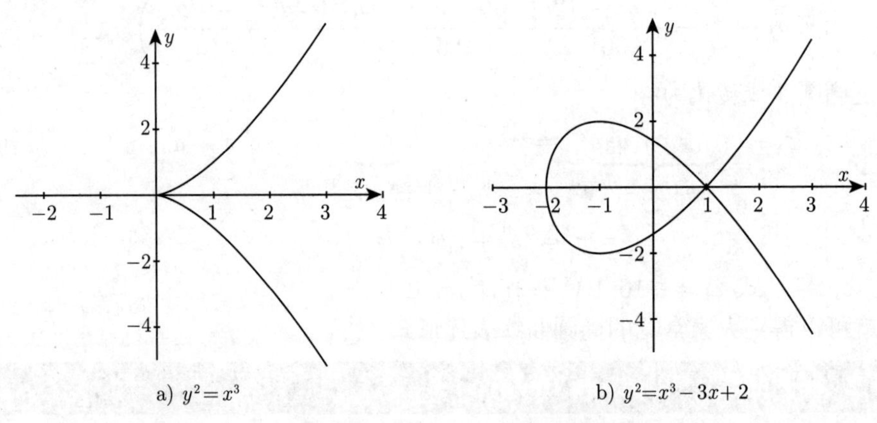

a) $y^2=x^3$　　b) $y^2=x^3-3x+2$

图 9-2 两个不合法的椭圆曲线示例

在非奇异的椭圆曲线上，可以执行加法运算。需要注意的是，这里的加法运算不同于一般意义上的运算，该运算是将椭圆曲线上的两个点相加，其结果也是在该椭圆曲线上的另一个点。设点 $P=(x_P,y_P)$ 和点 $Q=(x_Q,y_Q)$ 是在椭圆曲线 $E: y^2=x^3+Ax+B$ 上的两个点，则 $P+Q=(x_R,-y_R)$，其中：

$$\alpha = \frac{y_Q - y_P}{x_Q - x_P} \tag{9-9}$$

$$x_R = \alpha^2 - x_P - x_Q \tag{9-10}$$

$$y_R = y_P + \alpha\,(x_R - x_P) \tag{9-11}$$

例 9.1.2 令椭圆曲线为 $y^2 = x^3 + 7$。计算 $P+Q$ 的过程 (不计算具体值) 如图 9-3 所示。

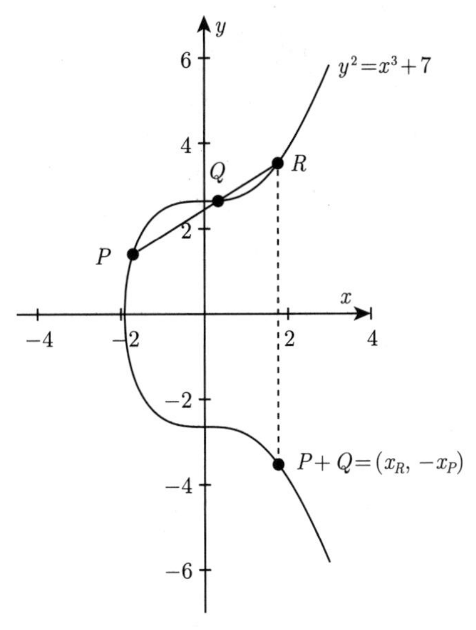

图 9-3 椭圆曲线的点加法

先寻找点 R，求出点 R 的坐标后，再根据其 y 值取负值，就可以在曲线上找到相应的点。

■

定义 9.1.3 椭圆曲线点乘法 (Elliptic Curve Point Multiplication)

如果点 $P=(x_P,y_P)$ 在椭圆曲线 $E:y^2=x^3+Ax+B$ 上，则 $2P=(x_R,-y_R)$，其中：

$$\alpha=\frac{3x_P^2+A}{2y_P} \tag{9-12}$$

$$x_R=\alpha^2-2x_P \tag{9-13}$$

$$y_R=y_P+\alpha\,(x_R-x_P) \tag{9-14}$$

例 9.1.3 $y^2=x^3+3x+5$，令 $P=(-1,1)$，计算 $2P$。

解： 按照步骤，先求 α，再求 $2P$ 的相应坐标。

$$\alpha=\frac{3x_P^2+A}{2y_P}=\frac{3(-1)^2+3}{2(1)}=3 \tag{9-15}$$

$$x_R=\alpha^2-2x_P=3^2-2(-1)=11 \tag{9-16}$$

$$y_R=y_P+\alpha\,(x_R-x_P)=1+3(11-(-1))=37 \tag{9-17}$$

$$2P=(x_R,-y_R)=(11,-37) \tag{9-18}$$

椭圆曲线的乘法如图 9-4 所示。

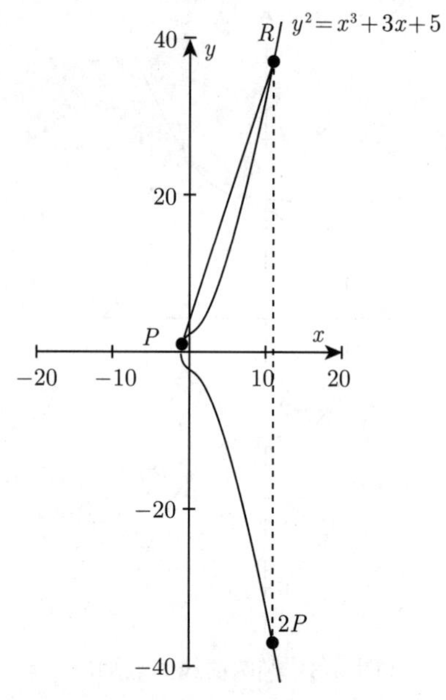

图 9-4 椭圆曲线的乘法

■

9.1.2 有限域 GF (p) 上的椭圆曲线

上面的椭圆曲线是在实数域上的，其特点是连续的，有无限个点。然而密码学要求运算结果是在一个有限的集合内，否则会有一些意想不到的情况，比如多个解，这是不允许的。换句话说，椭圆曲线密码的变量和系数都被限制在有限域 GF (p) (常写作 $\mathbb{F}_p$) 中，变成离散的点，方能被密码学使用，如图 9-5 所示。因为实数域上的计算是有误差的，为了精确，引入了有限域的概念，也称素数域。椭圆曲线密码是在有限域上的，有限域上的椭圆曲线及其加法构成了一个有限群，用以研究这个群里的元素个数。

定义 9.1.4 $\mathbb{F}_p$ 上的椭圆曲线

给定一个素数 $p > 3$，一个 (离散的) 椭圆曲线并模 p 是满足方程的所有整数点 (x, y) 的集合，在仿射坐标系中，该方程表示为：

$$E : y^2 \equiv x^3 + Ax + B \pmod p \tag{9-19}$$

$$\text{其中} A, B \in \mathbb{F}_p，4A^3 + 27B^2 \not\equiv 0 \pmod p$$

椭圆曲线 $E(\mathbb{F}_p)$ 就是：

$$E(\mathbb{F}_p) = \{(x, y) \mid x, y \in \mathbb{F}_p\,, \text{满足} E\} \cup \{\mathcal{O}\} \tag{9-20}$$

其中 $\mathcal{O}$ 是无穷远点 (Point at Infinity)，p 为一个素数，$\mathbb{F}_p$ 则称为基域。

那么什么是无穷远点呢？假设点 P_1 和 P_2 是椭圆曲线 $E(\mathbb{F}_p)$ 上的点，如果 P_1 和 P_2 的弦与 y 轴平行，那么 $P_1 + P_2 = (x, 0) = \mathcal{O}$，它与椭圆曲线的第 3 个交点在无穷远点。通常定义 $0P = \mathcal{O}$。

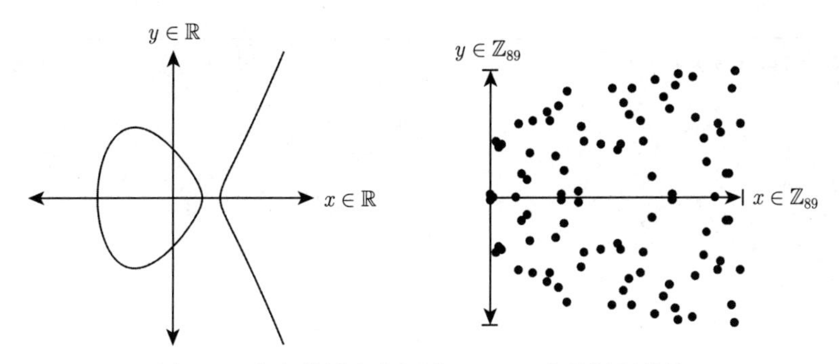

图 9-5 在实数域和有限域 GF (p) 上的椭圆曲线

椭圆曲线 $E(\mathbb{F}_p)$ 还有以下几个性质。

1) 令 $\mathcal{O}$ 是无穷远点，所以有 $\mathcal{O}+\mathcal{O}=\mathcal{O}$。

2) 对于任意点 $P=(x,y)$，都有 $P\in E(\mathbb{F}_p)\setminus\{\mathcal{O}\}$，使得 $P+\mathcal{O}=\mathcal{O}+P=P$。

3) 对于任意点 $P=(x,y)$，都有点 $P=(x,y)$ 的逆元 $-P=(x,-y)$，使得 $P+(-P)=\mathcal{O}$。

4) 满足群的所有性质，即封闭性、结合律，具有单位元和逆元。

例 9.1.4 找到在有限域 $\mathbb{F}_{23}$ 上的椭圆曲线 $E(\mathbb{F}_{23}): y^2 \equiv x^3+16x+14 \pmod{23}$ 的所有解。

解： 椭圆曲线 $E(\mathbb{F}_{23}): y^2 \equiv x^3+16x+14 \pmod{23}$ 的所有解如表 9-1 所示。

表 9-1 $E(\mathbb{F}_{23}): y^2 \equiv x^3+16x+14 \pmod{23}$ **的解**

x	1	2	3	4	5	6	7	8	9	10	11	12	13	14	15	16	17	18	19	20	21	22
y^2	8	8	20	4	12	4	9	10	13	1	3	2	4	15	18	19	1	16	1	8	20	20

比如 $\underbrace{y^2 \equiv 10^2 \equiv 8 \equiv x^3+16x+14}_{(\text{mod } 23)}$，所以 $(1,10)$ 为椭圆曲线的一个解。

$\underbrace{y^2 \equiv 13^2 \equiv 8 \equiv x^3+16x+14}_{(\text{mod } 23)}$，所以 $(1,13)$ 也为椭圆曲线的一个解，同一个 x 可对应多个不同的 y。

再者 $\underbrace{y^2 \equiv 13^2 \equiv 8 \equiv x^3+16x+14}_{(\text{mod } 23)}$，所以 $(2,13)$ 为椭圆曲线的一个解。

再比如 $\underbrace{y^2 \equiv 2^2 \equiv 4 \not\equiv 8 \equiv x^3+16x+14}_{(\text{mod } 23)}$，所以 $(1,2)$ 不是该椭圆曲线的一个解。

所有 33 个解的集合为：

(1,10) (1,13) (2,10) (2,13) (4,2) (4,21) (5,9) (5,14) (6,2) (6,21)
(7,3) (7,20) (9,6) (9,17) (10,1) (10,22) (11,7) (11,16) (12,5) (12,18)
(13,2) (13,21) (15,8) (15,15) (17,1) (17,22) (18,4) (18,19) (19,1) (19,22)
(20,10) (20,13) $\mathcal{O}$

如何求一个椭圆曲线的所有解呢？在素数 p 较小的情况下，可以使用如下 Python 代码：

```python
def Elliptic_Curve_points(A,B,p):
    """
    求解满足椭圆曲线y^2 = x^3 + Ax + B

    p : int   素数，求余
    A : int   椭圆曲线A
    B : int   椭圆曲线B

    返回：所有点
    """
    return [(x, y) for x in range(p) for y in range(p) if (y*y - (x**3 + A*x + B)) % p == 0]

print(Elliptic_Curve_points( A=16, B=14, p=23))
```

■

模 11、13 在有限域上的椭圆曲线上的解如图 9-6 所示。

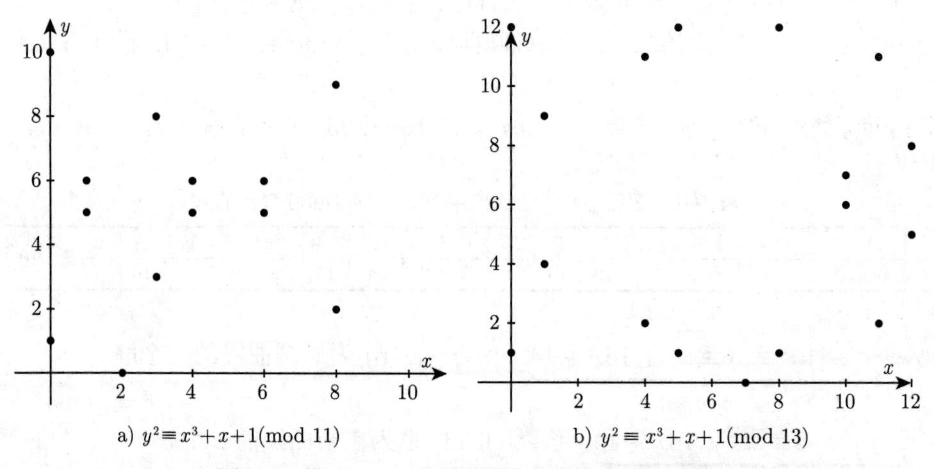

图 9-6 模 11、13 在有限域上的椭圆曲线上的解

定理 9.1.1 椭圆曲线计数定理

给定一个椭圆曲线 $E: y^2 \equiv x^3 + Ax + B \pmod{p}$，即 $E(\mathbb{F}_p)$ 是有限域 GF (p) 上的椭圆曲线，该椭圆曲线上点的个数在以下范围内：

$$\left|N_{E_p} - (p+1)\right| \leqslant 2\sqrt{p} \tag{9-21}$$

其中 N_{E_p} 为椭圆曲线上点的个数。

该定理也被称为 Hasse 定理，它由德国数学家赫尔穆特·哈斯 (Helmut Hasse) 于 1936 年证明 [11]。不过由于证明过程需要更高阶的椭圆曲线和代数知识，因此本书省略证明过程。该定理告诉大家，当 p 是一个大素数时，由于 $2\sqrt{p}$ 远小于 p，所以 $\mathbb{F}_p$ 上的椭圆曲线大约有 p 个点，或者说可以估计椭圆曲线 $E(\mathbb{F}_p)$ 子群的阶有多少，这使用 Schoof 算法可以计算出来。

定理 9.1.2 拉格朗日定理 (Lagrange's Theorem)

设 G 为有限群，H 是 G 的子群，则 H 的阶是 G 的阶的因数。换句话说，H 的阶可以整除 G 的阶。

对于椭圆曲线 $E_{37}: y^2 \equiv x^3 - x + 3 \pmod{37}$，其阶为 42。42 的因数有 1、2、3、6、7、12、21、42。若在椭圆曲线上取一点 $P = (3, 8)$，那么 $2P = (3, 29)$，$3P = \mathcal{O}$。因此，由点 P 生成的循环子群的阶为 3，是 42 的因数。对于椭圆曲线 $E_{29}: y^2 \equiv x^3 - x + 1 \pmod{29}$，其阶为 37。由于 37 是素数，因此 37 的因数只有 1 及其本身。如果子群的阶是 1，那么子群就是 $\mathcal{O}$。如果子群的阶是 37，那么子群就是群本身。设 N 为椭圆曲线群的阶，n 为由点 P 生成的循环子群的阶，称 $h = N/n$ 为相应循环子群的协因子 (Cofactor)。

以下算式都适用于实数上的椭圆曲线和有限域上的椭圆曲线：

- 加法结合律：$(P_1 + P_2) + P_3 = P_1 + (P_2 + P_3)$。
- 加法交换律：$P_1 + P_2 = P_2 + P_1$。
- 如果 $P = (x, y)$ 并有一个整数 k，有：

$$kP = \underbrace{P + P + \cdots + P}_{k\text{个}} \tag{9-22}$$

- 对于任意两个整数 k, h，有：

$$h(kP) = (hk)P = k(hP) \tag{9-23}$$

那么如何确定一个有限域上的椭圆曲线点的准确数量呢？求准确点的数量是一个比求点个数的范围更加困难的任务。其实有一个准确的公式可以做到这点，让 $p = q^m$ 为素数幂，域 $\mathbb{F}_p = \mathbb{F}_{q^m} = \dfrac{\mathbb{F}_q[x]}{<\text{不可约多项式}>}$：

$$N_{E_q} = p + 1 - t \tag{9-24}$$

其中 t $(t \in \mathbb{Z})$ 被称为椭圆曲线 $E(\mathbb{F}_p)$ 的迹 (Trace)，且 $|t| \leqslant 2\sqrt{p}$。当 $2\sqrt{p}$ 相对于 p 很小时，$N_{E_p} \approx p$。

例 9.1.5 令椭圆曲线 $E(\mathbb{F}_5): y^2 \equiv x^3 + 3x \pmod 5$，求该椭圆曲线的迹 (Trace)。

解： 很明显，该椭圆曲线有 7 个点在曲线上。

$$(0,1) \quad (0,4) \quad (1,2) \quad (1,3) \quad (3,2) \quad (3,4) \quad \mathcal{O} \tag{9-25}$$

因为 $N_{E_5} = 5 + 1 - t = 7 \Rightarrow t = -1$，因此该椭圆曲线的迹是 -1。■

例 9.1.6 假设 $p = 37$，根据 Hasse 定理，其 Hasse 区间范围是 $[37 + 1 - 2\sqrt{37}, 37 + 1 + 2\sqrt{37}] = [26, 50]$。对于椭圆曲线 $E: y^2 \equiv x^3 + Ax + B \pmod{37}$，根据系数 (A, B) 的不同，椭圆曲线点的数量也不同，如表 9-2 所示 (包含无穷远点)。

值得注意的是，表 9-2 所展示的结果并不唯一。■

定义 9.1.5 有限域 GF (p) 上的椭圆曲线点加法 (Point Addition)

令 $P=(x_P,y_P)$ 和 $Q=(x_Q,y_Q)$ 是在椭圆曲线 $E:y^2\equiv x^3+Ax+B \pmod p$ 上的两个点，且 $P\neq -Q$。则 $P+Q=(x_R,y_R)$，其中：

$$\alpha\equiv(y_Q-y_P)(x_Q-x_P)^{-1} \pmod p \tag{9-26}$$

$$x_R\equiv\alpha^2-x_P-x_Q \pmod p \tag{9-27}$$

$$y_R\equiv\alpha(x_P-x_R)-y_P \pmod p \tag{9-28}$$

表 9-2 $E:y^2\equiv x^3+Ax+B$ (mod 37) 点的数量

n	(A,B)	n	(A,B)	n	(A,B)	n	(A,B)	n	(A,B)
26	(5, 0)	31	(2, 8)	36	(1, 0)	41	(1, 16)	46	(1, 11)
27	(1, 15)	32	(3, 6)	37	(0, 5)	42	(1, 9)	47	(3, 15)
28	(1, 4)	33	(1, 13)	38	(1, 5)	43	(2, 9)	48	(0, 1)
29	(1, 12)	34	(1, 18)	39	(0, 3)	44	(1, 7)	49	(0, 2)
30	(2, 2)	35	(1, 8)	40	(1, 2)	45	(2, 14)	50	(2, 0)

α 也被称为过点 P、Q 的直线的斜率。不过需要注意的是，P、Q 两点不会在同一位置，它们之间的连线也不能与 y 轴平行，即 $P\neq -Q$。如果 P、Q 两点相同，则运算方式变成了点倍增。P、Q 两点在椭圆曲线上，由于可把椭圆曲线所对应的离散点作为群的集合，因此 $P+Q$ 也一定在椭圆曲线上，满足作为群的封闭性。

另外需要注意的一点是，在素数域 $\mathbb{F}_p$ 中，如果想求 $-P$，其结果并不是 $(-x_P,-y_P)$，而是：

$$-P=-(x_P,y_P)=(x_P,-y_P) \tag{9-29}$$

定义 9.1.6 有限域 GF(p) 上的椭圆曲线点倍增 (Point Double)

让点 $P=(x_P,y_P)$ 是椭圆曲线 $E:y^2\equiv x^3+Ax+B \pmod p$ 上的点，则 $2P=P+P=(x_R,y_R)$，其中，

$$\alpha\equiv\left(3{x_P}^2+A\right)(2y_P)^{-1} \pmod p \tag{9-30}$$

$$x_R\equiv\alpha^2-2x_P \pmod p \tag{9-31}$$

$$y_R\equiv\alpha(x_P-x_R)-y_P \pmod p \tag{9-32}$$

例 9.1.7 令椭圆曲线 $y^2\equiv x^3+13x+7 \pmod{23}$ 是在素数域 $\mathbb{F}_{23}$ 上运算的，设点 $P=(14,9)$，$Q=(17,14)$，回答以下问题。

1) 点 P、Q 是否在曲线上？

解： 已知 $A=13$、$B=7$、$p=23$，使用椭圆曲线判别式可以计算得到：

$$4A^3+27B^2 \pmod{23}\equiv 4\times(13)^3+27\times(7)^2\not\equiv 0 \pmod{23}$$

然后将 $P=(14,9)$ 和 $Q=(17,14)$ 代入椭圆曲线 $y^2 \equiv x^3+13x+7 \pmod{23}$ 中，满足等式，则点 P、Q 在曲线上。

2) 计算 $P+Q$。

解：

$$\begin{aligned}
\alpha &\equiv (y_Q-y_P)(x_Q-x_P)^{-1} \pmod{p} \\
&\equiv (14-9)(17-14)^{-1} \pmod{23} \\
&\equiv (5)\times(3)^{-1} \pmod{23} \\
&\equiv 5\times 8 \pmod{23} \\
&\equiv 17 \pmod{23} \\
x_R &\equiv \alpha^2-x_P-x_Q \pmod{p} \\
&\equiv 17^2-17-14 \pmod{23} \\
&\equiv 5 \pmod{23} \\
y_R &\equiv \alpha(x_P-x_R)-y_P \pmod{p} \\
&\equiv 17\times(14-5)-9 \pmod{23} \\
&\equiv 6 \pmod{23} \\
P+Q &= (x_R,y_R)=(5,6)
\end{aligned}$$

3) 如果 $S=(9,5)$，$T=(9,18)$，计算 $S+T$。

解：因为 $y_T+y_S \equiv 0 \pmod{23}$，所以 $S+T$ 无解。 ■

例 9.1.8 令椭圆曲线 $y^2 \equiv x^3+5x+8 \pmod{23}$ 是在素数域 $\mathbb{F}_{23}$ 上运算的，设点 $P=(3,2)$，求 $2P$。

解：已知 $A=5$、$B=8$、$p=23$，根据式 (9-30)，可以知道：

$$\begin{aligned}
\alpha &\equiv \left(3{x_P}^2+A\right)(2y_P)^{-1} \pmod{p} \\
&\equiv (3\times(3)^2+5)\times(2\times 2)^{-1} \pmod{23} \\
&\equiv (32)\times(4)^{-1} \pmod{23} \\
&\equiv 9\times 6 \pmod{23} \\
&\equiv 8 \pmod{23} \\
x_R &\equiv \alpha^2-2x_P \pmod{p} \\
&\equiv 64-2\times 3 \pmod{23}
\end{aligned}$$

$$
\begin{aligned}
&\equiv 12 \pmod{23} \\
y_R &\equiv \alpha\left(x_P - x_R\right) - y_P \pmod{p} \\
&\equiv 8(3-12) - 2 \pmod{23} \\
&\equiv 18 \pmod{23} \\
2P &= (x_R, -y_R) = (12, 18)
\end{aligned}
$$

■

例 9.1.9 考虑一个在有限域 $\mathbb{F}_{29}$ 上的椭圆曲线:

$$
E: y^2 \equiv x^3 + 4x + 20 \pmod{29}
$$

1) 求椭圆曲线 $E\left(\mathbb{F}_{29}\right)$ 的所有点。

解: 由于判别式 $\Delta = -16\left(4A^3 + 27B^2\right) = -176896 \not\equiv 0 \pmod{29}$，所以 $E\left(\mathbb{F}_{29}\right)$ 是一条光滑的椭圆曲线。$E\left(\mathbb{F}_{29}\right)$ 上各点如下。

$(0,7)$ $(0,22)$ $(1,5)$ $(1,24)$ $(2,6)$ $(2,23)$ $(3,1)$ $(3,28)$ $(4,10)$ $(4,19)$,
$(5,7)$ $(5,22)$ $(6,12)$ $(6,17)$ $(8,10)$ $(8,19)$ $(10,4)$ $(10,25)$ $(13,6)$ $(13,23)$
$(14,6)$ $(14,23)$ $(15,2)$ $(15,27)$ $(16,2)$ $(16,27)$ $(17,10)$ $(17,19)$ $(19,13)$ $(19,16)$
$(20,3)$ $(20,26)$ $(24,7)$ $(24,22)$ $(27,2)$ $(27,27)$ $\mathcal{O}$

随机验证一个点 (24, 22):

$$
\begin{aligned}
22^2 &\equiv 24^3 + 4 \times 24 + 20 \pmod{29} \\
484 &\equiv 13940 \pmod{29} \\
20 &\equiv 20 \pmod{29}
\end{aligned}
$$

结果正确。

2) 令 $P = (5,22)$，$Q = (16,27)$。求 $P+Q$ 和 $2P$。

解:

$$
\begin{aligned}
\alpha &\equiv \left(y_Q - y_P\right)\left(x_Q - x_P\right)^{-1} \pmod{p} \\
&\equiv (5)(11)^{-1} \pmod{29} \\
&\equiv 11 \pmod{29} \\
x_R &\equiv 13 \pmod{29} \\
y_R &\equiv 6 \pmod{29} \\
P + Q &= (x_R, y_R) = (13, 6)
\end{aligned}
$$

$$
\begin{aligned}
\alpha &\equiv \left(3{x_P}^2 + A\right)\left(2y_P\right)^{-1} \pmod{p} \\
&\equiv \left(3 \times 5^2 + 4\right)(2 \times 22)^{-1} \pmod{29} \\
&\equiv 13 \pmod{29}
\end{aligned}
$$

$$x_R \equiv 14 \pmod{29}$$

$$y_R \equiv 6 \pmod{29}$$

$$2P = (x_R, y_R) = (14, 6)$$ ■

9.1.3 有限域 GF (2^n) 上的椭圆曲线

在计算机计算过程中，正整数通常是以 n 位字符串的形式存储在计算机中的，常见的 n 值有 8、16、32、64、128 等。因为所有加密算法都涉及整数集上的算术运算，如果用到除法，必须使用定义在域上的运算。整数集里的元素与给定的二进制位数所能表达的信息一一对应，这意味着整数模 2^n 后的范围是 $0 \sim 2^n-1$，正好对应一个 n 位的字。也就是说，有限域 GF (2^n) 意味着由 2^n 个元素所组成。定义在有限域 GF (2^n) 上且适用于加密应用的椭圆曲线可以使用一个三次方程表示，其中变量和系数都是 GF (2^n) 中的元素：

$$E: y^2 + xy = x^3 + Ax^2 + B,\ B \neq 0 \tag{9-33}$$

有限域 GF (2^n) 上的椭圆曲线集合是由满足式 (9-33) 的整数对 (x, y) 及一个无穷远点 $\mathcal{O}$ 组成。该形式的椭圆曲线也被称为二进制域上的椭圆曲线。

设点 $P = (x, y)$ 是在有限域 GF (2^n) 上椭圆曲线的点，求 $-P$ 的过程与在有限域 GF (p) 上的方法有所不同。其结果是 $-P = (x, x + y)$，不能混淆。因此，无穷远点 $\mathcal{O} = P + (x, x + y) \Rightarrow P + \mathcal{O} = P$。

例 9.1.10 在有限域 GF (2^3) 中，设不可约多项式为 $f(x) = x^3 + x + 1$。令 g 为生成元，也就是 $f(g) = 0$，因为二进制域上多项式系数为 0 或 1，可推导出 $g^3 = g + 1$。很显然，该有限域共有 8 种可能，g 的其他幂如表 9-3 所示。

表 9-3 在有限域 GF(2^3) 中的椭圆曲线

生成元	多项式	二进制	生成元	多项式	二进制
0	0	000	g^3	$g+1$	011
g^0	1	001	g^4	$g(g^3) = g^2 + g$	110
g^1	g	010	g^5	$g(g^4) = g^2 + g + 1$	111
g^2	g^2	100	g^6	$g(g^5) = g^2 + 1$	101

最后，当生成元为 g^7 时，由于 $g^7 = g(g^6)$，因此 $g^7 = g(g^2 + 1) = 1$，形成了一个在 GF(2^3) 上的循环。 ■

令 $A = g^3$，$B = g^0$，椭圆曲线 $E: y^2 + xy = x^3 + g^3x^2 + 1$。验证点 (g^3, g^2) 是否满足方程。

$$(g^2)^2 + g^3g^2 = (g^3)^3 + g^3(g^3)^2 + 1$$

$$g^4 + g^5 = g^9 + g^9 + 1$$

$$(g^2 + g) + (g^2 + g + 1) = 1$$

$$1 = 1$$

椭圆曲线 $y^2+xy=x^3+g^3x^2+1$ 的所有点如图 9-7 所示。

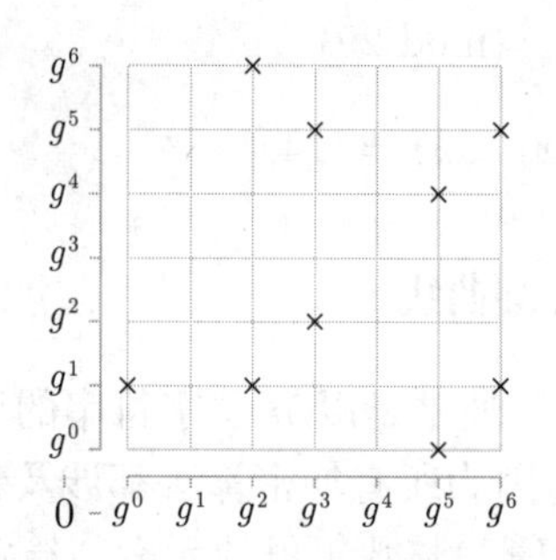

图 9-7 GF (2^3) 上椭圆曲线的点

例 9.1.11 在有限域 GF (2^4) 中，设不可约多项式为 $f(x)=x^4+x+1$。令 g 为生成元，也就是 $f(g)=0$，因为多项式系数为 0 或 1，可推导出 $g^4=g+1$。很显然，该有限域共有 16 种可能，g 的其他幂如表 9-4 所示。

表 9-4 在有限域 $GF(2^4)$ 中的椭圆曲线

生成元	多项式	二进制	生成元	多项式	二进制
0	0	0000	g^7	$g(g^6)=g^3+g+1$	1011
g^0	1	0001	g^8	$g(g^7)=g^2+1$	0101
g^1	g	0010	g^9	$g(g^8)=g^3+g$	1010
g^2	g^2	0100	g^{10}	$g(g^9)=g^2+g+1$	0111
g^3	g^3	1000	g^{11}	$g(g^{10})=g^3+g^2+g$	1110
g^4	$g(g^3)=g+1$	0011	g^{12}	$g(g^{11})=g^3+g^2+g+1$	1111
g^5	$g(g^4)=g^2+g$	0110	g^{13}	$g(g^{12})=g^3+g^2+1$	1101
g^6	$g(g^5)=g^3+g^2$	1100	g^{14}	$g(g^{13})=g^3+1$	1001

最后，当生成元为 g^{15} 时，由于 $g^{15}=g\left(g^{14}\right)$，因此 $g^{15}=g\left(g^3+1\right)=g^4+g=g+1+g=1$，形成了一个在 GF (2^4) 上的循环。 ■

椭圆曲线在不同的域，其加法和乘法规则也略有不同。

定义 9.1.7 有限域 GF(2^n) 上的椭圆曲线点加法

令 $P=(x_P,y_P)$ 和 $Q=(x_Q,y_Q)$ 是椭圆曲线 $E:y^2+xy=x^3+Ax+B$ 上的两个点，且 $P\neq -Q$，则 $P+Q=(x_R,y_R)$，其中：

$$\alpha=(y_Q+y_P)\cdot(x_Q+x_P)^{-1} \tag{9-34}$$

$$x_R=\alpha^2+\alpha+x_P+x_Q+A \tag{9-35}$$

$$y_R=\alpha\left(x_P+x_R\right)+x_R+y_P \tag{9-36}$$

定义 9.1.8 有限域 $\mathbf{GF}(2^n)$ 上的椭圆曲线点倍增

令 $P=(x_P,y_P)$ 是椭圆曲线 $E:y^2+xy=x^3+Ax+B$ 上的点，则 $2P=P+P=(x_R,y_R)$，其中：

$$\alpha=x_P+\frac{y_P}{x_P} \tag{9-37}$$

$$x_R=\alpha^2+\alpha+A \tag{9-38}$$

$$y_R=x_P^2+(\alpha+1)x_R \tag{9-39}$$

例 9.1.12 令点 $P=(g^2,1)$ 和点 $Q=(0,1)$ 是在有限域 GF (2^3) 上的椭圆曲线 $E:y^2+xy=x^3+g^3x^2+1$ 上的点，求 P+Q 和 2P。

解：由于是在有限域 GF (2^3) 中运算，因此所有的系数只有 0 和 1：

$$\alpha=(y_Q+y_P)(x_Q+x_P)^{-1}=2/g^2=0/g^2=0$$

$$x_R=g^2+g^3=g^2+(g+1)=g^5$$

$$y_R=g^5+1=(g^2+g+1)+1=g^4$$

因此 $P+Q=(g^5,g^4)$。

求 2P，因为 $g^7=g^2g^5=1$，所以 $g^{-2}=g^5$：

$$\alpha=g^2+1/g^2=g^2+g^5=g^2+(g^2+g+1)=g^3$$

$$x_R=(g^3)^2+g^3+g^3=g^6$$

$$y_R=(g^2)^2+(g^3+1)g^6=(g^2+g)+g^2+(g^2+1)=g^5$$

因此 $2P=(g^6,g^5)$。 ■

9.1.4 椭圆曲线离散对数问题

离散对数问题就是在方程 $\alpha^x\equiv\beta\pmod p$ 中求解 x，需要确定多少个 α 与自身相乘才能得到 β。

密码学家对其加以改进，在有限域的椭圆曲线上构建了一个离散对数问题。与离散对数相似：

$$Q=\underbrace{P+P+\cdots+P}_{k}=kP \tag{9-40}$$

式 (9-40) 需要确定多少个 P 与自身相加才能得到 Q。虽然是加法，但通过定义 9.1.5 可知，有限域的椭圆曲线点加法实际上是一个非常复杂的操作，所以对于椭圆曲线离散对数问题 (Elliptic-Curve Discrete-Logarithm Problem，ECDLP)，当参数很大时，可能很难解决。

换句话说，椭圆曲线离散对数问题就是根据起始点 P，在椭圆曲线上不断寻找整数解，其目标就是找到终点 Q。有效的办法就是 P 和 P 相加，由于在 ECC 上加法运算比较困难，并且如果模数 p 很大，时间复杂度为 $\mathcal{O}(\sqrt{p})$，这不可能行得通。因为相加的结果不是线性关系，如图 9-8 所示，椭圆曲线的加法或乘法是“跳跃的”，就很容易跳过终点，因此 ECDLP 是一个相当困难的问题。因此如果想准确地找到终点 Q，就必须结合点倍增和点加法，且需要知道它们使用的频率是什么，即什么时候用加法、什么时候用倍增，这个二进制频率 k 就被称为私钥。

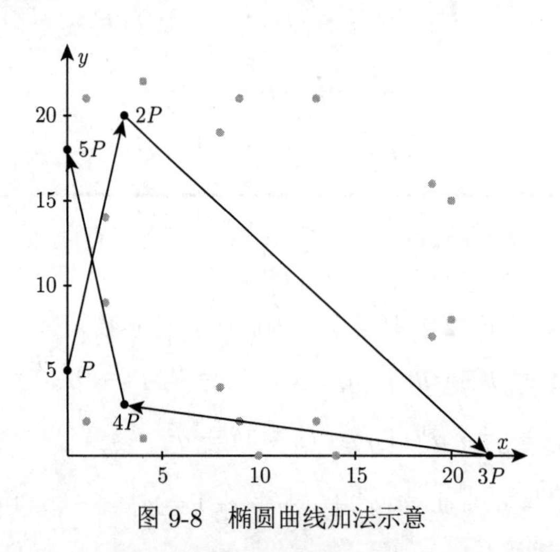

图 9-8 椭圆曲线加法示意

定义 9.1.9 椭圆曲线离散对数问题

设 E 是一个有限域 $\mathbb{F}_p$ 上的椭圆曲线，p 为素数且 $p > 3$。P、Q 是椭圆曲线 $E(\mathbb{F}_p)$ 上的点，考虑方程：

$$Q = kP \tag{9-41}$$

椭圆曲线离散对数问题就是求唯一整数 k，使得：

$$k = \log_P(Q) \tag{9-42}$$

并且 $0 \leqslant k \leqslant \text{ord}(P)$。

例 9.1.13 令 $E: y^2 \equiv x^3 + 9x + 8 \pmod{113}$，点 $P = (49, 76)$，$Q = (18, 37)$。求满足式 $kQ = P$ 的 k 值。

解：如果使用暴力攻击，那么就有：

$$\begin{array}{lll} P = (49, 96) & 6P = (75, 27) & 11P = (11, 67) \\ 2P = (14, 77) & 7P = (88, 54) & 12P = (104, 21) \\ 3P = (6, 39) & 8P = (107, 90) & 13P = (74, 62) \\ 4P = (28, 105) & 9P = (19, 91) & 14P = (46, 76) \\ 5P = (52, 25) & 10P = (17, 21) & 15P = (18, 37) \end{array}$$

所以 $\log_P(Q) = 15$。但这么做并不实际，在实际应用中，k 和 p 都是非常大的值。

为了计算方便，使用 SageMath 可以解决一些基本的 ECDLP：

```
E=EllipticCurve(GF(113),[9,8]) #p A B
P = E(49,76)
Q = E(18, 37)
P.discrete_log(Q)
```

■

总的来说，对于给定的 k 和 P，利用标量乘法计算 kP 相对较容易。但是到目前为止，还没有一个确切有效的算法能解决椭圆曲线上的离散对数问题。只要密钥 k 不被泄露并保管在 Alice 手上，那么对于攻击者来说，这就是个难解的问题。

9.2 椭圆曲线 ElGamal

9.2.1 椭圆曲线迪菲-赫尔曼密钥交换

相比初始的迪菲-赫尔曼密钥交换 [127]，采用椭圆曲线密码可以加强性能与安全性。在实际应用中，STS 以及 IPsec 协议的 IKE 组件已经成为互联网协议的一部分。

其应用步骤如下。

1) Alice 和 Bob 决定一个素数 p(或者是 2^n 形式的整数)，在曲线 $E_p: y^2 \equiv x^3+Ax+B \pmod p$ 上选择一个点 Q，并公开。

2) Alice 随机选择一个整数 N_A，Bob 随机选择一个整数 N_B，并自己保留，不公开。

3) Alice 计算 $Q_A = N_AQ$ (这里 N_AQ 是指 N_A 倍的 Q，方法与求 $2P$ 相同)，然后发送给 Bob。

4) Bob 计算 $Q_B = N_BQ$，然后发送给 Alice。

5) Alice 计算 N_BQ_A，Bob 计算 N_AQ_B。

6) 因为

$$N_AQ_B = N_A(N_BP) = (N_AN_B)P = (N_BN_A)P = N_B(N_AP) = N_BQ_A \tag{9-43}$$

所以 Alice 与 Bob 之间成功交换了密钥。

交换密钥后，用户双方得到的是一对数字。若想要使用密钥，仅需要从密钥对中选择其中一个就行。可以是 N_A 也可以是 N_B，或者简单地拼接在一起使用也是允许的。

密钥交换的中心思想就是使用椭圆曲线加法代替模乘 p，以及利用椭圆曲线上点的整数倍来代替模幂 p。如果想要获取密钥，由于 Q_A、Q_B 及椭圆曲线 E 是公开的，想要知道 $(N_AN_B)P$，只能穷举 N_A 和 N_B，这是一个椭圆曲线上的离散对数问题，这至少需要 $\mathcal{O}(\sqrt{p})$ 步才能实现。当 p 很大时，很难穷举。下面看一个例子。

例 9.2.1 Alice 和 Bob 想要交换一个密钥，因此他们共同决定了一个素数 $p = 7211$ 和椭圆曲线 $E_{7211}: y^2 \equiv x^3 + x + 7206 \pmod{7211}$，并公开点 $P = (3, 5)$。

1) Alice 选择一个整数 $N_A = 12$，然后计算 $Q_A = N_AP = (1794, 6375)$。

2) Bob 选择一个整数 $N_B = 23$，然后计算 $Q_B = N_BP = (3861, 1242)$。

3) 保留 N_A、N_B，公开 Q_A、Q_B。

4) Alice 拿到了 Q_B 后计算 $N_AQ_B = 12(1794, 6375) = (1472, 2098)$。

5) Bob 拿到了 Q_A 后计算 $N_BQ_A = 23(3861, 1242) = (1472, 2098)$。

因为 $N_AQ_B = N_A(N_BQ) = (N_AN_B)Q = (N_BN_A)Q = N_B(N_AQ) = N_BQ_A$，因此他们成功交换了密钥。■

从上述过程中可以发现，椭圆曲线迪菲-赫尔曼密钥交换其实就是离散对数的改版。它在离散对数难题上进一步加强了破解难度。

不过选择一个合适的 ECC 的难度并不小，选择参数以后还需要在 ECC 上找到点，计算后再发送给对方。由于一般来说素数 p 不是一个小数目，而且所选择的椭圆曲线和素数的阶数也需要为素数，这些运算是比较复杂的，因此计算起来难度不小。使用 SageMath 可以比较容易地计算阶数：

```
K.<a> = GF(44927)
E = EllipticCurve(K,[0,0,0,7,1])
E.cardinality() #阶

P = E.lift_x(1) #已知x,求y的坐标
P.xy()
```

9.2.2 加密步骤

ElGamal 密码方案的椭圆曲线形式 [128,129] 是直接利用椭圆曲线，建立一个椭圆曲线密码系统。步骤如下。

1) 密钥选择：Bob 决定一个素数 p 和一个椭圆曲线 $E_p : y^2 \equiv x^3 + Ax + B \pmod p$(也可以在有限域 GF (2^n) 中选择)。然后再选择一个点 P 和一个正整数 k，k 必须足够大。计算 $Q = kP$。

2) Bob 公开 E_p、P、Q。保留 k 不公开。

3) 加密：Alice 选择 E_p 上的点 U，作为加密信息 m。然后选择一个正整数 h，计算 $Y_1 = hP$ 和 $Y_2 = U + hQ$。

4) Alice 将 (Y_1, Y_2) 发送给 Bob。

5) 解密：Bob 进行解密。计算

$$Y_2 - kY_1 = U + hQ - k(hP) = U + hQ - h(kP) = U + hQ - hQ = U \tag{9-44}$$

得到 U，即可获取明文 m。

总结一下，点 P、Q、Y_1、Y_2 和曲线 E_p 是公开的，其他元素则是保密的。攻击者 Eve 如果想知道明文 m 的信息，她就必须解出 k 值，知道了 k 就知道了明文是什么。然而，$k = \log_p(Y_1)$，这又是一个椭圆曲线离散对数问题。上述流程如图 9-9 所示。

那么为什么任意的明文 m 可以用椭圆曲线上的点 U 表示呢？这个问题转化一下，就是在椭圆曲线上对明文进行编码。如果提前选定了椭圆曲线 E_p，其实将明文编码成 E_p 上的点并不容易。因为不能简单地将明文转化为椭圆曲线上的点，即可能找不到 x 坐标在 E_p 上对应的 y 值。为了解决这个问题，可以使用二次剩余模素数的办法。根据素数的二次剩余定理 (定理 2.8.1)，对于任意的明文 m，如果将其直接转化为点 $U \in E_p$ 的 x 坐标，存

在 y 坐标也在 E_p 上的概率大约是 50%。为了提高明文可以使用点 U 表示的概率，可以只将明文编码成点 $U \in E_p$ 的 x 坐标的一部分，然后尝试以这样的方式选择 x 坐标的剩余部分，即 E_p 的二次剩余。

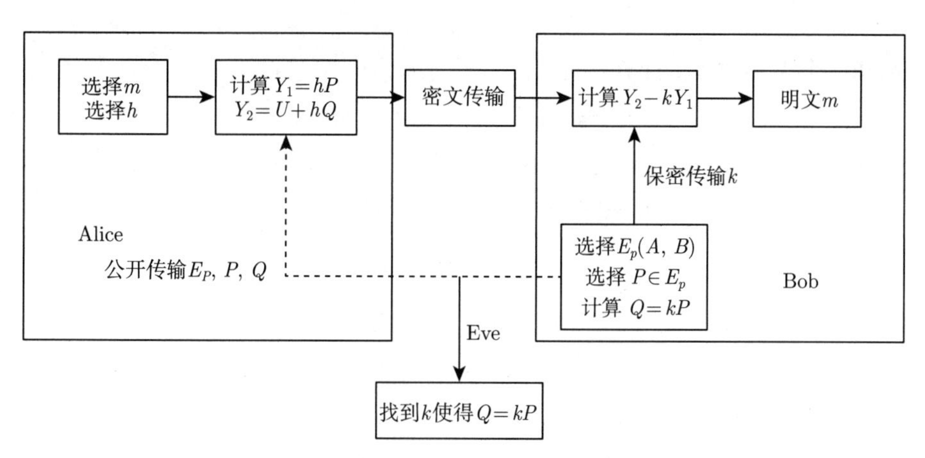

图 9-9 椭圆曲线 ElGamal 加密流程

对素数 p 来说，假设它的二进制有 $r+k+1$ 位，将其分成若干段，每段的长度为 r 位。规定明文长度要满足 $0 \leqslant m < p/1000-1$。然后，转换长度为 r 位的明文 m，k 为填充长度，用 $k+1$ 位进行填充。填充的第 1 位是 0，然后跟着 k 位的 $b_1b_2\cdots b_k$。转化后，点 U 的 x 坐标就变成了 $0b_1b_2\cdots b_km_1m_2\cdots m_r$（二进制位）。接着搜索 $b_1b_2\cdots b_k$，直到找到一个 y 值满足椭圆曲线 $E_p: y^2 \equiv x^3+Ax+B \pmod p$ 方程。该点 $U=(x,y)$ 就可作为明文进行加密。为什么要这么选择呢？假设 $k=8$，8 位的每一种选择都以 1/2 的概率对应 E_p 上的一个点，共有 256 种可能，因此这 8 位的选择都不对应 E_p 上点的概率仅为 2^{-256}，匹配失败的概率非常小了。当然，在实际应用过程中，分布并不是独立分布的，因此失败的概率会稍大于理论值，但不会相差太多。

假设 $p\equiv 3 \pmod 4$，且 a 是模 p 的二次剩余，那么根据费马小定理，设 $x=a^{(p+1)/4}$，那么 $x^2\equiv a^{(p+1)/2}\equiv a^{(p-1)/2}a\equiv 1\cdot a \pmod p$，因此 $x=a^{(p+1)/4}$。该方法可直接用于求 E_p 的 y 坐标。该编码方式也称为 Koblitz 编码方式，在 Koblitz 的论文 [124] 的第 3 节中还介绍了其他两种编码方式。

例 9.2.2 如果想使用椭圆曲线 $E_{307}: y^2\equiv x^3+11x+17 \pmod{307}$ 加密明文 $m=13$，点 U 应该如何选择？

解： 因为素数 $p=307>2^8$，且 $m=13=1101$（二进制），因此 p 的二进制位长为 9，可设明文长度 $r=4$ 位，填充长度 $k=4$ 位。因此，点 $U\in E_{307}$ 的二进制 x 坐标就是 $0b_1b_2b_3b_4 1101$，x 是模 307 的二次剩余。

设 $b_1b_2b_3b_4=0000$，那么 $x=13$，代入 E_{307} 中，得到 $y^2\equiv 208 \pmod{307}$，根据欧拉判别法（定理 2.8.2），$208^{(p-1)/2}\equiv -1 \pmod p$，因此它是模 307 的二次非剩余。

设 $b_1b_2b_3b_4=0001$，那么 $x=29$，代入 E_{307} 中，得到 $y^2\equiv 165 \pmod{307}$，根据欧拉判别法（定理 2.8.2），$165^{(p-1)/2}\equiv 1 \pmod p$，因此它是模 307 的二次剩余。

那么 y 值就可以很容易算出：$x^{(p+1)/4}\equiv 165^{77}\equiv 127 \pmod{307}$。点 U 的坐标很容易

确认为 (29,127)。当然，点 U 并不唯一。 ■

所以明文编码的方式需要让 Alice 和 Bob 决定一个素数 p，最好满足 $p \equiv 3 \pmod 4$，并使用曲线 $E_p : y^2 \equiv x^3 + Ax + B \pmod p$ 进行加密。再把明文转化为整数 $m < p$，执行下面步骤。

1) 选择一个大整数 k，计算：

$$x_j = mk，\ j \in 1, 2, \cdots, k-1 \tag{9-45}$$

2) 每次计算 x_j，检验 $x^3 + Ax + B$ 是否是模 p 的二次剩余。

3) 当发现是模 p 的二次剩余时，使用点 U 表示明文 m，其中：

$$U \equiv \left(x_j, \sqrt{x_j^3 + Ax_j + B}\right) \pmod p \tag{9-46}$$

如果满足 $p \equiv 3 \pmod 4$，则可以用更简单的方法表示：

$$U \equiv \left(x_j, (x_j^3 + Ax_j + B)^{(p+1)/4}\right) \pmod p \tag{9-47}$$

Koblitz 编码的 Python 代码如下：

```
def Encode_ECC(m,p,A,B):
    """
    Parameters
    m : 明文
    p : 素数
    A : 椭圆曲线的A系数
    B : 椭圆曲线的B系数

    Returns: U点坐标
    """
    if m > p/10-1:
        print('选择更大素数')
    else:
        r = len(bin(m)[2:])
        k = len(bin(p)[2:]) - r - 1
        while True:
            b = ''
            for i in range(k):
                b += str(random.randint(0,1))
            binary = '0' + b + bin(m)[2:]
            integer = int(binary,2)
            x = integer
            residue = (x**3 + A*x+B)%p
            if pow(ysqrace,int((p-1)/2),p) == 1:
                y = pow(residue,int((p+1)/4),p)
                break
        return (x,y)
```

9.2.3 加密示例

例 9.2.3 Alice 和 Bob 共同决定了一个素数 $p = 100003$ 和椭圆曲线 $E_{100003} : y^2 \equiv x^3 + 3x + 45 \pmod{100003}$，并公开点 $P = (4, 11)$。

假设 Alice 想发送明文 $m=\mathbf{THE}$ 给 Bob，使用椭圆曲线 ElGamal 应如何进行呢？

解：首先对字符进行编码。$m=\mathbf{T}\times26^0+\mathbf{H}\times26^1+\mathbf{E}\times26^2=19+7\times26+4\times26^2=2905$。这里可以选择其他编码方式。2905 的二进制是 101101011001，共 12 位。素数 $p>2^{16}$，共 17 位。可设明文长度 $r=12$ 位，填充长度 $k=4$ 位。因此，点 $U\in E_{100003}$ 的二进制 x 坐标就是 $0b_1b_2b_3b_4101101011001$，$x$ 是模 100003 的二次剩余 (为了方便表达，示例没有满足 $m<p/1000-1$ 的要求)。

为了安全，需要随机取 $b_1b_2b_3b_4$，假设 $b_1b_2b_3b_4=1101$，那么 $x=56153$，代入 E_{100003} 中，得到 $y^2\equiv40617 \pmod{100003}$。根据欧拉判别法，$40617^{(p-1)/2}\equiv1 \pmod p$，因此它是模 100003 的二次剩余。$y$ 值很容易算出是 $40617^{(p+1)/4}\equiv80629 \pmod{100003}$。点 U 的坐标就是 (56153,80629)。Alice 想把含有明文信息的点 U 发给 Bob ，应该怎么做呢？

假设 Bob 选择一个整数 $k=3$，接着计算 $Q=kP=3(4,11)=(43378,26704)$，并发送给 Alice。

Alice 得到点 Q 后，选择一个整数 $h=8$，计算

$$Y_1=hP=8(4,11)=(45696,30310)$$

和

$$Y_2=U+hQ=(56153,80629)+8(43378,26704)=(64459,90967)$$

然后将 (Y_1,Y_2) 发送给 Bob。

Bob 收到 (Y_1,Y_2) 后进行解密。计算

$$U=Y_2-kY_1=(64459,90967)-3(45696,30310)=(56153,80629)$$

得到 U 后，再用约定好的编码方式对其进行解码即可。■

9.2.4 图像加密技术

除了可以对文本加密，加密算法还可以对图像进行加密。在通信中，有时候还需要对图像的机密性进行保护，如遥感图像、军事设施照片、装备照片、事故照片等机密图像。想要安全地传输这类图像，可以使用椭圆曲线加密技术对图像进行保护，它不但能保证图像的机密性，还可以保证其真实性和完整性 [130]。

图像由像素组成，一般来说一幅图像是一个 n 维的矩阵。如果图像是灰的，则是二维的；如果是彩色 RGB 图像，则是三维的。那么如何对图像进行加密呢？最简单的方法就是逐个对每个像素值进行加密计算，但这样非常耗费时间和算力。因为对一幅 $512\times512\times3$ 的图像来说，需要执行近 80 万次的计算，这显然是不现实的。

为了解决加密时间过长的问题，可将像素进行分组计算。分组大小取决于椭圆曲线的参数，参数越大，分组也就越大。一组拥有 512 位的 ECC，可以每组计算 63 个像素。为每个像素值随机添加 1 或 2，让生成的加密图像提供低相关的像素值，使其与普通图像的像素值相同。样图如图 9-10 所示，图片加密后的效果如图 9-11 所示。

图像的直方图可以展示每个像素的频率。样图加密前的直方图如图 9-12 所示，样图加密后的直方图如图 9-13 所示。可以看到，在加密前，像素频率分布变化非常大，而加密后直方图分布均匀，表明生成的加密图像质量很高。也就是说，一个不易破解的加密图像的

像素值应该是均匀分布的。

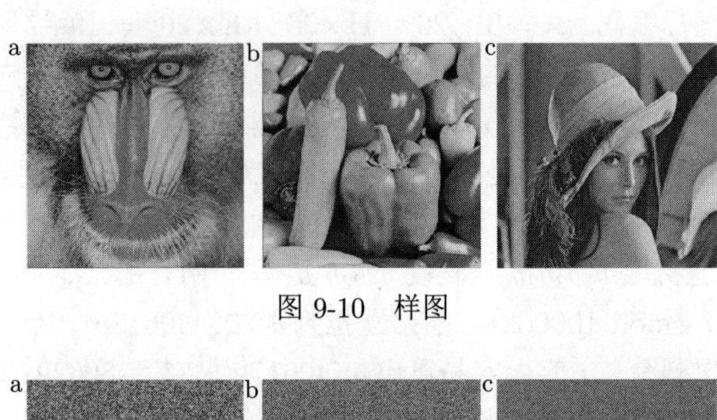

图 9-10 样图

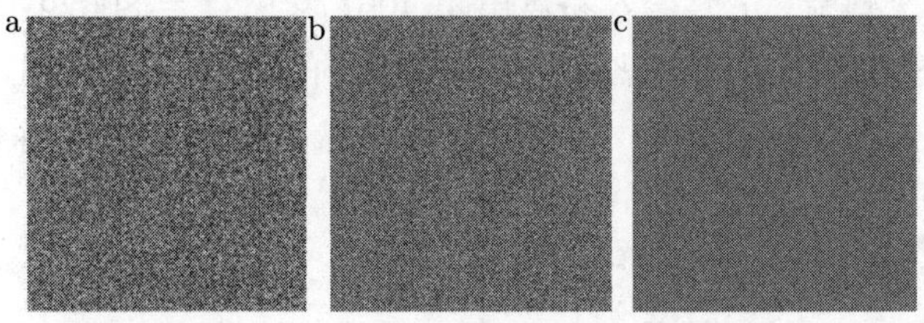

图 9-11 使用 ECC 加密后的效果

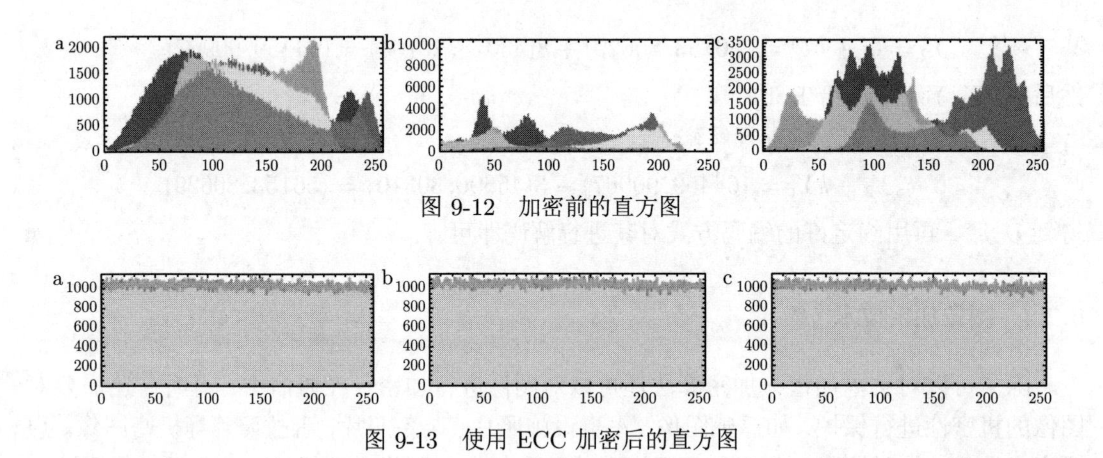

图 9-12 加密前的直方图

图 9-13 使用 ECC 加密后的直方图

9.3 SM2

9.3.1 SM2 简介

在我国，根据《中华人民共和国密码法》，密码分为核心密码、普通密码和商用密码。其中核心密码、普通密码用于保护国家秘密信息，核心密码保护的信息的最高密级为绝密级，普通密码保护的信息的最高密级为机密级。密码管理部门依照《中华人民共和国密码法》和有关法律、行政法规、国家有关规定对核心密码、普通密码实行严格统一管理。而商用密码则用于保护不属于国家秘密的信息，公民、法人和其他组织可以依法使用商用密码来保护网络与信息安全 [131]。

SM 系列密码是由中国国家密码局制定的一系列商用密码标准。SM 为“商密”(ShangMi) 的拼音缩写，是一种仅用于商业的、不涉及国家秘密的密码技术。

SM2 全称为 SM2 椭圆曲线公钥密码算法，由中国科学院数据与通信保护研究教育中心、中国人民解放军信息工程大学及北京华大信安科技有限公司起草，陈建华博士负责主要设计。SM2 于 2010 年 12 月首次公开发布，2012 年成为中国商用密码标准 (GM/T 0003—2012)，2016 年成为中国国家密码标准 (GB/T 32918—2016)[132]。

SM2 是基于 ECC 的公钥密码算法，目的是在国内替代 RSA 算法。它应用于电子政务、移动办公、电子商务、移动支付、电子证书等领域。中国科学院数据与通信保护研究教育中心研制的高性能金融数据密码机 [133]，就是基于 SM2 算法。近十年来，全国有 50 余家第三方电子认证服务机构 (CA) 完成了对 SM2 算法的支持工作，包括但不限于银行、教育、金融支付、税务及海关等领域。

2011 年 3 月，中国人民银行发布了《中国金融集成电路 (IC) 卡规范》，其中非金融类的应用就基本采用 SM2 算法作为加密手段。在国际推广中，国际可信计算组织 (TCG) 发布的 TPM2.0 也采用了 SM2 算法，这正式标志 SM 系列算法走向国际，面向全球。

9.3.2 加密步骤

SM2 算法包括数字签名算法、密钥交换协议、公钥加密算法和系统参数 4 部分。本章将介绍公钥加密算法。假设 Alice 对二进制长度为 klen ($\text{klen} < 2^{64}$) 的明文 M 进行加密，然后发送给 Bob，其加密过程如下。

1) 使用随机数生成器生成随机数 $k \in [1, n-1]$，其中 n 是椭圆曲线 $E(\mathbb{F}_q)$ 的阶。

2) 计算椭圆曲线点 $C_1 = kG = (x_1, y_1)$，其中 G 是椭圆曲线的一个基点，标准中有推荐。将数据类型转换为二进制。转成二进制的方式是 $\text{PC}\|x_1\|y_1$，其中 PC 为标识符，未压缩的标识符 PC = 04 (字节串，需要进一步转化为二进制串)，“$\|$”表示拼接符。

3) 计算椭圆曲线点 $S = hP_B$，若 S 是无穷远点，则报错并退出。其中 $P_B = d_BG$ 为 Bob 选择的公钥，d_B 为私钥，h 为协因子。

4) 计算椭圆曲线点 $kP_B = (x_2, y_2)$，将坐标 (x_2, y_2) 的数据类型转换为二进制。

5) 计算 $t = \text{KDF}(x_2\|y_2, l)$，若 t 的二进制为全 0，则返回第 1 步。其中 KDF 为密钥派生函数 (Key Derivation Function)。

6) 计算 $C_2 = M \oplus t$。

7) 计算 $C_3 = \text{Hash}(x_2\|M\|y_2)$，其中 Hash 为哈希函数，在第 12 章介绍。这里的哈希函数使用的是 SM3 哈希函数。

8) 输出密文 $C = C_1\|C_3\|C_2$。其中 C 的长度为 256 位。

密钥派生函数 KDF 的输入为一组二进制字符串 $x_2\|y_2$ 和整数 klen，其中 klen 的长度需要小于 $(2^{32}-1)v$，而 v 为 SM2 中使用的哈希函数的输出长度。如果哈希函数为 SM3，则 $v = 256$。KDF 执行过程如下。

1) 初始化计数器 ct = `0x00000001`。

2) 对于 $i = [1, 2, \cdots, \lceil \text{klen}/v \rceil]$，其中“$\lceil\ \rceil$”为向上取整函数，计算：

- $\text{Ha}_i = \text{Hash}(x_2\|y_2\|\text{ct})$
- $\text{ct} = \text{ct} + 1$

3) 如果 $\text{klen}/v \in \mathbb{Z}$，则令 $\text{Ha!}_{\lceil \text{klen}/v \rceil} = \text{Ha}_{\lceil \text{klen}/v \rceil}$；否则令 $\text{Ha!}_{\lceil \text{klen}/v \rceil}$ 为 $\text{Ha}_{\lceil \text{klen}/v \rceil}$ 最

左边的 $(\text{klen} - (v \times \lfloor \text{klen}/v \rfloor))$ 二进制位。其中“$\lfloor\ \rfloor$”为向下取整函数，“!”为字符串的末位。

4) 输出 $K = \text{Ha}_1 \| \text{Ha}_2 \| \cdots \| \text{Ha}_{\lceil \text{klen}/v \rceil - 1} \| \text{Ha!}_{\lceil \text{klen}/v \rceil}$，其中 K 的长度为 klen。

密钥派生函数 KDF 的 Python 代码如下（其中 bits_to_bytes、hex_to_bits 等进制转化函数省略）：

```
def KDF(Z, klen):
    v = 256 # 哈希函数SM3大小
    if klen >= (pow(2, 32) - 1) * v:
      raise Exception("密钥派生函数KDF出错，请检查klen的大小！")
    ct = 0x00000001
    if klen % v == 0:
      l = klen // v
    else:
      l = klen // v + 1
    Ha = []
    for i in range(l): # i从0到 klen/v-1（向上取整）,共l个元素
      s = Z + int_to_bits(ct).rjust(32, '0') # s存储 Z || ct 的比特串形式 # 注意，ct要填充为32位
      s_bytes = bits_to_bytes(s) # s_bytes存储字节串形式
      s_list = [i for i in s_bytes]
      hash_hex = sm3.sm3_hash(s_list)
      hash_bin = hex_to_bits(hash_hex)
      Ha.append(hash_bin)
      ct += 1
    if klen % v != 0:
      Ha[-1] = Ha[-1][:klen - v*(klen//v)]
    k = ''.join(Ha)
    return k
```

在 Python 中，GMSSL 是一个很好的开源加密包，里面包含了 SM2 等国密算法。Python 代码如下：

```
import base64
import binascii
from gmssl import sm2, func
#初始化
private_key = '***' #十六进制的私钥
public_key = '***' #十六进制的公钥
sm2_crypt = sm2.CryptSM2(public_key=public_key, private_key=private_key) #确定ECC
#加密过程
M = b"111" #明文
enc_data = sm2_crypt.encrypt(M) #加密
```

在国家标准中，有详细的推荐参数 (十六进制)。

- 素数 p：0x8542D69E 4C044F18 E8B92435 BF6FF7DE 45728391 5C45517D 722EDB8B 08F1DFC3
- 系数 A：0x787968B4 FA32C3FD 2417842E 73BBFEFF 2F3C848B 6831D7E0 EC65228B 3937E498
- 系数 B：0x63E4C6D3 B23B0C84 9CF84241 484BFE48 F61D59A5 B16BA06E 6E12D1DA

27C5249A

- 基点坐标 G_x：0x421DEBD6 1B62EAB6 746434EB C3CC315E 32220B3B ADD50BDC 4C4E6C14 7FEDD43D
- 基点坐标 G_y：0x0680512B CBB42C07 D47349D2 153B70C4 E5D7FDFC BFA36EA1 A85841B9 E46E09A2
- 阶 n：0x8542D69E 4C044F18 E8B92435 BF6FF7DD 29772063 0485628D 5AE74EE7 C32E79B7

例 9.3.1 将 SM2 简化，令 $A=25$，$B=26$，$p=467$，$G=(20,39)$。使用 SM2 加密明文“fly”(飞)。

解：椭圆曲线 $y^2 \equiv x^3+25x+26 \pmod{467}$，加密步骤如下。

1) 假设随机数 $k=100$。

2) 计算椭圆曲线点 $C_1 = kG = 100(20,39) = (168,299)$。将数据类型转换为二进制 $\text{PC}\,\|x_1\|\,y_1 = 0000\ 0100\ 0000\ 0000\ 1010\ 1000\ 0000\ 0001\ 0010\ 1011$。

3) 假设私钥 $d_B=5$，那么 $P_B = d_BG = 5(20,39) = (70,102)$。如果 $h=1$，那么点 $S = hP_B = (70,102)$。

4) $kP_B = 100(70,102) = (87,154)$。将数据类型转换为二进制 $x_2\|y_2 = 0000\ 0000\ 0101\ 0111\ 0000\ 0000\ 1001\ 1010$。

5) 计算 $t = \text{KDF}(x_2\|y_2, \text{klen})$，klen 为明文 M 的二进制长度，这里 $\text{klen}=24$。通过 KDF 算法计算得到的 $t=$ 0xC0A646。

6) $C_2 = M \oplus t =$ 0x666C79 $\oplus$ 0xC0A646 $=$ 0xA6CA3F。

7) $C_3 = \text{Hash}\,(x_2\|M\|y_2) =$ 0x0C8ABE5F 966DA40E 0DCDA156 2869D2F5 08ED4A32 BDC22357 49DA6449 4F7B5B8F，其中 Hash 为 SM3 哈希函数。

8) 输出密文 $C = C_1\,\|C_3\|\,C_2 =$ 0x0400A801 2BA6CA3F 0C8ABE5F 966DA40E 0DCDA156 2869D2F5 08ED4A32 BDC22357 49DA6449 4F7B5B8F。

■

9.3.3 解密步骤

Bob 收到密文后，如何进行解密呢？解密过程比加密过程简单，解密过程如下。

1) 设密文 $C = C_1\,\|C_2\|\,C_3$，从 C 中取出二进制的 C_1，将 C_1 的数据类型转换为椭圆曲线上的点，验证 C_1 是否满足椭圆曲线方程，若不满足则报错并退出。

2) 计算椭圆曲线点 $S = hC_1$，若 S 是无穷远点，则报错并退出。其中 h 为协因子 (常设为 1)。

3) 计算 $d_BC_1 = (x_2,y_2)$，将坐标 (x_2,y_2) 的数据类型转换为二进制。其中 d_B 为 Bob 的私钥。

4) 计算 $t = \text{KDF}\,(x_2\|y_2\,,\text{klen})$，若 t 的二进制为全 0，则报错并退出。其中 KDF 为密钥派生函数，klen 为 C_2 的长度。

5) 从 C 中取出二进制的 C_2，计算 $M' = C_2 \oplus t$。

6) 计算 $u = \text{Hash}(x_2 \| M' \| y_2)$，从 C 中取出二进制的 C_3，若 $u \neq C_3$，则报错并退出。其中 Hash 为哈希函数，这里使用的是 SM3 哈希函数。

7) 输出明文 $M = M'$。

由于 $M' = C_2 \oplus t = M \oplus t \oplus t = M$，所以 $M = M'$。解密步骤中的 $(x_2, y_2) = d_B C_1 = d_B kG = kd_B G = kP_B$，所以解密步骤中的 (x_2, y_2) 等于加密步骤中的 (x_2, y_2)，保证了解密的正确性。

9.4 标量乘法的快速算法

9.4.1 Double 和 Add 方法

如果计算的不是 $2P$ 而是 kP，并且 k 很大，那么应该怎么办呢？作为计算者，肯定不想浪费时间在 $P + P + P + \cdots$ 上，因为这样做的时间复杂度是 $\mathcal{O}(2^k)$。随着 k 值越来越大，尽可能有效地计算 kP 来节省计算资源变得很有意义。这时候就可以使用椭圆曲线点标量乘法 (Elliptic Curve Point Scalar Multiplication)。方法有很多种，其中一个方法就是 Double 和 Add 方法，即把 k 写成二进制数，再进行运算。首先令 k 为：

$$k = k_0 + 2k_1 + 4k_2 + 8k_3 + \cdots + 2^r k_r \tag{9-48}$$

其中 $k_0, k_1, \cdots, k_r \in \{0, 1\}$。然后计算：

$$Q_0 = P, \quad Q_1 = 2Q_0, \quad Q_2 = 2Q_1, \quad \cdots \quad, Q_r = 2Q_{r-1} \Rightarrow Q_i = 2^i P \tag{9-49}$$

因此：

$$kP = k_0 Q_0 + k_1 Q_1 + \cdots + k_r Q_r \tag{9-50}$$

这样可大量节约时间，时间复杂度是 $\mathcal{O}(\log_2(k))$。

例 9.4.1 设椭圆曲线在有限域 GF (487) 中，$E_{487}: y^2 \equiv x^3 + 4x + 9 \pmod{487}$，令 $P = (2, 5)$。计算 $523P$。

解：将 $k = 523$ 转化为二进制数：

$$523 = 2^{\mathbf{0}} + 2^{\mathbf{1}} + 2^{\mathbf{3}} + 2^{\mathbf{9}}$$

因此，根据其幂次项，得到：

$$523P = Q_{\mathbf{0}} + Q_{\mathbf{1}} + Q_{\mathbf{3}} + Q_{\mathbf{9}}$$

$$Q_{\mathbf{0}} = 2^{\mathbf{0}} P = 1P = (2, 5)$$

$$Q_{\mathbf{1}} = 2^{\mathbf{1}} P = 2P = (57, 394)$$

$$Q_{\mathbf{3}} = 2^{\mathbf{3}} P = 8P = (423, 104)$$

$$Q_{\mathbf{9}} = 2^{\mathbf{9}} P = 512P = (477, 291)$$

使用点加法相加，最终得到：

$$523P = P + 2P + 8P + 512P = (341, 378)$$

根据以上步骤，共有 9 步乘法和 4 步加法，一共 13 步。计算步骤相比一步一步，共计 522 步来说，节约了很多时间。■

为了方便计算，可以使用 SageMath 计算标量乘法：

```
E=EllipticCurve(GF(487),[4,9]) #p A B
E.point( [2,5] )*523
```

除了 Double 和 Add 方法，还有蒙哥马利阶梯法 (Montgomery Ladder Method)[134]。相较于 Double 和 Add 方法，它可以固定时间。什么意思呢？在使用 Double 和 Add 方法计算时，攻击者可以根据计算的时间长短进行侧信道攻击。这是因为在计算过程中，点加法和点倍增所用的时间不相同，攻击者可以在获取多组 kP 的情况下，根据用户计算的时间长短来判断 kP 中的 k 究竟有多大。而蒙哥马利阶梯法就很好地避免了这一情况，在 k 的位数 (长度) 相同的情况下，攻击者无法判断出用了多少次点加法和点倍增，这就进一步提高了密码的安全性。其 Python 算法 (伪代码) 如下：

```
def mont_mul(scalar_bin, point:Point):

    D0 = Point(curve, inf=True) #初始点
    D1 = Point(curve, x=point.getX(), y=point.getY()) #输入点

    for d_i in b:
        if d_i == 0:
            D1 = D0 + D1
            D0 = 2 * D0
        else:
            D0 = D0 + D1
            D1 = 2 * D1
    return D0
```

蒙哥马利阶梯法中的 D_1 会存储之前运算的结果，D_2 则是 $D_1 + D_0$ 的计算结果。在循环计算中，每次循环都需要做一次点倍增和一次点加法，这就使得相同位数 k 的运算量是一样的。所以蒙哥马利阶梯法可以防止侧信道攻击。

9.4.2 非相邻形式法

1997 年，Solinas 在二进制方法的基础上，提出了非相邻形式法 [135] 以提高椭圆曲线乘法的计算效率。相比二进制，非相邻形式法表示的数字形式可以有效地减小非零值的数量。数字的每个非零值的左右相邻位必须为 0，也就是说非零值不可相邻。

定义 9.4.1 非相邻形式 (Non-adjacent Form, NAF)

一个正整数 k 的 NAF 表达式为:

$$k = \sum_{i=0}^{l-1} k_i 2^i \tag{9-51}$$

其中，$k_i \in \{-1, 0, 1\}$，并且每个非零值的左右相邻位必须都为零，也就是 $k_i k_{i+1} = 0$。NAF 的长度是 l，$k_{l-1} \neq 0$，每一个整数 k 只对应一个 NAF。

那么如何确定一个整数的 NAF 呢？这非常简单。

1) 令 k 为整数，检查奇偶性。

- 如果 k 为奇数且 $k \equiv 1 \pmod 4$，那么写下 1，接着更新 k 为 $(k-1)/2$。
- 如果 k 为奇数且 $k \equiv 3 \pmod 4$，那么写下 $\bar{1}(-1)$，接着更新 k 为 $(k+1)/2$。
- 如果 k 为偶数且 $k \equiv 0或2 \pmod 4$，那么写下 0，接着更新 k 为 $k/2$。

2) 将得到的 $\bar{1}$、0、1 写在最左边，然后重复第 1 步。

3) 当 $k = 1$ 时，停止计算，并在 NAF 最左边加上 1。

这样的 NAF 具有最少的非零位，与 k 的二进制长度相比，k 的 NAF 长度最多大 1。那么它是如何计算的呢？下面举一个例子。

例 9.4.2 令 $k = 27$，求 k 的 NAF。

解：根据上述方法可知：

$$\begin{array}{llll}
k \equiv 27 \equiv 3 & \pmod 4 & < \bar{1} > & \dfrac{27+1}{2} = 14 \\[2ex]
k \equiv 14 \equiv 2 & \pmod 4 & < 0, \bar{1} > & \dfrac{14}{2} = 7 \\[2ex]
k \equiv 7 \equiv 3 & \pmod 4 & < \bar{1}, 0, \bar{1} > & \dfrac{7+1}{2} = 4 \\[2ex]
k \equiv 4 \equiv 0 & \pmod 4 & < 0, \bar{1}, 0, \bar{1} > & \dfrac{4}{2} = 2 \\[2ex]
k \equiv 2 \equiv 2 & \pmod 4 & < 0, 0, \bar{1}, 0, \bar{1} > & \dfrac{2}{2} = 1 \\[2ex]
k \equiv 1 \equiv 1 & \pmod 4 & < 1, 0, 0, \bar{1}, 0, \bar{1} > & 1
\end{array}$$

NAF 的 Python 代码如下：

```
1 def NAF(k):
2     if k == 0:
3         return []
4     z = 0 if k % 2 == 0 else 2 - (k % 4)
5     return NAF( (k-z) // 2 ) + [z]
```

■

汉明权重 (Hamming-weight) 表示一串数字中非零符号的个数。在 NAF 中，平均只有 1/3 的 NAF 数字是非零的，最多的时候有一半是非零的，即 Hamming $\approx \frac{1}{3}\log_2 k$。计算点倍增时，如果使用 NAF 形式表示 k，则可以跳过连续的零位，只对非零位进行计算，可提升效率。这意味着，当处理较大的 k 值时，可以节省大量的计算资源。需要注意的是，在大多数情况下，如果一个数的二进制数有 l 位，那么用 NAF 表示时则有 $l+1$ 位，当 k 较小时，计算资源并没有节约，因为会多一步乘法；k 较大时，因为非零位数有效地减少，因此即使多一步乘法，计算资源的节约还是非常明显的。根据统计，相比 Double 和 Add 方法，大约可以节约 12%的时间。

之后，Solinas 又提出了窗口 NAF 法 (w-NAF)。w-NAF 中的 w 表示 windows，即窗口宽度 w，通常 $w \geqslant 2$。如果 $w=2$，$\mathrm{NAF}_2(k)=\mathrm{NAF}(k)$。w-NAF 表示为：

$$k=\sum_{i=0}^{l-1} k_i 2^i \tag{9-52}$$

其中非零的 k_i 是奇数，且 $|k_i|<2^{w-1}$，$k_{l-1}\neq 0$，任意连续的 w 位中至多有 1 位是非零的，也就是 $k_i \times k_{i+1} \times \cdots \times k_{i+w}=0$。假设 $w=3$，27 的 w-NAF 形式就是 $<3,0,0,3>$；$w=4$，27 的 w-NAF 形式就是 $<1,0,0,0,0,\bar{5}>$。

w-NAF 的 Python 代码如下：

```
1  def mods(k, w):
2      windows = pow(2, w)
3      M = k % windows
4      return M - windows if M >= (windows / 2) else M
5
6  def wNAF(k, w):
7      i = 0;M = []
8      while k > 0:
9          if (k % 2) == 1:
10             if w == 1:
11                 M.append(2 - (k % 4))
12             else:
13                 M.append(mods(k, w))
14             k -= M[i]
15         else:
16             M.append(0)
17         k //= 2;i += 1
18     return M[::-1]
```

下面展示一个示例，比较一下 NAF 和 w-NAF 的效率。

例 9.4.3 设点 P 是在有限域 $\mathrm{GF}(p)$ 上的椭圆曲线 E_p 的一个点，令 $k=1013$，分别使用二进制、NAF、3-NAF 求 kP。

解：它们求 kP 的步骤如表 9-5 所示。可以发现，二进制完成计算需要 17 次，NAF 需要 14 次，3-NAF 只需要 13 次。k 越大，节省的步骤越多。

表 9-5 NAF 效率比较

	$k=1013$					
次数	二进制:1111110101		NAF:$100000\bar{1}0101$		3-NAF:$1000000\bar{1}00\bar{3}$	
1	P	1	P	1	P	1
2	$2P$	10	$2P$	10	$2P$	10
3	$3P$	11	$4P$	100	$4P$	100
4	$6P$	110	$8P$	1000	$8P$	1000
5	$7P$	111	$16P$	10000	$16P$	10000
6	$14P$	1110	$32P$	100000	$32P$	100000
7	$15P$	1111	$64P$	1000000	$64P$	1000000
8	$30P$	11110	$63P$	$100000\bar{1}$	$128P$	10000000
9	$31P$	11111	$126P$	$100000\bar{1}0$	$127P$	$1000000\bar{1}$
10	$62P$	111110	$252P$	$100000\bar{1}00$	$254P$	$1000000\bar{1}0$
11	$63P$	111111	$253P$	$100000\bar{1}01$	$508P$	$1000000\bar{1}00$
12	$126P$	1111110	$506P$	$100000\bar{1}010$	$1016P$	$1000000\bar{1}000$
13	$252P$	11111100	$1012P$	$100000\bar{1}0100$	$1013P$	$1000000\bar{1}00\bar{3}$
14	$253P$	11111101	$1013P$	$100000\bar{1}0101$		
15	$506P$	111111010				
16	$1012P$	1111110100				
17	$1013P$	1111110101				

■

9.4.3 射影坐标

为了快速计算 kP，除了使用上述所描述的数值计算方法，还可以使用切换坐标系的方法，其中常用的改进方法就是使用射影坐标 (Projective Coordinate)。射影坐标可分为标准射影坐标 (Standard Projective Coordinate) 和雅可比射影坐标 (Jacobian Projective Coordinate，简称雅可比坐标)。雅可比坐标是标准射影坐标的改进形式。一般椭圆曲线是在仿射坐标系上，但在该坐标系中，计算乘法时不可避免地需要计算乘法逆元。求逆最常用的方法就是使用扩展欧几里得算法，但是对大数 (例如 GF (2^{128})) 而言，求逆运算的效率很低。为了提高效率，一个方法是减少求逆次数，另一个方法则是通过转换椭圆曲线的坐标系来避免直接求逆。使用标准射影坐标和雅可比坐标就是为了避免求逆。转换到这几个坐标系中就会发现，二维平面上点的加法公式中的除法消失了，取而代之的是没有除法的公式。

标准射影坐标和雅可比坐标可以通过仿射坐标来转换。在标准射影坐标中，点 $(x:y:z)$ 对应仿射坐标中的点 $(x/z, y/z)$，其中 $z \neq 0$。将点 $(x/z, y/z)$ 代入式 (9-19)，可知椭圆曲线的标准射影方程为：

$$E: y^2z = x^3 + Axz^4 + Bz^3 \tag{9-53}$$

如果是在有限域 GF (2^n) 中，则可将点 $(x/z, y/z)$ 代入式 (9-33) 中，椭圆曲线的标准射影方程为：

$$E: y^2z + xyz = x^3 + Ax^2z^2 + Bz^3 \tag{9-54}$$

值得关注的是，在仿射坐标中，椭圆曲线上的无穷远点 $\mathcal{O}$ 并没有得到很好的解释，在图中无法观察到，如图 9-14 所示。但在标准射影坐标中，则可以用 $(0:1:0)$ 表示，也就是 $z=0$ 的情况，如图 9-15 所示。点 $(x:y:z)$ 在有限域 GF (p) 中的负值是 $(x:-y:z)$，在有限域 GF (2^n) 中的负值是 $(x:x+y:z)$。

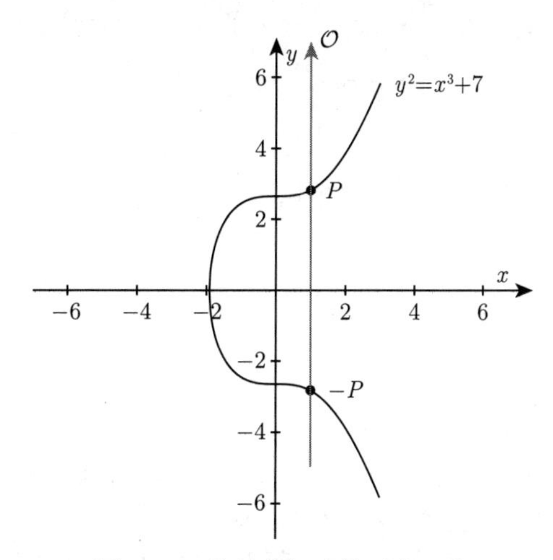

图 9-14 仿射坐标中的无穷远点

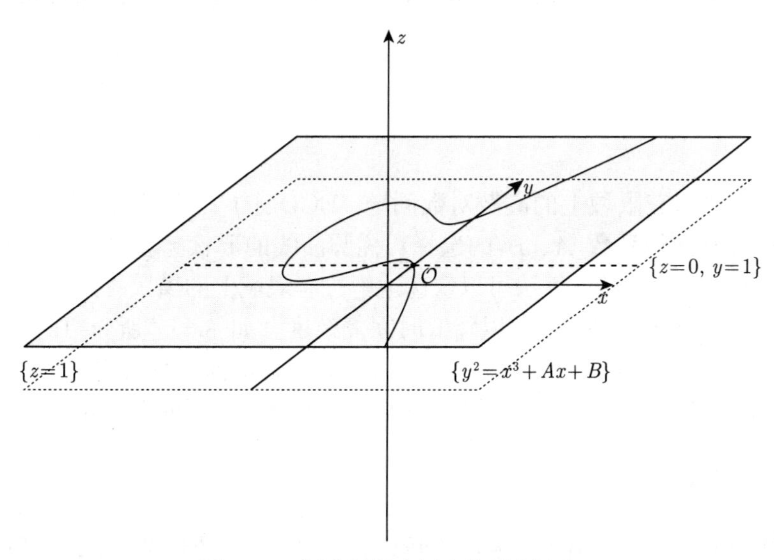

图 9-15 标准射影坐标中的无穷远点

在实际使用过程中，标准射影坐标并不总是比仿射坐标效率更高，雅可比坐标被使用得更多一些。在雅可比坐标中，点 $(x:y:z)$ 对应仿射坐标中的点 $(x/z^2, y/z^3)$，其中 $z\neq 0$。将点 $(x/z^2, y/z^3)$ 代入式 (9-19)，可知椭圆曲线的雅可比方程为：

$$E: y^2 = x^3 + Axz^4 + Bz^6 \tag{9-55}$$

在有限域 GF (2^n) 中，则可将点 $(x/z, y/z)$ 代入式 (9-33) 中，椭圆曲线的雅可比方程为：

$$E: y^2 + xyz = x^3 + Ax^2z^2 + Bz^6 \tag{9-56}$$

雅可比坐标对应的无穷远点用 $\mathcal{O} = (1:1:0)$ 表示。点 $(x:y:z)$ 在有限域 GF (p) 中的负值是 $(x:-y:z)$，在有限域 GF (2^n) 中的负值是 $(x:x+y:z)$。

假设点 $P=(x_1:y_1:z_1)$，$Q=(x_2:y_2:z_2)\in E$，点加法 $P+Q=(x_R:y_R:z_R)$ 在雅可比坐标中可以使用下列公式：

$$\begin{cases} x_R = \left(y_2z_1^3 - y_1\right)^2 - \left(x_2z_1^2 - x_1\right)^2\left(x_1 + x_2z_1^2\right) \\ y_R = \left(y_2z_1^3 - y_1\right)\left(x_1\left(x_2z_1^2 - x_1\right)^2 - x_R\right) - y_1\left(x_2z_1^2 - x_1\right)^3 \\ z_R = \left(x_2z_1^2 - x_1\right)z_1 \end{cases} \tag{9-57}$$

假设点 $P=(x:y:z)\in E$，那么点倍增 $2P=(x_R:y_R:z_R)$ 在雅可比坐标中可以使用下列公式：

$$\begin{cases} x_R = \left(3x^2 + Az^4\right)^2 - 8xy^2 \\ y_R = \left(3x^2 + Az^4\right)\left(4xy^2 - x_3\right) - 8y^4 \\ z_R = 2yz \end{cases} \tag{9-58}$$

雅可比坐标中的点加法总共包括 4 次平方运算、12 次乘法运算。点倍增总共包括 6 次平方运算、3 次乘法运算和 1 次常数乘法运算。这样计算 kP 时可以不必求逆，通常 1 次逆运算的时间大约等于 10 次乘法运算的时间。所以可能的话，优先选择雅可比坐标进行运算。计算结束后，必要时再转换为仿射坐标形式。雅可比坐标转换到仿射坐标是 $(x:y:z)\Rightarrow(x/z^2, y/z^3)$。

9.5 密码分析

虽然椭圆曲线在有限域上的离散对数问题 (ECDLP) 是个难题，但也不绝对。根据图 9-1 可知。椭圆曲线系数 A、B 的选择对椭圆曲线的形状起着决定性作用。在一些特殊的椭圆曲线上，有一些特殊算法可以快速地解决有限域上的离散对数问题。针对离散对数的攻击方式都可以在这里使用，以降低时间复杂度。如 8.4 节所介绍的大步小步算法、Pollard's Rho 算法和 Pohlig-Hellman 算法，都可以对椭圆曲线进行攻击。除此之外，还有同构攻击 (Isomorphism Attack) 也可以对 ECC 造成威胁。下面介绍几个例子。

9.5.1 解决 ECDLP

Pohlig-Hellman 算法应用在有限域的椭圆曲线中，主要是对椭圆曲线的阶数进行分解。Pohlig-Hellman 算法细节在 8.4.4 节已经介绍过，这里将直接介绍如何把 Pohlig-Hellman 算法用在椭圆曲线上。令 n 是有限域 GF (p) 上椭圆曲线 E_p 的阶，点 P 和点 Q 在 GF (p) 上且 $Q=kP$。Pohlig-Hellman 攻击过程如下。

1) 判断 n 是否是合数，如果是，则将 n 分解成 $n=p_1^{e_1}p_2^{e_2}\cdots p_i^{e_i}$。$p_i$ 为因子，各因子之间互素，e_i 为指数。

2) 为了使用中国剩余定理求解 k，计算：

$$k_i \equiv k \pmod{p_i^{e_i}} \tag{9-59}$$

其中 $0 \leqslant k_i < p_i$。

3) 对于每个 k_i，扩展成用 a_i 表示的多项式：

$$k_i = a_0 + a_1 p_i + a_2 p_i^2 + \cdots + a_{e_i-1} p_i^{e_i-1} \tag{9-60}$$

其中 $a_i \in [0, p_i - 1]$。把求 k_i 的任务转变成求 a_i 的任务。

4) 为了求出 a_i，可分别取 $P_0 = \dfrac{n}{p_i}P$ 和 $Q_0 = \dfrac{n}{p_i}Q$。由于子群的阶可以整除群的阶，即 $nP = p_i^{e_i}P_0 = 0$，将 $Q = kP$ 代入 Q_0 中，可以得到：

$$Q_0 = \frac{n}{p_i}kP = kP_0 = a_0 P_0 \tag{9-61}$$

接着，取 Q_1，记为：

$$Q_1 = \frac{n}{p_i^2}(Q - a_0 P) = \frac{n}{p_i^2}(kP - a_0 P) = (k - a_0)\frac{n}{p_i^2}P \tag{9-62}$$

$$= (a_0 + a_1 p_i - a_0)\frac{n}{p_i^2}P = (a_1 p_i)\frac{n}{p_i^2}P = a_1\frac{n}{p_i}P \tag{9-63}$$

$$= a_1 P_0 \tag{9-64}$$

同理可得，$Q_i = a_i P_0$。

5) 求出各个 a_i 之后，进而可知 k_i，使用中国剩余定理便可求出 k。

例 9.5.1 设椭圆曲线 $E_{8971} : y^2 \equiv x^3 + 103x + 25 \pmod{8971}$。已知点 $P = (6363, 625)$，点 $Q = (2533, 1996)$，$Q = kP$，使用 Pohlig-Hellman 攻击方式求 k 值。

解：首先求出椭圆曲线 E_{8971} 的阶，使用 SageMath 可以很容易算出 E_{8971} 的阶为 $n = 8910 = 2 \times 3^4 \times 5 \times 11$。它的因子是 2、3、5、11。

1) 确定关于 2 的子群。$Q = kP$ 左右两边同时乘以 $n/2$，并让 k 用 k_1 表示。得到 $4455Q = 4455k_1P$，其中 $k_1 \equiv k \pmod 2$。根据拉格朗日定理 (定理 9.1.2)，子群的阶可以整除群的阶，可得：

$$4455Q = 4455k_1P = \mathcal{O}$$

其中 $k_1 \in \{0, 1\}$，由于 $4455k_1P$ 等于无穷远点，可以解得 $k_1 = 0$。

2) 确定关于 3^4 的子群。设 $k_2 \equiv k \pmod{3^4}$，并把 k_2 写为 $k_2 = a_0 + 3a_1 + 3^2a_2 + 3^3a_3$。首先，$Q = kP$ 左右两边同时乘以 $n/3$，由于子群的阶可以整除群的阶，可以去掉 a_0 后面的项，那么就可以得到：

$$\frac{n}{3}Q = \frac{n}{3}a_0P \Rightarrow 2970Q = 2970a_0P = \mathcal{O} \tag{9-65}$$

其中 $a_0 \in \{0, 1, 2\}$，可以解得 $a_0 = 0$。

因为 $a_0 = 0$，所以可以得到 $Q = (3a_1 + 3^2a_2 + 3^3a_3)P$。左右两边同时乘以 $n/3^2$，去掉 a_1 后面所有的项，那么就有：

$$\frac{n}{3^2}Q = \frac{n}{3^2}3a_1P \Rightarrow 990Q = 2970a_1P = (140, 459) \tag{9-66}$$

其中 $a_1 \in \{0, 1, 2\}$。可以解得 $a_1 = 2$。

当 $a_0 = 0$，$a_1 = 2$，可以得到 $Q = (6 + 3^2a_2 + 3^3a_3)P$。左右两边同时乘以 $n/3^3$，去掉 a_2 后面所有的项，那么就有：

$$\frac{n}{3^3}(Q-6P)=\frac{n}{3^3}3^2a_2P\Rightarrow 330(Q-6P)=2970a_2P=(140,8512) \tag{9-67}$$

其中 $a_2\in\{0,1,2\}$。可以解得 $a_2=1$。

同理可得，$a_3=0$。所以，$k_2=a_0+3a_1+3^2a_2+3^3a_3=15$。

3) 确定关于 5 的子群。$Q=kP$ 左右两边同时乘以 $n/5$，并让 k 用 k_3 表示。得到 $1782Q=1782k_3P$，其中 $k_3\equiv k \pmod 5$。可得：

$$1782Q=1782k_3P=(255,3783)$$

其中 $k_3\in\{0,1,2,3,4\}$，可以解得 $k_3=1$。

4) 确定关于 11 的子群。$Q=kP$ 左右两边同时乘以 $n/11$，并让 k 用 k_4 表示。得到 $810Q=810k_4P$，其中 $k_4\equiv k \pmod{11}$。可得：

$$810Q=810k_4P=(2166,1536)$$

其中 $k_4\in\{0,1,2,\cdots,10\}$，可以解得 $k_4=1$。

5) 使用中国剩余定理，可以得到以下方程组：

$$\begin{cases}k\equiv k_1 \pmod 2\\ k\equiv k_2 \pmod{3^4}\\ k\equiv k_3 \pmod 5\\ k\equiv k_4 \pmod{11}\end{cases}\Rightarrow\begin{cases}k\equiv 0 \pmod 2\\ k\equiv 15 \pmod{3^4}\\ k\equiv 1 \pmod 5\\ k\equiv 1 \pmod{11}\end{cases} \tag{9-68}$$

最终，求出 $k\equiv 8196 \pmod{8910}$，所以 $Q=8196P$。ECDLP 被解决的原因是因为其因子非常小，要保证安全，则需要使用足够大的素数 (长度至少 160 位)，并需要让它的阶数足够大。它的时间复杂度是 $\mathcal{O}\left(\sum_{i=1}^{r}e_i\left(\log n+\sqrt{p_i}\right)\right)$。■

令 n 是在有限域 GF(p) 上椭圆曲线 E_p 的阶，点 P 和点 Q 在 E_p 上且 $Q=kP$。使用 Pollard's Rho 算法解决 ECDLP 的步骤如下。

1) 使用配分函数，将 E_p 划分为 3 个子集，分别为 S_1、S_2、S_3。3 个子集的大小大致相等，但无穷远点 $\mathcal{O}\notin S_2$，一般规定 $\mathcal{O}\in S_1$。

2) 定义一个由群元素 R_0、R_1、R_2、$\cdots$ 构成的序列，并且规定迭代函数 f 为：

$$R_{i+1}=f(R_i)=\begin{cases}P+R_i & \text{如果}R_i\in S_1\\ 2R_i & \text{如果}R_i\in S_2\\ Q+R_i & \text{如果}R_i\in S_3\end{cases} \tag{9-69}$$

3) 令 $R_i=a_iP+b_iQ$，$i>1$，更新 a_i 和 b_i：

$$a_{i+1}=\begin{cases}a_i+1 \pmod n & \text{如果}R_i\in S_1\\ 2a_i \pmod n & \text{如果}R_i\in S_2\\ a_i \pmod n & \text{如果}R_i\in S_3\end{cases}\qquad b_{i+1}=\begin{cases}b_i \pmod n & \text{如果}R_i\in S_1\\ 2b_i \pmod n & \text{如果}R_i\in S_2\\ b_i+1 \pmod n & \text{如果}R_i\in S_3\end{cases} \tag{9-70}$$

4) a_0 和 b_0 从 $[1,n-1]$ 中随机选择，从 R_0 开始，持续迭代，直到 R_i 和 R_{2i} 两点发

生碰撞。

5) 两点碰撞，$R_i = a_iP + b_iQ$，$R_{2i} = a_{2i}P + b_{2i}Q$，因此可以求出 k 为：

$$k \equiv \log_P(Q) \equiv (b_i - b_{2i})^{-1}(a_{2i} - a_i) \pmod n \tag{9-71}$$

例 9.5.2 设椭圆曲线 $E_{659} : y^2 \equiv x^3 + 416x + 569 \pmod{659}$。已知点 $P = (23, 213)$，点 $Q = (150, 25)$，$Q = kP$，使用 Pollard's Rho 算法求 k 值。

解：首先求出椭圆曲线 E_{659} 的阶，使用 SageMath 可以很容易算出 E_{659} 的阶为 $n = 673$。

将 E_{659} 划分为 3 个子集，设：

$$S_1 = \{x \in E_{659} \mid 0 \leqslant x < 224\}$$

$$S_2 = \{x \in E_{659} \mid 224 \leqslant x < 446\}$$

$$S_3 = \{x \in E_{659} \mid 446 \leqslant x < 673\}$$

从 $[1, 672]$ 中随机选择 a_0 和 b_0，假设分别为 104 和 488。计算 x_i、a_i、b_i、x_{2i}、b_{2i}、a_{2i}，如表 9-6 所示。当 $i = 14$ 时，$R_{14} = R_{28} = (431, 229)$。因为 n 是一个素数，并且 $b_{14} \neq b_{28}$，因此 $b_{14} - b_{28} = 179 - 53 \equiv 126 \pmod n \Rightarrow 126^{-1} \equiv 219 \pmod n$，最后得到：

$$k \equiv (b_i - b_{2i})^{-1}(a_{2i} - a_i) \equiv 219 \times 587 \equiv 10 \pmod{673}$$

表 9-6 Pollard's Rho 算法解决 ECDLP 的迭代过程

i	a_i	b_i	R_i	a_{2i}	b_{2i}	R_{2i}
0	104	488	(549,200)	104	488	(549,200)
1	104	489	(104,527)	105	489	(109,495)
2	105	489	(109,495)	107	489	(400,613)
3	106	489	(140,93)	428	610	(637,476)
4	107	489	(400,613)	429	611	(409,158)
5	214	305	(377,539)	186	549	(435,631)
6	428	610	(637,476)	373	425	(598,274)
7	428	611	(98,467)	73	179	(431,229)
8	429	611	(409,158)	146	359	(330,269)
9	185	549	(85,54)	584	90	(68,385)
10	186	549	(435,631)	586	90	(301,380)
11	372	425	(93,509)	500	180	(644,230)
12	373	425	(598,274)	501	181	(435,631)
13	373	426	(289,417)	330	362	(598,274)
14	73	179	(431,229)	660	53	(431,229)

■

为了求出 k，需要满足式 (9-71) 在有限域 $\mathrm{GF}(n)$ 是可逆的。只有当 $\gcd(b_i - b_{2i}, n) = 1$ 时，$(b_i - b_{2i})$ 才存在逆，式 (9-71) 才有解。即使不考虑时间成本，Pollard's Rho 算法也不能解决所有的椭圆曲线离散对数问题，因为有些椭圆曲线的阶不是素数。基于该原因，在实际应用有限域上的椭圆曲线时，其阶也要为素数。不过这样使用 Pollard's Rho 算法求解椭圆曲线离散对数问题的成功率将会大大提高。如果椭圆曲线的阶是合数呢？那就会遭到 Pohlig-Hellman 算法的攻击。相比 Pohlig-Hellman 算法攻击，抵御 Pollard's Rho 算法攻击更加容易，Pollard's Rho 算法攻击的时间复杂度是 $\sqrt{\frac{\pi n}{2}} \approx 1.253\sqrt{n}$。两害相权从其轻，当椭圆曲线的阶是素数时，密码系统会更加安全。

9.5.2 密钥长度

根据定理 9.1.1，暴力破解 ECC 的算法复杂度为 $\mathcal{O}(\sqrt{p})$。换句话说，安全性为素数 p 长度的一半。一个 512 位的素数可以为 ECC 提供至多 2^{256} 种不同组合。这个时间复杂度也是解决椭圆曲线离散对数问题的复杂度。基于密码分析的计算量，通过密钥大小可以得到理论上的安全性，如表 9-7 所示。

表 9-7 密钥大小 (位) 提供的安全性

理论安全性	ECC 密钥大小	RSA 密钥大小	比例
56	112	512	1:5
80	160	1024	1:6
112	224	2048	1:9
128	256	3072	1:12
192	512	7680	1:20
256	512	15360	1:30

可以发现，ECC 使用较短的密钥得到了较高的安全性。相比 RSA，如果想得到相同的安全性，ECC 可以使用更短的密钥，同时速度也更快。为了获得更大的理论安全性，RSA 和 ECC 之间的密钥大小比例也变得越来越大。总结可以得到，基于离散对数的密码算法比基于大数分解的密码算法更省力一些，因此在继承关系上，可以说 ECC 是 RSA 的继承者。

根据 NIST 的建议 [136]，至少到 2030 年以前，密钥要想达到不被破解的程度，RSA 密钥长度至少需要 3072 位，甚至有可能需要 15360 位才能保证安全。而 ECC 密钥长度至多只需要 512 位。也基于此原因，RSA 密码相比 ECC 密码不能提供很好的安全性。在中国国家密码局的指导下，目前已经逐步停止使用 RSA 作为加密手段，而用 ECC 作为替代 (如 SM2)。

ECC 由一个安全的椭圆曲线有限群构成。在实现的过程中，椭圆曲线不必在每次使用时都进行一次选取。通常情况下的做法是先生成一个安全的椭圆曲线库，然后再定义系统的参数组，让 ECC 在不同的参数组下运行。参数的选择应使 ECC 能够抵抗所有已知攻击。椭圆曲线密码的参数组是 $D = (p, \mathrm{FR}, S, A, B, P, n, h)$，其中：

- p 为素数，表示有限域的大小。
- FR 是 F_p 为有限域的表示形式。
- S 表示随机种子，可随机生成的椭圆曲线。
- 整数 A、B 表示有限域上椭圆曲线 $y^2 = x^3 + Ax + B$ 的系数，与随机种子 S 有关。
- P 表示在仿射坐标中有限域上椭圆曲线的一个基点。

- 整数 n 表示有限域的阶，也就是循环子群的元素数量。
- h 表示协因子，通过 $h = N/n$ 可得到。这里 $N = \#E(\mathrm{GF}_p)$，即 N 是 $E(\mathrm{GF}_p)$ 包含的所有点的数量。$h \lll N$，假设 $h = 1$，那么由基点 P 所确定的所有点就是椭圆曲线群 $E(\mathrm{GF}_p)$ 本身。

2023 年 2 月，NIST 的信息技术实验室发布了《基于离散对数的密码学建议：椭圆曲线参数范围》SP 800-186[137] 文件。文件推荐了一组政府使用的椭圆曲线。相比之前规定的曲线，新的椭圆曲线规定提供了更好的性能、更高的抵御侧信道攻击的能力和更简单的实现。在有限域 GF(p) 中，NIST 推荐使用 224、256、384、521 位长度的素数。NIST 还为二进制域 GF(2^n) 准备了 233、283、409、571 位长度的二进制数，但 NIST 不推荐使用 (Deprecated)。以在有限域 GF(p) 上的魏尔斯特拉斯方程 $E: y^2 \equiv x^3 + Ax + B \pmod p$ 为例，如果想实现具有 256 位的理论安全性，就需要使用椭圆曲线 P-521，它的参数有 $(p, h, n,$ Type, $A, B, G, \mathrm{Seed}, c)$，Type 是魏尔斯特拉斯曲线，其他参数分别如下。

- 素数 p：$2^{521} - 1$
- 协因子 h：1
- 系数 A：`0x1ff ffffffff ffffffff ffffffff ffffffff ffffffff ffffffff ffffffff ffffffff ffffffff ffffffff ffffffff ffffffff ffffffff ffffffff ffffffff fffffffc`
- 系数 B：`0x051 953eb961 8e1c9a1f 929a21a0 b68540ee a2da725b 99b315f3 b8b48991 8ef109e1 56193951 ec7e937b 1652c0bd 3bb1bf07 3573df88 3d2c34f1 ef451fd4 6b503f00`
- 基点坐标 G_x：`0xc6 858e06b7 0404e9cd 9e3ecb66 2395b442 9c648139 053fb521 f828af60 6b4d3dba a14b5e77 efe75928 fe1dc127 a2ffa8de 3348b3c1 856a429b f97e7e31 c2e5bd66`
- 基点坐标 G_y：`0x118 39296a78 9a3bc004 5c8a5fb4 2c7d1bd9 98f54449 579b4468 17afbd17 273e662c 97ee7299 5ef42640 c550b901 3fad0761 353c7086 a272c240 88be9476 9fd16650`
- 阶 n：`0x1ff ffffffff ffffffff ffffffff ffffffff ffffffff ffffffff ffffffff ffffffff 51868783 bf2f966b 7fcc0148 f709a5d0 3bb5c9b8 899c47ae bb6fb71e 91386409`
- 随机种子 Seed：`0xd09e8800 291cb853 96cc6717 393284aa a0da64ba`
- c：`0x0b4 8bfa5f42 0a349495 39d2bdfc 264eeeeb 077688e4 4fbf0ad8 f6d0edb3 7bd6b533 28100051 8e19f1b9 ffbe0fe9 ed8a3c22 00b8f875 e523868c 70c1e5bf 55bad637`

9.5.3 侧信道攻击

虽然从算法层面而言，对基于椭圆曲线的算法攻击难度较大，但利用侧信道攻击，依然可以通过绕过 ECC 的一些数学性质进行攻击。例如，攻击者可以监视通信双方在执行私钥操作时消耗的电力或发出的电磁辐射。攻击者也可以测量执行加密操作所需的时间，或分析加密设备在遇到某些错误时的行为方式。侧信道的信息在实际使用过程中可能很容易收集，因此，预防侧信道攻击也是必要的。

与 RSA 的侧信道攻击相似，攻击椭圆曲线密码依然有以下方式：

- 时序攻击
- 功率分析攻击
- 电磁分析攻击
- 错误信息攻击
- 故障信息攻击

时序攻击通常需要攻击者有一个精确测量的时间计时器，这对于攻击者来说壁垒较高。但一旦有了精确测量的时间计时器，就可以通过一些漏洞进行攻击进而分析出密钥。比如进行标量乘法时仅使用了 Double 和 Add 方法，根据点加法和点倍增的时间不同，可以分析出密钥。

功率分析攻击是利用设备正在执行的指令与设备功率大小的不同进行分析的。如果设备正在执行加密操作，那么就有可能推断出密钥。功率分析攻击有数种不同的攻击方式，包括普通的功率分析攻击和差分功率分析。还有电磁分析攻击，只不过对象换成了电磁信号。

错误信息攻击的一个方法就是攻击者会尝试多个随机密钥，得到系统反馈的错误信息，根据错误信息，攻击者分析系统拒绝的原因 (原理)。例如系统反馈的是一个错误日志文件，那么根据这个错误日志文件，攻击者就有机会掌握解密过程或验证过程，从而了解精确的错误点。获悉拒绝原因的攻击者可以利用这一信息干扰通信双方，或者干脆直接掌握密钥。

故障信息攻击通常利用由非故意的错误产生的信息，如硬件、软件、网络、电压忽高忽低等造成的故障，那么系统就会反馈一个故障信息，告知用户没有成功。如果这个故障反馈信息被攻击者所掌握，那么攻击者可以模拟故障反馈信息，造成通信中断。不过故障信息攻击通常不能直接破解密钥，因此一般不构成重大威胁。

还有其他的对 ECC 的攻击，如 Semaev-Smart-Satoh-Araki 攻击 [138]、二进制攻击等。还有一些后门方法，比如固定随机种子，这样可以给密码系统留后门。

9.6 本章习题

1. 证明椭圆曲线在点加法的运算下是一个阿贝尔群。群中的单位元是点 $\mathcal{O}$，即无穷远点。原点则是 (0,0)。
2. 当有限域从 $\mathbb{F}_p$ 变成 $\mathbb{F}_{p^n}$ 后，椭圆曲线 $E(\mathbb{F}_{p^n})$ 阶的数量是多少？
3. 证明对于椭圆曲线 $E: y^2 \equiv x^3 + Ax + B \pmod p$ 来说，E 上任意 y 坐标为 0 的点的阶为 2。
4. 证明对于椭圆曲线 $E: y^2 \equiv x^3 + Ax + B \pmod p$ 来说，当 $A = 0$ 时，E 上任意 x 坐标为 0 的点的阶为 3。
5. 列出下列有限域上椭圆曲线的所有点。

   1) $E: y^2 \equiv x^3 + 3x + 2 \pmod 7$

   2) $E: y^2 \equiv x^3 + 2x + 7 \pmod{11}$

3) $E: y^2 \equiv x^3 + 4x + 5 \pmod{13}$
4) $E: y^2 \equiv x^3 + 4x + 20 \pmod{29}$

6. 考虑椭圆曲线 $E: y^2 \equiv x^3 + x + 28 \pmod{71}$，回答下列问题。
   1) 确定椭圆曲线 E 点的数量。
   2) 证明椭圆曲线 E 不是一个循环群。
   3) 椭圆曲线 E 中元素的最高阶数是多少？
7. 计算下列有限域上椭圆曲线的点倍增。
   1) $E: y^2 \equiv x^3 + 23x + 13 \pmod{83}$，设 $P = (24, 14)$，计算 $19P$。
   2) $E: y^2 \equiv x^3 + 143x + 367 \pmod{613}$，设 $P = (195, 9)$，计算 $23P$。
   3) $E: y^2 \equiv x^3 + 1828x + 1675 \pmod{1999}$，设 $P = (1756, 348)$，计算 $11P$。
8. 考虑椭圆曲线 $E: y^2 = x^3 - 15x + 18$，回答下列问题。
   1) 证明这是一个有效的椭圆曲线。
   2) 证明点 P =(1,2) 在曲线上。
   3) 令点 $P' = (1, -2)$，求 $P + P'$。
   4) 计算 $-P$ 和 $2P$。
   5) 证明点 P =(7,16) 在曲线上。
   6) 计算 $-Q$ 和 $P + Q$。
9. 考虑使用基于椭圆曲线的迪菲-赫尔曼密钥交换，设椭圆曲线为

$$E_p: y^2 \equiv x^3 + 5x + 8 \pmod{23}$$

   假设 $N_A = 2$，$Q_B = (3, 2)$，求公钥。
10. 考虑使用基于椭圆曲线的迪菲-赫尔曼密钥交换，设椭圆曲线为

$$E_p: y^2 \equiv x^3 + 3x + 17 \pmod{47}$$

   假设点 $P = (5, 4)$，$N_A = 3$，$N_B = 5$，回答下列问题。
   1) 证明点 P 在曲线上。
   2) 计算公钥 $Q_A = N_A P$。
   3) 计算公钥 $Q_B = N_B P$。
   4) 共享的密钥是什么？
   5) 假设 Alice 知道曲线 E_p 和点 P，也知道 Q_A、Q_B、N_A。请问她能恢复 Bob 选择的 N_B 吗？
11. 考虑使用基于椭圆曲线的迪菲-赫尔曼密钥交换，设椭圆曲线为

$$E_p: y^2 \equiv x^3 + 171x + 853 \pmod{2671}$$

   假设点 $P = (1980, 431)$，Alice 发送点 $Q_A = (2110, 543)$ 给 Bob，Bob 选择 $N_B = 1943$，回答下列问题：
   1) Bob 会发送什么给 Alice？
   2) 共享的密钥是什么？
   3) Eve 能破解 Alice 选择的 N_A 吗？

12. 考虑使用基于椭圆曲线的 ElGamal 加密算法，设椭圆曲线为

$$E_p : y^2 \equiv x^3 + 6x + 7 \pmod{23}$$

Bob 选择点 $Q = (16, 6)$，$k = 1$。他收到来自 Alice 的 (Y_1, Y_2)，其中 $Y_1 = (4, 7)$，$Y_2 = (12, 6)$，尝试还原明文。

13. 使用 SageMath 代码，给定椭圆曲线 $E : y^2 = x^3 - 4x$，回答以下问题。
    1) 画出 $E_{\mathbb{R}}$ 和 E_{11} 的图像。
    2) 列出 E_{31} 的所有点。
    3) 列出 E_{31} 每个点的阶。
    4) 令 $P = (1, 11)$，$Q = (25, 5)$，已知 $Q = nP$，求 n。

第 10 章　格密码

本书前几章介绍了公钥密码学中的 RSA、ElGamal 和椭圆曲线密码 (ECC)，它们的安全性建立在大整数分解和离散对数问题在多项式时间内难解的基础上。但是这些数学困难问题都不能抵御量子计算机的攻击，一旦量子计算机被发明，这些密码将不再安全。换句话说，无法通过增加密钥长度的方式使得 RSA 和 ECC 等加密方法抵御量子计算机的攻击。那么什么密码系统在不大幅增加密钥长度的前提下，可抵御量子计算机的攻击呢？

为了安全，急需一种新的单向函数以抵御量子计算机的攻击，密码学家将这个重任交给了基于格的密码系统。本章主要介绍格 (Lattice) 密码，格密码主要是基于晶格的构造，格是一组线性无关的非零向量在向量空间 V 的线性组合，可以是二维的，也可以是 n 维 ($n \in \mathbb{Z}^+$) 的。格的数学基础为线性代数，同时也是高维空间中几何学和代数学的组合。

本章将介绍以下内容。

- 格的定义。
- 计算格向量之间的距离。
- 格基规约的方法。
- 基于格的 GGH 加密和解密算法，以及 GGH 密码分析。
- 基于格的 NTRU 加密和解密算法，以及 NTRU 密码分析。

10.1　格

试想这么一个问题，在一个盒子中，怎么可以摆下最多的球？或者说，怎么摆才能使得装球的盒子最小？这个问题的答案在 400 年前就有人给出了猜测：在三维空间中，最密堆积大小相同的球，其体积之和占据了整个空间的 $\pi/\sqrt{18} \approx 74.048\%$。这就是著名的开普勒猜想，由德国天文学家约翰尼斯·开普勒 (Johannes Kepler) 在 1611 年提出，该猜想也是格理论最早的研究。该猜想于 1998 年被托马斯·黑尔斯 (Thomas Hales) 使用计算机证明。在该猜想被证明之前，有无数的数学家想尝试证明。高斯于 1831 年证明，在三维空间中，如果所有的球心构成一个格，那么堆积密度最大可以达到 $\pi/\sqrt{18}$。在此前后，高斯和拉格朗日在数论中相继使用了格进行部分定理证明，赫尔曼·闵可夫斯基 (Hermann Minkowski) 也在他的书中详细介绍了格的使用，极大地推进了格理论的研究。20 世纪 80 年代，基于格理论的格密码被大量研究，并由 Lenstra 等人应用于破解一些密码系统。到了 90 年代末，格才首次被用于密码方案的设计。1996 年，美国计算机科学家 Miklós Ajtai 发表了论文“Generating Hard Instances of Lattice Problems”[139]，描述了基于格的单向函数，Dwork 在此基础上构建了第一个基于格的公钥加密方案，但因为太过复杂，所以没有什么人使用。进入 21 世纪，越来越多的学者对早期的理论工作进行了简化和改进，基于格的密码方案获得了更强的安全性保证和大幅提高的效率，并建立了许多基于格的密码学工具箱，如陷门函数、签名方案、基于身份和属性的加密、全同态加密等。如今，格密码学是密码学中一个非常热门的研究课题，密码学家发现了基于格的算法问题的广泛应用，如用于优化算法、无线通信协议等领域中。

不过早期的格密码效率不高，且复杂的计算过程让工程人员难以理解，在当时这些方案主要停留在理论层面，并没有应用在实际生产过程中。直到 NTRU 和 LWE 的出现，基于格的密码学才逐渐被广泛应用。并且一般情况下，格密码的运行速度较 ECC 等基于离散对数问题的密码系统快得多。那么什么是格呢？

定义 10.1.1 格

一个 n 维的格 $\mathcal{L}$ 是在 $\mathbb{R}^n$ 上的离散加法子群 (Discrete Additive Subgroup)。

什么意思呢？加法子群其实比较好理解，回顾一下群的定义 (定义 2.9.1)，其中有一个运算符，运算符在格中就是加法。对于任意的 $\boldsymbol{x},\boldsymbol{y}\in\mathcal{L}$，都有 $\boldsymbol{x}+\boldsymbol{y}\in\mathcal{L}$ 和 $-\boldsymbol{x}\in\mathcal{L}$，其单位元为 $0\in\mathbb{R}^n$。

那么什么是离散呢？用一个比喻就是每个 $\boldsymbol{x}\in\mathcal{L}$，$\boldsymbol{x}$ 都有一些“邻居”，但只有 $\boldsymbol{x}$ 是唯一的格点。其数学解释是对于任意的 $\boldsymbol{x}\in\mathcal{L}$，都存在一些 $\varepsilon>0$ 的数，使得 $(\boldsymbol{x}+\varepsilon\mathcal{B})\cap\mathcal{L}=\{\boldsymbol{x}\}$。其中 $\boldsymbol{x}+\varepsilon\mathcal{B}$ 表示为以 $\boldsymbol{x}$ 为中心的、半径为 ε 的非闭环球，如图 10-1所示。

举几个例子。

- 集合 $\{0\}\subset\mathbb{R}^n$ 是格。
- 集合 $\{\mathbb{Z}^n\}\subset\mathbb{R}^n$ 是格。
- 对于任意的格 $\mathcal{L}$，假设 $k\in\mathbb{R}$，那么 $k\mathcal{L}$ 也是格。
- 集合 $\{\mathbb{Q}\}\subset\mathbb{R}^n$，但它不是格，因为有理数集合是稠密的，不是离散的。
- 集合 $\{2\mathbb{Z}+1\}$ 是离散的，但它不是 $\mathbb{R}$ 的子集，因为两个奇数相加是偶数，不在集合内，因此它不是格。

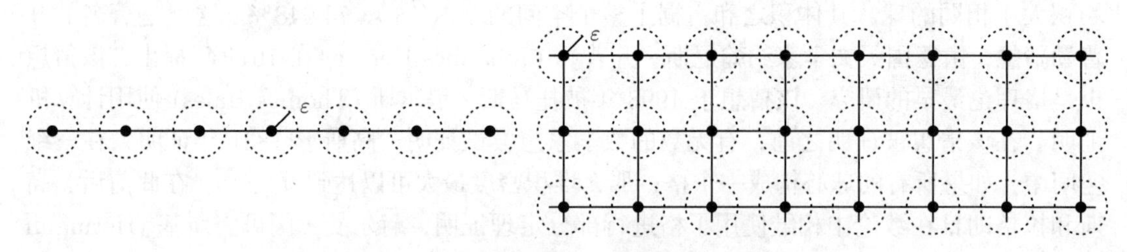

图 10-1 一维整数格和二维整数格的示意

除了一些特殊规定的格，比如 $\{0\}\subset\mathbb{R}^n$，其他格都是无限集合，为了方便表达，如图 10-2所示。我们用有限的形式——格基，作为其表达的形式。

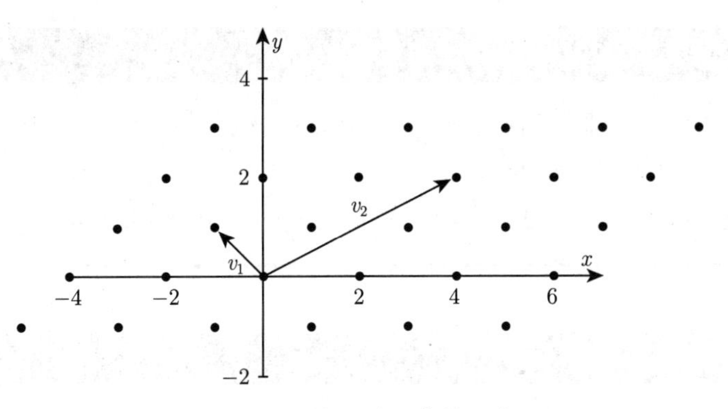

图 10-2 格 $\mathcal{L}$ 在 $\mathbb{Z}^2$ 的示意

定义 10.1.2 格与格基 (Lattice Bases)

令 $\boldsymbol{V} = \{\boldsymbol{v}_1, \boldsymbol{v}_2, \cdots, \boldsymbol{v}_n\}$ 是在 $m(m \geqslant n)$ 维欧几里得空间 $\mathbb{R}^m$ 中的 n 个独立向量 (Independent Vector)。格记作 $\mathcal{L}$，它是由列向量 $\{\boldsymbol{v}_1, \boldsymbol{v}_2, \cdots, \boldsymbol{v}_n\}$ 的所有整系数线性组合构成的集合，格的定义即 [83]

$$\mathcal{L}(\boldsymbol{V}) = \left\{ \sum_{i=1}^{n} a_i \boldsymbol{v}_i : a_1, \cdots, a_n \in \mathbb{Z} \right\} \tag{10-1}$$

其中 m 称为格的维度，n 称为格的秩 (Rank)，$n = \dim(\mathrm{span}(\mathcal{L}))$。当 $m = n$ 时，这类格称为满秩。本书暂时只考虑满秩的情况。

为了方便，通常可以把 $\{\boldsymbol{v}_1, \boldsymbol{v}_2, \cdots, \boldsymbol{v}_n\}$ 的线性组合写成矩阵形式。换句话说，由 $\boldsymbol{v_i}$ 构成的矩阵 $\boldsymbol{V}$ 称为格 $\mathcal{L}(\boldsymbol{V})$ 的基，矩阵 $\boldsymbol{V}$ 是一个非奇异矩阵。格拥有无穷多个基。可以化简为：

$$\mathcal{L} = \mathcal{L}(\boldsymbol{V}) = \{\boldsymbol{aV} : \boldsymbol{a} \in \mathbb{Z}^n\} \tag{10-2}$$

如果用线把所有格都连起来，那么格在 $\mathbb{R}^n$ 中就是一个拥有周期性且无限延伸的网格，在二维平面上就像砌起来的墙一样好看，如图 10-3所示。那么怎么描述这个网格呢？需要使用基本域这个概念。

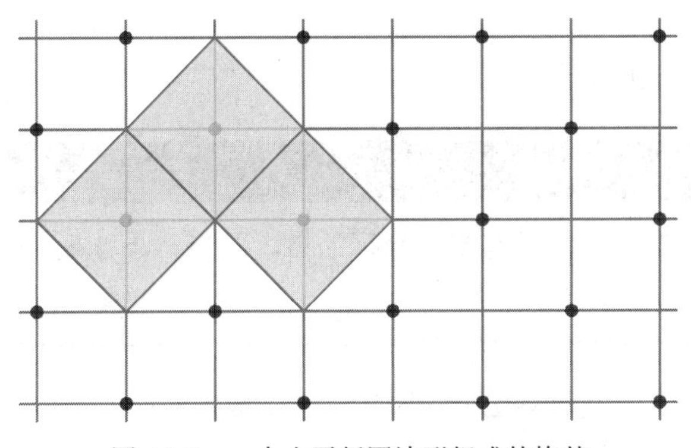

图 10-3 一个由平行四边形组成的格基

定义 10.1.3 基本域 (Fundamental Domain)

设 $\mathcal{L} \subset \mathbb{R}^n$ 是 n 维的格，$\boldsymbol{V} = \{\boldsymbol{v}_1, \boldsymbol{v}_2, \cdots, \boldsymbol{v}_n\}$ 是 $\mathcal{L}$ 的一个基。$\mathcal{L}$ 的基本域 $\mathbb{F}$(或正规平行六面体) 可以表示为：

$$\mathbb{F}(\boldsymbol{v}_1, \boldsymbol{v}_2, \cdots, \boldsymbol{v}_n) = \{a_1\boldsymbol{v}_1 + a_2\boldsymbol{v}_2 + \cdots + a_n\boldsymbol{v}_n, 0 \leqslant a_n < 1\} \tag{10-3}$$

定理 10.1.1 唯一基本域

设 $\mathcal{L} \subset \mathbb{R}^n$ 是 n 维的格，$\mathbb{F}$ 是 $\mathcal{L}$ 的一个基本域。则每一个向量 $\boldsymbol{w} \in \mathbb{R}^n$ 存在唯一的 $\boldsymbol{t} \in \mathbb{F}$ 和唯一的 $\boldsymbol{v} \in \mathcal{L}$。可以写为：

$$\boldsymbol{w} = \boldsymbol{t} + \boldsymbol{v} \tag{10-4}$$

证明

让 $\boldsymbol{v}_1, \boldsymbol{v}_2, \cdots, \boldsymbol{v}_n$ 是在基本域 $\mathbb{F}$ 为格 $\mathcal{L}$ 的一个基，并且 $\boldsymbol{v}_1, \boldsymbol{v}_2, \cdots, \boldsymbol{v}_n$ 是在 $\mathbb{R}^n$ 中线性无关的，因此它们也是 $\mathbb{R}^n$ 的基。则任何一个向量 $\boldsymbol{w} \in \mathbb{R}^n$ 可以被写成：

$$\begin{aligned}
\boldsymbol{w} &= \alpha_1\boldsymbol{v}_1 + \alpha_2\boldsymbol{v}_2 + \cdots + \alpha_n\boldsymbol{v}_n \quad (\alpha_1, \cdots, \alpha_n \in \mathbb{R}) && (10\text{-}5)\\
&= (t_1 + a_1)\boldsymbol{v}_1 + (t_2 + a_2)\boldsymbol{v}_2 + \cdots + (t_n + a_n)\boldsymbol{v}_n \quad (\text{令}\alpha_n = t_n + a_n) && (10\text{-}6)\\
&= t_1\boldsymbol{v}_1 + t_2\boldsymbol{v}_2 + \cdots + t_n\boldsymbol{v}_n + a_1\boldsymbol{v}_1 + a_2\boldsymbol{v}_2 + \cdots + a_n\boldsymbol{v}_n && (10\text{-}7)\\
&= \boldsymbol{t} + \boldsymbol{v} && (10\text{-}8)
\end{aligned}$$

其中 $\boldsymbol{t} \in \mathbb{F}$ 和 $\boldsymbol{v} \in \mathcal{L}$。

例 10.1.1 假设 $\boldsymbol{v}_1 = (3, 5)$，$\boldsymbol{v}_2 = (8, 9)$ 是格 $\mathcal{L}$ 的基本向量，那么其矩阵 $\boldsymbol{V}$ 是：

$$\boldsymbol{V} = \begin{bmatrix} 3 & 5 \\ 8 & 9 \end{bmatrix}$$

矩阵 $\boldsymbol{V}$ 也被称为生成矩阵。 ■

定义 10.1.4 整数格 (Integer Lattice)

整数格是指所有向量都具有整数坐标的格。即当 $n \geqslant 1$ 时，整数格是 $\mathbb{Z}^n$ 的可加子群 (Additive Subgroup)。

例 10.1.2 一个三维整数格 $\mathcal{L} \subset \mathbb{R}^3$ 有 3 个生成向量：

$$\boldsymbol{v}_1 = (2, 6, 3), \quad \boldsymbol{v}_2 = (1, -2, 5), \quad \boldsymbol{v}_3 = (3, 4, -5)$$

其生成矩阵是：

$$\boldsymbol{V} = \begin{bmatrix} 2 & 6 & 3 \\ 1 & -2 & 5 \\ 3 & 4 & -5 \end{bmatrix}$$ ■

基本域中，沃罗诺伊单元 (Voronoi Cell) 是一个非常值得一提的概念，它是在 $\mathbb{R}^n$ 中比其他格更接近原点的点集合：

$$\mathcal{V}(\mathcal{L}) = \{\boldsymbol{x} \in \mathbb{R}^n : \|\boldsymbol{x}\| < \|\boldsymbol{x} - \boldsymbol{v}\|, \forall \boldsymbol{v} \in \mathcal{L}\backslash\{\boldsymbol{0}\}\} \tag{10-9}$$

它可以只有一个，也可以有多个。

10.2 格距离问题

10.2.1 最短距离

简单回顾一下线性代数。在向量空间 $\boldsymbol{V}$ 中，如何求一个向量的长度呢？假设 $\boldsymbol{V} = \{\boldsymbol{v}_1, \boldsymbol{v}_2, \cdots, \boldsymbol{v}_n\} \subset \mathbb{R}^n$，那么其长度就是：

$$\|\boldsymbol{V}\| = \sqrt{\boldsymbol{v}_1^2 + \boldsymbol{v}_2^2 + \cdots + \boldsymbol{v}_n^2} \tag{10-10}$$

而向量空间 $\boldsymbol{V}$ 正交基底 $\boldsymbol{v}_1, \boldsymbol{v}_2, \cdots, \boldsymbol{v}_n$，则会有：

$$\boldsymbol{v}_i \cdot \boldsymbol{v}_j = 0 \quad (\text{如果} i \neq j) \tag{10-11}$$

因为格 $\mathcal{L}$ 是离散的，所以它存在最短非零向量 $\boldsymbol{v} \in \mathcal{L}$ 使其达到其他格点为最短距离，最短非零向量并不唯一，如图 10-4所示。

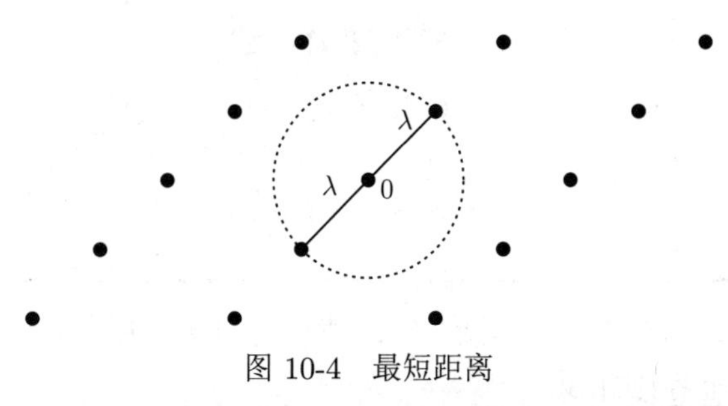

图 10-4 最短距离

定义 10.2.1 最短距离 (Minimum Distance)

格 $\mathcal{L}$ 中的最短距离被定义为：

$$\lambda_1(\mathcal{L}) = \min_{\boldsymbol{v} \in \mathcal{L}\backslash\{\boldsymbol{0}\}} \|\boldsymbol{v}\| = \min_{\text{distinct } \boldsymbol{x}, \boldsymbol{y} \in \mathcal{L}} \|\boldsymbol{x} - \boldsymbol{y}\| \tag{10-12}$$

扩展至一般情况，使用 $\lambda_i(\mathcal{L})$ 记作格 $\mathcal{L}$ 中第 i 个连续最小值。换句话说，$\lambda_i(\mathcal{L})$ 表示存在一个最小的实数 r，使得格 $\mathcal{L}$ 中至少包含 i 个线性无关的向量，并且这些向量的范数都不超过 r。

格 $\mathcal{L}$ 的体积 (或行列式) 表示为 $\det(\mathcal{L})=\sqrt{\det(\boldsymbol{V}^{\mathrm{T}}\boldsymbol{V})}$，定义为 $\mathrm{vol}(\mathbb{F})$，其中 $\mathbb{F}$ 是 $\mathcal{L}$ 的基本域。现在研究一下格 $\mathcal{L}$ 的体积。如果将格 $\mathcal{L}$ 的体积看作基所围成的超立方体的体积，那么一个 n 维的超立方体体积可以由以下公式计算：

$$V_n=\frac{\pi^{\frac{n}{2}}r^n}{\Gamma\left(\frac{n}{2}+1\right)} \tag{10-13}$$

其中 r 为半径，Γ 为伽玛函数，如果 $n\in\mathbb{Z}^+$，那么 $\Gamma(n)=(n-1)!$。当 n 很大时，$\Gamma(1+n)^{1/n}\approx\frac{n}{\mathrm{e}}$。如果这些基向量长度固定的话，想要得到最大的体积，那么各个向量之间都必须正交 (Orthogonal) 或接近正交。

举个例子，一个边长为 a 的立方体，那么它的体积就是 a^3。但是如果 z 轴倾斜，没有与底面 (xy 平面) 垂直，那么它的高度就变成了 $a\cos(\theta)$，θ 为边与 z 轴的夹角，体积就变成了 $a^3\cos(\theta)$。扩展成通用情况，就可以使用 Hadamard 不等式表示格 $\mathcal{L}$ 的体积上界。

定义 10.2.2 Hadamard 不等式

设 $\mathcal{L}\subset\mathbb{R}^n$ 是一个 n 维的格，$\boldsymbol{V}=\{\boldsymbol{v}_1,\boldsymbol{v}_2,\cdots,\boldsymbol{v}_n\}$ 是格 $\mathcal{L}$ 的基，$\mathbb{F}$ 是 $\mathcal{L}$ 的一个基本域，则：

$$\det(\mathcal{L})=\mathrm{vol}(\mathbb{F})\leqslant\|\boldsymbol{v}_1\|\,\|\boldsymbol{v}_2\|\cdots\|\boldsymbol{v}_n\| \tag{10-14}$$

格基越接近正交，其体积就越大。

定理 10.2.1 闵可夫斯基凸体定理 (Minkowski's Convex Body Theorem)

设 $\mathcal{L}\subset\mathbb{R}^n$ 是一个 n 维的格，$S\subset\mathbb{R}^n$ 是一个有界的、对称的、凸的点集，且体积满足：

$$\mathrm{vol}(S)>2^n\det(\mathcal{L}) \tag{10-15}$$

则 S 中包含一个非零的格点。如果 S 是一个闭环 (满足封闭性)，则可以令条件放宽至：

$$\mathrm{vol}(S)\geqslant 2^n\det(\mathcal{L}) \tag{10-16}$$

有界 (Bounded) 是指存在一个实数 M，使得对于集合中的所有元素 $s\in S$，都满足 $|s|\leqslant M$，也称上界。下界则相反。

证明

假设集合 $S/2=\{\boldsymbol{x}:2\boldsymbol{x}\in S\}$，则 $S/2$ 的体积为：

$$\mathrm{vol}(S/2)=2^{-m}\,\mathrm{vol}(S)>\det(\mathcal{L}) \tag{10-17}$$

存在 $\boldsymbol{z}_1,\boldsymbol{z}_2\in S/2$，且 $\boldsymbol{z}_1\neq\boldsymbol{z}_2$，使得 $\boldsymbol{z}_1-\boldsymbol{z}_2\in\mathcal{L}\backslash\{\boldsymbol{0}\}$。
根据假设，$2\boldsymbol{z}_1,2\boldsymbol{z}_2\in S$，又由于 S 对称且是凸体，所以 $-2\boldsymbol{z}_2\in S$，因此：

$$\boldsymbol{z}_1-\boldsymbol{z}_2=\frac{2\boldsymbol{z}_1-2\boldsymbol{z}_2}{2}\in S \tag{10-18}$$

所以 S 包含一个非零的格向量，因此至少有一个非零格点。

依据闵可夫斯基凸体定理 [140]，很容易推导出闵可夫斯基第一定理。

定理 10.2.2 闵可夫斯基第一定理 (Minkowski' s First Theorem)

设 $\mathcal{L} \subset \mathbb{R}^n$，都包含一个非零向量 $\boldsymbol{v} \in \mathcal{L}$ 使得：

$$\lambda_1(\mathcal{L}) \leqslant \sqrt{n} \cdot \det(\mathcal{L})^{1/n} \tag{10-19}$$

证明

设 $\mathcal{L} \subset \mathbb{R}^n$，$S \subset \mathbb{R}^n$，其界为 M。S 就是一个对称、有界的、封闭的集合。先令 $\det(\mathcal{L}) = 1$ 为格 $\mathcal{L}$ 的缩放系数，并将 λ_1 的比例调整为相同的系数。

取 $S = \sqrt{n}\mathcal{V}$，那么 S 就是一个半径为 $\sqrt{n}$ 的欧几里得球。令围绕原点的且在 $\mathbb{R}^n$ 中的一个超立方体变成边长为 2、坐标为 $[-1,1]^n$ 的超立方体，因此其体积为 2^n，那么这个超立方体就会被集合 S 所包含，就有了：

$$\mathrm{vol}(S) > 2^n \tag{10-20}$$

根据定理 10.2.1，那么 S 包含一个非零的格点，使得：

$$\lambda_1(\mathcal{L}) \leqslant \sqrt{n} \cdot \det(\mathcal{L})^{1/n} \tag{10-21}$$

这也是它的上界。

定义 10.2.3 高斯启发式 (Gaussian Heuristic)

设 $\mathcal{L} \subset \mathbb{R}^n$，当 n 很大时，高斯所期望的最短的长度是：

$$\|\boldsymbol{v}_{\text{shortest}}\| \approx \sigma(\mathcal{L}) = \sqrt{\frac{n}{2\pi \mathrm{e}}}(\det(\mathcal{L}))^{1/n} \tag{10-22}$$

证明

当 n 较大时，根据 n 维球体的体积可知 $V_n = \dfrac{\pi^{\frac{n}{2}} r^n}{\Gamma\left(\dfrac{n}{2}+1\right)}$，左右同时取 $1/n$ 次方，可以得到：

$$V_n^{1/n} = \frac{\pi^{\frac{1}{2}} r}{\Gamma\left(\dfrac{n}{2}+1\right)^{1/n}} \tag{10-23}$$

$$\approx \frac{\pi^{\frac{1}{2}} r}{(n/2\mathrm{e})^{1/2}} \tag{10-24}$$

$$= \sqrt{\frac{2\pi e}{n}} r \tag{10-25}$$

$$\Rightarrow r = \sqrt{\frac{n}{2\pi e}} V_n^{1/n} \tag{10-26}$$

$$\Rightarrow \|\boldsymbol{v}_{\text{shortest}}\| \approx \sqrt{\frac{n}{2\pi e}} \det(\mathcal{L})^{1/n} \tag{10-27}$$

10.2.2 最短向量问题

现在问题来了，如果给定一个格，且有了最短距离，那么如何找到一个向量以达到这个最短距离？这就是最短向量问题 [83]。

定义 10.2.4 最短向量问题 (The Shortest Vector Problem, SVP)

给定一个格基为 $\boldsymbol{V}$ 的 n 维格 $\mathcal{L}$，找到一个非零向量 $\boldsymbol{v} \in \mathcal{L}$，使其欧几里得范数最小化，即

$$\|\boldsymbol{v}\| = \lambda_1(\mathcal{L}) \tag{10-28}$$

例 10.2.1 在 $\mathbb{Z}^2$ 空间中，$(0,1), (0,-1), (1,0), (-1,0)$ 都是最短向量，如图 10-5所示。

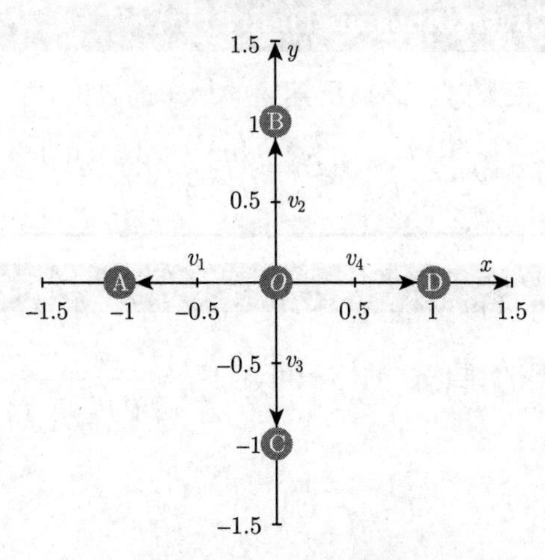

图 10-5 4 个最短向量

■

例 10.2.2 图 10-6也是一个比较经典的例子。当格基为 $\{\boldsymbol{v}_1, \boldsymbol{v}_2\}$ 时，就可以用这组基找到一个距离原点最近的点，用 $\frac{1}{3}\boldsymbol{v}_1 + \frac{2}{3}\boldsymbol{v}_2$ 表示。

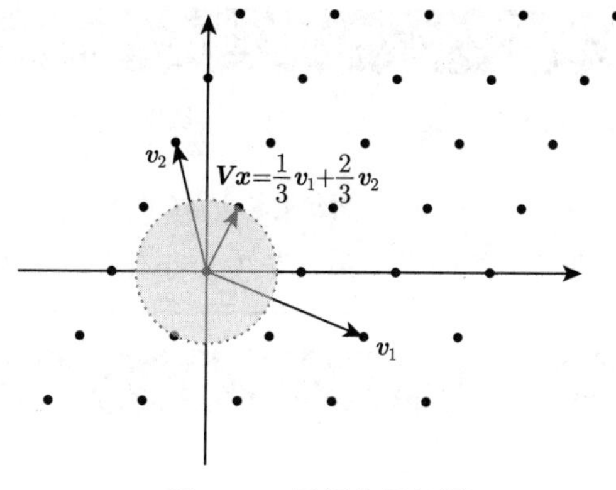

图 10-6 最短向量问题

■

如果格基没有选择好，同时格的维度很高，那么计算 λ_1 不是一件容易的事。虽然根据定理 10.2.2可以知道最短距离就在 $[1, \sqrt{n}\det(\boldsymbol{V})^{1/n}]$ 内，可以求出其上界和下界，但是想要求出具体的值，还是很困难的。基于 NP 难问题的密码系统，为了给通信双方带来便利，往往可以依赖该问题的陷门。因此为了便利，就有了近似最短向量问题，其难度比解决 SVP 稍低一些。

定义 10.2.5 近似最短向量问题 (apprSVP，SVP_γ)

给定一个格基为 $\boldsymbol{V}$ 的 n 维格 $\mathcal{L}$ 以及一个多项式逼近因子 $\gamma(n) \geqslant 1$，找到一个非零向量 $\boldsymbol{v} \in \mathcal{L}$，使其欧几里得范数与 $\gamma(n)$ 的乘积最小化，即

$$\|\boldsymbol{v}\| \leqslant \gamma(n)\lambda_1(\mathcal{L}) \tag{10-29}$$

换句话说，对于格 $\mathcal{L}$ 的最短非零向量 $\boldsymbol{v}_{\text{shortest}}$，找到一个非零向量 $\boldsymbol{v} \in \mathcal{L}$ 并满足 $\|\boldsymbol{v}\| \leqslant \gamma(n)\,\|\boldsymbol{v}_{\text{shortest}}\|$ 即可。

如图 10-7 所示，当范围扩大一倍后 (即 $\gamma = 2$)，符合“最短”向量的点从 2 个变成了 13 个，求出解的可能性大大增加。

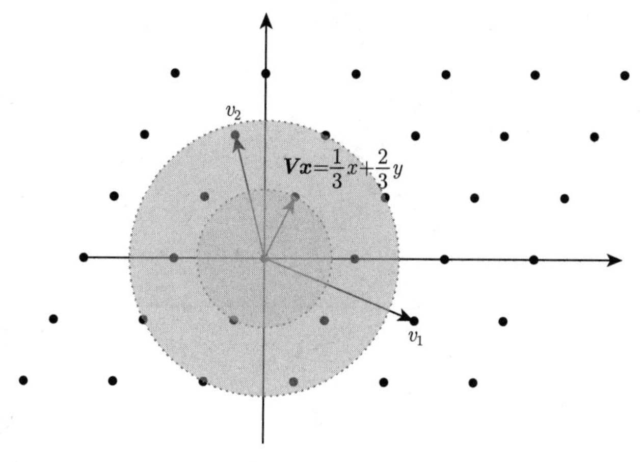

图 10-7 近似最短向量问题

定义 10.2.6 最短独立向量问题 (Shortest Independent Vectors Problem,SIVP)

给定一个格基为 $\boldsymbol{V}$ 的满秩 n 维格 $\mathcal{L}$,找到一组线性无关的向量 $\{\boldsymbol{v}_1, \boldsymbol{v}_2, \cdots, \boldsymbol{v}_n\}$,满足:

$$\max_{i\in[1,n]} \|\boldsymbol{v}_i\| \leqslant \lambda_n(\mathcal{L}) \tag{10-30}$$

换句话说，使得这组线性无关的向量的最大长度最小化。

定义 10.2.7 决策 SVP(Decision SVP，DSVP)

给定一组格基 $\boldsymbol{V} = \{\boldsymbol{v}_1, \boldsymbol{v}_2, \cdots, \boldsymbol{v}_n\}$，以及一个实数 $d > 0$，区分格 $\mathcal{L}$ 的最短距离属于以下哪一种情况：

1) $\lambda_1(\mathcal{L}) \leqslant d$，即格 $\mathcal{L}$ 中存在一个非零向量 $\boldsymbol{v}$，使得最短距离小于 d。

2) $\lambda_1(\mathcal{L}) > d$，即格 $\mathcal{L}$ 中所有非零向量的长度都大于 d。

10.2.3 最近向量问题

除了最短向量问题 (SVP),与之相似的还有最近向量问题 [83]。那么什么是最近向量问题呢?

定义 10.2.8 最近向量问题 (The Closest Vector Problem，CVP)

给定一个格基为 $\boldsymbol{V}$ 的 n 维格 $\mathcal{L}$ 以及一个目标向量 $\boldsymbol{t} \in \mathbb{R}^n$ 且 $\boldsymbol{t} \notin \mathcal{L}$，找到一个非零向量 $\boldsymbol{v} \in \mathcal{L}$，使得:

$$\|\boldsymbol{t} - \boldsymbol{v}\| \leqslant \operatorname{dist}(\boldsymbol{t}, \mathcal{L}) \tag{10-31}$$

其中 $\operatorname{dist}(\boldsymbol{t}, \mathcal{L})$ 表示目标向量 $\boldsymbol{t}$ 到最近的格点向量的距离。

换句话说，最近向量问题是让任意一个向量 $\boldsymbol{t} \in \mathbb{R}^n$ 但并不在 $\mathcal{L}$ 中，找到一个向量 $\boldsymbol{v} \in \mathcal{L}$ 与 $\boldsymbol{t}$ 最接近。它们之间的欧氏距离范数为 $\|\boldsymbol{t} - \boldsymbol{v}\|$，使其最小即可，也可以记为 $\lambda_1(\boldsymbol{t}, \mathcal{L})$。与最短向量问题相似，最近向量问题的解也不唯一。

例 10.2.3 如图 10-8 所示，给定 $\mathbb{Z}^2$ 空间中任意一个向量 $\boldsymbol{t}$，找到向量 $\boldsymbol{v}$，其中 μ 就是距离。

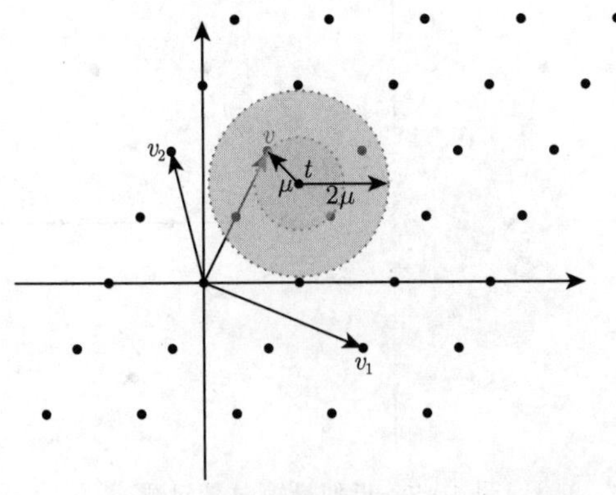

图 10-8 最近向量问题和近似最近向量问题 ■

SVP 和 CVP 都是 NP 难问题，所以 CVP 一样难解，并且通常来说 CVP 比 SVP 更难。因此也有了与近似最短向量问题相似的近似最近向量问题。

定义 10.2.9 近似最近向量问题 (apprCVP，CVP_γ)

给定一个格基为 $\boldsymbol{V}$ 的 n 维格 $\mathcal{L}$、一个目标向量 $\boldsymbol{t}\in\mathbb{R}^n$ 且 $\boldsymbol{t}\notin\mathcal{L}$ 以及一个多项式逼近因子 $\gamma(n)\geqslant 1$，找到一个非零向量 $\boldsymbol{v}\in\mathcal{L}$，使得：

$$\|\boldsymbol{t}-\boldsymbol{v}\|\leqslant\gamma(n)\mathrm{dist}(\boldsymbol{t},\mathcal{L}) \tag{10-32}$$

其中 $\mathrm{dist}(\boldsymbol{t},\mathcal{L})$ 表示目标向量 $\boldsymbol{t}$ 到最近的格点向量的距离。

加上一个宽松参数 γ 之后，CVP 就变成了 apprCVP，如图 10-8所示。当 $\gamma=2$ 时，其可能解的数量就从 1 个变成了 4 个。具有小宽松参数 γ 的 apprCVP 也是一个 NP 难问题。

CVP 还有一种特殊情况是有界距离解码问题。

定义 10.2.10 有界距离解码 (Bounded Distance Decoding，BDD) 问题

给定一个格基为 $\boldsymbol{V}$ 的 n 维格 $\mathcal{L}$、一个目标向量 $\boldsymbol{t}\in\mathbb{R}^n$ 且 $\boldsymbol{t}\notin\mathcal{L}$ 以及一个距离参数 α，它们之间满足 $\mathrm{dist}(\boldsymbol{t},\mathcal{L})<\alpha\lambda_1(\mathcal{L})$。找到一个非零向量 $\boldsymbol{v}\in\mathcal{L}$，满足对任意非零向量 $\boldsymbol{w}\in\mathcal{L}$，使得：

$$\|\boldsymbol{t}-\boldsymbol{v}\|\leqslant\|\boldsymbol{w}-\boldsymbol{v}\|$$

换句话说，找到一个非零向量 $\boldsymbol{v}$，满足 $\mathrm{dist}(\boldsymbol{t},\boldsymbol{v})=\mathrm{dist}(\boldsymbol{t},\mathcal{L})$。

与 CVP 不同，CVP 允许目标向量可以尽可能远离格，BDD 则保证目标向量位于格的定义距离内。在大部分研究中，距离参数 α 的范围被限制在 (0，1/2) 之间。这确保了在以 $\boldsymbol{v}$ 为中心、半径为 $\alpha\lambda_1(\mathcal{L})$ 的球内，恰好有一格 $\mathcal{L}$ 的元素。一般来说 BDD 是一个很难的问题，但如果格基选择得足够好，则很容易解决 BDD 问题。对基于格的加密系统而言，如果将明文编码为格点，然后向其添加一些小噪声，这就是一个基本的 BDD 问题。如果想要解码，只有那些拥有正确格基 (也就是密钥) 的接收方才能完成解密工作，没有正确格基的攻击方将很难解密。如图 10-9所示，如果想寻找最接近 x 的格点，格基 $\boldsymbol{v}_1$ 和 $\boldsymbol{v}_2$ 无疑是非常好的格基，只需要求解一个方程组即可。如果选择的是不好的格基，比如 $\boldsymbol{b}_1$ 和 $\boldsymbol{b}_2$，由于它们的正交性很差，同时又长，想利用 $\boldsymbol{b}_1$ 和 $\boldsymbol{b}_2$ 寻找最接近 x 的格点就比较困难 (当然也有解)。

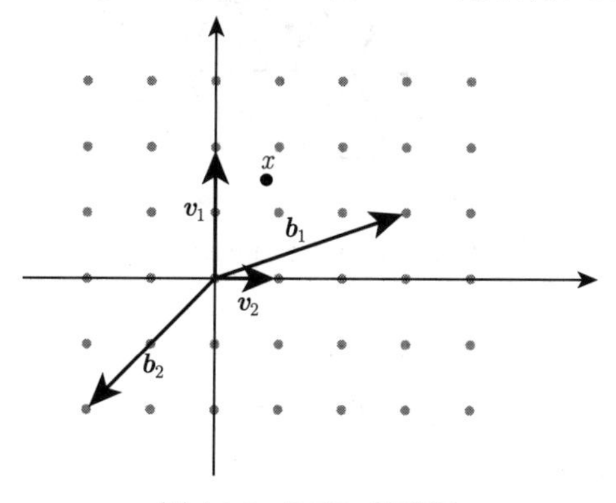

图 10-9 BDD 示意图

比如，设图 10-9 中最接近 x 的格点是 (x,y)，x 的坐标是 $(0.8,1.5)$。如果用 $\boldsymbol{v}_1=(0,2)$ 和 $\boldsymbol{v}_2=(1,0)$ 求整数系数的线性组合，也就是 $\min x,y\in\mathbb{R}$ 且 $i,j\in\mathbb{Z}$，其方程组是 $\begin{cases}0.8+x=i\\1.5+y=2j\end{cases}$。如果用 $\boldsymbol{b}_1=(3,1)$ 和 $\boldsymbol{b}_2=(-2,-2)$ 求整数系数的线性组合，方程组是 $\begin{cases}0.8+x=3i-2j\\1.5+y=i-2j\end{cases}$。与用 $\boldsymbol{v}_1$ 和 $\boldsymbol{v}_2$ 相比，$\boldsymbol{b}_1$ 和 $\boldsymbol{b}_2$ 的方程组更加复杂，有多个解，这无疑加大了求解难度。因此选择一组好的格基是非常有必要的，好的格基需要尽可能正交并且短。

由于 SVP 和 CVP 都是 NP 难问题，随着格的维度的增加，这两个问题的计算都变得越来越困难，即在多项式时间内很难得到精确结果。当维度 n 很大时，例如 $n>100$，用已知的算法求解 SVP 并不是很有效，或者说超出了现有的计算资源。另外，SVP 和 CVP 的近似解决方案在纯数学和应用数学的不同领域中都有显著的应用。

10.3 格基规约算法

目前还没有一个有效的算法可以找到在任意维度中格的最短向量，甚至还不能精确计算最短长度 λ_1。不过，在维度较小的情况下，格基规约这种方法还是有助于计算最短长度的。格基规约的目标是将一组给定的格基 (任意的) 转化为一组方便计算的格基，这种格基一般由短的且接近正交的向量组合而成。

10.3.1 Gram-Schmidt 正交化

Gram-Schmidt 正交化 (Orthogonalization) 可以将 n 维空间中线性独立 (Linearly Independent) 的基 $\{\boldsymbol{v}_1,\boldsymbol{v}_2,\cdots,\boldsymbol{v}_n\}$ 投影至标准正交基 $\{\boldsymbol{v}_1^*,\boldsymbol{v}_2^*,\cdots,\boldsymbol{v}_n^*\}$。

经过 Gram-Schmidt 正交化后，就得到了新的相互垂直的基，如图 10-10所示。其过程如下。

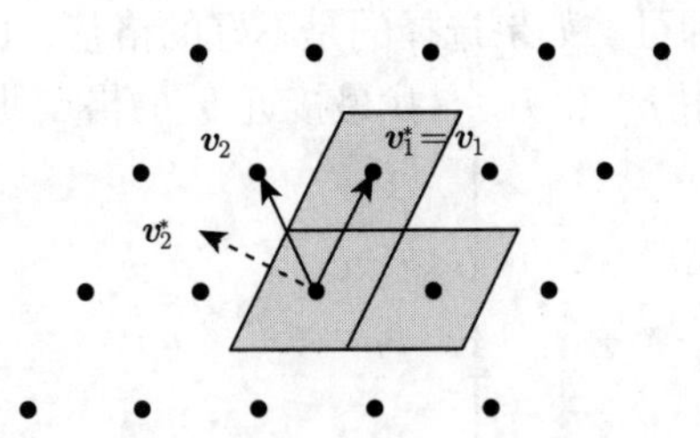

图 10-10 Gram-Schmidt 正交化

1) $\{\boldsymbol{v}_1,\boldsymbol{v}_2,\cdots,\boldsymbol{v}_n\}$ 为线性无关的基，令：

$$\boldsymbol{v}_1^*=\boldsymbol{v}_1 \tag{10-33}$$

2) $\{\boldsymbol{v}_2^*,\boldsymbol{v}_3^*,\cdots,\boldsymbol{v}_n^*\}$ 递归为：

$$\boldsymbol{v}_2^*=\boldsymbol{v}_2-\mu_{2,1}\boldsymbol{v}_1^* \qquad 其中\mu_{2,1}=\langle\boldsymbol{v}_2,\boldsymbol{v}_1^*\rangle/\langle\boldsymbol{v}_1^*,\boldsymbol{v}_1^*\rangle \tag{10-34}$$

$$\boldsymbol{v}_3^* = \boldsymbol{v}_3 - \mu_{3,1}\boldsymbol{v}_1^* - \mu_{3,2}\boldsymbol{v}_2^* \qquad \text{其中}\mu_{3,2} = \langle \boldsymbol{v}_3, \boldsymbol{v}_2^* \rangle / \langle \boldsymbol{v}_2^*, \boldsymbol{v}_2^* \rangle \tag{10-35}$$

$$\vdots$$

$$\boldsymbol{v}_i^* = \boldsymbol{v}_i - \sum_{j=1}^{i-1} \mu_{i,j}\boldsymbol{v}_j^* \qquad \text{其中}\mu_{i,j} = \langle \boldsymbol{v}_i, \boldsymbol{v}_j^* \rangle / \langle \boldsymbol{v}_j^*, \boldsymbol{v}_j^* \rangle \tag{10-36}$$

$\langle \boldsymbol{v}_j^*, \boldsymbol{v}_j^* \rangle$ 为内积 (Inner Product)，使得 $\text{Span}(\boldsymbol{v}_1^*, \boldsymbol{v}_2^*, \cdots, \boldsymbol{v}_n^*) = \text{Span}(\boldsymbol{v}_1, \boldsymbol{v}_2, \cdots, \boldsymbol{v}_n)$。

例 10.3.1 令 $\boldsymbol{V} \in \mathbb{R}^3$ 为一组基，其中基为 $\boldsymbol{v}_1 = (1,2,2)$，$\boldsymbol{v}_2 = (-1,0,2)$，$\boldsymbol{v}_3 = (0,0,1)$，求其正交基。

解：使用 Gram-Schmidt 正交化，那么就有：

$$\boldsymbol{v}_1^* = \boldsymbol{v}_1 = (1,2,2) \tag{10-37}$$

$$\begin{aligned} \boldsymbol{v}_2^* &= \boldsymbol{v}_2 - \frac{\langle \boldsymbol{v}_2, \boldsymbol{v}_1^* \rangle}{\langle \boldsymbol{v}_1^*, \boldsymbol{v}_1^* \rangle}\boldsymbol{v}_1^* \\ &= (-1,0,2) - \frac{3}{9}(1,2,2) \\ &= (-4/3, -2/3, 4/3) \end{aligned} \tag{10-38}$$

$$\begin{aligned} \boldsymbol{v}_3^* &= \boldsymbol{v}_3 - \frac{\langle \boldsymbol{v}_3, \boldsymbol{v}_1^* \rangle}{\langle \boldsymbol{v}_1^*, \boldsymbol{v}_1^* \rangle}\boldsymbol{v}_1^* - \frac{\langle \boldsymbol{v}_3, \boldsymbol{v}_2^* \rangle}{\langle \boldsymbol{v}_2^*, \boldsymbol{v}_2^* \rangle}\boldsymbol{v}_2^* \\ &= (0,0,1) - \frac{2}{9}(1,2,2) - \frac{4/3}{4}(-4/3, -2/3, 4/3) \\ &= (2/9, -2/9, 1/9) \end{aligned} \tag{10-39}$$

所以 $\boldsymbol{v}_1^*, \boldsymbol{v}_2^*, \boldsymbol{v}_3^*$ 是一组正交基，标准基可以求出：

$$\langle \boldsymbol{v}_1^*, \boldsymbol{v}_1^* \rangle = 9 \Longrightarrow \|\boldsymbol{v}_1^*\| = 3$$

$$\langle \boldsymbol{v}_2^*, \boldsymbol{v}_2^* \rangle = 4 \Longrightarrow \|\boldsymbol{v}_2^*\| = 2$$

$$\langle \boldsymbol{v}_3^*, \boldsymbol{v}_3^* \rangle = \frac{1}{9} \Longrightarrow \|\boldsymbol{v}_3^*\| = \frac{1}{3}$$

$$\boldsymbol{w}_1 = \boldsymbol{v}_1^* / \|\boldsymbol{v}_1^*\| = (\frac{1}{3}, \frac{2}{3}, \frac{2}{3}) = \frac{1}{3}(1,2,2)$$

$$\boldsymbol{w}_2 = \boldsymbol{v}_2^* / \|\boldsymbol{v}_2^*\| = (-\frac{2}{3}, -\frac{1}{3}, \frac{2}{3}) = \frac{1}{3}(-2,-1,2)$$

$$\boldsymbol{w}_3 = \boldsymbol{v}_3^* / \|\boldsymbol{v}_3^*\| = (\frac{2}{3}, -\frac{2}{3}, \frac{1}{3}) = \frac{1}{3}(2,-2,1)$$

■

10.3.2 高斯算法

寻找格基规约算法 (An Algorithm for Finding Reduced Basis) 也称高斯格基规约 (Gaussian Lattice Reduction)[83]。1773 年，拉格朗日和高斯先后提出了一种二维格基规约算法，它可以快速求解二维格上的 SVP，不过现今被称为高斯算法。

其基本思想是交替地从一个格基向量中减去另一个格基向量的倍数，直到不能继续改进为止。

令 $\mathcal{L} \subset \mathbb{R}^2$，格基 $\boldsymbol{V}$ 分别为 $\boldsymbol{v}_1$ 和 $\boldsymbol{v}_2$。假设 $||\boldsymbol{v}_1|| < ||\boldsymbol{v}_2||$。现在试图通过减去 $\boldsymbol{v}_1$ 的倍数来使 $\boldsymbol{v}_2$ 变小，即

$$\boldsymbol{v}_2^* = \boldsymbol{v}_2 - \frac{\boldsymbol{v}_1\boldsymbol{v}_2}{\|\boldsymbol{v}_1\|^2}\boldsymbol{v}_1 \tag{10-40}$$

$\boldsymbol{v}_2^*$ 是通过 Gram-Schmidt 正交化得到的正交基，然而 $\boldsymbol{v}_2^*$ 有很大的概率不在 $\mathcal{L}$ 中，如图 10-10所示。因此在实际操作过程中，只允许从 $\boldsymbol{v}_2$ 中减去 $\boldsymbol{v}_1$ 的整数倍，表示为：

$$\boldsymbol{v}_2 - u\boldsymbol{v}_1, \quad 其中 \quad u = \left\lfloor \frac{\boldsymbol{v}_1\boldsymbol{v}_2}{\|\boldsymbol{v}_1\|^2} \right\rceil，\lfloor\rceil 为舍入函数 \tag{10-41}$$

如果 $\boldsymbol{v}_2$ 仍然比 $\boldsymbol{v}_1$ 长，则停止计算；否则，将 $\boldsymbol{v}_1$ 和 $\boldsymbol{v}_2$ 互换位置，重复这个过程。

下面介绍高斯算法步骤。当 $\|\boldsymbol{v}_1\| > \|\boldsymbol{v}_2\|$ 时，执行如下操作。

1) 交换 $\boldsymbol{v}_1, \boldsymbol{v}_2$。

2) 计算 $u = \left\lfloor \dfrac{\boldsymbol{v}_1\boldsymbol{v}_2}{\boldsymbol{v}_1\boldsymbol{v}_1} \right\rceil$($\lfloor u \rceil$ 取最接近的整数)。

3) 当 $u = 0$ 时就可以得到结果 $(\boldsymbol{v}_1, \boldsymbol{v}_2)$。

4) 否则更新 $\boldsymbol{v}_2 = \boldsymbol{v}_2 - u\boldsymbol{v}_1$。

为什么 $\boldsymbol{v}_1$ 是最短的非零格向量呢？假设 $||\boldsymbol{v}_2|| \geqslant ||\boldsymbol{v}_1|| > 0$ 且 $\dfrac{|\boldsymbol{v}_1\boldsymbol{v}_2|}{\|\boldsymbol{v}_1\|^2} \leqslant 0.5$。由于 $\boldsymbol{V} \in \mathcal{L}$，所以有：

$$\boldsymbol{V} = a\boldsymbol{v}_1 + b\boldsymbol{v}_2 \tag{10-42}$$

a, b 为整数。计算 $||\boldsymbol{V}||$，就有：

$$\begin{aligned}
\|\boldsymbol{V}\|^2 &= \|a\boldsymbol{v}_1 + b\boldsymbol{v}_2\|^2 && (10\text{-}43)\\
&= a^2\|\boldsymbol{v}_1\|^2 + 2ab(\boldsymbol{v}_1\boldsymbol{v}_2) + b^2\|\boldsymbol{v}_2\|^2 && (10\text{-}44)\\
&\geqslant a^2\|\boldsymbol{v}_1\|^2 - 2|ab||\boldsymbol{v}_1\boldsymbol{v}_2| + b^2\|\boldsymbol{v}_2\|^2 && (10\text{-}45)\\
&\geqslant a^2\|\boldsymbol{v}_1\|^2 - |ab|\|\boldsymbol{v}_1\|^2 + b^2\|\boldsymbol{v}_2\|^2 \quad (根据假设可得) && (10\text{-}46)\\
&\geqslant a^2\|\boldsymbol{v}_1\|^2 - |ab|\|\boldsymbol{v}_1\|^2 + b^2\|\boldsymbol{v}_1\|^2 \quad (因为 \|\boldsymbol{v}_2\| \geqslant \|\boldsymbol{v}_1\|) && (10\text{-}47)\\
&= \left(a^2 - |a||b| + b^2\right)\|\boldsymbol{v}_1\|^2 && (10\text{-}48)\\
&= \frac{3}{4}a^2 + \left(\frac{1}{2}a - b\right)^2\|\boldsymbol{v}_1\|^2 && (10\text{-}49)
\end{aligned}$$

当且仅当 $a = b = 0$ 时，$\dfrac{3}{4}a^2 + \left(\dfrac{1}{2}a - b\right)^2\|\boldsymbol{v}_1\|^2$ 为 0，所以就有 $\|\boldsymbol{V}\|^2 \geqslant \|\boldsymbol{v}_1\|^2$，因此 $\boldsymbol{v}_1$ 是格 $\mathcal{L}$ 中最短的向量。

下面看两个例子。

例 10.3.2 $\boldsymbol{v}_1 = (90, 123)$，$\boldsymbol{v}_2 = (56, 76)$，寻找格规约。

解：第 1 步：

$$\begin{array}{l}\|\boldsymbol{v}_1\| = 3\sqrt{2581} \\ \|\boldsymbol{v}_2\| = 4\sqrt{557}\end{array} \Rightarrow \|\boldsymbol{v}_1\| > \|\boldsymbol{v}_2\|$$

交换 $\boldsymbol{v}_1$ 和 $\boldsymbol{v}_2$，$\boldsymbol{v}_1 = (56, 76)$，$\boldsymbol{v}_2 = (90, 123)$。

$$u = \left\lfloor \frac{\boldsymbol{v}_1\boldsymbol{v}_2}{\boldsymbol{v}_1\boldsymbol{v}_1} \right\rceil = \left\lfloor \frac{56 \times 90 + 76 \times 123}{56^2 + 76^2} \right\rceil = \left\lfloor \frac{3597}{2228} \right\rceil = 2 \neq 0$$

$$\boldsymbol{v}_2 = \boldsymbol{v}_2 - 2\boldsymbol{v}_1 = (-22, -29)$$

第 2 步：$\boldsymbol{v}_1 = (56, 76)$，$\boldsymbol{v}_2 = (-22, -29)$。

$$\begin{array}{l}\|\boldsymbol{v}_1\| = 4\sqrt{557} \\ \|\boldsymbol{v}_2\| = 5\sqrt{53}\end{array} \Rightarrow \|\boldsymbol{v}_1\| > \|\boldsymbol{v}_2\|$$

交换 $\boldsymbol{v}_1$ 和 $\boldsymbol{v}_2$，$\boldsymbol{v}_1 = (-22, -29)$，$\boldsymbol{v}_2 = (56, 76)$。

$$u = \left\lfloor \frac{\boldsymbol{v}_1\boldsymbol{v}_2}{\boldsymbol{v}_1\boldsymbol{v}_1} \right\rceil = \left\lfloor \frac{(-22) \times 56 + (-29) \times 76}{(-22)^2 + (-29)^2} \right\rceil = \left\lfloor -\frac{3436}{1325} \right\rceil = -3 \neq 0$$

$$\boldsymbol{v}_2 = \boldsymbol{v}_2 + 3\boldsymbol{v}_1 = (-10, -11)$$

第 3 步：$\boldsymbol{v}_1 = (-22, -29)$，$\boldsymbol{v}_2 = (-10, -11)$。

$$\begin{array}{l}\|\boldsymbol{v}_1\| = 5\sqrt{53} \\ \|\boldsymbol{v}_2\| = \sqrt{221}\end{array} \Rightarrow \|\boldsymbol{v}_1\| > \|\boldsymbol{v}_2\|$$

交换 $\boldsymbol{v}_1$ 和 $\boldsymbol{v}_2$，$\boldsymbol{v}_1 = (-10, -11)$，$\boldsymbol{v}_2 = (-22, -29)$。

$$u = \left\lfloor \frac{\boldsymbol{v}_1\boldsymbol{v}_2}{\boldsymbol{v}_1\boldsymbol{v}_1} \right\rceil = \left\lfloor \frac{539}{221} \right\rceil = 2 \neq 0$$

$$\boldsymbol{v}_2 = \boldsymbol{v}_2 - 2\boldsymbol{v}_1 = (-2, -7)$$

第 4 步：$\boldsymbol{v}_1 = (-10, -11)$，$\boldsymbol{v}_2 = (-2, -7)$。

$$\begin{array}{l}\|\boldsymbol{v}_1\| = \sqrt{221} \\ \|\boldsymbol{v}_2\| = \sqrt{53}\end{array} \Rightarrow \|\boldsymbol{v}_1\| > \|\boldsymbol{v}_2\|$$

交换 $\boldsymbol{v}_1$ 和 $\boldsymbol{v}_2$，$\boldsymbol{v}_1 = (-2, -7)$，$\boldsymbol{v}_2 = (-10, -11)$。

$$u = \left\lfloor \frac{\boldsymbol{v}_1\boldsymbol{v}_2}{\boldsymbol{v}_1\boldsymbol{v}_1} \right\rceil = \left\lfloor -\frac{97}{53} \right\rceil = 1.8 = 2 \neq 0$$

$$\boldsymbol{v}_2 = \boldsymbol{v}_2 - 2\boldsymbol{v}_1 = (-6, 3)$$

第 5 步：$\boldsymbol{v}_1 = (-2, -7)$，$\boldsymbol{v}_2 = (-6, 3)$。

$$\begin{array}{l}\|\boldsymbol{v}_1\| = \sqrt{53} \\ \|\boldsymbol{v}_2\| = \sqrt{39}\end{array} \Rightarrow \|\boldsymbol{v}_1\| > \|\boldsymbol{v}_2\|$$

交换 $\boldsymbol{v}_1$ 和 $\boldsymbol{v}_2$，$\boldsymbol{v}_1=(-6,3)$，$\boldsymbol{v}_2=(-2,-7)$。

$$u=\left\lfloor\frac{\boldsymbol{v}_1\boldsymbol{v}_2}{\boldsymbol{v}_1\boldsymbol{v}_1}\right\rceil=\left\lfloor\frac{-9}{39}\right\rceil=0$$

最后，得到格规约 $\boldsymbol{v}_1=(-6,3)$，$\boldsymbol{v}_2=(-2,-7)$。■

例 10.3.3 $\boldsymbol{v}_1=(66586820,65354729)$，$\boldsymbol{v}_2=(6513996,6393464)$，寻找格规约。

解：

$$\left.\begin{aligned}\|\boldsymbol{v}_1\|&=\sqrt{8705045200375841}\approx 93300831.72\\ \|\boldsymbol{v}_2\|&=\sqrt{83308525807312}\approx 9127350.43\end{aligned}\right.\text{，显然 }\|\boldsymbol{v}_1\|>\|\boldsymbol{v}_2\|$$

交换 $\boldsymbol{v}_1$ 和 $\boldsymbol{v}_2$，$\boldsymbol{v}_1=(6513996,6393464)$，$\boldsymbol{v}_2=(66586820,65354729)$。

$$u=\left\lfloor\frac{\boldsymbol{v}_1\cdot\boldsymbol{v}_2}{\boldsymbol{v}_1\cdot\boldsymbol{v}_1}\right\rceil=10\neq 0$$

$$\boldsymbol{v}_2=(66586820,65354729)-10(6513996,6393464)=(1446860,1420089)$$

按照算法以此类推，最后得到 $\boldsymbol{v}_1=(2280,-1001)$，$\boldsymbol{v}_2=(-1324,-2376)$。■

10.3.3 LLL 算法

LLL 算法的全称是 Lenstra-Lenstra-Lovasz 算法 [26]，是一种格基简化算法，是对高斯算法的一种扩展，可将计算维度从二维扩展到 n 维。在最短向量问题和最近向量问题中，计算本质就是对格的基进行化简。该方法对维度较小的格非常适用，可以达到理想的计算。

LLL 算法从任意格开始，计算出一个较短的向量并形成一个新的基，这个基被称为简化基。虽然这个基不一定是最短或者最近的，但它近似于最短的，因此在维度不大的格中，也算顺利解决了 SVP。它的误差约为 $(2/\sqrt{3})^n\approx 1.155^n$，当维度 n 越大时，误差也越大。因此，基于格的密码系统的安全性依赖于 LLL 算法和其他格基规约算法都无法有效地求解近似最短向量问题和近似最近向量问题。换句话说，基于格的密码系统需要能抵御 LLL 攻击。

其应用不只是解决近似最短向量问题，还可以对背包密码 (如默克尔-赫尔曼背包密码) 进行攻击，也可以应用在整数规划、多项式分解等计算机科学领域，是一个非常强大的算法。

介绍 LLL 算法前，需要回顾一下 Gram-Schmidt 正交化 (10.3.1节)。Gram-Schmidt 正交化是将子空间基的向量从任意向量转换为正交向量的方法。在这种情况下一个子空间是一个内积空间，由许多线性独立的向量来描述，每个向量都是子空间的一个维度。Gram-Schmidt 过程采用这些向量并生成相同数量的向量，这些向量组成一个正交系统。这是通过获取其中一个向量并找到与第 1 个向量正交的下一个向量的投影来完成的。重复此过程，直到所有向量都正交，然后对所有向量进行归一化，使子空间的所有向量长度相等并且更容易操作。

使用 Gram-Schmidt 正交化是为了获得更短的向量。在 LLL 算法中，会不断重复迭代更新两个格中的基 $\boldsymbol{v}_i, \boldsymbol{v}_j \in \mathcal{L}$，并使用 Gram-Schmidt 正交化得到的投影基 $\boldsymbol{v}_i^*, \boldsymbol{v}_j^*$。如果满足 $\left|\dfrac{<\boldsymbol{v}_i^*, \boldsymbol{v}_j>}{<\boldsymbol{v}_i^*, \boldsymbol{v}_i^*>}\right| > 0.5$，那么就可以选择一个适当的系数 k，迭代更新 $\boldsymbol{v}_i = \boldsymbol{v}_i - k\boldsymbol{v}_i^*$ 这个基。

使用 LLL 算法需要满足以下两个条件。

1) 对于所有的 $1 \leqslant j < i \leqslant n$，都有 $|\mu_{i,j}| \leqslant \dfrac{1}{2}$，其中 $\mu_{i,j}$ 是 Gram-Schmidt 正交化中两组内积的商。

2) 对于所有的 $1 < i \leqslant n$，都有 $\dfrac{3}{4}\left\|\boldsymbol{v}_{i-1}^*\right\|^2 \leqslant \left\|\mu_{i,i-1}\boldsymbol{v}_{i-1}^* + \boldsymbol{v}_i^*\right\|^2$。

这样才可以使得规约时不会下降得太快。值得注意的是，条件 2 中的“3/4”只是论文作者为了方便而做的任意选择，3/4 可以替换为 (1/4,1) 之间的任意实数，这个范围内的实数都可以保证算法在多项式时间内结束。

定义 10.3.1 LLL 化简基

令 $\{\boldsymbol{v}_1, \cdots, \boldsymbol{v}_n\}$ 为格 $\mathcal{L}$ 的基，$\{\boldsymbol{v}_1^*, \cdots, \boldsymbol{v}_n^*\}$ 为格 $\mathcal{L}$ 的投影基。投影系数 $\mu_{i,j} = \dfrac{<\boldsymbol{v}_i^*, \boldsymbol{v}_j>}{<\boldsymbol{v}_i^*, \boldsymbol{v}_i^*>}$，如果满足 $|\mu_{i,j}| \leqslant 0.5, 1 \leqslant i, j \leqslant n$，并且 $\|\boldsymbol{v}_i^*\|^2 \geqslant \left(\dfrac{3}{4} - \mu_{i,i-1}^2\right)\|\boldsymbol{v}_{i-1}^*\|^2$ (该不等式也称为 Lovász 条件，与 LLL 算法需要满足的第 2 个条件等价)，其中 $1 < i \leqslant n$，那么则被称为 LLL 化简基。

对于给定一个 n 维格 $\mathcal{L}$，LLL 算法步骤如下。

1) 格基为 $\boldsymbol{v}_1, \boldsymbol{v}_2, \cdots, \boldsymbol{v}_n \in \mathcal{L}$。

2) 令 $i = 1$，$\boldsymbol{v}_1^* = \boldsymbol{v}_1$。

3) 对于 $2 \leqslant i \leqslant n$，做循环计算：

① 对于 $1 \leqslant j \leqslant i-1$，计算 $\boldsymbol{v}_i = \boldsymbol{v}_i - \lfloor \mu_{i,j} \rceil \boldsymbol{v}_j^*$，其中 $\mu_{i,j} = \langle v_i, v_j^* \rangle / \langle v_i^*, v_j^* \rangle$；

② 如果 $\|\boldsymbol{v}_i^*\|^2 \geqslant \left(\dfrac{3}{4} - \mu_{i,i-1}^2\right)\|\boldsymbol{v}_{i-1}^*\|^2$，则 $i = i+1$，否则交换 $\boldsymbol{v}_{i-1}$ 和 $\boldsymbol{v}_i$ 的位置，并且令 $i = \max(i-1, 2)$。

LLL 算法的时间复杂度为 $\mathcal{O}\left(n^2 \log n + n^2 \log(\max\|\boldsymbol{v}_i\|)\right)$，效果如图 10-11所示。

如何评价经 LLL 算法得到的这组规约基是好还是差呢？评价规约基的指标是 Hadamard 比例 (Ratio)。回顾 Hadamard 不等式 (定义 10.2.2)，令：

$$\mathcal{H}(\boldsymbol{V}) = \left(\frac{\det(\mathcal{L})}{\|\boldsymbol{v}_1\|\,\|\boldsymbol{v}_2\| \cdots \|\boldsymbol{v}_n\|}\right)^{1/n} \tag{10-50}$$

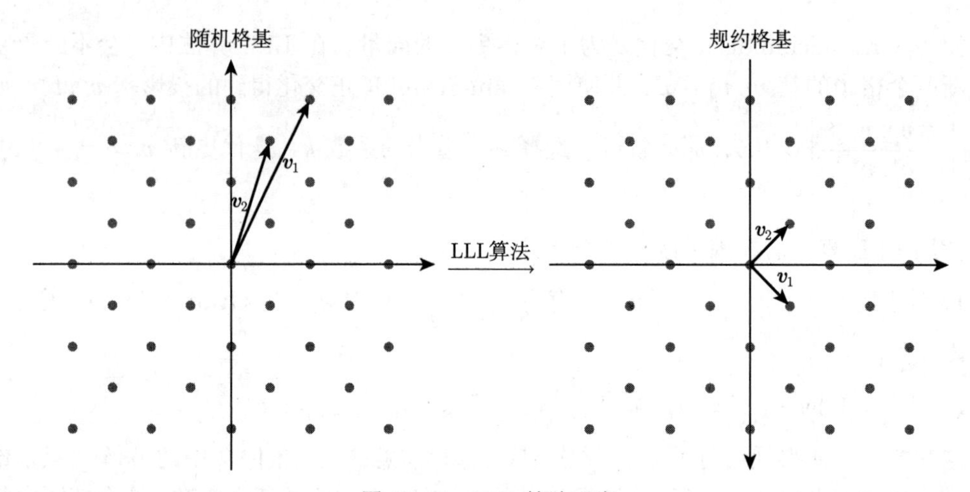

图 10-11 LLL 算法示意

很明显，$0 \leqslant \mathcal{H}(\boldsymbol{V}) \leqslant 1$，$\mathcal{H}(\boldsymbol{V})$ 越接近 1，则越说明向量正交。它的 Python 代码如下：

```
def e_norm(a):
    s = 0
    for i in range(len(a)):
        res = a[i] * a[i]
        s += res
    return s

def Hadamard(v):
    detL = abs(np.linalg.det(v))
    detL = Decimal(str(detL))
    norm = 1
    for i in range(len(v)):
        norm *= math.sqrt(e_norm(v[i]))
    norm = Decimal(str(norm))
    ab = detL / norm
    res = math.pow(ab, 1 / len(v))
    return res
```

例 10.3.4 假设格基 $\boldsymbol{V} = \begin{bmatrix} 5 & -4 & 2 \\ -9 & -19 & 3 \\ 14 & 15 & 9 \end{bmatrix}$，使用 LLL 算法求出 LLL 矩阵。

解：使用 Gram-Schmidt 正交化求出投影基 (在矩阵中是行向量)。

$$\boldsymbol{v}_1^* = \boldsymbol{v}_1 = (5, -4, 2)$$

$$\boldsymbol{v}_2^* = \boldsymbol{v}_2 - \frac{\langle \boldsymbol{v}_2, \boldsymbol{v}_1^* \rangle}{\langle \boldsymbol{v}_1^*, \boldsymbol{v}_1^* \rangle} \boldsymbol{v}_1^* = (-9, -19, 3) - \frac{37}{45}(5, -4, 2) = (-118/9, -707/45, 61/45)$$

同理可得 $\boldsymbol{v}_3^* = (-17030/9463, 21615/9463, 85805/9463)$。

那么，求出投影基矩阵是 $\boldsymbol{V}^* = \begin{bmatrix} \boldsymbol{v}_1^* \\ \boldsymbol{v}_2^* \\ \boldsymbol{v}_3^* \end{bmatrix} = \begin{bmatrix} 5 & -4 & 2 \\ -118/9 & -707/45 & 61/45 \\ -17030/9463 & 21615/9463 & 85805/9463 \end{bmatrix}$。

因为 $\boldsymbol{v}_1^* = \boldsymbol{v}_1$，使用 $\boldsymbol{v}_1$ 对 $\boldsymbol{v}_2$ 进行格规约：

$$\begin{aligned}
\boldsymbol{v}_2 &= \boldsymbol{v}_2 - \left\lfloor \frac{\boldsymbol{v}_2\boldsymbol{v}_1^*}{\boldsymbol{v}_1^*\boldsymbol{v}_1^*} \right\rceil \boldsymbol{v}_1 \\
&= (-9,-19,3) - \left\lfloor \frac{(-9,-19,3)\times(5,-4,2)}{(5,-4,2)\times(5,-4,2)} \right\rceil (5,-4,2) \\
&= (-9,-19,3) - \lfloor 0.82 \rceil (5,-4,2) \\
&= (-14,-15,1)
\end{aligned}$$

对 $\boldsymbol{v}_2$ 更新，然后检查 Lovász 条件，因为 $||\boldsymbol{v}_1^*||^2 = 45$，$||\boldsymbol{v}_2^*||^2 \approx 420.58$，$\dfrac{3}{4} - \mu_{2,1}^2 \approx 0.718$，所以 $||\boldsymbol{v}_2^*||^2 \geqslant \left(\dfrac{3}{4} - \mu_{2,1}^2\right)||\boldsymbol{v}_1^*||^2$，可以继续计算 $\boldsymbol{v}_3$。使用更新 $\boldsymbol{v}_2$ 后的格基 $\boldsymbol{V}$ 进行 Gram-Schmidt 正交化，$\boldsymbol{v}_1^* = \boldsymbol{v}_1$，重新计算 $\boldsymbol{v}_2^*$、$\boldsymbol{v}_3^*$。

很容易计算得到，$\boldsymbol{v}_2^* = (-118/9, -707/45, 61/45)$，$\boldsymbol{v}_3^* = (-17030/9463, 21615/9463, 85805/9463)$。使用 $\boldsymbol{v}_1$、$\boldsymbol{v}_2$ 对 $\boldsymbol{v}_3$ 进行格规约：

$$\begin{aligned}
\boldsymbol{v}_3 &= \boldsymbol{v}_3 - \left\lfloor \frac{\boldsymbol{v}_3\boldsymbol{v}_1^*}{\boldsymbol{v}_1^*\boldsymbol{v}_1^*} \right\rceil \boldsymbol{v}_1 \\
&= (14,15,9) - \lfloor 0.622 \rceil (5,-4,2) \\
&= (9,19,7) \\
\boldsymbol{v}_3 &= \boldsymbol{v}_3 - \left\lceil \frac{\boldsymbol{v}_3\boldsymbol{v}_2^*}{\boldsymbol{v}_2^*\boldsymbol{v}_2^*} \right\rfloor \boldsymbol{v}_2 \\
&= (9,19,7) - [-0.97](-14,-15,1) \\
&= (-5,4,8)
\end{aligned}$$

对 $\boldsymbol{v}_3$ 更新，然后检查 Lovász 条件，因为 $||\boldsymbol{v}_2^*||^2 \approx 420.58$，$||\boldsymbol{v}_3^*||^2 \approx 90.67$，$\dfrac{3}{4} - \mu_{3,2} \approx 0.032$，所以 $||\boldsymbol{v}_3^*||^2 \ngeqslant \left(\dfrac{3}{4} - k_{3,2}^2\right)||\boldsymbol{v}_2^*||^2$，交换 $\boldsymbol{v}_3$ 和 $\boldsymbol{v}_2$ 的位置，得到新的矩阵 $\boldsymbol{V} = \begin{bmatrix} 5 & -4 & 2 \\ -5 & 4 & 8 \\ -14 & -15 & 1 \end{bmatrix}$。

重新使用 Gram-Schmidt 正交化，$\boldsymbol{v}_1^* = \boldsymbol{v}_1$，重新计算 $\boldsymbol{v}_2^*$、$\boldsymbol{v}_3^*$。如此循环，直到对于所有 i，满足 $||\boldsymbol{v}_i^*||^2 \geqslant \left(\dfrac{3}{4} - \mu_{i,i-1}^2\right)||\boldsymbol{v}_{i-1}^*||^2$ 为止。对于部分矩阵，如果 j 是从 $i-1$ 开始做循环计算，直至减少到 1，运算步骤可以减少。

得到 LLL 矩阵 $\begin{bmatrix} 5 & -4 & 2 \\ 0 & 0 & 10 \\ -14 & -15 & 1 \end{bmatrix}$。最后用 Hadamard 比例来验证一下效果，两个矩阵都具有相同的行列式，即 $\det(\boldsymbol{V}) = \det\left(\boldsymbol{V}^{\mathrm{LLL}}\right) = \pm 1310$，它们的比例分别是：

$$\mathcal{H}(\boldsymbol{V}) = 0.7431$$

$$\mathcal{H}(\boldsymbol{V}^{\mathrm{LLL}}) = 0.9833$$

可以看得出，该组格基经过 LLL 算法后，得到的格基更加正交。 ■

例 10.3.5 假设格基 $\boldsymbol{V} = \begin{bmatrix} 12 & 3 & 31 & 45 & 2 & 31 \\ 12 & 41 & 15 & 0 & 4 & 23 \\ 45 & 14 & 0 & 23 & 4 & 15 \\ 21 & 45 & 43 & 0 & 17 & 14 \\ 1 & 41 & 36 & 13 & 49 & 51 \\ 49 & 43 & 22 & 29 & 4 & 25 \end{bmatrix}$，使用 LLL 算法求出 LLL 矩阵。

解：先求出其 Hadamard 比例，$\mathcal{H}(\boldsymbol{V}) = 0.4523$。看得出这是一组很糟糕的格基。

在 SageMath 中，内置了 LLL 算法公式，可以很方便、快速地求得 LLL 矩阵。

```
#LLL算法
A = Matrix(ZZ,6,6,[12,3, 31, 45, 2 ,31,
           12, 41, 15, 0 ,4, 23,
           45, 14 ,0, 23 ,4 ,15,
           21 ,45, 43, 0, 17, 14,
           1 ,41, 36, 13, 49, 51,
           49, 43, 22 ,29, 4 ,25,])
print(A.LLL())#还可以写成A.BKZ()，两者是等价的
```

求得 LLL 矩阵是 $\begin{bmatrix} -8 & -12 & 7 & 6 & -4 & -13 \\ -7 & 0 & 5 & 15 & 22 & -8 \\ -13 & 13 & 1 & 12 & -17 & 6 \\ 9 & 4 & 28 & 0 & 13 & -9 \\ -5 & -12 & 18 & -11 & -3 & 31 \\ 20 & -14 & -14 & 35 & -17 & -2 \end{bmatrix}$。其 Hadamard 比例 $\mathcal{H}(\boldsymbol{V}^{\mathrm{LLL}}) = 0.9301$，LLL 算法效果惊人。 ■

10.4 GGH 公钥密码系统

10.4.1 加密步骤

GGH 密码系统是一种基于格的非对称加密系统，它是由 3 位以色列密码学家 Oded Goldreich、Shafi Goldwasser 和 Shai Halevi 于 1997 年发表在论文 “Public-Key Cryptosystems from Lattice Reduction Problems” [141] 中的。GGH 密码系统的安全性基于最短向量问题 (SVP) 的困难性。简单来说，如果初始选择基不是很好，那么计算最短向量会变得很困难，尤其是随着格 $\mathcal{L}$ 的维度增加，解决 SVP 会越发困难。

GGH 密码系统是一种随机化的加密过程，它拥有一个单向陷门函数，可以很容易地选择一个接近格点的近似偏移向量，但是要找到原始格点却很难。在 GGH 密码系统中，选择 n 组基，就可以加密 n 个字符的数字信息，其密钥大小为 n^2。GGH 密码系统的性能较差，很多时间都会浪费在矩阵的计算上，因此不太实用。下面介绍一下 GGH 密码系统的加密步骤 [142]。

1) 私钥：Bob 在整数域 $\mathbb{Z}^n$ 中选择一组易于计算 (Hadamard 比例高) 的格基 $\boldsymbol{V}=\{\boldsymbol{v}_1,\boldsymbol{v}_2,\cdots,\boldsymbol{v}_n\}$ 作为私钥。设 $\boldsymbol{V}$ 是矩阵，$\boldsymbol{v}_i$ 作为行向量，$\mathcal{L}$ 是由格基 $\boldsymbol{V}$ 生成的格。

2) 公钥：Bob 选择一个 $n\times n$ 的矩阵 $\boldsymbol{U}$，其中矩阵 $\boldsymbol{U}$ 的元素都是整数，并且行列式 $\det(\boldsymbol{U})=\pm1$。计算 $\boldsymbol{W}=\boldsymbol{U}\boldsymbol{V}$，然后公开矩阵 $\boldsymbol{W}$ 的行向量 $\boldsymbol{w_i}$，$\boldsymbol{w_i}$ 是一组计算困难 (Hadamard 比例低) 的格基且 $\det(\boldsymbol{U})=\pm1$ 以保证 $\boldsymbol{W}$ 可逆。

3) 加密：假设 Alice 想要发送信息 $\boldsymbol{m}=(m_1,m_2,\cdots,m_n)$，需将 $\boldsymbol{m}$ 转化为一个整数域的向量。然后随机选择一个误差向量 (也称扰动向量)$\boldsymbol{r}$，计算：

$$\boldsymbol{c}=m_1\boldsymbol{w}_1+m_2\boldsymbol{w}_2+\cdots+m_n\boldsymbol{w_n}+\boldsymbol{r} \tag{10-51}$$

将密文 $\boldsymbol{c}$ 发送给 Bob。其中 $\boldsymbol{r}=(\delta_1\sigma,\cdots,\delta_n\sigma)$，$\delta_i$ 在 $(-1，1)$ 之间随机选取，σ 是一个公开的小常数。

4) 解密：Bob 为了还原明文，就需要解决最近向量问题 (CVP)，找到一个向量 $\boldsymbol{v}\in\mathcal{L}$ 与密文 $\boldsymbol{c}$ 最接近。计算

$$\boldsymbol{v}\boldsymbol{W}^{-1}\approx(\boldsymbol{m}\boldsymbol{W}+\boldsymbol{r})\,\boldsymbol{W}^{-1}=\boldsymbol{m}+\boldsymbol{r}\boldsymbol{W}^{-1} \tag{10-52}$$

如果 $\boldsymbol{r}\boldsymbol{W}^{-1}\approx0$，那么 Bob 就可以使用解密公式 $\boldsymbol{v}\boldsymbol{W}^{-1}$ 成功还原明文信息了。

总结一下，格基 $\boldsymbol{V}$ 是私钥，格基 $\boldsymbol{W}$ 是公钥，$\boldsymbol{c}$ 是密文、$\boldsymbol{m}$ 是明文。而格基 $\boldsymbol{U}$ 和误差向量 $\boldsymbol{r}$ 也是不能公开的。在第 4 步中，需要找到一个向量 $\boldsymbol{v}\in\mathcal{L}$ 与 $\boldsymbol{c}$ 最接近。

假设 $\boldsymbol{v}_1=\begin{bmatrix}1\\2\end{bmatrix}$，$\boldsymbol{v}_2=\begin{bmatrix}4\\1\end{bmatrix}$，$\boldsymbol{w}_1=\begin{bmatrix}8\\4\end{bmatrix}$，$\boldsymbol{w}_2=\begin{bmatrix}9\\5\end{bmatrix}$。将 $\boldsymbol{w}$ 用向量 $\boldsymbol{v}$ 的线性组合表示，对系数进行四舍五入。利用方程组求解可得到系数：

$$\boldsymbol{w}_1=\frac{8}{7}\boldsymbol{v}_1+\frac{12}{7}\boldsymbol{v}_2$$

$$\boldsymbol{w}_2=\frac{11}{7}\boldsymbol{v}_1+\frac{13}{7}\boldsymbol{v}_2$$

对于 $\boldsymbol{w}_1$，系数四舍五入后，就可以猜测得到 $\boldsymbol{w}=\boldsymbol{v}_1+2\boldsymbol{v}_2$。但很显然，对于 $\boldsymbol{w}_2$，$\boldsymbol{w}=2\boldsymbol{v}_1+2\boldsymbol{v}_2$ 更合适。为了解决这个问题，就需要使用 Babai 算法 [143]。

10.4.2 Babai 算法

Babai 算法是由匈牙利数学家鲍鲍伊 (L. Babai) 提出的一种找到格向量 $\boldsymbol{w}$ 接近 $\boldsymbol{V}\in\mathbb{R}^n$ 的方法，使得 $||\boldsymbol{w}-\boldsymbol{V}||$ 达到最小值。Babai 算法分为 Babai 最近平面法 (Babai’s Nearest

Plane Method) 和舍入法 (Round Method)。在此，主要介绍和使用舍入法。舍入法是最近平面法的一种替代，在实际计算过程中操作起来更简单，它不需要计算 Gram-Schmidt 正交化，但缺点是不保证 100%能解决 CVP。

Babai 算法首先令 $\{\boldsymbol{v}_1,\cdots,\boldsymbol{v}_n\}$ 为格 $\mathcal{L}\subset\mathbb{R}^n$ 的基，$\boldsymbol{w}\in\mathbb{R}^n$ 为目标向量 (任意向量)，且如果基中的向量彼此充分正交，那么下面的算法可以求解 CVP。

用 $\boldsymbol{v}_i$ 表示目标向量 $\boldsymbol{w}$，通过线性方程组求解系数 t_i，得到：

$$\boldsymbol{w}=\sum_{i=1}^{n} t_i\boldsymbol{v_i}, t_i\in\mathbb{R} \tag{10-53}$$

对系数进行舍入计算，就得到：

$$\boldsymbol{V}=\sum_{i=1}^{n} \lfloor t_i\rceil\, \boldsymbol{v_i}, t_i\in\mathbb{R} \tag{10-54}$$

其中 $\lfloor t_i\rceil$ 为舍入函数，即选择其最接近的整数。选择的基向量 $\boldsymbol{v}_i$ 需要一定的正交性，向量之间不需要完美的正交，但也不能距离正交性相差太远。换句话说，向量之间需要有明显的夹角，否则计算结果不会太准确。Babai 证明了经过 LLL 规约后的格基，可以使得 $||\boldsymbol{w}-\boldsymbol{V}||$ 最小 [143]，如图 10-12所示。下面来看看例子。

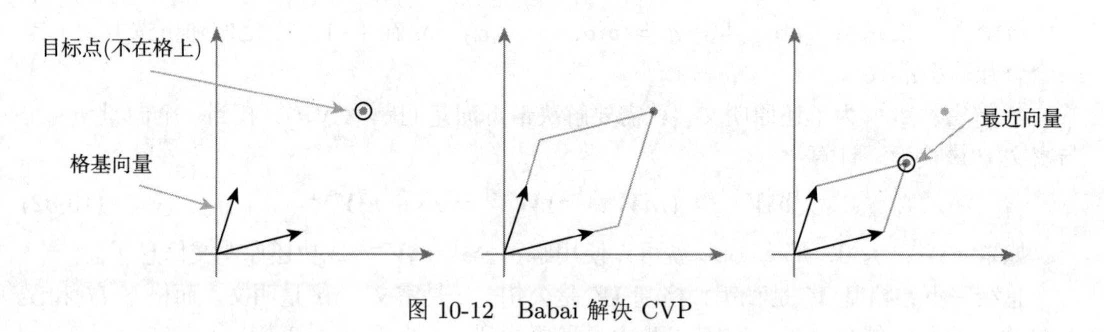

图 10-12 Babai 解决 CVP

例 10.4.1 让 $\boldsymbol{v}_1=(1,2)$ 和 $\boldsymbol{v}_2=(2,3)$ 为整数格 $\mathcal{L}$ 的基。假设向量 $\boldsymbol{w}=(1.9,2.2)\in\mathcal{L}$。解决 CVP。

解： $\boldsymbol{V}=\begin{bmatrix}1&2\\2&3\end{bmatrix}$，$\boldsymbol{w}=\begin{bmatrix}1.9\\2.2\end{bmatrix}$，通过线性方程组求解，很容易得到 $\boldsymbol{w}=-1.3\boldsymbol{v}_1+1.6\boldsymbol{v}_2$，对系数进行四舍五入，得到 $-\boldsymbol{v}_1+2\boldsymbol{v}_2=(3,4)$，刚好 $(3,4)\in\mathcal{L}$，求得最短向量就是 $(-1,2)$。 ■

例 10.4.2 经过 LLL 格基规约的矩阵是 $\boldsymbol{V}^{\mathrm{LLL}}=\begin{bmatrix}5&-4&2\\0&0&10\\-14&-15&1\end{bmatrix}$，目标向量 $\boldsymbol{w}=(15,8,27)\in\mathcal{L}$，解决 CVP。

解： 经过线性方程组，很容易求得 $\boldsymbol{w}=0.8626\boldsymbol{v}_1+2.6038\boldsymbol{v}_2-0.7634\boldsymbol{v}_3$，对系数四舍五入，可以得到：

$$\boldsymbol{V}=\boldsymbol{v}_1+3\boldsymbol{v}_2-\boldsymbol{v}_3$$ ■

10.4.3　GGH 密码示例

GGH 密码系统细节其实比较复杂，需要注意的细节很多。为了保证密码的安全，格的维度不能太小，一般来说，维度至少要在 350 以上。格基 $\boldsymbol{v}_i$ 里的元素需要使用真随机数生成器随机生成，且元素必须为整数，并且在 $[-4,4]$ 的范围内。矩阵 $\boldsymbol{U}$ 也是随机选择的，但同时又要保证计算 $\boldsymbol{UV}$ 时不能过大，否则会影响计算效率。

为了了解 GGH 密码系统，下面来看两个示例。

例 10.4.3　令 $\boldsymbol{V}=\begin{bmatrix}11 & 0\\0 & 7\end{bmatrix}$，　$\boldsymbol{U}=\begin{bmatrix}7 & 5\\4 & 3\end{bmatrix}$。使用 $\boldsymbol{r}=(1,1)$ 加密信息 $\boldsymbol{m}=(12,13)$。

解：验证 $\det(\boldsymbol{U})=7\times3-4\times5=1$ 满足条件，可以使用：

$$\boldsymbol{V}^{-1}=\begin{bmatrix}\frac{1}{11} & 0\\0 & \frac{1}{7}\end{bmatrix}\qquad \boldsymbol{U}^{-1}=\begin{bmatrix}3 & -5\\-4 & 7\end{bmatrix}$$

$$\boldsymbol{W}=\boldsymbol{UV}=\begin{bmatrix}7 & 5\\4 & 3\end{bmatrix}\begin{bmatrix}11 & 0\\0 & 7\end{bmatrix}=\begin{bmatrix}77 & 35\\44 & 21\end{bmatrix}$$

$$\boldsymbol{c}=\boldsymbol{mW}+\boldsymbol{r}=(1497,694)$$

Alice 发送 $\boldsymbol{c}$ 给 Bob，Bob 收到 $\boldsymbol{c}$ 后进行解密。

使用 Babai 算法寻找 $\boldsymbol{v}\in\mathcal{L}$，使得 $\boldsymbol{v}$ 与密文 $\boldsymbol{c}$ 最近。

$$\boldsymbol{cV}^{-1}=(1497,694)\begin{bmatrix}\frac{1}{11} & 0\\0 & \frac{1}{7}\end{bmatrix}=\left(\frac{1497}{11},\frac{694}{7}\right)\approx(136,99)$$

最近向量 $\boldsymbol{v}=\boldsymbol{cV}^{-1}\times\boldsymbol{V}=(1496,693)$，解密出的明文就是：

$$\boldsymbol{m}=\boldsymbol{vW}^{-1}=(1496,693)\boldsymbol{W}^{-1}\approx(136,99)\begin{bmatrix}3 & -5\\-4 & 7\end{bmatrix}=(12,13)$$ ■

例 10.4.4　令格基

$$\boldsymbol{V}=\begin{bmatrix}53 & 35 & -9\\62 & 12 & 9\\-92 & 45 & 41\end{bmatrix}\qquad \boldsymbol{U}=\begin{bmatrix}98 & 99 & 97\\99 & 100 & 98\\97 & 98 & 97\end{bmatrix}$$

使用 $\boldsymbol{r}=(13,39,19)$ 加密信息 $\boldsymbol{m}=(52,25,99)$。

解：验证 $\det(\boldsymbol{U})=-1$ 满足条件，然后求出格基 $\boldsymbol{V}$ 和 $\boldsymbol{U}$ 的逆：

$$\boldsymbol{V}^{-1}=\begin{bmatrix}-40/68223 & 59/4758 & -24/8419\\321/14134 & -34/3751 & 79/11326\\-66/2515 & 19/503 & 26/2515\end{bmatrix}\qquad \boldsymbol{U}^{-1}=\begin{bmatrix}-96 & 97 & -2\\97 & -97 & 1\\-2 & 1 & 1\end{bmatrix}$$

计算出公钥：

$$\boldsymbol{W}=\boldsymbol{U}\boldsymbol{V}=\begin{bmatrix}98 & 99 & 97\\ 99 & 100 & 98\\ 97 & 98 & 97\end{bmatrix}\begin{bmatrix}53 & 35 & -9\\ 62 & 12 & 9\\ -92 & 45 & 41\end{bmatrix}=\begin{bmatrix}2408 & 8983 & 3986\\ 2431 & 9075 & 4027\\ 2293 & 8936 & 3986\end{bmatrix}$$

计算出密文：

$$\boldsymbol{c}=\boldsymbol{m}\boldsymbol{W}+\boldsymbol{r}=(413011,1578694,702580)$$

Bob 收到 $\boldsymbol{c}$ 后进行解密，使用 Babai 算法寻找 $\boldsymbol{v}\in\mathcal{L}$，使得 $\boldsymbol{v}$ 与密文 $\boldsymbol{c}$ 最近：

$$\begin{aligned}\boldsymbol{c}\boldsymbol{V}^{-1}&=(413011,1578694,702580)\begin{bmatrix}-40/68223 & 59/4758 & -24/8419\\ 321/14134 & -34/3751 & 79/11326\\ -66/2515 & 19/503 & 26/2515\end{bmatrix}\\ &=(17174.375,17350.526,17097.428)\\ &\approx(17174,17350,17097)\\ \boldsymbol{v}&=(17174,17350,17097)\boldsymbol{V}\\ &=(412998,1578655,702561)\\ \boldsymbol{m}&=\boldsymbol{v}\boldsymbol{W}^{-1}\\ &=(52,25,99)\end{aligned}$$

■

10.4.4 密码分析

GGH 密码系统如何保证信息传输过程中的安全性呢？GGH 的安全性保证基于非正交和长向量解决 CVP 的困难性。攻击者 Eve 只知道公钥 $\boldsymbol{W}$，通过各种手段，可以拦截到密文 $\boldsymbol{c}$。想要得到明文 $\boldsymbol{m}$，就必须知道私钥 $\boldsymbol{V}$，因为格基 $\boldsymbol{V}$ 是一组“优质”的格基，可以找到目标格点。而公钥 $\boldsymbol{W}$ 是一组“劣质”的格基，找不到足够接近 $\boldsymbol{m}$ 的格向量。

因为 Eve 没有私钥，即使使用 Babai 算法也无法求出最近向量，只能尝试用密文 $\boldsymbol{c}$ 来计算。假设尝试计算例 10.4.4中的 $\boldsymbol{v}\in\mathcal{L}$。可以得到：

$$\begin{aligned}\boldsymbol{c}\boldsymbol{W}^{-1}&=(27055/412,3497/310,9027/91)\\ &\approx(66,11,99)\end{aligned}$$

得到明文 $\boldsymbol{m}'=(66,11,99)$，这与真正的明文 $\boldsymbol{m}=(52,25,99)$ 是不同的。由此可以发现，如果不算出明文的最近向量，将无法得到正确的明文。在这个例子中虽然有一个字符与明文相同，但这不影响其安全性。

GGH 已经被分析得很透彻了，如今并不能为通信提供安全保障。有几种攻击方式可以将密文还原。比如如果使用错误的格基 $\boldsymbol{V}$，有时候攻击者 Eve 可以凭借运气还原私钥 $\boldsymbol{V}$。下面看一个例子。

例 10.4.5 假设格基 $\boldsymbol{V}=\begin{bmatrix}8&0&0\\0&-24&0\\0&0&88\end{bmatrix}$，$\boldsymbol{U}=\begin{bmatrix}1&3&-10\\8&25&-86\\-11&-28&81\end{bmatrix}$，已知 $\boldsymbol{W}=\boldsymbol{UV}$，尝试还原 $\boldsymbol{V}$。

解：已知 $\boldsymbol{W}=\boldsymbol{UV}=\begin{bmatrix}8&-72&-880\\64&-600&-7568\\-88&672&7128\end{bmatrix}$，经过 LLL 格基规约，就容易得到：

$$\boldsymbol{W}^{\text{LLL}}=\begin{bmatrix}8&0&0\\0&24&0\\0&0&88\end{bmatrix}$$

通过调整可能的正负符号，就可以得到初始格基 $\boldsymbol{V}$。LLL 格基归约算法可以在多项式时间内找到接近正交的格基，在实际应用中，当 GGH 选择的格维度 n 小于 100 时，使用 LLL 算法可以很容易地破解 GGH 密码系统。当 $n<200$ 时，经过一些优化，也可以破解 GGH 密码系统。 ■

随机向量 $\boldsymbol{r}$ 如果选择得不正确，攻击者 Eve 也可以利用这个弱点进行攻击。由于 $\boldsymbol{c}=\boldsymbol{mW}+\boldsymbol{r}$，可以对左右等式同乘一个 $\boldsymbol{W}^{-1}$，得到 $\boldsymbol{cW}^{-1}=\boldsymbol{m}+\boldsymbol{rW}^{-1}$，变换一下得到 $\boldsymbol{m}=\boldsymbol{cW}^{-1}-\boldsymbol{rW}^{-1}$。在一些情况下，尝试破解 $\boldsymbol{cW}^{-1}$ 不失为一种可行的办法。

1999 年，法国数学家 Phong Q. Nguyen[144] 公开了如何破解 GGH 的方法，发布了对 GGH 的攻击方式，让攻击者 Eve 可以通过特定的公钥解密密文。在原始的加密过程中，$\boldsymbol{r}$ 是一个随机生成的向量，用来"扰动"明文，如果 $\boldsymbol{r}$ 选择得不好，Eve 就可以利用"漏余数"进行攻击，使其能够恢复明文的余数 $\boldsymbol{mW} \pmod{2\sigma}$。该方法简化了 CVP，使恢复明文变得更容易。Nguyen 攻击可以破解维度小于 350 的 GGH 密码系统，并且给出了 $n=400$ 时的部分解决方案。Nguyen 攻击的简化过程如下。

选择一组向量 $\boldsymbol{s}=(\sigma,\sigma,\cdots,\sigma)\in\mathbb{Z}^n$，并且 σ 的值会使得 $\boldsymbol{r}$ 落在 $[-\sigma,\sigma]$ 之内。因为：

$$\boldsymbol{c}+\boldsymbol{s}=\boldsymbol{mW}+\boldsymbol{r}+\boldsymbol{s} \tag{10-55}$$

$$\Rightarrow\frac{\boldsymbol{c}+\boldsymbol{s}}{2\sigma}=\frac{\boldsymbol{mW}+\boldsymbol{r}+\boldsymbol{s}}{2\sigma} \tag{10-56}$$

$$\Rightarrow\frac{\boldsymbol{c}+\boldsymbol{s}-\boldsymbol{mW}}{2\sigma}=\frac{\boldsymbol{r}+\boldsymbol{s}}{2\sigma} \tag{10-57}$$

由于 $r_i\in[-\sigma,\sigma]$，$s_i=\sigma$，所以 $r_i+s_i\in[0,2\sigma]$，进一步可以有 $\dfrac{\boldsymbol{r}+\boldsymbol{s}}{2\sigma}=[0,1]^n\in\mathbb{Z}^n$。根据式 (10-57)，$\dfrac{\boldsymbol{c}+\boldsymbol{s}-\boldsymbol{mW}}{2\sigma}\in\mathbb{Z}^n$，就可以得到 $\boldsymbol{c}+\boldsymbol{s}\equiv\boldsymbol{mW} \pmod{2\sigma}$。如果 $\boldsymbol{W}$ 是 2σ 的可逆模，那么 Eve 就可以根据公式 $\boldsymbol{m}\equiv\boldsymbol{W}^{-1}(\boldsymbol{c}+\boldsymbol{s}) \pmod{2\sigma}$ 还原明文，其中 $0\leqslant i\leqslant n$，并且 $\boldsymbol{W}^{-1}(\boldsymbol{c}+\boldsymbol{s}) \pmod{2\sigma}=\boldsymbol{m}_{2\sigma}\in\mathbb{Z}_{2\sigma}^n$，最终得到形式是 $\boldsymbol{m}=\boldsymbol{m}_{2\sigma}+2k\sigma$，$k\in\mathbb{Z}$。

例 10.4.6 回顾例 10.4.3，$\boldsymbol{m}=(12,13)$，$\boldsymbol{W}=\begin{bmatrix}77&35\\44&21\end{bmatrix}$，密文 $\boldsymbol{c}=\boldsymbol{mW}+\boldsymbol{r}=$

(1497, 694)。尝试使用 Nguyen 攻击进行破解。

解：令 $\sigma = 1$，所以 $\boldsymbol{s} = (1, 1)$。

那么 $\boldsymbol{c}+\boldsymbol{s} = (1498, 695) \equiv \boldsymbol{m_{2\sigma}W} \equiv (0, 1) \pmod 2$，$\boldsymbol{m_{2\sigma}} \equiv (0, 1)\cdot(\boldsymbol{W} \pmod 2)^{-1} \equiv (0, 1)$。

由于 $\boldsymbol{m} = \boldsymbol{m_{2\sigma}} + 2k\sigma = (0, 1) + 12 = (12, 13)$，因此该密文被还原。 ■

10.5 NTRU

NTRU 公钥密码系统是由美国布朗大学 3 位数学教授在 1996 年发明的 [146]，是目前已知最快的公钥密码系统之一，并且提供加密 (NTRUencrypt) 和数字签名 (NTRUSign) 方案。NTRU 由多项式的卷积构成，它基于格上的最短向量问题 (SVP)。NTRU 采用截断多项式环 (Truncated Polynomial Ring) 来实现对数据的加密和解密。

RSA、ECC 和 ElGamal 等公钥密码系统的安全性基于大整数分解难题或离散对数问题，这些数学问题很容易被量子计算机攻破。因此，在可预见的未来它们有被破解的风险。而在原理上，NTRU 可以被认为是能够抵抗量子计算机攻击的，这是 NTRU 密码系统的优势之一。NTRU 的安全性是基于 SVP 问题的，目前还没有算法可以在多项式时间内解决这个问题。

2009 年，NTRU 密码系统通过了 IEEE 的标准化认证 [147]。与 RSA 和 ECC 相比，这是一种更有效的加密和解密方法：更快的密钥生成 (使用一次性密钥) 和低内存使用 (因此它可以用于移动设备和智能卡)。2013 年，NTRU 密码系统被广泛使用。

10.5.1 卷积多项式模

定义 10.5.1 多项式环 (Polynomial Ring)

设 $< R, +, \cdot >$ 为任意环，那么多项式 $f(x)$ 在 R 上的表达式可记为：

$$f(x) = \sum_{i=0}^{n} a_i x^i = a_0 + a_1 x + a_2 x^2 + \cdots + a_n x^n \tag{10-58}$$

其中 $n \geqslant 0$，并且 $a_0, a_1, \cdots, a_n \in R$。

如果 $a_n \neq 0$，那么多项式的次数就是 n，记作 $\deg f(x)$。a_i 称为系数，a_0 称为零次项，$a_i x^i$ 称为 i 次项。系数全为 0 的多项式称为零多项式, 记为 0，它的次数定义为 $-\infty$。

x 称为不定元，在 R 中的多项式集合记为 $R[x]$。

定义 10.5.2 卷积多项式环 (Convolution Polynomial Ring)

给定一个正整数 n，那么卷积多项式环是一个商环。记为：

$$R_q = \frac{\mathbb{Z}_q[x]}{(x^n - 1)} \tag{10-59}$$

其多项式 f 可以表达为：

$$f(x) = (a_0, a_1, \cdots, a_{n-1}) = a_0 + a_1 x + a_2 x^2 + \cdots + a_{n-1} x^{n-1} \in R^n \tag{10-60}$$

NTRU 的消息使用多项式形式表示，其系数为整数模 q，因此要使用卷积多项式来表示，卷积多项式也称多项式乘法。

卷积多项式算法是：

$$f \times g = \sum_{k=0}^{n-1} c_k x^k \tag{10-61}$$

其中

$$c_k = \sum_{i+j \equiv k \pmod{n}} f_i g_{k-i} \tag{10-62}$$

而多项式 f 的长度 (也称 Euclidean Norm) 则可以被定义为：

$$\|f\| = \sqrt{\sum_{i=0}^{n-1} f_i^2} \tag{10-63}$$

例 10.5.1 当 $n=3$ 时，计算 $f \times g$，其中 f 和 g 分别表示为：

$$f(x) = \sum_{i=0}^{n-1} f_i x^i = x^2 + 4x - 1$$

$$g(x) = \sum_{i=0}^{n-1} g_i x^i = 5x^2 - x + 3$$

解：按照幂次顺序，从小到大依次排列各项系数。

f 的多项式为 $f = [f_0, f_1, f_2] = [-1, 4, 1]$。

g 的多项式为 $g = [g_0, g_1, g_2] = [3, -1, 5]$。

$c = f \times g$ 的多项式是：

$$\begin{bmatrix} c_0 \\ c_1 \\ c_2 \end{bmatrix} = \begin{bmatrix} f_0 & f_2 & f_1 \\ f_1 & f_0 & f_2 \\ f_2 & f_1 & f_0 \end{bmatrix} \begin{bmatrix} g_0 \\ g_1 \\ g_2 \end{bmatrix} = \begin{bmatrix} -1 & 1 & 4 \\ 4 & -1 & 1 \\ 1 & 4 & -1 \end{bmatrix} \begin{bmatrix} 3 \\ -1 \\ 5 \end{bmatrix} = \begin{bmatrix} 16 \\ 18 \\ -6 \end{bmatrix}$$

$$f \times g = 16 + 18x - 6x^2$$

■

$f \times g$ 的卷积通项是：

$$\begin{bmatrix} c_0 \\ c_1 \\ \vdots \\ c_{n-1} \end{bmatrix} = \begin{bmatrix} f_0 & f_{n-1} & f_{n-2} & \cdots & f_1 \\ f_1 & f_0 & f_{n-1} & \cdots & f_2 \\ \vdots & \vdots & \vdots & \ddots & \vdots \\ f_{n-1} & f_{n-2} & f_{n-3} & \cdots & f_0 \end{bmatrix} \begin{bmatrix} g_0 \\ g_1 \\ \vdots \\ g_{n-1} \end{bmatrix} = \begin{bmatrix} p_0 \\ p_1 \\ \vdots \\ p_{n-1} \end{bmatrix}$$

在 NTRU 密码系统中，需要对多项式进行模 q 运算。那么就可以写为：

$$R_q = \frac{(\mathbb{Z}/q\mathbb{Z})[x]}{(x^n - 1)} \tag{10-64}$$

例 10.5.2 设 $n = 3$，$q = 2$，$f = x + x^2$，$g = 2 + x$。求 $f \times g \pmod q$。

解：与多项式乘法一样，系数的运算按照模 2 进行。

$$\begin{aligned} f \times g \pmod q &\equiv \underbrace{(x + x^2) \times (2 + x)}_{\text{系数 mod 2}} \\ &\equiv \underbrace{1 + 2x + 3x^2}_{\text{系数 mod 2}} \\ &\equiv 1 + x^2 \end{aligned}$$

■

如果 q 比较大，有时候为了方便阅读，会对系数做一些限制。一般来说，系数 a_i 会在区间 $\left(-\frac{q}{2}, \frac{q}{2}\right]$ 内。

例 10.5.3 设 $n = 3$，$q = 5$，$f(x) = 2 + 4x + 3x^2$，$g(x) = 1 + 2x + x^2$。求 $f \times g \pmod q$。

解：

$$\begin{aligned} f \times g \pmod q &\equiv \underbrace{(2 + 4x + 3x^2) \times (1 + 2x + x^2)}_{\text{系数 mod 5}} \\ &\equiv \underbrace{12 + 11x + 13x^2}_{\text{系数 mod 5}} \\ &\equiv 2 + x^2 - 2x^2 \end{aligned}$$

■

若 q 为素数，多项式 $f(x) \in R_q$ 有乘法逆元，当且仅当：

$$\gcd(f(x), x^n - 1) = 1 \in (\mathbb{Z}/q\mathbb{Z})[x] \tag{10-65}$$

如果满足这个条件，那么意味着 $f(x)^{-1} \in R_q$。为了方便计算，将其写成 $f(x)u(x) + (x^n - 1)v(x) = 1$，其中 $u(x), v(x) \in (\mathbb{Z}/q\mathbb{Z})[x]$，$u(x) = f(x)^{-1} \in R_q$。下面来看一个例子。

例 10.5.4 令 $q = 2$，$n = 5$，求 $(x^4 + x^2 + 1)^{-1} \in R_2$。

解：使用辗转相除法，计算出 $x^4 + x^2 + 1$ 和 $x^5 - 1$ 的最大公约数。

此时，因为 $q = 2$，可以对 $x^5 - 1$ 的各项系数进行模运算，因此 $x^5 + (-1 \pmod 2) = x^5 + 1$。

计算第 1 轮辗转相除法。

$$
\begin{array}{r}
x \\
x^4+x^2+1 \overline{\big) \; x^5 \qquad\qquad +1} \\
\underline{-x^5-x^3-x} \\
-x^3-x+1
\end{array}
$$

在多项式模 2 的运算中，系数 -1 等于系数 1，因此很容易得到：

$$
\begin{aligned}
x^5+1 &= (x^4+x^2+1)x+(-x^3-x+1) \\
&= (x^4+x^2+1)x+(x^3+x+1) \\
\Rightarrow x^3+x+1 &= (x^5+1)-(x^4+x^2+1)x
\end{aligned}
$$

使用 x^4+x^2+1 与 x^3+x+1 进行第 2 轮辗转相除法。

$$
\begin{array}{r}
x \\
x^3+x+1 \overline{\big) \; x^4+x^2 \qquad +1} \\
\underline{-x^4-x^2-x} \\
-x+1
\end{array}
$$

$$
\begin{aligned}
x^4+x^2+1 &= (x^3+x+1)x+(-x+1) \\
&= (x^3+x+1)x+(x+1) \\
\Rightarrow x+1 &= (x^4+x^2+1)-(x^3+x+1)x
\end{aligned}
$$

同样的步骤，使用 x^3+x+1 与 $x+1$ 进行第 3 轮辗转相除法。

$$
\begin{array}{r}
x^2-x+2 \\
x+1 \overline{\big) \; x^3 \qquad\quad +x+1} \\
\underline{-x^3-x^2} \qquad\qquad \\
-x^2+x \qquad \\
\underline{x^2+x} \qquad \\
2x+1 \\
\underline{-2x-2} \\
-1
\end{array}
$$

最后得到 -1，因为在模 2 的运算中，$-1 \equiv 1 \pmod 2$，因此其最大公约数是 1。x^3+x+1 可以写成：

$$
\begin{aligned}
x^3+x+1 &= (x+1)(x^2-x+2)+1 \\
&= (x+1)(x^2+x)+1
\end{aligned}
$$

$$\Rightarrow 1 = (x^3 + x + 1) - (x + 1)(x^2 + x)$$

因为它们的最大公约数是 1，因此 $x^4 + x^2 + 1$ 会有乘法的逆元。将上述 3 个等式在模 2 的运算中转化一下：

$$\begin{aligned}
1 &= x^3 + x + 1 - (x + 1)(x^2 + x) \\
&= x^3 + x + 1 + (x + 1)(x^2 + x) \\
&= x^3 + x + 1 + [(x^4 + x^2 + 1) - (x^3 + x + 1)x](x^2 + x) \\
&= x^3 + x + 1 + [(x^4 + x^2 + 1) - [(x^5 + 1) - (x^4 + x^2 + 1)x]x](x^2 + x) \\
&= x^3 + x + 1 + [(x^4 + x^2 + 1) + [(x^5 + 1) + (x^4 + x^2 + 1)x]x](x^2 + x) \\
&= x^3 + x + 1 + (x^4 + x^2 + 1)(x^2 + x) + (x^5 + 1)x(x^2 + x) + (x^4 + x^2 + 1)x^2(x^2 + x) \\
&= x^3 + x + 1 + (x^4 + x^2 + 1)(x^2 + x)(1 + x^2) + (x^5 + 1)(x^3 + x^2) \\
&= x^3 + x + 1 + (x^4 + x^2 + 1)(x^4 + x^3 + x^2 + x) + (x^5 + 1)(x^3 + x^2) \\
&= x^3 + x + 1 + x^5 + x^3 + x + (x^4 + x^2 + 1)(x^4 + x^3 + x^2) + (x^5 + 1)(x^3 + x^2) \\
&= x^5 + 1 + (x^4 + x^2 + 1)(x^4 + x^3 + x^2) + (x^5 + 1)(x^3 + x^2) \\
&= (x^4 + x^2 + 1)(x^4 + x^3 + x^2) + (x^5 - 1)(x^3 + x^2 + 1)
\end{aligned}$$

所以 $f(x)^{-1} = x^4 + x^3 + x^2 \in R_2$。 ■

容易观察到，多项式的乘法逆元并不是那么好计算的。下面提供一种快速计算多项式的乘法逆元的代码，在 SageMath 里，可以使用如下脚本进行计算：

```
1 q = 2 #参数q
2 N = 5 #参数N
3 R.<x> = PolynomialRing(Zmod(q))
4 Mod = x^N-1
5 f = x^4+x^2+1
6 inverse_mod(f,Mod)
```

10.5.2 加密步骤

在了解 NTRU 加密之前，首先了解一个函数 $\mathcal{T}(d_1, d_2)$。$\mathcal{T}(d_1, d_2)$ 表示一类多项式的集合。如果 $f(x) \in \mathcal{T}(d_1, d_2)$，那么 $f(x)$ 中就有 d_1 个值为 1 的系数、d_2 个值为 -1 的系数，其他系数的值为 0。换句话说，$f(x)$ 是一个三元多项式。

例 10.5.5 一个 $\mathcal{T}(4,2)$ 的多项式：

$$f(x) = x^7 - x^6 + x^4 + x^3 - x + 1 \in \mathcal{T}(4,2)$$ ■

Alice 作为发送方，Bob 作为接收方，假设他们想使用 NTRU 进行保密通信，那么他们该如何操作呢？NTRU 有 4 个重要的参数，分别是 (N, p, q, d)，这 4 个参数起到决定性作用。为了保证安全性，规定 N, p 为素数，通常 $250 < N \leqslant 2500$，$250 < q \leqslant 8192$，p 一

般等于 3，且 $\gcd(p,q)=1$，以及 $q>(6d+1)p$，$d\in\mathbb{Z}^+$。加密过程如下。

1)Alice 和 Bob 共同决定两个整数 N、d，使得多项式的次数最多为 $N-1$，多项式的系数为整数。再共同决定两个整数 p、q，需要满足 $q>(6d+1)p$，使得它们的最大公约数 $\gcd(p,q)=1$，并且 $\gcd(N,q)=1$。

2) 私钥：Bob 选择两个多项式。

$$f=\sum_{k=0}^{N-1} f_i x^i \tag{10-66}$$

$$g=\sum_{k=0}^{N-1} g_i x^i \tag{10-67}$$

其中 $f\in\mathcal{T}(d+1,d)$，$g\in\mathcal{T}(d,d)$。然后计算 $f_p\equiv f^{-1}\pmod p$ 和 $f_q\equiv f^{-1}\pmod q$，保留 f_p、f_q。如果 f_p 或 f_q 不存在，则重新选择 f 直至 f_p 和 f_q 都存在为止。私钥为多项式 f 及其逆元 f_p。

3) 公钥：Bob 计算 $h\equiv f_q\times g\pmod q$，并公开。

4)Alice 把明文转换成一个多项式 m，其系数是整数，介于 $-(p-1)/2$ 和 $(p-1)/2$ 之间。如果 $p=3$，那么多项式 m 的系数取值就是 $\{-1,0,1\}$。

5) 加密：Alice 随机选择另一个小的 (扰动) 多项式 $r\in\mathcal{T}(d,d)$ 以掩盖信息。保留 r 不公开，然后将 $c\equiv ph\times r+m\pmod q$ 发送给 Bob。

6) 解密：Bob 为了还原信息，他需要计算

$$a\equiv f\times c\pmod q \tag{10-68}$$

$$b\equiv a\pmod p \tag{10-69}$$

7)Bob 计算 $m\equiv f_p\times b\pmod p$ 还原信息。

注意，$f\times f_p\equiv 1\pmod p$，$f\times f_q\equiv 1\pmod q$，$h\equiv f_q\times g\pmod q$。

下面证明解密过程是可以正确还原信息的。

证明

$$a\equiv f\times c\pmod q \tag{10-70}$$

$$\equiv f\times(ph\times r+m)\pmod q \tag{10-71}$$

$$\equiv pf\times(f_q\times g\times r)+f\times m\pmod q \tag{10-72}$$

$$\equiv pf\times f^{-1}\times g\times r+f\times m\pmod q \tag{10-73}$$

$$\equiv pg\times r+f\times m\pmod q \tag{10-74}$$

由于等式有一个小系数 p，通过对 p 进行规约，就有：

$$b \equiv a \pmod{p} \tag{10-75}$$

$$\equiv pg \times r + f \times m \pmod{p} \tag{10-76}$$

$$\equiv f \times m \pmod{p} \tag{10-77}$$

因此

$$f_p \times b \equiv f^{-1} \times f \times m \equiv m \pmod{p} \tag{10-78}$$

还原成功。

下面来看一个例子。

例 10.5.6 Alice 和 Bob 共同决定了 $N = 11$，$p = 3$，$q = 79$，$d = 3$。想加密明文 $m = \{1, -1, 1, 0, 0, 0, 0, 1, 0, 0, -1\}$，若使用 NTRU 进行加密通信，其密文是什么？

解：

1) Bob 选择了以下两个多项式。

$$f(x) = x^{10} + x^8 - x^5 + x^4 + x^3 - x^2 - x \in \mathcal{T}(4, 3)$$

$$g(x) = x^{10} - x^8 + x^6 - x^4 + x^2 - x \in \mathcal{T}(3, 3)$$

虽然多项式的系数不大，却满足了 NTRU 密码的要求：$q = 79 > 57 = (6d + 1)p$。

2) 使用 SageMath 计算得到多项式 f 的乘法逆元。

$$\begin{aligned} f_q(x) \equiv& f(x)^{-1} \pmod{q} \\ \equiv& 29x^{10} + 25x^9 + 4x^8 + 7x^7 + 60x^6 + 24x^5 + 78x^4 + 49x^3 + 76x^2 + \\ & 55x + 68 \pmod{79} \end{aligned}$$

$$\begin{aligned} f_p(x) \equiv& f(x)^{-1} \pmod{p} \\ \equiv& x^{10} + x^7 + 2x^6 + 2x^3 + x^2 + x + 2 \pmod{3} \end{aligned}$$

保留为私钥。

3) 计算 $h(x)$：

$$h(x) \equiv f_q \times g \pmod{q}$$

$$\equiv 68x^{10} + 2x^9 + 8x^8 + 24x^7 + 28x^6 + x^5 + x^4 + 51x^3 + 20x^2 + 15x + 19 \pmod{79}$$

并发送给 Alice。

4) 假设 Alice 把信息转化为多项式 $m(x) = -x^{10} + x^7 + x^2 - x + 1$，并用 $r(x) = x^{10} - x^5 + x - 1$ 进行加密，那么密文方程就是：

$$\begin{aligned} c(x) \equiv& 13x^{10} + 61x^9 + 59x^8 + 56x^7 + 25x^6 + 27x^5 + 28x^4 + 62x^3 \\ & + 36x^2 + 78x + 30 \pmod{79} \end{aligned}$$

将 c 作为密文发送出去。

5) Bob 收到密文后，恢复明文，计算：

$$a \equiv f \times c \pmod q \equiv 3x^8 + 74x^7 + 3x^6 + 78x^5 + x^4 + 75x^2 + 6x + 77 \pmod{79}$$

$$b \equiv a \pmod p \equiv x^7 + 2x^5 + x^4 + 2x^2 + 1 \pmod 3$$

6) Bob 在最后一步需要计算：

$$\begin{aligned} f_p \times b \pmod p &\equiv 2x^{10} + x^7 + x^2 + 2x + 1 \pmod 3 \\ &\equiv -x^{10} + x^7 + x^2 - x + 1 \pmod 3 \\ &\equiv m(x) \end{aligned}$$

还原成功。

NTRU 的 SageMath 代码如下：

```
#输入参数
N = 11
p = 3
q = 79
d = 3

R.<x> = PolynomialRing(Zmod(q)) #设置环，参数
Mod = x^N-1

f = x^10+x^8-x^5+x^4+x^3-x^2-x #多项式
g = x^10-x^8+x^6-x^4+x^2-x #多项式

Fq = (inverse_mod(f,Mod))

h = Fq*g%Mod #计算h
print(h)

h = 68*x^10 + 2*x^9 + 8*x^8 + 24*x^7 + 28*x^6 + x^5 + x^4 + 51*x^3 + 20*x^2 + 15*x + 19
m = -x^10 +x^7 +x^2 - x + 1 #明文
r = x^10 - x^5 + x -1 #干扰项
e = (p*h*r)%Mod + m
print(e)

a = (e*f)%Mod #计算a
print(a)

R.<x> = PolynomialRing(Zmod(p))
Mod = x^11-1
f = x^10+x^8-x^5+x^4+x^3-x^2-x
g = x^10-x^8+x^6-x^4+x^2-x
Fp = (inverse_mod(f,Mod))

b = 3*x^8 -5*x^7 + 3*x^6 -1*x^5 + x^4 -4*x^2 + 6*x -2 #根据a修改项数
print(b)

```

```
36 m =(Fp*b)%Mod #计算明文
37 print(m) #输出明文
```

■

10.5.3 安全性分析

NTRU 的安全性基于格上的最短向量问题 (SVP)，计算难度是由参数 N、p、q、d 决定的。通过对这些参数施加某些条件，可以提高或降低 NTRU 密码系统的安全性。

想对 NTRU 密码系统进行分析，唯一可行的办法就是寻找最短向量。这会涉及建立一个方程组，方程组是一个大小为 $N\times N$ 的矩阵。在目前已知的对格密码系统的攻击算法中，如果 $N<100$，那么大约只需要 40 分钟就可以攻破 NTRU。如果 $N>500$，那么一般情况下，计算机需要花费数年的时间才能分析出这个密码系统。虽然传统的格基规约算法很难对 NTRU 密码系统造成威胁，但与 RSA 类似，如果有未公开的算法可以求解，那么 NTRU 就会变得不安全。下面对 N 不太大，只知道公钥的情况进行分析。

NTRU 是格密码的一种。回顾一下格的定义：$\mathcal{L}=\{\sum_{i=1}^{n}a_i\boldsymbol{v_i}:a_1,\cdots,a_n\in\mathbb{Z}\}$。这与公钥 $h=f_q\times g \pmod q = h_0+h_1x+\cdots+h_{N-1}x^{N-1}$ 的形式是一样的。下面将 h 转化为一个矩阵 $\boldsymbol{M}$：

$$\boldsymbol{M}_h=\begin{bmatrix} N\times N\text{单位矩阵} & N\times N\text{循环排列的 } h \text{ 系数} \\ N\times N\text{零矩阵} & N\times N\text{的 } q \text{ 倍单位矩阵}\end{bmatrix}$$

$$=\left[\begin{array}{cccc|cccc} 1 & 0 & \cdots & 0 & h_0 & h_1 & \cdots & h_{N-1} \\ 0 & 1 & \cdots & 0 & h_{N-1} & h_0 & \cdots & h_{N-2} \\ \vdots & \vdots & \ddots & \vdots & \vdots & \vdots & \ddots & \vdots \\ 0 & 0 & \cdots & 1 & h_1 & h_2 & \cdots & h_0 \\ \hline 0 & 0 & \cdots & 0 & q & 0 & \cdots & 0 \\ 0 & 0 & \cdots & 0 & 0 & q & \cdots & 0 \\ \vdots & \vdots & \ddots & \vdots & \vdots & \vdots & \ddots & \vdots \\ 0 & 0 & \cdots & 0 & 0 & 0 & \cdots & q \end{array}\right]$$

转化成矩阵 $\boldsymbol{M}$ 后，就可以使用 LLL 算法进行破解。下面来看一个例子。

例 10.5.7 Alice 和 Bob 使用 NTRU 进行加密通信，决定参数 $N=7$，$p=3$，$q=79$，$d=2$。令密钥 $f(x)=x^6+x^4+x^3-x^2-x$，$g(x)=x^6-x^4+x^2-x$，并将明文转化成多项式 $m(x)=-x^6+x^2-x+1$。攻击者 Eve 拦截到了公钥 $h(x)=36x^6+22x^5+53x^4+34x^3+x^2+50x+41$。请问 Eve 如何找到他们的私钥及明文呢？

解： 把公钥 h 写成矩阵形式 $\boldsymbol{M}$。

$$
\left[\begin{array}{ccccccc|ccccccc}
1 & 0 & 0 & 0 & 0 & 0 & 0 & 41 & 50 & 1 & 34 & 53 & 22 & 36 \\
0 & 1 & 0 & 0 & 0 & 0 & 0 & 36 & 41 & 50 & 1 & 34 & 53 & 22 \\
0 & 0 & 1 & 0 & 0 & 0 & 0 & 22 & 36 & 41 & 50 & 1 & 34 & 53 \\
0 & 0 & 0 & 1 & 0 & 0 & 0 & 53 & 22 & 36 & 41 & 50 & 1 & 34 \\
0 & 0 & 0 & 0 & 1 & 0 & 0 & 34 & 53 & 22 & 36 & 41 & 50 & 1 \\
0 & 0 & 0 & 0 & 0 & 1 & 0 & 1 & 34 & 53 & 22 & 36 & 41 & 50 \\
0 & 0 & 0 & 0 & 0 & 0 & 1 & 50 & 1 & 34 & 53 & 22 & 36 & 41 \\
\hline
0 & 0 & 0 & 0 & 0 & 0 & 0 & 79 & 0 & 0 & 0 & 0 & 0 & 0 \\
0 & 0 & 0 & 0 & 0 & 0 & 0 & 0 & 79 & 0 & 0 & 0 & 0 & 0 \\
0 & 0 & 0 & 0 & 0 & 0 & 0 & 0 & 0 & 79 & 0 & 0 & 0 & 0 \\
0 & 0 & 0 & 0 & 0 & 0 & 0 & 0 & 0 & 0 & 79 & 0 & 0 & 0 \\
0 & 0 & 0 & 0 & 0 & 0 & 0 & 0 & 0 & 0 & 0 & 79 & 0 & 0 \\
0 & 0 & 0 & 0 & 0 & 0 & 0 & 0 & 0 & 0 & 0 & 0 & 79 & 0 \\
0 & 0 & 0 & 0 & 0 & 0 & 0 & 0 & 0 & 0 & 0 & 0 & 0 & 79
\end{array}\right]
$$

可以使用 Python 开源包 `olll` 计算或者在 SageMath 中使用矩阵 `Matrix.LLL(delta=0.75)` 计算。得到 LLL 矩阵如下：

$$
\left[\begin{array}{cccccccccccccc}
0 & 0 & 1 & 0 & 0 & -1 & -2 & 0 & 0 & -1 & 1 & 0 & 0 & 0 \\
0 & 1 & 0 & 0 & -1 & -2 & 0 & 0 & -1 & 1 & 0 & 0 & 0 & 0 \\
\mathbf{-1} & \mathbf{-1} & \mathbf{0} & \mathbf{-1} & \mathbf{0} & \mathbf{1} & \mathbf{1} & \mathbf{0} & \mathbf{1} & \mathbf{0} & \mathbf{-1} & \mathbf{0} & \mathbf{1} & \mathbf{-1} \\
1 & 2 & 0 & 0 & -1 & 0 & 0 & 0 & 0 & 0 & 0 & 1 & -1 & 0 \\
1 & -1 & 0 & 0 & -1 & -1 & -1 & -1 & 0 & 0 & 1 & -1 & 0 & 1 \\
0 & 1 & 2 & 0 & 0 & -1 & 0 & 0 & 0 & 0 & 0 & 0 & 1 & -1 \\
0 & 0 & -1 & -2 & 0 & 0 & 1 & 1 & 0 & 0 & 0 & 0 & 0 & -1 \\
-1 & -8 & 13 & -5 & -5 & 13 & -8 & 4 & -9 & 22 & 6 & -1 & -14 & -8 \\
-8 & -1 & -8 & 13 & -5 & -5 & 13 & -8 & 4 & -9 & 22 & 6 & -1 & -14 \\
13 & -8 & -1 & -8 & 13 & -5 & -5 & -14 & -8 & 4 & -9 & 22 & 6 & -1 \\
-5 & 13 & -8 & -1 & -8 & 13 & -5 & -1 & -14 & -8 & 4 & -9 & 22 & 6 \\
5 & 5 & -13 & 8 & 1 & 8 & -13 & -6 & 1 & 14 & 8 & -4 & 9 & -22 \\
1 & 9 & -13 & 13 & -8 & -1 & 0 & 21 & 16 & -1 & 11 & 0 & 24 & 8 \\
-8 & 13 & -5 & -5 & 13 & -8 & -1 & -9 & 22 & 6 & -1 & -14 & -8 & 4
\end{array}\right]
$$

找到格基最短的那一行向量，该行中只有系数 0、−1、1 三种数字。找到这组向量，前 N 位是 f 的系数，在这里暂且称为 f'。后 N 位是 g' 的系数。在这道例题中，f' 和 g' 分别是：

$$
f' = -1 - x - x^3 + x^5 + x^6 \tag{10-79}
$$

$$
g' = x - x^3 + x^5 - x^6 \tag{10-80}
$$

遗憾的是，这好像和 $f = x^6 + x^4 + x^3 - x^2 - x$，$g = x^6 - x^4 + x^2 - x$ 并不相同。但

其实非常接近了，只需要对 f'、g' 进行卷积操作，就可以还原 f、g：

$$f = -x^3 * f' = \begin{bmatrix} 0 & 0 & 0 & 0 & -1 & 0 & 0 \\ 0 & 0 & 0 & 0 & 0 & -1 & 0 \\ & & & \vdots & & & \\ 0 & 0 & 0 & -1 & 0 & -1 & 0 \end{bmatrix} \begin{bmatrix} -1 \\ -1 \\ \vdots \\ 1 \end{bmatrix}$$

g 同理。$-x^i$ 的次数项满足 $1 \leqslant i \leqslant N$。得到 f、g，就很容易得到明文。是否要进行卷积操作取决于 LLL 算法中条件 2 的 δ，本例使用默认值 3/4，如果令 $\delta = 0.99$，本例就不用进行卷积操作，但这一方法不总是有效。 ■

当 N 很大时，如果采用暴力破解的方式，会有多少种组合需要尝试呢？答案是 $\dfrac{N!}{d_1!d_2!\,(N-d_1-d_2)!}$。这是通过解方程 $f \times h \pmod q$ 来找到私钥的。如果想要使得这个组合最大化，那么一般选取 $d = N/3$，这样攻击者要花费最多的时间去破解。

如果 N 非常大，那么其安全性也会得到显著的提升。这是因为对于计算机而言，处理非常大的矩阵是非常困难的。计算时间大部分会浪费在卷积部分，时间复杂度是 $\mathcal{O}(N^2)$。并且当 p 和 q 较大且是素数时，这个方程组就变得更难解了。

q 值的选择也是非常需要技巧的。如果 q 值太大，那么计算的复杂度也会很大，不利于实时通信，效率不高；如果 q 值太小，那么安全性就会不高，还是有一定机会被分析出明文。p 值选择则非常简单，一般等于 3。

值得注意的一点是，Jaulmes 等人在论文“A chosen-ciphertext attack against NTRU” [148] 中提到，如果 NTRU 在没有填充 (Padding) 的情况下就使用，会遭受选择密文攻击。那么什么样的填充方案比较合适呢？Howgrave-Graham 等人就在论文“NAEP: Provable security in the presence of decryption failures” [149] 中介绍了填充方案，有兴趣的读者可阅读相关论文。密码学家 Howgrave-Graham 不仅介绍了填充方案，还发表了关于 NTRU 中间相遇攻击 [150]、NTRU 数字签名算法 [151] 等论文，在格领域贡献颇多。

设计之初，NTRU 的参数选择如表 10-1所示。

表 10-1 NTRU 参数选择

参数	N	p	q
标准强度	107	3	64
高强度	167	3	128
最高强度	503	3	256

可以发现，与 RSA 和 ECC 相比，这些参数都大大缩小了。

10.6 本章习题

1. 令

$$\boldsymbol{v}_1 = \begin{bmatrix} 5 & 2 \end{bmatrix}, \quad \boldsymbol{v}_2 = \begin{bmatrix} 7 & 3 \end{bmatrix}, \quad \boldsymbol{u}_1 = \begin{bmatrix} 3 & 2 \end{bmatrix}, \quad \boldsymbol{u}_2 = \begin{bmatrix} 1 & 1 \end{bmatrix}$$

找到变换矩阵使得可以把基 $\{\boldsymbol{v}_1, \boldsymbol{v}_2\}$ 变换成 $\{\boldsymbol{u}_1, \boldsymbol{u}_2\}$。

2. 使用 Gram-Schmidt 算法从给定的基中找一个正交基。

   1) $\boldsymbol{v}_1 = \begin{bmatrix} 1 & 3 & 2 \end{bmatrix}$， $\boldsymbol{v}_2 = \begin{bmatrix} 4 & 1 & -2 \end{bmatrix}$， $\boldsymbol{v}_3 = \begin{bmatrix} -2 & 1 & 3 \end{bmatrix}$

   2) $\boldsymbol{v}_1 = \begin{bmatrix} 4 & 1 & 3 & -1 \end{bmatrix}$， $\boldsymbol{v}_2 = \begin{bmatrix} 2 & 1 & -3 & 4 \end{bmatrix}$， $\boldsymbol{v}_3 = \begin{bmatrix} 1 & 0 & -2 & 7 \end{bmatrix}$

3. 格 $\mathcal{L} \subset \mathbb{R}^3$ 的生成向量分别为

$$\boldsymbol{v}_1 = (1, 3, -2), \quad \boldsymbol{v}_2 = (2, 1, 0), \quad \boldsymbol{v}_3 = (-1, 2, 5)$$

   画出格 $\mathcal{L}$ 的基本域并求出它的体积 $\text{vol}(\mathbb{F})$。

4. 证明对于 $\mathbb{R}^m$ 的每一个离散的子群都是格。

5. 令格 $\mathcal{L} \subset \mathbb{R}^m$ 的生成矩阵为秩是 n 的矩阵 M，证明 $\det(\mathcal{L}) = \sqrt{\det(MM^{\mathrm{T}})}$。

6. 使用 LLL 算法求出下列矩阵的 LLL 矩阵。

   1) $\begin{bmatrix} 3 & 9 \\ 12 & 4 \end{bmatrix}$ 　2) $\begin{bmatrix} 1 & 2 & 14 \\ 3 & 9 & 12 \\ 5 & 7 & 4 \end{bmatrix}$ 　3) $\begin{bmatrix} 9 & 2 & 3 & 8 \\ 1 & 7 & 4 & 6 \\ 2 & 9 & 4 & 7 \\ 2 & 8 & 4 & 0 \end{bmatrix}$

7. 考虑 GGH 密码算法。Alice 选择一组基不公开，分别为

$$\boldsymbol{v}_1 = (4, 13), \quad \boldsymbol{v}_2 = (-57, -45)$$

   并选择公开

$$\boldsymbol{w}_1 = (25453, 9091), \quad \boldsymbol{w}_2 = (-16096, -5749)$$

   1) 计算矩阵 $\boldsymbol{V}$ 的基及矩阵 $\boldsymbol{W}$ 的 Hadamard 比例。
   2) Bob 发送 $\boldsymbol{c} = \boldsymbol{m}\boldsymbol{W} + \boldsymbol{r} = (155340, 55483)$ 给 Alice。使用 Alice 选择的 $\boldsymbol{V}$ 恢复明文。
   3) 尝试确定 $\boldsymbol{r}$ 的值。
   4) 使用 Babai 算法解密密文。是否和真的明文一致？

8. 考虑 GGH 密码算法。Alice 选择一组基不公开，分别为

$$\boldsymbol{v}_1 = (58, 53, -68), \quad \boldsymbol{v}_2 = (-110, -112, 35), \quad \boldsymbol{v}_3 = (-10, -119, 123)$$

   并选择公开

$$\boldsymbol{w}_1 = (324850, -1625176, 2734951)$$

$$\boldsymbol{w}_2 = (165782, -829409, 1395775)$$

$$\boldsymbol{w}_3 = (485054, -2426708, 4083804)$$

   1) 计算矩阵 $\boldsymbol{V}$ 的基及矩阵 $\boldsymbol{W}$ 的 Hadamard 比例。
   2) Bob 发送 $\boldsymbol{c} = \boldsymbol{m}\boldsymbol{W} + \boldsymbol{r} = (8930810, -44681748, 75192665)$ 给 Alice。使用 Alice 选择的 $\boldsymbol{V}$ 恢复明文。
   3) 尝试确定 $\boldsymbol{r}$ 的值。
   4) 使用 Babai 算法解密密文。是否和真的明文一致？

9. 考虑 GGH 密码算法。Bob 使用此密码算法加密了一些信息给 Alice。

   1) 假设 Bob 失误，使用两个不同的随机向量 $\boldsymbol{r}_1$ 和 $\boldsymbol{r}_2$ 加密了同一组明文 $\boldsymbol{m}$ 并发

送了出去，那么如果被攻击者 Eve 截获，即获得了 $\boldsymbol{c_1} = \boldsymbol{mW} + \boldsymbol{r_1}$ 和 $\boldsymbol{c_2} = \boldsymbol{mW} + \boldsymbol{r_2}$，请问 Eve 是否可以恢复明文？

2) 假设 Eve 截获 $\boldsymbol{c} = (-9, -29, -48, 18, 48)$ 和 $\boldsymbol{c}' = (-6, -26, -51, 20, 47)$，请问随机向量 $\boldsymbol{r}$ 有多少种可能性？

3) 假设 Bob 失误，使用相同的随机向量 $\boldsymbol{r}$ 加密了两组不同明文 $\boldsymbol{m_1}$ 和 $\boldsymbol{m_2}$ 并发送了出去，那么如果被攻击者 Eve 截获，即获得了 $\boldsymbol{c_1} = \boldsymbol{m_1 W} + \boldsymbol{r}$ 和 $\boldsymbol{c_2} = \boldsymbol{m_2 W} + \boldsymbol{r}$，请问 Eve 是否可以恢复明文？

10. 计算下列卷积多项式 $f * g \pmod q$：

1) $N = 3$，$q = 5$，$f = 1 + x + x^2$，$g = -3 + 3x + 2x^2$

2) $N = 5$，$q = 7$，$f = 1 + x + 2x^2 + x^3 - x^4$，$g = 2x + 2x^2 - 5x^3 + 2x^4$

3) $N = 6$，$q = 3$，$f = 3x + 5x^3 - 3x^4 + 2x^5$，$g = -3x + 4x^2 + 3x^3 - x^4 + 3x^5$

4) $N = 7$，$q = 11$，$f = 3x^2 - 9x^4 + 3x^6$，$g = 2 + x^3 + 2x^5$

11. 计算多项式 $f(x) \in R_q$ 的乘法逆元，如果没有，请证明：

1) $N = 5$，$q = 13$，$f = x^4 + 3x + 3$

2) $N = 5$，$q = 13$，$f = x^3 + 2x - 3$

3) $N = 5$，$q = 19$，$f = 2x^4 + 3x^2 - 3$

12. 考虑 NTRU 加密算法。Alice 和 Bob 共同决定了 $N = 7$，$p = 2$，$q = 29$。其中公钥为：

$$h(x) = 23x^6 + 24x^5 + 23x^4 + 24x^3 + 23x^2 + 23x + 23$$

假设 Alice 把信息转化为多项式 $m(x) = 1 + x^5$ 并用 $r(x) = x^6 + x^3 + x + 1$ 进行加密。

1) 求密文是什么？

2) 假设密钥为 $f(x) = x^5 + x^4 + x^2 + x + 1$，$g(x) = x^6 + x^5 + 1$，尝试使用计算出的密文还原明文，并检查是否一致。

第 11 章　全同态加密

本章将介绍全同态加密的概念及其应用。简单来说，全同态加密就是对密文直接进行计算。进入大数据时代后，人们极度重视隐私安全，因此依据国家相关规定，数据持有者必须对数据进行加密保护。然而，数据的最大价值在于分析。由于传统的密码学加密手段只能保证数据在通信和存储时的安全，如果想要对数据进行分析，则需要对数据进行解密，一旦解密，就可能有数据泄露的风险。因此需要一种全新的技术，允许用户在未解密的情况下对数据进行任意复杂的计算，得到正确的结果，让数据“可用不可见”，这项技术被称为全同态加密技术。

本章将介绍以下内容。

- 容错学习问题。
- 同态加密的定义。
- 半同态加密的定义。
- 全同态加密的定义。
- 第二代全同态加密 BGV 的加密过程。
- 第二代全同态加密 DGHV 的加密过程。

11.1　容错学习问题

11.1.1　背景介绍

容错学习 (Learning with Errors, LWE) 问题是美国计算机科学家奥德 · 雷格夫 (Oded Regev) 在 2005 年发明的一种算法，这也是他最出色的工作成果之一。并且他凭借论文“On lattices, Learning with Errors, Random Linear Codes, and Cryptography” [152] 获得了哥德尔奖 (Gödel Prize)，该奖项是计算机科学理论界的最高奖项之一。基于 LWE 问题的密码算法尚无有效的量子求解算法，因为其安全性都是建立在格问题最坏情况下的难解性上的，因此基于 LWE 假设的密码算法是可抵抗量子攻击的。

为了方便理解，先尝试求解一个线性方程组：

$$x + 4y = 9 \tag{11-1}$$

$$2x + 6y = 8 \tag{11-2}$$

这非常简单，可以使用消元法找到解，联立式 (11-1) 和式 (11-2) 即可。如果利用线性代数知识，可以更方便地得到答案：$\begin{bmatrix} 1 & 4 \\ 2 & 6 \end{bmatrix}^{-1} \begin{bmatrix} 9 \\ 8 \end{bmatrix} = \begin{bmatrix} -11 \\ 5 \end{bmatrix}$。

写成向量形式就是 $\boldsymbol{Ax}=\boldsymbol{b}$，其中 $\boldsymbol{A}$ 是 $m\times n$ 的矩阵，$\boldsymbol{x}$、$\boldsymbol{b}$ 都是 $1\times n$ 的矩阵。一般来说，如果 $m\geqslant n$，方程组基本上都是有解的。不过如果给方程组加一个误差 (Error)，误差服从一个均值为 0 且随机分布的概率函数，方程组就不会那么容易求解了。比如以下方程组：

$$x+4y+e_1=9+e_1=b_1' \tag{11-3}$$

$$2x+6y+e_2=8+e_2=b_2' \tag{11-4}$$

式 (11-3) 和式 (11-4) 写成向量形式就是 $\boldsymbol{Ax}+\boldsymbol{e}=\boldsymbol{b}'$。这个时候有可能 $n\gg m$。因为有了随机误差，不知道原始结果 $\boldsymbol{b}$，所以现在的问题就变成了如何通过 $\boldsymbol{A}$、$\boldsymbol{b}'$ 求解变量 $\boldsymbol{x}$。如果使用消元法，那么就要把误差 $\boldsymbol{e}$ 代入计算过程中，然而没有人知道这个随机误差是多少，因此最后求得的 $\boldsymbol{x}'$ 也是不准确的，会有一个误差值 $\boldsymbol{e}'=\boldsymbol{x}-\boldsymbol{x}'$。

为了消除这个误差，找到原始解，就需要想办法对方程组进行容错学习或者误差还原。这个就是容错学习问题的由来。该问题最早诞生于人工智能领域，数据的好坏往往决定模型是否能达到要求。但在现实生活中，收集的数据都是有噪声的，因此在训练模型过程中会进行容错学习。LWE 问题也是一个 NP 难问题。

11.1.2 LWE 问题

定义 11.1.1 B 界 (B-Bounded)

令 χ_B 为上界是 B 的随机概率分布，这个随机分布中的每一个元素都小于 B。

定义 11.1.2 搜索 LWE(Search LWE$_{n,m,q,\chi}$，SLWE)

令 λ 为安全参数，格参数为 $n=n(\lambda)$、$m=m(\lambda)$、$q=q(\lambda)\in\mathbb{Z}$。令 χ 为 $\mathbb{Z}_q$ 上的一个误差分布，通常是某种离散的高斯分布，使样本一般较短。LWE$_{n,m,q,\chi}$ 假设 $\boldsymbol{A}_{\boldsymbol{s},\chi}$ 是从 $\mathbb{Z}_q^{n\times m}$ 中取得的概率分布，$\boldsymbol{s}\in\mathbb{Z}_q^n$，$\boldsymbol{e}\in\chi_B$，$B$ 为误差上界。则分布

$$(\boldsymbol{A},\boldsymbol{s}^{\mathrm{T}}\boldsymbol{A}+\boldsymbol{e}^{\mathrm{T}})\text{和}(\boldsymbol{A},\boldsymbol{u}^{\mathrm{T}}) \tag{11-5}$$

之间难以区分。其中 $\boldsymbol{u}$ 是从 $\mathbb{Z}_q^m$ 中均匀随机选择的向量。向量 $\boldsymbol{s}$ 通常不会被公开，是秘密的。向量 $\boldsymbol{e}$ 则被称为误差。

搜索 LWE 问题（常简称 LWE 问题）则是从给定的 $(\boldsymbol{A},\boldsymbol{s}^{\mathrm{T}}\boldsymbol{A}+\boldsymbol{e}^{\mathrm{T}})$ 的情况下，计算出密钥 $\boldsymbol{s}$。

维度 n 通常与安全级别相关，n 越大，那么搜索 LWE 问题就会越困难。样本数量 m 是 n 的多项式倍数。在某些情况下，m 可以小于 n。而在大多数情况下，需要 m 大于 n 以确保安全性，这是因为在实数域中，可以使用线性回归来检查 $\boldsymbol{s}^{\mathrm{T}}\boldsymbol{A}+\boldsymbol{e}^{\mathrm{T}}$ 是否来自随机分布。如果 $m\gg n$，则 $\boldsymbol{s}$ 就很容易确定。反过来说，m 越小，解决搜索 LWE 问题就会越困难。对于整数 q，只有在将搜索 LWE 问题简化为判定 LWE 问题时，才要求 q 是素数，因为在判定 LWE 问题中，环 $\mathbb{Z}_q$ 需要是一个有限域，且 $q\ll B$。χ 是一个定义误差向量的概率分布，误差越小，那么找到正确解的概率就越大。

对搜索 LWE 问题通俗一点的解释是，给定矩阵 $\boldsymbol{A}$ 与 $\boldsymbol{s}^{\mathrm{T}}\boldsymbol{A}+\boldsymbol{e}^{\mathrm{T}}\pmod q$，如何能够

搜索出一个合理的 $\boldsymbol{s}$，使得 $\boldsymbol{s}^{\mathrm{T}}\boldsymbol{A}$ 和问题给定的 $\boldsymbol{s}^{\mathrm{T}}\boldsymbol{A}+\boldsymbol{e}^{\mathrm{T}}$ 之间的误差不超过 B。

那么具体如何选择搜索 LWE 的参数呢？根据 Regev 的建议 [152]，参数 $(n,m,q,\chi)=(233,4536,32749,2.8)$。而根据 Peikert 的建议 [153]，$(n,m,q,\chi)=(256,640,4093,3.3)$，后者被引用得更多，也更具代表性。

解决搜索 LWE 问题的最快算法的时间复杂度为 $2^{\mathcal{O}(n)}$，这远远超过了目前计算机的计算性能，以致量子计算机也不能在规定时间内解决。密码学家们一直努力寻找新的算法把搜索 LWE 问题的时间复杂度降下来，但到目前为止还没有公开的算法可以实现。

在格密码学中，密码学家通常对决策 LWE 问题更感兴趣。

定义 11.1.3 决策 LWE(Decisional LWE$_{n,m,q,\chi}$，DLWE)

有 m 个互相独立的采样结果，区分它们服从以下哪种分布：

1) $(\boldsymbol{A},\boldsymbol{s}^{\mathrm{T}}\boldsymbol{A}+\boldsymbol{e}^{\mathrm{T}})$

2) $(\boldsymbol{A},\boldsymbol{u}^{\mathrm{T}})$

决策 LWE 的设定和搜索 LWE 基本相同，不同点在于想要的结果不同。搜索 LWE 的目标是找到 $\boldsymbol{s}$，而决策 LWE 只需要区分得到的乘积 $\boldsymbol{s}^{\mathrm{T}}\boldsymbol{A}+\boldsymbol{e}^{\mathrm{T}}$ 是误差乘积还是一个随机向量。

选择均匀分布的 $\boldsymbol{s}$，决策 LWE 问题可以被解决，那么对于所有 $\boldsymbol{s}$，决策 LWE 问题也都可以被解决。

搜索 LWE 问题与决策 LWE 问题之间有什么联系吗？图 11-1分别描述了它们的目标。如果格的维度是 n，关于 n 的多项式通常设置为 $\mathrm{Poly}(n)$，素数 q 则需要满足 $q\leqslant 2^{\mathrm{Poly}\,(n)}$。当 q 以 $\mathrm{Poly}(n)$ 为界时，搜索 LWE 问题等价于决策 LWE 问题。决策 LWE 问题的难度至少与量子环境下解决 n 维格上的 GapSVP 和 SIVP 问题相当。Regev 在论文 [155] 中证明了上述说法。

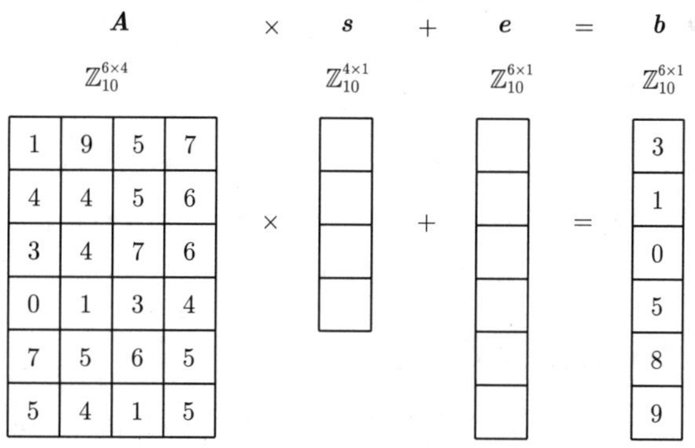

$$\underset{\mathbb{Z}_{10}^{6\times4}}{\boldsymbol{A}} \times \underset{\mathbb{Z}_{10}^{4\times1}}{\boldsymbol{s}} + \underset{\mathbb{Z}_{10}^{6\times1}}{\boldsymbol{e}} = \underset{\mathbb{Z}_{10}^{6\times1}}{\boldsymbol{b}}$$

$$\begin{bmatrix}1&9&5&7\\4&4&5&6\\3&4&7&6\\0&1&3&4\\7&5&6&5\\5&4&1&5\end{bmatrix} \times \begin{bmatrix}\ \\ \ \\ \ \\ \ \end{bmatrix} + \begin{bmatrix}\ \\ \ \\ \ \\ \ \\ \ \\ \ \end{bmatrix} = \begin{bmatrix}3\\1\\0\\5\\8\\9\end{bmatrix}$$

SLWE : 给定 $\boldsymbol{A}$，求 $\boldsymbol{s}$

DLWE : 给定 $\boldsymbol{A}$，判断 $\boldsymbol{b}$ 来自哪一个分布

图 11-1 LWE 问题

现在总结一下格的难解问题之间的关系，如图 11-2所示。

其中：

- LWE$_{n,m,q,\chi}$ 为 LWE 问题 (定义 11.1.2)。

- SVP_γ 为近似最短向量问题 (定义 10.2.5)。
- CVP_γ 为近似最近向量问题 (定义 10.2.9)。
- $\text{BDD}_{1/\gamma}$ 为有界距离解码问题 (定义 10.2.10)。
- SIVP_γ 为最短独立向量问题 (定义 10.2.2)。
- SBP_γ 为最短基问题，给定一个格基为 $\boldsymbol{V}$ 的 n 维格 $\mathcal{L}$，要求找到一组基向量 $\boldsymbol{B}=\{b_1,b_2,\cdots,b_n\}$，使得 $\sum_{i=1}^{n}||b_i||^2$ 最小化。
- $\text{SIS}_{n,m,q,v}$ 为小整数解问题，即给定一个随机的矩阵 $\boldsymbol{A}\in\mathbb{Z}_q^{n\times m}$ 和一个实数 v 且 $v<q$，找到一个非零向量 $\boldsymbol{x}\in\mathbb{Z}^n$，使得 $\boldsymbol{Ax}\equiv\boldsymbol{0} \pmod q$ 且 $\|\boldsymbol{x}\|\leqslant v$。
- HSVP_γ 为 Hermite 最短向量问题，即给定格 $\mathcal{L}$，设近似因子 $\gamma>0$，找到一个非零向量 $\boldsymbol{x}\in\mathcal{L}$，使得 $0<\|\boldsymbol{x}\|\leqslant\gamma\text{vol}(\mathcal{L})^{1/n}$。
- uSVP_γ 为唯一最短向量问题，给定一个格基为 $\boldsymbol{V}$ 的 n 维格 $\mathcal{L}$，以及间隙系数 $\gamma\geqslant1$，找到唯一向量 $\boldsymbol{s}\in\mathcal{L}$，使得对于所有 $\boldsymbol{v}\in\mathcal{L}$，在满足 $||\boldsymbol{v}||\leqslant\gamma||\boldsymbol{s}||$ 的情况下，$\boldsymbol{v}$ 都是 $\boldsymbol{s}$ 的整数倍。
- GapSVP_γ 为判定版本 γ 的近似最短向量问题，给定一个格基为 $\boldsymbol{V}$ 的 n 维格 $\mathcal{L}$、实数 $d>0$ 以及一个多项式逼近因子 $\gamma(n)\geqslant1$，判断 $\lambda_1(\mathcal{L})\leqslant d$ 还是 $\lambda_1(\mathcal{L})\geqslant\gamma(n)d$。

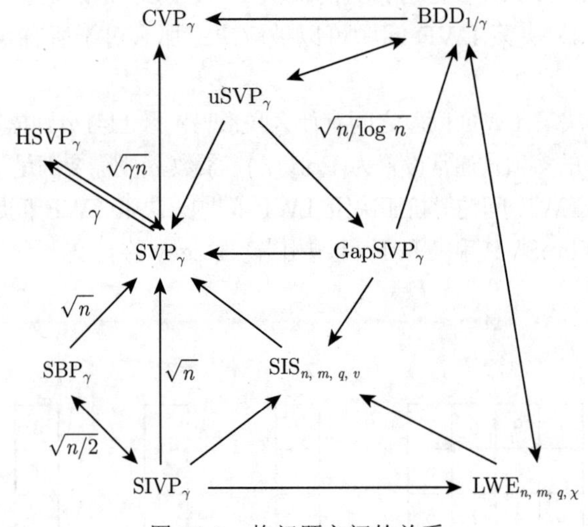

图 11-2 格问题之间的关系

11.1.3 基于 LWE 问题的加密算法

基于 LWE 的 Regev 加密方案 [155] 是一个二进制加密算法，因此每次只能加密一位二进制信息。假设 Alice 想发送一位二进制信息给 Bob，应该怎么做？

令 n 为一个秘密整数参数，m 为一个整数参数 (可公开)，q 为素数且 $q\geqslant2$，范围为 $[n^2,2n^2]$，且 n,m,q 满足 $m=(1+\varepsilon)(n+1)\log p$，其中 ε 为大于 0 的任意常数。令 χ 为在 $\mathbb{Z}_q$ 上的一个均值为 0 的概率分布。

1) 密钥：首先，Bob 需要生成一个可供 Alice 进行加密的公钥。双方约定好一组公钥 $\boldsymbol{A}$，Bob 使用私钥 $\boldsymbol{s}$ 生成新的公钥 $\boldsymbol{b}^{\mathrm{T}}$：

$$\boldsymbol{b}^{\mathrm{T}}\equiv\boldsymbol{s}^{\mathrm{T}}\boldsymbol{A}+\boldsymbol{e}^{\mathrm{T}}(\bmod q) \tag{11-6}$$

其中公钥 $\boldsymbol{A} \in \mathbb{Z}_q^{n\times m}$ 是均匀分布随机的，$\boldsymbol{b} \in \mathbb{Z}_q^m$，私钥 $\boldsymbol{s} \in \mathbb{Z}_q^n$ 也是均匀分布、随机的，$\boldsymbol{e} \in \chi^m$。并且需要满足条件 $\|\boldsymbol{e}\| < q/4m$，换句话说，$\boldsymbol{e}$ 中所有元素的和不超过 $q/4$，这个对于解密消息是相当重要的，但 $\boldsymbol{e}$ 既不公开，也不是私钥的一部分，因此解密过程中无法使用到它。公钥组为 $(\boldsymbol{A}, \boldsymbol{b}^{\mathrm{T}} \equiv \boldsymbol{s}^{\mathrm{T}}\boldsymbol{A} + \boldsymbol{e}^{\mathrm{T}}(\bmod\ q))$，私钥为 $\boldsymbol{s}$。

2) 加密：令明文 $d \in \{0,1\}$，Alice 选择一组 m 维二值向量 $\boldsymbol{r} \in \{0,1\}^m$ 并使用公钥 $(\boldsymbol{A}, \boldsymbol{b})$ 进行加密。计算密文组

$$\boldsymbol{u} \equiv \boldsymbol{A}\boldsymbol{r} \pmod q \tag{11-7}$$

$$\boldsymbol{v} \equiv \lfloor q/2 \rfloor d + \boldsymbol{b}^{\mathrm{T}}\boldsymbol{r} \pmod q \tag{11-8}$$

把 $(\boldsymbol{u}, \boldsymbol{v})$ 发送给 Bob。$\boldsymbol{u}$ 的作用等价于一个抗碰撞的哈希函数，$\boldsymbol{v}$ 则是作为主要密文。

3) 解密：Bob 得到密文后，计算 $a \equiv \boldsymbol{v} - \boldsymbol{s}^{\mathrm{T}}\boldsymbol{u} (\bmod\ q)$。

$$d = \begin{cases} 0, & \text{如果}a\text{ 更接近}0 \\ 1, & \text{如果}a\text{ 更接近}\lfloor q/2 \rfloor \end{cases}$$

换句话说，如果 $a \in [-q/4, q/4]$，$d = 0$，否则 $d = 1$，如图 11-3 所示。

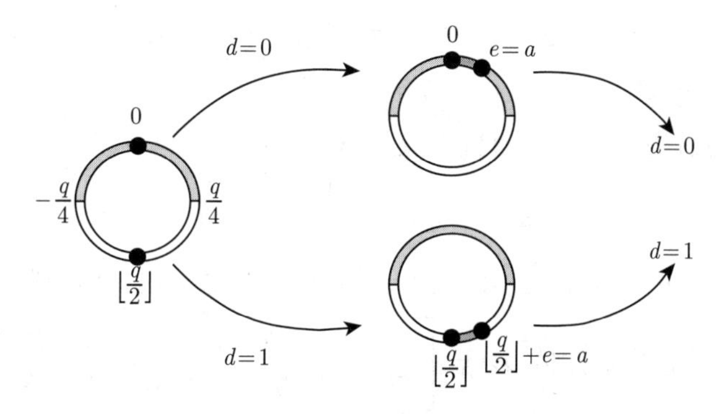

图 11-3 LWE 加密与解密算法

如何验证解密的正确性呢？由于：

$$a \equiv \boldsymbol{v} - \boldsymbol{s}^{\mathrm{T}}\boldsymbol{u} \equiv \left(\boldsymbol{s}^{\mathrm{T}}\boldsymbol{A} + \boldsymbol{e}^{\mathrm{T}}\right)\boldsymbol{r} + \lfloor q/2 \rfloor d - \boldsymbol{s}^{\mathrm{T}}\boldsymbol{u} (\bmod\ q) \tag{11-9}$$

$$\equiv \left(\boldsymbol{s}^{\mathrm{T}}\boldsymbol{A} + \boldsymbol{e}^{\mathrm{T}}\right)\boldsymbol{r} + \lfloor q/2 \rfloor d - \boldsymbol{s}^{\mathrm{T}}\boldsymbol{A}\boldsymbol{r} (\bmod\ q) \tag{11-10}$$

$$\equiv \boldsymbol{e}^{\mathrm{T}}\boldsymbol{r} + \lfloor q/2 \rfloor d (\bmod\ q) \tag{11-11}$$

前文曾经描述过，$\boldsymbol{e}$ 既不是公钥，也不是私钥。因此，通过解密算法并不能得到 $\boldsymbol{e}$。然而，解密算法可以知道其分布。因为 χ 分布的均值为 0，并以极大概率落入 $[-q/4, q/4]$ 范围内，这样算法才能正常工作。如果要求完全正确，那么可以将 $\boldsymbol{e}$ 四舍五入到这个范围内。有了这个要求，就可以顺利进行解密。

由于 $\boldsymbol{e}$ 的范围是 $[-q/4, q/4]$，如果 d 为 0，那么 $\boldsymbol{e}^{\mathrm{T}}\boldsymbol{r} + \lfloor q/2 \rfloor d$ 的范围就是 $[-q/4, q/4]$，否则范围就是 $[q/4, 3q/4]$。因此，即使解密算法不知道 $\boldsymbol{e}^{\mathrm{T}}\boldsymbol{r}$ 这个误差噪声，它也能区分 $d = 0$ 和 $d = 1$。当加密多条信息时，该要求还可扩展为 $||\boldsymbol{e}|| < q/4$，从而保证 $\boldsymbol{e}$ 的每个分量都以压倒性的概率 (无限接近于 1) 处于适当的范围内。通过分析，如果 $|\boldsymbol{e}^{\mathrm{T}}\boldsymbol{r}| < q/4$，则可以成功解密。

例 11.1.1 Alice 想发送 $d=1$ 给 Bob，如何进行计算？

假设随机矩阵 $\boldsymbol{A}=[75,70,71,74,28,76,82,4]$，$\boldsymbol{s}=[20]^{\mathrm{T}}$，$\boldsymbol{e}^{\mathrm{T}}=[2,4,2,3,4,1,3,3]$，$q=97$。

解：首先，Bob 计算密钥 $\boldsymbol{b}^{\mathrm{T}}\equiv\boldsymbol{s}^{\mathrm{T}}\boldsymbol{A}+\boldsymbol{e}^{\mathrm{T}}=[47,46,64,28,79,66,91,83]$。然后将 $(\boldsymbol{A},\boldsymbol{b})$ 发送给 Alice。Alice 随机选择自己的私钥 $\boldsymbol{r}=[0,0,0,0,1,0,1,1,0]^{\mathrm{T}}$。计算 $(\boldsymbol{u},\boldsymbol{v})$：

$$\boldsymbol{u}\equiv\boldsymbol{A}\boldsymbol{r}\pmod q\equiv 28+82\equiv 13\pmod{97}\tag{11-12}$$

$$\boldsymbol{v}\equiv\boldsymbol{b}^{\mathrm{T}}\boldsymbol{r}+\lfloor q/2\rfloor d\pmod q\equiv 79+91+48\equiv 24\pmod{97}\tag{11-13}$$

然后将 $(\boldsymbol{u},\boldsymbol{v})$ 发送给 Bob。Bob 解密密文 $\boldsymbol{v}-\boldsymbol{u}^{\mathrm{T}}\boldsymbol{s}\equiv 55\pmod{97}$。由于 $55>\lfloor q/4\rfloor=24$，因此明文是 1。■

例 11.1.2 Bob 想发送信息“OK”给 Alice，使用 LWE 如何进行加密？

解：假设规定使用 ASCII 码来进行二进制转化，“OK”的二进制码是 01001111 01001011。并且规定使用一个 2×8 的矩阵，密钥 $\boldsymbol{s}=[20\quad 8]^{\mathrm{T}}$，$q=97$。

当 $d=0$ 时，随机生成矩阵 $\boldsymbol{A}=\begin{bmatrix}45&0&34&1&82&42&65&8\\80&69&93&0&33&56&65&17\end{bmatrix}$ 和随机误差 $\boldsymbol{e}^{\mathrm{T}}=[\ 4\quad 4\quad 2\quad 3\quad 2\quad 2\quad 3\quad 2\ ]$。计算 $\boldsymbol{b}^{\mathrm{T}}\equiv\boldsymbol{s}^{\mathrm{T}}\boldsymbol{A}+\boldsymbol{e}^{\mathrm{T}}\pmod q\equiv\big[1544\quad 556\quad 1426\quad 23\quad 1906\quad 1290\quad 1823\quad 298\big]^{\mathrm{T}}$。

Alice 获得密钥后进行加密，随机生成 $\boldsymbol{r}=[0\quad 1\quad 1\quad 1\quad 1\quad 1\quad 1\quad 0]^{\mathrm{T}}$ 得到

$$\boldsymbol{u}=\begin{bmatrix}53&9\end{bmatrix}^{\mathrm{T}}，\boldsymbol{v}=81$$

因此 $a\equiv\boldsymbol{v}-\boldsymbol{s}^{\mathrm{T}}\boldsymbol{u}\pmod q\equiv 16<24=\lfloor q/4\rfloor$，明文为 0，所以成功传递消息。

当 $d=1$ 时，随机生成矩阵 $\boldsymbol{A}=\begin{bmatrix}78&83&62&37&16&47&28&12\\79&80&56&49&81&9&38&2\end{bmatrix}$ 和随机误差 $\boldsymbol{e}^{\mathrm{T}}=[4\quad 4\quad 2\quad 1\quad 2\quad 4\quad 3\quad 2]$。计算 $\boldsymbol{b}^{\mathrm{T}}\equiv\boldsymbol{s}^{\mathrm{T}}\boldsymbol{A}+\boldsymbol{e}^{\mathrm{T}}\pmod q\equiv\big[2196\quad 2304\quad 1690\quad 1133\quad 970\quad 1016\quad 867\quad 258\big]$。

Alice 获得密钥后进行加密，随机生成密钥 $\boldsymbol{r}=\begin{bmatrix}0&1&1&1&1&1&1&0\end{bmatrix}^{\mathrm{T}}$ 得到

$$\boldsymbol{u}=\begin{bmatrix}79&22\end{bmatrix}^{\mathrm{T}}，\boldsymbol{v}=64$$

因此 $a\equiv\boldsymbol{v}-\boldsymbol{s}^{\mathrm{T}}\boldsymbol{u}\pmod q\equiv 64>24=\lfloor q/4\rfloor$，明文为 1，所以成功传递消息。

按照顺序不断地重复计算即可。Python 代码如下：

```
1 import numpy as np
2 import random
3 import math
4
5 size=8  #长度
6
7 s = np.array([[20,9]]) #私钥
8 q=97 #素数
9 m = [0,1,0,0,1,1,1,1,0,1,0,0,1,0,1,1] #明文
```

```
10
11 for message in m:
12     A =  np.array([ random.sample(range(q), size), random.sample(range(q), size)]) #随机生成矩阵A
13     e=np.array([[random.randint(1,4) for i in range(size)]])  #随机生成误差向量e
14     B = np.dot(A.T,s.T)+e.T #计算B = As+e
15
16     sample= np.array([[random.randint(0,1) for i in range(size)]]) #Bob随机生成私钥向量s'
17
18     u =  np.dot(A,sample.T)%q #计算u
19     v = (np.dot(B.T,sample.T) + math.floor(q//2)*message)%q  #计算v
20
21     a=(v-np.dot(s,u)) % q #计算a
22
23     if (a>math.floor(q/4)):
24       print("明文是： 1")
25     else:
26       print("明文是： 0")
```

■

该方案为 Regev 加密算法的公钥版本。除了该版本，还有偶数形式的 Regev 加密方案及多位 Regev 加密方案 [155]。

11.1.4 环 LWE

为了提高 LWE 加密方案的计算效率，一个好的优化方法是找到另一个基于代数结构的格，然后在此基础之上重新设计加密方案。受 NTRU 密码设计的启发，使用多项式是个很好的办法。在多项式环中，每次计算都要对多项式的系数和多项式本身进行模运算，因此多项式的长度和系数的大小都能被控制在一定范围内，这就提高了计算效率。环 LWE 中每个部分都是一个多项式，而不是 LWE 问题中的矩阵。这极大地提高了方案的实际效率，减小了计算量。2010 年，Lyubashevsky、Peikert 和 Regev 发表论文 “On Ideal Lattices and Learning with Errors Over Rings” [157]，在论文中首次提出了环 LWE(Ring-LWE)。

设 $f(x)=x^n+1\in\mathbb{Z}[x]$ 且在有理数上不可约，其中 n 是安全参数且是 2 的幂。再设 $q\equiv 1(\bmod\ 2n)$ 是一个足够大的素数，令 $R=\dfrac{\mathbb{Z}[x]}{(x^n+1)}$，$R_q=\dfrac{\mathbb{Z}_q[x]}{(x^n+1)}$，$R$ 中的元素 (即模 $f(x)$ 的剩余项) 可以用小于 n 的整数多项式表示，R_q 即表示模 $f(x)$ 和 q 的整数多项式的环。

设 $\boldsymbol{s}=s(x)\in R_q$ 是一个不公开且均匀随机的环元素，χ 为 R 上的一个错误概率分布，可定义标准差为 σ 的整数离散高斯分布 $D_{\mathbb{Z},s}=\exp\left(-\frac{x^2}{2\sigma^2}\right)$，$\boldsymbol{A}_{s,\chi}$ 是 $R_q\times R_q$ 上的一个概率分布。随机从 R_q 上均匀地选择 $\boldsymbol{a}$，根据分布 χ 选择误差向量 $\boldsymbol{e}\in R_q$，计算 $(\boldsymbol{a},\boldsymbol{b}=\boldsymbol{as}+\boldsymbol{e})\in R_q^2$。环 LWE 问题就是对于 $\boldsymbol{s}\in R_q$，给定任意数量的 $\boldsymbol{A}_{s,\chi}$，输出 $\boldsymbol{s}$。换句话说，$\boldsymbol{a}$ 是均匀随机的，乘积 $\boldsymbol{as}$ 被一些“小”的随机误差项所扰动，这些误差项是从 R 上选择的。

$$\begin{aligned}&\underset{\substack{\|\\a(x)}}{(a_1+a_2x+\cdots+a_nx^{n-1})}\ \underset{\substack{\|\\s(x)}}{(s_1+s_2x+\cdots+s_nx^{n-1})}\ \underset{\substack{\|\\e(x)}}{+(e_1+\cdots+e_nx^{n-1})}\\&\approx \underset{\substack{\|\\b(x)=as(x)+e(x)}}{b_1+b_2x+\cdots+b_nx^{n-1}}\end{aligned}$$

例 11.1.3 设 $q=13$，$n=4$，那么 $R_q=\dfrac{\mathbb{Z}_{13}[x]}{(x^4+1)}$。假设 $\boldsymbol{a}=5+2x+9x^2+11x^3$，$\boldsymbol{s}=7+8x+11x^2+10x^3$，$\boldsymbol{e}=1+2x^2+x^3$。求 $\boldsymbol{b}=\boldsymbol{as}+\boldsymbol{e}$。

解：

$$\begin{aligned}\boldsymbol{b}&\equiv \boldsymbol{as}+\boldsymbol{e}\pmod{(x^4+1)}\\&\equiv(5+2x+9x^2+11x^3)(7+8x+11x^2+10x^3)+\boldsymbol{e}\pmod{(x^4+1)}\\&\equiv(-3-x-2x^2)+(1+2x^2+x^3)\pmod{(x^4+1)}\\&\equiv-2-x+x^3\pmod{(x^4+1)}\end{aligned}$$

■

计算 $\boldsymbol{as}+\boldsymbol{e}$ 非常容易。但如果只给定 $\boldsymbol{b}$ 和 $\boldsymbol{a}$，想要找到 $\boldsymbol{s}$ 和 $\boldsymbol{e}$ 就比较困难了。也就是说，搜索环 LWE(RLWE) 问题就是给定 $\boldsymbol{a}$ 和 $\boldsymbol{b}$，计算 $\boldsymbol{s}$ 和 $\boldsymbol{e}$。

定义 11.1.4 搜索 RLWE 问题

令 n 为安全参数且满足 $n=2^k$，$k\geqslant 0$。$R=\dfrac{\mathbb{Z}[x]}{(x^n+1)}$。设 q 为一个公开的大素数，q 是关于 n 的多项式，并且满足 $q\equiv 1(\mathrm{mod}\ 2n)$ 的条件，定义 $R_q=\dfrac{\mathbb{Z}_q[x]}{(x^n+1)}$，给定均匀随机生成的多项式 $\boldsymbol{a}\in R_q$，$\boldsymbol{s}\in R_q$ 和 $\boldsymbol{e}\in R_q$ 服从分布 χ(通常为 n 维不同类型的高斯分布)，$\boldsymbol{b}=\boldsymbol{as}+\boldsymbol{e}$ 。给定多组 (a_i,b_i)，找到 $\boldsymbol{s}$ 。

定义 11.1.5 决策 RLWE 问题

令 n 为安全参数且满足 $n=2^k$，$k\geqslant 0$。$R=\dfrac{\mathbb{Z}[x]}{(x^n+1)}$。设 q 为一个公开的大素数，q 是关于 n 的多项式，并且满足 $q\equiv 1(\mathrm{mod}\ 2n)$ 的条件，定义 $R_q=\dfrac{\mathbb{Z}_q[x]}{(x^n+1)}$，给定均匀随机生成的多项式 $\boldsymbol{a}\in R_q,\boldsymbol{s}\in R_q$ 和 $\boldsymbol{e}\in R_q$ 服从分布 χ，$\boldsymbol{b}=\boldsymbol{as}+\boldsymbol{e}$ 。区分它们服从以下哪种分布。

1) 存在具有“小”系数的 $\boldsymbol{s}$ 和 $\boldsymbol{e}$，使得 $\boldsymbol{b}=\boldsymbol{as}+\boldsymbol{e}$。

2) $\boldsymbol{s}$ 和 $\boldsymbol{e}$ 均为 R_q 中的均匀随机值。

11.1.5 基于环 LWE 问题的加密算法

基于环 LWE 问题的加密算法是基于 LWE 的 Regev 加密算法的推广形式，依然是一个二进制加密算法。其加密过程如下 [153]。

1) 密钥：令 $q \geqslant 2$，$n \geqslant 1$ 且是 2 的幂次。设 $f(x)=x^n+1$，$R=\dfrac{\mathbb{Z}[x]}{(x^n+1)}$，$R_q=\dfrac{\mathbb{Z}_q[x]}{(x^n+1)}$，$\chi_k$为 $\mathbb{R}$ 上的一个错误概率分布，是集中在 $\mathbb{R}$ 上的“小”元素。均匀地随机生成 $\boldsymbol{s},\boldsymbol{r} \in \chi_k$，计算 $\boldsymbol{b}=\boldsymbol{as}+\boldsymbol{r}$，令 $(\boldsymbol{b},\boldsymbol{a})$ 为公钥，$\boldsymbol{s}$ 为私钥。

2) 加密：均匀地随机生成 $e_1,e_2,e_3 \in \chi_e$，χ_e 为 $\mathbb{R}$ 上的一个错误概率分布，是集中在 $\mathbb{R}$ 上的“小”元素，$\chi_e \neq \chi_k$，但需要充分集中。设明文长度为 n，即 $m \in \{0,1\}^n$。计算：

$$c_1=\boldsymbol{a}\boldsymbol{e}_1+\boldsymbol{e}_2 \in R_q \tag{11-14}$$

$$c_2=\lfloor q/2 \rfloor m+\boldsymbol{b}\boldsymbol{e}_1+\boldsymbol{e}_3 \in R_q \tag{11-15}$$

发送 (c_1,c_2)。

3) 解密：得到密文后，计算 $\bar{m} \equiv \left\lfloor \dfrac{2}{q}[c_2-c_1\boldsymbol{s}] \pmod q \right\rceil \pmod 2$。如果 $\dfrac{1}{4}q<\bar{m}<\dfrac{3}{4}q$，则 $m=1$，否则 $m=0$。

解密的正确性证明如下：

$$\begin{aligned} c_2-c_1\boldsymbol{s} &= \lfloor q/2 \rfloor m+\boldsymbol{b}\boldsymbol{e}_1+\boldsymbol{e}_3-(\boldsymbol{a}\boldsymbol{e}_1+\boldsymbol{e}_2)\boldsymbol{s} \\ &= \lfloor q/2 \rfloor m+(\boldsymbol{as}+\boldsymbol{r})\boldsymbol{e}_1+\boldsymbol{e}_3-(\boldsymbol{a}\boldsymbol{e}_1+\boldsymbol{e}_2)\boldsymbol{s} \\ &= \lfloor q/2 \rfloor m+(\boldsymbol{r}\boldsymbol{e}_1+\boldsymbol{e}_3-\boldsymbol{e}_2\boldsymbol{s}) \\ &= \lfloor q/2 \rfloor m+e' \end{aligned}$$

当 $\boldsymbol{r}\boldsymbol{e}_1+\boldsymbol{e}_3-\boldsymbol{e}_2\boldsymbol{s}=e'$ 时，e' 就被称为噪声，它非常小。当 $e'<\lfloor q/4 \rfloor$ 时，就可以正确解密。明文 m 的编码方式有多种，只要 $\boldsymbol{r}\boldsymbol{e}_1+\boldsymbol{e}_3-\boldsymbol{e}_2\boldsymbol{s}$ 在错误阈值之内，就可以正确解密。

若想达到 256 位的安全强度，n 需要 512 位，多项式 $\boldsymbol{b}$ 则需要 12 289 位，错误概率分布的标准差大约为 $\sigma=4.9$。

11.2 同态加密

随着国际形势的变化，我国对航空航天越来越重视，其前景越来越广阔。同时，航空航天信息系统也在迅猛发展，越来越多功能强大的通信设备被集成到各类航空航天器的信息系统中。工程人员根据这些信息系统反馈回来的数据，可以判断设备的健康状态、运动情况、操纵响应及任务完成等情况。

航空器 (无人机、运输机) 或者航天器 (火箭、卫星、导弹) 通常有几十到几千个传感器以采集运动过程中的数据，如空速仪表、高度表等，供飞行员或地面监控人员决策，或结束任务后进行数据分析。这些数据非常宝贵，也是机密数据。这些数据往往会保存在加密的数据库中。在设备研发过程中，往往需要第三方的配合，所以需要分享相关数据给第三方，但是设计方有时候并不想共享数据，只希望第三方回答相应问题的答案即可。例如：

- 飞机的平均滚转时间是多少？
- 开机以后，火箭的垂直方向速度分量是多少？

- 平均转弯半径是多少？
- 设备是否保持平衡状态？
- 传感器误差是否在可接受的范围内？

工程人员想要得到这些问题的答案，就需要对数据进行检索计算。如果数据不被加密，工程人员当然很容易计算，但这就容易被第三方有意无意地获得，这对于机密数据的保护是不利的。如果数据全部加密，虽然数据得到了保护，但工程人员就无法用这些数据进行计算，使得宝贵的数据变成“死”数据，无法被进一步利用。同时航空航天数据采样频率高，数据量非常庞大，想借助云服务的力量进行分析，但又不希望云服务平台知道数据是什么，因此，需要一种加密方案可以同时保证数据的安全性和便利性，实现数据的“可算不可见”。

该方案就被称为同态加密 (Homomorphic Encryption，HE)。同态加密可以让人们在已加密的数据中进行检索和计算，而不需要解密数据，也能获得正确的答案。得到的结果经过解密后与在明文下计算的结果一致，是一项直接有效的保护数据隐私的技术。

1978 年，罗纳德・李维斯特、伦纳德・阿德曼和迈克尔・德图佐斯 (Michael Dertouzos) 发表论文“On data banks and Privacy Homomorphisms”(论数据库与隐私同态)[158]，在密码学领域首次提出关于同态加密的概念。其中前两位作者也是 RSA 算法的设计者。克雷格・金特里 (Craig Gentry) 对同态加密的定义是“A way to delegate processing of your data, without giving away access to it”(一种不需要访问数据本身就可以加工数据的方法)。

什么是同态呢？在抽象代数中，同态是从一个代数结构到同类代数结构的映射，它保持所有相关的结构不变，是在两个性质不一定相同的对象之间建立的联系。2.9.1 节介绍了关于群的基本定义和性质，而本章则关注群中元素之间的映射关系，因为代数的很多性质都是在映射中出现的。群同态也是从群的基本性质中引申出来的。群同态的概念可以理解为二元关系在映射意义上的推广。群同态定义如下。

定义 11.2.1 群同态 (Group Homomorphic)

设 G、G' 为两个群，它们的单位元分别是 e、e' 。给定群中两个元素 $a,b \in G$ ，设映射 $\phi : G \to G'$。若满足：

$$\phi(a * b) = \phi(a) * \phi(b) \tag{11-16}$$

则称之为群同态。其中“*”表示群运算。

在定义 11.2.1中，左边的 $\phi(a * b)$ 发生在 G 中，而右边的 $\phi(a) * \phi(b)$ 发生在 G' 中，因此，在定义 11.2.1中给出了二元运算之间的关系，以及这两个群结构之间的关系。

同态 ϕ 的核是群 G 到单位元 e 的集合 $\{x \in G \mid \phi(x) = e\}$，被定义为 $\mathrm{Ker}\phi$。

定义 11.2.2 同态加密 (Homomorphic Encryption)

同态加密用数学表达式可以定义为：

$$E(m_1) * E(m_2) = E(m_1 * m_2)\text{，}\forall m_1, m_2 \in M \tag{11-17}$$

其中 E 为加密算法，M 为所有可能明文的集合。如果加密算法 E 满足以上公式，那么就可以称 E 在“*”运算上符合同态加密的性质。目前的同态加密算法主要支持两种运算的同态：加法和乘法。

加法同态可以表示为：

$$E(m_1) \oplus E(m_2) = E(m_1 + m_2) \tag{11-18}$$

乘法同态可以表示为：

$$E(m_1) \otimes E(m_2) = E(m_1 \times m_2) \tag{11-19}$$

其中，$\oplus$ 表示在密文空间中的加法运算；$\otimes$ 表示在密文空间中的乘法运算。

论文《论数据库与隐私同态》发表后不久，就有人发现 RSA 支持乘法同态运算。设两个密文分别是 $c_1 \equiv m_1^e \pmod N$，$c_2 \equiv m_2^e \pmod N$。令它们相乘，可以得到：

$$c_1 \cdot c_2 \equiv m_1^e m_2^e \equiv (m_1 m_2)^e \pmod N \tag{11-20}$$

RSA 加密算法满足乘法同态性，但不满足加法同态性 ($m_1^e m_2^e \not\equiv (m_1+m_2)^e \pmod N$)。

1999 年，Pascal Paillier 发明了 Paillier 公钥加密算法 [159]。Paillier 是一种满足加法同态的加密算法，设两个密文分别是 $c_1 \equiv g^{m_1} r_1^N \pmod{N^2}$，$c_2 \equiv g^{m_2} r_2^N \pmod{N^2}$，因为：

$$E(m_1)\,E(m_2) \equiv c_1 \cdot c_2 \equiv g^{m_1+m_2} (r_1 r_2)^N \pmod{N^2} \equiv E(m_1 + m_2) \tag{11-21}$$

因此 RSA 加密算法和 Paillier 加密算法也被称为半同态加密 (Partially Homomorphic Encryption) 算法，因为这些算法只满足加法和乘法运算中的一种。不过值得注意的是，半同态加密支持执行无限次同态运算。除了 RSA 加密算法和 Paillier 加密算法，ElGamal 加密算法和 ECC 加密算法也都是半同态加密算法。

除了可以提供隐私计算技术，同态加密还有以下几个优点。

1) 多方安全计算。可以让多组互不信任的计算者利用自己手中的数据，在不泄露数据隐私的情况下，共同完成计算。多方安全计算就是联邦学习 (Federated Learning) 应用的一种加密方式。

2) 可检索加密。即可在加密后的数据中进行检索，找到想要的部分。

3) 差分隐私。即第三方无法根据结果来反推该结果来自哪部分数据集。

4) 门限签名。可以规避私钥可能泄露的风险。

11.3 全同态加密

11.3.1 全同态加密的定义

全同态加密 (Fully Homomorphic Encryption, FHE) 算法是一种可同时支持“全”类型的运算，包括加法运算和乘法运算，且可进行无限次运算的加密算法。而那些同时支持加法运算和乘法运算，但仅可以进行有限次运算的加密算法，则被称为部分同态加密 (Somewhat Homomorphic Encryption，SWHE)。

《论数据库与隐私同态》[158] 发表后的 30 年内，有许多密码学家尝试设计出一款全同态加密算法，但是收效甚微，在该领域一直没有很大的进展。在此期间，虽然有部分算法实现了同态加密，但是被发现存有漏洞，安全性得不到保证。美国斯坦福大学教授丹・博内 (Dan Boneh) 在 2005 年构造出了一种同时具备加法同态和乘法同态的方案。不过由于双线性对性质的原因，乘法同态只能做一次，不能无限次运算。但无论如何，这也是全同态加密的重要里程碑。

直到 2009 年，美国计算机科学家克雷格・金特里才在论文“Fully Homomorphic Encryption Using Ideal Lattices”(基于理想格的全同态加密)[160] 中首次提出经过验证的全同态加密算法。他也凭此论文获得了 2022 年哥德尔奖，以表彰他在密码学领域的重大贡献。这篇论文标志着同态密码学有了一个重大突破，历史性地解决了困扰密码学界 30 余年的难题。克雷格・金特里本科毕业于美国杜克大学，并且分别在 1998 年和 2009 年获得哈佛大学和斯坦福大学的博士学位，如图 11-4 所示。2009 年，其博士毕业论文获得 ACM 博士论文奖。

金特里提出了第一个全同态加密算法 FHE，理论意义非常重大。该算法被称为第一代全同态加密算法。然而该算法实现的效率较低，且所使用的数学方法对大多数人来说理解起来非常困难，因此使用的范围并不广泛。后续其他密码学家在此基础上进行改进，把 FHE 做了进一步推广，就有了第二、第三代 FHE。

图 11-4 克雷格・金特里

全同态加密技术是目前密码学界的一个热点，它可被应用于外包计算、隐私保护的机器学习、安全多方计算、联邦学习、数据交换和共享等领域。基于全同态加密的特性，它可被用于保护隐私的外包存储和计算，以及在加密的数据中进行诸如检索、比较等操作，并得出正确的结果，而在整个处理过程中无须对数据进行解密。它的意义在于，能够解决将数据及其计算委托给第三方时的数据安全问题。对于医疗保健信息等敏感数据，全同态加密可通过消除和抑制数据共享产生的隐私安全问题或提高现有服务的安全性来启用扩展新的服务。例如为保护个人的医疗隐私，医治过程中的预测分析难以通过第三方处理，如果预测分析的第三方可以对加密数据进行操作，就会减少因为使用第三方服务而产生的隐私安全问题。即使服务提供商的系统受到安全威胁，数据也将保持安全。

定义 11.3.1 全同态加密 [161]

一个全同态加密方案包含 4 个概率多项式算法：公钥和密钥生成算法、加密算法、解密算法、密文计算算法。

1) 公钥和密钥生成算法 KeyGen(λ)：输出公钥 pk、用于密文计算的公钥 evk，以及密钥 sk。其中 λ 为安全参数，是一个随机算法。

2) 加密算法 Enc(pk, m)：使用公钥 pk 加密一位消息 $m \in \{0,1\}$，输出密文 c。

3) 解密算法 Dec(sk, c)：使用密钥 sk 解密密文 c，恢复消息 m。

4) 密文计算算法 Eval (evk, $f, c_1, \cdots, c_l$)：使用计算公钥 evk，将 $c_1, \cdots, c_l$ 输入函数 f，其中 $f: \{0,1\}^l \to \{0,1\}$，输出密文 c_f。

通常函数 f 表示成有限域 GF(2) 上的算术电路形式。全同态加密方案是安全的指的是其满足语义安全性。

与其他加密算法相比，全同态加密算法多了一个密文计算算法 Eval。密文计算算法共有 3 部分：公钥 evk，函数 f，以及密文 $c = \{c_1, \cdots, c_l\}$。函数 f 是 Eval 算法所要执行的函数，可以是任意函数，因为全同态加密的目标就是可以让密文能够进行任意计算。密文计算算法是整个全同态加密 4 个算法中的核心。密文的计算是在电路里进行的，作为电路的输入。电路是分层的，电路深度越深，层数越多，密文能够进行的计算次数就越多。

11.3.2 电路

Eval 算法将密文输入函数 f 里进行计算。在全同态加密算法中，密文都是含有噪声的，密文的计算会导致噪声的增长。如果把函数 f 表示成电路，那么 Eval 算法实际上只能对有限深度 L 的电路进行计算，超过这个深度 L 的电路就不行了。那么什么是电路呢？

这里的电路称为数字电路，是一种开关电路，输入、输出量是高、低电平，可以用二值变量 (即 0 和 1) 来表示。输入量和输出量之间的关系是一种逻辑上的因果关系。电路的操作比较简单，按照电路设计的规则进行操作即可。整个电路过程中没有选择操作、循环操作及判断操作等，这会使得密文计算变得更为简单和方便。一般来说，电路分为两种，即布尔电路和算术电路。

布尔电路 (Boolean Circuit) 是布尔代数在数字电路中二值逻辑的应用，它是由英国数学家乔治·布尔 (George Boole) 提出的，首先用在逻辑运算上。后来用在数字电路中，就被称为开关代数或布尔电路。布尔电路的输入是位，在二值逻辑函数 (或称门电路) 中最基本的逻辑运算有与 (AND)、或 (OR)、非 (NOT)3 种逻辑运算，如图 11-5所示。

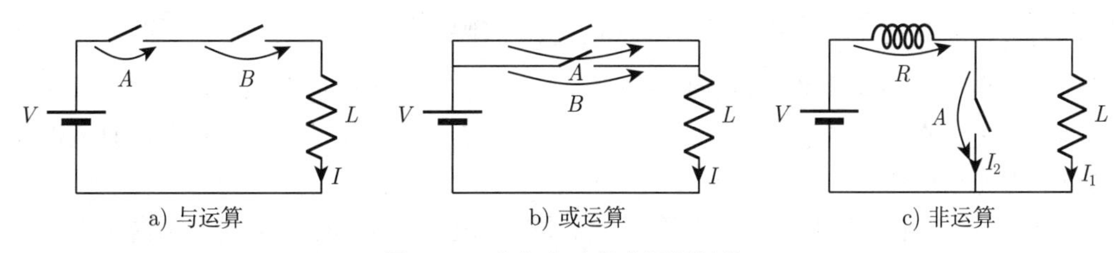

图 11-5 布尔电路基本逻辑运算

算术电路 (Arithmetic Circuit) 可以使用更大的整数模 p 表示输入，并通过一系列加法和乘法组成算术电路。

传统的安全计算都是采用电路模型的，其原因是电路模型需要“接触”所有的输入数据，因而不会泄露任何信息，所以金特里构造的全同态加密方案也采用电路计算模型。在 $\mathbb{Z}_2$ 上的加法和乘法在操作上可形成完备集，其中加法对应异或 (XOR) 电路，乘法对应与 (AND) 电路。由此，全同态加密方案能够对密文执行任意多项式的计算 [161][162]。

第一代全同态加密算法是基于理想格 (Ideal Lattice) 搭建的。明文加密后所得到的密文会含有噪声，噪声是覆盖明文的随机值，用以保护明文，如例 11.3.1所示。在同态加密过程中，每次进行密文计算后都会让噪声变得更大，当噪声大过一定限度时，就会把明文信息给覆盖，导致最后包括密钥持有人在内的人都无法还原明文，如图 11-6所示。

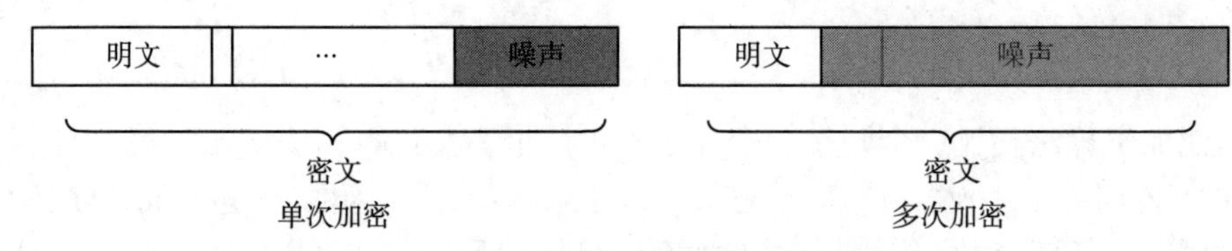

图 11-6 同态加密后的密文噪声

例 11.3.1 通过一个例子，来看看什么是噪声。

设 $m_1 = 100$，$m_2 = 200$，加密后的密文为 $c_1 = 110$，$c_2 = 220$。那么此时的噪声分别是 $c_1 - m_1 = 10$，$c_2 - m_2 = 20$。

如果两个密文相加，那么噪声就会变成 $c_1 + c_2 - (m_1 + m_2) = 30$。

如果两个密文相乘，那么噪声就会变成 $c_1c_2 - (m_1m_2) = 4200$。

可以发现乘法的噪声增长率是非常大的。 ■

在第一代 FHE 之前，由于噪声的原因，同态加密只能执行有限次运算。如果控制了噪声的增长，那么就可以增加运算次数。而金特里所构造的 FHE 是通过同态解密控制噪声的，即“自举技术”(Boostrap)，是对 FHE 密文进行同态解密运算。“自举技术”可以将加密算法 $\text{Enc}(\text{pk}, m)$ 所得到的密文 c 转变成另一个密文 c_f，以达到固定噪声范围的目的。

11.4 BGV 全同态加密算法

随着第一代 FHE 的提出，各大研究机构开始尝试基于 (R)LWE 构造 FHE，并结合理想格的代数结构、快速运算等优良性质进行方案的优化和实现，最终取得了突破。理想格是由在 $\dfrac{\mathbb{Z}[x]}{f(x)}$ 中的一个多项式及其倍数在 $\dfrac{\mathbb{Z}[x]}{f(x)}$ 内构成的一个子集。换句话说，一个理想格是环的子集，理想格中的数据和环中数据相乘一定还留在理想格中。但第一代 FHE 方案不是很完美，它更多的意义在于向世人展示全同态加密的可行性，因此它迅速地被新的全同态加密算法所代替。

BGV 全同态加密算法 [163] 属于第二代全同态加密算法。BGV 全同态加密算法是由美国斯坦福大学的 Zvika Brakerski 教授、IBM 的 Craig Gentry(金特里) 研究员和多伦多大学的 Vinod Vaikuntanathan 教授一同在 2012 年公布的。BGV 就是由他们的姓的首字母组合而成。

BGV 全同态加密算法提出了一种新的“控噪”技术，相较于第一代 FHE 算法，它极大地提高了性能，降低了工程人员实现 FHE 的门槛，也提高了安全性。BGV 安全性基于 RLWE 的困难性，因此它被称为有限层次全同态加密（Leveled FHE），即支持不超过一定深度的全同态加密。至于为什么是“有限层次”的，本章将会解答。BGV 的核心贡献是建立一种新的方法来构造固定电路深度的 FHE，它能够评估任意多项式大小的电路，而且不需要“自举技术”就能完成同态解密运算。2013 年，IBM 公司就开源并实现了 BGV 算法，从此密码学进入新的时代。优化后的 BGV 算法 [164] 是当时最高效的 FHE 算法之一。由于它在同态计算时仍然需要计算密钥的辅助，故它被称为第二代全同态加密方案。

11.4.1 同态基本加密算法

在了解 BGV 算法过程之前，首先了解一下同态基本加密算法的过程。

1) 参数设置 E.Setup$\left(1^\lambda, 1^\mu, b\right)$ 。其中 λ 为安全参数，μ 为功能性参数 (通常为多项式次数或电路深度)，$b \in \{0,1\}$，用以确定是基于 LWE 的方案 ($b=0, d=1$) 还是基于 RLWE 的方案 ($b=1, n=1$) 。令 $R=\mathbb{Z}[x]/\left(x^d+1\right)$，输出 5 个参数 (q, d, n, N, χ) 。

- q 为模数，长度为 μ 位。
- d 为多项式 $f(x)$ 的次数，$d=d(\lambda, \mu, b)$ 是 2 的幂。
- n 为维度参数，$n=n(\lambda, \mu, b)$ 。
- N 为另一个维度参数，$N=\lceil(2n+1)\log q\rceil$ 。
- χ 为一个正态噪声分布，其参数为 $\chi(\lambda, \mu, b)$。

2) 私钥生成 E.SecretKeyGen(params)。计算 $\boldsymbol{t} \leftarrow \chi^n$，输出私钥 $\mathrm{sk}=\boldsymbol{s} \leftarrow \Big(1, \boldsymbol{t}[1], \cdots, \boldsymbol{t}[n]\Big) \in R_q^{n+1}$。

3) 公钥生成 E.PublicKeyGen(params，sk)。均匀地生成矩阵 $\boldsymbol{B} \leftarrow R_q^{N\times n}$ 和向量 $\boldsymbol{e} \leftarrow \chi^N$，以及集合 $\boldsymbol{b} \leftarrow \boldsymbol{B}\boldsymbol{t}+2\boldsymbol{e}$。然后设 $\boldsymbol{A}$ 为 $(n+1)$ 列的矩阵，由单列的 $\boldsymbol{b}$ 以及 n 列 $-\boldsymbol{B}$ 组成。输出公钥 $\mathrm{pk}=\boldsymbol{A}$。

$$
\boldsymbol{B}=\begin{bmatrix} B_{11} & B_{12} & \cdots & B_{1n} \\ B_{21} & B_{22} & \cdots & B_{2n} \\ & & \ddots & \\ B_{N1} & B_{N2} & \cdots & B_{Nn} \end{bmatrix} \quad \boldsymbol{e}=\begin{bmatrix} e_1 \\ e_2 \\ \vdots \\ e_N \end{bmatrix} \quad \boldsymbol{b}=\begin{bmatrix} b_1 \\ b_2 \\ \vdots \\ b_N \end{bmatrix} \quad \boldsymbol{A}=\begin{bmatrix}\boldsymbol{b} & -\boldsymbol{B}\end{bmatrix}
$$

显然 $\boldsymbol{A}\boldsymbol{s}=2\boldsymbol{e}$。

4) 加密 E.Enc(params，sk，m)。明文 $m=\{0,1\}$，$\boldsymbol{m} \leftarrow (m, 0, \cdots, 0) \in R_q^{n+1}$，设随机向量 $\boldsymbol{r} \leftarrow R_2^N$。输出密文 $\boldsymbol{c} \leftarrow \boldsymbol{m}+\boldsymbol{A}^{\mathrm{T}}\boldsymbol{r} \in R_q^{n+1}$。

5) 解密 E.Dec(params，sk，$\boldsymbol{c}$)。输出明文 $\boldsymbol{m} \leftarrow [[\langle\boldsymbol{c}, \boldsymbol{s}\rangle]_q]_2$。即先计算 $\boldsymbol{c}$ 和 $\boldsymbol{s}$ 的内积，然后模 q 再模 2。

证明

因为 $\boldsymbol{r}$ 和 $\boldsymbol{e}$ 都很小，所以 $m+2\boldsymbol{r}^{\mathrm{T}}\boldsymbol{e}<q$，所以：

$$[[\langle \boldsymbol{c},\boldsymbol{s}\rangle]_q]_2=\left[\left[\left(\boldsymbol{m}^{\mathrm{T}}+\boldsymbol{r}^{\mathrm{T}}\boldsymbol{A}\right)\cdot \boldsymbol{s}\right]_q\right]_2=\left[\left[m+2\boldsymbol{r}^{\mathrm{T}}\boldsymbol{e}\right]_q\right]_2=\left[m+2\boldsymbol{r}^{\mathrm{T}}\boldsymbol{e}\right]_2=m$$

11.4.2 密钥切换 FHE.SwitchKey

在 BGV 算法方案中，有一个密钥切换 FHE.SwitchKey 的关键步骤，目的是约减维度，是 LWE 上实现全同态加密的关键技术。在解密过程中，需要计算 $\boldsymbol{c}$、$\boldsymbol{s}$ 两个向量的内积，可写作另一种形式 $m=\left[[L_{\boldsymbol{c}}(\boldsymbol{s})]_q\right]_2$，其中 $L_{\boldsymbol{c}}(\boldsymbol{s})$ 是关于 $\boldsymbol{s}$ 的系数的、与密文相关的线性方程。

如果使用相同的密钥 $\boldsymbol{s}$ 分别加密 m_1、m_2，得到密文 $\boldsymbol{c}_1$、$\boldsymbol{c}_2$，实现加法就可以表示为 $L_{\boldsymbol{c}_1}(\boldsymbol{s})+L_{\boldsymbol{c}_2}(\boldsymbol{s})=L_{\boldsymbol{c}_1+\boldsymbol{c}_2}(\boldsymbol{s})$ 。而乘法则是用一个二次方程表示为 $Q_{\boldsymbol{c}_1,\boldsymbol{c}_2}(\boldsymbol{s})=L_{\boldsymbol{c}_1}(\boldsymbol{s})\cdot L_{\boldsymbol{c}_2}(\boldsymbol{s})$，假设初始密文的噪声足够小，就有 $m_1\cdot m_2=\left[[Q_{\boldsymbol{c}_1,\boldsymbol{c}_2}(\boldsymbol{s})]_q\right]_2$。$Q_{\boldsymbol{c}_1,\boldsymbol{c}_2}(\boldsymbol{s})$ 还可以表示为线性方程 $L^{\mathrm{long}}_{\boldsymbol{c}_1,\boldsymbol{c}_2}(\boldsymbol{s}\otimes\boldsymbol{s})$，其中"$\otimes$"是张量积运算，它扩展为原始大小的二次多项式。假设 $\boldsymbol{s}=[2,4,-3]^{\mathrm{T}}$，那么 $\boldsymbol{s}\otimes\boldsymbol{s}=\begin{bmatrix}4 & 8 & -6\\ 8 & 16 & -12\\ -6 & -12 & 9\end{bmatrix}$，即张量积 $\boldsymbol{s}\otimes\boldsymbol{s}$ 的线性组合，它的维度是密钥 $\boldsymbol{s}$ 的平方，为了控制维度增长，就需要使用密钥切换技术。

密钥切换 FHE.SwitchKey 有位展开技术 BitDecomp 程序和 Powerof2 程序。

1)BitDecomp 程序输入两个参数 $(\boldsymbol{x}\in R_q^n,q)$，将 $\boldsymbol{x}$ 写成：

$$\boldsymbol{x}=\sum_{i=0}^{\lfloor\log q\rfloor}2^i\cdot \boldsymbol{u}_i=\boldsymbol{u}_0+2\boldsymbol{u}_1+2^2\boldsymbol{u}_2+\cdots+2^{\lfloor\log q\rfloor}\boldsymbol{u}_{\lfloor\log q\rfloor} \tag{11-22}$$

换句话说，就是将 $\boldsymbol{x}$ 用二进制表示并模 q。输出：

$$\left(\boldsymbol{u}_0,\boldsymbol{u}_1,\cdots,\boldsymbol{u}_{\lfloor\log q\rfloor}\right)\in R_2^{n\lceil\log q\rceil} \tag{11-23}$$

同时 BitDecomp 的逆运算 $\mathrm{BitDecomp}^{-1}$ 为 $\sum_{i=0}^{\lceil\log q\rceil-1}2^i\cdot\boldsymbol{u}_i \pmod q$。

2)Powerof2 程序输入两个参数 $(\boldsymbol{x}\in R_q^n,q)$，输出：

$$\left(\boldsymbol{x},2\boldsymbol{x},\cdots,2^{\lfloor\log q\rfloor}\boldsymbol{x}\right)\in R_q^{n\lceil\log q\rceil} \tag{11-24}$$

也就是输出 $\boldsymbol{x}$ 乘以 2 的不同次幂并模 q，目的是使向量的内积保持不变。

例 11.4.1 假设 $q=16$，$n=3$，$\boldsymbol{x}=(2,1,13)$。求 BitDecomp 和 Powerof2 的输出。

解：由于 $\lfloor\log_2 q\rfloor=\lfloor 4\rfloor=4$，共 4 组，分别为：

$$2=0\times 2^0+1\times 2^1+0\times 2^2+0\times 2^3$$

$$1=1\times 2^0+0\times 2^1+0\times 2^2+0\times 2^3$$

$$13=1\times 2^0+0\times 2^1+1\times 2^2+1\times 2^3$$

所以

$$\boldsymbol{u}_0 = (0,1,1), \quad \boldsymbol{u}_1 = (1,0,0), \quad \boldsymbol{u}_2 = (0,0,1), \quad \boldsymbol{u}_3 = (0,0,1)$$

输出 $\boldsymbol{u} = (\boldsymbol{u}_0, \boldsymbol{u}_1, \boldsymbol{u}_2, \boldsymbol{u}_3) = (0,1,1,1,0,0,0,0,1,0,0,1)$。

Powerof2 非常简单，输出 $(2,1,13,4,2,10,8,4,4,0,8,8)$。

■

因为密文向量 $\boldsymbol{c}$ 和密钥向量 $\boldsymbol{s}$ 拥有相同的长度，因此：

$$\langle \text{BitDecomp}(\boldsymbol{c}, q),\ \text{Powerof2}\ (\boldsymbol{s}, q)\rangle = \langle \boldsymbol{c}, \boldsymbol{s}\rangle \pmod q \tag{11-25}$$

证明

$$\begin{aligned}\langle \text{BitDecomp}(\boldsymbol{c}, q),\ \text{Powerof2}\ (\boldsymbol{s}, q)\rangle &= \sum_{j=0}^{\lfloor \log q \rfloor} \left\langle \boldsymbol{u}_j, 2^j \cdot \boldsymbol{s} \right\rangle \\ &= \sum_{j=0}^{\lfloor \log q \rfloor} \left\langle 2^j \cdot \boldsymbol{u}_j, \boldsymbol{s} \right\rangle = \left\langle \sum_{j=0}^{\lfloor \log q \rfloor} 2^j \cdot \boldsymbol{u}_j, \boldsymbol{s} \right\rangle = \langle \boldsymbol{c}, \boldsymbol{s}\rangle\end{aligned}$$

再介绍一下密钥切换，密钥切换由两个步骤构成：SwitchKeyGen 和 SwitchKey。SwitchKeyGen 算法输入两个长度不等的密钥 $(\boldsymbol{s}_1 \in R_q^{n_1}, \boldsymbol{s}_2 \in R_q^{n_2})$，执行以下操作。

- $\boldsymbol{A} \leftarrow$ E.PublicKeyGen $(\boldsymbol{s}_2, N)$ ，其中 $N = n_1 \cdot \lceil \log q \rceil$。
- $\boldsymbol{B} \leftarrow \boldsymbol{A}+$ Powerof2 $(\boldsymbol{s}_1)$，即把 Powerof2 $(\boldsymbol{s}_1)$ 加到矩阵 $\boldsymbol{A}$ 的第 1 列 (也就是 $\boldsymbol{b}$)，得到矩阵 $\boldsymbol{B}$。
- 输出附加信息 $\tau_{\boldsymbol{s}_1 \to \boldsymbol{s}_2} = \boldsymbol{B} \in R_q^{N \times (n_2+1)}$。

SwitchKey 算法相对简单，输入 $\tau_{\boldsymbol{s}_1 \to \boldsymbol{s}_2}$ 和密文 $\boldsymbol{c}_1$，输出密文 $\boldsymbol{c}_2 = \text{BitDecomp}\,(\boldsymbol{c}_1)^{\mathrm{T}} \cdot \boldsymbol{B} \in R_q^{n_2}$。

密钥切换本质上是一个高维向量与高维矩阵的乘积，产生的新密文的噪声要比原密文的噪声高一些 [161]。通过密钥切换技术，能够约减密文的维度，这样即使密文做了乘法之后维度膨胀了，也能约减成正常维度的密文。

令 SwitchKeyGen $(\boldsymbol{s}_1, \boldsymbol{s}_2)$ 的输入、输出为 $\boldsymbol{s}_1, \boldsymbol{s}_2, q, n_1, n_2, \boldsymbol{A}, \boldsymbol{B} = \tau_{\boldsymbol{s}_1 \to \boldsymbol{s}_2}$，并且 $\boldsymbol{A} \cdot \boldsymbol{s}_2 = 2\boldsymbol{e}_2 \in R_q^N$，$\boldsymbol{c}_1 \in R_q^{n_1}$，$\boldsymbol{c}_2$ 为 SwitchKey $(\tau_{\boldsymbol{s}_1 \to \boldsymbol{s}_2}, \boldsymbol{c}_1)$ 的输出，密钥切换的正确性就可以满足：

$$\langle \boldsymbol{c}_2, \boldsymbol{s}_2 \rangle = 2\left\langle \text{BitDecomp}\,(\boldsymbol{c}_1), \boldsymbol{e}_2 \right\rangle + \langle \boldsymbol{c}_1, \boldsymbol{s}_1 \rangle \pmod q \tag{11-26}$$

11.4.3 模数切换 FHE.Moduli

模数切换 (Modulus Switching) 也称模运算，它可以控制密文中的噪声增长。假设明文 m，密文 $\boldsymbol{c}$，密钥 $\boldsymbol{s}$ (mod q)，且 $\boldsymbol{s}$ 向量较短。显然 $m \equiv <\boldsymbol{c}, \boldsymbol{s}> \pmod q \pmod 2$。设 $\boldsymbol{c}'$ 是接近 $(p/q) \cdot \boldsymbol{c}$ 的一个向量，且 $\boldsymbol{c}' \equiv \boldsymbol{c} \pmod 2$，其中 p, q 都为整数且 $q > p > m$，那么 $\boldsymbol{c}'$ 是明文 m 对应密钥 $\boldsymbol{s}$ (mod p) 的密文，就可以知道 $m \equiv <\boldsymbol{c}', \boldsymbol{s}> \pmod p \pmod 2$。这样就是实现了模数切换，且明文 m 和密钥 $\boldsymbol{s}$ 保持不变，有效地减少了密文的噪声。模

数切换步骤 Scale 如下。

Scale$(\boldsymbol{x},q,p,r)$，其中 $\boldsymbol{x}$ 为整数向量 (密文向量)，q,p 均为整数且满足 $q>p>m$，r 为模数。输出向量 $\boldsymbol{x}'$，该向量接近 $(p/q)\cdot\boldsymbol{x}$，且满足 $\boldsymbol{x}'\equiv\boldsymbol{x}\pmod r$。因为 BGV 通常是二进制加密，所以一般设 $r=2$。

例 11.4.2 设 $p=5$，$q=11$，$r=2$。令 $\boldsymbol{x}=(5,6)$，那么最近的向量就是 $\boldsymbol{x}'=(5/11)\times(5,6)=(3,2)$ 且满足 $\boldsymbol{x}'\equiv\boldsymbol{x}\pmod r$ 。

设 d 是多项式环的次数。令 $q>p>r$ 且满足 $p\equiv q\equiv 1\pmod r$ 的正整数。让 $\boldsymbol{c}\in R^n$ 和 $\boldsymbol{c}'=$ Scale $(\boldsymbol{c},q,p,r)$，则对于任意 $\boldsymbol{s}\in R^n$ 满足：$|[\langle\boldsymbol{c},\boldsymbol{s}\rangle]_q|<q/2-(q/p)\cdot(r/2)\cdot\sqrt{d}\cdot\gamma(R)\cdot\ell_1^{(R)}(\boldsymbol{s})$，有

$$[\langle\boldsymbol{c}',\boldsymbol{s}\rangle]_p\equiv[\langle\boldsymbol{c},\boldsymbol{s}\rangle]_q \bmod r$$

$$\left\|[\langle\boldsymbol{c}',\boldsymbol{s}\rangle]_p\right\|<(p/q)\cdot\|[\langle\boldsymbol{c},\boldsymbol{s}\rangle]_q\|+\gamma_R\cdot(r/2)\cdot\sqrt{d}\cdot\ell_1^{(R)}(\boldsymbol{s})$$

其中 $\gamma(R)$ 为与 R 相关的扩展系数，而 $\ell_1^{(R)}$ 表示 R 上定义的第一范数。■

证明

根据 $[\langle\boldsymbol{c}',\boldsymbol{s}\rangle]_p\equiv[\langle\boldsymbol{c},\boldsymbol{s}\rangle]_q \bmod r$，有 $[\langle\boldsymbol{c},\boldsymbol{s}\rangle]_q=\langle\boldsymbol{c},\boldsymbol{s}\rangle-kq$，其中 $k\in R$。令 $e_p=\langle\boldsymbol{c}',\boldsymbol{s}\rangle-kp\in R$，记作 $e_p\equiv[\langle\boldsymbol{c}',\boldsymbol{s}\rangle]_p \bmod p$。假设 $\|e_p\|$ 很小，使得不用再模 p，就有：

$$\begin{aligned}\|e_p\|&=\|-kp+\langle(p/q)\cdot\boldsymbol{c},\boldsymbol{s}\rangle+\langle\boldsymbol{c}'-(p/q)\cdot\boldsymbol{c},\boldsymbol{s}\rangle\|\\&\leqslant\|-kp+\langle(p/q)\cdot\boldsymbol{c},\boldsymbol{s}\rangle\|+\|\langle\boldsymbol{c}'-(p/q)\cdot\boldsymbol{c},\boldsymbol{s}\rangle\|\\&\leqslant(p/q)\cdot\|[\langle\boldsymbol{c},\boldsymbol{s}\rangle]_q\|+\gamma_R\cdot\sum_{j=1}^{n}\|\boldsymbol{c}'[j]-(p/q)\cdot\boldsymbol{c}[j]\|\cdot\|\boldsymbol{s}[j]\|\\&\leqslant(p/q)\cdot\|[\langle\boldsymbol{c},\boldsymbol{s}\rangle]_q\|+\gamma_R\cdot(r/2)\cdot\sqrt{d}\cdot\ell_1^{(R)}(\boldsymbol{s})\\&<p/2\end{aligned}$$

还需模 r，因此 $[\langle\boldsymbol{c}',\boldsymbol{s}\rangle]_p=e_p=\langle\boldsymbol{c}',\boldsymbol{s}\rangle-kp=\langle\boldsymbol{c},\boldsymbol{s}\rangle-kq=[\langle\boldsymbol{c},\boldsymbol{s}\rangle]_q\approx(p/q)\cdot|[\langle\boldsymbol{c},\boldsymbol{s}\rangle]_q|$。

例 11.4.3 令 $\boldsymbol{s}=(2,3)$，$\boldsymbol{c}=(175,212)$，因此 $\langle\boldsymbol{s},\boldsymbol{c}\rangle=2\times175+3\times212=986$。令 $q=127$，因此 $[\langle\boldsymbol{s},\boldsymbol{c}\rangle]_q=986-8\times127=-30\equiv0\pmod 2$，再让 $p=29$，因此 $p/q\cdot\boldsymbol{c}\approx(39.9,48.4)$。

下一步四舍五入让 $p/q\cdot\boldsymbol{c}$ 中的第 1 个元素是奇数，第 2 个元素是偶数，$\boldsymbol{c}'=(39,48)$。$\langle\boldsymbol{s},\boldsymbol{c}'\rangle=2\times39+3\times48=222$，就有 $[<\boldsymbol{s},\boldsymbol{c}'>]_p=222-8\times29=-10\equiv0\pmod 2$。■

值得注意的是，“噪声” $[<\boldsymbol{s},\boldsymbol{c}'>]_p$ 大于“噪声” $[<\boldsymbol{s},\boldsymbol{c}>]_q$，那么这为什么有用呢? 因为从绝对值上看，噪声越来越小，这可以在做更多乘法时保持较小的噪声。

通过模数切换，就使得 BGV 算法的密文不断“刷新”，因为同态加法和乘法中都

使用了减少噪声的技术，所以 BGV 可以执行不限次数的同态运算，达到全同态运算的目的。

11.4.4 BGV 算法过程

基于通用 LWE 方案（General LWE、GLWE、LWE 与 RLWE 合并）的 BGV 算法过程如下。

1) 参数设置 FHE.Setup $\left(1^{\lambda},1^{L},b\right)$。其中 λ 为安全参数，L 为电路深度参数 (通常 $\lambda>100$，以实现 2^{λ} 的安全强度)，$b\in\{0,1\}$。输出参数与同态基本加密算法 E.Setup 中的相同，为 (q,d,n,N,χ)，输出参数中的每个分量都是一个向量。输出的参数 q 会随着电路深度而变化，令 $i=L\cdots0$，模数 q_L 逐渐从 $(L+1)\mu$ 位长度降低到 q_0 的 μ 位长度，其中 $\mu=\mu(\lambda,L,b)$。而 d 和 χ 则不会随着电路深度而发生变化，χ 通常为一个离散高斯分布 χ_L。如果基于 LWE 方案，设 $d=1$，此时 $R=\mathbb{Z}$，N 大于 $2n\log q$ 即可。如果基于 RLWE 方案，设 $n=1$。

2) 密钥生成 FHE.KeyGen (params_i)。输入 (q,d,n,N,χ)，对于 $i=L\cdots0$，做如下操作。

- 令 $\boldsymbol{s}_i\leftarrow$ E.SecretKeyGen (params_i)。
- 令 $\boldsymbol{A}_i\leftarrow$ E.PublicKeyGen $(\text{params}_i,\boldsymbol{s}_i)$。
- 当 $i=0$ 时忽略此步，令 $\boldsymbol{s}_i'\leftarrow\boldsymbol{s}_i\otimes\boldsymbol{s}_i\in\mathbb{Z}_{q_i}^{(n_i+1)^2}$。$\boldsymbol{s}_i'$ 是 $\boldsymbol{s}_i$ 与自身的一个张量积，其系数是两个系数在 $\mathbb{Z}_{q_i}$ 中的乘积。
- 当 $i=L$ 时忽略此步，令 $\boldsymbol{\tau}_{\boldsymbol{s}_{j+1}'\rightarrow\boldsymbol{s}_j}\leftarrow$SwitchKeyGen $\left(\boldsymbol{s}_{j+1}',\boldsymbol{s}_j\right)$ 。

输出私钥 sk= $\{\boldsymbol{s}_i\}$ 和公钥集合 pk $=\left\{\boldsymbol{A}_L,\boldsymbol{\tau}_{\boldsymbol{s}_i\rightarrow\boldsymbol{s}_{i-1}}''\right\}$。

为了方便理解，公钥集合 pk 可以看作两个部分，$\text{pk}=(\text{pk}_0,\text{pk}_1)=(\boldsymbol{Bt}+2\boldsymbol{e},-\boldsymbol{B})$。

3) 加密 FHE.Enc$(\text{params},\text{pk},m)$。输入 $(q,d,n,N,\chi,\text{pk},m)$，其中明文 $m=\{0,1\}$，执行 E.Enc$\left(\boldsymbol{A}_L,m\right)$，输出密文 $\boldsymbol{c}$，其中 L 指示密文 $\boldsymbol{c}$ 所处的电路深度，即第 L 层。密文 $\boldsymbol{c}$ 可以看作两个部分：

$$\boldsymbol{c}=(c_0,\boldsymbol{c}_1)=\left(\mathbf{b}^{\mathrm{T}}\boldsymbol{r}+m,-\boldsymbol{B}^{\mathrm{T}}\mathbf{r}\right)$$

4) 解密 FHE.Dec(params, sk, $\boldsymbol{c}$)。输入 $(q,d,n,N,\chi,\text{sk},\boldsymbol{c})$，执行 E.Dec$(\boldsymbol{s}_i,\boldsymbol{c})$，输出明文 m。

5) 同态加法运算 FHE.Add $(\text{pk},\boldsymbol{c}_1,\boldsymbol{c}_2)$。输入 $(\text{pk},\boldsymbol{c}_1,\boldsymbol{c}_2)$，如果两个密文 $\boldsymbol{c}_1,\boldsymbol{c}_2$ 是使用相同的密钥 $\boldsymbol{s}_i$ 得到的，那么就可以计算这两个密文。执行

$$\boldsymbol{c}_3\leftarrow\boldsymbol{c}_1+\boldsymbol{c}_2\,(\operatorname{mod}\,q_i) \tag{11-27}$$

$$\boldsymbol{c}_4\leftarrow\text{FHE.Refresh}\left(\boldsymbol{c}_3,\boldsymbol{\tau}_{\boldsymbol{s}_i''\rightarrow\boldsymbol{s}_{i-1}},q_i,q_{i-1}\right) \tag{11-28}$$

其中 $\boldsymbol{c}_3$ 是使用密钥 $\boldsymbol{s}_i'=\boldsymbol{s}_i\otimes\boldsymbol{s}_i$ 解密得到的密文，令二次项表示的位为 0 即可。输出 $\boldsymbol{c}_4$。

如果两个密文 $\boldsymbol{c}_1,\boldsymbol{c}_2$ 是使用不相同的密钥 $\boldsymbol{s}_i,\boldsymbol{s}_j$ 得到的，则使用 FHE.Refresh 刷新，直到两个密文所处的电路深度相同，再进行同态加法运算。

6) 同态乘法运算 FHE.Mult(pk, $\boldsymbol{c}_1, \boldsymbol{c}_2$)。输入 (pk, $\boldsymbol{c}_1, \boldsymbol{c}_2$), 如果两个密文 $\boldsymbol{c}_1, \boldsymbol{c}_2$ 是使用相同的密钥 $\boldsymbol{s}_i$ 得到的，那么就可以计算这两个密文。执行

$$\boldsymbol{c}_3 \leftarrow \boldsymbol{c}_1 \otimes \boldsymbol{c}_2 \,(\bmod\ q_i) \tag{11-29}$$

$$\boldsymbol{c}_4 \leftarrow \ \text{FHE.Refresh}\ \left(\boldsymbol{c}_3, \boldsymbol{\tau}_{\boldsymbol{s}_i'' \rightarrow \boldsymbol{s}_{i-1}}, q_i, q_{i-1}\right) \tag{11-30}$$

其中 $\boldsymbol{c}_3$ 是使用密钥 $\boldsymbol{s}_i' = \boldsymbol{s}_i \otimes \boldsymbol{s}_i$ 解密得到的密文，即由 $\boldsymbol{c}_1 \otimes \boldsymbol{c}_2$ 所表示的多项式函数相乘得到的多项式函数对应的密文。输出 $\boldsymbol{c}_4$。

如果两个密文 $\boldsymbol{c}_1, \boldsymbol{c}_2$ 是使用不相同的密钥 $\boldsymbol{s}_i, \boldsymbol{s}_j$ 得到的，则使用 FHE. Refresh 刷新，直到两个密文所处的电路深度相同，再进行同态乘法运算。

7) 自举 FHE.Refresh$\left(\boldsymbol{c}, \tau_{\boldsymbol{s}_i'' \rightarrow \boldsymbol{s}_{i-1}}, q_i, q_{i-1}\right)$。输入 $\left(\boldsymbol{c}, \tau_{\boldsymbol{s}_i'' \rightarrow \boldsymbol{s}_{i-1}}, q_i, q_{i-1}\right)$，对密文进行密钥切换 FHE. SwitchKey 和模数切换 FHE.Moduli。执行

$$\boldsymbol{c}_1 \leftarrow \text{SwitchKey}\left(\boldsymbol{\tau}_{\boldsymbol{s}_i'' - \boldsymbol{s}_{i-1}}, \boldsymbol{c}\right)$$

$$\boldsymbol{c}_2 \leftarrow \text{Scale}\left(\boldsymbol{c}_1, q_i, q_{i-1}, 2\right)$$

为了探索为什么能够执行同态加法和同态乘法，使用相同的密钥 $\boldsymbol{s}$ 分别加密 m_1、m_2，得到密文 $\boldsymbol{c}_1$、$\boldsymbol{c}_2$。那么加法的解密结构为：

$$\begin{aligned}\langle \boldsymbol{c}_1, \boldsymbol{s}\rangle + \langle \boldsymbol{c}_2, \boldsymbol{s}\rangle &\equiv \left[\boldsymbol{b}^{\mathrm{T}}\boldsymbol{r}_1 + m_1 - (\boldsymbol{Bt})^{\mathrm{T}}\boldsymbol{r}_1\right] + \left[\boldsymbol{b}^{\mathrm{T}}\boldsymbol{r}_2 + m_2 - (\boldsymbol{Bt})^{\mathrm{T}}\boldsymbol{r}_2\right] \quad (\bmod\ q) \quad (\bmod\ 2) \\ &\equiv 2\boldsymbol{e}^{\mathrm{T}}\boldsymbol{r}_1 + m_1 + 2\boldsymbol{e}^{\mathrm{T}}\boldsymbol{r}_2 + m_2 \quad (\bmod\ q) \quad (\bmod\ 2) \\ &\equiv m_1 + m_2 + 2E \quad (\bmod\ q) \quad (\bmod\ 2) \quad \left(\text{令} 2\boldsymbol{e}^{\mathrm{T}}\boldsymbol{r}_i \text{的上界为} E\right)\end{aligned}$$

只要噪声被很好地控制，使得整个项仍在 $\mathbb{Z}_q$ 内，在解密步骤中通过模 2 进一步减少，就可以输出正确的求和消息。

同理，乘法的解密结构为：

$$\begin{aligned}\langle \boldsymbol{c}_1 \otimes \boldsymbol{c}_2, \boldsymbol{s} \otimes \boldsymbol{s}\rangle &= \langle \boldsymbol{c}_1, \boldsymbol{s}\rangle \cdot \langle \boldsymbol{c}_2, \boldsymbol{s}\rangle \\ &= (m_1 + E) \cdot (m_2 + E) \\ &= m_1 m_2 + \mathcal{O}\left(E^2\right)\end{aligned}$$

为加法和乘法进行噪声增长分析。通过上述分析，可以发现与原来的噪声大小 E 相比，加法的噪声从 E 增长到了 $2E$，增大了两倍。而执行一次乘法的噪声则是从 E 增长到了 E^2，同理执行 L 次乘法，噪声则会变成 E^{2^L}。如果不对噪声进行约减，那么最多只能做 $L \approx \log_2(\log_E(q))$ 次乘法，否则噪声将完全覆盖所有消息。

由于 BGV 加密中乘法噪声的增长远远大于加法的噪声增长，所以只需考虑控制乘法的噪声即可。为了控制噪声，BGV 的核心思想就是将密文和模数同时减少，这时就需要进行密钥切换 FHE.SwitchKey 和模数切换 FHE.Moduli 运算。其中密钥切换 FHE.SwitchKey 还是无法控制噪声，它依然会在 E^2 噪声上加一个“小”的噪声。真正能够将噪声约减至原噪声大小的方法是模数切换 FHE.Moduli。对于原噪声 E，将模数 q 切换为 p 后，噪声为 $(p/q)E$。执行乘法同态运算，噪声则变为 $[(p/q)E]^2$。虽然噪声和模数的比例关系没变，即 $E/q = (pE/q)/p$，但是做同态乘法运算后，小密文产生的噪声约为 $[(p/q)E]^2/q = p^2E/q^3$，

而原先的大密文噪声约为 E^2/q，噪声也因此下降。

因此如果一开始就选择非常大的模数 $q_0 >> E$，就使得模数可以接受多次模数切换操作，然后每次做乘法后就进行一次模数切换且不用担心该噪声盖过明文消息。将模数设为 $q_i \approx q_{i-1}/E$，即模数变为原来的 $1/E$，以控制噪声不再增大，这样就可以进行多次乘法同态运算。这个过程可以一直持续到将模数下降得非常小 (使得 $E > q_L/2$) 之前。

通过该运算，它可将 E^2 噪声约减至 $E \cdot \mathrm{poly}(n)$。$\mathrm{poly}(n)$ 是一个关于 n 的多项式，噪声增长从指数增长变成了线性增长。

例 11.4.4 假设噪声的上限是 E，设初始模数 $q_0 = E^{10}$，$q_i = E^{10-i}$，噪声增长如表 11-1 所示。

表 11-1 BGV 噪声增长

电路深度 i	噪声增长率 2^i	无模数切换噪声大小	模数切换噪声大小
0	1	E/E^{10}	E/E^{10}
1	2	E^2/E^{10}	$E^2 \cdot (E^9/E^{10}) = E/E^9$
2	4	E^4/E^{10}	$E^2 \cdot (E^8/E^9) = E/E^8$
3	8	E^8/E^{10}	$E^2 \cdot (E^7/E^8) = E/E^7$
4	16	E^{16}/E^{10}	$E^2 \cdot (E^6/E^7) = E/E^6$
⋮	⋮	⋮	⋮

当不控制噪声时，仅到第 4 层电路深度，就会将明文消息覆盖。 ■

不过由于模数的规模会随着电路深度 L 的增大而逐渐减小 (噪声减小从而导致模数缩小)，因此当 L 增大到一定程度时，模数不能再小了，明文依然会被噪声覆盖，这也就是为什么 BGV 是 Leveled FHE 的原因。究其根本是因为 LWE 假设需要有一个确切的模数。因此，如果想正确使用 BGV，就需要根据电路深度 (计算深度) L 来选择相应的模数，以确保整个运算过程中噪声不会超过上限。一旦无法得知电路深度，就会非常困扰，此时就不能使用 BGV，而应该选择使用拥有“自举”技术的算法。

IBM HElib 开源库内置了 BGV 全同态加密算法。

11.5 DGHV 全同态加密算法

除了 BGV 算法，同是第二代 FHE 的还有 DGHV 算法 [165]。DGHV 是由美国康涅狄格大学的 Marten van Dijk 教授、IBM 的 Craig Gentry 和 Shai Halevi，以及麻省理工学院的 Vinod Vaikuntanathan 教授一同在 2010 年提出的，DGHV 也是由他们的姓氏的首字母组合而成。它是整数上的全同态加密 (Fully Homomorphic Encryption over the Integers)，其安全性基于近似最大公约数的困难性。其加密算法在整数范围内仅使用了加法和乘法进行模运算。

相比第一代 Gentry 的方案，DGHV 不仅具有概念简单、易于理解的优点，更因方案仅通过简单的整数加法、乘法就实现全同态加密而使得全同态加密技术有望投入实际应用中。

除非特别说明，关于 DGHV 的所有算法都是基于二进制运算的，对数运算也都是以 2 为底数的。

11.5.1 近似 GCD 问题

回顾欧几里得算法，如果 $a, b \in \mathbb{Z}$，其中至少有一个非零整数，那么寻找 a 和 b 的最大公约数，记为 $\gcd(a,b)$。计算 $\gcd(a,b)$ 就使用欧几里得算法。

与向方程组加入噪声相似，对 GCD 问题也加入噪声，可以理解成在信息传输过程中出现了一些小错误。

定义 11.5.1 近似最大公因数问题 (近似 GCD 问题)

给定 m 组数 $x_i = q_i p + r_i$，其中 $q_i, p, r_i \in \mathbb{Z}$，$1 \leqslant i \leqslant m$，且 q_i 和 r_i 是服从某个分布并随机抽取得到的。求解 p。

为了让近似 GCD 问题变得困难，r_i 的大小需要满足 $r_i \ll p$，p 的大小需要满足 $p \ll q_i$。通常情况下，q_i 是从二进制位固定的整数集合中均匀随机选择的，r_i 是从以 0 为中心的高斯分布中选择的。如果有两个或更多的 r_i 为 0，那么通过计算 m^2 对 $(x_i\ x_j), i \neq j$ 的最大公因数就可以恢复 p，因此规定 $r_i \neq 0$[166]。

为了说明近似 GCD 问题的困难性，假设 $r_i \approx 2^{\lambda}$，$x_0 = q_0 p + r_0$ 和 $x_1 = q_1 p + r_1$，为了计算：

$$p \mid \gcd\left((x_0 - r_0), (x_1 - r_1)\right) \tag{11-31}$$

就需要穷举 r_0 和 r_1，这需要计算 $2^{2\lambda}$ 次 GCD 问题。如果 λ 比较小，那么当然花点时间还是可以解出来的，一旦 λ 比较大，解一个需要多项式时间为指数级的方程是不现实的。换个思路，因为 $a \mid b$、$a \mid c$ 会得到 $a \mid bc$ 和 $a \mid (bc) \pmod a$，那么只需要求解

$$\gcd\left(x_0' \ \prod_{i=0}^{2^{\lambda}-1} (x_1 - i) \bmod x_0'\right) \tag{11-32}$$

即可，需要尝试所有的 $x_0' = x_0 - j$，其中 $0 \leqslant j < 2^{\lambda-1}$。这需要计算 2^{λ} 次 GCD 问题，虽然相比穷举好了很多，但依然是指数级别的。

目前还没有公开的文献表明可以在多项式时间内解决这个问题，需要渐近指数时间来求解。DGHV 加密算法就是基于近似 GCD 问题实现的。换句话说，如果解决了近似 GCD 问题，也就破解了 DGHV 加密算法。

11.5.2 DGHV 全同态加密方案

首先需要设计参数。DGHV 全同态加密方案中有许多参数，它们控制公钥中整数的数量和各种整数的长度。使用以下 4 个参数 (都是安全参数 λ 的多项式)。

- γ 为公钥中整数的二进制长度。
- η 为私钥的二进制长度。
- ρ 是噪声整数的二进制长度。
- τ 是公钥中整数的数量。

这些参数必须在以下约束条件下设置。

- $\rho=\omega(\log_2\lambda)$，以满足对抗暴力破解噪声的要求，在密钥生成 KeyGen 中使用。常设 $\rho=\lambda$。
- $\rho'=\rho+\omega(\log_2\lambda)$，作为第二噪声参数，在加密 Encrypt 中使用。常设 $\rho'=2\lambda$。
- $\eta\geqslant\rho\cdot\Theta(\lambda\log_2\lambda)$，支持足够深度的电路同态性。常设 $\eta=\mathcal{O}(\lambda^2)$。
- $\gamma=\omega(\eta^2\log_2\lambda)$，避免遭到基于格攻击以破解近似 GCD 问题。常设 $\gamma=\mathcal{O}(\lambda^5)$。
- $\tau\geqslant\gamma+\omega(\log_2\lambda)$，为了使剩余哈希引理满足近似 GCD 问题的约束条件。常设 $\tau=\gamma+\lambda$。

其中 Θ 表示密文转换向量 $\boldsymbol{z}$ 中的元素个数。算法的时间复杂度为 $\mathcal{O}(\lambda^{10})$。依据安全参数 λ 的位数不同，DGHV 分为极小安全参数、小安全参数、中等安全参数和强安全参数 4 种不同的安全级别，对应的安全参数 λ 的位数和公钥尺寸如表 11-2所示。

表 11-2 DGHV 方案中的参数选择及对应的公钥尺寸

安全级别	λ	ρ	η	γ	$0,1,\cdots,\tau$	l_{pk}公钥尺寸
极小安全参数	42	16	1088	1.6×10^5	158	5.75MB
小安全参数	52	24	1632	8.6×10^5	527	100.91MB
中等安全参数	62	32	2176	42×10^5	2110	2.04 GB
强安全参数	72	39	2652	190×10^5	7659	33.70 GB

DGHV 全同态加密方案过程如下。

1) 密钥生成 KeyGen(λ)。输入 λ，对于 $i=0,1,\cdots,\tau$，并设概率分布为：

$$\mathcal{D}_{\gamma,\rho}(p)=\{\text{选择}q\xleftarrow{\$}\mathbb{Z}\cap[0,2^{\gamma}/p),r\xleftarrow{\$}\mathbb{Z}\cap(-2^{\rho},2^{\rho}):\text{输出 }x=pq+r\} \tag{11-33}$$

做如下操作。

- 私钥 sk= p，其中 p 为随机生成的一个长度为 η 位的大奇数，$p\xleftarrow{\$}(2\mathbb{Z}+1)\cap[2^{\eta-1},2^{\eta})$。
- 公钥 pk，从概率分布 $\mathcal{D}_{\gamma,\rho}(p)$ 中随机抽取 x_i，然后从大到小排序，取序列中最大的数设为 x_0，其他 x_i 的位置可不变。当且仅当 x_0 为奇数且 $x_0\pmod p$ 为偶数时，输出 $\text{pk}=(x_0,x_1,\cdots,x_\tau)$。

输出公钥 pk 和私钥 sk。

2) 计算密文 Enc(pk,m)。输入公钥 pk 和明文 m，其中 m 为二进制信息。选择一个随机子集 $S\subseteq\{1,2,\cdots,\tau\}$，一共选择 t 个，及一个随机噪声干扰 $r\in\left(-2^{\rho'},2^{\rho'}\right)$。输出密文 c：

$$c\equiv(m+2r+2\sum_{i\in S}x_i)\pmod{x_0} \tag{11-34}$$

3) 密文计算 Evaluate(pk,$C,c_1,\cdots,c_t$)。对于给定的有 t 个输入端的运算二进制电路 C 和 t 个待运算密文 c_i，$1\leqslant i\leqslant t$，将密文组 c_i 作为输入依次通过运算电路 C 所有的加法门电路和乘法门电路，以进行整数上的加法运算操作和乘法运算操作，即保持同态性，并输出运算结果 c。

4) 解密过程 Dec(sk，c)。输入私钥 sk 和密文 c，还原明文公式为：

$$m\equiv(c\bmod p)\pmod 2 \tag{11-35}$$

其中 $c\bmod p$ 的结果需要在区间 $[-p/2,p/2]$ 内。

证明

下面来证明一下为什么解密可以成功。解密过程为 $m \equiv (c \bmod p) \pmod 2$。因为 $c \equiv (m+2r+2\sum_{i\in S} x_i) \pmod{x_0}$，所以密文 c 可以写为：

$$c = m + 2r + 2\sum_{i\in S} x_i + kx_0 \tag{11-36}$$

其中 k 为整数。由于 $2x_i$ 都来自式 (11-33) 所示分布，因此 $2x_i \equiv 2(pq+r) \equiv 2r \pmod p$ 是一个偶数。又由于 $x_0 \pmod p$ 也为偶数，因此：

$$c \equiv m + 2r + 2\sum_{i\in S} x_i + kx_0 \pmod p \tag{11-37}$$

$$\equiv m + 2r + 2\sum_{i\in S} r_i + kx_0 \pmod p \tag{11-38}$$

$$\equiv m + 2r + E \pmod p \tag{11-39}$$

其中 E 为偶数。因此 $c \equiv m + 2r + E \equiv m \pmod 2$，即 $m \equiv (c \bmod p) \pmod 2$。证明完毕。

那么如何说明 DGHV 是全同态的呢？给定任意明文 $m_1, m_2 \in \{0,1\}, r_1, r_2 \in \left(-2^{\rho'}, 2^{\rho'}\right)$，用 DGHV 算法分别对其加密得到密文 c_1、c_2：

$$c_1 \equiv \left(m_1 + 2r_1 + 2\sum_{i\in S} x_i\right) \pmod{x_0} \tag{11-40}$$

$$c_2 \equiv \left(m_2 + 2r_2 + 2\sum_{i\in S} x_i\right) \pmod{x_0} \tag{11-41}$$

首先计算加法同态，两个密文相加，即式 (11-40) 加式 (11-41)，得到：

$$c_1 + c_2 \equiv \left(m_1 + m_2 + 2(r_1 + r_2) + 4\sum_{i\in S} x_i\right) \pmod{x_0} \tag{11-42}$$

对 $c_1 + c_2$ 进行解密，可以得到：

$$\mathrm{Dec}(c_1+c_2) \equiv \left[\left(\left(m_1+m_2+2(r_1+r_2)+4\sum_{i\in S} x_i\right) \pmod{x_0}\right) \pmod p\right] \pmod 2 \tag{11-43}$$

$$\equiv \left[\left(m_1 + m_2 + 2(r_1+r_2) + 4\sum_{i\in S} x_i + kx_0\right) \pmod p\right] \pmod 2 \tag{11-44}$$

$$\equiv \left[\left(m_1 + m_2 + 2(r_1+r_2) + 4\sum_{i\in S} r_i\right) \pmod p\right] \pmod 2 \tag{11-45}$$

如果想让 $\mathrm{Dec}(c_1 + c_2) = m_1 + m_2$，就必须满足 $(c_1 + c_2) \pmod p \equiv m_1 + m_2 + 2(r_1 + r_2) + 4\sum_{i\in S} r_i < p/2$，对参数进行限制以后，DGHV 算法满足加法同态性质。

将密文 c_1, c_2 相乘，可以得到：

$$c_1 \cdot c_2 \equiv m_1 \cdot m_2 + 2\left(r_1 m_2 + r_2 m_1 + r_1 r_2\right) \tag{11-46}$$

$$+ 2\left(m_1 + m_2 + 2\left(r_1 + r_2\right)\right)\sum_{i\in S} x_i + 4\sum_{i\in S} x_i \sum_{i\in S} x_i \pmod{x_0} \tag{11-47}$$

对 $c_1 \cdot c_2$ 进行解密，可以得到：

$$\begin{aligned}
\operatorname{Dec}(c_1 \cdot c_2) &\equiv m_1 \cdot m_2 + 2\left(r_1 m_2 + r_2 m_1 + r_1 r_2\right) \\
&\quad + 2\left(m_1+m_2+2\left(r_1+r_2\right)\right)\sum_{i\in S} x_i + 4\sum_{i\in S} x_i \sum_{i\in S} x_i \pmod{x_0} \pmod{p} \pmod{2} \\
&\equiv m_1 \cdot m_2 + 2\left(r_1 m_2 + r_2 m_1 + r_1 r_2\right) + 2\left(m_1 + m_2 + 2\left(r_1 + r_2\right)\right)\sum_{i\in S} x_i \\
&\quad + 4\sum_{i\in S} x_i \sum_{i\in S} x_i + k x_0 \pmod{p} \pmod{2} \\
&\equiv m_1 \cdot m_2 + 2\left(r_1 m_2 + r_2 m_1 + r_1 r_2\right) + 2\left(m_1 + m_2 + 2\left(r_1 + r_2\right)\right)\sum_{i\in S} r_i \\
&\quad + 4\sum_{i\in S} r_i \sum_{i\in S} r_i \pmod{p} \pmod{2}
\end{aligned}$$

如果想让 $\operatorname{Dec}(c_1 \cdot c_2) = m_1 \cdot m_2$，就必须满足 $(c_1 \cdot c_2) \pmod{p} \equiv m_1 \cdot m_2 + 2\Big(r_1 m_2 + r_2 m_1 + r_1 r_2\Big) + 2\left(2\left(m_1 + m_2 + 2\left(r_1 + r_2\right)\right)\sum_{i\in S} r_i + 4\sum_{i\in S} r_i \sum_{i\in S} r_i\right) < p/2$，对参数进行限制以后，DGHV 算法满足乘法同态性质。

11.5.3 DGHV 全同态加密示例

例 11.5.1 假设 Bob 想从 Alice 那里收发信息且不被 Eve 解密。Bob 决定采用 DGHV 方案作为他的加密方案，Alice 想要发送的信息是以二进制的形式存在的。本小节将展示 Bob 如何创建他的密钥，以及加密和解密的情况 [167]。

解： Bob 开始选择他的私钥，为了方便计算，设安全参数为 $\lambda = 30$，$\eta = 10$，随机生成了奇数 $p = 927$。然后创建了公钥序列，公钥序列共 34 个，即 $(x_0, x_2, \cdots, x_{33})$，$\tau = 33$。均匀地从分布 $\mathrm{D}_{30,\omega(\log_2 30)}(927) = \{\mathbb{Z} \cap [0, 2^{30}/927), \mathbb{Z} \cap (-7, 7)\}$ 中随机抽取 x_i：

1030997355	64164157	875035167	262365107	105433279
893696599	294035131	934796070	858242559	330596009
790883948	552622706	213914520	242086972	359840079
774789384	646413786	200993999	259974362	731809952
365847961	79808216	516081301	1004724321	684587639
308720670	757872558	397025761	204162487	774580813
570337679	429022092	543856991	821258037	

将数列从大到小排列。因为随机噪声干扰 $r \in (-7, 7)$，被分解的公钥 pk 为：

$$
\begin{aligned}
x_0 &= 1030997355 = 1112187 \times 927 + 6 \\
x_1 &= 1004724321 = 1083845 \times 927 + 6 \\
x_2 &= 934796070 \quad = 1008410 \times 927 + 0 \\
&\vdots \\
x_{33} &= 64164157 \quad = 69217 \times 927 - 2
\end{aligned}
$$

Bob 把公钥 pk 发送给 Alice，如果 Alice 想向 Bob 发送一串 5 位长度的信息 $m = [1,1,1,0,0]$，Alice 必须从公钥 pk 中随机抽取一个子集 (不包括 x_0)，生成一个第二噪声项 $r' \in [-15, 15]$，并按照式 (11-34) 计算。

Alice 决定对 m 位的明文进行加密，并将相应的密文发送给 Bob。Alice 生成一个长度 $\tau = 33$ 的随机二进制串，以创建公钥的一个随机子集 S。将这个子集 S 写成二进制串，设置为一个向量 $\boldsymbol{z} = [101\ 10011\ 10110\ 10011\ 11011\ 11101\ 01000]$，其中第 1 位表示为 z_1。假设随机生成的第二噪声项 $r' = -12$，因此，她的第 1 个密文为：

$$
\begin{aligned}
c_0 \equiv &(m + 2r' + 2\sum_{i \in S} x_i) \pmod{x_0} \\
\equiv &\left(1 + 2(-12) + 2\sum_{i=1}^{\tau} z_i x_i\right) \equiv 16222417 \pmod{1030997355}
\end{aligned}
$$

使用相同的方法，对每位二进制明文进行加密，每次都需要随机生成一个新的向量 $\boldsymbol{z}$ 和第二噪声项。那么这 5 位明文加密后得到的结果如表 11-3所示。

表 11-3 DGHV 加密结果

明文	密文
m_0=1	c_0=16222417
m_1=1	c_1=271326272
m_2=1	c_2=318596869
m_3=0	c_3=616274125
m_4=0	c_4=696078680

可以发现，密文的奇偶性与明文并不总是匹配的，这样可以防止 Eve 窃取到信息。

Alice 将密文发送给 Bob。Bob 收到后需要还原密文，以 m_0 为例：

$$
\begin{aligned}
m_0 &\equiv (c_0 \bmod p) \pmod 2 \\
&\equiv -83 \pmod 2 \\
&\equiv 1 \pmod 2
\end{aligned}
$$

值得注意的是，$c \bmod p$ 的结果需要在区间 $[-p/2, p/2]$ 内。如果不这么做，$c \bmod p$ 的结果是 844，继续模 2 后，得到的结果是 0，与原明文不符。 ■

11.6 其他全同态加密算法

金特里等人在 2013 年发表论文“Homomorphic encryption from learning with errors: Conceptually-simpler, asymptotically-faster, attribute-based”[168]，发明了一种基于矩阵近似特征向量的全同态加密 GSW 方案，属于第三代全同态加密算法。由于密文使用的是矩阵，所以密文的乘积不存在密文向量的膨胀问题，因此无需密钥切换技术和模数切换技术就可以实现层次型全同态加密。该方案的安全性是基于 LWE 问题的。同为第三代的全同态加密算法的还有 FHEW 以及 TFHE 等。

第四代 FHE 是 CKKS 算法 [169]。它是 4 位韩国学者在 2017 年发表的论文“Homomorphic Encryption for Arithmetic of Approximate Numbers”中所提出的近似计算同态加密算法，其具体构造基于 BGV 算法，还支持浮点数同态运算，被广泛应用在隐私保护和机器学习等场景中。

全同态加密经典方案对比如表 11-4所示。

表 11-4 全同态加密经典方案对比

全同态方案	数学基础	安全假设	关键技术
Gentry 方案	理想格	稀疏子集求和问题	自举技术
BGV 方案	多项式环	RLWE 假设	维数削减技术
DGHV 方案	整数	近似 GCD 问题	自举技术
GSW 方案	近似特征向量	LWE 安全假设	密文压缩技术
CKKS 方案	浮点数	RLWE 安全假设	编码技术

11.7 本章习题

1. 设 p, q 为两个奇模数，设 $\boldsymbol{c}$ 为明文 $\boldsymbol{m}$ 在模数 q 下的密文，即 $\boldsymbol{m} = [[\langle \boldsymbol{c}, \boldsymbol{s}\rangle]_q]_r$ 为 short key，且其噪声 $e \leftarrow [\langle \boldsymbol{c}, \boldsymbol{s}\rangle]_q$ 。那么计算 $\boldsymbol{c}' \leftarrow \text{Scale}(\boldsymbol{c}, q, p, r)$ 为明文 $\boldsymbol{m}$ 在模数为 p 下私钥 $\boldsymbol{s}$ 对应的密文，即 $\boldsymbol{m} = [[\langle \boldsymbol{c}, \boldsymbol{s}\rangle]_p]_r$。
   证明
   $$(p/q) \cdot \|[\langle \boldsymbol{c}, \boldsymbol{s}\rangle]_q\| + (r/2) \cdot \sqrt{d} \cdot \gamma(R) \cdot \ell_1^R(\boldsymbol{s})$$
2. 证明 $\langle \boldsymbol{c}_2, \boldsymbol{s}_2\rangle = 2\left\langle \text{BitDecomp}\left(\boldsymbol{c}_1\right), \mathbf{e}_2\right\rangle + \langle \boldsymbol{c}_1, \boldsymbol{s}_1\rangle \pmod q$。
3. 设 d 为环的阶，$q > p > r$；设 $\boldsymbol{c} \in R^n$ 和 $\boldsymbol{c}' \leftarrow \text{Scale}(\boldsymbol{c}, q, p, r)$ 。对于任何 $\boldsymbol{s} \in R^n$，如果
   $$\|[\langle \boldsymbol{c}, \boldsymbol{s}\rangle]_q\| \leqslant q/2 - (q/p) \cdot (r/2) \cdot \sqrt{d} \cdot \gamma(R) \cdot \ell_1^R(\boldsymbol{s})$$
   成立的话，证明可以得到：
   $$[\langle \boldsymbol{c}', \boldsymbol{s}\rangle]_p = \left[\langle \boldsymbol{c}, \boldsymbol{s}]_q \bmod r \left\|[\langle \boldsymbol{c}', \boldsymbol{s}\rangle]_p\right\| \leqslant (p/q) \cdot \|[\langle \boldsymbol{c}, \boldsymbol{s}\rangle]_q\| + (r/2) \cdot \sqrt{d} \cdot \gamma(R) \cdot \ell_1^R(\boldsymbol{s})\right.$$
4. 使用 SageMath，写出 BitDecomp 和 Powerof2 的相关代码。
5. 对于 LWE 公钥加密系统，证明其安全性。即对于 $k = \text{poly}(n)$，都有 $(\text{pk}, \text{PKE}.\text{Enc}(\text{pk}, \mu_1), \cdots, \text{PKE}.\text{Enc}(\text{pk}, \mu_k)) \overset{c}{\approx} (\text{pk}, \text{PKE}\cdot\text{Enc}(\text{pk}, 0), \cdots, \text{PKE}\cdot\text{Enc}(\text{pk}, 0))$，其中 $\overset{c}{\approx}$ 表示计算不可区分性。

6. 对于 DGHV 全同态加密系统，证明对于任意一个密文 $\boldsymbol{c}$ 当且仅当噪声包含在 $2\mathbb{Z}\cap(-p/2,p/2-1)$ 中是有效的。
7. 对于 DGHV 全同态加密系统，令 $x_0=pq_0+r_0$ 是公钥中最大的元素。证明只有当 r_0 为偶数时，加密函数才能生成有效的密文。
8. 对于 GSW 全同态加密系统，主要有以下几个关键步骤。
   1) 设公钥 $\mathrm{pk}=A\in\mathbb{Z}_q^{n\times m}$ 和私钥 $\mathrm{sk}=\boldsymbol{s}\in\mathbb{Z}_q^n$，其中 $\boldsymbol{e}\boldsymbol{s}^\top A=\boldsymbol{e}^\top$，并且 $\boldsymbol{e}\leftarrow\chi^m$。
   2) 加密。计算 $C\leftarrow AR+\mu\cdot G$。
   3) 解密。计算 $\boldsymbol{s}^\top C$ 并进行舍入运算。

   证明解密的正确性。

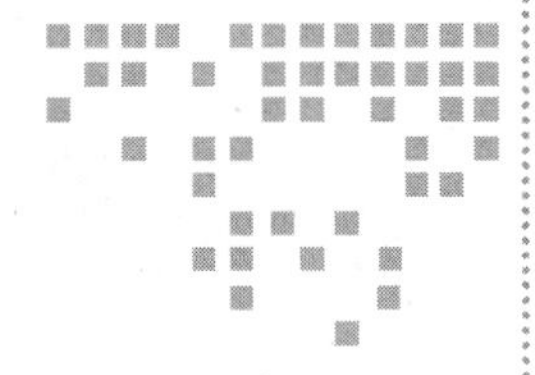

第四部分 *Part 4*

数据完整性

在数字化时代，数据完整性是保护和维护信息安全的重要概念。随着大规模数据的传输、存储和处理成为日常工作的一部分，确保数据的完整性成为至关重要的任务。数据完整性意味着数据在传输和存储过程中没有被意外或故意地篡改、损坏，从而保证数据的准确性、可信性和可靠性。为了实现数据完整性的安全需求，密码学家提出了一系列重要的技术，包括哈希函数、消息认证码 (MAC) 和数字签名技术。

哈希函数在数据完整性方面发挥着关键作用。它是一种将任意长度的数据转换成固定长度哈希值的算法。通过将数据输入哈希函数，生成一个唯一的哈希值，代表着该数据的指纹。哈希函数具有单向性和抗碰撞性，因此通过比较数据的哈希值，可以验证数据是否完整、是否受到篡改。

消息认证码是一种使用密钥来生成数据认证标签的技术。MAC 算法将数据和密钥作为输入，通过特定的计算生成固定长度的认证标签。发送方将数据和认证标签一起发送给接收方，接收方使用相同的密钥和数据进行计算，并将计算出的认证标签与接收到的进行比较。如果两者一致，就表明数据没有被篡改，并且发送方是可信的。MAC 技术广泛应用于网络通信、数据传输和存储领域，以保护数据的完整性和防止篡改。

数字签名也是确保数据完整性的关键技术之一。数字签名结合了哈希函数和非对称加密的特性。发送方使用自己的私钥对数据进行签名，生成数字签名，并将数据和数字签名一起发送给接收方。接收方使用发送方的公钥对签名进行验证，从而确保数据的完整性和真实性，并且无法被发送方抵赖。数字签名技术在电子商务、电子合同和数字证书等领域发挥着重要作用，确保数据交换的安全和可信。

数据完整性是信息安全的基石，它能保护人们的隐私。哈希函数、消息认证码和数字签名技术为实现数据完整性提供了可靠的保护手段。然而，随着技术的不断发展，攻击者的手段也在不断升级。因此，系统需要不断地加强和改进数据完整性的保护措施，以应对日益复杂的安全挑战，确保人们的数据始终处于安全的状态。

第 12 章 哈希函数

本章将介绍哈希函数。众所周知，因为遗传基因和突变，每个人的指纹都是独一无二的，每个人的手指会呈现出不同的纹路，这也能够视作个人的身份标志，所以指纹能够对身份进行有效证明，常常被应用在身份识别、刑事案件侦破等场景中。该应用不仅能够大大提升破案效率，并且能精准地锁定嫌疑人的身份。

针对计算机所处理的消息，有时候用户为了保证数据不被删改，也需要给数据或文件留一个“指纹”，以方便他人校对。这样在比较两组数据是否一致时，就不必直接对比数据本身的内容，只需要对比它们的“指纹”就可以了。哈希函数就是这样一种为数据创建一组独一无二“指纹”的方法，它被广泛用于各种安全应用和互联网协议中。为了更好地理解加密哈希函数的一些要求和安全含义，本章将介绍其定义和部分相关实例。

本章将介绍以下内容。

- 哈希函数的定义。
- MD2 哈希函数的加密过程。
- MD4 哈希函数的加密过程。
- SHA 系列哈希函数的加密过程。
- 针对哈希函数的攻击。
- 哈希函数的应用。

12.1 什么是哈希函数

哈希函数 (Hash Function) 也称散列函数、压缩函数、杂凑函数 (中国国家标准中使用该名称，如 SM3)、指纹函数等，用 hash(m) 或 $H(m)$ 表示。它是一种为数据创建一组“指纹”的方法，当需要比较两条消息是否一致时，不需要直接对比消息本身的内容，只需要对比它们的“指纹”即可。哈希函数是可以将任意长度的数据映射为一组固定长度且均匀随机分布的函数。哈希函数并不是一种特定的计算方法，而是一类函数的总称。应用在信息保护领域的哈希函数被称为加密哈希函数。通常来说，通过哈希函数得到的哈希值，其长度远远小于明文长度。哈希函数示意如图 12-1所示。

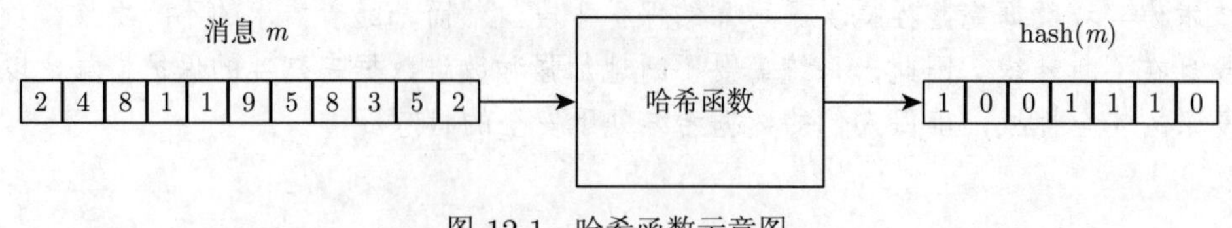

图 12-1 哈希函数示意图

试想一下，如果要在图书馆寻找一本书，一般采取什么办法呢？假如使用最传统的办法，一本一本地找，那工作量简直无法想象，它的时间复杂度为 $\mathcal{O}(m)$，m 为图书馆中图书的数量。因此在现实中肯定不会采取效率这么低的办法，而是通过查询索书号检索。现在图书馆中的每本图书都有一个固定长度的索书号，大致形式如“大类-纲目-编号”。根据这个索书号就可以很轻易地找到书所在的位置，其时间复杂度为 $\mathcal{O}(1)$。无论多厚的书，都可以有一个固定长度的索书号，转化的过程和哈希函数的作用类似，但不完全一样。而根据索书号找到这本书的过程，就是一个哈希表 (Hash Table)。在哈希函数中，没有密钥参与计算。

许多人都使用过网盘传输文件。网盘可以让用户在服务器上下载或上传文件，并托管文件，而不占用本地空间。因为文件是在互联网中的，因此还可以快速分享给其他用户。上传文件尤其大文件是用户使用网盘的一大痛点。许多用户的网络环境对于下载很快，上传数据却很慢。然而，现在部分网盘产品实现了“秒传”功能，可以让一部几十 GB 的蓝光电影在一瞬间就上传完成，这是怎么实现的呢？

“秒传”的实现办法就是使用哈希函数。具体方法是网盘服务商会在上传时先用工具检测待上传的文件大小，如果文件大小不超过某个阈值 (如 256KB)，就直接计算这个文件的哈希值。如果超过这个阈值，则计算文件前 256KB 内容的哈希值。传输一段哈希值的工作量是非常小的，网盘服务商获取哈希值后，会在后端检测该哈希值是否存在，如果存在，则直接把该哈希值对应的文件在网盘中复制一份到该用户的网盘账户上即可；如果不存在，再让用户上传文件。这样做的好处不仅实现了“秒传”，极大地提升了客户体验，还可以为网盘运营商节约成本，因为如果每个人都单独存一份文件在自己的网盘中，那运营商需要提供很大的存储空间，这无疑会增加运营商成本。而通过哈希值找到相同的文件，运营商则只需要保存一份文件即可，用户需要下载时只需要把文件路径告诉后端就行了。除此之外，哈希值还可以快速检验出病毒文件，从而提高网盘的安全性。

一个简单的哈希函数的例子就是模运算，比如对于任意的数字 m，都可以得到 $\text{hash}(m) \equiv m \pmod q$。还可以对其加以改进，比如 $\text{hash}(m) \equiv m(m+3) \pmod q$，该函数也被称作 Knuth 变种。不过这些哈希函数都不安全，因为会产生碰撞。比如 $\text{hash}(31) \equiv 1 \pmod{10} \equiv \text{hash}(41)$，它们有相同的哈希值，即碰撞。碰撞很容易让人可以找到多个值与哈希值对应起来，使用起来特别不方便。

一个优秀的哈希函数应该有以下几个性质 [129]。

1) 速度快。哈希函数的计算过程非常快，是一个线性时间。

2) 不可逆。首先它是一个不可逆的函数，在集合中也称为单射，就好像不可能通过索书号知道书的具体内容一样。不可逆的具体要求并不是 100%不可逆，而是时间成本不可接受。

3) 一致性。无论原始数据有多长，通过哈希函数得到的哈希值长度是一致的。

4) 独立性。原始数据中即使只改变了一小部分的消息，新的哈希值也会发生巨大的变化。

5) 抗碰撞性 (Collision Resistant)。如果原始数据是 m_1, m_2，且它们不相等，那么肯定 $\text{hash}(m_1) \neq \text{hash}(m_2)$。比如一个 256 位的哈希函数，它的碰撞概率仅有 $1/2^{256}$，碰撞概率非常小。这也是哈希值被称为“指纹”的原因，因为哈希值不能同时代表两组数据。

6) 均匀分布。在计算过程中，哈希值一定需要均匀分布，否则很容易被分析。

为什么需要这些性质呢？举个简单的例子：在区块链的交易中，每时每刻的价格都不一样。如果交易效率不高或者交易双方时间不同步，那么双方在交易完成时，很有可能有一方吃亏。区块链交易是匿名的，因此需要不可逆的性质来保护交易双方的隐私。抗碰撞性也是非常重要的，假设 Alice 想向 Bob 转 1 个比特币，那么可以用哈希函数将命令“转 1 个比特币出去”生成一个哈希值 $hash_1$。与此同时，Alice 想转 10 个比特币给自己的另外一个账户，也用哈希函数将命令“转 10 个比特币出去”生成一个哈希值 $hash_2$，但很不巧，如果这个哈希函数没有比较强的抗碰撞性，将可能导致 $hash_1 = hash_2$。假设攻击者 Eve 拿到 $hash_1$、$hash_2$，那么这个时候她可以支付 1 个比特币给 Bob，从而拿到 Alice 的签名。这个签名对 $hash_1$ 和 $hash_2$ 是等效的，可以伪造签名，然后从 Alice 那里获得这 10 个比特币。

哈希函数之所以被广泛应用，就是因为哈希函数在数字签名领域发挥着至关重要的作用。由于基于公钥密码学的数字签名方案会生成长度不一的数字签名，如果明文长度过长，带来的高计算负荷就得不偿失，且会浪费用户的时间。而哈希函数的好处就是可以减小计算负荷，并且在此基础上增强安全性。由于哈希函数的独立性，通常还可以使用加密哈希函数来确定数据是否发生了变化。如果攻击者 Eve 篡改了消息 (如修改、插入、删除或重复)，则哈希值会发生变化，换句话说，消息的完整性 (Integrity) 发生变化。作为 Bob，可以拒绝承认这个消息是真实的。

验证完整性是密码学的第 3 个基本要素。确保消息没有以未经授权的方式被更改，其中包括意外事件和故意事件。为了保证收到的数据文件与发送的一致，在许多情况下，通信机制要求认证机制保证 Alice 的身份是真实有效的。当哈希函数被用来提供消息认证时，哈希值通常被称为消息摘要 (Message-Digest)。使用哈希函数保证消息的完整性的基本原理是 Alice 计算出一个哈希值，作为消息的一部分，把原始消息和哈希值组成新消息发送给 Bob。Bob 对原始消息进行与 Alice 一样的哈希计算，并将此值与收到的哈希值进行比较，如果匹配，则 Bob 认可该消息是由 Alice 发送的，如图 12-2所示。如果不匹配，Bob 就知道该消息被篡改过，不过不知道这是一次意外事件还是一次攻击事件。

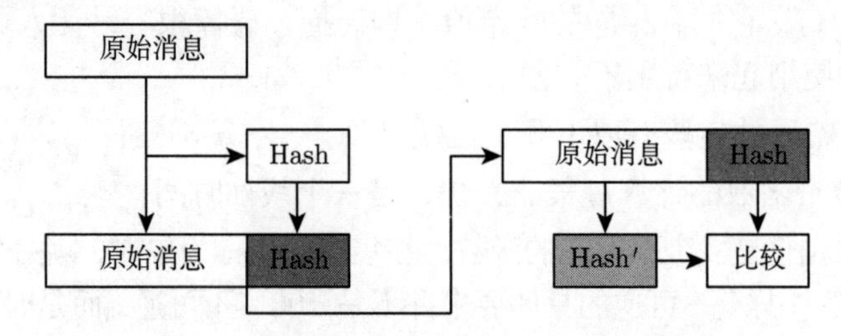

图 12-2 使用哈希函数验证消息的完整性

12.2 哈希函数的实例

12.2.1 MD2

第二代消息摘要算法简称 MD2 算法 [170]，是加密哈希函数的一种，由美国麻省理工学院教授罗纳德 · 李维斯特在 20 世纪 80 年代发明。它可以将任意长度的消息转化成 128

位长度的哈希值，并且 MD2 针对 8 位的计算机进行了优化。但在 32 位和 64 位的计算机上，其速度就不如其他 MD 系列的哈希函数了。事实证明，128 位的哈希值太小，无法抵抗碰撞攻击。

MD2 的使用步骤如下。

1) 字节填充。假设数据长度为 l，则需要填充 $16-(l \bmod 16)$ 字节的数据，填充内容为 $16-(l \bmod 16)$。也就是说，缺多少字节，填充内容就为多少。

2) 添加校验和。使用 S 盒与消息进行异或运算。

3) 初始化 MD 缓冲区。定义一个 48 字节的数组 X 并初始化为 0。

4) 处理消息。

为了了解 MD2 的加密过程，借助一个示例来观察 MD2 如何把消息转化成哈希值。

例 12.2.1 将下面的一句诗转为哈希值。选取自文天祥的《过零丁洋》的最后一句："*人生自古谁无死？留取丹心照汗青。*"它的英文翻译则是"Since ancient times can run from death no men, I will leave in history a staunch fame then."将英文翻译填入一个宽度为 16 的表格中，注意需要保留大小写、空格和标点符号，否则得到的结果将会不同，如表 12-1所示。

表 12-1 初始消息的字符串拆分成宽为 16 的列表

	1	2	3	4	5	6	7	8	9	10	11	12	13	14	15	16
k_1	S	i	n	c	e		a	n	c	i	e	n	t		t	i
k_2	m	e	s		c	a	n		r	u	n		f	r	o	m
k_3		d	e	a	t	h		n	o		m	e	n	,		I
k_4		w	i	l	l		l	e	a	v	e		i	n		h
k_5	i	s	t	o	r	y		a		s	t	a	u	n	c	h
k_6		f	a	m	e		t	h	e	n	.					

解： 第 1 步，进行字节填充。假设数据长度不是 16 的整数倍，那么就需要进行数据填充，在这个例子中，第 6 行的第 12~16 列需要填充。填充的内容是 $16-(l \bmod 16)$，数据长度 l 是 91，需要填充的数据是 5。然后将所有字母转化为 ASCII 编码，得到一个新的列表，如表 12-2所示。

表 12-2 字节填充

	1	2	3	4	5	6	7	8	9	10	11	12	13	14	15	16
k_1	83	105	110	99	101	32	97	110	99	105	101	110	116	32	116	105
k_2	109	101	115	32	99	97	110	32	114	117	110	32	102	114	111	109
⋮	⋮	⋮	⋮	⋮	⋮	⋮	⋮	⋮	⋮	⋮	⋮	⋮	⋮	⋮	⋮	⋮
k_6	32	102	97	109	101	32	116	104	101	110	46	5	5	5	5	5

第 2 步，添加校验和。校验和的计算需要满足 MD2 算法的替换表。它是一组 256 个元素的 S 盒，S 盒的生成方法是使用圆周率 π 进行"Fisher-Yates 随机洗牌"，然后排列生成 256 位的 S 盒 [171]，S 盒中各元素的值是固定的，如表 12-3所示。

表 12-3 MD2 的十进制 S 盒

	1	2	3	4	5	6	7	8	9	10	11	12	13	14	15	16
1	41	46	67	201	162	216	124	1	61	54	84	161	236	240	6	19
2	98	167	5	243	192	199	115	140	152	147	43	217	188	76	130	202
3	30	155	87	60	253	212	224	22	103	66	111	24	138	23	229	18
4	190	78	196	214	218	158	222	73	160	251	245	142	187	47	238	122
5	169	104	121	145	21	178	7	63	148	194	16	137	11	34	95	33
6	128	127	93	154	90	144	50	39	53	62	204	231	191	247	151	3
7	255	25	48	179	72	165	181	209	215	94	146	42	172	86	170	198
8	79	184	56	210	150	164	125	182	118	252	107	226	156	116	4	241
9	69	157	112	89	100	113	135	32	134	91	207	101	230	45	168	2
10	27	96	37	173	174	176	185	246	28	70	97	105	52	64	126	15
11	85	71	163	35	221	81	175	58	195	92	249	206	186	197	234	38
12	44	83	13	110	133	40	132	9	211	223	205	244	65	129	77	82
13	106	220	55	200	108	193	171	250	36	225	123	8	12	189	177	74
14	120	136	149	139	227	99	232	109	233	203	213	254	59	0	29	57
15	242	239	183	14	102	88	208	228	166	119	114	248	235	117	75	10
16	49	68	80	180	143	237	31	26	219	153	141	51	159	17	131	20

对每 16 字节，校验一组数。从 0 开始，逐个将整数转化为二进制，也将列表中的 ASCII 值转化为二进制，使用异或运算 (XOR) 就可以得到校验数。在 S 盒中按照顺序数出校验数大小，对应位置的值就是最终的数。听起来有点复杂，下面计算几个数的校验和。回顾一下异或运算：

$$1 \oplus 1 = 0 \quad 0 \oplus 0 = 0 \quad 1 \oplus 0 = 1 \quad 0 \oplus 1 = 1 \tag{12-1}$$

表 12-2第 1 行的第 1 个数是 83，初始的校验值是 0，进行异或计算可得 $83 \oplus 0 = 83$，S 盒的第 83 位 (从 0 开始) 是 154(表 12-3)。83 在第 1 行，第 1 行的数不用和数字本身进行校验，所以校验和是 154。第 1 行的第 2 位数是 105，$154 \oplus 105$ 的结果是 243，S 盒的第 243 位是 180，因此第 1 行的第 2 位数的校验和是 180，以此类推，至第 1 行的最后一位，得到的值是 94。而第 2 行的第 1 位数是 109，109 需要和谁进行异或运算呢？和上一个校验和，也就是与第 1 行的最后一个校验和进行运算，$109 \oplus 94 = 51$，S 盒的第 51 位是 214。因为是第 2 行了，还需要与本行的上一行相同位置的值进行校验，也就是与第 1 行的第 1 列的校验和进行异或运算，$214 \oplus 154 = 76$，76 为第 2 行的第 1 位的校验和。如此反复，直至最后一位数，最终如表 12-4所示。

表 12-4 校验和表

	1	2	3	4	5	6	7	8	9	10	11	12	13	14	15	16
k_1	154	180	213	132	239	74	24	125	130	248	64	229	96	169	0	94
k_2	76	246	164	224	182	39	218	240	242	216	196	131	56	185	232	47
⋮	⋮	⋮	⋮	⋮	⋮	⋮	⋮	⋮	⋮	⋮	⋮	⋮	⋮	⋮	⋮	⋮
k_6	204	167	60	177	162	71	239	59	49	109	179	32	72	128	15	119

通过以下 Python 代码，很容易得到校验和的表。

```
1 message = ''
2 BLOCK_SIZE = 16
```

```
3 blocks_number = math.ceil(len(message) / BLOCK_SIZE)
4 checksum = 16 * [0]
5 l = 0
6
7 for i in range(blocks_number):
8     for j in range(BLOCK_SIZE):
9         print(message[i*BLOCK_SIZE+j],l, checksum[j],message[i*BLOCK_SIZE+j]^l^checksum[j])
10        l = S[(message[i*BLOCK_SIZE+j] ^ l)] ^ checksum[j]
11
12        checksum[j] = l
```

最后把表12-4的最后一行添加到表12-2的后面，得到一个添加校验和后的表，如表 12-5所示。

表 12-5 添加校验和后的表格

	1	2	3	4	5	6	7	8	9	10	11	12	13	14	15	16
k_1	83	105	110	99	101	32	97	110	99	105	101	110	116	32	116	105
⋮	⋮	⋮	⋮	⋮	⋮	⋮	⋮	⋮	⋮	⋮	⋮	⋮	⋮	⋮	⋮	⋮
k_6	32	102	97	109	101	32	116	104	101	110	46	5	5	5	5	5
k_7	204	167	60	177	162	71	239	59	49	109	179	32	72	128	15	119

第 3 步，初始化 MD 缓冲区。这个初始化比较简单，直接初始化一个 48 字节的 0 数组即可，如表 12-6所示。

表 12-6 MD 缓冲区

序号	1	2	···	15	16	17	18	···	31	32	33	34	···	47	48
值	0	0	···	0	0	0	0	···	0	0	0	0	···	0	0

第 4 步，处理消息，需要将 MD 缓冲区划分为 3 块，每块 16 字节，每个块都有自己的任务。第 1 块缓冲区是数据处理前的缓冲区；第 2 个缓冲区是数据处理后的缓冲区；第 3 个缓冲区是对第 1 和第 2 个缓冲区的值进行异或运算得到的结果。使用 S 盒中的值替换缓冲区的数据，进行 18 轮迭代，最后会得到一组 48 字节的数据，然后输出第 1 个缓冲区的值，即为哈希值。

以表12-5的第 1 行和最后一行为例，每行都会进行 18 轮迭代，迭代过程如表 12-7所示。

表 12-7 MD2 计算过程 (截取前 16 字节，十六进制)

序号	1	···	7
0	00000000000000000000000000000000		097F55667993D656C1CB4FA6F762799F
1	0294279FC9FF13F3B48571B8D38B65A5		BEB88516EA4F4479E046FD7E723A8C79
2	040EB8161868895432551EBE9EF58823		000751C39ED9F40EDCCAA4DC49F8575E
3	0971DCDDCBD9A360DA846A2C14351650		EA6E9340369E93A14B23387CD59B3EB0
4	AAE4AB12B8DA761D963D459E6AA72CDA		0958A6EF3C25479E35BDB9A3F6845A7C
5	0AD2130AC29930A3B51582EE213C972C		045EAD4CD05DB0B2381DF54EA9D8B312
6	00A16685DD2DAE5FB8692A7D4C2B36F2		0FA675D4338BD5D1B031BBBA6490A8D1
7	067B78C3B8C3C5E6C2AFDB6504272EF4		0C843947A58BE98CDDC1676B4ECFE266

续表

序号	1	···	7
8	06C1B55AB4245EC87AA9EA2215B52614		006CEF9E4FA334E9228A6C84F6F9D485
9	A9476A39B99A8DAAF31DA68D3815E1FB		D782EE4FDBCDF326C882B89C5BEE9F8A
10	0CABA4E4DFA3AE405AD12E68EF1F2BE3		001AA9B242A26E5918502FBAF7D9AFE9
11	01E29E63457B4C4BD35AE2DFD6F731AD		07A871FA2F7CC5D99B6BD1276BB0D29C
12	007BCBEE7FF4F4C3838A955282A6584F		84CC7D8E875C7AB296D24432AF966BB6
13	03FB1BDFE7742BA4ED5F64DA0F3ECEF5		0FBFF69D0FF48EEF9FC1982E4A86EC5D
14	0005D46BA33A15627ED17E4962C32412		05FFCF6CFB560115E98DD98328E2E96B
15	30F8612ACEB4E79AB05214A260DBECEB		006033FB59D20F4DBA10FABFDC15CEDA
16	00FEB996C628483C37824E9D5312E99C		00727C29DF199C79461776C2EBEDBB2E
17	9E95292E87A45E5422733B5BE4747F6D		00C46ED6C13D0E41F8CF1326971B621E
18	D95EBE63347E5A983E9D7BB93BFAF23D		05F6D8084671CA64C49D723E79E78699

MD2 迭代过程的 Python 代码如下：

```
for i in range(blocks):
    for j in range(BLOCK_SIZE):
        md_digest[BLOCK_SIZE+j] = msg[i*BLOCK_SIZE+j]
        md_digest[2*BLOCK_SIZE+j] = (md_digest[BLOCK_SIZE+j] ^ md_digest[j])
    checktmp = 0
    for j in range(18):
        for k in range(48):
            checktmp = md_digest[k] ^ PI_SUBST[checktmp]
            md_digest[k] = checktmp
        checktmp = (checktmp+j) % 256
```

最后输出数据，将这 48 字节选取前面 16 字节，并转为十六进制，得到最终的哈希值：

5f6d8084671ca64c49d723e79e78699

MD2 拥有雪崩效应。如果去掉句子中的句号，哈希值会发生很大变化，得到以下哈希值：

f01033cad850a0ddb51acedf2397fa

MD2 作为最早一代的哈希函数，在 2004 年被 Muller 证明它并不是一个安全的单射函数 [172]。到了 2009 年，它被禁止使用。 ■

12.2.2 MD4

罗纳德在设计完 MD2 之后，紧接着又发明了 MD4[173]。它的不可逆、抗碰撞等性质更加强大，所以在安全性上 MD4 是强于 MD2 的。MD4 的算法与 MD2 有很大的不同，但最后的结果依然是 128 位的哈希值。值得注意的是，没有 MD3，可能的一种说法是，MD3 是 MD4 的草稿版本，因为发现巨大漏洞而被舍弃。

MD4 的 4 个主要步骤与 MD2 一样，但算法上有区别。下面根据例 12.2.2，看看 MD4 和 MD2 的具体区别。

例 12.2.2 用 MD4 加密例 12.2.1中的诗句，看看有什么不同。

解：第 1 步，依然是字节填充，但填充细节与 MD2 不同，比 MD2 复杂一点，需要在位和字节之间互相转化。如果数据长度不是 512 的整数倍，则需填充一个值为 1 的数，

再补上 k 个 0(单位是位)，使得补位后的位数满足 $(n+1+k) \equiv 448 \pmod{512}$。“Since ancient times can run from death no men, I will leave in history a staunch fame then.” 这一句一共有 91 字节，即 728 位的长度。填充后需要使得 $728+1+k \equiv 448 \pmod{512}$。计算得到 $k \equiv (448-(91\times 8) \pmod{512})-1 \equiv 231$。

因为填充的数据中的第 1 位是 1，然后是 0，因此填充数据的前 8 位数为 10000000，可转成十六进制的 `0x80`，也可以转成十进制的 128。得到 MD4 十进制字节填充后的表格如表 12-8所示。表 12-8中填充的 0 是十进制，对应的是 8 个二进制的 0。

表 12-8 MD4 字节填充

	1	2	3	4	5	6	7	8	9	10	11	12	13	14	15	16
k_1	83	105	110	99	101	32	97	110	99	105	101	110	116	32	116	105
k_2	109	101	115	32	99	97	110	32	114	117	110	32	102	114	111	109
k_3	32	100	101	97	116	104	32	110	111	32	109	101	110	44	32	73
k_4	32	119	105	108	108	32	108	101	97	118	101	32	105	110	32	104
k_5	105	115	116	111	114	121	32	97	32	115	116	97	117	110	99	104
k_6	32	102	97	109	101	32	116	104	101	110	46	128	0	0	0	0
k_7	0	0	0	0	0	0	0	0	0	0	0	0	0	0	0	0
k_8	0	0	0	0	0	0	0	0								

第 2 步，追加消息长度。为什么填充 MD4 字节时，消息长度模 512 后需要得到 448 呢？剩下的 64 位 (8 字节) 做什么呢？这余下的 64 位长度就是用于存放原始消息的长度信息。也就是说，MD4 一次最多可以处理长度为 2^{64} 位的明文数据。

在本例中，句子长度为 728 位，728 需要用 64 位来表示并被添加到消息末尾，称为 b。728 转化为二进制的 00000010 11011000，一共 16 位，也可以表示为 2 字节。按照字节顺序 (Endianness) 的规则，从低位字节开始转化，过程如图 12-3所示。

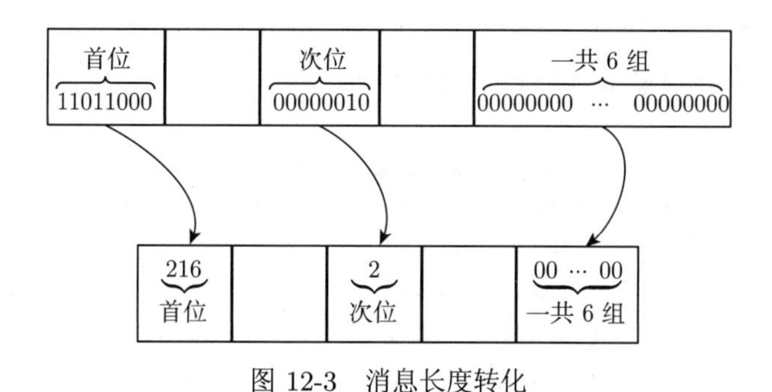

图 12-3 消息长度转化

最后追加消息长度到表格里，如表 12-9所示。

表 12-9 MD4 追加消息长度

k_8	0	0	0	0	0	0	0	0	216	2	0	0	0	0	0	0

第 3 步，初始化 MD4 缓冲区。构建 4 个变量 A、B、C、D，每个变量 4 字节，低字

节排在前面，其初值 (十六进制) 为：

$$A: \texttt{01 \quad 23 \quad 45 \quad 67} \Rightarrow \texttt{0x67452301} \tag{12-2}$$

$$B: \texttt{89 \quad AB \quad CD \quad EF} \Rightarrow \texttt{0xEFCDAB89} \tag{12-3}$$

$$C: \texttt{FE \quad DC \quad BA \quad 98} \Rightarrow \texttt{0x98BADCFE} \tag{12-4}$$

$$D: \texttt{76 \quad 54 \quad 32 \quad 10} \Rightarrow \texttt{0x10325476} \tag{12-5}$$

第 4 步，对每 512 位的分组进行处理。首先会有 3 个辅助函数 F、G、H，分别为：

$$F(x,y,z) = (x \wedge y) \vee (\neg x \wedge z) \tag{12-6}$$

$$G(x,y,z) = (x \wedge y) \vee (x \wedge z) \vee (y \wedge z) \tag{12-7}$$

$$H(x,y,z) = x \oplus y \oplus z \tag{12-8}$$

其中 $\wedge$ 为与 (AND) 运算、$\vee$ 为或 (OR) 运算、$\neg$ 为否 (NOT) 运算。

函数 F 有 3 个输入，分别为 (x,y,z)，值为 0 或 1，结果输出为：如果 x 则 y，非 x 则 z。

```
1 return ((x & y) | ((~x) & z))
```

函数 G 有 3 个输入 (x,y,z)，值为 0 或 1，如果 x、y、z 中至少有两个 1 的话，则输出 1，否则输出 0。

```
1 return ((x & y) | (x & z) | (y & z))
```

函数 H 有 3 个输入 (x,y,z)，值为 0 或 1，输出 x、y、z 之间的异或运算结果。

```
1 return x ^y ^ z
```

辅助函数部分运算结果示例如表 12-10所示。

表 12-10 辅助函数运算例子 (部分)

x	y	z	函数 F 值	函数 G 值	函数 H 值
0	0	0	0	0	0
0	0	1	0	0	1
0	1	1	1	1	0
1	1	0	1	1	0
1	1	1	1	1	0

有了辅助函数后，将每 512 位的消息分组分解成 16 个小组，然后将每个小组的 32 位消息转换为十进制表示。这或许有点难理解。比如该诗句前 4 个字母为“Sinc”，转化为 ASCII 编码后是表 12-8中 k_1 行的第 1、2、3、4 列。把值列下来转成二进制，然后进行低位排序，再转化得到十进制数，如图 12-4所示。

字母	S	i	n	c
十进制	83	105	110	99
二进制	01010011	01101001	01101110	01100011

01100011	01101110	01101001	01010011	⇒	1668180307

图 12-4 “Sinc”转化为十进制

然后更新 A、B、C、D，其过程如图 12-5所示。

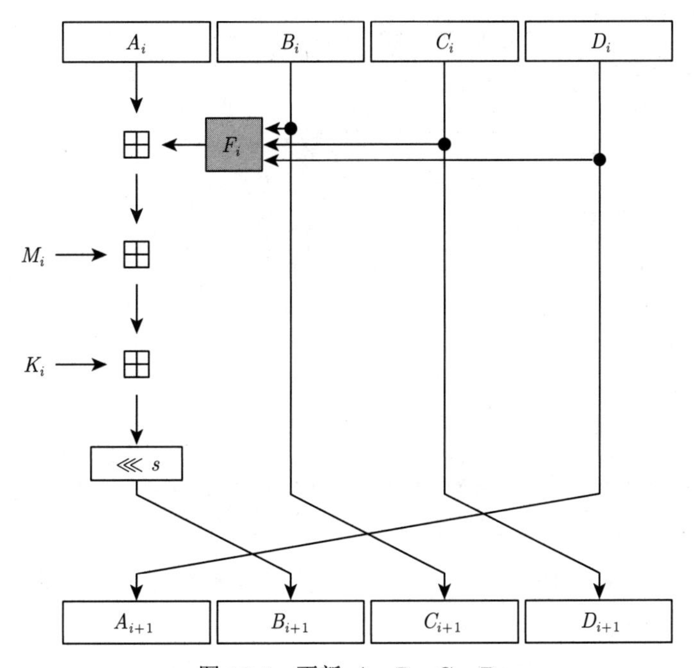

图 12-5 更新 A、B、C、D

更新 A、B、C、D 的 Python 代码如下：

```
h = [0x67452301, 0xEFCDAB89, 0x98BADCFE, 0x10325476]

def MD4_Process(blocks):
    for block in blocks:
        X, h = list(struct.unpack("<16I", block)), h.copy()

        # Round 1.
        Xi = [3, 7, 11, 19]
        for n in range(16):
            i, j, k, l = map(lambda x: x % 4, range(-n, -n + 4))
            K, S = n, Xi[n % 4]
            hn = h[i] + F(h[j], h[k], h[l]) + X[K]
```

```
            h[i] = lrot(hn & mask, S)

        # Round 2.
        Xi = [3, 5, 9, 13]
        for n in range(16):
            i, j, k, l = map(lambda x: x % 4, range(-n, -n + 4))
            K, S = n % 4 * 4 + n // 4, Xi[n % 4]
            hn = h[i] + G(h[j], h[k], h[l]) + X[K] + 0x5A827999
            h[i] = lrot(hn & mask, S)

        # Round 3.
        Xi = [3, 9, 11, 15]
        Ki = [0, 8, 4, 12, 2, 10, 6, 14, 1, 9, 5, 13, 3, 11, 7, 15]
        for n in range(16):
            i, j, k, l = map(lambda x: x % 4, range(-n, -n + 4))
            K, S = Ki[n], Xi[n % 4]
            hn = h[i] + H(h[j], h[k], h[l]) + X[K] + 0x6ED9EBA1
            h[i] = lrot(hn & mask, S)

        h = [((v + n) & mask) for v, n in zip(h, h)]

def F(x, y, z):
    return (x & y) | (~x & z)

def G(x, y, z):
    return (x & y) | (x & z) | (y & z)

def H(x, y, z):
    return x ^ y ^ z

def lrot(value, n):
    lbits, rbits = (value << n) & mask, value >> (width - n)
    return lbits | rbits
```

最后一步，输出结果即可。对每 4 个 32 位的 MD4 变量进行处理，将其解码回 4 字节，然后将其转换为摘要的十六进制来呈现。

最终得到 MD4 哈希值 `0x9784b1bba4d5a45fcd96778c7f6e7db9`。

在 MD4 之后，MD5[174]、MD6[175] 被陆续发明出来，具有安全性更高、速度更快等特点。MD5 与 MD4 非常相似，前 3 步字节填充、追加消息长度和初始化 MD 缓冲区都与 MD4 一样。MD5 主要对第 4 步进行了修改，新增加了辅助函数 I，并为每一步添加一个专用变量，然后每一步的输入都是上一步的输出，增加了雪崩效应。这就是 MD5 和 MD4 的主要区别。

MD5 在发明之初被广泛用于互联网的安全协议中，用来甄别文件是否被修改过，以及生成用户存储在浏览器中的密码的哈希值。虽然 MD5 相较于 MD4 更加安全，却是以牺牲运行速度为代价换来的。1996 年，密码学家 Dobbertin 首次在论文“Cryptanalysis of MD5 compress”[176] 中提出针对 MD5 的攻击，之后越来越多的关于 MD5 的攻击方式被发现，因此 MD5 也迅速没落。最主要的原因还是因为 128 位的哈希值太小了，无法抵御碰撞攻击，比如在 Python 中使用 `hashlib` 库，就发现了 MD5 的碰撞。

输入4dc968ff0ee35c209572d4777b721587d36fa7b21bdc56b74a3dc0783e7b9518afb fa202a8284bf36e8e4b55b35f427593d849676da0d1d55d8360fb5f07fea2进入 MD5，得到的哈希值是：

0x008ee33a9d58b51cfeb425b0959121c9

输入4dc968ff0ee35c209572d4777b721587d36fa7b21bdc56b74a3dc0783e7b9518afb fa200a8284bf36e8e4b55b35f427593d849676da0d1555d8360fb5f07fea2进入 MD5，得到的哈希值也是：

0x008ee33a9d58b51cfeb425b0959121c9

MD5 不再抗碰撞，逐渐被 SHA 系列哈希函数所取代。 ■

12.2.3 SHA-1

除了 MD 系列加密哈希函数，还有大名鼎鼎 SHA 系列加密哈希函数。SHA 全称为 Secure Hash Algorithm，中文译为安全哈希算法，有 SHA-0[177]、SHA-1[178]、SHA-2[179]、SHA-3[179] 等分支。SHA 是美国国家安全局 (NSA) 在 20 世纪 90 年代初设计的。值得一提的是，SHA-0 刚一发布就被法国安全专家发现有巨大的安全漏洞 [180]，中国的王小云教授也发现了新的针对 SHA-0 的碰撞方法 [181]，导致 SHA-0 发布后不久就被撤回，经过一定修改后，发布了 SHA-1。SHA-1 是一个可以将数据转化为 160 位哈希值的函数，也被称为 160 位哈希函数，常被用于数字签名领域。

然而 SHA-1 也被发现有弱点 [182,183]，因为 SHA-1 和 MD5 哈希函数非常类似，MD5 被破解，因此人们有理由相信 SHA-1 在不久也会被破解。2010 年以后，SHA-1 逐步被 SHA-2 取代。SHA-2 下面有很多不同的位数，常见的有 224、256、384、512 等，可写为 SHA-2-224 这样的形式。相较于 SHA-1，它扩大了加密后的位数，降低了碰撞概率。随着密码分析的不断发展，2015 年，NIST 发布了 SHA-3 来替代 SHA-2。不同时期的 SHA 哈希函数对比如表 12-11所示。

表 12-11 SHA 哈希函数参数比较

函数	最大输入长度/位	输出长度/位	分组大小/位
SHA-0	$2^{64}-1$	160	512
SHA-1	$2^{64}-1$	160	512
SHA-2-224	$2^{64}-1$	224	512
SHA-2-256	$2^{64}-1$	256	512
SHA-2-512	$2^{128}-1$	512	1024
SHA-3-512	∞	512	576

本小节将讨论 SHA-1 是如何工作的。其他 SHA 系列哈希函数与 SHA-1 主要结构一致，在细节上做了安全性提升，主框架没有变化。SHA-1 的加密步骤如下。

第 1 步，初始化哈希值，准备 5 组十六进制的哈希值，这些哈希值被称为缓冲区。哈希值被初始化为以下数值：

$$
\begin{aligned}
H_0^{(0)} &= \texttt{0x67452301} \\
H_1^{(0)} &= \texttt{0xEFCDAB89} \\
H_2^{(0)} &= \texttt{0x98BADCFE} \\
H_3^{(0)} &= \texttt{0x10325476} \\
H_4^{(0)} &= \texttt{0xC3D2E1F0}
\end{aligned}
$$

第 2 步，根据原始数据长度，按需填充数据。假设数据是“missile”(导弹)，将每个字母转化为 ASCII 码的二进制值，得到 [01101101,01101001,01110011,01110011,01101001,01101100,01100101]，7 组数字 56 位的长度，与 MD4 的填充数据方式非常相似。根据 SHA-1 的规则，填充后其长度在对 512 取模后的值是 448，即 $l \equiv 448 \pmod{512}$，因此在这个例子中需要填充 $(448-56)=392$ 位数据。填充首先补一个 1，剩下的位补 0，这样一共就有 448 位。最后将原始数据的长度消息补到消息后面，用 64 位来表示原始消息的长度，这样总长度就是 512 位或 512 位的整数倍。

第 3 步，进行分组。经过填充后的明文长度正好是 512 的整数倍，可分为 N 组，每组记为 $M^{(1)}, M^{(2)}, \cdots, M^{(N)}$。因为 512 位的明文分组是由 16 个 32 位的字 (word) 组成的，因此每组还可以分成 16 个小组，分别记为 $M_0^{(i)}, M_1^{(i)}, \cdots, M_{15}^{(i)} (1 \leqslant i \leqslant N)$，每组有 32 位数据。

第 4 步，计算哈希值。对于每一个明文分组 $M^{(i)} (1 \leqslant i \leqslant N)$，都将其 16 组的数据扩充到 80 组，记为 $W_0, W_1, \cdots, W_{79}$，计算的方法如下：

$$W_t = M_t, \quad 0 \leqslant t \leqslant 15 \tag{12-9}$$

$$W_t = (W_{t-3} \oplus W_{t-8} \oplus W_{t-14} \oplus W_{t-16}) <<< 1, \quad 16 \leqslant t \leqslant 79 \tag{12-10}$$

其中“<<< 1”代表在 32 位的长度分组中向左循环移动 1 位。

然后初始化变量，令 $A = H_0^{(i-1)}$，$B = H_1^{(i-1)}$，$C = H_2^{(i-1)}$，$D = H_3^{(i-1)}$，$E = H_4^{(i-1)}$。由这 5 个初始变量迭代后得到 $H_0^{(i)}, H_1^{(i)}, H_2^{(i)}, H_3^{(i)}, H_4^{(i)}$，组成哈希值 H^i。每次处理完单个消息分组后，哈希值将被进行 80 轮迭代。最后一个哈希值即 SHA-1 的输出。

80 轮迭代并不是每一轮都是一样的。80 轮会被平均分为 4 个阶段，每一个阶段有 20 轮，且都对应不同的逻辑函数 f_t 和常量 k_t，设 t 为第 t 轮次，其中 $0 \leqslant t \leqslant 79$。逻辑函数 f_t 中的 B、C、D 都是 32 位的字。f_t 以 B、C、D 作为输入，输出一个 32 位的字。具体逻辑函数如下：

$$
f_t(B,C,D) = \begin{cases}
(B \wedge C) \vee (\neg B \wedge D) & , 0 \leqslant t \leqslant 19 \\
B \oplus C \oplus D & , 20 \leqslant t \leqslant 39 \\
(B \wedge C) \vee (B \wedge D) \vee (C \wedge D) & , 40 \leqslant t \leqslant 59 \\
B \oplus C \oplus D & , 60 \leqslant t \leqslant 79
\end{cases} \tag{12-11}
$$

其中：

$\wedge$ 是 AND(与) 运算

$\vee$ 是 OR(或) 运算

$\neg$是 NOT(否) 运算

$\oplus$是 XOR(异或) 运算

常量 k_t 如下：

$$k_t = \begin{cases} \texttt{0x5A827999} & , 0 \leqslant t \leqslant 19 \\ \texttt{0x6ED9EBA1} & , 20 \leqslant t \leqslant 39 \\ \texttt{0x8F1BBCDC} & , 40 \leqslant t \leqslant 59 \\ \texttt{0xCA62C1D6} & , 60 \leqslant t \leqslant 79 \end{cases}$$

单轮流程如图 12-6所示。每一轮的 A, B, C, D, E 更新公式为：

$$A, B, C, D, E = ((A)_{<<<5} + f_t(B, C, D) + E + W_t + k_t), A, (B)_{<<<30}, C, D \tag{12-12}$$

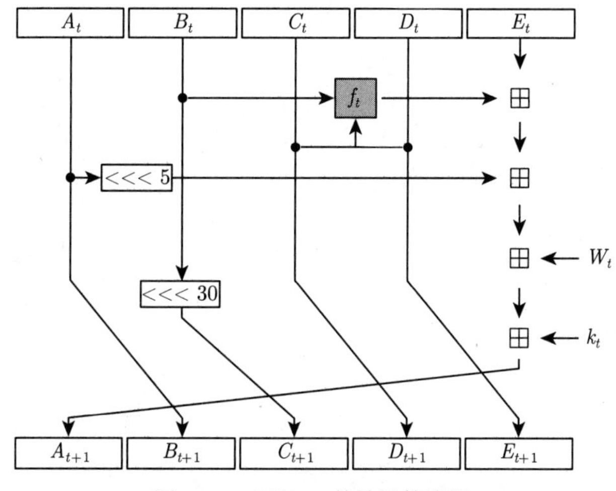

图 12-6 SHA-1 单轮计算流程

也就是说，每一轮的 A, B, C, D, E 更新分别进行如下操作 (计算机需要从后往前执行)。

1) A 的更新是首先将 A 向左循环移动 5 位，然后与逻辑函数 f_t 的结果求和，再与对应的子明文分组 W_t、E 以及常量 k_t 求和，其结果赋予 A。

2) B 的更新是将原来 A 的值赋予 B。

3) C 的更新是将原来 B 的值向左循环移动 30 位，再赋予 C。

4) D 的更新是将原来 C 的值赋予 D。

5) E 的更新是将原来 D 的值赋予 E。

对于 $1 \leqslant i \leqslant N$，接着更新哈希值：

$$H_0^{(i)} = A + H_0^{(i-1)} \tag{12-13}$$

$$H_1^{(i)} = B + H_1^{(i-1)} \tag{12-14}$$

$$H_2^{(i)} = C + H_2^{(i-1)} \tag{12-15}$$

$$H_3^{(i)} = D + H_3^{(i-1)} \tag{12-16}$$

$$H_4^{(i)} = E + H_4^{(i-1)} \tag{12-17}$$

具体 Python 算法如下：

```
w = [0] * 80
#W_t = M_t
for i in range(16):
    w[i] = struct.unpack(b'>I', chunk[i * 4:i * 4 + 4])[0]

#W_t =(W_{t-3}  XOR W_{t-8} XOR  W_{t- 14}  XOR W_{t-16}) <<<1
for i in range(16, 80):
    w[i] = left_rotate(w[i - 3] ^ w[i - 8] ^ w[i - 14] ^ w[i - 16], 1)

# 初始化向量
a = h0
b = h1
c = h2
d = h3
e = h4

for i in range(80):
    if 0 <= i <= 19:
        f = d ^ (b & (c ^ d))
        k = 0x5A827999
    elif 20 <= i <= 39:
        f = b ^ c ^ d
        k = 0x6ED9EBA1
    elif 40 <= i <= 59:
        f = (b & c) | (b & d) | (c & d)
        k = 0x8F1BBCDC
    elif 60 <= i <= 79:
        f = b ^ c ^ d
        k = 0xCA62C1D6

    a, b, c, d, e = ((_left_rotate(a, 5) + f + e + k + w[i]) & 0xffffffff,
                    a, _left_rotate(b, 30), c, d)

# 哈希值叠加
h0 = h0 + a
h1 = h1 + b
h2 = h2 + c
h3 = h3 + d
h4 = h4 + e
```

最后一步，输出。第 4 步重复 N 次后，将最终的 $H^{(N)}$ 拼接起来，输出最终的哈希值：$H_0^{(N)} \Big\| H_1^{(N)} \Big\| H_2^{(N)} \Big\| H_3^{(N)} \Big\| H_4^{(N)}$。

例 12.2.3 使用 SHA-1 加密“missile”(导弹) 这个单词。

解：首先将这个单词使用 ASCII 编码转化为二进制：

01101101 01101001 01110011 01110011 01101001 01101100 01100101

然后根据第 2 步的方法，进行密钥填充。消息的长度被填充为 448 (mod 512)，需要

填充 $448-56=392$ 位。填充第 1 位是 1，其他位都是 0。然后将 64 位的长度消息添加到消息后面。“missile” 这个词的二进制长度是 56 位，如果转化成十六进制则是 38。最后得到二进制明文分组是：

$$\underbrace{\underbrace{01101101}_{\text{m}}\quad\underbrace{01101001}_{\text{i}}\quad\cdots\quad\underbrace{01100101}_{\text{e}}\quad 1\quad\overbrace{00\cdots00}^{\text{共 391 位}}\quad\overbrace{00\cdots0\,\underbrace{111000}_{56}}^{\text{共 64 位}}}_{\text{共 512 位}}$$

十六进制的明文分组共有 128 位 (二进制则为 512 位)，仅有一组，因此 $N=1$。将该明文分组分成 16 组，分别记为 $M_0^{(1)}, M_1^{(1)}, \cdots, M_{15}^{(1)}$，分别为：

$$\begin{array}{llll}
M_0^{(1)}=\mathtt{6D697373} & M_4^{(1)}=\mathtt{00000000} & M_8^{(1)}=\mathtt{00000000} & M_{12}^{(1)}=\mathtt{00000000}\\
M_1^{(1)}=\mathtt{696C6580} & M_5^{(1)}=\mathtt{00000000} & M_9^{(1)}=\mathtt{00000000} & M_{13}^{(1)}=\mathtt{00000000}\\
M_2^{(1)}=\mathtt{00000000} & M_6^{(1)}=\mathtt{00000000} & M_{10}^{(1)}=\mathtt{00000000} & M_{14}^{(1)}=\mathtt{00000000}\\
M_3^{(1)}=\mathtt{00000000} & M_7^{(1)}=\mathtt{00000000} & M_{11}^{(1)}=\mathtt{00000000} & M_{15}^{(1)}=\mathtt{00000038}
\end{array}$$

对于 $0 \leqslant t \leqslant 15$，$W_t = M_t$，对于 $16 \leqslant t \leqslant 79$，$W_t = (W_{t-3} \oplus W_{t-8} \oplus W_{t-14} \oplus W_{t-16}) <<< 1$。表 12-12展示了部分 W_t 的值。

表 12-12 SHA-1 的部分 W_t 值

W_0 = 6D697373	W_{16} = DAD2E6E6	···	W_{76} = D3C2409D
W_1 = 696C6580	W_{17} = D2D8CB00	···	W_{77} = C83C102B
W_2 = 00000000	W_{18} = 00000070	···	W_{78} = 9988035D
···	···	···	W_{79} = 93A0802D

初始化变量，令 $A = H_0^{(0)}$，$B = H_1^{(0)}$，$C = H_2^{(0)}$，$D = H_3^{(0)}$，$E = H_4^{(0)}$。然后更新 A, B, C, D, E。部分轮次 A, B, C, D, E 的值如表 12-13所示。

表 12-13 SHA-1 的部分轮次 A, B, C, D, E 值

轮次	A	B	C	D	E
0	67452301	EFCDAB89	98BADCFE	10325476	C3D2E1F0
1	0D1E0C26	67452301	7BF36AE2	98BADCFE	10325476
19	AC1A3627	263A2F49	62A48F28	5E4B17CC	771AA4ED
20	84EAD0D4	AC1A3627	498E8BD2	62A48F28	5E4B17CC
39	CA7D219D	7DF7811A	35EB9E19	8C46EAE5	B05D93F9
40	C9FD0AFF	CA7D219D	9F7DE046	35EB9E19	8C46EAE5
59	C0D48C83	7986E0CE	6E270F78	DB273C51	6B62B8CD
60	C658AD1B	C0D48C83	9E61B833	6E270F78	DB273C51
79	9AEB82ED	F48B797C	AA977770	E78E0B69	75C0BD51
80	EAC6626C	9AEB82ED	3D22DE5F	AA977770	E78E0B69

最后一轮更新的结果是 $A=$ EAC6626C，$B=$ 9AEB82ED，$C=$ 3D22DE5F，$D=$ AA977770，$E=$ E78E0B69。

将最后得到的 A、B、C、D、E 与初始值 $H_0^{(0)}$、$H_1^{(0)}$、$H_2^{(0)}$、$H_3^{(0)}$、$H_4^{(0)}$ 相加。得到：

$$H_0^{(1)} = H_0^{(0)} + A = \mathtt{520B856D}$$

$$H_1^{(1)} = H_1^{(0)} + B = \texttt{8AB92E76}$$
$$H_2^{(1)} = H_2^{(0)} + C = \texttt{D5DDBB5D}$$
$$H_3^{(1)} = H_3^{(0)} + D = \texttt{BAC9CBE6}$$
$$H_4^{(1)} = H_4^{(0)} + E = \texttt{AB60ED59}$$

最后将其拼接起来，执行 $H_0^{(1)} \| H_1^{(1)} \| H_2^{(1)} \| H_3^{(1)} \| H_4^{(1)}$，就能得到最终的哈希值：

0x520B856D8AB92E76D5DDBB5DBAC9CBE6AB60ED59

■

例 12.2.4 加密“I am a rocket engineer”这句话。

解： SHA-1 的输出结果是：

0xD8D25328850C60365334350E24B99D0734C694B8

■

在本地计算机中，任何文件或者文件夹也都可以通过 CRC SHA 软件生成一个自己的“身份证号码”。一旦该文件或者文件夹被改动，哈希值也会变得不一样。通过使用 SHA-1 得到文件的哈希值，如图 12-7所示。这两个哈希值所对应的文件内容都是“123”，仅字体不同。

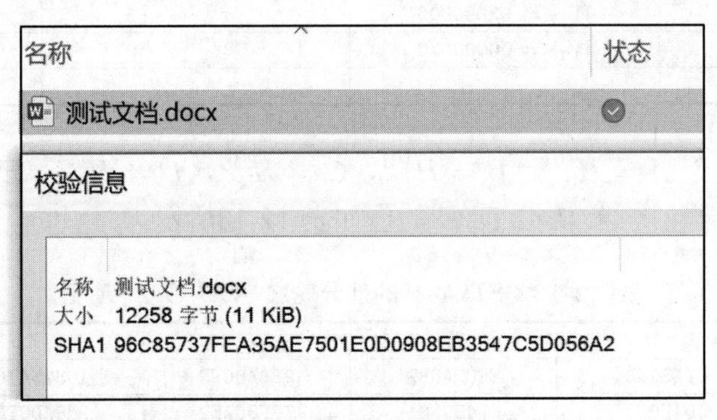

a) 文件内容：123

b) 文件内容：123

图 12-7 SHA-1 实例

不过，由于所有的 SHA-1 和 SHA-2 系列哈希函数都有美国国家安全局 (NSA) 的深度参与设计，虽然算法是公开的，但是没有任何证据可证明 NSA 在加密过程中留有后门，以便让 NSA 自己可以恢复密文。但有一部分人始终不相信 NSA，因此在许多非政府倡导的网络协议中拒绝使用 SHA-1。

在这里，解释一下什么是后门 (Backdoor)。“后门”这个词在这里属于信息安全领域的一个概念，由美国政府发明。它是一种隐蔽在计算机硬件 (如硬盘、嵌入式设备等) 或软件 (密码算法、网络协议等) 中的一个程序，它可以是单独的一个程序，也可以是附着在某个软件中的一段小命令，又或者是某硬件操作系统中的一部分。攻击者可以利用后门对计算机实施远程访问，获取被攻击方系统中的明文，还可以篡改、删除、伪造被攻击方的数据，并且极难被发现。

12.3 哈希函数的安全性

12.3.1 3 个安全问题

MD 哈希函数系列和 SHA 哈希函数系列都属于 Merkle-Damgård 结构 [184]，主要作用是在哈希函数中抵御碰撞攻击，如图 12-8所示。以下介绍的攻击方式适用于任何使用了 Merkle-Damgård 结构的哈希函数。

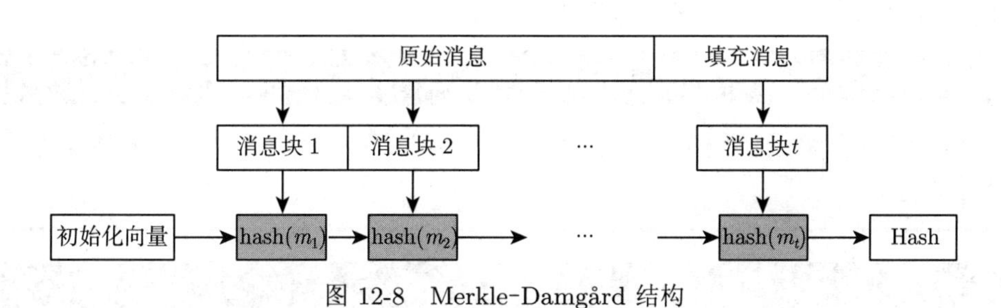

图 12-8 Merkle-Damgård 结构

首先需要了解，哈希函数的输入消息被称为原像 (Preimage)，而经哈希函数输出的哈希值被称为消息摘要、指纹或映像 (Image)。整个哈希函数结构如图 12-9所示。想要保证一个哈希函数的安全性，而不被攻击者利用来发送假消息，就需要满足以下 3 点。

(1) 难解的原像问题 (Preimage Resistant)

对于给定的哈希值 y，找到 m，使得 $\text{hash}(m) = y$。如果能找到，就说明原像不安全或者不稳固，也代表该哈希函数不是一个单向函数。

(2) 难解的第二原像问题 (Second Preimage Resistant)

对于给定的哈希值 y，假设 $y = \text{hash}(m_1)$，找到一个 m_2 且 $m_2 \neq m_1$，使得 $H(m_2) = y$。如果能找到，就说明第二原像不安全或者不稳固。

(3) 难解的碰撞问题 (Collision Resistant)

与第二原像问题不同，这次不给定一个 $y = \text{hash}(m_1)$。在此情况下，找到任意一对 m_1 和 m_2，且 $m_1 \neq m_2$，满足 $\text{hash}(m_1) = \text{hash}(m_2)$。如果能找到，则说明碰撞不稳固。

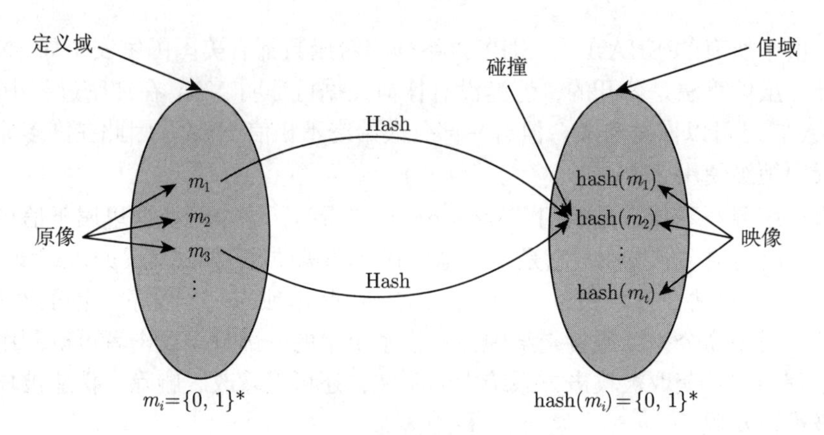

图 12-9 哈希函数的映射关系

攻击者 Eve 会对这 3 个问题逐一进行挑战。

针对原像问题和第二原像问题，有原像攻击 (Preimage Attack) 和第二原像攻击 (Second Preimage Attack)，这两类攻击会破坏加密哈希函数的安全性。与其他加密算法一样，对哈希函数的攻击有两类：穷举攻击和密码分析。在哈希函数中，穷举攻击的成功与否取决于哈希值的长度。根据定义，哈希函数可以将任意长度的输入转化为一个固定长度哈希值。比如 SHA-256，可以将任意长度的消息转化成长度为 256 位的哈希值。假如哈希函数的输入是无限的，如果只有固定的 256 位哈希值可供哈希函数映射，根据鸽笼原理，必然会有两个不同的输入通过哈希函数得到相同的输出。

定理 12.3.1 鸽笼原理 (Pigeonhole)

若要将 n 只鸽子放到 m 个笼子中，且 $m < n$，则至少有一个笼子要装两只或更多的鸽子。

证明

使用反证法。因为 $m < n$，如果 m 个笼子中每个笼子至多装一只鸽子，则放入 m 个笼子中的鸽子总数至多为 m 只。这与假设有 n 只鸽子矛盾。从而定理得证。

现实生活中有很多这样的例子。

1) 一年有 365 天，假设一家公司有 366 个人，则这家公司中至少有两个人是同一天生日。

2) 一名教师每周上 8 节课，则该名教师至少有一天要上两节课。

3) 从集合 $1, 2, \cdots, 8$ 中选 5 个数，则必有两个数之和为 9。

4) 从集合 $1, 2, \cdots, 10$ 中选 7 个数，则必有一个是素数。

根据鸽笼原理，哈希值的重复是不可避免的。虽然 256 位已经足够大了，可它面对的是一个无限集的映射，这就导致了哈希函数的局限性。基于加密哈希函数的局限性和鸽笼原理，每个哈希输出必然有多个原像。为了让哈希函数是安全的，这些原像就不能被轻易解开。因此原像攻击是指攻击者实际上可以找到哈希的原像。

攻击者通过穷举的方式就可以找到原像。从理论上来说，一个拥有 256 位输出的哈希函数穷举的时间复杂度高达 $\mathcal{O}(2^{256})$。一旦攻击者的算力能够覆盖这个量级，并使用一些其他的方法，如中间相遇攻击 (MITM)[185]，就会让哈希函数变得不再安全。2008 年，Thomsen 就使针对 MD2 的原像攻击的时间复杂度降低至 $\mathcal{O}(2^{73})$[186]，2009 年 Sasaki 等人在 SHA-256 上使用原像攻击可以让时间复杂度降低至 $\mathcal{O}(2^{251.7})$[187]。

虽然通过原像攻击破解哈希函数很难，但是由于哈希函数在互联网通信过程中发挥着至关重要的作用，因此在哈希函数的设计和开发中始终需要考虑原像攻击的威胁。研究人员也会不断探索目前使用的哈希函数，以确保不会有漏洞被原像攻击所利用。

另一种攻击方式则是碰撞攻击[188]，这也是攻击者经常使用的攻击方式，因为它的时间复杂度相比原像攻击降低了许多。为什么会有碰撞攻击？同样是因为鸽笼原理，无法避免被碰撞。即攻击者希望找到两个不同消息 m_1 和 m_2，使用相同的哈希函数，得到 $H(m_1) = H(m_2)$。下面通过一个例子来看看什么是碰撞攻击。

假设 Alice 想向 Bob 转 1 个比特币，规定 Bob 发出命令并且通过数字签名认证后，Alice 一定会转给 Bob 1 个比特币。假设哈希函数输出的哈希值只有 10 位，那么哈希值至多只有 $2^{10} = 1024$ 种组合。

此刻，Bob 给 Alice 发送了一条消息："请 Alice 转 1 个比特币给我 Bob。"并附上数字签名 1010000101。正常情况下，Alice 看到这个签名是来自 Bob 的，就会执行转账操作。攻击者 Eve 注意到了这个交易，她想从中插一脚。她穷举 10 位哈希值的所有可能，发送消息："请 Alice 转 1 个比特币给 Eve。"并附上 1024 种不同的签名，其中有一个与 Bob 的相同。Alice 发现数字签名是 Bob 的，她就相信了，于是给 Eve 执行了转账。这就是通过碰撞攻击造成财产损失的案例。

上述例子是一个简化的过程。其实，为了确定哈希算法的安全性，需要了解碰撞的可能性有多大。其中最重要之处在于，相比直觉，实际上发生碰撞的可能性要大得多。最能说明这一点的是生日悖论。在例 4.3.5 中，读者就知道只要有 30 个人，那么其中两人生日在同一天的概率就超过 70%。因为其目标不是某个特定的日期，而是寻找任何可能的日期，哪一天都可以。

12.3.2 生日攻击

在碰撞攻击的场景中，问题就变成了：随机生成多少条消息之后，其中某个哈希值被至少两条消息所映射到的概率大于 50%？这个攻击方式也被称为生日攻击 (Birthday Attack)[189]。换句话说，两个人是否为同一天生日与在哈希函数中找到一个碰撞需要解决的是同一件事情。只不过生日攻击计算碰撞的概率从 365 天变成了 2^n，其中 n 为哈希函数的输出长度。那么需要生成多少条消息才能找到碰撞呢？答案是 $\sqrt{2^n} = 2^{n/2}$。下面讨论为什么是 $2^{n/2}$。

根据生日攻击，选取 l 个不同的明文并用哈希函数加密后得到的哈希值中至少有一个碰撞的概率是：

$$1 - \lambda = 1 - P(\text{哈希值无碰撞}) = 1 - \frac{P(2^n, l)}{2^{n^l}} \tag{12-18}$$

$$= 1 - \frac{2^n \cdot (2^n - 1) \cdots (2^n - l + 1)}{2^{n^l}} \tag{12-19}$$

$$= 1 - 1 \cdot \left(1 - \frac{1}{2^n}\right) \cdot \left(1 - \frac{2}{2^n}\right) \cdots \left(1 - \frac{l-1}{2^n}\right) \tag{12-20}$$

$$= 1 - \prod_{i=1}^{l-1} \left(1 - \frac{i}{2^n}\right) \tag{12-21}$$

根据泰勒展开式，e^x 可以展开为：

$$e^x = \sum_{n=0}^{\infty} \frac{x^n}{n!} = 1 + x + \frac{x^2}{2!} + \frac{x^3}{3!} + \cdots + \frac{x^n}{n!} + \cdots \quad \forall x \tag{12-22}$$

那么 e^{-x} 就可以变成：

$$e^{-x} = \sum_{n=0}^{\infty} \frac{(-x)^n}{n!} = 1 - x + \frac{x^2}{2!} - \frac{x^3}{3!} + \cdots + \frac{x^n}{n!} - \cdots \quad \forall x \tag{12-23}$$

因此，$1 - x$ 近似于 e^{-x}，即 $e^{-x} \approx 1 - x$，将其代入式 (12-21) 中，就有：

$$\lambda = 1 - \prod_{i=1}^{l-1} \left(1 - \frac{i}{2^n}\right) \approx 1 - \prod_{i=1}^{l-1} \left(e^{-\frac{i}{2^n}}\right) \tag{12-24}$$

$$= 1 - \left(e^{-\frac{1+2+\cdots+l-1}{2^n}}\right)$$

$$= 1 - \left(e^{-\frac{l(l-1)/2}{2^n}}\right) \quad (\text{等差求和}) \tag{12-25}$$

$$\Rightarrow \ln(1 - \lambda) \approx -\frac{l(l-1)}{2^{n+1}} \tag{12-26}$$

$$\ln\left(\frac{1}{1-\lambda}\right) \approx \frac{l(l-1)}{2^{n+1}} \tag{12-27}$$

$$2^{n+1} \ln\left(\frac{1}{1-\lambda}\right) \approx l(l-1) = l^2 - l \approx l^2 \tag{12-28}$$

对式 (12-27) 两边同乘 2^{n+1}，就得到 $2^{n+1}\ln(1/(1-\lambda)) \approx l(l-1) = l^2 - l$。当 l 很大时，$l^2 - l \approx l^2$。因此：

$$l \approx 2^{(n+1)/2} \sqrt{\ln\left(\frac{1}{1-\lambda}\right)} \tag{12-29}$$

设哈希函数碰撞概率为 50%，也就是说设 $\lambda = 0.5$。代入式 (12-29)，马上就可以知道 $l \approx 2^{(n+1)/2} \times 0.83 \approx 2^{n/2}$。因此，对于 n 位长度的哈希值，需要生成约 $2^{n/2}$ 条消息，才能找到碰撞。

生日攻击的具体实施方法如下。

1) 攻击者 Eve 选择一条恶意消息 E，生成哈希值，比如：Alice 同意转 1 个比特币给 Eve。Eve 想让 Alice 为这个恶意消息签名，但机智的 Alice 肯定不会签署的。于是返回一个错误消息提示。

2) 攻击者 Eve 又选择一条无关紧要消息 M，生成哈希值，比如：Alice 确认在中国，让 Alice 回答“是”或者“不是”。由于无关紧要，Alice 就会回答这个问题并附上签名。Eve 于是得到一个正确的反馈。

3) Eve 通过编辑这条无关紧要的消息，每次编辑都只做细微的修改。这些无关紧要的消息分别为：

$$M_1, M_2, \cdots, M_{2^{n/2}-1} \tag{12-30}$$

它们都具有相同的含义，但由于消息不同，其哈希值也不同。同理，Eve 还编辑了 $2^{n/2}-1$ 条恶意消息：

$$E_1, E_2, \cdots, E_{2^{n/2}-1} \tag{12-31}$$

4) Eve 把这些消息组合起来，通过生日问题，进行碰撞，一旦找到：

$$\text{hash}(M_i) = \text{hash}(E_j) \tag{12-32}$$

这个时候就把 $\text{hash}(M_i)$ 发送给 Alice，由于这是一条无关紧要的消息，Alice 就会对这条消息进行确认并签名。于是 Eve 也就获得了对恶意消息 $\text{hash}(E_j)$ 的签名，从而让 Alice 给自己转了 1 个比特币。

也就是说，在生日攻击的方式下，攻击者 Eve 如果能找到一对 M_1 和 M_2 使得 $\text{hash}(M_1) = \text{hash}(M_2)$，那么就相当于破解了这个哈希函数。其原因是哈希函数应该遵循抗碰撞性，但现在违反了该性质。在这种情况下，攻击者 Eve 可以通过随机生成一些字符串或者数字来计算哈希值，并将得到的结果与之前计算的结果进行比较来实施暴力攻击。

例 12.3.1就简单地改写了消息 [190]，但保留其含义。

例 12.3.1 美国空军生命周期管理中心、武器管理局于 2022 年 8 月 23 日 $\begin{Bmatrix}\text{发布}\\\text{公布}\end{Bmatrix}$ 消息征询书 (RFI)，对 $\begin{Bmatrix}\text{美空军}\\\text{美国空军}\end{Bmatrix}$ 新型远程精确打击导弹“防区外攻击武器”(SoAW) 项目 $\begin{Bmatrix}\text{开展}\\\text{进行}\end{Bmatrix}$ 研究。公开版消息征询书 $\begin{Bmatrix}\text{要求}\\\text{让}\end{Bmatrix}$ $\begin{Bmatrix}\text{国防工业}\\\text{美国国防工业}\end{Bmatrix}$ $\begin{Bmatrix}\text{承包商}\\\text{供应商}\end{Bmatrix}$ $\begin{Bmatrix}\text{提供}\\\text{给出}\end{Bmatrix}$。包括尺寸、传感器、导航制导、推进系统、控制系统、战斗部、引信、数据链、平台接口和挂载位置等 $\begin{Bmatrix}\text{方面}\\\text{—}\end{Bmatrix}$ 的武器 $\begin{Bmatrix}\text{方案}\\\text{解决方法}\end{Bmatrix}$，$\begin{Bmatrix}\text{计划}\\\text{想要}\end{Bmatrix}$ 于 2025 财年 $\begin{Bmatrix}\text{进行}\\\text{举行}\end{Bmatrix}$ SoAW 原型样机演示 $\begin{Bmatrix}\text{验证}\\\text{实验}\end{Bmatrix}$，2030 至 2033 财年间 $\begin{Bmatrix}\text{正式}\\\text{—}\end{Bmatrix}$ $\begin{Bmatrix}\text{列装}\\\text{服役}\end{Bmatrix}$，并 $\begin{Bmatrix}\text{要求}\\\text{让}\end{Bmatrix}$ 各 $\begin{Bmatrix}\text{承包商}\\\text{供应商}\end{Bmatrix}$ 给出 $\begin{Bmatrix}\text{生产}\\\text{制造}\end{Bmatrix}$ 数量是 500、1000、2000 枚情况下的导弹 $\begin{Bmatrix}\text{平均生产价格}\\\text{均价}\end{Bmatrix}$。

其中“–”表示留空省略。通过不同的排列，该一小段就有 2^{18} 种组合，可以通过更多

组合进行生日攻击。相比于单纯的碰撞攻击，这种方法可以减少运算量。■

对于 SHA-256 哈希函数，通过生日攻击使得攻击者的攻击时间复杂度降低至 $\mathcal{O}(2^{256/2}) = \mathcal{O}(2^{128})$。从 Eve 的角度看，相较于原像攻击，这是巨大的进步。这可不仅仅是减少了一半的计算量，而是指数级的下降。如果想要保证哈希函数的安全性在 $\mathcal{O}(2^{256})$ 之上，则需要至少 512 位的哈希值长度。

12.4 本章习题

1. 使用 MD2，加密“I am a rocket engineer”，计算第一轮的输出。
2. 对于 MD4 中的 F 函数，判断下列问题是否正确。
   1) $F(x,y,z) = F(\neg x,y,z)$ 当且仅当 $x = z$。
   2) $F(x,y,z) = F(x,\neg y,z)$ 当且仅当 $x = y$。
   3) $F(x,y,z) = F(x,y,\neg z)$ 当且仅当 $x = z$。
3. 将 MD4 中更新 A、B、C、D 的伪代码转成 Python 代码。
4. 使用 MD4，加密“I am a rocket engineer”，计算第一轮的输出。
5. 在 MD5 中，辅助函数 I 为
$$I(x,y,z) = y \oplus (x \vee \neg z)$$
   求当 x,y,z 分别为 0 或 1 时，I 的值分别是多少。
6. 解决原像问题的流程是什么？
7. 解决第二原像问题的流程是什么？成功率是多少？
8. 求哈希值长度与生日攻击工作量的关系。
9. 在 SHA-1 中，令 $\boldsymbol{A}$、$\boldsymbol{B}$、$\boldsymbol{C}$、$\boldsymbol{D}$ 为初始向量，即 $\boldsymbol{A} = H_0^{(0)}$，$\boldsymbol{B} = H_1^{(0)}$，$\boldsymbol{C} = H_2^{(0)}$，$\boldsymbol{D} = H_3^{(0)}$，$\boldsymbol{E} = H_4^{(0)}$。计算一轮逻辑函数 f_i 的输出。
10. 假设一个哈希函数产生的哈希值长度为 l 位，请解释一下如何实现暴力攻击。预期的工作系数是多少？
11. MD2、MD4 和 SHA-1 都属于 Merkle-Damgård 结构，请问 Merkle-Damgård 结构有哪些性质？
12. 对于 HMAC，攻击者如果想使用碰撞攻击，应该如何进行？
13. 有什么办法可以防止针对哈希函数的穷举攻击？
14. 为了抵抗生日攻击，哈希函数必须拥有足够大的密钥空间。为什么对 HMAC 而言，80 位的输出长度就不错了呢？
15. 假设有一位 1950 年或之后出生的人，平均需要多少次尝试才能找到一个和自己同龄的人？

第 13 章　消息验证码

虽然哈希函数可以帮助用户验证消息的完整性，但无法提供认证性。换句话说，哈希值可以确认消息有没有被篡改过，却无法确认消息的来源是否可信。因此为了让用户可以同时确认消息的完整性和认证性，就需要引入一个新的工具，也就是本章所介绍的主题——消息验证码 (Message Authentication Code，MAC)。

通常可用于认证的函数类型有 3 类，分别是消息加密、哈希函数和消息验证码。消息加密指的是通过对整个消息进行加密，得到的密文用于验证消息；消息通过哈希函数得到的哈希值也可以用于验证消息；消息验证码是一类输入消息和密钥的函数，得到的值可用于验证消息。因此也有人说，MAC 就是带密钥的哈希函数。

本章将介绍以下内容。

- MAC 的定义。
- 基于带密钥的哈希函数的 MAC 使用方法。
- 基于分组密码的 MAC 使用方法。
- 随机数的产生。

13.1 MAC

密码学另外两大应用是提供消息的完整性和认证性服务。由于哈希函数只能为用户提供消息的完整性服务，无法提供认证性服务，为了消息的完整性和认证性，防止被第三方攻击者更改部分/全部消息、删除部分/全部消息、发送虚假消息或伪造身份收发消息，发送方 Alice 和接收方 Bob 之间可以使用消息验证码 (MAC) 进行认证。消息验证码也称消息鉴别码，是一个利用对称密码技术，使用密钥计算出的字符串。什么是消息完整性？消息完整性是指消息没有被篡改，也称一致性。比如 Alice 要 Bob 给其汇款，如果 Bob 能确认汇款请求确实和 Alice 所说的一样，那么就说该消息是完整的，没有被篡改。什么是消息认证性？消息认证性是指消息来自正确的发送者。比如 Bob 可以确认汇款请求确实来自 Alice。

思考这样一个场景：Alice 想要将文件 M 发送给 Bob，为了保证文件 M 不被篡改，Alice 同时为 M 生成一个哈希值 hash(M)。Bob 收到 M 和 hash(M) 后，会再次计算 hash(M)，并与 Alice 发来的 hash(M) 进行比较。如果两者一样，就代表文件没有变化。然而，如果 Eve 中途拦截了这两个文件，然后篡改了文件 M 和哈希值 hash(M)，使其变成了 M' 和 hash(M')。Bob 收到以后，并不会发现异常，因为哈希函数没有密钥，没有办法检测这个文件有没有被篡改过。

为了避免这个隐患，需要在使用过程中加入密钥来防止文件和哈希值同时被篡改。MAC 函数将密钥 K 和明文消息 M 作为输入，产生一个哈希值，称为 MAC，也可用 $\mathrm{MAC}_K(M)$ 表示。MAC 与明文消息 M 相关联。如果需要检查消息的完整性，可以将 MAC 函数应用于消息，并将其结果与相关的 MAC 值进行比较。篡改消息的攻击者在不知道密钥的情况下无法改变 MAC 值。在这种情况下，因为其他人不知道密钥，无法得到正确的 MAC，因此接收方能够确认谁是发送方。

消息验证是使用 MAC 实现的。构成 MAC 有两大类方法，一种是使用带密钥的哈希函数 (Keyed Hash Function)，另一种是使用分组密码模式所构成的 MAC。通常情况下，MAC 在 Alice 和 Bob 之间使用，以认证他们之间交换的信息，第三方一般无权得知。

生成 MAC 的方法有多种，基于加密哈希函数所构成的 MAC 被称为 HMAC(The Keyed-Hash Message Authentication Code)，HMAC 于 2008 年被 NIST 宣布作为美国国家标准 (FIPS PUB 198-1 [192])。除此之外，还有基于分组密码的 MAC。不过无论何种形式的 MAC，都与哈希函数类似，生成的都是一个固定长度且与消息长度无关的字符串。它们之间也是有差别的，就是哈希函数不能保证数据的完整性，但是 MAC 可以。

归纳一下，MAC 具有以下几点性质。

1) 可接收任意长度的消息。

2) 计算速度足够快。

3) 输出固定长度的 MAC。

4) 保证消息完整性，任何删改都会被检测到。

5) 消息可被验证来源。

6) 密钥是对称的。

7) 从 MAC 值逆向演算出消息和密钥是不可行的。

8) 设 M_1 对应的 MAC_1，以及 M_2 对应的 MAC_2，如果 $M_1 \neq M_2$，那么 $\mathrm{MAC}_1 \neq \mathrm{MAC}_2$。

想要使用 MAC，Alice 和 Bob 首先需要共享一个密钥 K，使用以下公式进行加密：

$$\mathrm{MAC} = C(K, M) \tag{13-1}$$

其中 C 为 MAC 算法，K 为共享密钥，M 为长度不定的明文，MAC 为消息校验码。Alice 会将消息作为 MAC 算法输入，将得到的 MAC 与 M 一起发给 Bob。Bob 收到 MAC 与 M 后，自己再计算消息 M 的 MAC' 值，与收到的 MAC 值进行比较。假设没有第三方知道密钥，如果两个 MAC 值相等，那么就可以确定消息没有被篡改过，也可以确认该消息是由 Alice 本人发送的。即使 Eve 篡改了消息，但由于她没有密钥，就不能生成与原 MAC 相同的 MAC，那么这两个 MAC 就肯定不同。这样就完成了消息验证。过程如图 13-1所示。

细心的读者可能会发现，MAC 算法与常见的加密算法不同。一般的加密算法是一个可逆的过程，通过密钥，可以将明文转化为密文，也可以将密文转化为明文。但是 MAC 算法一般不需要将 MAC 转化成明文，这是一个最明显的区别。MAC 算法是一个满射 (Surjection) 算法，即多对一。相同的 MAC 可能对应多个不同的明文，因此在使用过程中，是有概率会发生碰撞的。对于明文 M_1, M_2，如果 $M_1 \neq M_2$，那么找到碰撞 $C(K, M_1) = \mathrm{MAC}_1 = \mathrm{MAC}_2 = C(K, M_2)$ 的概率为 2^{-l}，其中 l 是 MAC 的位数。

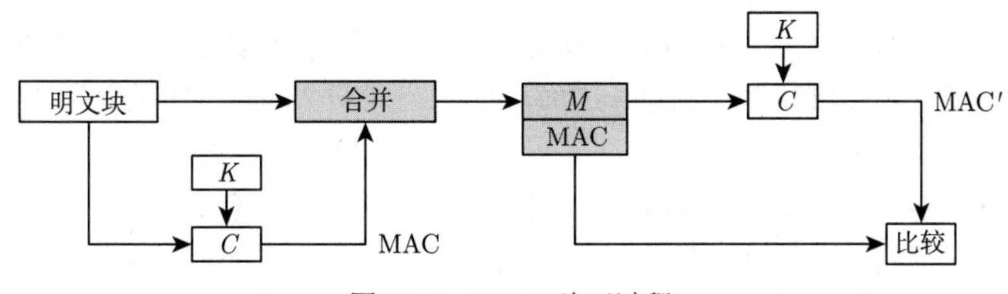

图 13-1 MAC 验证过程

MAC 函数的定义域由任意长度的消息组成，而其值域由所有可能的 MAC 和所有可能的密钥组成。假设消息长度为 n 位，MAC 为 l 位，那么总共就有 2^n 种不同的消息组合和 2^l 种不同的 MAC 组合。通常 $n \gg l$。因此平均上，每一个 MAC 都会对应 $2^n/2^l$ 个不同的消息。即消息集到 MAC 集存在 $2^n/2^l$ 种不同的映射关系。

那么 MAC 的应用场景在哪里呢？比如广播就是一个很好的应用场景。很多时候，广播是直接使用明文传输消息，但又要保证广播的内容不被篡改，就需要 MAC 帮助验证广播内容是否被篡改。再如，消息接收端的信息量很大，但没有时间去解密所有收到的消息，借助 MAC，就可以选择性抽查一些消息是否被篡改。一些机构和协议也都在使用 MAC，比如银行与银行之间传达交易信息的 SWIFT 机构、SSL/TLS、IPsec 等。更多的应用场景可以参考文献 [193] 中所介绍的。

13.2 MAC 安全性分析

MAC 的安全性要求如下。

1) 如果 Eve 已知 M 和 $C(K, M)$，则她构造一个满足 $C(K, M) = C(K, M')$ 的等式在计算上是不可行的。

2) $C(K, M)$ 应是随机均匀分布的。也就是说，对任何随机选择的消息 M 和 M'，$C(K, M) = C(K, M')$ 的概率是 2^{-n}，其中 n 是 MAC 的长度。

3) 假设 $f(M) = M'$，如果函数 f 可以逆运算消息 M 的一位或多位，那么 $C(K, M) = C(K, M')$ 的概率是 2^{-n}。

第 1 个要求是为了防止 Eve 制造出与给定 MAC 匹配的新消息。第 2 个要求是为了防止穷举攻击。最后一个要求则是为了满足抗篡改性。

在网络通信时，因为各种主观或客观的因素，时常会导致通信双方无法发送或接收到消息，又或者通信内容被这些因素所泄露。以下总结了几个消息认证需要满足的要求。

1) 避免泄露。在消息传输过程中，明文或者密钥意外地或非法地披露给了不受信任的第三方。这可能是由网络安全漏洞、黑客攻击、人为错误等因素导致的。消息泄露可能导致严重的隐私泄露和安全威胁，如用户名和密码、银行账户信息等。为了防止消息泄露，通常要使用加密技术，确保消息的机密性，如使用对称加密和非对称加密来保护数据的安全性。

2) 识别伪装。有时候攻击者会伪装成一个通信方。当攻击者伪装成发送方时，会欺骗接收方接收一些假消息。伪装成接收方时，会欺骗发送方将有价值的消息发送给自己。还可以让接收方以外的人接收消息或不接收消息以进行欺诈性确认。

3) 防止篡改。攻击者对消息内容的改变，包括但不限于增添、删除、修改和换位。这种篡改会导致接收方接收到错误消息，进而产生一系列安全问题，如汇款转账金额被篡改，就会导致重大的金融安全问题。

4) 防止序列篡改。攻击者对通信双方之间发送和接收的消息顺序进行篡改。这种篡改可能导致各种安全问题，如会破坏交易的原始顺序、导致错误的财务决策等。为了防止消息序列篡改，通常使用数字签名或 MAC 来验证消息的完整性和发送方身份。

5) 防止时间戳篡改。时间戳篡改是指在消息传输过程中，攻击者通过修改消息的时间戳来伪造消息的发送时间，或者不断地重复发送消息。这可能导致各种问题，例如一些验证机制会验证消息是否过期或者消息所传达的指令是否在规定的时间内生效，如果被篡改，就会导致安全问题。为了防止时间戳篡改，用户通常会使用时间戳服务器来生成和验证时间戳。时间戳服务器维护的是一个全局时钟，它会为每个请求生成一个独特的时间戳。消息的接收方可以使用这个时间戳验证消息的真实性。

6) 防范拒绝消息源攻击。拒绝消息源是一种网络攻击方式，它可以拒绝发送方发送消息。拒绝消息源攻击可以从单个源 (如单个计算机) 或多个源 (如分布式系统) 发起。攻击者可以利用漏洞、恶意软件来创建大量假的请求，从而对目标系统造成严重负荷。为了防止拒绝消息源攻击，需要采取多种措施，包括但不限于使用防火墙和入侵检测系统，提高网络容量，适当地限制网络流量，使用负载均衡技术，实施强大的安全策略等。

7) 防范拒绝目的地攻击。拒绝目的地攻击是一种网络攻击方式，它可以让接收方拒绝接收消息或者否认消息的合法性。这种类型的攻击会发生在各类通信系统中。在电子通信系统中，当接收方否认收到电子邮件、文本信息或其他类型的数字通信时，就会发生目的地拒绝行为。接收方可能声称他们从未收到过该信息，或者他们可能声称该信息在传输过程中被篡改。这种类型的攻击会损害通信的完整性，并可能导致严重的问题，如信息丢失或被盗，或损害声誉或信任度。为了防范拒绝目的地攻击，可以实施各种安全措施，如数字签名、加密和安全通信协议等。

一般情况下，如果想对 MAC 进行穷举攻击，会比穷举哈希函数更加困难。回顾碰撞哈希值的方式：明文 m 通过哈希函数得到一个哈希值 $\text{hash}(m)$，如果想要碰撞这个哈希值，就需要随机生成伪明文 m'，逐个尝试计算 $\text{hash}(m')$，使得 $\text{hash}(m') = \text{hash}(m)$。一旦找到，就代表碰撞成功，也就破解了哈希值。但如果想要攻击 MAC，就必须针对密钥或者 MAC 值进行攻击。攻击者会尝试为给定消息生成大量可能的 MAC，并将它们与想要匹配的 MAC 进行比较，如果两个 MAC 相同，则找到匹配对。那么攻击者就可以使用该 MAC 和消息来假扮消息的发送方。

MAC 能否抵御穷举攻击取决于 MAC 的长度、密钥长度和攻击者可用的算力。为了使穷举攻击更加困难，使用具有较大位数的 MAC 和密钥就是用户必须要做的事情之一。假设 MAC 密钥为 k 位，MAC 为 n 位，那么对 MAC 算法进行穷举攻击的时间复杂度为 $\mathcal{O}(\min(2^k, 2^n))$。此外，还需要使用安全的密钥管理系统来保护 MAC 计算中使用的密钥，使攻击者更难获得必要的信息，从而有助于防止穷举攻击。

同样值得注意的是，除了穷举攻击，还有针对 MAC 算法的密码分析方法。攻击者会利用 MAC 算法的某些数学性质来进行除穷举攻击之外的一些攻击，以降低攻击者的时间成本。由于 MAC 加入了密钥，使得其相较其他密码有了更复杂的结构，也更难分析，因此相关的分析并不多。更多的攻击方式，包括但不限于篡改攻击、重发攻击、密钥注入攻击、侧信道攻击、长度扩展攻击等。为了防止这些类型的攻击，使用安全的 MAC 算法和正确管理用于计算 MAC 的密钥非常重要。此外，使用加密和安全协议进行消息传输可以有助于防范针对 MAC 的攻击。

13.3 HMAC

HMAC 是基于加密哈希函数构成的 MAC。为什么 MAC 算法会选择使用加密哈希函数呢？好处就是它比分组密码模式加密的 MAC 速度更快，并且哈希函数应用范围更广，可以在推广过程中降低成本 (很多哈希函数是免费使用的)，将来有更好的哈希函数时，可以很方便地切换成新的哈希函数。它就像一个可以随时替换的模块，一旦发现当下使用的哈希函数不安全，就可以立即切换成别的更安全的哈希函数，例如可以将 SHA-1 升级到 SHA-3。即使使用了密钥，也可以很方便地升级。HMAC 使用最广泛的办法来自 Bellare 等人发表的文章“Keying Hash Functions for Message Authentication”[194]，也是他们首先提出的 HMAC。在网络领域，HMAC 被强制实行。

使用 MD2、MD4、MD5、SHA-1、SHA-2-256、SHA-3-512 所构造的 HMAC，分别称为 HMAC-MD2、HMAC-MD4、HMAC-MD5、HMAC-SHA-1、HMAC-SHA-2-256、HMAC-SHA-3-512。这些 HMAC 都保持了哈希函数的原始性能和安全性，还可以通过简单的方式加入和使用密钥，具有良好的抗密码分析的能力。

HMAC 在一定程度上提升了哈希函数的安全性，但还是很容易遭到篡改和碰撞攻击。为了避免这两种攻击，2002 年 3 月，密码学家们发布了一个嵌套 HMAC 算法，并作为 NIST 的标准。2012 年，中国也发布了关于 HMAC 的国家标准 GB/T 15852.2—2012[195]。HMAC[196,197] 使用内部哈希和外部哈希共同组成一个加密的哈希值，流程如图 13-2所示。首先 Alice 和 Bob 会共享一个密钥 K，一般情况下，在计算哈希值时，不对哈希值进行加密，而是直接将密钥混入消息 M 中。即

$$\mathrm{HMAC}(K,M)=\mathrm{hash}\left((K'\oplus \mathrm{opad})\,\|\mathrm{hash}\left((K'\oplus \mathrm{ipad})\,\|M\right)\right) \tag{13-2}$$

其中 K 为密钥，M 为明文消息。将 M 分组，分别为 $m_1,m_2,\cdots,m_L$，每个分组长度 (Block Length) 为 b 位，共 L 组，L 的值是明文长度除以 b 然后向上取整得到的。hash 为加密哈希函数，其输出长度为 n 位 (例如 HMAC-MD2，$n=128$)。K' 是由密钥 K 计算出的另一个密钥，如果长度不够，使用“0”在密钥 K 的左边进行填充，使得长度为 b 位。“||”为连接符。**IV** 为初始化向量。

ipad 和 opad 被定义为两个固定且不同的字符串，ipad 代表内部填充 (Inner Padding)，opad 代表外部填充 (Outer Padding)。它们的值分别为：

$$\mathrm{ipad}=\underbrace{00110110\quad 00110110\quad \cdots\quad 00110110}_{\text{共 } b \text{ 位}}$$

$$\text{opad} = \underbrace{01011100 \quad 01011100 \quad \cdots \quad 01011100}_{\text{共 } b \text{ 位}}$$

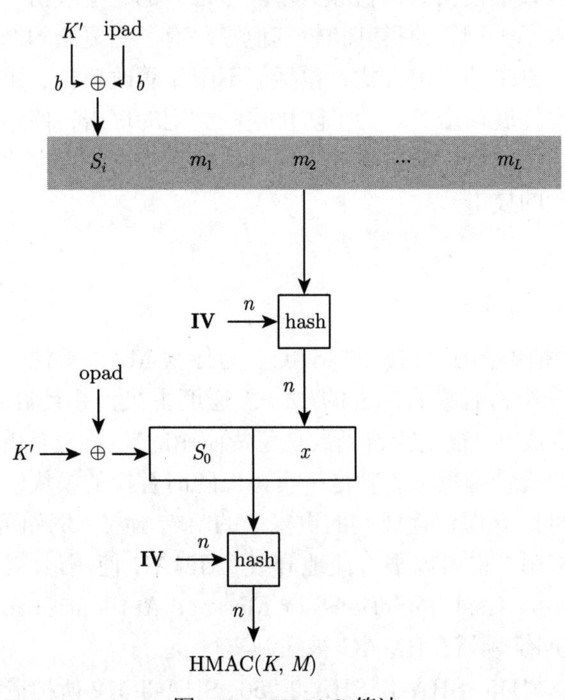

图 13-2 HMAC 算法

HMAC 使用步骤如下。

1) Alice 随机生成密钥 K，并发送给 Bob。

2) 填充密钥 K，使得密钥 K' 的长度变成 b 位。

3) 计算 $S_i = K' \oplus \text{ipad}$。

4) 计算 $x = \text{hash}\,(\mathbf{IV}, S_i \| m_1 \| \cdots \| m_L)$。

5) 计算 $S_0 = K' \oplus \text{opad}$。

6) 计算 $\text{HMAC}(K, M) = \text{hash}\,(\mathbf{IV}, S_0 \| x)$。

这种方法可以将密钥彻底混入哈希值中。虽然计算 HMAC 需要计算两个哈希值，但内部哈希值仅需计算一次，外部哈希值仅增加了填充密钥的操作，因此，计算这两个哈希值的工作只比计算 hash(M) 所需的时间多了一点点，在使用上基本可以忽略，速度依然非常快。

HMAC 能确认数据的完整性及真实性，但 HMAC 有一个缺点，也是 MAC 的缺点，就是它不能提供不可否认性，原因是 HMAC 是基于对称密码技术的。什么是不可否认性呢？具有高可信度的身份认证就是不可否认性，从而确保通过身份认证的人不能否认该事件的发生。不可否认性可防止一些人声称未发送消息等。HMAC 不能确认消息是由 Alice 发送给 Bob 的，也就是说，尽管没有第三方可以计算出 MAC，但 Alice 可能出于某种目的，仍然可以否认发送过消息并声称 Bob 伪造了消息，因为 Bob 无法确定是哪一方计算出了 MAC。

由于除了 Alice 和 Bob，其他人很难计算出 HMAC，所以通过验证的 HMAC 只能是 Alice 发出的或者是 Bob 发出的。假如 Alice 否认她曾经发出了 HMAC，甚至诋毁 Bob 构造了虚假的 HMAC，Bob 也无可奈何。

HMAC 的安全性取决于底层加密哈希函数的安全性，比如选择 MD2 作为 HMAC 的哈希函数模块，那么 HMAC-MD2 就是一个不可信任的 HMAC。而 HMAC-SHA-3 则是可信任的，因为 SHA-3 还没有公开的算法可以破解。所有已被破解的哈希算法都不能被使用，因为任何针对 MAC 的分析都可以应用到 HMAC 上，例如根据生日攻击。如果攻击者 Eve 获得足够数量的 (明文, MAC) 对，就可以分析出原始消息。对于 256 位的哈希函数，需要 2^{128} 对消息。因此充分大的哈希长度是必要的。同时一旦攻击者发现碰撞，就代表着该 HMAC 不一定可以保证校验消息的准确性，即使 **IV** 是随机并且未公开的。但 HMAC 依然比单纯的哈希值更加具有安全性，因为 HMAC 混入了密钥 K，这个是攻击者不知道的，因此他需要更多的消息来计算密钥是什么，所以安全性较高。

例 13.3.1 使用消息"Their most potent weapon was the Dongfeng missile"、密钥 `0x00112233445566778899AABBCCDDEEFF` 和哈希函数 SHA-256，生成 HMAC。

解：使用 Python 可以非常轻松地生成 HMAC。

```
1  import hmac
2  import hashlib
3
4  key = '00112233445566778899AABBCCDDEEFF'
5  message = 'Their most potent weapon was the Dongfeng missile'
6
7  Hmac = hmac.new(bytes(key , 'latin-1'), msg = bytes(message , 'latin-1'), digestmod = hashlib.sha256)
       .hexdigest().upper()
8  print(Hmac)
```

得到 HMAC 的结果为：`0x7B607DA068B58A0B623D0D6BD502251570D4C59E84A237807FC2A882E45F597E`。

如果觉得太长，可以根据需要进行截取。截取是从左到右，保留需要的长度。如 HMAC-SHA256-80，表示把 HMAC-SHA256 的输出从左到右截取 80 位，这种操作称为 MSB(Most Mignificant Bit) 操作。■

13.4 CBC-MAC

除了使用哈希函数构造 MAC，还可以使用分组密码构造 MAC。使用分组密码构造的 MAC 有许多种，在 GB/T 15852.1—2020[198] 中，就有 8 种 MAC 算法，分别为 CBC-MAC、EMAC、ANSI retail MAC、MacDES、CMAC、LMAC、TrCBC、CBCR。其中 CBC-MAC 为密码分组链接模式消息认证码 (Cipher Block Chaining Message Authentication Code)，是使用范围最广的消息验证码之一，同时它也是美国联邦消息处理标准 FIPS(FIPS PUB 113) 之一和美国国家标准学会 ANSI 标准 (X9.17) 之一。CBC-MAC 是其他 7 种分组模式 MAC 的基础，也就是说其他 7 种是 CBC-MAC 的变体。

CBC-MAC 主要包括以下 7 个步骤。假设分组长度为 n 位，输入的明文消息表示为

m，MAC 的长度为 l 位。

1) 消息填充。在输入二进制明文 m 的右侧填充“0”，尽可能少填充甚至不填充，使填充后的明文长度是 n 的正整数倍。如果明文为空，那么就需要填充 n 个“0”。

2) 数据分割。把填充后的数据分割成 q 个 n 位的分组，分别为 $D_1, D_2, \cdots, D_q$。其中 D_1 表示明文填充后的第 1 个 n 位分组，D_2 表示随后的 n 位分组，以此类推。

3) 初始变换。需要一个分组密码的密钥 K，然后使用密钥 K 和分组密码 e 计算 H_1：

$$H_1 = e_K(D_1) \tag{13-3}$$

4) 迭代应用分组密码。对二进制分组的字符串 D_i 和 H_{i-1} 进行异或运算，迭代得到分组 $H_2, H_3, \cdots, H_{q-1}$：

$$H_i = e_K(D_i \oplus H_{i-1}), i = 2, \cdots, q-1 \tag{13-4}$$

如果 $q = 2$，那么第 4 步省略。

5) 最终迭代 F。用来处理明文填充后的最后一个分组 D_q，以得到分组 H_q，即

$$H_q = e_K(D_q \oplus H_{q-1}) \tag{13-5}$$

6) 输出变换 G。用来处理上一步得到的结果 H_q，公式为：

$$G = H_q \tag{13-6}$$

7) 截断操作。用来处理上一步得到的结果 G 以得到 MAC 值，截取 G 最左侧的 l 位作为 MAC 值，用公式表示为：

$$\text{MAC} = \text{MSB}_l(G) \tag{13-7}$$

除此之外，还有一步密钥诱导步骤。但 CBC-MAC 模式可省略这一步，如果使用 CBC-MAC 变体，则需要使用该步骤。CBC-MAC 的流程如图 13-3所示。值得注意的是，在 CBC-MAC 中，初始向量 **IV** 都设为 0，因此与图 6-2 相比少了 **IV** 部分。

一般来说，分组长度取决于分组密码的选择。如果选择 DES 作为分组密码，那么它的分组长度就为 64 位，密钥长度为 56 位，输出的 MAC 长度则不超过 64 位，但为了抗冲突性，也不能少于 16 位。如果选择 AES-128 作为分组密码，那么它的分组长度就为 128 位，密钥长度为 128 位，输出的 MAC 长度则不超过 128 位。

例 13.4.1 使用明文消息“The missile has a range of 300km”、密钥 $K =$0x0123456789ABCDEFFEDCBA9876543210 和 SM4 分组密码生成 MAC。使用十六进制表示，设分组长度为 128 位，MAC 长度为 64 位。

解：对消息明文进行填充。由于消息刚好是 128 位的倍数，填充 128 位“0”后与原消息无异，如表 13-1所示。

得到的消息分组 D_1 和密钥作为 SM4 算法的输入，得到 SM4 分组密码的结果 H_1。将 H_1 与 D_2 进行异或运算的结果，与密钥一起作为 SM4 算法的输入，输出得到 H_2。此时 $G = H_2$，$\text{MAC} = \text{MSB}_{64}(G)$，过程如表 13-2所示。

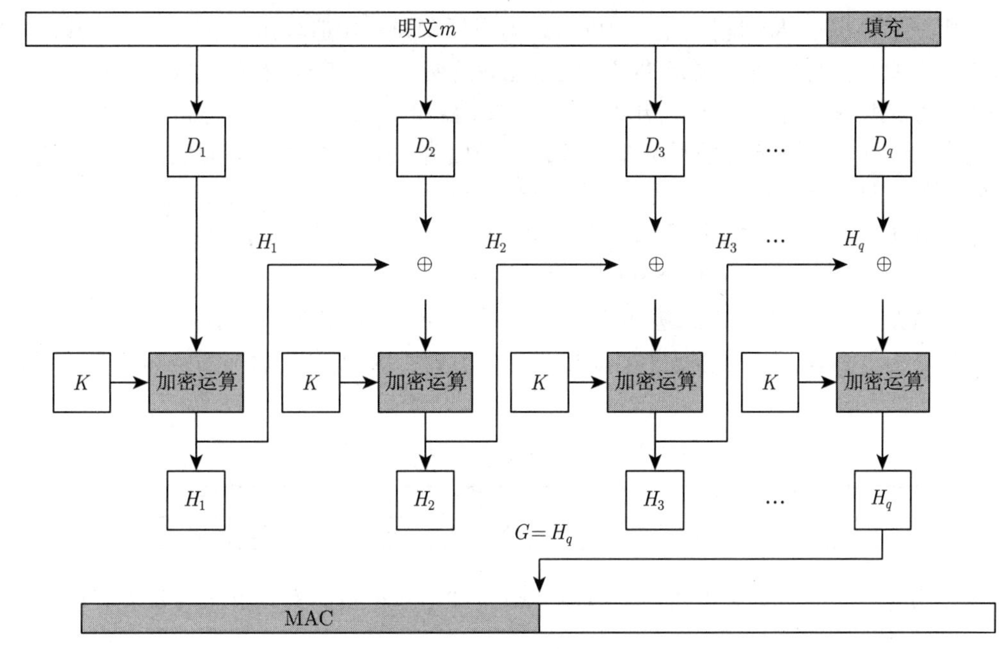

图 13-3 CBC-MAC 算法

表 13-1 消息填充 (十六进制)

D_1	54	68	65	20	6D	69	73	73	69	6C	65	20	68	61	73	20
D_2	61	20	72	61	6E	67	65	20	6F	66	20	33	30	30	6B	6D

表 13-2 CBC-MAC 过程

D_1	54	68	65	20	6D	69	73	73	69	6C	65	20	68	61	73	20
K	01	23	45	67	89	AB	CD	EF	FE	DC	BA	98	76	54	32	10
$H_1 = e_K(D_1)$	74	5C	25	DF	90	FB	49	7B	E7	8C	3C	53	A7	0C	EB	AB
D_2	61	20	72	61	6E	67	65	20	6F	66	20	33	30	30	6B	6D
$D_2 \oplus H_1$	15	7C	57	BE	FE	9C	2C	5B	88	EA	1C	60	97	3C	80	C6
$H_2 = e_K(D_2 \oplus H_1)$	6C	7A	FC	5C	11	51	65	DC	6B	CA	63	5F	85	D9	27	D7

截取 G 最左侧的 64 位作为 MAC，所以 MAC = `0x6C7AFC5C115165DC`。

■

以上是最基础的 CBC-MAC 流程，但是这样做极不安全。假设填充方案都是补全“0”至分组长度 n 的正整数倍，那么攻击者就可以进行简单伪造 (Simple Forgery) 攻击。攻击者 Eve 可轻易地增加或删除消息最后的几个“0”并保持 MAC 不变。这就意味着这种填充方法只能用在 MAC 算法使用者事先知道明文消息 m 的长度的情况下，或者明文消息最后有不同个数的“0”却意义相同的情况下。为了抵御这种攻击，需要一种新的填充方法，就是在明文消息的右侧填充一个“1”，然后再填充“0”，从而使填充后的明文长度是 n 的正整数倍。

不过遗憾的是，攻击者还可以对 MAC 进行异或伪造攻击 (Exclusive Or Forgery Attack)。当 MAC 的长度与分组密码的分组长度相同时，就可以进行异或伪造攻击，即使密钥仅使用一次，也依然不能阻挡这种攻击。为了抵御异或伪造攻击，还需要使用其他的填充办法：在明文消息的右侧填充“0”，使填充后的明文长度是 n 的正整数倍。然后在填充后的明文左侧填充一个分组 L。分组 L 由明文消息的长度 L_m 的二进制表示经左侧填充“0”组成，尽可能少填充甚至不填充，使 L 的长度为 n 位。L 最右端的位数和 L_D 的二进制表示中的最低位相对应。

例 13.4.2 使用以上 3 种填充办法填充明文消息 m“This is the test message for mac”。使用十六进制表示，设分组长度为 128 位。

解：填充方法 1：在输入二进制明文 m 的右侧填充“0”，使填充后的明文长度是 n 的正整数倍。由于测试消息刚好是 128 位的倍数，填充 128 位“0”后与原测试消息无异，如表 13-3所示。

表 13-3 CBC-MAC 填充方法 1

D_1	54	68	69	73	20	69	73	20	74	68	65	20	74	65	73	74
D_2	20	6D	65	73	73	61	67	65	20	66	6F	72	20	6D	61	63

填充方法 2：在明文消息的右侧填充一个“1”，然后再填充“0”，使填充后的明文长度是 n 的正整数倍，如表 13-4所示。

表 13-4 CBC-MAC 填充方法 2

D_1	54	68	69	73	20	69	73	20	74	68	65	20	74	65	73	74
D_2	20	6D	65	73	73	61	67	65	20	66	6F	72	20	6D	61	63
D_3	80	00	00	00	00	00	00	00	00	00	00	00	00	00	00	00

填充方法 3：在明文消息的右侧填充“0”，使填充后的明文长度是 n 的正整数倍。然后在填充后的明文左侧填充一个分组 L。分组 L 由明文消息的长度 L_m 的二进制表示经左侧填充“0”组成，尽可能少填充甚至不填充，使 L 的长度为 n 位。L 最右端的位数和 L_D 的二进制表示中的最低位相对应，如表 13-5所示。

表 13-5 CBC-MAC 填充方法 3

D_1	00	00	00	00	00	00	00	00	00	00	00	00	00	00	01	00
D_2	54	68	69	73	20	69	73	20	74	68	65	20	74	65	73	74
D_3	20	6D	65	73	73	61	67	65	20	66	6F	72	20	6D	61	63

■

除了以上提到的两种攻击方式，还有猜测 MAC 攻击、密钥穷举搜索攻击、生日攻击、捷径密钥恢复等。感兴趣的读者可参考相关材料。

13.5 随机数的产生

13.5.1 真随机数与伪随机数

对于 MAC 而言，随机性的密钥是非常有必要的。在本书其他章中，也有一些算法需要使用随机密钥。

人们对“随机”的理解其实比较简单，就是不按照某种规律，随便挑一个，充满了不可预测性。那么“随机”的具体定义是什么呢？一个随机的过程是一个由不定因素不断产生的重复过程，它可能遵循某个概率分布。那什么叫概率？简单地讲，概率是随机事件发生的可能性大小的数字表征，其值习惯上用 $0 \sim 1$ 之间的数表示，换句话说，概率是事件的函数。

那么什么是随机数呢？随机数是指随机变量 X 服从分布函数 $F(x)$，$\{X_i, i = 1, 2, \cdots\}$ 独立同分布于 $F(x)$，则 $\{X_i, i = 1, 2, \cdots\}$ 一次观测的数值 $\{x_i, i = 1, 2, \cdots\}$ 就叫作随机数 (Random Number)。随机数是一种重要的基础计算机资源，不仅在密码学领域，在信息安全、仿真等领域及日常生产生活中都有着广泛的应用需求。随机数分为两种，即真随机数 (True Random Number) 和伪随机数 (Pseudo Random Number)。

真随机数依赖于随机的物理现象，是自然过程或人工过程中由多种未知因素共同作用产生的一种只可分析其统计规律却不能预测其发生的不确定现象。这种现象表现为一系列没有规则的数值时就称为真随机数，具有不可重复性。比如抛硬币，受到了包括但不限于初始速度、角速度、风、抛射角度、地板材质和重力的影响，综合这些物理随机源，所得到的随机结果被称为真随机数。其他的还有投骰子、核裂变、飞机受空气扰动、下雨、噪声、辐射等，这些都是真随机。

伪随机数则不同于真随机数。伪随机数是使用一个确定性算法计算出来的看似随机的一组数字，因此伪随机数实际上并不随机。人们在计算机中所使用的随机数字都是伪随机数。根据一定方法，由计算机产生的“随机数列”是确定的。比如通过固定随机种子 (Seed)，“随机数列”就会被确定。种子类似于加密算法中的密钥，需要受到保护，以最大限度地保证“随机数列”不被外泄。绝对随机的随机数只是一种理想的随机数，计算机不会产生绝对随机的随机数，它只能生成相对随机的“随机数”，即伪随机数。“伪”是相对于真随机数的“不按照规律”来说的，那么它的意思就是“有规律的”，即通过一定的方法，攻击者是能够预测“随机数”的。虽然不是真随机数，但因为伪随机数在统计学上具有类似于真随机数的统计性质，其随机性与真实的 $F(x)$ 的独立同分布序列基本相同，因此可以作为随机数来使用。一个好的伪随机数应该有以下几个性质 [129]。

1) 产生的数服从概率分布，且均匀分布。

2) 产生的数列具有很好的随机性。

3) 产生重复序列的概率低。

4) 不能从某段序列分析出下一个随机数。

5) 产生的随机数速度快。

6) 随机种子不被泄露。

生成的伪随机数列想要具有真随机数的统计性质，就必须通过均匀性检验。常使用卡方检验验证其均匀性，然后还要通过独立性检验验证其独立性。

不能从某段数列分析出下一个随机数，这个性质换句话称为不可预测性 (Unpredictability)。通俗一点的解释就是用户在使用伪随机数生成器生成随机数时，即使攻击者 Eve 已经获取了大量伪随机数列，她也依然无法预测下一个随机数。如果满足这一条件，则可称为强伪随机数；反之，则称为弱伪随机数。

伪随机数的应用非常广泛。比如在公钥加密算法中，ElGamal 密码系统中参数 k 的选择、ECC 密码系统中参数 k 的选择、GGH 密码系统中格基的选择，以及破解哈希函数时都需要用到伪随机数。在对称算法中，生成初始化向量也要使用伪随机数。还有一些优化算法中也使用了伪随机数，比如人工神经网络的随机梯度下降、蚁群算法中随机产生的初始蚁群、遗传算法中随机产生的初始种群等。有时候用手机随机选择歌曲，可能就是以伪随机的形式播放的，只要听的时间足够长，就很有可能发现规律。在计算机编程语言中，无论是 Python、Matlab、R、C++ 还是 Java，都已经内置了性能很好的随机数产生器。

那么，计算机可以生成真正的随机数吗？答案是可以的，使用硬件随机数生成器 (Hardware Random Number Generator)，可以通过物理过程而不是算法来生成随机数，比如通过热噪声、大气噪声或鼠标操作频率等。不过对大多数计算机程序而言，使用伪随机数就足够了，因为其概率分布与真实的没有多少差异。不过在某些特殊场景，比如安全通信等，就需要使用真随机数来保证不被攻击者分析。

下面看一个最简单的伪随机数生成方法，即随机生成 0–1 均匀分布 (Uniform Distribution) 的伪随机数。设 X 是 0–1 均匀分布的随机变量，x 是 X 的一个取值，记为 $x \in U(0,1)$，其中 U 表示均匀分布，$(0,1)$ 表示分布的区间。X 的概率密度函数是：$f(x)=\begin{cases}1, & 0\leqslant x<1\\ 0, & \text{其他}\end{cases}$，如图 13-4所示。

X 的累积分布函数是：$F(x)=\begin{cases}0, & x<0\\ x, & 0\leqslant x<1\\ 1, & x\geqslant 1\end{cases}$，如图 13-5所示。

$0-1$ 均匀分布的伪随机数通常是由均匀分布的伪随机数整数除以周期 T 得到的。而产生均匀分布的随机数的方法主要有以下 4 种。

- 平方取中法。
- 倍积取中法。
- 线性同余法。
- 乘同余法。

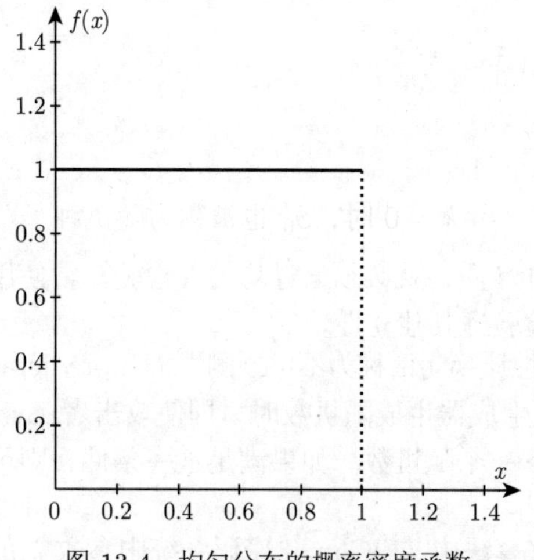

图 13-4 均匀分布的概率密度函数

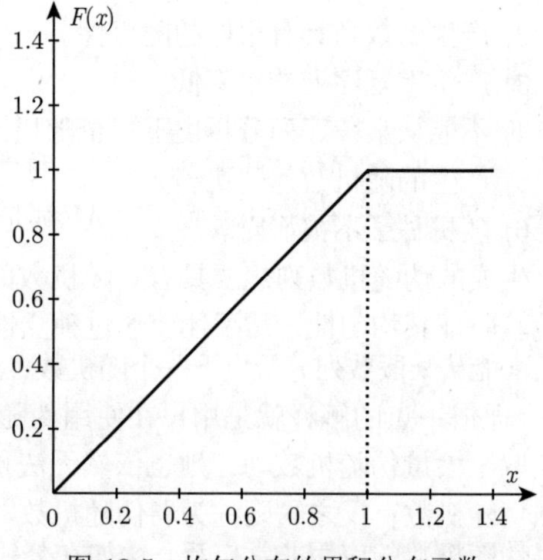

图 13-5 均匀分布的累积分布函数

13.5.2 平方取中法与倍积取中法

平方取中法 (Middle-Square Method) 是由美国数学家和计算机学家冯·诺伊曼 (Von Neumann)[199] 发明的。平方取中法将一个长度为 n 位的二进制数 (也称为种子) 取平方，如果长度大于或等于 $2n$，则取中间的 n 位作为新的随机数，不足部分则在前面补 0，迭代 k 次。迭代公式是：

$$S_{k+1} = [S_k \times S_k]_n \tag{13-8}$$

例 13.5.1 设初始种子为 1234，用平方取中法迭代 5 次后，其随机数是多少？

解：

$$
\begin{aligned}
1234^2 = 1522756 &\Rightarrow 01\mathbf{5227}56 \\
\Rightarrow 5227^2 = 27321529 &\Rightarrow 27\mathbf{3215}29 \\
\Rightarrow 3215^2 = 10336225 &\Rightarrow 10\mathbf{3362}25 \\
\Rightarrow 3362^2 = 11303044 &\Rightarrow 11\mathbf{3030}44 \\
\Rightarrow 3030^2 = 9180900 &\Rightarrow 09\mathbf{1809}00
\end{aligned}
$$

因此得到的随机数是 1809。■

平方取中法的周期较短，只要重复次数足够多，就会开始重复产生相同的序列。例如 2916、5030、3009、0540 这 4 个数就会形成一个小周期，无法跳出。因此现在基本不再使用。

倍积取中法用一个整数常数 A 乘一个 n 位的随机数 (种子)，然后取中间的 n 位作为新的随机数，迭代 k 次。其迭代公式是：

$$S_{k+1} = [A \times S_k]_n \tag{13-9}$$

倍积取中法与平方取中法缺点相似，如今也不再使用。

13.5.3 线性同余法与乘同余法

线性同余法 (Linear Congruential Method) 是 1958 年由 Thomson[200] 发明的，也被称为线性同余生成器，是一种非常经典的随机数生成算法。线性同余法的迭代公式是 $S_{k+1} \equiv (AS_k + C) \pmod M$，其中 $M \in \mathbb{Z}^+$，称为模数；$A \in (0, M)$，称为倍数；$C \in [0, M)$，称为增量，在计算机程序中，A、C、M 都是定值。当 $k = 0$ 时，S_0 也被称为随机种子。S_k 的通项则是：

$$S_k \equiv \left(A^k S_0 + \frac{A^k - 1}{A - 1} \cdot C\right) \pmod M \tag{13-10}$$

现在尝试证明式 (13-10) 是正确的。

证明

使用数学归纳法。首先设 $k=1$，那么 $S_1 = AS_0 + C \pmod M$ 显然是正确的。

设 $k=n$，假设 $S_n \equiv \left(A^n S_0 + \frac{A^n-1}{A-1}\cdot C\right) \pmod M$ 是正确的。

设 $k=n+1$，那么就有：

$$\begin{aligned}
S_{n+1} &\equiv AS_n + C \pmod M \\
&\equiv A\left(A^n S_0 + \frac{A^n-1}{A-1}\cdot C\right) + C \pmod M \\
&\equiv \left(A^{n+1} S_0 + \frac{A^{n+1}-A}{A-1}\cdot C\right) + C \pmod M \\
&\equiv \left(A^{n+1} S_0 + \frac{A^{n+1}-1-(A-1)}{A-1}\cdot C\right) + C \pmod M \\
&\equiv \left(A^{n+1} S_0 + \left(\frac{A^{n+1}-1}{A-1}-1\right)\cdot C\right) + C \pmod M \\
&\equiv \left(A^{n+1} S_0 + \frac{A^{n+1}-1}{A-1}\cdot C\right) \pmod M
\end{aligned}$$

因此，根据数学归纳法，该通项对于 $k \geqslant 1$ 都是正确的。

因为线性同余法的迭代结果仅依赖于前一项，序列元素取值只有 M 个，所以当产生至多 M 个元素以后，一定会有重复值。但通常情况下，重复周期会小于 M。假设计算机的位数为 L，通常为 64 位，如果要获得最长的循环周期 2^L，需要满足以下两点。

- C、M 互素。
- $A = 4q+1$，q 为正整数。

例 13.5.2 假设迭代公式 $S_{k+1} \equiv (7S_k + 7) \pmod{10}$，求其随机数，设 $S_0 = 1$。

解：产生的数列为 $(4,5,2,1,4,5,2,1,\cdots)$，其周期为 4。

■

例 13.5.3 假设迭代公式 $S_{k+1} \equiv (17S_k + 5) \pmod{64}$，求其随机数，设 $S_0 = 1$。

解：产生的数列为 $(\mathbf{22},59,48,53,10,47,36,41,62,35,24,29,50,23,12,17,38,11,0,5,26,63,52,57,14,51,40,45,2,39,28,33,54,27,16,21,42,15,4,9,30,3,56,61,18,55,44,49,6,43,32,37,58,31,20,25,46,19,8,13,34,7,60,1,\mathbf{22},59)$，其周期为 64。而 $64=2^6$，因此如果这是一台位数为 6 的计算机，那么它已经达到了最长周期。

线性同余法的 Python 代码如下：

```
def LCG(m, a, c, seed):
    x = seed
    while True:
        yield x
        x = (a * x + c) % m
```

```
6
7  def random_int_samples(n_samples, seed = time(),upper = 1000,lower = 1):
8      m = 2**64
9      a = 594_156_893
10     c = 0
11     gen = LCG(m, a, c, seed)
12     sequence = []
13
14     for i in range(0, n_samples):
15         rand = next(gen) / m
16         rand = int((upper-lower)*(rand)) + lower
17         sequence.append(rand)
18
19     return sequence
```

■

线性同余法中，如果 $C=0$，则称为乘同余法，于 1951 年由 Lehmer[201] 发明。其迭代公式就是 $S_{k+1}\equiv(AS_k)\pmod M$，其他性质与线性同余法一样。虽然线性同余法只比乘同余法多做了一次加法，但线性同余法的最长周期却是乘同余法的 4 倍，因为乘同余法的最长周期只有 2^{L-2}。换句话说，线性同余法能够产生比乘同余法生成的周期更长的随机数列。

不过因为线性同余法是确定性算法，因此即使不知道 A、C、M 的值，但只要知道一定长度的伪随机数列后，还是可以反推出 A、C、M 的值的。因此在安全通信协议中，一旦攻击者知道用户使用线性同余法生成随机数，在周期不足的情况下，很可能影响密码的安全性，如图 13-6、图 13-7所示。一台 64 位的计算机，它的最大周期为 2^{64}。在一些随机算法中，在不设置随机种子的情况下，很多时候会使用计算机的时间戳作为种子。因此在一些场景中，本地计算机时间不能与世界标准时间同步，以防止攻击者利用时间戳进行攻击。

图 13-6　短周期

图 13-7　长周期

遗憾的是，线性同余法的周期太短，是可以被预测的，因此它不能用于密码学领域。为了解决短周期问题，在 Python、SageMath、R 或 Matlab 等一些编程语言中，使用的是梅

森旋转 (Mersenne Twister) 算法，可以产生质量较高 (长周期) 的伪随机数，并且速度非常快。它是由两位日本数学家 Makoto Matsumoto 和 Takuji Nishimura[202] 发明的。它的周期长度达到了 $2^{19937-1}$，该数也称为梅森素数，常用 MT19937 表示该算法。

回到最初的问题，如何生成一个 0–1 均匀分布伪随机数。了解完线性同余法后，其实就非常简单了，只需要把最终的随机数 S_k 除以 M 即可得到。扩展一下，如果想得到区间 $[a,b]$ 内的均匀随机数，应该怎么办？用公式

$$a+(b-a)S_k \tag{13-11}$$

即可获得。区间 $[a,b]$ 的随机整数呢？向上取整就可以得到了。

生成正态分布的伪随机数也可以从 0–1 均匀分布中产生。由概率论可知，如果 $Y_1,Y_2,\cdots,Y_n$ 是 n 个独立同分布的随机变量，当 n 足够大时，$X=Y_1+Y_2+\cdots+Y_n$ 会近似于一个正态分布。办法就是随机生成 n 个 0–1 均匀分布的伪随机数 Y_i，计算 $z=\dfrac{\sum_{i=1}^{n}y_i-n/2}{\sqrt{n/12}}$，而得到的 z 就是服从 0–1 正态分布的伪随机数。服从其他分布的随机数也可以使用 0–1 均匀分布产生。

13.5.4 密码学安全伪随机数生成器

虽然现在可以在软件中很方便地生成随机数，但这并不能保证密码的安全性。因为伪随机数是一个确定性算法，只要知道了初始随机种子，就可以推测出伪随机数是多少，而初始随机种子在没有输入的情况下，是与时间戳一致的。许多软件正是因为使用了不恰当的伪随机数生成器，从而导致产生大量的安全漏洞。比如在线斗地主游戏，一个玩家如果知道了扑克牌的随机算法，利用时间戳，就可以实时计算对方手中的牌，从而使游戏失去公平性。因此单纯的伪随机数算法并不能保证密码的安全，只有使用密码学安全伪随机数生成器 (Cryptographically Secure Pseudo-Random Number Generator，CSPRNG) 生成的随机数才能保证安全，它的安全是基于密码学机密性的。CSPRNG 既可以产生符合统计学上的随机数，也能产生在密码学意义上安全的随机数。梅森旋转算法产生的随机数并不是密码学安全的伪随机数，它可以在给定先前大量样本的前提下预测出下一个数字。

如果需要满足密码学安全伪随机数的要求，必须做到在给定先前大量样本下，预测下一个数字的成功概率在多项式时间内不高于 50%，并且即使知道随机数的序列，也不能反推出该算法里的参数。

线性同余法就存在这几个缺点。只要知道参数 S_0、A、C 和 M，通过式 (13-10) 就可以很快地推算出未来的随机数或过去的随机数。即使不知道增量参数 C，但知道 S_0、S_1、A 和 M，也可以通过公式 $C\equiv S_1-S_0A \pmod M$ 求出 C，进而求出通项。同理，在不知道参数 A、C 的情况下，只要知道 S_2，通过联立方程组，也可以求出通项。

即使所有参数 A、C 和 M 都不知道，但如果知道初值和随后产生的几个连续随机数 $S_0,S_1,S_2,\cdots$，也可以求出参数。不过使用方程组就比较难求解，因为每一个方程都会引入一个新变量 S_i。

$$S_1\equiv AS_0+C \pmod M$$
$$S_2\equiv AS_1+C \pmod M$$

$$S_3 \equiv AS_2 + C \pmod M$$

$$\vdots$$

$$S_i \equiv AS_{i-1} + C \pmod M$$

无论迭代多少次，未知数的数量总会比方程组的数量多，因此方程组求解的方法在这里就没有用了。但是，线性同余法是模运算，因此总会有一些数使得 $X \equiv 0 \pmod M \Rightarrow X = kM$。令 $R_i = S_{i+1} - S_i$，$1 \leqslant i \leqslant n$，可以得到：

$$R_0 \equiv S_1 - S_0 \equiv (A-1)S_0 + C \pmod M$$

$$R_1 \equiv S_2 - S_1 \equiv (AS_1 + C) - (AS_0 + C) \equiv A(S_1 - S_0) \equiv AR_0 \pmod M$$

$$R_2 \equiv S_3 - S_2 \equiv (AS_2 + C) - (AS_1 + C) \equiv A(S_2 - S_1) \equiv AR_1 \pmod M$$

$$\vdots$$

$$R_i \equiv S_{i+1} - S_i \equiv AR_{i-1} \pmod M$$

进行下一步，凑出 $R_{i+2}R_i - R_{i+1}R_{i+1}$，可以得到：

$$\begin{aligned}\Rightarrow R_{i+2}R_i - R_{i+1}R_{i+1} &\equiv AR_{i+1}R_i - A^2R_i^2 \pmod M \\ &\equiv A(AR_i)R_i - A^2R_i^2 \pmod M \\ &\equiv A^2R_i^2 - A^2R_i^2 \pmod M \\ &\equiv 0 \pmod M\end{aligned} \tag{13-12}$$

通过式 (13-12)，使用欧几里得算法迭代求出模数 M，再通过联立其他方程组，可以得到其他参数，进而破解线性同余法。

例 13.5.4 假设已知某个数列使用线性同余法生成随机数，数列为 $[17, 1, 16, 15, 10, 4]$，求这个线性同余随机生成器的参数。

解：因为知道数列 $[17, 1, 16, 15, 10, 4]$，先假设 $S_0 = 17$，求 R_i。

$$R_0 = S_1 - S_0 = -16$$

$$R_1 = S_2 - S_1 = 15$$

$$\vdots$$

$$R_5 = S_6 - S_5 = -6$$

$R = [-16, 15, -1, -5, -6]$。接下来求 $R_{i+2}R_i - R_{i+1}R_{i+1}$，可以算出 3 个等式为 0 的模数，得到 $[-209, -76, -19]$。那么这 3 个数的最大公约数是多少呢？答案是 19。因此，$M = 19$。

因为 $S_2 - S_1 \equiv (AS_1 + C) - (AS_0 + C) \pmod M$，很容易推导得到 $A \equiv (S_2 - S_1)(S_1 - S_0)^{-1} \pmod M \equiv 15 \times 13 \equiv 5 \pmod{19}$。到了这里，只剩下参数 C 不知道。参数 C 其实非常容易求出来：

$$C \equiv S_1 - AS_0 \equiv 11 \pmod M$$

该线性同余法生成器为 $S_k \equiv \left(5^k S_0 + \dfrac{5^k-1}{5-1} \times 11\right) \pmod{19}$。

破解线性同余法的 Python 代码如下：

```
from functools import reduce
import math

def break_LCG(LCG_list):
    """破解线性同余参数"""
    R_i = [s1 - s0 for s0, s1 in zip(LCG_list, LCG_list[1:])]
    zeroes = [t2*t0 - t1*t1 for t0, t1, t2 in zip(R_i, R_i[1:], R_i[2:])]

    M = abs(reduce(math.gcd, zeroes))
    A = (LCG_list[2] - LCG_list[1]) * pow(LCG_list[1] - LCG_list[0],-1, M) % M
    C = (LCG_list[1] - LCG_list[0]*A) % M

    return A,C,M

print(break_LCG([17,1,16,15,10,4]))
```

■

那么什么算法可以获得具有密码学安全的随机数呢？其实有许多种算法。下面介绍两种不同的密码安全随机生成算法：RSA 随机生成算法 [203] 和 BBS 算法。

RSA 不单单是一个加密方案，它还是一个随机数生成算法。设一台计算机的位长为 L，让 p、q 为 $L/2$ 位长度的素数，计算 $N = pq$，然后选择一个整数 b，使得 $\gcd(b, \varphi(N)) = 1$。公开 N、b，但 p、q 保密。这一过程与 RSA 加密算法非常相似，这也是 RSA 随机数生成器名字的由来。

假设 RSA 随机生成器需要迭代 m 次，其迭代公式如下。

$$S_{k+1} \equiv S_k^b \pmod{N} \tag{13-13}$$

当 $k = 0$ 时，S_0 为随机种子，且是正整数，其长度为 L 位。

让 $z_k \equiv S_k \pmod{2}$，最终随机数为二进制数 $(z_1, z_2, \cdots, z_m)$，$0 \leqslant k \leqslant m$。

例 13.5.5 假设 $p = 331$，$q = 997$。求一个 10 位的随机数。

解：很容易得到 $N = pq = 330007$，$\varphi(N) = (p-1)(q-1) = 328680$。

令随机种子 $S_0 = 235252$。因为 $\gcd(23521, \varphi(N)) = 1$，令 $b = 23521$。

$$\begin{aligned}
z_1 &\equiv S_1 \ \equiv S_0^b \pmod{N} \equiv 161562 \equiv \mathbf{0} \pmod{2} \\
z_2 &\equiv S_2 \ \equiv S_1^b \pmod{N} \equiv 120556 \equiv \mathbf{0} \pmod{2} \\
z_3 &\equiv S_3 \ \equiv S_2^b \pmod{N} \equiv 6488 \quad\ \equiv \mathbf{0} \pmod{2} \\
&\vdots \\
z_{10} &\equiv S_{10} \equiv S_9^b \pmod{N} \equiv 197849 \equiv \mathbf{1} \pmod{2}
\end{aligned}$$

得到二进制数：0001101011，转化成十进制数是 107。 ■

BBS 算法是 3 位设计者姓氏 Blum、Blum 和 Shub 的首字母的合称。与 RSA 随机生成器类似，BBS 首先需要选择两个素数 p 和 q，使得：

$$p \equiv q \equiv 3 \bmod 4 \tag{13-14}$$

计算 $N = pq$ 和 N 的二次剩余 $\mathrm{QR}(N)$。选择随机种子满足 $S_0 \in \mathrm{QR}(N)$，$S_0 \equiv x^2 \pmod N$，$x \in \mathbb{Z}^+$。假设 BBS 需要迭代 m 次，那么其迭代公式是：

$$S_{k+1} \equiv S_k^2 \pmod N \tag{13-15}$$

其中 $0 \leqslant k \leqslant m-1$，长度为 L 位。让 $z_k \equiv S_k \pmod 2$，最终随机数为二进制数 $(z_1, z_2, \cdots, z_m)$。

例 13.5.6 假设 $p = 4943$，$q = 2131$，选择 10 轮迭代，所产生的随机数是多少？

解：先检验 $p \equiv q \equiv 3 \pmod 4$ 是正确的，所以 $N = pq = 10533533$。假设 $x = 125$，那么随机种子 $S_0 \equiv x^2 \equiv 15625 \pmod N$。因此迭代计算得到：

$$\begin{aligned}
z_1 &\equiv S_1 \equiv S_0^2 \pmod N \equiv 0 \pmod 2 \qquad & z_6 &\equiv S_6 \equiv S_5^2 \pmod N \equiv 1 \pmod 2 \\
z_2 &\equiv S_2 \equiv S_1^2 \pmod N \equiv 0 \pmod 2 \qquad & z_7 &\equiv S_7 \equiv S_6^2 \pmod N \equiv 1 \pmod 2 \\
z_3 &\equiv S_3 \equiv S_2^2 \pmod N \equiv 0 \pmod 2 \qquad & z_8 &\equiv S_8 \equiv S_7^2 \pmod N \equiv 1 \pmod 2 \\
z_4 &\equiv S_4 \equiv S_3^2 \pmod N \equiv 0 \pmod 2 \qquad & z_9 &\equiv S_9 \equiv S_8^2 \pmod N \equiv 0 \pmod 2 \\
z_5 &\equiv S_5 \equiv S_4^2 \pmod N \equiv 0 \pmod 2 \qquad & z_{10} &\equiv S_{10} \equiv S_9^2 \pmod N \equiv 0 \pmod 2
\end{aligned}$$

得到二进制数 0000011100，转化成十进制数是 28。 ■

无论是 RSA 随机数生成器还是 BBS 随机数生成器，都有一步 $N = pq$，因此想要破解这个随机数生成算法，就必须进行整数分解。在介绍 RSA 密码系统时提到，整数分解是很困难的，因此 RSA 随机数生成器和 BBS 随机数生成器比其他算法更安全，达到了密码安全的条件。

13.6 本章习题

1. 描述消息完整性和消息身份验证的区别。
2. 真随机源除了文中提到的，还有哪些？计算机 CPU 内置的真随机数生成器 TRNG 主要是通过放大电路的热噪声来产生随机数，其具体工作原理是什么？
3. 考虑线性同余法：

$$S_k \equiv \left(A^k S_0 + \frac{A^k - 1}{A - 1} \cdot C\right) \pmod M$$

假设 $k = 1$，其周期为 E，证明当 $S_0 = \dfrac{C}{A-1}$ 时，$E = 1$。

4. 考虑平方取中法，其迭代公式为

$$S_{k+1} = [S_k \times S_k]_n$$

假设种子为 2345，5 轮后其“随机数”是多少？

5. 考虑线性同余法，假设

$$S_{k+1} \equiv (97S_k + 3) \pmod{101}$$

令 $S_0 = 1$，其周期是多少？

6. 考虑线性同余法，如果计算机的位数是 5，那么由此可知其最大周期为 $2^5 = 32$，取 $A = 13$，$C = 5$，$S_0 = 1$，求随机数序列。

7. 考虑线性同余法，已知其一段随机序列为 $[18, 2, 11, 9, 7, 17, 6]$，请问能求出该线性同余法的参数吗？

8. 产生一个服从负指数分布的伪随机序列，其生成方法是什么？

9. 假设 i、j 为整数，k、M 为整数，如果 $ik \equiv jk (\bmod M)$，请证明

$$i \equiv j \left(\bmod \frac{M}{\gcd(M, k)} \right)$$

提示：考虑同余的对称性、传递性。

10. 非均匀的随机数生成方法有哪些？

11. 假设有一个输出长度不定的伪随机发生器，尝试构造出一个长度可变的加密算法，并证明该加密算法具有不可区分性。

第 14 章　数字签名技术

在现实世界中,传统签名是一种用于确认文件或消息内容的真实性和完整性的机制,也叫“契约确认”。例如在签署商业合同时，签名的作用就是证明合同的内容已经得到了各方的确认，没有异议。同时也可以确定合同签订的时间和顺序，以及各方的真实意愿。如果合同内容在签订后被篡改，则可能导致合同无效，使得一方没有办法按照原始意图执行合同，从而产生法律纠纷。因此，在许多场景中，签名是必不可少的。签名可以为双方或多方就文件内容的真实性和完整性“背书”，并且还可以证明各方参与了此次确认。

到了网络世界，需要双方或多方确认的事情变得更多了，时效性也更强了。如果还按照现实世界中那样需要面对面签名确认,效率就太低了。因此,密码学家们利用密码学技术，研究出了数字签名技术。数字签名技术可以让签名者在网络世界中实现与现实世界中同样的签名功能,用于识别伪装、提供不可否认性等服务,从而弥补了 MAC 缺失的功能。

本章将介绍以下内容。

- 数字签名的定义。
- RSA 数字签名。
- ElGamal 数字签名。
- ECC 数字签名。

14.1　数字签名的发展

数字签名技术诞生于 20 世纪 70 年代，当时随着数字计算机和网络技术的发展，人们开始关注数字文件的安全性。最早的数字签名想法来自迪菲和赫尔曼。遗憾的是，他们并没有发明一套具体的数字签名算法。而最早的数字签名算法是由 RSA 加密算法的 3 位发明者罗纳德·李维斯特、阿迪·萨莫尔和伦纳德·阿德曼提出的 [7]。

最开始的数字签名技术有许多漏洞,并没有马上普及。1988 年,Shafi Goldwasser、Silvio Micali 和 Ronald Rivest 在论文“A Digital Signature Scheme Secure Against Adaptive Chosen-Message Attacks” [205] 中提出了一种可抵御选择明文攻击的数字签名方案。该签名方案被认为是数字签名技术发展的一个重要里程碑，在学术文献中被广泛引用。它提出了一种将 RSA 算法与安全哈希函数相结合的方案，从而使得数字签名的安全性上了一个台阶。该方案的工作原理是 Alice 首先对消息进行哈希运算，以生成哈希值，再使用私钥对哈希值进行加密签名并发送给 Bob。之后 Bob 使用公钥对签名进行解密验证，然后将得到的哈希值与收到的哈希值进行比较，如果一致，则签名是正确的。该方法提供了比以往数字签名方案更强的安全保证，对密码学领域产生了重大影响。

在此之后，数字签名技术经过了几十年的发展，现在已经成为互联网安全、电子商务、金融等领域不可或缺的工具，得到了广泛的应用。

14.1.1 数字签名的应用

数字签名提供的认证服务与传统签名是一样，都是用来验证签名方身份的。不过数字签名只能单向验证，即 Bob 可以验证文件是由 Alice 签名的，但 Alice 无法验证是 Bob 用私钥进行的签名还是其他人的签名，因为 Alice 使用的是公钥。

数字签名还提供数据的完整性服务，可以确保文件没有以未经授权的方式被篡改。完整性服务主要由哈希函数完成。

数字签名最重要的服务就是提供不可否认性。由于 MAC 使用的是单密钥的，无法实现消息的不可否认性。数字签名因使用了不同的密钥，Bob 可以使用公钥对 Alice 使用私钥的签名进行验证。每个人都可以知道公钥，所以每个人都可以对 Alice 的签名进行验证，但无法使用公钥进行签名。所以 Bob 就可以知道这个签名是否是通过 Alice 的密钥进行签署的。如此一来，Alice 就不可否认她的签名。数字签名提供了不可否认性，确认了“是谁对该文件进行签名的”这一重要事实，从而确保了文件的真实性和完整性。

14.1.2 数字签名的基本性质

如果需要进行数字签名，就需要通信双方有一份待签署电子文件和一对密钥，分为公钥和私钥，其中公钥是所有人都知道的，包括不受信任的第三方。而私钥是仅有签名方 (发送方)Alice 才知道的。这是因为如果想让数字签名提供不可否认性，就必须由发送方生成密钥，并保留私钥不被公开。私钥一旦被别人知道了，那么任何人都可以伪造 Alice 的签名，骗取 Bob 的信任。

比如 Bob 为银行，如果 Alice 的私钥泄露，那么 Eve 就可以伪造转账命令将 Alice 账户上的钱转到自己的账户上。由于不可否认性，银行只会认为这是 Alice 的真实想法，从而批准交易。因此私钥只能由 Alice 保管。

对于数字签名，需要满足以下几点，才可称为是一个可靠的数字签名方案。

1) 易于生成签名。即生成签名的过程所耗费的时间不要太多。这个取决于哈希函数与非对称加密算法的选择，如果搭配不当或者优化不足，则会增加耗时。

2) 易于验证。验证算法尽可能高效，否则不实用。

3) 难以伪造签名。这个非常好理解，任何人都不希望其他人假冒自己的签名从而达到某些目的。该功能主要由非对称加密算法提供。

那么现在就介绍数字签名的两种签名方法。

第 1 种签名方法是直接对文件或者消息本身进行签名。它的过程如下。

1) Alice 生成密钥对，用自己的私钥对文件进行签名。

2) Alice 将签名、文件和公钥发送给 Bob。

3) Bob 用公钥将收到的签名进行还原。

4) Bob 将还原得到的文件与收到的文件进行比较，如果一致，则验证成功，反之则失败。

第 2 种签名方法是先对文件或者消息进行哈希运算，再进行签名，如图 14-1所示。它的过程如下。

1) Alice 使用哈希函数对文件进行哈希运算，得到一个哈希值。

2) Alice 生成密钥对，用自己的私钥对哈希值进行签名。

3) Alice 将签名、文件和公钥发送给 Bob。

4) Bob 用公钥将收到的签名进行还原，并对原文件进行相同的哈希运算，得到一个新的哈希值。

5) Bob 将还原得到的哈希值与自己计算的哈希值进行比较，如果一致，则验证成功，反之则失败。

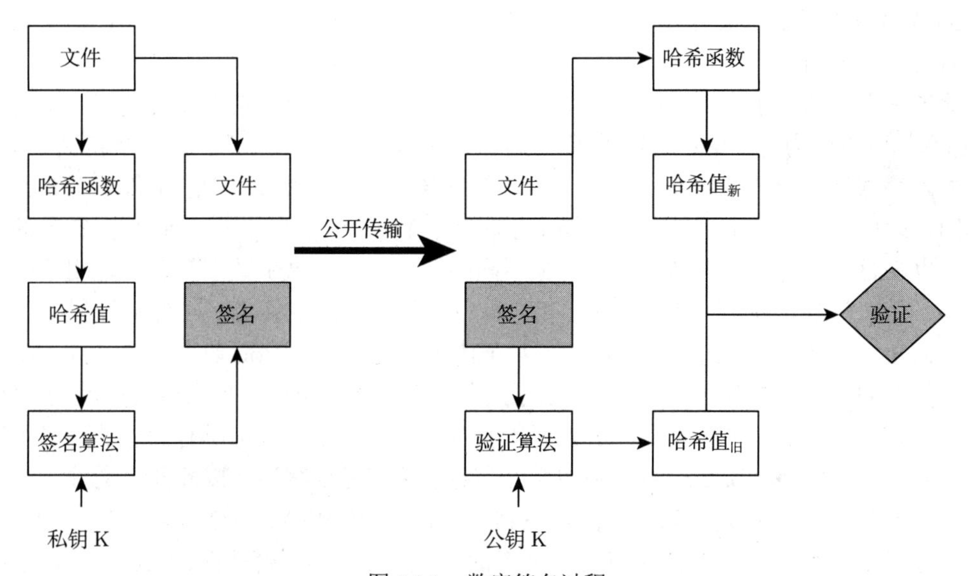

图 14-1 数字签名过程

为什么要使用哈希算法呢？其中一个重要的原因就是数字签名中会使用非对称加密算法，而非对称加密算法的速度普遍较慢。为了提高效率，就需要缩小计算规模，用一个很小的数据量代替原文件，这个密码学工具就是哈希函数。这样可以极大提高数字签名的效率，推广数字签名的使用场景。如果不使用哈希算法，就需要把文件转化为二进制，然后对其分组进行加密计算，效率就会非常低下。

还有一个原因就是防止篡改攻击。假设不使用哈希函数，由于原文件 M 很长，就需要对其进行分组，假设分组为 $m_1, m_2, \cdots, m_k$，对其签名，发送给Bob就会是以下情况：

$$m_1||m_2||\cdots||m_k||S(m_1)||S(m_2)||\cdots||S(m_k) \tag{14-1}$$

其中“||”表示连接符，$S(m_k)$ 为签名。攻击者 Eve 截获后篡改签名顺序，可能变成以下情况：

$$m_1||m_2||\cdots||m_k||S(m_6)||S(m_1)||\cdots||S(m_{k-3}) \tag{14-2}$$

Bob 收到这组数据后，因为签名和文件不匹配，就导致验证失败，Eve 就成功拦截了 Bob 和 Alice 之间的通信。加入哈希算法后可以避免这种情况，可以非常简单地表达为：

$$\text{hash}(M)||S(\text{hash}(M)) \tag{14-3}$$

此时 Eve 就不能篡改了。这样还防范了 Eve 对文件进行伪造攻击。

14.1.3 传统签名与数字签名的区别

回顾一下传统签名的应用场景，在签署合同、支票、法律文书或文件时，通常这个签名痕迹就会留在这些文件里，作为文件的一部分。在现实世界中，几乎不会把签名和主文件分开以形成一个单独的文件，因为这样就会造成一份签名可以为多个文件进行背书，这对签名者是非常不利的。例如，人们不会在一张白纸上进行签名。不过数字签名却不同，数字签名对文件进行签署后，得到的结果会独立于主文件存放。也就是说，发送人 Alice 会给 Bob 发送两个消息：文件和签名，如图 14-1所示。是否独立于主文件，是传统签名和数字签名最大的区别。

除了这个区别，还有一个区别就是它们的对应关系。传统签名中如果是同一个人签署的，那么就可以认为这个签名可以被用于多个文件。只不过每份文件都需要重新签一次，每次签的内容都是一样的。如果可以拿到签署者的空白签名，就可以伪造文件。但是数字签名不同，即使针对同一个文件，也可能由于时间、签署方式的不同，导致每次签名的结果不同。也就是说，每个文件都会对应一个不同的数字签名，这个数字签名不能用于验证其他文件，无法伪造文件，因此用户无须担心数字签名会像传统签名一样被重复利用。

那么数字签名是如何进行验证的呢？对于传统签名，假设 Bob 收到一份文件，Bob 就会把文件上的签名与档案中的签名进行比较。如果它们是相同的，那么该文件就是真实的。如果无法判断，还可以进行笔迹鉴定，现代的笔迹鉴定几乎可以把所有伪造的签名鉴别出来。而对于数字签名，Bob 会将收到的文件和签名代入验证算法，以验证该文件。

数字签名技术所用到的算法都是非对称加密算法，如 RSA、ElGamal、ECC 等。这是因为对称加密算法 (DES、AES) 只有一个密钥，无法提供不可否认性，无法确认数字签名是否被篡改，因为任何人都有解密密钥，因此对称加密算法不适用于数字签名。Alice 在使用数字签名技术签署文件的时候，必须使用非对称加密算法中的私钥进行签署，然后 Bob 使用公钥去验证它。假设使用对称加密算法进行数字签名，Eve 窃取了密钥，那么她就可以篡改数字签名，冒充数据的合法发送者。此时 Bob 由于没有另一组密钥来验证，因此只能相信 Eve 所发送来的文件。为了保证数字签名提供的认证、完整性、不可否认性服务，就必须使用非对称加密算法。

值得注意的是，虽然数字签名技术使用的是非对称加密算法，也使用公钥和私钥，但它们的使用方法与加密系统的使用方法不同。在数字签名中，使用的是发送方 Alice 生成的公钥和私钥，发送方 Alice 使用私钥进行签名，接收方 Bob 使用公钥进行验证。但在加密系统中，使用的是接收方 Bob 生成的公钥和私钥，发送方 Alice 使用公钥进行加密，接收方 Bob 使用私钥进行解密。两个过程恰好是相反的。因此，公钥加密是任何人都可以加密数据，但数字签名中只有私钥持有者才能对文件进行数字签名；公钥加密只有私钥持有者才能还原信息，而数字签名却是任何人都可以验证签名是否有效。

也正因为 Alice 使用私钥进行签名，所以数字签名无法对文件提供机密性保护。如果想对文件提供机密性，就需要使用加密算法对文件进行加密，再发送给对方。这样文件的安全性就得到了进一步的提高，不过这种安全性是有代价的。由于数字签名的密钥和加密算法的密钥的使用场景不同，因此加密算法必须是一个独立系统，这对于用户来说，会使得使用成本增加，效率降低。因此在数字签名的绝大多数使用场景中，并不会再使用加密算法。

14.2 RSA 数字签名方案

RSA 数字签名是最早提出的数字签名方案 [7]，它使用 RSA 密码算法进行签名和验证。RSA 数字签名具有较高的安全性和不可否认性，因此在电子商务、电子政务等领域中广泛使用。但是，RSA 数字签名的计算复杂度较高，不适用于实时的应用。

RSA 密码算法只能为文件或者消息提供机密性保护，无法帮助用户进行认证、检查文件完整性等工作。为此，3 位 RSA 作者在保留 RSA 思想的情况下对 RSA 的使用方法进行了调整，使其能够进行数字签名。过程如下。

1) 生成公钥：Alice 选择两个大素数 p, q，其范围在 $2^{(L-1)}$ 和 2^L 之间，其中 $512 \leqslant L \leqslant 1024$。然后计算 $N = pq$，公开 N。Alice 再选择一个用于验证的公钥指数 e，需满足 $\gcd(e, \varphi(N)) = 1$，公开 e。

2) 生成私钥：Alice 计算私钥 d，需要满足 $ed \equiv 1 \pmod{\varphi(N)}$。

3) 签名：Alice 签署文件 M，其中 $M \in [1, N]$，得到 $S \equiv M^d \pmod{N}$，公开 (M, S)。

4) 验证：Bob 收到签名 S 和文件 M 后，将使用公钥 e 进行验证。Bob 计算 $M' \equiv S^e \pmod{N}$ 是否等于 M。相等则表示验证通过。

RSA 数字签名过程如图 14-2所示。证明过程与 RSA 加密的证明一致，在这里不重复。

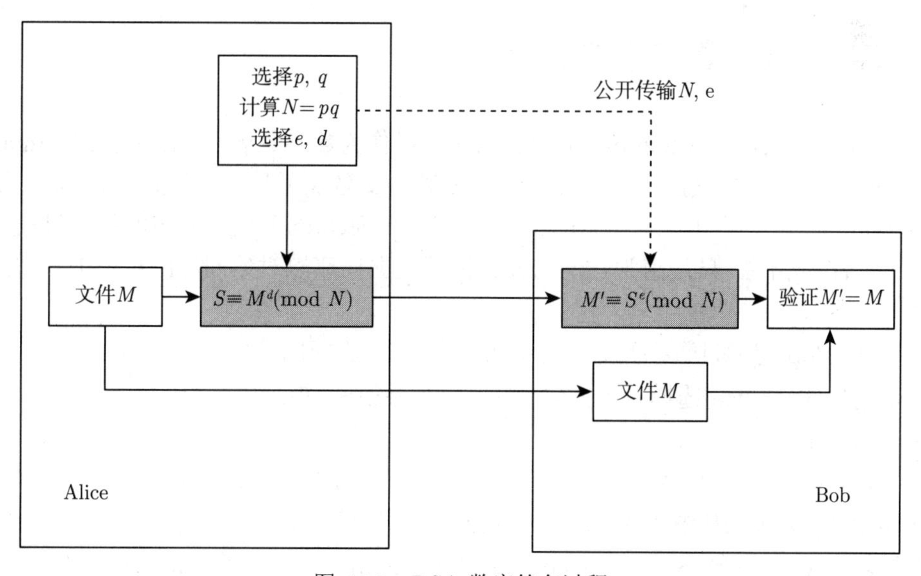

图 14-2 RSA 数字签名过程

例 14.2.1 设 $p=463$，$q=997$，那么此时 $N=461611$，$\varphi(N)=(p-1)(q-1)=460152$。假设公钥 $e=571$，文件 $M=10000$，求私钥和签名值。

解：因为私钥需要满足 $ed\equiv 1 \pmod{\varphi(N)}$，所以：

$$\begin{aligned} d &\equiv e^{-1} \pmod{\varphi(N)} \\ &\equiv 416635 \pmod{460152} \end{aligned}$$

因此签名值为：

$$\begin{aligned} S &\equiv M^d \pmod N \\ &\equiv 10000^{416635} \pmod{461611} \\ &\equiv 234362 \pmod{461611} \end{aligned}$$

将文件 M、签名 S 和公钥 e 发送给Bob，Bob为了验证，计算：

$$\begin{aligned} M' &\equiv S^e \pmod N \\ &\equiv 234362^{571} \pmod{461611} \\ &\equiv 10000 \pmod{461611} \\ &= M \end{aligned}$$

■

细心的读者想必已经注意到，本书介绍的 RSA 数字签名过程与图 14-1所介绍的过程是不同的。这是因为最早期的 RSA 数字签名并没有加入哈希函数，使得其安全性、实用性并不好。如果想提高效率，可以加入 MD5、SHA–256 等哈希函数对文件进行哈希运算，这样就可以提高安全性和实用性了。

它的安全性也与 RSA 一样，是建立在整数分解难题上的。如果能分解 N，就能知道 Alice 的数字签名密钥 d，就可以模仿她进行签名。

14.3 ElGamal 数字签名方案

除了可以加密信息，ElGamal 加密算法还可以作为数字签名 [83] 使用。ElGamal 数字签名于 1985 年由希尔·盖莫尔发布，比 RSA 数字签名晚了几年，因此没有 RSA 数字签名那么流行。值得一提的是，ElGamal 加密算法和 ElGamal 数字签名的计算过程并不相同，它们的名字相同，只是因为它们的安全性都建立在离散对数问题的难解上，并且是同一作者。

Alice 和 Bob 想通过数字签名确定对方身份的过程如下。

1) 密钥生成：Alice 选择一个大素数 p、一个原根 r 和私钥 a，其中 $a\in[1,p-1]$。计算 $v\equiv r^a \pmod p$，公开 v,r,p。

2) 哈希：Alice 使用哈希函数将文件转化为哈希值 M，并且 $M\in[1,p-1]$。然后随机选择一个秘密指数 k，其中 $k\in[1,p-1]$。

3) 签名：Alice 计算 $S_1\equiv r^k \pmod p$ 和 $S_2\equiv(M-aS_1)k^{-1} \pmod{p-1}$。

4) 传输：Alice 公开签名 (S_1,S_2) 和哈希值 M。

5) 验证：Bob 收到签名后验证 $v^{S_1}{S_1}^{S_2} \pmod p \equiv r^M \pmod p$，如果等式成立，则说明签名有效，验证成功。

为什么步骤 5 的等式成立就说明签名有效呢？根据步骤 5，可以得到：

$$v^{S_1}{S_1}^{S_2} \equiv (r^a)^{S_1}(r^k)^{S_2} \pmod p \tag{14-4}$$

$$\equiv r^{aS_1}r^{kS_2} \pmod p \tag{14-5}$$

$$\equiv r^{aS_1+kS_2} \pmod p \tag{14-6}$$

$$\equiv r^{aS_1+k(M-aS_1)k^{-1}} \pmod p \tag{14-7}$$

$$\equiv r^{aS_1+M-aS_1} \pmod p \tag{14-8}$$

$$\equiv r^M \pmod p \tag{14-9}$$

上述等式就是还原 ElGamal 数字签名的签名步骤，也因此证明了等式成立时为什么可以通过认证。总结一下，素数 p、私钥 a、原根 r 是不公开的，所有人都知道；私钥 a、秘密整数 k 是保密的，只有Alice知道。ElGamal 数字签名过程如图 14-3所示。

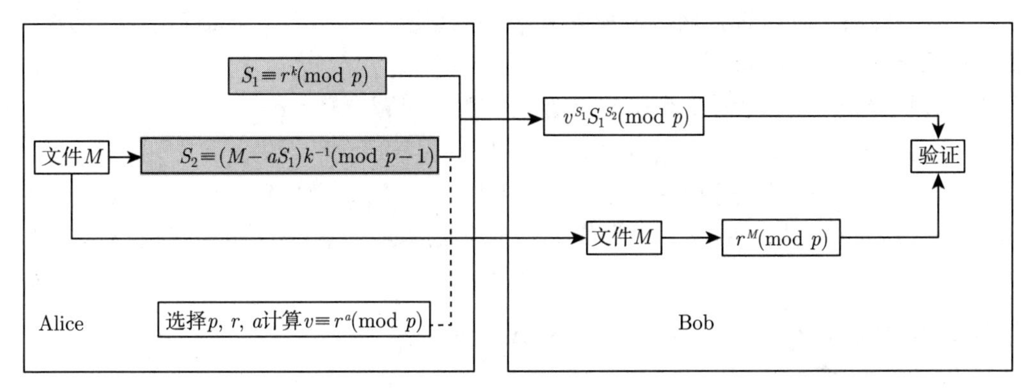

图 14-3 ElGamal 数字签名过程

例 14.3.1 设 $p = 467$，$r = 2$，$a = 127$，签署哈希文件 $M = 100$。如何进行签名和认证？

解： Alice 从 $\{1, 2, \cdots, 466\}$ 中随机选择 k，假设 $k = 11$。

首先计算 v：

$$v \equiv r^a \pmod p \equiv 2^{127} \equiv 132 \pmod{467} \tag{14-10}$$

然后公开 v, r, p。接着计算 S_1 和 S_2：

$$S_1 \equiv r^k \pmod p \equiv 2^{11} \equiv 180 \pmod{467} \tag{14-11}$$

$$S_2 \equiv (M - aS_1)k^{-1} \pmod{p-1} \tag{14-12}$$

$$\equiv (100 - 127 \times 180)11^{-1} \pmod{466} \tag{14-13}$$

$$\equiv -22760 \times 339 \pmod{466} \tag{14-14}$$

$$\equiv 388 \pmod{466} \tag{14-15}$$

把签名 (S_1, S_2) 发送给 Bob。Bob 计算：

$$v^{S_1}{S_1}^{S_2} \pmod p \equiv 132^{180} \times 180^{388} \equiv 189 \pmod{467} \tag{14-16}$$

接着计算 $r^M \pmod p \equiv 2^{100} \equiv 189 \pmod{467}$。

所以 $v^{S_1}{S_1}^{S_2} \pmod p \equiv r^M \pmod p$，签名验证通过。■

如果攻击者可以解决离散对数问题，就可以完全破解 ElGamal 数字签名方案，从而很容易让 Bob 通过验证。更多关于 ElGamal 数字签名方案安全性的内容，可参考 14.8.5节。

14.4 Schnorr 数字签名方案

Schnorr 数字签名方案 (Schnorr Digital Signature Scheme)[206] 是 1991 年由克劳斯·施诺尔 (Claus Schnorr) 发明的。它与 ElGamal 签名方案相似，它们的安全性都是基于离散对数难题。Schnorr 数字签名方案以简单、高效著称，在保证与 ElGamal 签名方案同等安全的强度下，Schnorr 数字签名的长度可以大大缩短，从而极大地降低了计算机的负载。

它的过程如下。

1) 参数选择：Alice 选择两个大素数 p, q，并且使得 $p-1 \equiv 0 \pmod q$。再选择一个整数 a，使得 $a^q \equiv 1 \pmod p$。

2) 私钥：Alice 随机选择一个整数 d 作为私钥，需满足 $0 < d < q$。

3) 公钥：Alice 计算 $v \equiv a^d \pmod p$。公开 (v, a, p, q)。

4) 签名 1：Alice 随机选择一个整数 r，其中 $0 < r < q$，计算 $x \equiv a^r \pmod p$。对于待签名文件 M，将其与 x 拼接，然后作为哈希函数的输入，计算得到哈希值 S_1：

$$S_1 = H(M \| x) \tag{14-17}$$

其中 H 可以是任意的哈希函数，如 SHA-3 等。

5) 签名 2：计算

$$S_2 \equiv r - dS_1 \pmod q \tag{14-18}$$

6) 传输：把 (S_1, S_2) 发送给 Bob。

7) 验证：Bob 收到签名和公钥后进行验证。计算

$$x' \equiv a^{S_2} v^{S_1} \pmod p \tag{14-19}$$

$$S = H(M \| x') \tag{14-20}$$

如果 $S_1 \equiv S \pmod p$，则验证通过。

为什么 $S_1 \equiv S \pmod p$ 则说明验证通过呢？因为：

$$x' \equiv a^{S_2} v^{S_1} \equiv a^{S_2} a^{dS_1} \equiv a^{S_2 + dS_1} \equiv a^r \equiv x \pmod p \tag{14-21}$$

$$\Rightarrow S_1 = H(M \| x) = H(M \| x') = S \tag{14-22}$$

要保证 Schnorr 数字签名的安全性，一般 p 的长度至少是 1024 位，q 的长度则需要与哈希值的长度相同。想要破解 Schnorr 数字签名方案，需要同时解决离散对数问题和哈希函数的 3 个安全属性问题。因此同等密钥长度下，其安全性高于 ElGamal 数字签名方案。

例 14.4.1 假设 Alice 选择 $p=2837$，$q=709$，加密文件 $M=100$。若使用 Schnorr 数字签名方案，它的签名值是多少？

解：首先检查 $p-1=2836\equiv 0 \pmod q$。因为 $256^q\equiv 1 \pmod p$，所以设整数 $a=256$。设私钥 $d=500$，那么 $v\equiv a^d\equiv 435 \pmod p$。因此公钥就是 $(v,a,p,q)=(435,256,2837,709)$。

随机选择 $r=88$，计算 $x\equiv a^r\equiv 13 \pmod p$。$M$ 与 x 拼接后就是 1100100 1101。假设使用的哈希函数可以得到哈希值 $S_1=H(M\|x)=300$，那么 $S_2\equiv(r-dS_1)\equiv 396 \pmod q$。■

14.5 DSA 数字签名方案

DSA(Digital Signature Algorithm) 是 ElGamal 和 Schnorr 数字签名方案的变种。1994 年，该方案被美国 NIST 作为数字签名标准 (Digital Signature Standard，DSS)，标准号为 FIPS-186。其安全性依然是基于离散对数问题的，标准一经发布，该签名方案就备受争议，因此 NIST 在之后的时间里不断对其升级，2023 年 2 月将其升级到 FIPS 186-5。本节主要讨论原始版本的 DSA。不同于 RSA、ElGamal 等数字签名方案，DSA 的方案只能用于数字签名，不能用来加密。

DSA 的过程如下。

1) 参数选择：Alice 选择两个大素数 p,q，并且使得 $p-1\equiv 0 \pmod q$。再选择一个整数 h，计算

$$g\equiv h^{(p-1)/q} \pmod p \tag{14-23}$$

它们的参数需要满足 $2^{L-1}<p<2^L$，其中 $512\leqslant L\leqslant 1024$ 且 L 是 64 的倍数；q 的长度为 $2^{159}<q<2^{160}$，且 $p-1\equiv 0 \pmod q$；$1<h<p-1$。

2) 私钥：Alice 随机选择一个整数 x 作为私钥，须满足 $0<x<q$。

3) 公钥：Alice 计算 $y\equiv g^x \pmod p$，(y,g,p,q) 作为公钥。

4) 签名：Alice 随机选择一个整数 k，$0<k<q$。对于待签名文件 M，计算签名。

$$S_1\equiv\left(g^k \bmod p\right) \pmod q \tag{14-24}$$

$$S_2\equiv\left[k^{-1}(H(M)+xS_1)\right] \pmod q \tag{14-25}$$

其中 H 为 SHA-1 哈希函数。

5) 传输：把 (S_1,S_2) 发送给 Bob。

6) 验证：Bob 收到签名和公钥后，进行验证。设 M'、S_1'、S_2' 是 Bob 接收到的文件和签名，首先检查签名是否满足 $0<S_1',S_2'<q$，如果不满足，则验证不通过；如果满足，则计算

$$w\equiv(S_2')^{-1} \pmod q \tag{14-26}$$

$$u_1\equiv[H(M')w] \pmod q \tag{14-27}$$

$$u_2\equiv S_1'w \pmod q \tag{14-28}$$

$$v \equiv [(g^{u_1}y^{u_2}) \bmod p] \pmod q \tag{14-29}$$

如果 $v = S_2'$，则验证通过。此时 Bob 可以确信接收到的消息是由 Alice 发送的。

例 14.5.1 假设 Alice 选择 $p = 9817$，$q = 409$，$h = 135$，加密文件 $M = 100$。若使用 DSA 数字签名方案，它的签名值是多少？

解：首先检查 $p - 1 \equiv 9816 \equiv 0 \pmod q$。可以得到 $g \equiv h^{24} \equiv 4857 \pmod p$。

Alice 选择 $x = 279$ 作为私钥，并得到公钥 $y \equiv 4857^{279} \equiv 6450 \pmod p$。因此公钥就是 $(y, g, p, q) = (6450, 4857, 9817, 409)$。

随机选择 $k = 188$，假设明文通过哈希函数映射的值是 $H(M) = 500$，那么签名就是：

$$S_1 \equiv \left(g^k \bmod p\right) \equiv 279 \pmod q$$

$$S_2 \equiv \left[k^{-1}(H(M) + xS_1)\right] \equiv 284 \pmod q$$

Bob 收到签名后进行验证，很显然 $0 < S_1', S_2' < q$，因此：

$$w \equiv (S_2')^{-1} \equiv 373 \pmod q$$

$$u_1 \equiv [H(M')\,w] \equiv 405 \pmod q$$

$$u_2 \equiv S_1'w \equiv 181 \pmod q$$

$$v \equiv [(g^{u_1}y^{u_2}) \bmod p] \equiv 279 \pmod q$$

因为 $v = S_1'$，通过验证。 ■

为了 DSA 的安全性，NIST 规定了 4 组参数长度，如表 14-1所示。

表 14-1 DSA 参数长度

p/位	q/位	哈希函数
1024	160	SHA-1
2048	224	SHA-224
2048	256	SHA-256
3072	256	SHA-256

该版本的 DSA 已在最新的标准 FIPS 186-5 中被删除，取而代之的是 ECDSA 和 EdDSA (Schnorr 数字签名方案的变体)。

14.6 椭圆曲线数字签名方案

椭圆曲线数字签名算法 (Elliptic Curve Digital Signature Algorithm，ECDSA)[207] 是一种基于椭圆曲线密码系统的数字签名算法。1985 年 ECC 由科布利茨和米勒发明，随后椭圆曲线数字签名算法由此诞生。

ECDSA 是应用最广泛的基于椭圆曲线的标准化数字签名方案，出现在 ANSI X9.62、FIPS 186-2、IEEE 1363—2000 和 ISO/IEC 15946-2 标准，以及其他的标准草案中。2023 年 2 月，NIST 已经将 FIPS 186 数字签名标准升级到了 FIPS 186-5，ECDSA 依然占据主要位置。它的优势在于在保证相同的安全强度下，可以大大缩短密钥长度。

ECDSA 的签名步骤如下。

1) Alice 决定素数 p, q 和一个椭圆曲线 $E_p: y^2 \equiv x^3 + Ax + B \pmod q$，$q$ 是椭圆曲线循环子群的阶，必须为素数。

2) 密钥：Alice 随机选择私钥 k，$1 < k < q-1$，选择点 P 在椭圆曲线上。计算 $Q = kP = (x, y)$，Q 为用于验证的公钥，公开 A、B、p、q、P、Q，保留 k。

3) 签名：Alice 签署哈希文件 M，并且 $M \in [1, q]$。再次随机选择整数 e，$1 < e < q-1$，计算 $eP = (x, y)$。

$$S_1 \equiv x \pmod q，S_2 \equiv e^{-1}(M + kS_1) \pmod q$$

如果 $S_1 = 0$ 或 $S_2 = 0$，则重新选择 e。公开签名 (S_1, S_2)。

4) 验证：Bob 收到签名后进行认证。如果 (S_1, S_2) 不在 $[1, q-1]$ 内，则不能通过验证。如果在范围内，则继续。Bob 计算 $(S_1', S_2') \equiv (MS_2^{-1} \pmod q), S_1S_2^{-1} \pmod q))$。计算点 $S_1'P + S_2'Q$ 是否在曲线 E_p 上，如果不在曲线上或在无穷远点上，则不能通过验证。再验证 $(S_1'P + S_2'Q)$ 的 x 轴值是否等于 $S_1 \pmod q$，如果相等，则通过验证。

ECDSA 的过程如图 14-4所示。

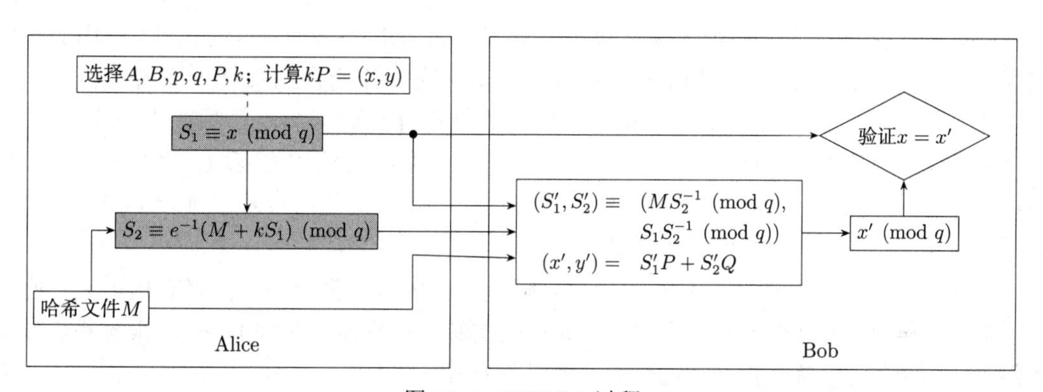

图 14-4 ECDSA 过程

接下来尝试证明一下椭圆曲线数字签名是如何通过验证的。因为：

$$S_2 \equiv e^{-1}(M + kS_1) \pmod q \tag{14-30}$$

通过重新排列，得到：

$$e \equiv S_2^{-1}(M + kS_1) \pmod q \tag{14-31}$$

$$\equiv S_2^{-1}M + kS_2^{-1}S_1 \pmod q \tag{14-32}$$

$$\equiv S_1' + kS_2' \tag{14-33}$$

因此 $S_1'P + S_2'Q = S_1'P + S_2'(kP) = (S_1' + kS_2')P = eP$，$(S_1'P + S_2'Q)$ 的 x 轴值需要满足 $S_1 \pmod q$。不要忘记使用哈希函数对原文件进行哈希运算。

为什么需要检查 S_1 和 S_2 呢？ECDSA 数字签名验证程序的第 1 步就是检查 S_1 和 S_2 是否在区间 $[1, q-1]$ 内，这项检查可以非常有效地抵御有关 ECDSA 的已知攻击。这项检查是一项预防措施，是为了数字签名更加安全，如果不执行检查，那么 ECDSA 将更容易遭到攻击。假设 Alice 决定一个椭圆曲线 $E_p: y^2 \equiv x^3 + Ax + B \pmod{q}$，其中 B 是对 p 的二次剩余，并假设使用基点 $P = (0, \sqrt{B})$。此时攻击者就可以通过计算原文件的哈希值，伪装成签名者 Alice 对其选择的任何文件进行签名，因为可以很容易地检查出 $S_1 = 0, S_2 = M$ 是一个有效的签名。

攻击者想要修改签名，就必须计算签名 S_2，问题就转变成了计算 k 的逆模 q。只有在 q 是素数的情况下才能保证签名的安全，如果子群的阶不是一个素数，那么 ECDSA 很容易被攻击，因此那些非素数阶不能被 ECDSA 使用。

同时 $Q = eP$ 中的整数 e 也不能被泄露，而且必须是随机使用的。比如，如果 Bob 使用了相同的密钥对两份不同的文件进行了数字签名，分别是 (S_1, S_2) 和 (S_1', S_2')，因为是两份不同的文件，$D \neq D'$。并且使用相同密钥，所以 $S_1 = S_1' = x = eP$。紧接着计算 $(S_2 - S_2') \equiv e^{-1}(D + kS_1 - D' - kS_1') \equiv e^{-1}(D - D') \pmod{q}$。整理可以得到：

$$e(S_2 - S_2') = (D - D') \Rightarrow e = \frac{(D - D')}{(S_2 - S_2')} \tag{14-34}$$

这样 e 就会被 Eve 分析出来，进而可以修改数字签名，骗过计算机的安全审查机制。

如果参数选择不当，就很容易被攻击。索尼公司旗下产品 PlayStation 3 就因为密钥选择错误，而被黑客破解。最初索尼公司研发团队为了让用户购买其正版游戏，使用了 ECDSA 数字签名技术对游戏进行验证。然而不知道什么原因，该算法在生成密钥 e 时没有随机化，而是使用了固定值 $e = 4$，即代表每次签名都是使用固定值。黑客根据签名步骤转化一下，就可以得到数字签名，从而破解这个产品，给公司带来巨额经济损失。该项漏洞直至 PlayStation 4 出现才被修复。

因此使用不合适的曲线、基点、素数、随机数生成器，都会使攻击者有机可乘。密钥 e 是必须保密的，也是需要不断变化的。如果两次签名过程使用相同的 e，就很容易被攻击者破解。e 的错误选择可能有主观原因，比如个人偏好、不小心说漏嘴，或者在传输过程中泄露等，都可能被攻击者利用，因此必须严格保护好私钥。

例 14.6.1 令椭圆曲线 $E_p: y^2 \equiv x^3 - 2x + 15 \pmod{23}$，选择点 $P = (4, 5)$，签署哈希文件 $M = 10$。使用 ECDSA 计算签名并验证。

解： Alice 假设选择 $k = 3$，得到点 $Q = kP = (13, 22)$。再选择密钥 $e = 19$，$eP = (9, 17)$，因此 $x = 9$。

计算公钥 (S_1, S_2)，其中 $S_1 \equiv 9 \pmod{23}$，$S_2 \equiv e^{-1}(M + kS_1) \pmod{q} \equiv 19^{-1}(10 + 3 \times 9) \pmod{q} \equiv 8 \pmod{23}$。得到公钥 $(S_1, S_2) = (9, 8)$。

Bob 对签名进行验证：

$$(S_1', S_2') \equiv (MS_2^{-1} \pmod{q}, S_1S_2^{-1} \pmod{q}) \tag{14-35}$$

$$\equiv (10 \times 8^{-1} \pmod{q}, 9 \times 8^{-1} \pmod{q}) \tag{14-36}$$

$$\equiv (10 \times 3 \pmod{23}, 4 \pmod{23}) \tag{14-37}$$

$$\equiv (7, 4) \pmod{23} \tag{14-38}$$

使用椭圆曲线的点加法和点倍增，就可以得到：

$$S_1'P + S_2'Q = 7(4,5) + 4(13,22) = (17,8) + (10,12) = (9,17) \tag{14-39}$$

因此 $S_1'P + S_2'Q$ 的 x 轴上的值模 q 后等于 S_1，在曲线上，认证成功。■

总结一下 ECDSA 的结构，它其实包含了 4 层结构和一个随机数生成器，如图 14-5所示。

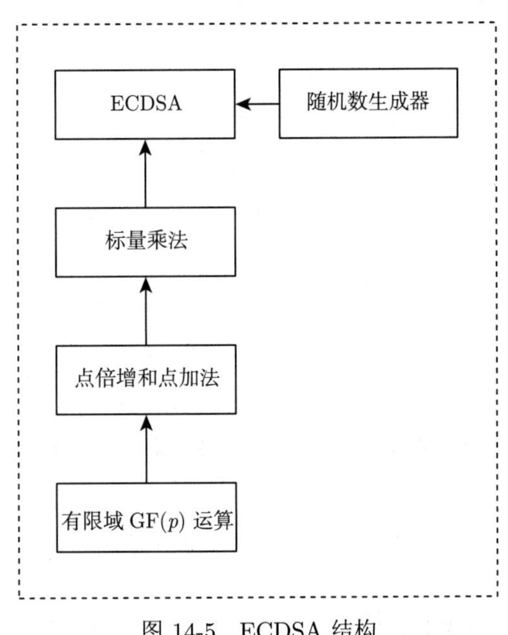

图 14-5 ECDSA 结构

由于 ECDSA 的运行速度很慢，并且需要存储大量的签名信息，高昂的成本使得服务商不太喜欢它。于是在 2021 年，ECDSA 升级为椭圆曲线版本的 Schnorr 数字签名方案，被称为 EC-Schnorr，大大提高了效率。

14.7 GGH 数字签名方案

1997 年，Goldreich、Goldwasser 和 Halevi[141] 设计了首个基于格问题的数字签名方案框架，称之为 GGH 数字签名方案。使用这个框架可以设计不同类型的数字签名方案。遗憾的是，GGH 数字签名方案没有安全性证明，无法把数字签名的安全性规约到某一个困难问题上。GGH 的签名是 apprCVP 问题的解，签名过程等价于求解 apprCVP 问题。

1) 私钥：Alice 在整数域 $\mathbb{Z}^n$ 中选择一组易于计算 (Hadamard 比例高) 的格基 $\boldsymbol{V} = \{\boldsymbol{v}_1, \boldsymbol{v}_2, \cdots, \boldsymbol{v}_n\}$ 作为私钥。设 $\boldsymbol{V}$ 是矩阵，它的行是向量 $\boldsymbol{v}_i$，$\mathcal{L}$ 是由向量 $\boldsymbol{v}_i$ 生成的格。

2) 公钥：Alice 在整数域 $\mathbb{Z}^n$ 中选择一组难于计算 (Hadamard 比例低) 的格基 $\boldsymbol{W} = \{\boldsymbol{w}_1, \boldsymbol{w}_2, \cdots, \boldsymbol{w}_n\}$ 作为公钥。

3) 签名：Alice 想签署文件 $\boldsymbol{M} \in \mathbb{Z}^n$，使用 Babai 算法，找到一个向量 $\boldsymbol{t} \in \mathcal{L}$ 与文件 $\boldsymbol{M}$ 最接近。计算

$$\boldsymbol{t} = s_1\boldsymbol{w}_1 + s_2\boldsymbol{w}_2 + \cdots + s_n\boldsymbol{w}_n \tag{14-40}$$

4) 传输：Alice 把签名 $\boldsymbol{S}=(s_1,s_2,\cdots,s_n)$ 和公钥 $\boldsymbol{W}$ 发送给 Bob。

5) 验证：Bob 收到签名 $\boldsymbol{S}=(s_1,s_2,\cdots,s_n)$ 和公钥 $\boldsymbol{W}$ 后，计算

$$\boldsymbol{t}'=s_1\boldsymbol{w}_1+s_2\boldsymbol{w}_2+\cdots+s_n\boldsymbol{w}_n \tag{14-41}$$

验证 $\boldsymbol{t}'$ 足够接近 $\boldsymbol{M}$，也就是 $\|\boldsymbol{t}'-\boldsymbol{M}\|<\epsilon$。

GGH 数字签名方案如图 14-6所示。

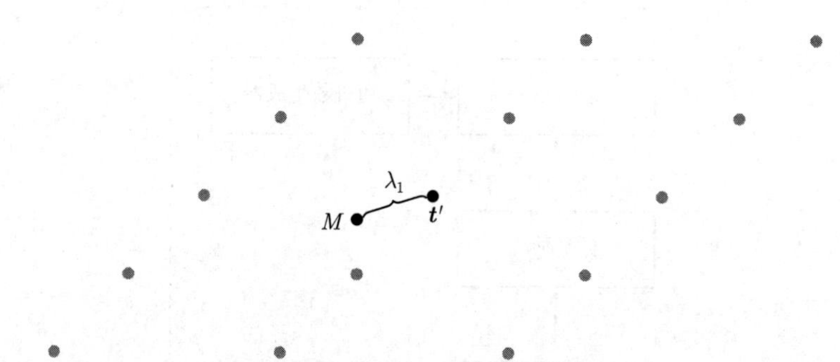

图 14-6 GGH 数字签名示意：$\boldsymbol{M}$ 为文件，$\boldsymbol{t}'$ 为签名，λ_1 为距离

ϵ 不是一个定值，它会根据格基和向量的不同，进行相应的选择。如果格的维度 n 较大，可取：

$$\epsilon=\sqrt{n}\sigma(\mathcal{L})\approx\frac{n(\det\mathcal{L})^{1/n}}{\sqrt{2\pi e}} \tag{14-42}$$

如果格的维度 n 较小，ϵ 的截断值则由超立方体的体积公式得到：

$$\epsilon=\sqrt{n}\sigma(\mathcal{L})=\sqrt{n}\left(\frac{\det(\mathcal{L})}{C_n}\right)^{1/n} \tag{14-43}$$

其中对于偶数 $n=2k$，$C_n=\dfrac{\pi^k}{k!}$。对于奇数 $n=2k+1$，$C_n=\dfrac{2^{2k+1}k!\pi^k}{(2k+1)!}$。

例 14.7.1 Alice 使用格基 $\boldsymbol{V}=\begin{bmatrix}13&16&93\\92&2&30\\4&78&25\end{bmatrix}$ 对哈希文件 $\boldsymbol{M}=(23523,42125,$ $11412)$ 进行签名，并决定公钥为 $\boldsymbol{W}=\begin{bmatrix}-11&-47&-102\\4&17&37\\3&12&28\end{bmatrix}$。请问签名值是多少？

解：首先，使用 Babai 算法找到向量 $\boldsymbol{t}\in\mathcal{L}$。

$$\boldsymbol{M}\boldsymbol{V}^{-1}\approx\begin{bmatrix}-106&247&556\end{bmatrix}$$

$$\boldsymbol{t}=\boldsymbol{M}\boldsymbol{V}^{-1}\times\boldsymbol{V}=\begin{bmatrix}23570&42166&11452\end{bmatrix}$$

然后使用公钥 $\boldsymbol{W}$ 求出签名值。

$$\boldsymbol{S}=\boldsymbol{t}\boldsymbol{W}^{-1}=\begin{bmatrix}677718&1981040&-148564\end{bmatrix}$$

此时可以知道，由于 $n=3$，截断值 $\epsilon=\sqrt{n}\sigma(\mathcal{L})=\sqrt{3}\left(\frac{3\det(\mathcal{L})}{4\pi}\right)^{1/3}\approx 90.72$。Bob 收到签名后，进行验证：

$$\boldsymbol{t}'=\boldsymbol{SW}=\begin{bmatrix}23570 & 42166 & 11452\end{bmatrix}$$
$$\|\boldsymbol{t}'-\boldsymbol{M}\|\approx 74.09<\epsilon$$

因此通过验证。签名值是 $\begin{bmatrix}677718 & 1981040 & -148564\end{bmatrix}$。2006 年，Oded Regev 破解了 GGH 数字签名的原始版本，因此现在已经基本不再使用它。 ■

14.8 数字签名安全分析

数字签名被广泛用于互联网安全、电子商务、金融等领域，为这些领域提供安全认证、完整性和不可否性等服务。与其他密码系统一样，数字签名也很容易受到各种类型的攻击，破坏了通信双方的信任机制，从而导致损失。

用户在对文件进行签名后，是有可能遭到攻击者 Eve 篡改的。数字签名技术无法阻止 Eve 篡改文件或者签名，只能识别篡改。也就是说，一旦文件或签名被篡改，就会导致验证失败，从而使得该文件不受信任。如果文件和签名一起被篡改，通过验证的可能性也微乎其微。因为哈希函数的雪崩效应，即使 Eve 只篡改了很小的一部分，其哈希值都有很大的区别，在没有私钥的情况下，相对新的哈希值进行签名，是相当困难的。也因此，所选用的哈希函数必须具有高碰撞性，否则就会找到另一个不同的消息也获得相同的签名。

针对数字签名有以下几种常见攻击方式。

1) 穷举攻击。攻击者尝试所有可能的文件与密钥的组合，试图确定一个密钥。

2) 唯密钥攻击。攻击者使用得到的公钥来用于验证。攻击者可以创建一个假消息，使用自己的私钥对其进行签名，发布假消息和公钥给接收方。此时接收方无法检测收到的签名是假的，因为它是使用签名者的公钥加密的。

3) 已知消息攻击。攻击者从用户那里获得一些以前的文件和对应的数字签名，然后创造一个新文件，并在上面伪造用户的签名。

4) 选择消息攻击。攻击者让用户对一些假消息进行签名，攻击者就获得了被签名的原始消息和签名。利用这些信息，攻击者可以创建一个新消息，让用户进行签名。

5) 中间人攻击。攻击者伪装成自己是通信过程中受信任的第三方，然后窃取、篡改或伪造通信内容，并且不让通信双方发现。

6) 密钥窃取攻击。攻击者获得了私钥，然后用它来伪造数字签名。

7) 重放攻击。攻击者拦截已签名的文件，在之后的时间里会不断地恶意或欺诈性地重复发送这个已签名的文件，让接收方通过验证。

8) 故障攻击。攻击者故意在签名生成或验证过程中引入故障，导致签名无效或伪造一个新的签名。

9) 字典攻击。攻击者反复尝试不同的单词或短语，试图确定私钥。

10) 伪造攻击。攻击者有能力伪造一组受信任的文件和签名。

14.8.1 唯密钥攻击

在唯密钥攻击中，Eve 只能获得 Alice 的公钥。在 RSA 数字签名中，Eve 必须找到 M'，使得 $M' \equiv S^e \pmod N$，也就是说，Eve 必须解决整数分解问题：

$$\varphi(N) = (p-1)(q-1) = pq - p - q + 1 = N - (p+q) + 1 \tag{14-44}$$

如果能分解 N，Eve 就能知道 Alice 在数字签名中使用的私钥，进而假扮 Alice 进行签名。然而，如果 Alice 使用的参数正确，并且进行了适当的密钥管理，那么将 N 分成两个素数 p、q 从目前计算机算力角度来说是非常困难的，Eve 很难操作成功。

同样，对于 ElGamal 数字签名和椭圆曲线数字签名，都需要解开它们的数学难题，方法与加密算法中介绍的分析类似。因此，如果用户在使用数字签名方案的过程中没有犯错，唯密钥攻击对于 Eve 来说并不是一个好的选择。

14.8.2 中间人攻击

对数字签名也可以进行中间人攻击。具体来说，攻击者 Eve 介入 Alice 和 Bob 之间，对 Alice 伪装成 Bob，对 Bob 伪装成 Alice，然后篡改他们之间交换的文件和签名。

一个简化的中间人攻击例子是这样的。

1) Eve 在渠道中拦截了用户 Alice 与银行 Bob 之间的通信，他们之间交流的任何文件都会到 Eve 手上。

2) Alice 想把公钥发送给 Bob，但由于被 Eve 拦截了，Eve 获得了真的公钥。

3) Eve 假装是 Alice，创建一个自己的公钥，发送给 Bob。

4) Alice 用自己的私钥，签署了一条“从我的账户转 100 元给 Nicole”的消息，并发给 Bob。

5) Eve 拦截了该消息，使用自己的私钥篡改了消息，使得它变成了“从我的账户转 10000 元给 Eve”，再发给 Bob。

6)Bob 收到假消息后，用公钥进行验证，发现认证通过。因为数字签名的不可否认性，Bob 有理由相信这是 Alice 的真实想法，于是执行了该操作。Alice 遭受了严重损失，Eve 获利。

Eve 可以不断地重复该操作，使更多人受害。在此过程中，Eve 并没有破译 Alice 的密钥，但依旧给 Alice 造成了损失。因此，为了防止中间人攻击，就需要对公钥进行验证。比如在公钥交换的过程中，对公钥进行哈希运算，把公钥和公钥的哈希值一并发送给对方。

14.8.3 已知消息攻击

假设 Eve 截获了 k 组签名 (M_i, S_i)，其中 $1 \leqslant i \leqslant k$，并且 Eve 肯定 Alice 使用了相同的私钥进行签名，这个时候，就有可能对其发动已知消息攻击。

在 RSA 数字签名中，Eve 截获了两组签名，她可以这样操作：计算 $M = M_1 \times M_2 \times \cdots \times M_k \pmod N$，$S = S_1 \times S_2 \times \cdots \times S_k \pmod N$，由于

$$S \equiv S_1 \times S_2 \times \cdots \times S_k \pmod N \tag{14-45}$$

$$\equiv M_1^d \times M_2^d \times \cdots \times M_k^d \pmod N \tag{14-46}$$

$$\equiv (M_1 \times M_2 \times \cdots \times M_k)^d \pmod N \tag{14-47}$$

$$\equiv M^d \pmod N \tag{14-48}$$

因此 Eve 可以伪装成 Alice 欺骗 Bob，使得 Bob 相信假文件 S 是真实的。虽然这种方式可能对 Eve 本身没有收益，但却扰乱了 Alice 与 Bob 之间的通信，给他们造成了通信负担。

14.8.4 选择消息攻击

选择消息攻击是在已知消息攻击的基础上，更进一步的攻击方式。Eve 想要确定 Alice 关于 RSA 数字签名的私钥，可以选择发送一条消息给 Alice 签名，然后稍微修改消息，看看签名是如何变化的。通过分析签名中的变化，Eve 就有可能获得有关私钥的信息，并最终确定私钥。

还可以根据已知消息攻击的方式，根据多组签名，组合成一组对自己有利的签名，诱导 Bob 通过验证。

在诸多攻击中，Eve 会诱使 Alice 或者 Bob 对一些不可信的文件进行签名或认证。所以，为了提高数字签名的安全性，绝不可以对不受信任的文件进行签名和认证。

14.8.5 伪造攻击

在 ElGamal 数字签名中，可以利用 ElGamal 数字签名的性质进行伪造攻击。如果想要破解 ElGamal 数字签名，就必须尝试解决等式：

$$v^{S_1} {S_1}^{S_2} \pmod p \equiv r^M \pmod p \tag{14-49}$$

或者解决离散对数问题：

$$S_2 = \log_{S_1}(r^M v^{-S_1}) \tag{14-50}$$

其中 p 为素数，$v \equiv r^a \pmod p$，a 为私钥，r 为原根，M 为文件或者消息，S_1 和 S_2 为签名。由于离散对数问题的难解性，从该角度去破解是非常困难的。但如果 ElGamal 数字签名不使用哈希函数，就可以对其进行伪造攻击。

假设 (S_1, S_2) 是 Alice 对文件 M 的有效签名，Eve 截获了它，这时候可以利用这组签名给其他假文件 M' 进行签名 [208]。

选择 3 个整数，满足 $i, j, k \in \mathbb{Z}$，$0 \leqslant i, j, k \leqslant p-2$，且 $\gcd(iS_1 - kS_2, p-1) = 1$。然后计算

$$x \equiv S_1^i r^j v^k \pmod p \tag{14-51}$$

$$y \equiv S_2 x (iS_1 - kS_2)^{-1} \pmod{p-1} \tag{14-52}$$

$$M' \equiv x(iM + jS_2)(iS_1 - kS_2)^{-1} \pmod{p-1} \tag{14-53}$$

这个时候，(x, y) 就变成了 M' 的合法签名，从而可以通过验证。

那么如何得到 x, y, M' 呢？首先设 $x \equiv S_1^i r^j v^k \pmod p$，如果 (x, y) 是 M' 的合法签名，那么根据验证式 (14-49)，就会有

$$r^{M'} \equiv v^x x^y \pmod p \tag{14-54}$$

$$\equiv v^x (S_1^i r^j v^k)^y \pmod{p} \tag{14-55}$$

$$\equiv v^{x+ky} S_1^{iy} r^{jy} \pmod{p} \tag{14-56}$$

现在公式推导陷入一个瓶颈。但可以发现 $v^{x+ky}S_1^{iy}$ 这一项与验证公式 (14-49) 有点相似，也就是说，可以用 r 的次数来表示 $v^{x+ky}S_1^{iy}$。

$$v^{x+ky} S_1^{iy} = r^M = (v^{S_1} {S_1}^{S_2})^t \tag{14-57}$$

现在的问题就变成了求解 t。为了求解 t，首先通过比较式 (14-57) 中的系数，就有

$$x + ky \equiv S_1 t \pmod{p-1} \tag{14-58}$$

$$iy \equiv S_2 t \pmod{p-1} \tag{14-59}$$

$$\begin{aligned}
\Rightarrow S_2(x+ky) &\equiv S_2(S_1 t) \pmod{p-1} \\
&\equiv S_2 t S_1 \pmod{p-1} \\
&\equiv iyS_1 \pmod{p-1} \\
\Rightarrow S_2 x &\equiv (iS_1 - kS_2)y \pmod{p-1}
\end{aligned}$$

$$\Rightarrow y \equiv \frac{S_2 x}{iS_1 - kS_2} \pmod{p-1} \tag{14-60}$$

通过比较系数，就可以算出另一组签名。此时结合式 (14-59) 与式 (14-60)，系数 t 就表示为：

$$t \equiv \frac{ix}{iS_1 - kS_2} \pmod{p-1} \tag{14-61}$$

有了系数 t，则假明文 M' 的式子如下：

$$r^{M'} \equiv v^{x+ky} S_1^{iy} r^{jy} \pmod{p} \tag{14-62}$$

$$\begin{aligned}
&\equiv (r^M)^t r^{jy} \pmod{p} \\
\Rightarrow M' &\equiv tM + jy \pmod{p-1} \\
&\equiv M\frac{ix}{iS_1 - kS_2} + j\frac{S_2 x}{iS_1 - kS_2} \pmod{p-1}
\end{aligned}$$

$$\equiv \frac{x(iM + jS_2)}{iS_1 - kS_2} \pmod{p-1} \tag{14-63}$$

对 ElGamal 数字签名方案的安全性而言，还有一个不能忽视的重要问题就是不能重复使用 k，否则，即使使用了哈希函数，Eve 也可以计算出 Alice 使用的私钥 a。

假设 Alice 使用相同的 k 对两份文件进行了签名，分别为 (M_1, S_1, S_2) 和 (M_2, S_3, S_4)，那么就可以有

$$S_2 \equiv k^{-1}(\text{hash}(M_1) - aS_1) \pmod{p-1} \tag{14-64}$$

以及

$$S_4 \equiv k^{-1}(\text{hash}(M_2) - aS_3) \pmod{p-1} \tag{14-65}$$

其中 hash 为哈希函数。结合式 (14-64) 和式 (14-65)，就可以得到：

$$(S_2 - S_4)k = \text{hash}(M_1) - \text{hash}(M_2) \tag{14-66}$$

如果满足 $\gcd(S_2 - S_4, p-1) = 1$，就可以得到：

$$k \equiv \frac{\text{hash}\,(M_1) - \text{hash}\,(M_2)}{(s_1 - s_2)} \pmod{p-1} \tag{14-67}$$

一旦 k 已知，Eve 就可以把它代入式 (14-64) 或式 (14-65)，从而解出私钥 a，也就是：

$$a \equiv \frac{\text{hash}\,(M_1) - S_2 k}{S_1} \pmod{p-1} \tag{14-68}$$

如此一来，Eve 就有了私钥，理论上她就可以假冒 Alice 对任何文件进行签名。因此，每次使用 k，都必须是随机选择的，且不能与之前的重复。除了 k 不能重复使用，$1 < S_1 < p$ 这个条件也必须满足，否则也会被 Eve 利用。还有更多关于 ElGamal 数字签名的伪造攻击，如 Bleichenbacher's 攻击 [209]，感兴趣的读者可以参考更多的文献。

14.9 证书

14.9.1 证书使用流程

数字签名技术可以提供安全认证、消息完整性，以及不可否认性等服务。使用这个技术就同时完成了密码学四大要素中的 3 个，这极大降低了计算机通信的信任成本，提高了效率。然而，想要数字签名技术发挥全部的功能，就要保证 Bob 使用的公钥必须是来自 Alice 的，也就是真正的签名者。如果不是，则会遭到中间人攻击，这样数字签名技术将毫无意义，所谓的签名也将完全失效。

也就是说，图 14-1所展示的流程还应该加上一个全新的步骤，即验证公钥。如何验证公钥呢？那就是将公钥也当成一个文件，发送给一个受信任的第三方，让第三方对其签名，担保公钥的来源是合法的。该技术就是证书技术。证书的作用就是对公钥进行数字签名，它为公钥的合法性提供保证。

证书 (Certificate) 是由证书中心 (Certification Authority，CA) 颁发的，它是一个大家都信任的第三方机构。由证书中心负责的公钥签名证书也叫公钥证书 (Public-Key Certificate，PKC)。Bob 看到相关证书后，就可以知道证书中心已经担保了公钥的确属于 Alice，而不是别人。

具体流程如下。

1) Alice 决定数字签名方案，并生成公钥与私钥。Alice 保留私钥不公开。

2) Alice 把公钥发送给证书中心 (CA)，请求 CA 对她的公钥进行认证签名。

3) CA 会对收到的公钥来源进行实时实体验证 (Entity Authentication)，Alice 必须在线接受 CA 的验证，比如使用密码、人脸识别或指纹识别等。

4) 通过验证后，CA 会对收到的公钥附上自己的数字签名，表明 CA 认可了该公钥来自真实的 Alice。

5) Bob 收到来自 CA 发给他的公钥，并做好了接收来自 Alice 签名的准备。这一步表明 Bob 得到了合法的公钥。

6) Alice 使用私钥对文件进行签名，并发送给 Bob。

7) Bob 使用验证过的公钥验证签名，验证通过则有足够的理由相信该签名是真实的，肯定来自 Alice。

14.9.2 实体验证的方案

由于在与 CA 的通信过程中又涉及公钥的传输问题，为了防止 Eve 从中作梗，CA 收到公钥后就必须对 Alice 进行确认，也就是实体验证。进行实体验证的方法与 CA 的认证业务准则 (Certification Practice Statement，CPS) 的内容有关。服务对象不同，验证的方式也不同，还可能会根据相关法律进行不同层级的验证。实体验证主要涉及以下两个内容。

1) 身份验证。确保用户的身份信息是真实可靠的。

2) 时间验证。表明当前实体处于在线状态，防止重放攻击。

常见的实体验证方式包括密码，密码还可以分为固定密码 (如登录密码) 和一次性密码 (如手机验证码) 等。保护这类用于实体验证的密码也有很多需要注意的地方，比如不能使用纯数字密码 (如 1357924680)、用户生日 (如 950101)、简单密码 (如 123456) 和用户姓名 (如 LIUZHUO) 等。如果使用一串长随机的密码，用户又很容易忘记，因此，密码的安全度需要介于简单密码和随机密码之间，既能让用户记住，又不易让其他人猜出。

一次性密码也分为很多种，如通过向手机发送验证码来进行实体验证；通过向邮箱发送验证码来进行实体验证；指纹识别及人脸识别也都是实体验证的方法。一些实体验证的方案如图 14-7所示。

除了使用密码，还可以使用挑战响应验证 (Challenge-Response Authentication)、零知识证明、生物特征识别等技术进行验证。

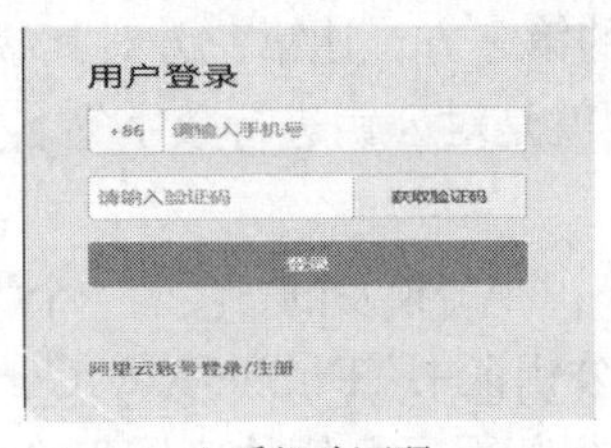

a) 手机验证码

b) 邮件验证码

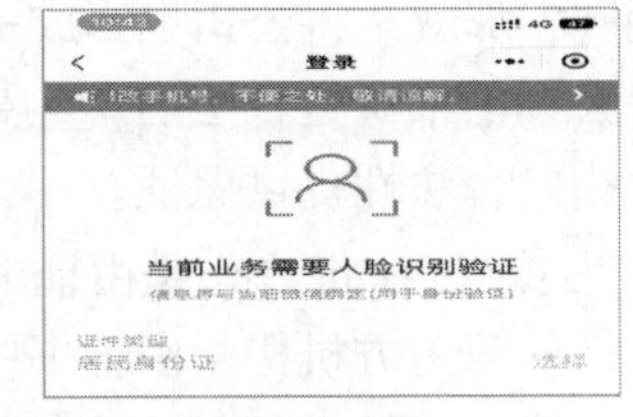

c) 人脸验证

图 14-7 实体验证

14.9.3 什么是 SSL/TLS

用户在使用互联网的过程中，如果没有安全保护，则极易受到各种攻击的影响。随着网络用户逐渐意识到这一点，网络用户对安全网络的服务需求也日益增加。本小节主要讲述传输层的安全协议 SSL/TLS。

SSL 全称为 Secure Sockets Layer，译为安全套接层，是 1994 年由 Netscape 公司设计的安全传输协议。SSL 可在互联网服务器和互联网浏览器之间创建加密链接，保护用户的隐私安全。公司和组织需要在其网站上添加 SSL 证书，以保护在线交易并保护客户信息的私密性和安全性。简而言之，SSL 可确保互联网连接的安全，并防止犯罪分子读取或修改两个系统之间传输的用户信息。如果用户在地址栏中的 URL 旁看到一个挂锁图标，则表示 SSL 在保护用户正在访问的网站。

SSL 协议自 1994 年发布以来，已有多个版本问世，这些版本在某些时候也会遇到安全性方面的难题。随后出现了经过修改和重命名的版本——TLS(Transport Layer Security，传输层安全性) 协议，至今仍在使用。TLS 是 SSL 的 3.1 版本，也是从此版本开始，协议由 IETF(Internet Engineering Task Force，互联网工程任务组) 设计和维护，并进行了标准化。2018 年，IETF 公布了 TLS 1.3 版本的标准文件 (RFC 8446)。虽然 SSL 的名称已经退出历史舞台，但 SSL 协议的缩写早已深入人心，因此协议的新版本中仍有人使用这一旧名称。一般来说，SSL 就是 TLS。

那么 SSL/TLS 证书是如何工作的呢？SSL/TLS 的原理是确保用户和网站之间或两个系统之间传输的任何数据始终无法被黑客读取。它使用加密算法对传输中的数据进行加密，从而防止黑客读取通过连接发送的数据。该数据包括潜在的敏感信息，如姓名、地址、信用卡号或其他财务详细信息。过程如下。

1) 浏览器或服务器尝试连接到使用 SSL/TLS 保护的网站 (即互联网服务器)。

2) 浏览器或服务器请求互联网服务器证明自己的身份。

3) 作为响应，服务器向浏览器或服务器发送它的 SSL/TLS 证书的副本。

4) 浏览器或服务器通过检查了解是否信任 SSL/TLS 证书。如果信任，它将向服务器发出信号。

5) 服务器返回经过数字签名的确认，以启动 SSL/TLS 加密会话。

6) 加密数据在浏览器或服务器与服务器之间共享。

此过程有时被称为“握手”。虽然这个过程听起来似乎非常漫长，但实际发生时只有几毫秒，运算时间非常短。当网站具备 SSL/TLS 证书保护时，HTTPS(Hypertext Transfer Protocol Secure，安全超文本传输协议) 会显示在浏览器的网站中。HTTPS 经由 HTTP 进行通信，但利用 SSL/TLS 来加密数据包，因此也称 HTTP over SSL/TLS(HTTP + SSL/TLS = HTTPS)。HTTPS 开发的主要目的是提供对网站服务器的身份认证，保护交换资料的隐私与完整性。如果没有 SSL/TLS 证书，则只会显示字母 HTTP(即没有代表安全的“S”)。URL 地址栏中也会显示一个挂锁图标，这表示信任，并向那些访问该网站的人提供了保证，如图 14-8所示。

图 14-8 12306 的 HTTPS

要查看网站使用的 SSL/TLS 版本，可在谷歌浏览器 (Chrome) 中按 F12 功能键调出调试窗口，选择安全 (Security) 标签即可查看，如图 14-9所示。

要查看 SSL/TLS 证书的详细信息，可以单击浏览器栏中的挂锁符号。SSL/TLS 证书中通常包括的详细信息如下。

- 针对其颁发证书的域名
- 颁发给个人、组织或设备的名称

- 证书颁发机构名称
- 证书颁发机构的数字签名
- 关联的子域
- 证书的颁发、到期日期
- 公钥
- “握手”所使用的密钥交换和认证算法
- 加密算法、哈希函数

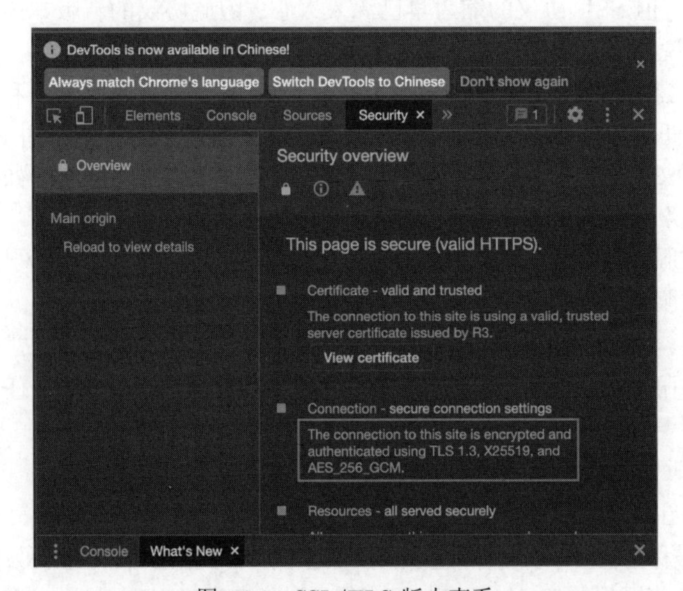

图 14-9 SSL/TLS 版本查看

比如 12306 网站在 2022 年 10 月的证书如图 14-10所示，可以看到是针对 *.12306.cn 颁发

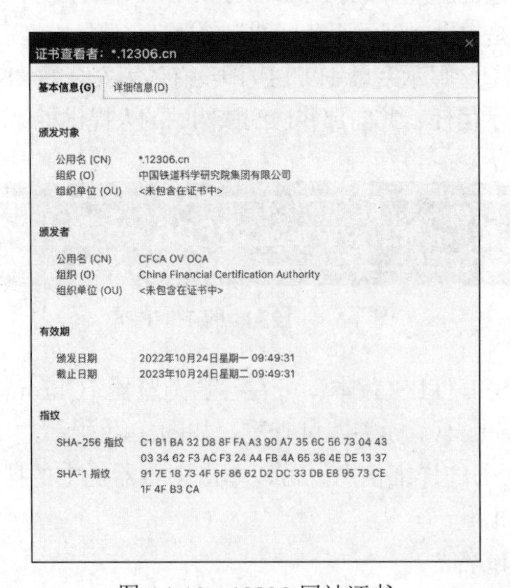

图 14-10 12306 网站证书

的证书，颁发给中国铁道科学研究院集团有限公司，中国金融认证中心 (China Financial Certification Authority) 为证书颁发机构，证书有效期截止到 2023 年 10 月 24 日，其公钥算法为带有 RSA 加密的 SHA-256。

14.9.4 为什么需要 SSL/TLS

网站需要 SSL/TLS 证书来确保用户数据的安全，验证网站的所有权，防止攻击者创建虚假网站版本，以及将消息传达给用户。如果网站要求用户登录、输入个人详细信息 (如信用卡号) 或查看机密信息 (如健康信息或财务信息)，则必须对数据保密。SSL/TLS 证书有助于保持在线互动的私密性，并向用户保证该网站是真实可靠，可以与其共享私密信息的。

与企业相关的是，HTTPS 互联网地址都需要 SSL/TLS 证书进行背书。HTTPS 是 HTTP 的安全形式，这意味着任何通过 HTTPS 网站的流量都使用了 SSL/TLS 进行加密。大多数浏览器将 HTTP 网站 (没有 SSL/TLS 证书的网站) 标记为“不安全”，这向用户发出了一个明确的信号，即该网站可能不值得信任，提醒用户不能输入敏感信息，这有助于敦促尚未迁移到 HTTPS 的企业尽快迁移。

SSL/TLS 证书有助于保护私密信息，例如：

- 登录凭据
- 信用卡交易或银行账户信息
- 个人身份信息
- 法律文档和合同
- 病历
- 专利信息
- 地址

SSL/TLS 证书并非随意一家机构 (CA) 就可以颁发的。在主流的商业网站上，以下几家 CA 颁发的证书受到了广泛的认可。

- DigiCert 公司，总部位于美国的国际 SSL/TLS 证书颁发机构，具有较高的安全性和可信性，并具有比较完善的赔付保障。深受中国各大企业、政府、事业单位的信赖。
- GeoTrust 公司，全球第二大 SSL/TLS 证书颁发机构，总部位于美国。
- Sectigo 公司，总部位于美国，也是全球 SSL/TLS 证书市场占有率最高的 CA 公司。由于其产品安全、性价比高，所以深受用户信任和欢迎。

14.10 本章习题

1. 考虑 RSA 数字签名算法，令 $p = 809$，$q = 751$，$d = 23$。计算公钥 e，并为明文 $m = 100$ 进行签名，求签名值 S。
2. 考虑 RSA 数字签名算法，如果使用相同的公钥和私钥对 m_1 和 m_2 进行签名，得到签名值为 S_1 和 S_2，那么如果 $m = m_1 \times m_2$，对 m 进行签名得到的值 S 是否满足 $S = S_1 \times S_2$?

3. 考虑 ElGamal 数字签名算法，令 $p = 3119$，$r = 2$，$a = 127$，$k = 307$。设 $m = 320$，求其签名值 S_1 和 S_2。
4. 考虑 ElGamal 数字签名算法，如果 Eve 知道了 k，它是否可以伪造签名?
5. 考虑 Schnorr 数字签名算法，令 $p = 83$，$q = 997$，$d = 23$，$r = 13$。求 a 和 v，并令 $M = 100$，哈希值等于 100，求其签名值 S_1 和 S_2。
6. 考虑 Schnorr 数字签名算法，如果 Eve 知道了 r，它是否可以伪造签名?
7. 考虑 DSA 数字签名算法，令 $p = 5749$，$q = 379$，$h = 140$，加密文件 $M = 100$。求其签名值 S_1 和 S_2。
8. 考虑椭圆曲线数字签名算法，设 $E_p : y^2 = x^3 + 231x + 473$，$p = 17389$，$q = 1321$，$P = (11259, 11278)$。证明点 P 在 E_p 上，且设私钥 $k = 542$，$M = 644$，$e = 847$，求其签名值 S_1 和 S_2。
9. 考虑 GGH 数字签名算法，令格基 $\boldsymbol{V} = \begin{bmatrix} 4327 & -15447 & 23454 \\ 3297 & -11770 & 17871 \\ 5464 & -19506 & 29617 \end{bmatrix}$，格基 $\boldsymbol{W} = \begin{bmatrix} -4179163 & -1882253 & 583183 \\ -3184353 & -1434201 & 444361 \\ -5277320 & -2376852 & 736426 \end{bmatrix}$，明文哈希值 $\boldsymbol{M} = [678846, 651685, 160467]$，求其签名值 $\boldsymbol{S}$。
10. 考虑 GGH 数字签名算法，令格基 $\boldsymbol{W} = \begin{bmatrix} 3712318934 & -14591032252 & 11433651072 \\ -1586446650 & 6235427140 & -4886131219 \\ 305711854 & -1201580900 & 941568527 \end{bmatrix}$，明文哈希值 $\boldsymbol{M} = [5269775, 7294466, 1875937]$，签名值 $\boldsymbol{S} = [6987814629, 14496863295, -9625064603]$。如果签名值到明文的最大允许距离为 60，请验证该签名是否有效。

参考文献

[1] 中国人民解放军军事科学院战争理论研究部《孙子》注释小组. 孙子兵法新注[M]. 北京: 中华书局, 1977.

[2] 曹胜高, 安娜. 六韬[M]. 北京: 中华书局, 2007.

[3] 曾公亮, 等. 武经总要前集[M]. 长沙: 湖南科学技术出版社, 1959.

[4] SHANNON C E. A mathematical theory of communication[J]. The Bell system technical journal, 1948, 27(3):379-423.

[5] SHANNON C E. Communication theory of secrecy systems[J].The Bell system technical journal, 1949, 28(4):656-715.

[6] DIFFIE W, HELLMAN M E. New Directions in Cmptognaphy[J]. IEEE Transactions on Information Theory, 1976: 22(6).

[7] RIVEST R L, SHAMIR A, ADLEMAN L. A method for obtaining digital signatures and public-key cryptosystems[J]. Communications of the ACM, 1978, 21(2):120-126.

[8] ECCLES P J. An introduction to mathematical reasoning: numbers, sets and functions[M]. Cambridge: Cambridge University Press, 2013.

[9] ROSEN K H. Elementary number theory[M]. London: Pearson Education , 2011.

[10] GALLIAN J A. Contemporary abstract algebra[M]. Boca Raton: Chapman and Hall/CRC, 2021.

[11] HASSE H. Zur theorie der abstrakten elliptischen funktionenkörper iii. die struktur des meromorphismenrings. die riemannsche vermutun[EB/OL]. 1936-01-01/2009-12-09.

[12] SCHOOF R. Elliptic curves over finite fields and the computation of square roots mod[J]. Mathematics of computation, 1985, 44(170):483-494.

[13] SHANNON C E. Prediction and entropy of printed English[J]. Bell system technical journal, 1951, 30(1):50-64.

[14] COVER T, KING R. A convergent gambling estimate of the entropy of English[J].IEEE Transactions on Information Theory, 1978, 24(4):413-421.

[15] TEAHAN W J, CLEARY J G. The entropy of english using ppm-based models[C]//Proceedings of Data Compression Conference-DCC'96. IEEE, 1996: 53-62.

[16] KONTOYIANNIS I. The complexity and entropy of literary styles[EB/OL]. 2014-10-23/2020-06-01.

[17] GUERRERO F G. A new look at the classical entropy of written English[EB/OL]. 2009-11-11/2010-02-01.

[18] COOK J D. Chinese character frequency and entropy[EB/OL]. 2019-10-18/2019-11-02.

[19] HUFFMAN D A. A method for the construction of minimum-redundancy codes[J]. Proceedings of the IRE, 1952, 40(9):1098-1101.

[20] COMMONS W. File:english letter frequency (alphabetic).svg[EB/OL]. 2020-01-03/2023-09-18.

[21] MEGSON T. Aerospace engineering: Aircraft structures for engineering students[M]. Amsterdam: Elsevier Science, 2012.

[22] HILL L S. Cryptography in an algebraic alphabet[J]. The American Mathematical Monthly, 1929, 36(6):306-312.

[23] MERKLE R, HELLMAN M. Hiding information and signatures in trapdoor knapsacks[J]. IEEE Transactions on Information Theory, 1978, 24(5):525-530.

[24] SHAMIR A. A polynomial time algorithm for breaking the basic merkle-hellman cryptosystem [C]//23rd Annual Symposium on Foundations of Computer Science (SFCS 1982). IEEE, 1982: 145-152.

[25] BRICKELL E F. Breaking iterated knapsacks[C]//Workshop on the Theory and Application of Cryptographic Techniques. Springer, 1984: 342-358.

[26] LENSTRA A K, LENSTRA H W, LOVÁSZ L. Factoring polynomials with rational coefficients [J]. Mathematische Annalen, 1982(261):515-534.

[27] KIUCHI S, MURAKAMI Y, KASAHARA M. New multiplicative knapsack-type public key cryptosystems[J]. IEICE Transactions on Fundamentals of Electronics, Communications and Computer Sciences, 2001, 84(1):188-196.

[28] YANASSE H H, SOMA N Y. A new enumeration scheme for the knapsack problem[J]. Discrete Applied Mathematics, 1987, 18(2):235-245.

[29] ODLYZKO A M. The rise and fall of knapsack cryptosystems[J]. Cryptology and Computational Number Theory, 1990, 42(2): 119-122.

[30] KAHN D. The codebreakers: The comprehensive history of secret communication from ancient times to the internet[M]. New York: Simon and Schuster, 1996.

[31] MAUBORGNE J. An advanced problem in cryptography and its solution[M]. New York: Press of the Army Services Schools, 1914.

[32] KONHEIM A G. Cryptanalysis of adfgvx encipherment systems[C]//Workshop on the Theory and Application of Cryptographic Techniques. Springer, 1984: 339-341.

[33] RIVEST R L, SCHULDT J C. Spritz—a spongy rc4-like stream cipher and hash function[J]. Cryptology ePrint Archive, 2016: 856.

[34] BIHAM E, DUNKELMAN O. Cryptanalysis of the a5/1 gsm stream cipher[C]//International Conference on Cryptology in India. Springer, 2000: 43-51.

[35] HERMELIN M, NYBERG K. Correlation properties of the bluetooth combiner[C]//International Conference on Information Security and Cryptology. Springer, 1999: 17-29.

[36] GOLIC J D. Linear statistical weakness of alleged RC4 keystream generator[C]//Advances in Cryptology—EUROCRYPT' 97: International Conference on the Theory and Application of Cryptographic Techniques Konstanz, Germany, May 11–15, 1997 Proceedings. Springer, 1997: 226-238.

[37] FINNEY H. An RC4 cycle that can's happen[EB/OL]. 1994-09-15/2023-07-17.

[38] KNUDSEN L R, MEIER W, PRENEEL B, et al. Analysis methods for (alleged) RC4[Z]. New York: Springer, 1998.

[39] FLUHRER S, MANTIN I, SHAMIR A. Weaknesses in the key scheduling algorithm of RC4 [C]//International Workshop on Selected Areas in Cryptography. Springer, 2001: 1-24.

[40] POPOV A. Prohibiting RC4 cipher suites[EB/OL]. 2015-02-01/2023-07-06.

[41] 国家密码管理局. 祖冲之序列密码算法　第 1 部分: 算法描述: GM/T 0001.1—2012 [S]. 北京: 中国标准出版社, 2012.

[42] 国家标准化委员会. 祖冲之序列密码算法　第 1 部分: 算法描述: GB/T 33133—2016 [S]. 北京: 中国标准出版社, 2016.

[43] 冯秀涛. 祖冲之序列密码算法[J]. 信息安全研究, 2016, 2(11):1028-1041.

[44] 杜红红, 张文英. 祖冲之算法的安全分析[J]. 计算机技术与发展, 2012, 22(6):151-155.

[45] 魏佳莉, 张超, 井然, 等. 基于国产祖冲之加密算法的移动分组网应用[J]. 信息通信技术, 2019, 13 (6):5.

[46] MARTIN K M. Everyday cryptography[J]. The Australian Mathematical Society, 2012: 231(6).

[47] GERSHO A. Unclassified summary: Involvement of nsa in the development of the data encryption standard[J]. IEEE Communications Society Magazine, 1978, 16(6):53-55.

[48] DAEMEN J, RIJMEN V. The design of Rijndael: volume 2[M]. New York: Springer, 2002.

[49] VOYDOCK V L, KENT S T. Security mechanisms in high-level network protocols[J]. ACM Computing Surveys (CSUR), 1983, 15(2):135-171.

[50] DIFFIE W, HELLMAN M E. Privacy and authentication: An introduction to cryptography[J]. Proceedings of the IEEE, 1979, 67(3):397-427.

[51] FEISTEL H. Cryptography and computer privacy[J]. Scientific American, 1973, 228(5):15-23.

[52] FERGUSON N, SCHNEIER B. Practical cryptography: volume 141[M]. New York: Wiley, 2003.

[53] 孙冰. 中国确认棱镜项目对华窃密：微软谷歌都有配合[EB/OL]. 2014-06-03/2023-07-09.

[54] 梁秋坪. 西北工业大学遭网络攻击事件调查报告：网络攻击源头系美国国家安全局[EB/OL]. 2022-06-22/2022-09-27.

[55] COPPERSMITH D. The data encryption standard (DES) and its strength against attacks[J]. IBM Journal of Research and Development, 1994, 38(3):243-250.

[56] DE MEYER L, BILGIN B, PRENEEL B. Extended analysis of des s-boxes[C]//Proceedings of the 34rd Symposium on Information Theory in the Benelux. 2013: 30-31.

[57] DUNWORTH D B C, LIPTON R J. Breaking des using a molecular computer[J]. DNA Based Computers, 1996(27):37.

[58] MCNETT D. US government’s encryption standard broken in less than a day[EB/OL]. 1999-01-19/1999-03-02.

[59] VAN OORSCHOT P C, WIENER M J. Parallel collision search with cryptanalytic applications [J]. Journal of Cryptology, 1999, 12(1):1-28.

[60] BIHAM E, KNUDSEN L R. Cryptanalysis of the ansi x9. 52 cbcm mode[C]//International Conference on the Theory and Applications of Cryptographic Techniques. Springer, 1998: 100-111.

[61] DAEMEN J, RIJMEN. AES proposal: Rijndael[EB/OL]. 1999-09-03/2000-05-06.

[62] 王敏, 王文德. AES——Rijndael 算法在 IPSec VPN 中的应用[J]. 信息技术与信息化, 2007.

[63] 李晔桃. WPA2 身份认证协议安全研究与改进[D]. 西安: 西安电子科技大学, 2020.

[64] BERNSTEIN D J. Cache-timing attacks on AES[EB/OL]. 2005-04-14/2005-04-15.

[65] GULLASCH D, BANGERTER E, KRENN S. Cache games–bringing access-based cache attacks on AES to practice[C]//2011 IEEE Symposium on Security and Privacy. IEEE, 2011: 490-505.

[66] 中华人民共和国国家标准. 信息安全技术 SM4 分组密码算法: GB/T 32907—2016[S]. 北京: 中国标准出版社, 2016.

[67] 吕述望, 苏波展, 王鹏, 等. SM4 分组密码算法综述[J]. 信息安全研究, 2016, 2(11):995-1007.

[68] KIM T, KIM J, HONG S, et al. Linear and differential cryptanalysis of reduced sms4 block cipher[EB/OL]. 2008-01-01/2008-06-24.

[69] LIU M J, CHEN J Z. Improved linear attacks on the chinese block cipher standard[J]. Journal of Computer Science and Technology, 2014, 29(6):1123-1133.

[70] ZHANG L, ZHANG W, WU W. Cryptanalysis of reduced-round SMS4 block cipher[C]// Australasian Conference on Information Security and Privacy. Springer, 2008: 216-229.

[71] 董晓丽. 分组密码 AES 和 SMS4 的安全性分析[D]. 西安: 西安电子科技大学, 2015.

[72] ZHANG W, WU W, FENG D, et al. Some new observations on the SMS4 block cipher in the chinese WAPI standard[C]//International Conference on Information Security Practice and Experience. Springer, 2009: 324-335.

[73] DU Z, WU Z, WANG M, et al. Improved chosen-plaintext power analysis attack against SM4 at the round-output[J]. Journal on Communications, 2015, 36(10):85-91.

[74] YU S, LI K, LI K, et al. A VLSI implementation of an SM4 algorithm resistant to power analysis [J]. Journal of Intelligent & Fuzzy Systems, 2016, 31(2):795-803.

[75] POLLARD J M. Theorems on factorization and primality testing[C]//Mathematical Proceedings of the Cambridge Philosophical Society: volume 76. Cambridge University Press, 1974: 521-528.

[76] SHOR P W. Algorithms for quantum computation: discrete logarithms and factoring[C]// Proceedings 35th annual symposium on foundations of computer science. IEEE, 1994: 124-134.

[77] RIVEST R L, HELLMAN M E, ANDERSON J C, et al. Responses to NIST's proposal[J]. Communications of the ACM, 1992, 35(7):41-54.

[78] ROSSER J B, SCHOENFELD L. Approximate formulas for some functions of prime numbers [J]. Illinois Journal of Mathematics, 1962, 6(1):64-94.

[79] HADAMARD J. Sur la distribution des zeros de la fonction zeta (s) et ses consequences arithmetiques[J]. Bulletin de la Societe mathematique de France, 1896, 24:199-220.

[80] DE LA VALLEE POUSSIN C J. Recherches analytiques sur la theorie des nombres premiers [M]. Bruxelles: Hayez, Imprimeur de l'Academie royale de Belgique, 1897.

[81] ERDÖS P. On a new method in elementary number theory which leads to an elementary proof of the prime number theorem[J]. Proceedings of the National Academy of Sciences, 1949, 35(7): 374-384.

[82] SELBERG A. An elementary proof of the prime-number theorem[J]. Annals of Mathematics, 1949:305-313.

[83] HOFFSTEIN J, PIPHER J, SILVERMAN J H, et al. An introduction to mathematical cryptography: volume 1[M]. New York: Springer, 2008.

[84] BRAIN M, TINELLI C, RÜMMER P, et al. An automatable formal semantics for IEEE-754 floating-point arithmetic[C]//2015 IEEE 22nd Symposium on Computer Arithmetic. IEEE, 2015: 160-167.

[85] WIENER M J. Cryptanalysis of short RSA secret exponents[J]. IEEE Transactions on Information Theory, 1990, 36(3):553-558.

[86] COPPERSMITH D. Small solutions to polynomial equations, and low exponent RSA vulnerabilities[J]. Journal of Cryptology, 1997, 10(4):233-260.

[87] BONEH D, et al. Twenty years of attacks on the RSA cryptosystem[J]. Notices of the AMS, 1999, 46(2):203-213.

[88] SCHNEIER B. Risks of relying on cryptography[J]. Communications of the ACM, 1999, 42(10): 144-144.

[89] KOCHER P C. Timing attacks on implementations of Diffie-Hellman, RSA, DSS, and other systems[C]//Annual International Cryptology Conference. Springer, 1996: 104-113.

[90] SCHINDLER W. A timing attack against RSA with the chinese remainder theorem[C]// International Workshop on Cryptographic Hardware and Embedded Systems. Springer, 2000: 109-124.

[91] BRUMLEY D, BONEH D. Remote timing attacks are practical[J]. Computer Networks, 2005, 48(5):701-716.

[92] KOCHER P, JAFFE J, JUN B. Differential power analysis[C]//Annual international cryptology conference. Springer, 1999: 388-397.

[93] AGRAWAL M, KAYAL N, SAXENA N. Primes is in p[J]. Annals of Mathematics, 2004:781-793.

[94] MOTAZMUHAMMAD. AKS[EB/OL].2020-01-03/2023-09-10.

[95] CONRAD K. Fermat's test[EB/OL].2016-01-01/2023-07-18.

[96] BEILER A H. Recreations in the theory of numbers: The queen of mathematics entertains[M]. Chicago: Courier Corporation, 1964.

[97] CARMICHAEL R D. Note on a new number theory function[J]. Bulletin of the American Mathematical Society, 1910, 16(5):232-238.

[98] ALFORD W R, GRANVILLE A, POMERANCE C. There are infinitely many carmichael numbers[J]. Annals of Mathematics, 1994:703-722.

[99] MILLER G L. Riemann's hypothesis and tests for primality[J]. Journal of Computer and System Sciences, 1976, 13(3):300-317.

[100] ARNAULT F. Rabin-miller primality test: composite numbers which pass it[J]. Mathematics of Computation, 1995, 64(209):355-361.

[101] ADLEMAN L M. On distinguishing prime numbers from composite numbers[C]//21st Annual Symposium on Foundations of Computer Science (SFCS 1980). IEEE, 1980: 387-406.

[102] QUISQUATER J J. Advances in cryptology-eurocrypt'89[M]. New York: Springer, 1990.

[103] 陈景润. 大偶数表为一个素数及一个不超过二个素数的乘积之和[EB/OL].1973-03-02/2015-01-02.

[104] ZHANG Y. Bounded gaps between primes[J]. Annals of Mathematics, 2014:1121-1174.

[105] POLYMATH. Bounded gaps between primes[EB/OL].2014-09-30/2014-11-05.

[106] COPPERSMITH D. Finding a small root of a bivariate integer equation; factoring with high bits known[C]//International Conference on the Theory and Applications of Cryptographic Techniques. Springer, 1996: 178-189.

[107] BONEH D. Week 6 - programming assignment[EB/OL].2020-03-11/2020-05-30.

[108] ELGAMAL T. A public key cryptosystem and a signature scheme based on discrete logarithms [J]. IEEE Transactions on Information Theory, 1985, 31(4):469-472.

[109] MERKLE R C. Secure communications over insecure channels[J]. Communications of the ACM, 1978, 21(4):294-299.

[110] CALLEGATI F, CERRONI W, RAMILLI M. Man-in-the-middle attack to the https protocol [J]. IEEE Security & Privacy, 2009, 7(1):78-81.

[111] GOLDWASSER S, MICALI S, RACKOFF C. The knowledge complexity of interactive proof-systems[M]//Providing Sound Foundations for Cryptography: On the Work of Shafi Goldwasser and Silvio Micali. 2019: 203-225.

[112] DESMEDT Y, GOUTIER C, BENGIO S. Special uses and abuses of the fiat-shamir passport protocol[C]//Conference on the Theory and Application of Cryptographic Techniques. Springer, 1987: 21-39.

[113] ZABROCKI M. Cyclotomic polynomials and primitive roots[EB/OL].2010-04-01/2010-05-06.

[114] SHANKS D. Class number, a theory of factorization, and genera[C]//Proc. of Symp. Math. Soc., 1971: volume 20. 1971: 41-440.

[115] POLLALRD J. A monte oarlo method for factorization[J]. BIT, 1975(15): 331-334.

[116] 忍者猫. Cycle diagram resembling the Greek letter [EB/OL].Wikipedia, 2023.

[117] PEI D, SALOMAA A, DING C. Chinese remainder theorem: applications in computing, coding, cryptography[M]. Singapore: World Scientific, 1996.

[118] 钱宝琮. 算经十书[M]. 北京: 中华书局, 2021.

[119] 秦九韶, 等. 数书九章[M]. 重庆: 重庆出版社, 2021.

[120] HASTAD J. Solving simultaneous modular equations of low degree[J]. SIAM Journal on Computing, 1988, 17(2):336-341.

[121] POHTIG S, HELLMAN M. An improved algorithm for computing logarithms over gf (p) and its cryptographic siginificance[J]. IEEE Transactions on Information Theory, 1978(24): 106-110.

[122] ADLEMAN L. A subexponential algorithm for the discrete logarithm problem with applications to cryptography[C]//20th Annual Symposium on Foundations of Computer Science (SFCS 1979). IEEE Computer Society, 1979: 55-60.

[123] MILLER V S. Advances in cryptology—crypto' 85 proceedings[J]. Use of Elliptic Curves in Cryptography, 1986:417-426.

[124] KOBLITZ N. Elliptic curve cryptosystems[J]. Mathematics of Computation, 1987, 48(177): 203-209.

[125] LENSTRA JR H W. Factoring integers with elliptic curves[J]. Annals of Mathematics, 1987: 649-673.

[126] AVINETWORKS. Elliptic curve cryptography definition[EB/OL].2024-06-06.

[127] BARKER E, CHEN L, KELLER S, et al. Recommendation for pair-wise key-establishment schemes using discrete logarithm cryptography[R]. National Institute of Standards and Technology, 2017.

[128] BORUAH D, SAIKIA M. Implementation of elgamal elliptic curve cryptography over prime field using c[C]//International Conference on Information Communication and Embedded Systems (ICICES2014). 2014: 1-7.

[129] STINSON D R. Cryptography: theory and practice[M]. Boca Raton: Chapman and Hall/CRC, 2005.

[130] SINGH L D, SINGH K M. Image encryption using elliptic curve cryptography[J]. Procedia Computer Science, 2015, 54:472-481.

[131] 中华人民共和国密码法[EB/OL]. 2019-10-26.

[132] 国家标准化委员会. 信息安全技术 SM2 椭圆曲线公钥密码算法: GB/T 32918—2016 [S]. 北京: 中国标准出版社, 2016.

[133] CENTER D. DCS 中心“SHM1703 型智能移动终端安全密码模块”成为国内首款达到《密码模块安全技术要求》第二级的软件密码模块[EB/OL]. 2017-06-21.

[134] MONTGOMERY P L. Speeding the pollard and elliptic curve methods of factorization[J]. Mathematics of Computation, 1987, 48(177):243-264.

[135] SOLINAS J A. An improved algorithm for arithmetic on a family of elliptic curves[C]//Advances in Cryptology—CRYPTO'97: 17th Annual International Cryptology Conference Santa Barbara, California, USA August 17–21, 1997 Proceedings 17. Springer, 1997: 357-371.

[136] BARKER E, DANG Q. Nist special publication 800-57 part 1, revision 4[J]. NIST, Tech. Rep, 2016: 16.

[137] CHEN L, MOODY D, RANDALL K, et al. Recommendations for discrete logarithm-based cryptography: Elliptic curve domain parameters[EB/OL]. 2023-02-03.

[138] SMART N P. The discrete logarithm problem on elliptic curves of trace one[J]. Journal of Cryptology, 1999, 12(3):193-196.

[139] AJTAI M. Generating hard instances of lattice problems[C]//Proceedings of the twenty-eighth annual ACM symposium on Theory of computing. 1996: 99-108.

[140] MATOUSEK J. Lectures on discrete geometry: volume 212[M]. New York: Springer Science & Business Media, 2013.

[141] GOLDREICH O, GOLDWASSER S, HALEVI S. Public-key cryptosystems from lattice reduction problems[C]//Annual International Cryptology Conference. Springer, 1997: 112-131.

[142] MANDANGAN A, KAMARULHAILI H, ASBULLAH M A. A security upgrade on the ggh lattice-based cryptosystem[J]. Sains Malaysiana, 2020, 49(6):1471-1478.

[143] BABAI L. On lovász' lattice reduction and the nearest lattice point problem[J]. Combinatorica, 1986, 6(1):1-13.

[144] NGUYEN P. Cryptanalysis of the goldreich-goldwasser-halevi cryptosystem from crypto' 97 [C]//Annual International Cryptology Conference. Springer, 1999: 288-304.

[145] HU Y, JIA H. Cryptanalysis of GGH map[C]//Annual International Conference on the Theory and Applications of Cryptographic Techniques. Springer, 2016: 537-565.

[146] HOFFSTEIN J, PIPHER J, SILVERMAN J H. NTRU: A ring-based public key cryptosystem [C]//International Algorithmic Number Theory Symposium. Springer, 1998: 267-288.

[147] ROBINSON M. Security innovation acquires NTRU cryptosystems, a leading security solutions provider to the embedded security market[EB/OL]. 2009-07-24.

[148] JAULMES É, JOUX A. A chosen-ciphertext attack against NTRU[C]//Annual International Cryptology Conference. Springer, 2000: 20-35.

[149] HOWGRAVE-GRAHAM N, SILVERMAN J H, SINGER A, et al. NAEP: Provable security in the presence of decryption failures[J]. Cryptology ePrint Archive, 2003: 172.

[150] HOWGRAVE-GRAHAM N. A hybrid lattice-reduction and meet-in-the-middle attack against NTRU[C]//Annual International Cryptology Conference. Springer, 2007: 150-169.

[151] HOFFSTEIN J, HOWGRAVE-GRAHAM N, PIPHER J, et al. Ntrusign: Digital signatures using the NTRU lattice[C]//Cryptographers' track at the RSA Conference. Springer, 2003: 122-140.

[152] REGEV O. On lattices, learning with errors, random linear codes, and cryptography[J]. Journal of the ACM (JACM), 2009, 56(6):1-40.

[153] LINDNER R, PEIKERT C. Better key sizes (and attacks) for lwe-based encryption[C]//Topics in Cryptology–CT-RSA 2011: The Cryptographers' Track at the RSA Conference 2011, San Francisco, CA, USA, February 14-18, 2011. Proceedings. Springer, 2011: 319-339.

[154] MICCIANCIO D, REGEV O. Lattice-based cryptography[M]// BERNSTEIN D J, BUCHMANN J, DAHMEN E. Post quantum cryptography. New York: Springer, 2009.

[155] REGEV O. On lattices, leaning with errors, random linear codes, and cryptography[EB/OL]. 2024-01-08.

[156] KAWACHI A, TANAKA K, XAGAWA K. Multi-bit cryptosystems based on lattice problems [C]//International Workshop on Public Key Cryptography. Springer, 2007: 315-329.

[157] LYUBASHEVSKY V, PEIKERT C, REGEV O. On ideal lattices and learning with errors over rings[C]//Annual international conference on the theory and applications of cryptographic techniques. Springer, 2010: 1-23.

[158] RIVEST R L, ADLEMAN L, DERTOUZOS M L, et al. On data banks and privacy homomorphisms[J]. Foundations of secure computation, 1978, 4(11):169-180.

[159] PAILLIER P. Public-key cryptosystems based on composite degree residuosity classes[C]// International conference on the theory and applications of cryptographic techniques. Springer, 1999: 223-238.

[160] GENTRY C. Fully homomorphic encryption using ideal lattices[C]//Proceedings of the forty-first annual ACM symposium on Theory of computing. 2009: 169-178.

[161] 陈智罡. 基于格的全同态加密研究与设计[D]. 南京: 南京航空航天大学, 2015.

[162] VAIKUNTANATHAN V. Computing blindfolded: New developments in fully homomorphic encryption[C]//2011 IEEE 52nd annual symposium on foundations of computer science. IEEE, 2011: 5-16.

[163] BRAKERSKI Z, GENTRY C, VAIKUNTANATHAN V. (leveled) fully homomorphic encryption without bootstrapping[J]. ACM Transactions on Computation Theory (TOCT), 2014, 6(3):1-36.

[164] HALEVI S, SHOUP V. Faster homomorphic linear transformations in helib[C]//Annual International Cryptology Conference. Springer, 2018: 93-120.

[165] DIJK M V, GENTRY C, HALEVI S, et al. Fully homomorphic encryption over the integers[C]// Annual International Conference on the Theory and Applications of Cryptographic Techniques. Springer, 2010: 24-43.

[166] BLACK N D. Homomorphic encryption and the approximate gcd problem[D]. Clemson: Clemson University, 2014.

[167] PABSTEL M. Parameter constraints on homomorphic encryption over the integers[EB/OL]. 2017-04-19.

[168] GENTRY C, SAHAI A, WATERS B. Homomorphic encryption from learning with errors: Conceptually-simpler, asymptotically-faster, attribute-based[C]//Annual Cryptology Conference. Springer, 2013: 75-92.

[169] CHEON J H, KIM A, KIM M, et al. Homomorphic encryption for arithmetic of approximate numbers[C]//International Conference on the Theory and Application of Cryptology and Information Security. Springer, 2017: 409-437.

[170] KALISKI B. The MD2 message-digest algorithm[R]. 1992.

[171] DURSTENFELD R. Algorithm 235: random permutation[J]. Communications of the ACM, 1964, 7(7):420.

[172] MULLER F. The MD2 hash function is not one-way[C]//International Conference on the Theory and Application of Cryptology and Information Security. Springer, 2004: 214-229.

[173] RIVEST R L. MD4 message digest algorithm[EB/OL]. 1992-04-01.

[174] RIVEST R. Rfc 1321: The MD5 message-digest algorithm[EB/OL]. 1992-04-01.

[175] RIVEST R L, AGRE B, BAILEY D V, et al. The MD6 hash function–a proposal to NIST for SHA-3[J]. Submission to NIST, 2008, 2(3):1-234.

[176] DOBBERTIN H. Cryptanalysis of MD5 compress[J]. Rump Session of Eurocrypt, 1996, 96: 71-82.

[177] DANG Q. Secure hash standard[EB/OL]. 2015-08-04.

[178] SCHNEIER B. Schneier on security: cryptanalysis of SHA-1[EB/OL]. 2005-02-18.

[179] PENARD W, VAN WERKHOVEN T. On the secure hash algorithm family[J]. Cryptography in Context, 2008:1-18.

[180] CHABAUD F, JOUX A. Differential collisions in SHA-0[C]//Annual International Cryptology Conference. Springer, 1998: 56-71.

[181] WANG X, YU H, YIN Y L. Efficient collision search attacks on SHA-0[C]//Annual International Cryptology Conference. Springer, 2005: 1-16.

[182] STEVENS M, KARPMAN P, PEYRIN T. Freestart collisions for full SHA-1[EB/OL]. 2015-10-09.

[183] STEVENS M, BURSZTEIN E, KARPMAN P, et al. The first collision for full SHA-1[C]// Annual International Cryptology Conference. Springer, 2017: 570-596.

[184] DAMGÅRD I B. A design principle for hash functions[C]//Conference on the Theory and Application of Cryptology. Springer, 1989: 416-427.

[185] MOORE S. Meet-in-the-middle attacks[EB/OL]. 2010-01-01.

[186] THOMSEN S S. An improved preimage attack on MD2[J]. Cryptology ePrint Archive, 2008(1): 89.

[187] SASAKI Y, WANG L, AOKI K. Preimage attacks on 41-step SHA-256 and 46-step SHA-512 [J]. Cryptology ePrint Archive, 2009(1): 479.

[188] LEURENT G, PEYRIN T. From collisions to chosen-prefix collisions application to full SHA-1 [C]//Annual International Conference on the Theory and Applications of Cryptographic Techniques. Springer, 2019: 527-555.

[189] GIRAULT M, COHEN R, et al. A generalized birthday attack[C]//Workshop on the Theory and Application of of Cryptographic Techniques. Springer, 1988: 129-156.

[190] 郝宇阳, 王雅琳. 美空军披露新型防区外打击导弹项目[EB/OL]. 2022-11-15.

[191] NAKAMOTO S. Bitcoin: A peer-to-peer electronic cash system[J]. Decentralized business review, 2008:21260.

[192] NIST. Fips pub 198-1: The keyed-hash message authentication code (HMAC)[EB/OL]. 2008-07-01.

[193] WOOD C C. Security for computer networks : D.W. Davies and W.L. Price New York: John Wiley and Sons, 1984. 386 + xix pages, $19.50[J]. Computer Science, 1985(4):248-249.

[194] BELLARE M, CANETTI R, KRAWCZYK H. Keying hash functions for message authentication [C]//Annual International Cryptology Conference. Springer, 1996: 1-15.

[195] 国家密码管理局. 信息技术 安全技术 消息鉴别码 第 2 部分: 采用专用杂凑函数的机制: GB/T 15852.2—2012 [S]. 北京: 中国标准出版社, 2012.

[196] KRAWCZYK H, BELLARE M, CANETTI R. HMAC: Keyed-hashing for message authentication[EB/OL]. 1997-02-01.

[197] KOBLITZ N, MENEZES A. Another look at HMAC[J]. Journal of Mathematical Cryptology, 2013, 7(3): 225-251.

[198] 国家密码管理局. 信息技术 安全技术 消息鉴别码 第 1 部分: 采用分组密码的机制: GB/T 15852.1—2020 [S]. 北京: 中国标准出版社, 2020.

[199] VON NEUMANN J. Various techniques used in connection with random digits[J]. John von Neumann, Collected Works, 1963(5):768-770.

[200] THOMSON W. A modified congruence method of generating pseudo-random numbers[J]. The Computer Journal, 1958, 1(2):83-83.

[201] LEHMER D H. Mathematical methods in large-scale computing units[J]. Annu. Comput. Lab. Harvard Univ., 1951(26):141-146.

[202] MATSUMOTO M, NISHIMURA T. Mersenne twister: a 623-dimensionally equidistributed uniform pseudo-random number generator[J]. ACM Transactions on Modeling and Computer Simulation (TOMACS), 1998, 8(1):3-30.

[203] SHAMIR A. On the generation of cryptographically strong pseudorandom sequences[J]. ACM Transactions on Computer Systems (TOCS), 1983, 1(1):38-44.

[204] BLUM L, BLUM M, SHUB M. A simple unpredictable pseudo-random number generator[J]. SIAM Journal on Computing, 1986, 15(2):364-383.

[205] GOLDWASSER S, MICALI S, RIVEST R L. A digital signature scheme secure against adaptive chosen-message attacks[J]. SIAM Journal on Computing, 1988, 17(2):281-308.

[206] SCHNORR C P. Efficient signature generation by smart cards[J]. Journal of Cryptology, 1991(4): 161-174.

[207] JOHNSON D, MENEZES A, VANSTONE S. The elliptic curve digital signature algorithm (ECDSA)[J]. International Journal of Information Security, 2001, 1(1):36-63.

[208] CHAN H C. On forging elgamal signature and other attacks[EB/OL]. 2000-06-30.

[209] BLEICHENBACHER D. Generating elgamal signatures without knowing the secret key[C]// Advances in Cryptology—EUROCRYPT' 96: International Conference on the Theory and Application of Cryptographic Techniques Saragossa, Spain, May 12–16, 1996 Proceedings 15. Springer, 1996: 10-18.